Praktisches Handbuch der gesamten Schweißtechnik

Dritter Band

Praktisches Handbuch der gesamten Schweißtechnik

Von

Prof. Dr.-Ing. P. Schimpke u. **Ober-Ing. H. A. Horn**

München   Berlin

Dritter Band

Berechnen und Entwerfen der Schweißkonstruktionen

unter besonderer Mitarbeit von

Dr.-Ing. J. Ruge

München

Zweite neubearbeitete Auflage

Mit 814 Abbildungen

Springer-Verlag
Berlin Heidelberg GmbH 1959

ISBN 978-3-662-24461-6   ISBN 978-3-662-26605-2 (eBook)
DOI 10.1007/978-3-662-26605-2

Vorwort

Die Neuauflage des dritten Bandes unseres Handbuches, dessen erste Auflage in verhältnismäßig kurzer Zeit vergriffen war, hat durch einige widrige Umstände eine ungewollte Verzögerung erfahren, unter anderem durch längere Krankheit eines der Verfasser.

Herr Baurat Dipl.-Ing. R. HÄNCHEN ist wegen seines hohen Alters aus dem Kreis unserer Mitarbeiter ausgeschieden. An seine Stelle ist der Leiter der Schweißtechnischen Lehr- und Versuchsanstalt in München, Herr Dr.-Ing. J. RUGE als Bearbeiter der Hauptabschnitte getreten.

Die Weiterentwicklung der Schweißtechnik machte eine vollständige Überarbeitung erforderlich. Der Inhalt wurde erweitert durch Aufnahme der Abschnitte über Berechnen und Gestalten der Punktschweißverbindungen, über das Schweißen im Fahrzeug-, Brücken- und Schiffbau. Neu aufgenommen wurde auch ein Abschnitt über die Grundlagen des Leichtbaues. Unter Berücksichtigung der in der Zwischenzeit entwickelten Richtlinien und Normen wurden alle Abschnitte kritisch durchgesehen und neue Beispiele eingefügt. Tabellarische und graphische Darstellungen sollen das Berechnen geschweißter Konstruktionselemente erleichtern.

Aufgabe des vorliegenden Buches ist es, den jungen Ingenieur und den mit der Schweißbauweise noch wenig vertrauten Konstrukteur in das Berechnen und Entwerfen von Schweißkonstruktionen einzuführen und ihm die Wege zu einem schweißtechnisch richtigen Denken zu ebnen. Dabei werden die Grundkenntnisse im Schweißen und die Kenntnis der Arbeitsweise der Schweißverfahren vorausgesetzt.

Der Abschnitt „Berechnung der Schweißkonstruktionen" enthält die Grundbegriffe der statischen und dynamischen Beanspruchung, deren Verständnis für die Beurteilung des Festigkeitsverhaltens der Werkstoffe und für die Durchrechnung geschweißter Konstruktionselemente erforderlich ist.

Die Trennung der Berechnungsgrundlagen für Stahl-, Maschinen-, Kran-, Brückenbau usw. erfolgte, um die jeweils zugehörigen Normen, Richtlinien und Berechnungsbeispiele einfügen zu können. Die eigentlichen Berechnungsgrundlagen dagegen sind naturgemäß allen Anwendungsgebieten gemeinsam.

Der Abschnitt „Entwerfen der Schweißkonstruktionen" bringt die Bauformen (Gestaltungselemente), die als Grundlage für das Entwerfen anzusehen sind. Einige zeitgemäße Beispiele im Abschnitt „Ausgeführte Konstruktionen" vermitteln einen Überblick aus den Gebieten des allgemeinen Maschinen-, Elektromaschinen-, Rohrleitungs-, Behälter-, Kessel-, Fahrzeug-, Stahl-, Brücken- und Schiffbaus sowie über das Gestalten von Laufkranträgern.

Wir danken Herrn Obering. W. ANDERS vom Zentralinstitut für Schweißtechnik in Halle für die Bearbeitung des Abschnittes „Schweißen im Schiffbau" und Herrn Ing. H. WOESLE für die Durchsicht der Korrektur der Hauptabschnitte.

Unser Dank gilt ferner den Firmen, die uns durch die Überlassung von Photos unterstützt haben und nicht zuletzt dem Springer-Verlag, der — wie auch bei den ersten beiden Bänden des Handbuches — Druck und Gestaltung mit Sorgfalt durchgeführt hat.

Um den Umfang dieses Bandes zu beschränken, sind wiederum einige Beispiele im Kleindruck gehalten. Das Schrifttum wurde jeweils am Ende der Hauptabschnitte zusammengestellt.

München und Berlin, im Dezember 1958

P. SCHIMPKE   H. A. HORN   J. RUGE

Inhaltsverzeichnis

Eine *Zusammenstellung des Schrifttums* zu einzelnen Abschnitten befindet sich auf folgenden Seiten:

            zu Abschn. 2   Zitat 1—7   S. 21
            zu Abschn. 3—7.4   Zitat 1—82   S. 256—259
            zu Abschn. 7.13   Zitat 1—11   S. 330

Bezeichnungen und Formelgrößen

Bezeichnung	Bedeutung	Dimension	Bezeichnung	Bedeutung	Dimension
A u. B	Senkrechte Auflagerdrucke	kg	S	Sonderschweißung	—
BD	Prozentuale Betriebsdauer	%	S	Stabkraft	kg
BE	Berechnungsgrundlagen (Bundesbahn)	—	S	Statisches Moment	cm³
D	Durchmesser	mm	$S_1 \cdots S_n$	Bezeichnung der Schweißnähte	—
DV	Dienstvorschriften (Bundesbahn)	—	S_F	Sicherheitswert	—
E	Elastizitätsmodul	kg/cm²	S_t	Sicherheitswert	—
F	Querschnittsfläche	cm²	SA	Sicherheitsabstand	kg/mm²
F	Festschweißung	—	T	Betriebsabschnitt	h
F_0	Ausgangsquerschnitt	cm²	U	Umfangskraft	kg
F_{Schw}	Querschnittsfläche (Schweißquerschnitt)	cm²	V	Vertikalkraft	kg
F_U	Von Wandmitte umschlossene Fläche (Bredt)	cm²	W_b	Widerstandsmoment (Biegung)	cm³
G	Gleitmodul	kg/cm²	W_t	Widerstandsmoment (Verdrehung)	cm³
H	Hauptlasten	kg	W_{Schw}	Widerstandsmoment (Schweißquerschnitt)	cm³
H	Horizontalkraft	kg	Z	Zugkraft	kg
J_b	Trägheitsmoment (Biegung)	cm⁴	Z	Zusatzlast	kg
J_t	Trägheitsmoment (Verdrehung)	cm⁴	a	Schweißnahtdicke, Ausladung	mm
K	Berechnungsfestigkeit	kg/mm²	a_1 u. a_2	Beiwerte (Angriff)	—
K	Handkraft	kg	b	Breite	mm
L	Länge, Stützweite eines Kranes	m	b_1	Beiwert für Nahtgüte	—
M_b	Biegemoment	kg cm	b_2	Beiwert für Nahtform	—
M_g	Moment aus ständiger Last	kg cm	b_3	Beiwert für Größeneinfluß	—
M_p	Moment aus Verkehrslast	kg cm	b_4	Beiwert für Eigenspannungen	—
M_r	Reibungsmoment	kg cm	c	Abstand von der neutralen Faser	—
M_t	Drehmoment	kg cm	c	Ausladung	mm
N	Lastspielzahl	—	d	Durchmesser	mm
N	Normale Konstruktionsschweißung	—	e	Abstand	mm
N_B	Bruchlastspielzahl	—	e_1 u. e_2	Faserabstände	mm
N_U	Lastspielzahl (Überspannung)	—	f	Durchbiegung	cm
P	Kraft, Schwingungskraft	kg	g	Gleichmäßig verteilte Last	kg/lfdm
P_r	Ruhende Kraft (Gleichlast)	kg	h	Höhe	mm
Q	Querkraft, Tragkraft eines Kranes	kg	h_b	Prozentuale Häufigkeit der Belastung	%
Q_g	Querkraft aus ständiger Last	kg	i	Trägheitshalbmesser	cm
Q_p	Querkraft aus Verkehrslast	kg	l	Länge, Nahtlänge	mm
R	Halbmesser	mm	n	Drehzahl	U/min
			n	Lastspielfrequenz	1/sec
			p	Druck	kg/cm²
			p	Flächenpressung	kg/cm²
			r	Halbmesser	mm
			s	Dicke	mm
			s	Verhältnis von Unterspannung zu Oberspannung	—
			t	Zeit	h

Bezeichnung	Bedeutung	Dimension
v	Güteverhältnis	—
v	Umfangsgeschwindigkeit	m/sec
w	Dämpfung	kg sec/μ
x	Sicherheitswert	—
y	Senkrechter Abstand	mm
z	Zähnezahl	—
α	Formzahl	—
α	Winkel	Grad
β	Winkel	Grad
β_k	Kerbwirkungszahl	—
β_{SM}	Kerbwirkungszahl	—
γ	Winkel	Grad
δ_5	Bruchdehnung ($l=5d$)	%
δ_{10}	Bruchdehnung ($l=10d$)	%
ε	Dehnung	%
$\varkappa$	Grenzspannungsverhältnis	—
λ	Schlankheitsgrad	—
μ	Reibungszahl	—
ν	Sicherheitswert	—
ϱ	Halbmesser	mm
ϱ	Spannung in der Schweißnaht	kg/cm²
ϱ_b	Spannung in der Schweißnaht (Biegung)	kg/cm²
ϱ_G	Grenzspannung (Schweißnaht)	kg/cm²
ϱ_m	Spannung in der Schweißnaht (Mittelspannung)[1]	kg/cm²
ϱ_n	Nutzdauerfestigkeit (Schweißnaht)[1]	kg/cm²
ϱ_0	Spannung in der Schweißnaht (Oberspannung)	kg/cm²
ϱ_{ON}	Nutzdauerfestigkeit, Oberspannung (Schweißnaht)	—
ϱ_s	Spannung in der Schweißnaht (Schub)	kg/cm²
ϱ_{Sch}	Schwellfestigkeit in der Naht	kg/cm²
ϱ_u	Spannung in der Schweißnaht (Unterspannung)[1]	kg/cm²
ϱ_v	Spannung in der Schweißnaht (Vergleichspannung)[1]	kg/cm²
ϱ_z	Spannung in der Schweißnaht (Zug)	kg/cm²
ϱ_{zul}	Zulässige Spannung in der Schweißnaht	kg/cm²
σ	Normalspannung	kg/cm²
σ_a	Spannungsausschlag (Amplitude)	kg/cm²
$2\sigma_a$	Schwingungsbreite	kg/cm²
σ_B	Zugfestigkeit	kg/cm²
σ_D	Dauerfestigkeit	kg/cm²

Bezeichnung	Bedeutung	Dimension
σ_{DSt}	Dauerstandfestigkeit	kg/cm²
σ_{Dzul} od. zul σ_D	Zulässige Spannung (Dauerfestigkeit)	kg/cm²
σ_G	Grenzspannung (Anschlußquerschnitt)	kg/cm²
σ_h	Hauptspannung	kg/cm²
σ_k	Kerbspannung	kg/cm²
σ_l	Lochleibungsdruck	kg/cm²
σ_m	Mittelspannung	kg/cm²
σ_n	Nennspannung[2]	kg/cm²
σ_N	Nutzdauerfestigkeit (Anschluß)	kg/cm²
σ_{nSch}	Anschluß- und Schwellfestigkeit	kg/cm²
σ_o	Oberspannung	kg/cm²
σ_{ON}	Nutzdauerfestigkeit, Oberspannung (Anschluß)	kg/cm²
σ_p	Proportionalitätsgrenze	kg/cm²
σ_S	Streckgrenze	kg/cm²
σ_{Sch}	Reine Schwellfestigkeit	kg/cm²
σ_{So}	Obere Streckgrenze	kg/cm²
σ_{Su}	Untere Streckgrenze	kg/cm²
σ_U	Überspannung	kg/cm²
σ_V	Vergleichsspannung	kg/cm²
$\pm\sigma_W$	Reine Wechselfestigkeit (Zug-Druck)	kg/cm²
$\pm\sigma_{bW}$	Reine Wechselfestigkeit (Biegung)	kg/cm²
τ	Tangentialspannung	kg/cm²
τ_a	Spannungsausschlag	—
τ_k	Kerbspannung (Verdrehung)	kg/cm²
τ_m	Mittelspannung (Verdrehung)	kg/cm²
τ_o	Oberspannung (Verdrehung)	kg/cm²
τ_s	Schubspannung	kg/cm²
$\tau_{s\,zul}$	Zulässige Schubspannung	kg/cm²
τ_t	Verdrehungsspannung	kg/cm²
$\tau_{t\,zul}$	Zulässige Verdrehungsspannung	kg/cm²
τ_u	Unterspannung (Verdrehung)	kg/cm²
τ_B	Schubfestigkeit	kg/cm²
τ_{Dzul} od. zul τ_D	Zulässige Schubspannung (Dauerfestigkeit)	kg/cm²
τ_{tB}	Drehungsfestigkeit	kg/cm²
τ_{tS}	Drehungsstreckgrenze	kg/cm²
τ_{tSch}	Drehungsschwellfestigkeit	kg/cm²
$\pm\tau_{tW}$	Drehungswechselfestigkeit	kg/cm²
φ	Winkel	Grad
φ	Stoßzahl	—
ψ	Ausgleichszahl	—
ω	Knickbeiwert	—

[1] Große Zeiger bei den Grenzspannungen [2] Zeiger: z Zug, d Druck, b Biegung

1 Einleitung

Entsprechend seiner Aufgabe befaßt sich Band III dieses Handbuches ausschließlich mit der Berechnung und der Gestaltung geschweißter Stahlbauteile. Grundsätzliche Kenntnisse über die apparativen und maschinellen Einrichtungen von Schweißanlagen sowie über die Ausübung des Schweißverfahrens müssen deshalb vorausgesetzt und es muß auf die entsprechenden Abschnitte der Bände I und II verwiesen werden.

Mit der Erkenntnis der bedeutenden fertigungstechnischen Vorteile, die das Schweißen als Bestverfahren der Metallvereinigung gegenüber dem Gießen und dem Nieten in zahlreichen Fällen auszeichnet, nahm insbesondere während der Kriegsjahre die Anwendung der Schweißtechnik außerordentlich zu. Allerdings darf dabei nicht übersehen werden, daß der damalige Propagandafeldzug „Schweißen statt Gießen" bereits in seinen Grundzügen oft zu weit gegangen ist und der an sich guten Sache gelegentlich zweifellos mehr geschadet als gedient hat. Der unhaltbare Gedanke, jedes Nieten oder Gießen sei ausschließlich durch Schweißen zu ersetzen, hatte sich von selbst in dem Augenblick überlebt, als man auf Grund praktischer Erfahrungen die *tatsächlichen* Vorzüge geschweißter Konstruktionen gegenüber gegossenen folgerichtig zu beurteilen und die Bewertung unvoreingenommen abzuwägen in der Lage war.

Daß das Schweißen neben einer z. T. erheblichen Werkstoffersparnis vielfach eine von gießereitechnischen Schwierigkeiten unbeeinflußte, leichte, bruchsichere und billigere Gestaltung vor allem auch verwickelter stählerner Werkstücke und Bauteile ermöglicht, dürfte unbestritten sein. Beachtet man weiter, daß Blech und Formstahl, die Hauptgebilde geschweißter Konstruktionen, in weitaus größerer Zuverlässigkeit vorliegen als der Werkstoff Gußeisen mit seinen möglichen Kernverschiebungen und Lunkerstellen, so kommt man zu dem Ergebnis, daß die seit Jahren auf allen Gebieten der Technik angestrebte *Leichtbauweise* ohne das Schweißen praktisch nicht mehr denkbar ist und dem Konstrukteur neue Wege der Formgebung weist.

Dies gilt auch für Stahlguß höherer Festigkeit, dessen rauhe Gußhaut meist schwer bearbeitbar und der sehr schwer lunkerfrei zu vergießen und an längere Lieferzeiten gebunden ist. Nicht allein an die Beanspruchung angepaßte Formgebung, der Fortfall von Laschen und Überlappungen sind wesentliche Faktoren, die zugunsten geschweißter Konstruktionen sprechen, sondern auch schnelle Auftragsausführung, z. T. die Verwendung von Alt- und Abfallmaterial, hohe Arbeitsgeschwindigkeit, billigerer Zusammenbau, geringe Nachbearbeitung, daher weniger Bearbeitungsmaschinen, Fortfall zahlreicher Einzelteile, leichtere Terminhaltung und vieles andere zählen zu den Vorteilen geschweißter Bauteile.

Allerdings bedarf es einer der Eigenart des Schweißens angepaßten Überlegung des Konstrukteurs, wenn er einwandfrei und erfolgreich gestalten will. Mit anderen Worten: er muß *schweißgerecht* denken und konstruieren und sich von der althergebrachten Gestaltung gegossener und genieteter Bauteile freimachen; weder die eine noch die andere Art der Fertigung darf unmittelbar auf die geschweißte Bauweise übertragen werden. Die im folgenden angeführten zeitgemäßen und zahlreichen Beispiele aus dem Rohrleitungs-, Behälter-, Kessel-,

Maschinen- und Ingenieurhoch- und- brückenbau sollen lediglich richtungsweisend sein und dem Entwerfenden die Möglichkeit geben, solche Konstruktionselemente auch auf verwandte oder ähnliche Gebilde sinngemäß zu übertragen. Das Schweißen gewährt dem Konstrukteur vielseitige und freizügige, d. h. an das Fertigungsverfahren nicht gebundene und von diesem nicht erzielbare, besonders abwandelbare Gestaltungsmöglichkeiten, die dadurch noch an Wert gewinnen, daß sich nachträglich als notwendig herausstellende, also vom Entwurf abweichende Änderungen oder Ergänzungen bestimmter Bauteile mit Hilfe des Schweißens leicht bewerkstelligen lassen. Wenn häufig schon bei der Reihenfertigung neben den technischen Vorzügen des Schweißens auch dessen überlegene Wirtschaftlichkeit in den Vordergrund tritt, dann ist dies um so mehr der Fall, wenn es sich um Einzelfertigungen handelt und die hiermit verknüpften höheren Gestehungskosten für die Modellherstellung wegfallen.

Abb. 1. Nach Einführung des Schweißens ausrangierte Holzmodelle

Abb. 1 zeigt in anschaulicher Weise einen Stapel verschiedenartiger Holzmodelle, der bei der Umstellung auf die geschweißte Bauweise überflüssig und deshalb ausrangiert wurde.

In der Fertigung geschweißter Stahlbauteile, insbesondere im Großkessel-, Stahlhoch- und Brückenbau steht unter den zeitgemäßen Schweißverfahren das *Lichtbogenschweißen* seiner Bedeutung nach an erster Stelle, zumal dann, wenn längere Längs- und Rundnähte mit Schweißautomaten (s. Bd. II), also selbsttätig und von der Sorgfalt des Handschweißers unbeeinflußt in entsprechend hoher Güte und von größerer Gleichmäßigkeit ausgeführt werden können. U. a. im Großkesselbau (Kesseltrommeln) und vornehmlich bei der Herstellung von Vollwandträgern ist dem selbsttätigen Schweißen das Wort zu sprechen.

Abb. 2 zeigt das automatische Schweißen der Halsnähte eines unter 45° geneigten, d. h. in die Wannenlage gebrachten Vollwandträgers. Der Automat läuft auf dem Träger selbst ab, wobei die Gurtkante als Führungsschiene dient. Um selbst längste und schwerste Vollwandträger in die für das Schweißen der Gurtnähte geeignetste Lage bringen zu können, werden bequeme Schwenk- bzw. drehbare Vorrichtungen, z. B. sog. Rhönräder (s. Bd. II) benutzt.

In Abb. 3 ist das selbsttätige Schweißen einer Kesseltrommel dargestellt. Die Fahrgeschwindigkeit des Wagens beim Längsnahtziehen wird so geregelt, daß sie der Schweißgeschwindigkeit des Automaten entspricht. Soweit sie sich auf die Bauart des Automaten selbst bezieht, ist sie bei den angeführten Automaten ohne jede Bedeutung.

Die *autogene* Schweißung (Gasschmelzschweißung s. Bd. I) kommt hauptsächlich für die Bearbeitung von Fein- und Mittelblechen, dünnwandigen Rohren

Abb. 2. Selbsttätige Schweißung
eines Vollwandträgers

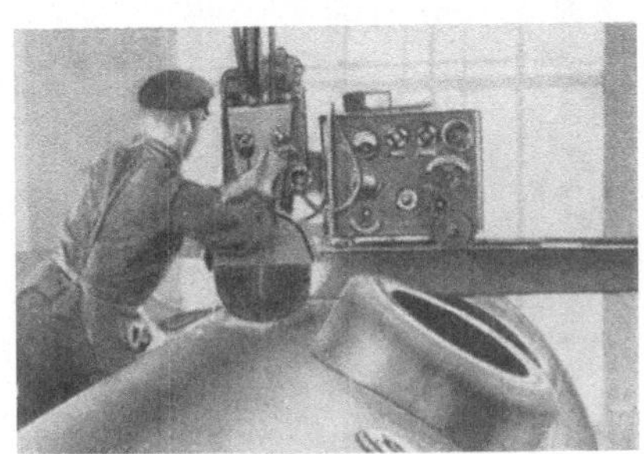

Abb. 3. Selbsttätige Schweißung
einer Kesseltrommel

und für NE-Metalle in Betracht. In konstruktiver Hinsicht ist unter den elektrischen Widerstandsschweißverfahren das Abbrennen oder *Abschmelzschweißen* (s. Bd. II) hervorzuheben, das besonders bei der Fertigung von Maschinenelementen eine Rolle spielt. Die Festigkeit der auf Abbrennmaschinen hergestellten Stumpfstöße erreicht nahezu die Werkstoffestigkeit.

Im allgemeinen Maschinen- und im Behälterbau fallen mannigfache Bauteile an, die eine weitgehende Anwendung des Schweißens begünstigen. Hierbei wird die Wirtschaftlichkeit von vornherein durch eine zweckmäßige Vorbereitung der Werkstücke zum Schweißen, durch das Zuschneiden der Grundteile mit geringstem Werkstoffaufwand und das Formen der Teile durch Abkanten und Biegen beeinflußt.

Für das Schweißen größerer Teile, z. B. von Maschinen- und Pressenständern, ist man zur gesteigerten Werkstoffersparnis von der *Plattenbauweise* auf die *Hohlbauweise* übergegangen. Die größte Werkstoffersparnis und zugleich höchste Steifigkeit der Bauteile wird durch die *Zellenbauweise* erreicht, die im Werkzeugmaschinenbau allgemein Anwendung gefunden hat. Daneben spielt im Großmaschinenbau auch die *Lamellenbauweise* eine besondere Rolle.

Abb. 4. Flächenschleifmaschine in Zellenbauweise

Abb. 4 zeigt eine Flächenschleifmaschine in Zellenbauweise. Die Maschine zeichnet sich durch ein geringes Gewicht und volle Schwingungsfreiheit aus.

Beim Bau von *Landmaschinen* wurden durch eine neue Art der Formgebung der Grundteile große Gewichtsersparnisse erzielt, wodurch die Gestehungskosten erheblich gesenkt werden konnten. Als Beispiel mag der in Abb. 5 dargestellte, mit einem verwindungsfreien Gestell ausgestattete Wagen gelten.

Auch im *Kessel-* und *Behälterbau* hat das Schweißen große Fortschritte gemacht, und es werden selbst dickwandige Kesseltrommeln großer Abmessungen und für höchste Innendrücke geschweißt, wobei das UP-Verfahren hervorragende Vorteile bietet. Eine aus Flußstahl hergestellte völlig geschweißte Reaktionskammer von etwa 14 m Baulänge, 2000 mm Außendurchmesser und etwa 100 mm Wanddicke veranschaulicht Abb. 6. Der Betriebsdruck beträgt 35 atü bei 500° C, der Probedruck 132 atü und das Gewicht etwa 70 t. Einige Beispiele aus dem Bau von Bensonkesseln, d. h. geschweißten Rohrkonstruktionen, werden später noch gebracht.

Abb. 5. Wagen mit verwindungsfreiem Gestell

Abb. 6. Reaktionskammer; 35 atü bei 500° C

Im *Fahrzeugbau*, hauptsächlich bei der Herstellung von Schienenfahrzeugen, hat das Schweißen schon frühzeitig Eingang gefunden. Hierbei ist zu unterscheiden zwischen der Profilträger- und der Blechträgerbauweise. Abb. 7 gibt als Beispiel ein Fahrgestell in Profilträgerbauweise für einen Eisenbahnwagen wieder. Im Fahrzeugbau werden hochwertige Konstruktionen hergestellt, die eine Reihenfertigung ermöglichen. Entsprechend ihrer einfachen Form sind solche Bauteile einem Korrosionsangriff nur sehr wenig ausgesetzt; auch können sie bei Verschleiß oder Unfällen leicht instand gesetzt werden.

Im *Kranbau* werden sowohl die Maschinenteile wie die Stahltragwerke (Träger, Ausleger und Torgerüste) geschweißt, wobei z. T. erhebliche Gewichtsersparnisse die Verwendung von Elektromotoren geringer Leistung gestatten. Darüber hinaus können noch dadurch Gewichtsein-

Abb. 7. Eisenbahnwagen-Fahrgestell
in Profilträgerbauweise

sparungen erzielt werden, daß bei größeren Tragkräften vollwandige Teile, die Ober- und Unterwagen, Ausleger u. a. aus St 52 hergestellt werden. Abb. 8 zeigt einen Gleisverlegekran von 22 bzw. 12 t Tragkraft bei 4,5 bzw. 6 m Ausladung.

Auf dem Gebiete des *Ingenieurhoch-* und *-brückenbaues* werden Stahltragwerke bis zu den größten Abmessungen hergestellt, die sich bestens bewährt haben. Bekannt gewordene Schadensfälle, wie an den geschweißten Eisenbahnbrücken am Berliner Zoo, an der Autobahnbrücke in Rüdersdorf und an den Albert-Kanal-Brücken in Belgien waren nicht, wie ursprünglich angenommen wurde, auf unsachgemäßes Schweißen, sondern meist auf ungeeignete Legie-

Abb. 8. Gleisverlegekran von 22/12 t Tragkraft bei 4,5/6 m Ausladung

rungen des St 52 und auf eine für diesen ungeeignete Elektrodenzusammensetzung zurückzuführen. Beide inzwischen längst abgestellten Mängel bieten Gewähr dafür, daß sich solche und ähnliche Fälle nicht wiederholen.

Abb. 9 zeigt die Kaiserbergbrücke in Duisburg, die eine Stützweite von 103 m hat. Die Brücke ist als Langerscher Balken ausgebildet. Der vollwandige Träger ist an dem gebogenen Druckgurt in bestimmten Abständen gelenkig aufgehängt. Durch das Fortfallen der Diagonalstäbe hat die Brücke ein gefälliges, lichtes Aussehen.

Abb. 9. Straßenbrücke von 103 m Stützweite

2 Die Baustähle, ihre Festigkeitseigenschaften und ihre Schweißbarkeit [1] [1]

2.1 Einteilung und Eigenschaften der Stähle

2.11 Herstellungsverfahren

Die schmiedbaren Eisensorten werden entweder in Puddelöfen im teigigem Zustande hergestellt und dann *Schweißstahl* genannt, oder sie werden nach den neueren Verfahren flüssig erzeugt und in eiserne Backformen (Kokillen) gegossen; sie heißen dann *Flußstahl*. Im einzelnen unterscheidet man beim Flußstahl noch nach dem Herstellungsverfahren: *Bessemer-, Thomas-, Siemens-Martin-Stahl*. Der im Tiegelofen verfeinerte Werkstoff ist als *Tiegelstahl* oder Tiegelgußstahl zu bezeichnen (nicht mehr als „Gußstahl", da jeder Flußstahl auch ein Gußstahl ist) und der im Elektroofen gereinigte, besonders gute Werkstoff als *Elektrostahl*. Aus den letzten beiden Sorten erhält man durch Zusatz von Chrom, Wolfram, Nickel usw. die *legierten Stähle*. Diese, sowie Tiegel- und Elektrostahl, werden auch *Edelstähle* genannt.

---

[1] Verzeichnis des Schrifttums zu Abschn. 2 s. S. 21

Schon die *Herstellungsverfahren beeinflussen die Güte* des Werkstoffs. Schweißstahl ist schlackenhaltiger als Flußstahl und von geringerer Festigkeit. Das Siemens-Martin-Verfahren ergibt einen besseren Werkstoff als das Bessemer- und Thomas-Verfahren und kommt insbesondere in Frage für Stabstahl und Bleche, aber auch für Baustähle, soweit man an sie erhöhte Festigkeitsanforderungen stellt. Der heute in Deutschland in wieder steigender Menge erzeugte Thomasstahl soll aber in verbesserter Form den Siemens-Martin-Stahl weitgehend ersetzen. An sich ist Thomasstahl besser warmformbar als Siemens-Martin-Stahl, aber, infolge höheren Gehalts an Phosphor und Stickstoff, spröder bei der Kaltverformung. Er wird verbessert durch Einführung des *beruhigten Stahls* (weitgehende Desoxydation durch Silizium oder Aluminium beim Vergießen) und des *HPN-* und *MA-Stahls* (Bezeichnung nach Versuchsschmelzen in Hamborn, Hoerde und bei Mannesmann; Verringerung des Stickstoffgehalts durch zweckmäßige Birnenkonstruktion und Regelung des Kohlenstoff-, Phosphor- und Gasgehalts). Der HPN- und MA-Stahl (jetzt nach DIN 17006 als „*Windgefrischter Austauschstahl*" bezeichnet) kann beruhigt und unberuhigt sein. Der Tiegelstahl wird heute zum größten Teil durch den Elektrostahl ersetzt; dieser kommt vor allem für legierte Stähle (Werkzeugstähle und hochbeanspruchte Maschinenteile) in Betracht.

Neuerdings hat man *die Sauerstoffanreicherung des Gebläsewindes* für die Verbesserung des Thomasstahls nutzbar gemacht. In Oberhausen wurden größere Mengen Thomasstahl mit 0,005···0,006% N und 0,035% P hergestellt. Sauerstoffanreicherung des Windes auf 40···45% O, Verminderung der Blasdauer um 44%, Verbesserung der Haltbarkeit der Konverterauskleidung, Gesamtwirtschaftlichkeit dieselbe wie bei normalem Thomasstahl. — Mit reinem Sauerstoff, wird bereits praktisch nach dem *Linz-Donawitz-Verfahren (LD-Stahl)* [2] gearbeitet. Der Sauerstoff wird über eine wassergekühlte Düse von oben durch die Birnenöffnung zugeführt, Sauerstoffverbrauch 50···70 m³/t Stahl. Vorläufig wird noch P-armes Roheisen (0,1···0,3% P) verwendet. Wirtschaftlichkeit gegeben, wenn Erzeugungskosten des Sauerstoffs dem Preis von 1···1,1 kWh/m³ entsprechen. Ergebnis: 0,035% P, 0,005% N. Erstes „Oxygenstahlwerk" in Deutschland durch Bochumer Verein im Bau. — Die letzte Neuerung in der Stahlerzeugung ist durch den in Oberhausen entwickelten *Rotor* gekennzeichnet. In ein waagerecht gelagertes Drehgefäß wird in und über das Schmelzbad Sauerstoff geleitet. Der erzeugte Stahl hat nur 0,004% N u. 0,02% S und ist dem Siemens-Martin-Stahl gleichwertig bei niedrigeren Verfahrenskosten [3].

2.12 Stahlfehler und Verunreinigungen

Flüssiger Stahl besitzt eine bedeutende *Lösungsfähigkeit für Gase*, besonders für Kohlenstoff, Stickstoff und Wasserstoff. Beim Erstarren des Stahlblocks in der Kokille scheiden sich diese Gase entweder in Blasenform aus (s. Abb. 10) oder entweichen durch das länger flüssig bleibende Blockinnere nach oben. Durch Zugabe von Silizium oder Aluminium wirkt man der Gasentwicklung entgegen (beruhigter Stahl). Durch das Schwinden beim Erkalten des Stahlblocks entstehen Hohlräume (*Lunker*) im Blockinneren, hauptsächlich dicht unter der Oberfläche und trichterförmig hinabreichend (s. Abb. 10). Diese Lunkerstellen müssen bei Verarbeitung der Blöcke zu hochwertigen Erzeugnissen abgeschnitten werden (verlorener Kopf). Ferner tritt während des Erstarrens noch eine *Seigerung* von Bestandteilen des Stahls ein (s. Abb. 10). Insbesondere neigen Phosphor und Schwefel stark zum Ausseigern und ziehen sich nach den länger flüssig bleibenden Blockteilen, der Blockmitte und dem oberen Blockteil, hin. Die chemische Zusammensetzung eines Stahlblocks kann demnach ziemlich ungleichmäßig sein. Gegenmittel sind schnelle Abkühlung, das absichtliche Anbringen eines verlorenen Kopfes und höherer Siliziumgehalt, da silizierter Stahl schon bei 0,2% Si fast keine Gase mehr enthält und deshalb wenig zur Seigerung neigt. *Schlackeneinschlüsse*, bei Schweißstahl 1···3%, sind auch bei Flußstahl nicht ganz zu vermeiden und verringern die Festigkeit.

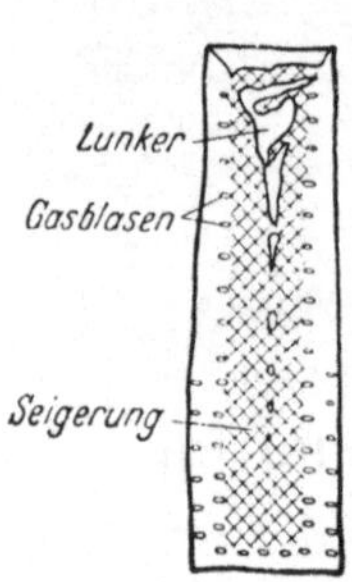

Abb. 10. Lunker, Gasblase und Seigerung

Der Gehalt der technischen Stähle an *Sauerstoff* beträgt 0,004···0,1%. Bei höherem Gehalt als etwa 0,1% — nach anderen Angaben aber auch schon bei etwa 0,03% — macht der Sauerstoff den Stahl rotbrüchig. Auch *Stickstoff* (im Thomasstahl bis 0,025%, im Siemens-

Martin-Stahl nur bis 0,009%) wirkt ungünstig hinsichtlich Dehnung und Kerbzähigkeit, kann jedoch vorteilhaft für Oberflächenhärtung und als Zusatz zu Sonderstählen sein. *Wasserstoff* wird insbesondere beim Beizen von Draht aufgenommen und ergibt große Sprödigkeit (Beizbrüchigkeit), kann aber durch Erhitzen des Stahls auf etwa 200° größtenteils wieder ausgetrieben werden.

2.13 Unlegierte Stähle

(*Kohlenstoffstähle*). Alle in der Hauptsache nur mit Kohlenstoff legierten Stähle werden kurzweg „Kohlenstoffstähle" oder auch „unlegierte Stähle" genannt, obwohl diese Stähle nach den neuen Normen bis zu 0,8% Mn, 0,5% Si, 0,25% Cu, 0,1% Al, Ti oder sonstige Legierungselemente enthalten dürfen.

Der Kohlenstoffgehalt der Stähle kann praktisch 0,03···1,6% betragen. *Kohlenstoff* ist der Hauptregler für die Festigkeitseigenschaften der unlegierten Stähle und gibt die Möglichkeit des Härtens und Vergütens. Mit steigendem Kohlenstoffgehalt sinken Schmelztemperatur (bei weichem Stahl 1500°) und Wichte (bei weichem Stahl 7,85), steigt die Zugfestigkeit bis 0,9% C von etwa 34 auf etwa 90 kg/mm² (im geglühten Zustande) und fällt die Bruchdehnung von 25···30% auf etwa 10%. Durch je 0,1% C werden in technischen Stählen die Zugfestigkeit (im Walzzustand) um etwa 9 kg/min² und die Streckgrenze um 4···5 kg/mm² erhöht. Die Härte steigt von etwa 100 auf 350 Brinelleinheiten, Kerbzähigkeit und Tiefziehfähigkeit nehmen stark ab. Ebenso ist die Schweißbarkeit nur bis zu 0,3% C gut, darüber hinaus ist eine zufriedenstellende Schweißung nur noch unter Einhaltung bestimmter Vorsichtsmaßregeln durchführbar. *Silizium* (meist unter 0,5%) ist wertvoll zur Erzielung dichten Gusses, weil es das Austreten gelöster Gase verhindert; es steigert die Elastizitätsgrenze, vermindert aber die Schmiedbarkeit und auch die Schweißbarkeit, weil die Mischkristalle aus Eisen und Eisensilizid (FeSi) geringe Plastizität besitzen. — *Mangan* (bis etwa 1%) wirkt desoxydierend. Manganstahl (mit 6···15% Mn) ist stark verschleißfest. Mangan hebt bezüglich des Schweißens die ungünstige Wirkung des Siliziums auf.

Durch *Phosphor* wird die Widerstandsfähigkeit gegen schlagartige Beanspruchung und die Kaltbildsamkeit stark herabgesetzt (höherer Phosphorgehalt ergibt *Kaltbruch*); deshalb ist der Phosphorgehalt im allgemeinen unter 0,1% (besser unter 0,06%) zu halten, bei hochbeanspruchtem Stahl sogar unter 0,03%. — Durch *Schwefel* wird die Schlagfestigkeit stark verringert; außerdem reißt der Stahl bei über 0,2% S leicht in rotwarmem Zustande (*Rotbruch*), weil das Eutektikum Eisen-Schwefeleisen schon bei 985° schmilzt, und der Schwefel neigt auch noch zum Ausseigern. Deshalb ist der Schwefelgehalt — abgesehen vom Automatenstahl, wo man einen kurzen, bröckeligen Span beim Abdrehen haben will — stets unter 0,1%, besser unter 0,06% und bei hochwertigem Stahl sogar unter 0,02% zu halten.

2.14 Legierte Stähle [4]

Durch Einschmelzen normalen Stahls im Siemens-Martin-, Tiegel- oder Elektrostahlofen unter Zusetzen von Chrom, Wolfram, Nickel, Molybdän, Mangan usw. in reinem Zustande oder in Form der betreffenden Eisenlegierungen erhält man Sonderstähle von erhöhter Festigkeit und Elastizität. Der *Kohlenstoffgehalt* dieser Stähle beträgt meistens nur 0,1···0,5%. *Chrom* wirkt stark karbidbildend, erhöht die Festigkeit und Härte durch Kornverfeinerung, geeignet für Bau- und Werkzeugstähle und für nichtrostende und hitzebeständige Stähle. *Wolfram* wirkt stark karbidbildend (härtesteigernd), ist nicht überhitzungsempfindlich und für Werkzeugstähle und Hartmetalle sehr geeignet. *Nickel* bildet keine Karbide, wirkt kornverfeinernd (größere Zähigkeit und Festigkeit) und kommt für Baustähle, sowie nichtrostende und hitzebeständige Stähle in Betracht. *Molybdän* wirkt wieder stark karbidbildend, erhöht die Warmfestigkeit und unterdrückt die Anlaßsprödigkeit (meist mit Chrom für Baustähle). *Vanadin* (noch stärker als Mo wirkend) und *Kobalt* werden weniger benutzt. *Kupfer* verbessert die Rostbeständigkeit (St 52 hatte früher bis zu 0,55% Cu). — Ein Stahl gilt in Deutschland als legiert, wenn er mehr als 0,8% Mn, 0,5% Si, 0,25% Cu, 0,1% Al, Ti oder sonstige Legierungselemente enthält.

2.15 Baustähle und Werkzeugstähle

Nach den Verwendungsgebieten teilt man die Stähle auch ein in Baustähle und Werkzeugstähle, von denen uns im weiteren nur die Baustähle beschäftigen. *Baustähle* sind alle Stahlsorten, aus denen Bauteile hergestellt werden. Sie können unlegiert oder legiert sein. Als unlegierte Stähle haben sie im allgemeinen 0,1 bis 0,6% C, während die *Werkzeugstähle* 0,6 bis 1,6% C enthalten. Die Baustähle können wiederum nach Verwendungsgebieten eingeteilt werden in *Maschinenbau-, Hochbau-, Brückenbau-Stähle* usw. Bei den Maschinenbaustählen unterscheidet man noch *Einsatzstähle* (mit 0,1···0,25% C) und *Vergütungsstähle* (mit 0,25 bis 0,60% C). Auch diese können unlegiert oder legiert sein.

2.2 Die neuen Werkstoffnormen für Stahl

Der heutige Stand der deutschen Normenarbeit an den Werkstoffen Stahl und Eisen ist in DIN-*Taschenbuch* 4 „Werkstoffnormen Stahl u. Eisen" [5] niedergelegt. Neu fertiggestellt wurde die DIN 17006 „*Eisen u. Stahl, Systematische Bennenung*", die dem seit Jahren immer dringender gewordenen Bedürfnis nach einer systematischen Stahlbezeichnung abhelfen soll. Während einer durch die derzeitigen Verhältnisse bedingten längeren Übergangszeit ist es zulässig eine der beiden Bezeichnungen, die seitherige oder die neue, anzuwenden.

2.21 Vollständige Benennung

Sie soll bei allen eisenhaltigen Werkstoffen in folgender Reihenfolge durchgeführt werden:

1. Gußzeichen mit Bindestrich (z. B. GS- für Stahlguß),
2. Kennbuchstaben der Schmelzungsart (Stahlart),
3. Kennbuchstaben für besondere Eigenschaften (z. B. alterungsbeständig),
4. X-Unterscheidungsmerkmal eines hochlegierten Stahls,
5. Kennzeichen St = Stahl u. Mindestzugfestigkeit (z. B. St 37),
6. Kohlenstoffsymbol u. Kennzahl (z. B. C 35),
7. Symbole u. Kennzahlen der Legierungselemente (z. B. Cr 5),
8. Kennziffern für Gewährleistungsumfang, ferner für Gütestufen,
9. Kennbuchstaben für den Behandlungszustand u. zugehörige Zugfestigkeit (z. B. V 70

Grundsätzlich sollen *nur die notwendigsten Kennzeichen* genannt werden: Zu den einzelnen 9 Punkten der Benennungs-Reihenfolge ist noch folgendes auszuführen:

1. Gußeisen. Sie gelten für alle Gußwerkstoffe, z. B. GS- = Stahlguß, GG- = Grauguß, GH- = Hartguß, GT- = Temperguß (GG-18 = Grauguß mit einer Mindestzugfestigkeit von 18 kg/mm²).

2. Kennbuchstaben der Erschmelzungsart. Diese sind z. B. E = Elektrostahl, M = Siemens-Martinstahl, T = Thomasstahl, Ti = Tiegelstahl. Zur Kennzeichnung basischer oder saurer Herstellung kann an vorstehende Buchstaben ein B = basisch oder Y = sauer angehängt werden (z. B. EY = saurer Elektrostahl).

3. Kennbuchstaben für besondere Eigenschaften. Beispiele: A = Alterungsbeständig, L = Laugenrißbeständig, P = Preßschweißbar, R = Ruhig vergossen, S = Schmelzschweißbar.

4. Grenzen der legierten Stähle. Als *niedrig legiert* gelten Stähle, die nicht mehr als 5% an besonderen Legierungselementen enthalten. Was mehr enthält, gilt als *hochlegiert* und erhält als besonderes Kennzeichen den *Vorbuchstaben X*. Sinngemäß werden z. B. *Automatenstähle* (DIN 1651) wie niedriglegierte benannt, da ihr Schwefelgehalt 0,15···0,30%

beträgt und damit über den Grenzen für *unlegierte Stähle* liegt (Grenzen: 0,5% Si, 0,8% Mn, 0,25% Cu, 0,1% Al oder Ti, 0,09% P, 0,06% S).

5. Kennzeichen St u. Zugfestigkeit. Dieses einfache Kennzeichen (z. B. St 37) wird beibehalten für alle Fälle, in denen eine Wärmebehandlung des Stahls beim Verarbeiter nicht in Betracht kommt, oder wenn die Zugfestigkeit für die Verarbeitung maßgebend ist.

6. u. 7. Chemische Symbole u. Kennzahlen. Als *Kohlenstoffkennzahl* dient das Hundertfache des C-Gehalts. Davor steht bei unlegierten Stählen das *Symbol* C (z. B. C 35 = Kohlenstoffstahl mit 0,35% C). *Bei legierten Stählen* dagegen wird zuerst die Kohlenstoffkennzahl (ohne C-Symbol) gesetzt, dann folgen die Legierungsbestandteile mit ihren chemischen Symbolen, geordnet nach fallenden Prozentzahlen. Hinter der Symbolgruppe stehen sodann in entsprechender Reihenfolge die Legierungskennzahlen. Diese *Kennzahlen* werden gebildet durch *Multiplikation* des Prozentgehalts an dem betreffenden Legierungselement

mit   1 bei allen hochlegierten Stählen (davor ganz am Anfang der Buchstabe X),
„   4 „ Cr, Co, Mn, Ni, W (bei niedriglegierten Stählen),
„   10 „ Al, Be, Pb, B, Cu, Mo, Nb, Ta, Ti, V, Zr (bei niedriglegierten Stählen),
„   100 „ P, S, N, Ce, C.

Beispiel: 13 Cr V 53 = Chrom-Vanadinstahl mit 0,13% C, $^5/_4 = 1,25\%$ Cr und $^3/_{10} = 0,3\%$ V.

8. Gewährleistungsumfang, Gütestufen. Die Kennziffern hierfür betreffen die gewährleistete Streckgrenze, den Faltversuch, die Kerbschlagzähigkeit usw. und sind einer Tabelle zu entnehmen. Die Gütestufen beziehen sich auf unlegierten Werkzeugstahl (W 1 = 1. Güte usw.).

9. Behandlungszustand. Beispiele: A = Angelassen, E = Einsatzgehärtet, G = Geglüht, H = gehärtet, K = Kaltverformt, N = Normalgeglüht, S = Spannungsfrei geglüht, V = Vergütet. Hinter dem Kennbuchstaben steht der Mindestzugfestigkeitswert, der durch die Behandlung erreicht wird.

Zusammenfassung kennzeichnender Beispiele (DIN 17006, Blatt 9):

GG-18	= Grauguß mit 18 kg/mm² Zugfestigkeit.
ASt 42.6 N	= Alterungsbeständiger Stahl, 42 kg/mm² Zugfestigkeit, gewährleistete Streckgrenze u. Kerbschlagzähigkeit, normalgeglüht.
TSt 37	= Thomasstahl, 37 kg/mm-Zugfestigkeit
MYC 35 V 70	= Saurer Siemens-Martinstahl, 0,35% C, vergütet auf 70 kg/mm².
EB 13 Cr V 53 V	= Basischer Elektrostahl, 0,13% C, 1,25% Cr, 0,3% V, vergütet.
X 10 CrNi 188 V	= Nichtrostender Stahl, 0,10% C, 18% Cr, 8% Ni, vergütet.
C 100 W 2 G	= Werkzeugstahl, 1% C, 2. Güte, geglüht.

Seit 1946 gibt der Verein deutscher Eisenhüttenleute *„Stahl-Eisen-Werkstoffblätter"* heraus. Sie sollen die Normblätter ergänzen und Vorarbeit für neue Normblätter leisten. Die wichtigsten Blätter sind folgende (Zahl hinter dem Strich = Erscheinungsjahr):

150—49 Unlegierte Werkzeugstähle
200—51 Legierte Kaltarbeitsstähle
250—51 Legierte Warmarbeitsstähle
320—53 Schnellarbeitsstähle
350—53 Wälzlagerstähle
390—53 Nichtmagnetisierbare Stähle
400—54 Nichtrostende Walz- und Schmiedestähle
410—54 Nichtrostender Stahlguß
470—54 Hitzebeständige Walz- und Schmiedestähle
471—54 Hitzebeständiger Stahlguß
490—52 Ventilstähle
550—51 Stäbe für größere Schmiedestücke
590—51 Druckwasserstoffbeständige Stähle
600—52 Nahtlose Trommeln für Dampfanlagen
630—51 Warmfeste Stähle für Schrauben und Muttern
830—55 Stähle für Flammen-, Induktions- und Tauchhärtung
850—51 Nitrierstähle
880—56 Gewalzte und gezogene Stähle für Schweißzusatzwerkstoffe

Da sich alle Wünsche durch die Kurzbezeichnungen nach DIN 17 006 — trotz guter Sinnfälligkeit — noch nicht erfüllen lassen, ist vom Deutschen Normenausschuß im Oktober 1951 noch ein Entwurf zu DIN 17 007 (*Stoffnummern*) veröffentlicht worden, um zunächst Erfahrungen mit *beiden* Bezeichnungssystemen zu sammeln (zur Zeit im Neuentwurf). Die DIN 17007 schließt sich an die „Stahl-

Eisen-Liste" des Vereins Deutscher Eisenhüttenleute von 1945 an und schlägt eine rein zahlenmäßige Werkstoffkennzeichnung vor, und zwar zunächst eine Gruppennummer (1 = Eisenwerkstoffe), anschließend eine Güteklassen-, eine Sorten- und eine Zustandsnummer. Beispiele hierfür siehe Tabelle 3 für Vergütungsstähle.

2.3 Die wichtigsten Baustähle

2.31 Maschinenbaustähle

Unlegierte Normalstähle. Die in der neuen Norm DIN 17100 erfaßten *„Allgemeinen Baustähle"* waren bisher in DIN 1611, 1612, 1621 u. 1622 als Maschinenbaustähle, Formstähle, Grobbleche und Mittelbleche genormt. Die jetzt zum Teil ungültig werdenden Normen stellten in erster Linie „Technische Lieferbedingungen" dar, während DIN 17100 ausschließlich Angaben über den Werkstoff und seine Eigenschaften enthält. Für die Streckgrenze sind Mindestwerte gewährleistet (wichtig für die Nachrechnung der Beanspruchung von Bauteilen). Ferner sind erstmalig die Feinkornstähle und St 52 in eine DIN-Norm aufgenommen worden. Neben der Schmelzanalyse wurden auch die höchstzulässigen Analysenwerte im Stück (für C, P, S u. N) angegeben. Zusätzlich aufgenommen ist St. 33 (früher St 00).

Tabelle 1. *Allgemeine Baustähle (DIN 17100)*

Gütegruppe 1 (allgemeine Anforderungen)	Gütegruppe 2 (höhere Anforderungen)	Gütegruppe 3 (Sonder-Anforderungen)	Zugfestigkeit kg/mm²	Streckgrenze kg/mm² (Mindestwerte)	Bruch-dehnung %	Kohlenstoffgehalt ≈ %
St 33	—	—	33···50	—	18	—
St 34	St 34—2	St 34—3	34···42	21	27	0,17
St 37	St 37—2	St 37—3	37···45	24	25	0,20
St 42	St 42—2	St 42—3	42···50	26	22	0,25
St 50	St 50—2		50···60	30	20	0,30
—	—	St 52—3	52···62	36	22	0,20
St 60	St 60—2	—	60···72	34	15	0,40
—	St 70—2	—	70···85	37	10	0,50

Ferner werden jetzt *3 Gütegruppen* unterschieden, die sich aus den Herstellungsverfahren ergeben und damit von der Art der Erschmelzung und der Vergießung abhängen. Entsprechend DIN 17006 bedeutet: T = Thomas-Stahl, W = nach Sonderverfahren erblasener Stahl, M = Siemens-Martin-Stahl und U = unberuhigter Stahl, R = beruhigter Stahl, RR = besonders beruhigter Stahl. Für ein Beispiel (bei St 37-Sorten) sind hiernach in Tabelle 2 Bestellkennzeichnungen zusammengefaßt.

Für die *Verformbarkeit* ist angegeben, daß die Stähle weder kalt- noch rotbrüchig sein dürfen. Beim Faltversuch müssen sie sich um 180° ohne Anrisse auf der Zugseite biegen lassen.

Sehr wichtig für das Schweißen, sind auch die Angaben über *Sprödbruchempfindlichkeit* und über *Schweißbarkeit.* Das Sprödbruchverhalten kann aus Kerbschlagversuchen erkannt werden. Dabei ist die Kerbschlagzähigkeit in Abhängigkeit von der Temperatur zu ermitteln, u. das Kennzeichen für die Sprödbruchempfindlichkeit ist die Übergangstemperatur der Kerbschlagzähigkeit-Temperaturkurve, bei der der Kerbschlagzähigkeitswert 3,5 mkg/cm² unterschreitet. Verlangt werden für St 34—2, St 37—2 u. St 42—2 mindestens 8 mkg/cm¹ bei 20° Versuchstemperatur und für St 34—3, St 37—2, St 42—3 u. St. 52—3 mindestens 7 mkg/cm² bei 0° Versuchstemperatur.

Tabelle 2. *Bestellkennzeichnung für St 37-Sorten (nach DIN 17 100)*

Gruppe	Sorte	Erschmelzung	Vergießung	Normalglühung für Dicken mm
1	St 37 U St 37 R St 37	T oder M T oder M T oder M	U oder R U R	bis 4,75
2	St 37—2 U St 37—2 R St 37—2 M St 37—2 M U St 37—2 M R St 37—2	M oder W M oder W M oder W M M M	U oder R U R U oder R U R	bis 4,75 und über 25
3	St 37—3 M St 37—3	M oder W M	RR RR	alle

Die *Eignung der Stähle für die Schmelzschweißbarkeit* kann nicht ohne weiteres für bestimmte Stähle gewährleistet werden, da die Schweißbarkeit von 3 Faktoren abhängt, u. zwar von der Gestaltung des Bauteils, vom Werkstoff u. von der Fertigung (d. h. den Betriebsmaßnahmen beim Schweißen). Die Eignung der Werkstoffs Stahl wiederum wird hauptsächlich durch die Neigung zur Abschreckhärtung, durch die Alterungsempfindlichkeit und durch die Sprödbruchempfindlichkeit bestimmt. Die Eignung ist mit etwa 0,22% C (höchstens 0,25% C) begrenzt, so daß sie St 34—2, St 37—2, St 34—3, St 37—3, St 52—3 u. im allgemeinen auch noch St 42—2 u. St 42—3 umfaßt und eingeschränkt auch noch für St 34, St 37 und St 42 gilt. Sie ist bei den Stählen der Gruppe 3 am besten und bei denen der Gruppe 2 besser als bei Gruppe 1. Eignung zum *Widerstands-Stumpfschweißen* ist im allgemeinen bei allen Stählen dieser Norm vorhanden. Die kleinen *Dicken* kann man geringere Anforderungen stellen. Bei Dicken über etwa 20 mm und bei hohen, vor allem mehrachsigen Beanspruchungen sind stets Stähle der Gruppe 3 bzw. M-Stähle erforderlich.

Schließlich ist noch der Vorschlag einer *Punktbewertung* zu erwähnen. Sie kann eine Hilfe bieten, wenn übersichtliche Bauelemente und Spannungszustände und möglichst gleichbleibende und häufig wiederkehrende Bauteile vorliegen. Für den Stahlbau bestehen nach dieser Richtung hin bereits „*Vorläufige Empfehlungen zur Wahl der Stahlgütegruppen für geschweißte Stahlbauten*" (Deutscher Stahlbauauschuß, Oktbr. 1957). Sie gelten für DIN 4100, 4101, 120 u. DV 848. Die wichtigsten Einflüsse, die für die Werkstoffauswahl maßgebend sind, werden dort durch Bewertungszahlen erfaßt, u. zwar Spannungen u. Lasten, Herstellungsempfindlichkeit, Blechdicke, Kaltverformung (Alterung). Betriebstemperatur. Schadensstufe uws. Hierauf erfolgt die Werkstoffauswahl aus einer Gesamtbewertungsziffer $Z = \Sigma z$.

$$Z = \quad 0\cdots14 \text{ bedingt Gütegruppe 1}$$
$$= 15\cdots21 \text{ bedingt Gütegruppe 2}$$
$$= 22\cdots26 \text{ bedingt Gütegruppe 3}$$
$$= 27\cdots31 \text{ bedingt Sonderstahl (alterungsbeständig).}$$

Einsatz- und Vergütungsstähle (*unlegiert u. niedriglegiert*). Für sie gibt Tabelle 3 für den Vergütungsstahl die bisherigen und die neuen *Markenbezeichnungen* an. Bisher bedeutete E = Einsatzstahl, V = Vergütungsstahl, C = Chrom, M = Mangan, S = Silizium, V = Vanadin. Die Zahlen hinter den Buchstaben gaben beim Einsatzstahl den Cr-Gehalt, beim Vergütungsstahl in der ersten Ziffer den Mn- bzw. Cr-Gehalt u. in den folgenden beiden Ziffern den mittleren C-Gehalt in Prozenten $\times$ 100 an. Die *Festigkeitsangaben* in Tabelle 3 gelten für den vergüteten Zustand. Der P- und S-Gehalt soll bei Kohlenstoffstählen höchstens je 0,05% (P + S < 0,09%) bei den legierten Stählen höchstens je 0,04% (P + S < 0,07% betragen, darf aber nach DIN 1601 U vorläufig noch 0,05% P, 0,05% S

$(P + S < 0,09\%)$ erreichen. Die für den Stahlhochbau unwichtigen Einsatzstähle (DIN 17 210) werden im einzelnen hier nicht weiter behandelt.

Tabelle 3. *Vergütungsstähle nach DIN 17200*

Markenbezeichnung		Stoff-Nr. (DIN 17007)	Chemische Zusammensetzung in %					Zugfestigkeit vergütet kg/mm²
nach DIN 17006	früher		C	Mn	Cr	Mo	Ni	
C22/Ck22	StC25.61	1.0611	0,18···0,25	0,3···0,6	—	—	—	50···65
C35/Ck35	StC35.61	1.0651	0,32···0,40	0,4···0,7	—	—	—	60···80
C45/Ck45	StC45.61	1.0722	0,42···0,50	0,5···0,8	—	—	—	60···90
C60/Ck60	StC60.61	1.0751	0,57···0,65	0,5···0,8	—	—	—	70···105
30 Mn5	VM125	1.5066	0,27···0,34	1,2···1,5	—	—	—	65···95
37 Mn Si5	VMS 135	1.5122	0,33···0,41	1,1···1,4	—	—	—	70···120
34 Cr4	VC135	1,7033	0,30···0,37	0,5···0,8	0,9···1,2	—	—	70···120
25 Cr Mo4	VCMo125	1.7218	0,22···0,29	0,5···0,8	0,9···1,2	0,15···0,25	—	65···105
34 Cr Mo4	VCMo135	1.7220	0,30···0,37	0,5···0,8	0,9···1,2	0,15···0,25	—	70···120
42 Cr Mo4	VCMo140	1.7225	0,38···0,45	0,5···0,8	0,9···1,2	0,15···0,25	—	75···130
50 Cr Mo4	—	1.7228	0,46···0,54	0,5···0,8	0,9···1,2	0,15···0,25	—	80···130
30 Cr MoV9	—	1.7707	0,26···0,34	0,4···0,7	2,3···2,7	0,15···0,25	—	90···145
36 Cr Ni Mo4	—	1.6511	0,32···0,40	0,5···0,8	0,9···1,2	0,15···0,25	0,9···1,2	75···130
30 Cr Ni Mo8	—	1.6590	0,26···0,34	0,3···0,6	1,8···2,1	0,25···0,35	1,8···2,1	90···145

Bei den niedriglegierten Einsatz- u. Vergütungsstählen ging man aus rohstoffwirtschaftlichen Erwägungen heraus vom Cr-Ni-Stahl zunächst auf den Cr-Mo-Stahl und dann auf den Cr-Mn-Stahl über und schließlich zum Teil auf den Mn-Stahl und Mn–Si-Stahl. Im allgemeinen haben diese neu eingesetzten Stahlsorten hinsichtlich ihrer Eigenschaften befriedigt. Nur ist bei den Cr–Mn-Stählen und Mn-Stählen die Überhitzungsempfindlichkeit größer als bei den Cr–Ni-Stählen. Günstig wirkt sich ein V-Zusatz aus (z. B. 50 CrV4), der nur $0,10···0,18\%$ zu betragen braucht. Bei den Mn-Stählen (mit $0,7···1,9\%$ Mn) ist der Si-Gehalt auf höchstens $0,4\%$ festgelegt. Nur der Stahl 37 MnSi 5 enthält bei $1,1···1,4\%$ Mn gleichzeitig $1,1···1,4\%$ Si.

Weitere DIN-Normen für Maschinenbaustähle:
DIN 1613 Schrauben- und Kettenstahl (z. B. St 38.13 usw.).
DIN 1623 Stahlblech unter 3 mm (Feinblech, z. B. St I 23, St II 23 usw.).
DIN 1651 Automatenstahl (9S20···60S20).
DIN 1652 Gezogener Stahl (St 00K bis St 70K).
DIN 17220 Stähle für Federn (38 Si 6···58 CrV 4).

Schweißbarkeit. Die *unlegierten Stähle* bis St 42 sind im allgemeinen gut schweißbar. Näheres wurde schon bei DIN 17100 angegeben. Auch bei St 50 ist die Schweißbarkeit noch befriedigend, bei dickeren Wandungen ist aber schon auf 300° vorzuwärmen, und die Lichtbogenschweißung ist der Autogenschweißung vorzuziehen. Bei St 60 u. St 70 ist die Lichtbogen- oder Widerstandsschweißung noch bedingt durchführbar, und zwar nur mit Vorwärmen auf 300° und abschließendem Normalglühen. Schon von St 42 an, unbedingt aber von St 50 an dürfen die Schweißarbeiten nur noch von geübten, geprüften Schweißern ausgeführt werden. Bezüglich weiterer Einzelheiten wird auf Band I und II verwiesen.

Die Schweißbarkeit der *niedriglegierten Stähle* — die die Zusatzbestandteile Si (über $0,5\%$), Mn (über $0,8\%$), Cr, Ni, Mo und V in einer Gesamtmenge von höchstens 5% enthalten — ist im allgemeinen gut und zwar um so besser, je niedriger ihr Kohlenstoffgehalt ist. Besonders gut schweißbar sind Mo- und Cr-Mo-Stähle, ebenfalls gut schweißbar Cr–Ni-, Cr–V- und Cr–Mn-Stähle, auch alle Mn- und Si-Stähle, wenn der C-Gehalt niedrig liegt ($0,1···0,2\%$) und der Si-Gehalt unter $1,2\%$ bleibt. Schlecht oder gar nicht schweißbar sind z. B. verschiedene Federstähle (DIN 17220) wegen ihres höheren C-Gehalts ($0,45$ bis $0,70\%$) bei zugleich $1,5···2,0\%$ Mn oder bei $0,5···1,9\%$ Mn und zugleich $1,4$ bis $1,9\%$ Si.

2.32 Hochlegierte Stähle

Stahlmarken. Eine Anzahl hochlegierter Stähle sind mit Mittelwerten als Auszug aus den Werkstoffblättern des Vereins Deutscher Eisenhüttenleute (400—54 und 470—54) in Tabelle 4 angeführt.

Tabelle 4. *Nichtrostende und hitzebeständige Stähle*

Markenbezeichnung	C %	Si %	Cr %	Mo %	Ni %	Ti %	Al %	Zug-festigkeit in kg/mm²	Bruch-dehnung in %
			Nichtrostende Walz- u. Schmiedestähle						
X 10Cr 13	<0,12	0,4	13	—	—	—	—	50···75	23
X 20Cr 13	0,20	0,4	13	—	—	—	—	65···90	16
X 8CrTi 17	<0,10	0,4	17,5	—	—	>7×C	—	45···60	20
X 12CrNi 188	<0,15	0,4	18	—	8,5	—	—	55··· 5	50
X 10CrNiTi 189	<0,12	6,4	18	—	9,5	>4×C	—	55···75	40
X 5CrNiMo 1810	<0,07	0,4	18	2	10,5	—	—	55···75	45
			Hitzebeständige Walz- u. Schmiedestähle						
X 10CrAl 7	<0,12	0,75	6,5	—	—	—	0,75	45···60	20
X 10CrAl 24	<0,12	1,45	24,0	—	—	—	1,45	50···65	10
X 20CrNi 254	0,20	1,15	25,0	—	4,0	—	—	60···75	25
X 75CrNiSi 2419	0,15	2,05	24,0	—	19,0	—	—	60···75	40

Die Gesamtzahl der vorgenormten nichtrostenden Stähle beträgt 24, die der hitzebeständigen Stähle 11, so daß man sich zusätzlich zu Tabelle 4 noch eine Anzahl Zwischenmarken vorstellen muß. Bisher waren diese Stähle hauptsächlich unter Firmenbezeichnungen bekannt, wie z. B. Remanit, V2A, Nicrotherm usw. Die wichtigsten hochlegierten Stähle, die in der Hauptsache als nichtrostende oder hitzebeständige Anwendung finden, sind also Cr- oder Cr–Ni-Stähle. Zu beachten ist ihr gegenüber unlegierten und niedriglegierten Stählen meist erheblich *niedrigeres Wärmeleitvermögen* — deshalb größere Überhitzungsempfindlichkeit — und die meist *größere Wärmeausdehnung* — deshalb größere Spannungsgefahren! Ferner liegt insbesondere bei Cr- und Cr–Ni-Stählen die Gefahr der *interkristallinen Korrosion* beim Schweißen vor. Man vermeidet diese durch möglichst niedrigen Kohlenstoffgehalt und durch Zusatz von Legierungselementen wie Titan oder Niob, die die Karbidausscheidungen verhindern (s. z. B. X 8CrTi 17).

Schweißbarkeit. Sie ist für alle hochlegierten Stähle in den angezogenen Werkstoffblättern in einer besonderen Tabelle angegeben, und darunter ist noch eine Tabelle für die chemische Zusammensetzung der Zusatzwerkstoffe (Elektroden) hinzugefügt. Die Schweißbarkeit ist meistens gegeben oder sogar gut. Da die Erwärmung auf Schweißhitze von möglichst kurzer Dauer sein soll, ist die Lichtbogenschweißung zu bevorzugen. Auf Grund der Einteilung nach metallographischen Gesichtspunkten kann man auch in der Hauptsache von austenitischen, ferritischen und martensitischen hochlegierten Stählen sprechen. Die Schweißbarkeit austenitischer Stähle (z. B. X 12CrNi 188) ist bei Verwendung austenitischer Elektroden gut, vor allem bei geringem C-Gehalt. Dagegen sind martensitische und hochferritische Stähle (letztere z. B. mit 19···32% Cr) schlecht oder gar nicht schweißbar. Die ferritischen Stähle stehen in der Mitte (z. B. X 10Cr 13), sie lassen sich mit austenitischen Cr–Ni-Elektroden zufriedenstellend verschweißen.

2.33 Hochbaustähle [6]

Normenstähle. Sie waren in DIN 1612 angegeben, sind aber jetzt in die neue DIN 17 100 eingegliedert worden.

Hochfester Baustahl St 52. Dieser Stahl durfte früher bis zu 0,2% C, 0,5% Si und wahlweise über 1,2% Mn noch bis 1,5% Mn oder dafür bis 0,4% Co oder dafür bis 0,2% Mo enthalten, außerdem bis 0,55% Cu. Aus rohstoffwirtschaftlichen Erwägungen heraus läßt man aber jetzt den Zusatz von Cr, Mo und Cu fort und läßt zusätzlich zu normal 1,2% Mn noch bis 0,6% Mn und zusätzlich zu normal 0,6% Si noch bis 0,2% Si zu. Der P- und S-Gehalt darf höchstens je 0,06% vor P + S-Gehalt höchstens 0,1% betragen. In Verfolg neuerer Forschungsergebnisse darf St 52 in Dicken über 30 mm nur von Werken verwendet werden, die auf Grund besonderer Prüfung von der Bundesbahn zugelassen sind (s. DIN 4100 u. 4101). Es handelt sich darum, einen St 52 zu erhalten, der nicht mehr — wie teilweise der frühere St 52 — spröde Brüche (Trennbrüche), sondern Verformungsbrüche ergibt. Dies erreicht man durch Anwendung eines Feinkornstahls, den man durch ein Sonderschmelzverfahren (Desoxydation mit Al) erhält, und durch zusätzliches Normalglühen der Stahlplatten von mehr als 30 mm Dicke im Walzwerk. Bei den Erzeugnissen bestimmter Werke kann auf das Normalglühen verzichtet werden. Walzerzeugnisse von mehr als 50 mm Dicke aus St 52 dürfen vorläufig nicht verwendet werden. Durch Vorwärmen vor und Spannungsfreiglühen nach dem Schweißen wird auch eine größere Sicherheit gegen Rißgefahr erreicht, jedoch beeinträchtigen beide Wärmmaßnahmen die Herstellungszeit und Wirtschaftlichkeit der geschweißten Stahlkonstruktion, so daß die Bundesbahn die notwendige Sicherheit im allgemeinen ohne solche zusätzlichen Hilfsmittel zu erreichen sucht.

Schweißbarkeit. Nach den Ergänzungsblättern zu DIN 4100 u. 4101 dürfen für geschweißte Stahlbauten und Straßenbrücken Thomasstahlbleche St 37 nur bis 20 mm Dicke, Breitflachstahl, Gurtplatten nur aus Thomasstahl St 37 nur bis 25 mm Dicke verwendet werden. Der bisherige St 48 (mit etwa 0,3% C) hat ungünstige Schweißeigenschaften gezeigt. Um dem Thomasstahl wieder größere Anwendungsmöglichkeiten für geschweißte Stahlkonstruktionen zu sichern, wurde für Bleche unter 30 mm Dicke ein neuer beruhigt vergossener Thomasstahl St 48 vorgeschlagen, der bei der Aufschweißbiegeprobe (s. Bd. II) befriedigt hat. Die Schweißbarkeit des nach den vorigen Ausführungen abgeänderten St 52 ist als gut zu bezeichnen, ebenso die des St 50 me S.

Neben dem *hochfesten Baustahl* St 52 wurde ein St 50 me S (d. h. *mit erhöhter Streckgrenze*) entwickelt (auch als HSB 50 bezeichnet). Gegenüber $\sigma_S = 30$ kg/mm² beim St 52 ergibt der St 50 me S ein $\sigma_S = 40$ kg/mm². Bei etwa demselben Summenverhältnis C + Si + Mn wie St 52 erhält der neue Stahl 0,018···0,030% Al-Zusatz, der nicht nur zur Abbindung des Sauerstoffs zu Al_2O_3 ausreicht, sondern auch noch für die Bildung von Al-Nitriden zur Verfügung steht, die durch eine Glühbehandlung in submikroskopischer Form ausgeschieden werden. Sie rufen eine Gleithemmung hervor, die die Streckgrenze wesentlich erhöht.

2.34 Rohrleitungsstähle

Nahtlose Stahlrohre. Sie werden meistens nach dem Mannesmannschen Schrägwalzverfahren mit anschließendem Weiterauswalzen im Pilgerschritt-Walzwerk oder im Duowalzwerk (über Dornen) hergestellt. Angaben über die Abmessungen enthalten DIN 2448 (Nahtlose Flußstahlrohre von 8···572 mm Außendurchmesser), DIN 2460 (Nahtlose Stahlmuffenrohre für Gas- u. Wasserleitungen, 40 bis 600 Nennweite) und DIN 9871 (Nahtlose Stahlrohre für hydraulische Hochdruckanlagen, 200···640 at Nenndruck). Die zur Herstellung normaler Rohre gebräuchlichen Werkstoffe sind in DIN 1629 enthalten. Der in Tab. 5 gebrachte Auszug zeigt, daß in der Hauptsache in Handelsgüte und Rohre mit Gütevorschriften unterteilt wird. St 00.29 (Handelsgüte) kann bis 25 at Nenndruck und für Temperaturen bis 300° Anwendung finden.

Tabelle 5. (*Auszug aus DIN 1629*)

Marken-bezeichnung	Zug-festigkeit kg/m²	Bruchdehnung mindestens % δ_5	δ_{10}
St 00.29 (Handelsgüte)	Festigkeitswerte nicht gewährleistet		
St 35.29	35···45	25	20
St 45.29	45···55	21	17
St 55.29	55···65	17	14
St 65.29	65···75	12	10

Für höher beanspruchte Rohre nnd Temperaturen über 300° (bis 400°) sind hauptsächlich die Werkstoffe St 35.29 u. St 55.29 anzuwenden. St 45.29 u. St 65.29 werden nur auf besondere Bestellung angefertigt. Bis etwa 45.29 sind die Rohre gut schweißbar. Dagegen ist bei St 55.29 u. St 65.29 unbedingt eine Vorwärmung der Schweißenden auf 200···300° erforderlich.

Für nahtlose Stahlrohre, die hohen Rohrwandtemperaturen und Drücken ausgesetzt sind, müssen Werkstoffe nach DIN 17175 (Nahtlose Stahlrohre mit gewährleisteten Warmfestigkeitseigenschaften) gewählt werden. Da aber selbst bei guten unlegierten Stählen (Siemens–Martin-Güte oder Windgefrischter Austauschstahl) die Wärmestreckgrenze und die Dauerstandfestigkeit über 400° stark abnehmen, sind besonders für höhere Temperaturen, noch legierte Stähle in DIN 17175 mit eingebaut worden. Dies sind Mo- und Cr–Mo-Stähle. Tabelle 6 gibt einen Überblick über alle wichtigen Zahlenwerte aus DIN 17175. Aus Rücksicht auf Schwankungen in der Legierungsversorgung hat es sich als notwendig erwiesen in DIN 17175 noch die Stähle 14 Mn 4, 15 CrMo 3 u. 13 CrMo V 42 hinzuzunehmen.

Tabelle 6. (Auszug aus DIN 17175)

Stahlmarke	Stoffnummer	Chemische Zusammensetzung in %				Zugfestigkeit	Streckgrenze in kg/mm² bei	
		C	Mn	Cr	Mo	kg/mm²	200°	400°
St 35.8	1.0061	$\leqq 0,17$	$\geqq 0,40$	—	—	35···45	19	11
A St 35.8	1.0065							
St 45.8	1.0062							
A St 45.8	1.0065	$\leq 0,22$	$\geq 0,45$	<0,3	—	45···55	21	13
L St 45.8	1.0067							
15 Mo 3	1.5435	0,12···0,20	0,5···0,7	—	0,25···0,35	45···55	26	19
13 CrMo 44	1.7335	0,10···0,18	0,4···0,7	0,7···1,0	0,4 ···0,5	45···58	28	22

Schweißbarkeit. Die unlegierten Stähle und die angegebenen legierten Stähle sind gut schweißbar. Nach dem Schweißen ist ein örtliches Anlassen oder Spannungsfreiglühen bei Wanddicken über 10 mm allgemein zu empfehlen. Dies soll immer geschehen bei 13 CrMo 44 sowie bei Wanddicken über 20 mm.

Geschweißte Stahlrohre. Sie werden heute hauptsächlich nach den folgenden *Verfahren* hergestellt:

1. *Fretz–Moon-Verfahren,* Massenherstellung von Rohren kleinen Durchmessers (10 bis 60 mm) aus gerundeten und stumpfgeschweißten Blechstreifen.

2. *Autogene oder elektrische Schmelzschweißung,* aus gerundeten Blechstreifen stumpfgeschweißt, Nenndruck 1···6 atü, Nennweite 50···2000 mm). Es kommen aber auch kleinere Durchmesser in Frage. Die Schmelzschweißung kann von Hand oder maschinell erfolgen. Bis 200 NW geschieht das Schweißen grundsätzlich maschinell, darüber hinaus von Hand oder maschinell (z. B. UP-Verfahren).

3. *Unter Pulver-Verfahren,* Sonderschmelzschweißverfahren für größere Durchmesser und Wanddicken. Siehe Bd. II.

4. *Elektrische Widerstandschweißung,* Stumpfschweißung gerundeter Blechstreifen für Rohre von 15···20 mm Durchmesser.

5. *Autogene Preßschweißung.* Sie ist neuerdings in Aufnahme gekommen und vorläufig nur für das Schweißen von Rundnähten gedacht.

6. *Induktionsgeschweißte Rohre.*

Die Blechwerkstoffe sind zunächst genormt in DIN 1621 (Grobbleche), DIN 1622 (Mittelbleche) und DIN 1623 (Feinbleche). Darüber hinaus ist in DIN 1626 (Stahlrohre, schmelzgeschweißt) als Werkstoff ein St 34 (mit 34···45 kg/mm² Zugfestigkeit und 20 bzw. 25% Dehnung) angegeben. Die Bleche sollen nach dem Schweißen als Rohr geglüht sein.

In DIN 1626 ist zunächst eine Unterteilung nach glatten Rohren, Muffenrohren, Flanschenrohren und Formstücken vorgenommen. Sodann sind Rohre mit und ohne Abnahmevorschriften unterschieden. Für Rohre ohne Abnahmevorschriften werden keine Gütezahlen nachgewiesen; es wird nur auf dem Lieferwerk ein Wasserdruckversuch mit mindestens dem 1,5fachen Betriebsdruck vorgenommen. Bei Rohren mit Abnahmevorschriften ist der Wasserdruckversuch mit mindestens 5 atü, jedoch höchstens 12 kg/mm² Beanspruchung durchzuführen und nach besonderer Vereinbarung der Zugversuch, bei dem die Zugfestigkeit mindestens 30,6 kg/mm², entsprechend 90% der Mindestzugfestigkeit des

Werkstoffs St 34.28 betragen muß. DIN 1626 sieht noch Rohre mit Sondervorschriften vor, wobei die Rohre nach dem Schweißen normalgeglüht werden müssen.

Stahlmuffenrohre. Ihr für den Schweißfachmann wichtigster Verwendungsbereich liegt in erdverlegten Gas-, Wasser- und Ölleitungen (Ferngas- und Fernwasserleitungen). Sie sind in DIN 2460 (nahtlose Stahlmuffenrohre) und in DIN 2461 (Sondergeschweißte Stahlmuffenrohre) erfaßt. Lieferbedingungen nach DIN 1626. Werkstoff für nahtlose Muffenrohre St 00.29 (bis ND 25), bei höheren Beanspruchungen St 35.29 bis St 55.29 (DIN 1629).

Flanschen. Sie werden entweder aus Blechen durch Ausschneiden oder aus Knüppeln durch Schmieden im Gesenk hergestellt. Die gebräuchlichsten Werkstoffe sind St 33 und St 37. Im übrigen kommen alle Werkstoffe, die bei den nahtlosen Rohren angegeben wurden, in Betracht.

Besondere Richtlinien. Solche Richtlinien wurden herausgegeben als DIN 2470 und 2471. In DIN 2470 „Richtlinien für Gasrohrleitungen mit geschweißten Verbindungen von mehr als 200 mm Durchmesser und mehr als 1 kg/cm² Betriebsüberdruck" sind die Anforderungen an Werkstoff und Formgebung, die Herstellung und Prüfung der Schweißverbindungen an der Baustelle, die Geräte zum Schweißen, die Verlegung und Überwachung der Gasrohrleitung usw. enthalten. Alles, was die Werkstoffe anbelangt (z. B. DIN 1626 und 1629), wurde bereits im vorigen berücksichtigt. Die DIN 2471 „Richtlinien für die Prüfung von Rohrschweißern" ist aus einem Anhang von DIN 2470 heraus als besondere Norm entwickelt worden (Näheres in Bd. I). Werkstoffkundlich ist in DIN 2471 nichts Neues oder Abweichendes enthalten.

2.35 Kesselbaustähle [7]

Übliche Kesselbaustähle. Nach den „Werkstoff- und Bauvorschriften für Dampfkessel" nahm man *für Kesselbleche* in der Hauptsache *S. M.-Stahl*, der nach der Blechgüte mit M I bis M IV bezeichnet wurde.

In der letzten Ausgabe dieser Vorschriften vom 1. 1. 1947 (zugleich DIN 1851) wurde bereits der Weiterentwicklung der Stahlsorten Rechnung getragen. Die neue DIN 17 155 (Kesselbleche), siehe auch die neuen Vorschriften, Ausgabe 1953, sieht nun die in Tabelle 7 wiedergegebenen Stahlmarken vor. Die Stähle werden im allgemeinen im Siemens-Martin-Ofen erschmolzen, I und H I können auch

Tabelle 7. *Kesselbaustähle*

Stahlmarke	Stoff-Nummer	Chemische Zusammensetzung in %				Zug-festig-keit kg/mm²	Kerb-zähig-keit kg/cm²	Streckgrenze in kg/mm² bei	
		C	Mn	Cr	Mo			200°	400°
I	1.0051	$\leqq$ 0,17	$\geqq$ 0,30	$<$ 0,3	—	35···45	8	16	—
II	1.0052	$\leqq$ 0,23	$\geqq$ 0,30	$<$ 0,3	—	41···50	6	18	—
H I u. H I A	1.0081	$\leqq$ 0,16	$\geqq$ 0,40	$<$ 0,3	—	35···45	8	18	9
H II u. H II A	1.0082	$\leqq$ 0,20	$\geqq$ 0,50	$<$ 0,3	—	41···50	7	21	11
H III u. H III A	1.0083	$\leqq$ 0,22	$\geqq$ 0,55	$<$ 0,3	—	44···53	6	23	13
H IV, H IVA u. HIVL	1.0084	$=$ 0,24	$\geqq$ 0,60	$<$ 0,3	—	47···56	5	25	15
17 Mn 4	1.0916	0,14···0,20	0,9···1,2	$<$ 0,3	—	47···56	5	25	15
19 Mn 5	1.0935	0,17···0,23	1,0···1,3	$<$ 0,2	—	52···62	5	26	18
15 Mo 3	1.5415	0,12···0,20	0,5···0,7	$<$ 0,3	0,25···0,35	44···53	6	24	17
13 Cr Mo 44	1.7335	0,10···0,18	0,4···0,7	0,7···1,0	0,4···0,5	44···56	6	27	21

durch Windfrischen hergestellt werden, sind aber bei Nietung nur bis 15 mm, bei Schweißung bis 25 mm Blechdicke zulässig. Die Stähle HIA ··· HIVA sind *alterungsbeständig,* HIVL ist *laugenrißbeständig.* Der Si-Gehalt aller Stähle soll unter 0,35% (bis auf 19 Mn 5), der P- und S-Gehalt je unter 0,05% liegen. Die Bruchdehnung wird für alle Stahlmarken in Prozent aus $\dfrac{1000}{\text{Zugfestigkeit}}$ errechnet, also z. B. für H I im Mittel $= \dfrac{1000}{40} = 25\%$.

Am wenigsten der Alterung unterworfen ist der *Izett-Stahl* (Izett = Immerzäh), der in den gleichen Blechgüten wie Tab. 7, bei auch denselben Festigkeitswerten und annähernd derselben chemischen Zusammensetzung (P- und S-Gehalt nur je 0,02%) geliefert wird. Die geringere Alterungsneigung und größere Laugenbeständigkeit wird durch weitgehende Desoxydation mit Al und durch Vergüten des Stahls erzielt.

Legierte Stähle. Wie bereits im Abschnitt 3 (Unterabschnitt „Nahtlose Rohre") ausgeführt wurde, nehmen bei Temperaturen über 300° (noch mehr über 400°) Streckgrenze und Dauerstandfestigkeit auch bei guten unlegierten Stählen stark ab. Man muß also dann zu legierten Stählen mit höheren Wärmefestigkeitseigenschaften übergehen. Das erste Beispiel hierfür ist der „*Reduktionsstahl*" (Zuführung des Mangangehalts durch Reduktion aus der Schlacke) mit 0,3···0,45% Si und 0,8···1,2% Mn. Es folgten der Mo–Cu-Stahl und der Mo- und Cr–Mo-Stahl. In Tabelle 7 sind bereits 4 Sorten legierter Stähle enthalten. Bezüglich der *Kesselrohrstähle* kann ebenfalls auf DIN 17175 verwiesen werden. *Für Höchstdruckkessel* kommen nur Izett IV und legierte Stähle mit z. B. 0,8% Cr und 0,5% Mo (bis 120 atü und 530° ausreichend), darüber hinaus nur legierte Stählemit 2,5···6,0% Cr in Betracht (bei 6,5% Cr, 0,4% Mo und 0,8% Al zunderbeständig bis 800°).

Schweißverfahren. Als Schweißverfahren kommen sämtliche, z. B. schon bei den Rohrschweißungen gekennzeichnete Verfahren in Betracht unter Bevorzugung der Schmelzschweißverfahren. Die Entwicklung und der inzwischen erreichte hohe Stand der Lichtbogenschweißung haben es allerdings mit sich gebracht, daß *Kesselbleche* heute fast nur noch *lichtbogengeschweißt* werden und daß die *Gasschweißung* fast nur noch für *Kesselrohrschweißungen* angewandt wird. An den Großlehrwerkstätten werden neben den normalen Lehrgängen für Kesselblech- oder Lichtbogenschweißer (Lichtbogenschweißung) besondere Lehrgänge für Kesselrohrschweißer (Gas- oder Lichtbogenschweißung) abgehalten. Alle Schweißungen an Kesseln dürfen nur von geprüften Schweißern ausgeführt werden, für deren Ausbildung innerhalb der bereits angezogenen „Werkstoff- und Bauvorschriften für Dampfkessel" auch „Richtlinien für die Ausbildung und Prüfung von Kesselschweißern" vorliegen. — Über die gerade bei Kesselschweißungen notwendige Nachbehandlung der Schweiße wird im folgenden Abschnitt 2.4 gesprochen.

2.4 Nachbehandlung der Schweißnähte

2.41 Glühverfahren

Wenn man von den Verfahren des „Hochglühens" und „Diffusionsglühens" absieht, die für eine Nachbehandlung von Schweißnähten nicht in Frage kommen, bleiben als Glühverfahren übrig das Normal-, dasWeich- und dasSpannungsfreiglühen. Unter *Normalglühen (Normalisieren)* versteht man ein Erhitzen auf etwa 50° über die obere Umwandlungslinie GOS (Abb. 11) im Eisen-Kohlenstoffschaubild (Näheres in BandI und II) mit nachfolgender Abkühlung an ruhender Luft. Das Gefüge erfährt eine vollständige Kornneubildung und Kornverfeinerung und damit eine Verbesserung der Festigkeitseigenschaften. Demgegenüber erfolgt das *Weichglühen* etwa auf der Linie PSK (Abb. 11). Das

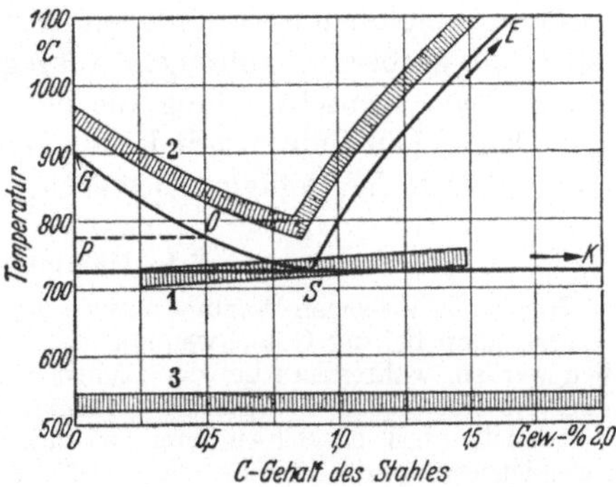

Abb. 11. Glühtemperaturen der Kohlenstoffstähle
1 Weichglühen; 2 Normalglühen; 3 Spannungsfreiglühen

Grundgefüge des Stahls, der streifige Perlit, wandelt sich in die körnige Form um, die Gesamtstruktur wird weicher. Als *Spannungsfreiglühen* bezeichnet man sodann ein Erhitzen auf $500\cdots600°$ zur Verringerung bzw. Beseitigung der Spannungen. Auf Grund neuerer Untersuchungen hat es auch eine gewisse Gefügeverbesserung zur Folge, wobei eine bestimmte Glühdauer — z. B. 1^h je 25 mm Werkstoffdicke bei $600°$ — und ebenso gleichmäßiges Erhitzen wie Erkalten von Bedeutung sind.

2.42 Glühen bei Kesselschweißungen

Grundsätzlich ist nach dem Schweißen eine *Wärmebehandlung* zweckmäßig, jedoch nicht in allen Fällen erforderlich. Nach den „Werkstoff- und Bauvorschriften für Landdampfkessel" kann von einer Glühbehandlung abgesehen werden bei schmelzgeschweißten Schüssen und Trommeln für Kessel mit höchstens 8 atü Betriebsdruck, sofern Werkstoff mit nicht mehr als 42 kg/mm² Zugfestigkeit verwendet wurde, und bei Kesselrohren, wenn die Werkstofffestigkeit unter 55 kg/mm² bleibt und nicht mehr als 0,25% C, 1,2% Mn, 0,4% Si, 0,3% Si, 0,2% Cr (bzw. 0,3% Ni + Cr), 0,3% Cu, 0,5% Mo, 0,2% V im Werkstoff enthalten sind. Dennoch ist, wie bereits in Verbindung mit DIN 17175 betont wurde, ein örtliches Anlassen oder Spannungsfreiglühen bei Cr–Mo- und Cr–V-Stählen unbedingt erforderlich (ebenso wie bei C 35).

Während für alle höher beanspruchten Kessel früher ein *Normalglühen* nach dem Schweißen vorgeschrieben war, ist auf Grund neuer Versuche durch die Ministerialerlasse vom 6. 3. 1940, 15. 12. 1941 und 29. 7. 1942 das *Spannungsfreiglühen* dem Normalglühen bei einigen Kesselblechen und bei Blechdicken bis 50 mm gleichgestellt worden. Das hat den Vorteil eines geringeren Wärmebedarfs und einer kaum noch eintretenden Verformung der Kesseltrommeln (infolge der niedrigeren Glühtemperaturen). Bei größeren Wanddicken als 50 mm wird zweckmäßig ein Spannungsfreiglühen mit nachfolgendem Normalglühen angewandt.

Bei $650\cdots750°$ ist auch ein *rekristallisierendes Glühen* durchführbar, wobei man unter Rekristallisation die Bildung neuer Körner bei der genannten Temperatur versteht. Da aber weicher Stahl alsdann bei vorhergegangenen Kaltverformungsgraden von $5\cdots20\%$ stark zur Grobkornbildung neigt, muß sein Verformungsgrad für ein solches Glühen bei $20\cdots30\%$ liegen. Glühtemperaturen von $750\cdots850°$ sind bei weichem Stahl ganz zu vermeiden, weil sich alsdann an den Korngrenzen feine Zementitstreifen (Korngrenzenzementit) bilden, die den Stahl spröde machen.

Bei niedrigen Erwärmungstemperaturen — etwa $190°$ — wird in neuerer Zeit ein *autogenes Entspannen* mit Hilfe von Flammstrahlbrennern zu beiden Seiten der Schweißnaht in Längsrichtung durchgeführt. Den Brennern folgt in kürzerem Abstand eine Wasserbrause. Hierdurch wird in der Schweißnaht die Fließgrenze überschritten, und die Schweißspannungen werden durch Verformung der Naht stark abgebaut. Das Verfahren ist im Schiffbau und teilweise im Behälterbau in Anwendung. Die Kosten betragen nur $15\cdots20\%$ der Ofenglühung.

2.43 Mehrlagenschweißung

Hierbei erfahren die unteren Lagen durch die jeweilig oberen infolge Ausglühens eine Gefügeverfeinerung. Außerdem entsteht der Vorteil, daß die zum Spannungsfreiglühen erforderlichen Temperaturen in den unteren Lagen erreicht und damit größere Spannungen ausgeglichen werden. Bei der Gasschweißung wird die Mehrlagenschweißung, die sich bei der Lichtbogenschweißung von selbst ergibt, bei dicken Nähten mit Erfolg benutzt. Auch *wurzelseitiges Nachschweißen* ist hinsichtlich der Gefügeverbesserung von Vorteil.

2.44 Hämmern der Schweiße

Hierbei ist zwischen Warmhämmern und Kalthämmern zu unterscheiden. Das *Warmhämmern* kann bei der Gasschweißung als ein dem Verfahren zugehöriger Arbeitsgang angesehen werden, während es bei der Lichtbogenschweißung weniger bedeutungsvoll ist, weil selten die notwendige Wärme über längere Zeit zu halten ist, wenn nicht eine fremde Wärmequelle (z. B. ein Schweißbrenner) hinzugezogen wird. Auch müssen Mantelelektroden verwendet werden, da die Schweiße der Nackt- und Seelenelektroden im allgemeinen nicht schmiedbar sind. Das Warmhämmern hat eine Verfeinerung und Verdichtung des Korns und eine Verminderung der Spannungen zum Ziel. *Keinesfalls darf im Gebiet der Blauhitze*

(200···350°) gehämmert werden, da alsdann Risse auftreten werden. Das *Kalthämmern* kann zwar Spannungen und Schrumpfungen vermindern, ist aber erstens in seiner Wirksamkeit auf geringe Werkstoffdicken beschränkt und nimmt zweitens dem Werkstoff seine Verformbarkeit und macht ihn spröde, ist also im allgemeinen abzulehnen.

2.5 Oberflächenhärtung

2.51 Härteverfahren

Grundsätzlich ist zu unterscheiden zwischen *Umwandlungshärtung* (hauptsächlich für Werkzeugstähle), *Oberflächenhärtung* (für Baustähle), *Ausscheidungshärtung* (praktisch bei Stahl noch nicht angewandt) und *Kalthärtung* (durch Kaltformgebung). Hier soll nur die für Baustähle wichtige Oberflächenhärtung kurz behandelt werden.

2.52 Oberflächenhärtung durch Wärmebehandlung

Härtbarer Stahl (mit etwa 0,3···0,6% C) wird an der Oberfläche so schnell erhitzt (in 20···40 s), daß eine starke Wärmestauung eintritt. Beim sofort anschließenden Abschrecken wird der Teil der Randzone, der über die obere Umwandlungslinie GOS erhitzt worden war, in Härtegefüge (Martensit) übergeführt. Der Verein Deutscher Eisenhüttenleute hat bereits ein Werkstoffblatt 830···55 über *„Stähle für Flammen-, Induktions- und Tauchhärtung"* herausgegeben, in dem 6 unlegierte Stähle (von C 35 bis C 53) und 5 legierte Stähle (von 40 Mn 4 bis 50 Cr V 4) als zweckmäßig angegeben sind. Der P- u. S-Gehalt ist auf je 0,05%, bzw. meistens sogar auf je 0,04% beschränkt. Für die praktische Anwendung kommen 3 Verfahren in Betracht:

Die Flammenhärtung (auch Autogen oder Brennhärtung genannt). Die Oberflächenerhitzung erfolgt durch große Azetylen- oder Leuchtgasbrenner, wobei man in der Hauptsache zwischen der Mantelhärtung nach dem Umlaufverfahren (für Lagerstellen an Wellen usw., umlaufende Welle und Mantelbrause) und dem Linienverfahren (breiter Brenner erhitzt eine schmale Zone) unterscheidet. — Näheres in Band I.

Die Induktionshärtung (auch Doppel-Duro-Tocco-Härtung genannt). Die Oberflächenerhitzung erfolgt durch induzierte Wirbelströme von hoher Frequenz. Da die Eindringtiefe der Erwärmung mit steigender Frequenz abnimmt, arbeitet man bei geringer Härtetiefe mit höheren Frequenzen (500000···1000000 Hz) und bei größeren Härtetiefen mit niedrigeren Frequenzen (bis etwa 10000 Hz).

Die Tauchhärtung. Zum Erhitzen werden hocherwärmte Salzbäder (Barium- und Kaliumchlorid) oder auch Gußeisen- oder Zinnbronzebäder genommen (1100···1200° Badtemperatur).

2.53 Oberflächenhärtung durch Diffusion

(Einsatzhärtung). Nichthärtbarer Stahl (mit etwa 0,1···0,25% C), unlegiert oder niedriglegiert, wird bei einer Temperatur dicht ober oder dicht unter GOS (850···950°) in kohlenstoffabgebenden Mitteln 3···5^h lang geglüht und dann in Wasser oder Öl abgeschreckt. Die Außenschicht wird durch Hineindiffundieren des Kohlenstoffs in 1···2 mm Tiefe auf etwa 0,9% C angereichert. Das *Einsatzmittel* kann fest (Pulver) oder flüssig oder seltener gasförmig sein (Pulver-, Bad- oder Gas-Zementieren). Als festes Einsatzmittel verwendet man zweckmäßig 60 Teile Holzkohle und 40 Teile Bariumkarbonat, als flüssiges ein Salzbad (Durferrit C3, C5), als gasförmiges Leuchtgas, Propan oder Butan. Am einfachsten ist das *„Härten aus dem Einsatz"*. Da aber die Einsatztemperatur höher liegt als die Härtetemperatur, wird — noch dazu bei der langen Glühzeit — die Randschicht überhitzt gehärtet und der Kern grobkörnig. Deshalb erfolgt besser nach langsamer Abkühlung im Einsatzkasten ein *„Zwischenglühen"* bei etwa 700° und dann entweder eine langsame Ofenabkühlung (Verbesserung der Zerspanbarkeit

u. Spannungsverminderung) oder eine beschleunigte Abkühlung an der Luft zur Kornverfeinerung des Kerns („*Kernrückfeinen*" genannt). Darüber hinaus ist noch eine „*Doppelhärtung*" möglich, d. h. ein Kernrückfeinen mit nachfolgender „Schlußhärtung".

Eine Sonderart der Diffusionshärtung ist die *Nitrierhärtung* (Stickstoffhärtung), die entweder mit Gas oder im Salzbad ausgeführt werden kann. Beim *Gasnitrieren* werden die Werkstücke in Einsatzkästen im elektrisch geheizten Ofen $^1/_2 \cdots 4$ Tage lang bei 500° einem Ammoniakstrom (NH_3) ausgesetzt, wodurch der Stickstoff in eine dünne Außenschicht von nur $0,1 \cdots 0,2$ mm Dicke hineindiffundiert. Allerdings sind nur Sonderstähle mit Al-, Cr-, Mo-, Ni- u. V-Zusätzen verwendbar, deren Nitride eine Gitterverspannung der Kristalle und damit eine Steigerung der Oberflächenhärte bewirken, während Eisennitride spröde und bröcklig sind. Das Werkstoffblatt $850 \cdots 51$ des Vereins Deutscher Eisenhüttenleute sieht z. B. folgende Stähle vor: 27 CrAl 6, 32 AlCrMo 4, 33 CrAlNi 7 usw. Die Gehalte an Zusätzen betragen $1 \cdots 2,5\%$ Cr, $1 \cdots 1,2\%$ Al usw. Der P- und S-Gehalt liegt unter je $0,035\%$, teilweise unter je $0,025\%$. Das *Badnitrieren* — kurzes Erhitzen ($10 \cdots 45$ min auf 500° in zyanhaltigen Salzbädern — ist bis jetzt nur für Schnellstahlwerkzeuge zur Erhöhung der Standfestigkeit von Bedeutung. Im übrigen ist die Nitrierhärtung eine wertvolle Ergänzung der normalen Einsatzhärtung für Teile, die große Oberflächenhärte (900 Brinelleinheiten gegenüber 650 des normalen Einsatzstahls) haben sollen, aber nicht allzu hohem Flächendruck (wegen der dünnen Härteschicht) ausgesetzt sind.

2.6 Rißgefahren

2.61 Allgemeines

Risse können schon bei der Stahlherstellung entstehen durch *Schlackeneinschlüsse* und durch *Dopplungen* (Werkstofftrennungen im Blechinnern, hervorgerufen durch Lunker, Blasen oder Seigerungen), sodann durch *falsche Warm- und Kaltbehandlung* des Stahls und auch noch durch „*Laugensprödigkeit*", wenn der kaltverformte Stahl gleichzeitig hohen mechanischen Beanspruchungen und der Einwirkung heißer Laug n ausgesetzt ist, chließlich durch *Beizen* (Beizsprödigkeit durch Aufnahme von Wasserstoff), Schleifen usw. Ferner können *ungünstige Konstruktion und schweißtechnische Verhältnisse* zu einer Rißgefahr führen. Diese ist z. B. dann gegeben, wenn zu starre Einspannungen und zu starke Vorspannungen vorliegen, weiter wenn im Verhältnis zum Werkstück die Schweißraupenlagen, vor allem die Wurzellagen zu dünn sind. Besonders bei Kehlnähten führt eine zu dünne Wurzellage fast immer zu R ssen. Eine sehr ungünstige Schrumpfwirkung ergibt sich auch bei Hohlkehlnähten. Außer diesen leichter zu beherrschenden Rißmöglichkeiten kommen aber noch ungünstige physikalische und metallurgische Eigenschaften der Schweiße und der Übergangszonen für eine Rißbildung in Frage.

2.62 Schweißempfindlichkeit

Eine wichtige Eigenschaft aller kohlenstoffreicheren Stähle, die beim Schweißen störend einwirkt, ist die, daß sie bei schneller Abkühlung aus hohen Temperaturen hart und spröde werden. Man spricht von einer „*Aufhärtung*", die bei St 34 und St 37 infolge des geringen Kohlenstoffgehalts von $0,1 \cdots 0,15\%$ noch nicht in Erscheinung tritt, sich aber z. B. bei St 52 und bei allen Kohlenstoffstählen über $0,15\%$ C mehr oder weniger unangenehm bemerkbar macht. Diese Aufhärtung setzt sich beim Schweißen bis in die Übergangszonen hinein fort, und man spricht von „*Schweißempfindlichkeit*", wenn ein Stahl infolge zu harter Übergangszonen mit sehr geringem Formänderungsvermögen in Verbindung mit großen Schweißspannungen zu Rißbildungen neigt. *Die Risse nehmen ihren Ausgang von den Härtungszonen und können bis weit in den an die Schweiße angrenzenden Werkstoff hinein reichen.* Bei St 34 und St 37 ist Schweißempfindlichkeit nur dann zu erwarten, wenn z. B. bei Thomasstahl der Gehalt an Phosphor, Schwefel und Stickstoff das übliche Maß übersteigt. Die Gefahr der Rißbildung ist allgemein um so größer, je schmaler die Erhitzungszone ist. Schweißempfindlichkeit zeigt sich also im allgemeinen nur bei der Lichtbogenschweißung und vor allem bei dickeren Abmessungen. Die Risse stellen sich teils nach Beendigung der Schweißung ein, teils aber auch erst bei geringen äußeren Belastungen. Bauart, Werkstoffdicke und Lage der Nähte sind hierbei von Bedeutung, in erster Linie ist die Zusammensetzung des Baustoffs für die Schweißempfindlichkeit maßgebend.

2.63 Schweißnahtrissigkeit

Diese liegt vor, wenn *Risse in den Schweißnähten selbst* auftreten. Meist handelt es sich dabei um ausgesprochene *Warmrisse*, die sich schon während des Schweißens selbst bilden, und zwar teilweise in höheren Temperaturgebieten (über 600°), teilweise aber auch erst im Blaubruchgebiet (200···350°), also in einem Gebiet verringerter Formänderungsfähigkeit. Besonders gefährdet sind Wurzelnähte und schwache Kehlnähte. Schweißnahtrissigkeit wird bei der Lichtbogenschweißung vor allem bei Verschweißung dickumhüllter Elektroden und hier wieder vorwiegend bei der Schweißung von Stählen höherer Festigkeit beobachtet. Man versucht die Rißbildung dadurch abzuwenden, daß man einen wenig empfindlichen Schweißdraht verwendet und einen genügend dicken Draht. Maßgebend sind also in der Hauptsache die Eigenschaften des Schweißdrahts.

2.64 Schweißrissigkeit

Hierbei handelt es sich um *Rißbildungen neben der Schweißnaht*, also im Übergangsgefüge von der Schweißnaht zum Ursprungswerkstoff. Sie wurden vor allem bei geringen Querschnitten von Stählen höherer Festigkeit beobachtet, z. B. bei Chrom-Molybdänstählen, wie sie im Flugzeugbau verwendet und autogen geschweißt werden. Bei der Lichtbogenschweißung wurde Schweißrissigkeit kaum beobachtet. Die Gefahr der Schweißrissigkeit steigt mit zunehmendem Gehalt an Kohlenstoff, Phosphor, Schwefel und Sauerstoff. Hauptsächlich sind Schwefel- und Phosphorgehalt mit steigendem Kohlenstoffgehalt eng zu begrenzen, und es ist guter Elektrostahl als Werkstoff zu wählen.

Die Proben zur Prüfung auf Schweißempfindlichkeit, Schweißnaht- und Schweißrissigkeit, wie z. B. die Aufschweißbiegeprobe u. a. sind in Band II näher behandelt.

2.65 Allgemeine Beeinflussung der Rißbildungen

Außer den im vorigen bereits angegebenen einzelnen Abhilfemaßnahmen ist allgemein zu beachten: Die Ursachen der behandelten Rißbildungen liegen im Zusammentreffen hoher Spannungen bzw. Spannungsspitzen mit der Ausbildung eines spröden Gefüges in oder neben der Schweißnaht. Hiernach ist einmal für den Baustoff des Werkstücks und für den Schweißdraht der geeignete Stahl zu wählen. Anderseits ist schweißtechnisch· vor allem auf nicht unnötig hohe Erwärmung und auf langsame Abkühlung zu achten. Als günstig erweist sich in schwierigeren Fällen immer eine Vorwärmung des Werkstücks auf 100···300° und unbedingt zu empfehlen ist das nachträgliche Glühen in der Form des Spannungsfreiglühens oder Normalglühens, soweit diese Verfahren im Einzelfall praktisch anwendbar und wirtschaftlich zu vertreten sind.

Schrifttum

[1] SCHIMPKE, P., Technologie der Maschinenbaustoffe, 14. Aufl., Stuttgart: S. Hirzel 1957.
[2] Stahl u. Eisen, 1952, S. 992 u. 997.
[3] Stahl u. Eisen, 1957, S. 1···10.
[4] RAPATZ, F., Die Edelstähle, 4. Aufl., Berlin/Göttingen/Heidelberg: Springer 1951.
     HOUDREMONT, E., Handbuch der Sonderstahlkunde, 3. Aufl., Berlin/Göttingen/Heidelberg: Springer 1956.
[5] DIN-Taschenbuch 4, Teil A, Werkstoffnormen Stahl u. Eisen. 18. Aufl. Berlin: Beuth-Vertrieb, Mai 1952.
[6] Stahl im Hochbau, 12. Aufl. Düsseldorf: Stahleisen 1953
[7] Werkstoff- u. Bauvorschriften für Dampfkessel, Ausgabe 1953, Köln/Berlin: Carl Heymanns Verlag.

3 Berechnung der Schweißkonstruktionen
Nennspannungen und Festigkeit von Schweißverbindungen bei statischer und dynamischer Beanspruchung

3.1 Grundbegriffe der statischen Beanspruchung und Festigkeit

Bei einer *ruhenden* Belastung ist die Beanspruchung konstant. Ruhende Belastungen ergeben sich aus dem Eigengewicht, Schneelasten auf Dächern, Flüssigkeitsdrücken in Wasserbauten, Gas- und Flüssigkeitsdrücken in Rohrleitungen usw. In gewissen Grenzen können auch die Verkehrslasten aus Deckenkonstruktionen des Hochbaues zu den ruhenden Belastungen gezählt werden.

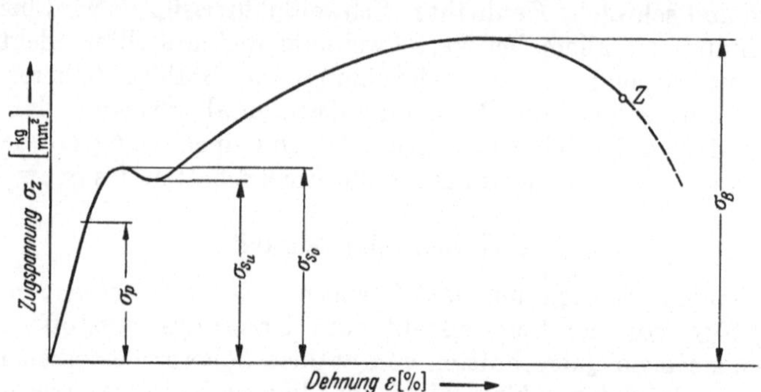

Abb. 12. Spannungs-Dehnungs-Schaubild bei einachsigem Zug

Als *vorwiegend* ruhende Belastung (siehe DIN 1055 Blatt 3, Ausgabe 2/51 Abschn. 1.4, 6.32 und 8) können solche mit leichten Schwankungen angesprochen werden, wie sie häufig in Konstruktionsteilen des Maschinenbaues vorkommen [1][1].

Die *Festigkeit* eines Werkstoffes bei ruhender Belastung wird im statischen Zerreißversuch bestimmt. Ein Probestab wird mit steigender Last beansprucht, wobei er sich dehnt. Trägt man die Dehnung in Abhängigkeit von der auf den Ausgangsquerschnitt bezogenen Last auf, so ergibt sich das Spannungs-Dehnungs-Schaubild (Abb. 12).

$$\text{Spannung } \sigma = \frac{P}{F_0} \ [\text{kg/mm}^2];$$

$$\text{Dehnung } \varepsilon = \frac{l-l_0}{l_0} \cdot 100 \ [\%]$$

Bis zu einer bestimmten Beanspruchung (Proportionalitätsgrenze σ_p) sind Spannungen und Dehnungen einander proportional (HOOKEsches Gesetz):

$$\sigma = \varepsilon \cdot E \ [\text{kg/mm}^2].$$

Tabelle 8. *Elastizitätsmodul verschiedener Werkstoffe*

Werkstoff	Elastizitätsmodul E [kg/mm²]
Stahl (St 37, St 52*, GS 52.1, C 35)	21.000
Gußeisen	10.000
Reinaluminium	6.500···7.000
AlCuMg	7.000···7.300
AlMgSi	6.800···7.200
AlMg 3	6.800···7.200
AlMg 5	6.700···7.200
AlMg 7	6.600···7.200
AlMgMn	6.500···7.100
Kupfer	12.650
Messing	8.000···10.000

* einschließl. St 50 meS (mit erhöhter Streckgrenze)

Die Proportionalitätskonstante E heißt Elastizitätsmodul. Ihr Zahlenwert ist für verschiedene Werkstoffe Tabelle 8 zu entnehmen.

Steigert man die Belastung über den elastischen Bereich hinaus, so beginnt der Werkstoff nach Erreichen der Streckgrenze σ_S sich plastisch zu verformen,

---

[1] Verzeichnis des Schrifttums zu Absch. 3—74 s. S. 256—259

zu fließen. Der Stab schnürt sich ein und reißt beim Erreichen von Punkt Z. Die höchste während des Zerreißversuches bestimmte Last P_{max}, dividiert durch den Ausgangsquerschnitt F_0 bezeichnet man als die Zugfestigkeit oder einfach Festigkeit des Werkstoffes

$$\sigma_B = \frac{P_{max}}{F_0} \quad [\text{kg/mm}^2]\,.$$

Diese Größe dient dem Konstrukteur häufig als Bemessungsgrundlage. Dividiert durch einen „Sicherheitsfaktor" v liefert sie ihm die zulässige Spannung σ_{zul}.

$$\sigma_{zul} = \frac{\sigma_B}{v'} \quad [\text{kg/mm}^2]\,.$$

Da ein Konstruktionsteil nicht nur bruchsicher sein, sondern auch keine plastische Verformung erleiden soll, so ist die Wahl der Streckgrenze als Kenngröße vorzuziehen.

$$\sigma_{zul} = \frac{\sigma_S}{v} \quad [\text{kg/mm}^2]\,.$$

Der Sicherheitsfaktor wird entweder im Einzelfall nach Erfahrung abgeschätzt oder durch Versuche bestimmt und gegebenenfalls in Richtlinien oder Vorschriften festgehalten. Im Stahlbau beispielsweise (DIN 1050, Belastungsfall 1) beträgt er

$$v = 1{,}71,\ \text{womit sich}$$

$$\text{für St 37 mit } \sigma_S = 24 \text{ ein } \sigma_{zul} = \frac{24}{1{,}71} = 14\ \text{kg/mm}^2\,,$$

$$\text{für St 52 mit } \sigma_S = 36 \text{ ein } \sigma_{zul} = \frac{36}{1{,}71} = 21\ \text{kg/mm}^2\ \text{ergibt.}$$

Berücksichtigt man, daß in Schweißnähten weniger übersichtliche Verhältnisse vorliegen als im ungeschweißten Grundwerkstoff, so ist bei der Berechnung von Schweißverbindungen die zulässige Spannung noch weiter herabzusetzen. Bei Kehlnähten z. B. beträgt die zulässige Spannung etwa 70% des für den Grundwerkstoff festgelegten Wertes von σ_{zul}. Bei der Berechnung bestimmt man demnach die Spannungen in der Schweißnaht nach den Gleichungen der elementaren Festigkeitslehre, wobei

$$\sigma \leqq \alpha \cdot \sigma_{zul} \text{ sein muß, mit im allgemeinen } \alpha \leqq 1\,.$$

Tabelle 9. *Gleichungen der Festigkeitslehre*

	Bauteil	Schweißnaht
Zug, Druck	$P/F \leqq \sigma_{zul}$	$P/F_{Sch} \leqq \alpha \cdot \sigma_{zul}$
Schub	$P/F \leqq \sigma_{zul}$	$P/F_{Sch} \leqq \alpha \cdot \sigma_{zul}$
Biegung	$M_b/W_b \leqq \sigma_{zul}$	$M_b/W_{bSch} \leqq \alpha \cdot \sigma_{zul}$
Verdrehung	$M_d/W_d \leqq \sigma_{zul}$	$M_d/W_{dSch} \leqq \alpha \cdot \sigma_{zul}$
Zusammengesetzte Festigkeit	Nach verschiedenen Anstrengungshypothesen	$\sqrt{\sigma^2 + \tau^2} \leqq \alpha \cdot \sigma_{zul}$ bzw. $\frac{\sigma}{2} + \frac{1}{2}\sqrt{\sigma^2 + 4\,\tau^2} \leqq \alpha \cdot \sigma_{zul}$

3.2 Grundbegriffe der Dauerbeanspruchung und Dauerfestigkeit

Bei der Festigkeitsberechnung von Maschinenteilen, die einer dynamischen Beanspruchung ausgesetzt sind, geht man grundsätzlich ebenso vor wie unter 3.1 beschrieben. Die bei Belastung im Bauteil entstehenden Spannungen werden ermittelt und mit der zulässigen Spannung verglichen. Bei dynamischer Beanspruchung kann jedoch die zulässige Spannung nicht mehr aus den statischen Festigkeitswerten des Werkstoffes (σ_B, σ_S) hergeleitet werden, sondern sie muß, der Belastungsart entsprechend, einer dynamischen Werkstoffprüfung entnommen werden [2]. Der Dauerschwingversuch ist in DIN 50100 genormt.

3.21 Zeichen der Dauerschwingbeanspruchung und ihre Bedeutung
(nach DIN 50100)

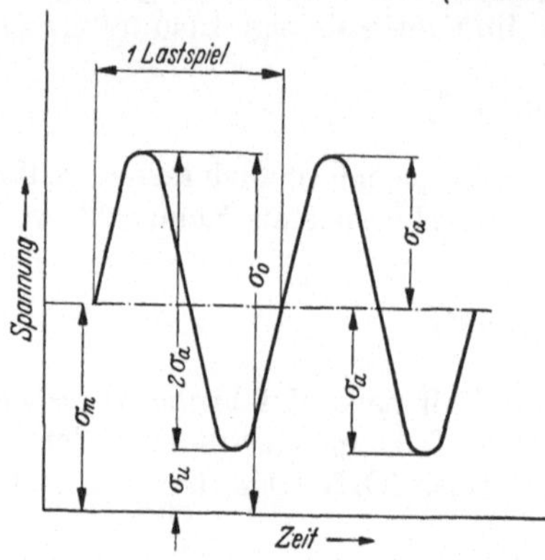

σ_o = Oberspannung = größter algebraischer Wert der Spannung je Lastspiel

σ_u = Unterspannung = kleinster algebraischer Wert der Spannung je Lastspiel

σ_m = Mittelspannung der Beanspruchung $= 0{,}5\,(\sigma_o + \sigma_u)$

σ_a = Spannungsausschlag der Beanspruchung $= \pm 0{,}5\,(\sigma_o - \sigma_u)$

$2\,\sigma_a$ = Schwingbreite der Spannung $= \sigma_o - \sigma_u$

s = Verhältniswert von Unterspannnug zu Oberspannung (σ_u/σ_o)

L = Lastspiel; eine volle Schwingung der Beanspruchung mit dem Spannungsausschlag σ_a um die ruhend zu denkende Mittelspannung σ_m

n = Lastspielfrequenz; Einheit: 1/min oder Hz = 1/s

Abb. 13. Spannungs-Zeit-Schaubild bei Dauerschwingbeanspruchung (schematisch)

3.22 Beanspruchungsbereiche

In Abb. 14 sind verschiedene Beispiele für eine veränderliche Beanspruchung wiedergegeben. Man beschränkt sich in der Werkstoffprüfung meist auf die Fälle der Schwingung mit gleichbleibender Amplitude, obgleich im praktischen Betrieb (Fahrzeug) häufig auch veränderliche Amplituden vorkommen. Paßt man das Prüfverfahren dem tatsächlichen Betriebsverhalten in solchen Fällen an, so erhält man die „Betriebsfestigkeit". Es ist zu unterscheiden zwischen

a) dem Druckschwellbereich, wenn σ_o und σ_u beide negativ sind $(\sigma_m \geqq \sigma_a)$;

b) dem Wechselbereich, wenn σ_o positiv und σ_u negativ ist $(\sigma_m < \sigma_a)$;

c) dem Zugschwellbereich, wenn σ_o und σ_u beide positiv sind $(\sigma_m \geqq \sigma_a)$.

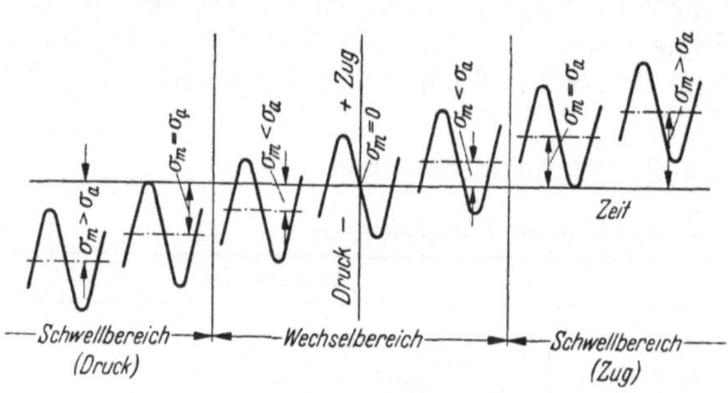

Abb. 14. Bereiche der Dauerschwingbeanspruchung

3.23 Begriffe und Zeichen der Dauerfestigkeit

Die Dauerschwingfestigkeit (kurz *Dauerfestigkeit* genannt) ist der größte Spannungsausschlag, um eine bestimmte Mittelspannung, den eine Probe „unendlich oft" ohne Bruch und ohne unzulässige Verformung aushält.

Die *Wechselfestigkeit* ist der Sonderfall der Dauerfestigkeit für die Mittelspannung Null. Die Spannung wechselt zwischen gleich großen Plus- und Minuswerten; ihr Zahlenwert ist gleich dem der Ober- und Unterspannung.

Die *Schwellfestigkeit* ist der Sonderfall der Dauerfestigkeit für eine zwischen Null und einem Höchstwert schwingende Spannung; die Unterspannung ist Null, die Mittelspannung gleich dem Spannungsausschlag und die Schwellfestigkeit gleich der Schwingbreite.

Zeichen der Dauerschwingfestigkeit und ihre Bedeutung

σ_D = Dauerfestigkeit (allgemeine Bezeichnung)

σ_A = Spannungsausschlag der Dauerfestigkeit für eine vorgegebene Mittelspannung σ_m

σ_O = Oberspannung der Dauerfestigkeit für eine vorgegebene Mittelspannung σ_m

σ_U = Unterspannung der Dauerfestigkeit für eine vorgegebene Mittelspannung σ_m

$2\sigma_A$ = Schwingbreite der Dauerfestigkeit = $\sigma_O - \sigma_U$

S = Spannungsverhältnis der Dauerfestigkeit = σ_U/σ_O

σ_W = Wechselfestigkeit

σ_{Sch} = Schwellfestigkeit

Schreibweise der Dauerfestigkeit

Die Dauerfestigkeit σ_D wird für alle Spannungsbereiche am klarsten geschrieben

$$\sigma_D = \sigma_m \pm \sigma_A .$$

Beispiele: Im Wechselbereich: $\qquad\qquad \sigma_D = +\ 7 \pm 12\ \text{kg/mm}^2 ,$

im Zugschwellbereich: $\qquad\qquad \sigma_D = +15 \pm 10\ \text{kg/mm}^2 ,$

im Druckschwellbereich: $\qquad\qquad \sigma_D = -15 \pm 10\ \text{kg/mm}^2 .$

Bei sonst nicht eindeutig ersichtlicher Beanspruchungsart wird das Zeichen σ durch den Index z, d oder b für Zug-, Druck- oder Biegebeanspruchung ergänzt.

3.24 Sonderbegriffe der Dauerfestigkeit

Gestaltfestigkeit:

Gestaltfestigkeit heißt die durch die Nennspannung gekennzeichnete Dauerfestigkeit eines Bauteils verwickelter Gestalt (z. B. einer Kurbelwelle). Sie ist kein reiner Werkstoffkennwert, sondern die durch Gestalteinflüsse (z. B. Kerben) herabgesetzte Festigkeit.

Zeitfestigkeit:

Zeitfestigkeit heißt der Spannungswert σ_D für Bruchlastspielzahlen N, die geringer als die Grenzlastspielzahl sind. Die Symbole der Zeitfestigkeit sind die gleichen wie für die Dauerfestigkeit; sie tragen die Bruchlastspielzahl als Index.

Beispiele: $\qquad \sigma_{D(0,5\cdot10^6)} = 30 \pm 25\ \text{kg/mm}^2 ,$

$\qquad\qquad\quad \sigma_{W(1\cdot10^6)} = \pm\ 35\ \text{kg/mm}^2 .$

Die Bestimmung der Zeitfestigkeit spielt dann eine Rolle, wenn bei einem Konstruktionsteil mit Bestimmtheit zu erwarten ist, daß es während seiner Lebensdauer die Grenzlastspielzahl nicht annähernd erreichen wird.

3.25 Dauerschwingversuch (*Aufnahme einer Wöhlerkurve*)

Im Dauerschwingversuch nach DIN 50100 werden nacheinander mehrere hinsichtlich Werkstoff, Gestaltung und Bearbeitung völlig gleichwertige Proben zweckmäßig gestaffelten Schwingbeanspruchungen unterworfen und die zugehörigen Bruchlastspielzahlen ermittelt. Die Beanspruchung soll so abgestuft werden, daß mindestens eine Probe erst bei hoher Lastspielzahl bricht und eine weitere mindestens bis zur *Grenzlastspielzahl* durchläuft. Da man im praktischen Versuch keine unendliche Lastspielzahl einstellen kann, begnügt man sich mit einer sehr großen, eben der Grenzlastspielzahl.

Werkstoff	Grenzlast- spielzahl	im abgekürzten Versuch
Stahl	$10 \cdot 10^6$	$2 \cdot 10^6$
Leichtmetall	$100 \cdot 10^6$	10 bis $50 \cdot 10^6$

Je nach dem angestrebten Ergebnis (Wechselfestigkeit, Schwellfestigkeit, ...) wird σ_m oder σ_u für alle Proben einer WÖHLERreihe gleich gewählt. σ_a oder σ_o wird von Probe zu Probe so gestaffelt, daß im Fortgang der Versuche jene größte Beanspruchung gefunden wird, die „unendlich oft" ohne Bruch ertragen wird.

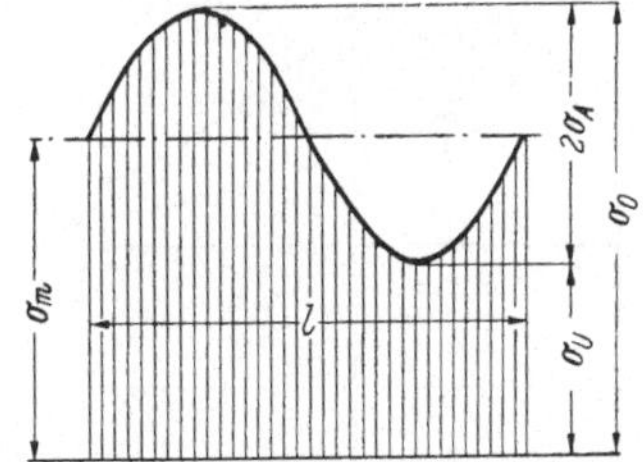

Abb. 15. Sinusförmiger Verlauf bei Dauerschwingbeanspruchung. Hier: Schwellzugfestigkeit mit positiver Vorspannung

Die meisten Dauerversuche werden mittels Umlaufbiegung vorgenommen, wobei der Spannungsverlauf in der Prüfmaschine sinusförmig angenommen werden kann (Abb. 15).

Die zeichnerische Darstellung der Spannung σ in Abhängigkeit von der Lastspielzahl N wird als WÖHLER-Linie bezeichnet. Bei den Versuchen erhält man jedoch meist ein bandartiges Streufeld (Abb. 16) mit einem oberen und unteren Wert der Dauerfestigkeit ($\sigma_{D\,max}$ und $\sigma_{D\,min}$). Die Streuung kann nach amerikanischen Versuchen bis zu 25% gegen den Mittelwert σ_D betragen. Im Zeitfestigkeitsbereich (b in Abb. 16) ist die Streuung auch hinsichtlich der Lastspielzahl sehr groß. Der Konstrukteur wird daher seinen Berechnungen die N_{min}-Linie zugrunde legen.

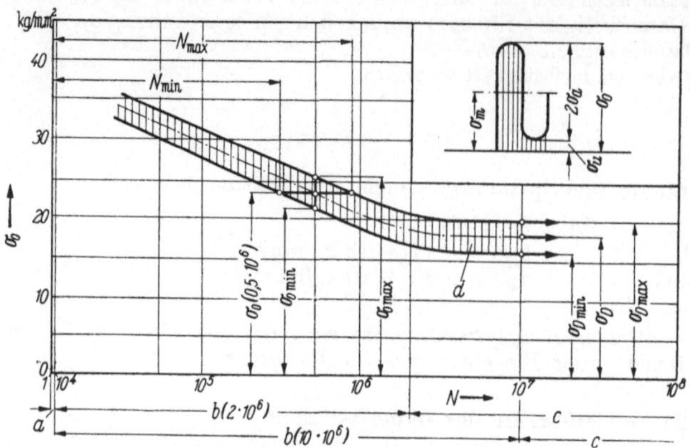

Abb. 16. WÖHLER-Bild für Schwellzugfestigkeit mit Vorspannung
N Lastspielzahl; σ_0 prüfmäßige Oberspannung; a Gebiet der statischen bzw. vorwiegend statischen Beanspruchungen; b Gebiet der abnehmenden Festigkeit (Zeitfestigkeit); c Gebiet der Dauerfestigkeit; d Streugebiet des WÖHLER-Bildes; $\sigma_{D(0,5\,\cdot\,10^6)}$ Zeitfestigkeit bei $N = 0,5 \cdot 10^6$ Schwingungen

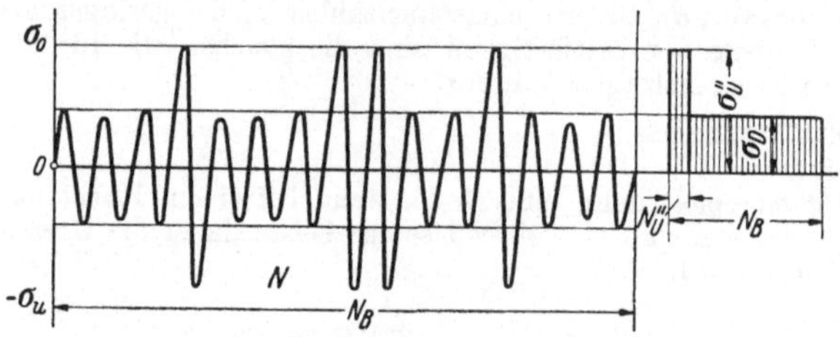

Abb. 17. Zeitweise auftretende Überspannungen
$\sigma_{\ddot{U}}$ Überspannung; $N_{\ddot{U}}$ Lastspielzahl der Überspannung; N_B Bruchlastspielzahl des Probestabes

3.26 Schadenslinie

Im Betriebe treten in den Bauteilen höhere Beanspruchungen $\sigma_{\ddot{U}}$, die über der Dauerfestigkeit des Werkstoffs liegen, meist nur mit kleiner Lastspielzahl $N_{\ddot{U}}$ auf (Abb. 17). Über den Einfluß einer Überlast (Vorlast) auf die Dauerfestigkeit der Werkstoffe liegen Versuche vor, die zwar nicht ohne weiteres auf die Bauteile anwendbar sind, deren Ergebnisse jedoch dem Konstrukteur einige Anhaltspunkte geben.

Auf Grund der Versuche mit Überlasten hat FRENCH die sog. Schadenslinie (line of damage), b in Abb. 18 ermittelt, die unterhalb der WÖHLER-Linie a verläuft und in die Dauerfestigkeit des Werkstoffs übergeht. Die abwärts gerichteten Pfeile zeigen an, daß die Überlast (Vorlast) ohne Einfluß auf die Dauerfestigkeit des Werkstoffs ist, während die aufwärts gerichteten Pfeile eine Schädigung bedeuten.

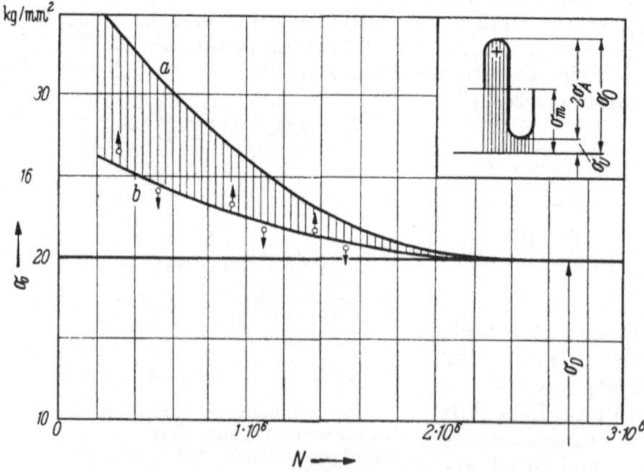

Abb. 18. WÖHLER-Linie a und Schadenslinie b nach FRENCH

Der Bereich zwischen der WÖHLER-Linie a und der Schadenslinie b ist der eigentliche Schädigungsbereich. Auf der WÖHLER-Linie selbst ist der Bruch des Probestabes zu erwarten. Besonders zu beachten ist, daß sich die Schadenslinie nur auf die Dauerfestigkeit des Werkstoffs bezieht und keine Schlüsse auf die Zeitfestigkeit zuläßt.

I. B. Kommers [3] hat zur Feststellung des Einflusses einer Überlast (Vorlast) Umlaufbiegeversuche mit zwei Stählen (0,2% C und 0,62% C) durchgeführt. Er hat zunächst durch eine größere Anzahl von Versuchen die Wöhler-Linie (N–σ-Schaubild) mit nicht vorbelasteten Proben bestimmt. Eine weitere Anzahl von Proben wurde dann in genau festgelegter Weise einer Überlast von 1,1 σ_D bis 1,3 σ_D unterworfen und für diese Proben durch neue Wöhler-Versuche die verminderte Dauerfestigkeit $\sigma_{D\,verm}$ ermittelt.

In Abb. 19 sind die verminderten Dauerfestigkeiten $\sigma_{D\,verm}$ in Abhängigkeit von dem Verhältnis der Schwingungszahl der Überlast N_U zur Gesamtschwingungszahl (Bruchlastspielzahl) N_B der Probestäbe für die Überlasten 1,1 σ_D, 1,2 σ_D und 1,3 σ_D zeichnerisch dargestellt. Für eine Überlast von z. B. 1,2 σ_D und $N_U:N_B$ = 0,4 ist die verminderte Dauerfestigkeit

$$\sigma_{D\,verm} \approx 0{,}9\,\sigma_D.$$

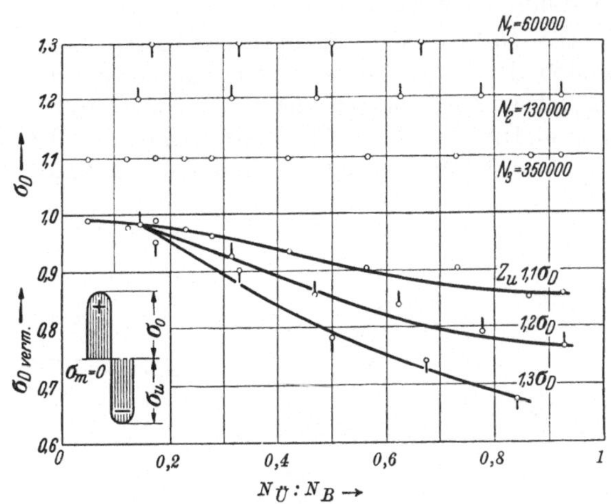

Abb. 19. Verminderte Dauerfestigkeit $\sigma_{D\,verm}$ in Abhängigkeit von dem Verhältnis N_U/N_B. 1,1 σ_D bis 1,3 σ_D Überspannungen; Beanspruchungsart: Umlaufbiegung; Werkstoff: Stahl mit 0,2 %C-Gehalt (nach I. B. Kommers)

3.27 Das Dauerfestigkeitsschaubild

Das Dauerfestigkeitsschaubild ist die bildliche Darstellung aller aus einer Anzahl von Wöhlerkurven gewonnenen Werte der Dauerschwingfestigkeit für die verschiedenen Beanspruchungsbereiche (Wechselbereich und Schwellbereich). Es läßt für die gegebene Beanspruchungsart die Zusammenhänge zwischen Mittelspannung, Spannungsausschlag, Oberspannung und Unterspannung erkennen.

Soll das Dauerfestigkeitsschaubild nur angenähert festgelegt werden, so genügt hierzu neben der Kenntnis von Streckgrenze und Zugfestigkeit die Ermittlung der Wechselfestigkeit und der Schwellfestigkeit aus dem Wöhlerversuch.

Das Dauerfestigkeitsschaubild nach Smith (Abb. 20) wird in der Werkstoffprüfung und im Maschinenbau allgemein verwendet. In einem Achsenkreuz mit gleichen Maßstäben sind als Abszissen die Mittelspannungen σ_m und als Ordinaten die dazugehörigen absoluten Oberspannungen σ_0 und Unterspannungen σ_U der Dauerfestigkeit aufgetragen, wodurch sich die obere und untere Begrenzungslinie des Diagramms (Grenzlinie der Oberspannung bzw. der Unterspannung) ergibt. Die unter 45° gezogene Mittellinie des Diagramms enthält, wie die Abszisse, die Werte der Mittelspannungen und halbiert den Ordinatenabstand zwischen den Grenzlinien der Ober- und Unterspannung (Schwingbreite 2 σ_A). Der Spannungsausschlag der Dauerfestigkeit σ_A liegt also zwischen der 45° Linie und den Grenzlinien der Ober- bzw. Unterspannung.

Die σ_0- und σ_U-Linien können im Bereich zwischen σ_W und σ_{Sch} praktisch durch gerade Linien ersetzt werden. Bei der Anwendung darf σ_0 nicht über σ_S liegen. Das Schaubild wird deshalb durch eine Parallele zur Abszisse in Höhe der Streckgrenze bis zur 45°-Linie (Punkt I) abgeschnitten.

Bei dem *Schaubild nach Gerber, Launhardt-Weyrauch (Goodman)*, dem sogenannten Spannungshäuschen (Abb. 21), sind auf der Abszissenachse die σ_U-Werte (Zug nach rechts, Druck nach links) und als Ordinaten nochmals die σ_U-Werte und die zugehörigen σ_O-Werte (Zug nach oben, Druck nach unten) aufgetragen. Dadurch ergeben sich die Grenzlinie der Oberspannung und als 45°-Linie die durch den Achsennullpunkt gehende Grenzlinie der Unterspannung.

Die Ordinatenlängen zwischen diesen beiden Linien stellen die Schwingbreiten der Dauerfestigkeit $2\,\sigma_A$ für verschiedene σ_u-Werte dar. Die Ordinate im Achsennullpunkt ist die Schwellzugfestigkeit σ_{zSch}. Links im Abstand von $\sigma_u = \sigma_O$ findet sich die Wechselfestigkeit σ_W. Der Wechselbereich liegt zwischen der σ_W-Ordinate und der Ordinatenachse, rechts von dieser der Schwellbereich.

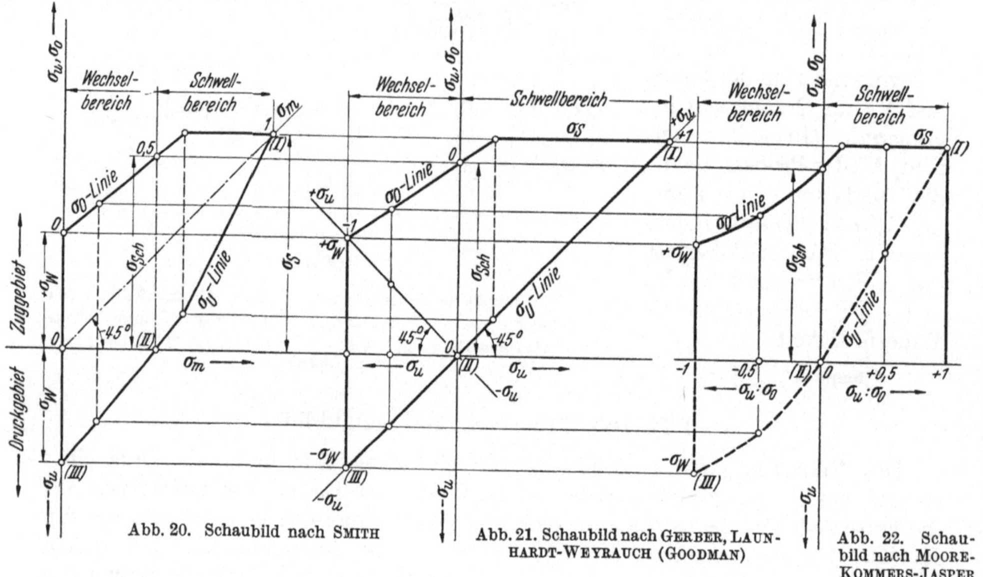

Abb. 20. Schaubild nach SMITH

Abb. 21. Schaubild nach GERBER, LAUN-
HARDT-WEYRAUCH (GOODMAN)

Abb. 22. Schau-
bild nach MOORE-
KOMMERS-JASPER

Die Darstellung wird vorwiegend im Stahlhoch- und Brückenbau angewendet, ist jedoch ebenso auch für den Maschinenbau zu verwenden.

Das Schaubild nach Moore-Kommers-Jasper (Abb. 22) ist im Brückenbau und im Kranbau allgemein üblich. Es wurde auch der Neubearbeitung der DV 848 (Vorschriften für geschweißte Eisenbahnbrücken der Deutschen Bundesbahn Ausgabe 1955) zugrunde gelegt.

Es gibt die Oberspannung σ_O in Abhängigkeit von dem Verhältnis σ_u/σ_O und ist aus dem Schaubild Abb. 21 entwickelt. Die nicht erforderliche σ_U-Linie ist in Abb. 22 gestrichelt eingezeichnet.

In den Abb. 20 bis 22 ist im Wechselbereich der Spannungszustand $\sigma_u/\sigma_o = 0,5$ eingetragen.

Bei der Berechnung von Vollwandträgern tritt in dem Schaubild Abb. 22 an Stelle von σ_u/σ_o das Verhältnis der Momente M_{min}/M_{max} und bei den Fachwerkträgern das Verhältnis der Stabkräfte S_{min}/S_{max}.

Bei dem noch im Maschinenbau zuweilen verwendeten Schaubild von *Pohl-Bach* werden die Oberspannungen σ_o über dem Verhältnis σ_m/σ_o aufgetragen. Das Schaubild hat den Vorzug, daß die zu vergleichenden Spannungszustände auf der gleichen Senkrechten aufgetragen werden.

Beispiele anhand des Schaubildes nach Smith. Im folgenden werden die Grundbegriffe für Zug-Druck (Abb. 23 und 24) erläutert [4]. Für Biegung und Verdrehung gelten die Ausführungen sinngemäß.

Es bezeichnen (Abb. 23) P_r eine ruhende Kraft (Gleichlast) und P eine Schwingungskraft (oftmals wiederholt und kurzzeitig wirkende Kraft) in kg. Die Schwingungskraft kann eine Schwellkraft ($+P$ Zug bzw. $-P$ Druck) oder eine Wechselkraft $\pm P$ sein. Die nach den Regeln der Festigkeitslehre in den belasteten Bauteilen bzw. Probestäben berechneten Spannungen werden nach *Thum* als „Nennspannungen" σ_n bei Zug-Druck und Biegung und τ_n bei Verdrehung bezeichnet. Bei Zug-Druck werden die Nennspannungen aus den Kräften P_r und P und mit dem

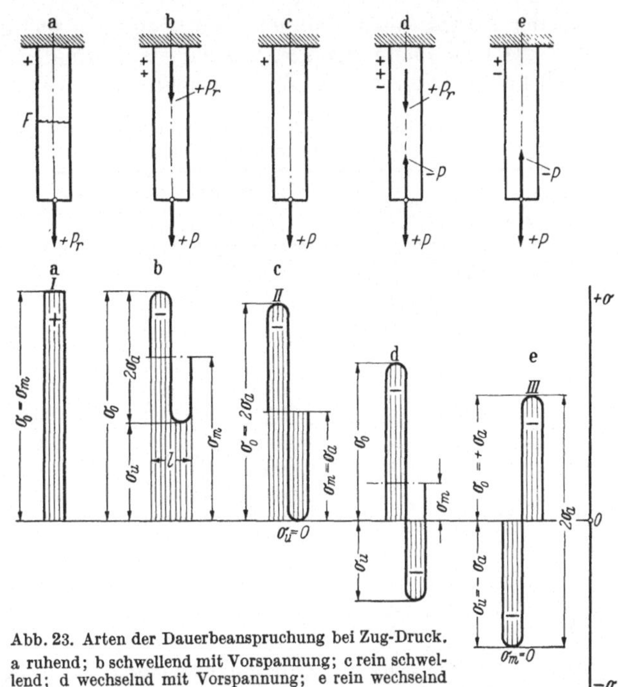

Abb. 23. Arten der Dauerbeanspruchung bei Zug-Druck. a ruhend; b schwellend mit Vorspannung; c rein schwellend; d wechselnd mit Vorspannung; e rein wechselnd

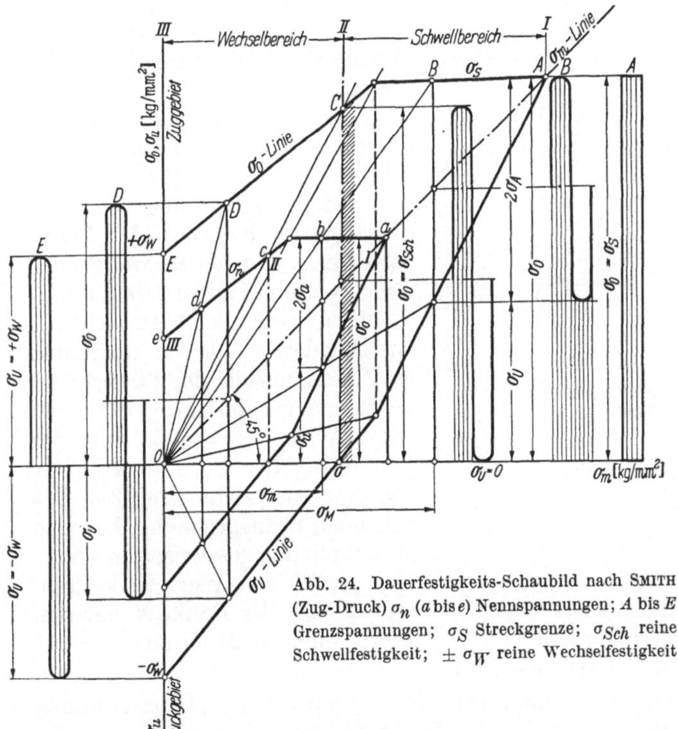

Abb. 24. Dauerfestigkeits-Schaubild nach SMITH (Zug-Druck) σ_n (*a* bis *e*) Nennspannungen; *A* bis *E* Grenzspannungen; σ_S Streckgrenze; σ_{Sch} reine Schwellfestigkeit; $\pm\,\sigma_W$ reine Wechselfestigkeit

Stabquerschnitt F berechnet. Bei Biegung setzt man die Momente $P_r\,a$ bzw. $P\,a$ und das Widerstandsmoment W_b [cm³] ein.

Für die verschiedenen Belastungsarten (*a* bis *e* in Abb. 23) ist der Spannungsverlauf in Abhängigkeit von der Zeit für ein Lastspiel l vereinfacht dargestellt. Die Nennspannungen und die ihnen entsprechenden Grenzspannungen (*A* bis *E*) sind in das Dauerfestigkeitsschaubild von SMITH (Abb. 24) eingetragen.

Bei diesem Dauerfestigkeits-Schaubild

wird die Mittelspannung

$$\sigma_m = \frac{\sigma_u + \sigma_o}{2}$$

auf der Abszissenachse aufgetragen (Zug nach rechts). Die Unterspannungen σ_u und die Oberspannungen σ_o werden als Ordinaten, Zug nach oben und Druck nach unten, aufgetragen. Zur Vermeidung bleibender Formänderungen wird das

Tabelle 10. *Kräfte, Spannungen, Verhältnis σ_m/σ_o und Grenzspannungen bei verschiedenen Beanspruchungsarten*

Spannungs-zustand	Ruhend	Schwellend mit pos. Vorspannung	Rein schwellend	Wechselnd mit pos. Vorspannung	Rein wechselnd
	a in Bild 23 Nur Gleich-last P_r	b in Bild 23 $P_r > 0$	c in Bild 23 $P_r = 0$	d in Bild 23 $P_r < P$	e in Bild 23 $P_r = 0$
σ_u	0	$\dfrac{P_r}{F}$	0	$\dfrac{P_r - P}{F}$ (negativ)	$-\dfrac{P}{F} = -\sigma_a$
σ_o	$\dfrac{P_r}{F}$	$\sigma_u + 2\,\sigma_a$	$2\,\sigma_a = \dfrac{P}{F}$	$\dfrac{P_r + P}{F}$ (pos.)	$+\dfrac{P}{F} = +\sigma_a$
σ_m	σ_o	$\dfrac{\sigma_o + \sigma_u}{2}$	$\sigma_a = \dfrac{\sigma_o}{2}$	$\dfrac{P_r}{F}$ (pos.)	0
σ_m/σ_o	1		0,5		0
Grenz-spannungen	$\sigma_O = \sigma_S$	$\sigma_O = \sigma_U + 2\,\sigma_A$	$\sigma_O = 2\,\sigma_A = \sigma_{Sch}$ $\sigma_m = \sigma_A$	$\sigma_U < 0$ $\sigma_O > 0$ $\sigma_m > 0$	$\sigma_O = +\,\sigma_W$ $\sigma_U = -\,\sigma_W$ $\sigma_m = 0$

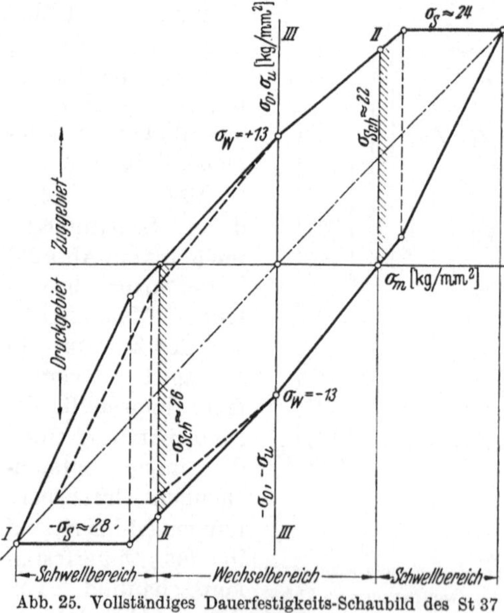

Abb. 25. Vollständiges Dauerfestigkeits-Schaubild des St 37 (Zug-Druck)

Schaubild mit der Streckgrenze σ_S abgeschnitten.

Für den Konstrukteur haben die Werte des Grenzspannungsschaubildes (*ABCDE* in Abb. 24) etwa die gleiche Bedeutung wie die Streckgrenze bei ruhender Beanspruchung: Bei Überschreiten der Grenzspannung (gefunden aus dem WÖHLER-Schaubild) tritt nach entsprechender Lastspielzahl der Bruch ein. Dem mittels der Sicherheit v bei ruhender Belastung gefundenen Wert für σ_{zul} entspricht hier ein Kurvenzug der Form *abcde*. Der Punkt *a* entspricht dem Fall der ruhenden Beanspruchung, hat also z. B. für den ungeschweißten Werkstoff St 37 den Wert 14 kg/mm² (vgl. S. 23) der Punkt *A* hat den Wert von $\sigma_S = 24$ kg/mm² usw.

In Tabelle 10 sind die wirksamen Kräfte bei den verschiedenen Beanspruchungsarten, die auftretenden Spannungen, das Verhältnis der Mittelspannung zur Oberspannung und die entsprechenden Grenzspannungen zusammengestellt.

Dauerfestigkeitsschaubilder der Stähle des Maschinen- und Stahlbaues. Bei den für Schweißkonstruktionen verwendeten Stählen wird die Dauerfestigkeit an Probestäben mit Walzhaut bestimmt. Für die Qualität *St 33* sind die Festigkeits-

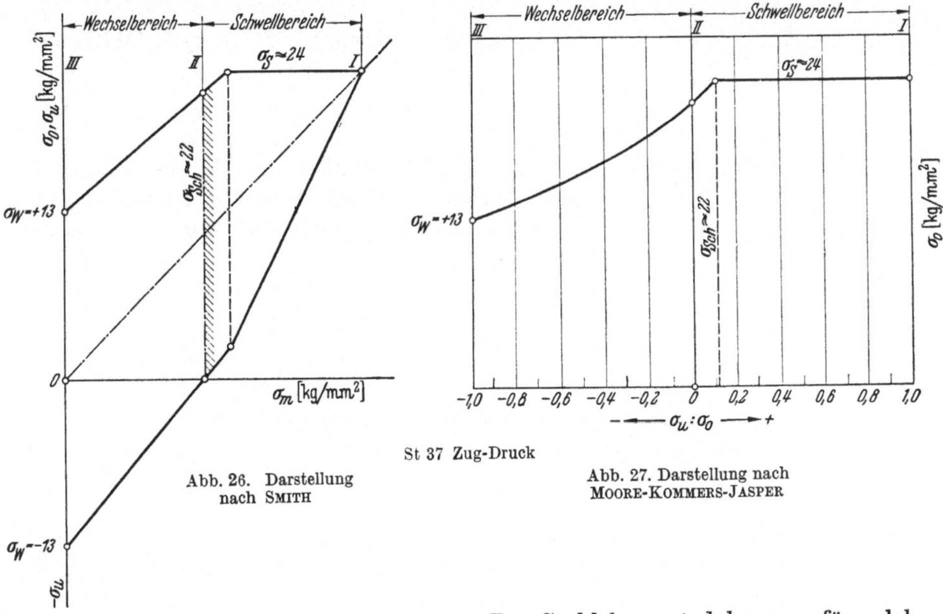

St 37 Zug-Druck

Abb. 26. Darstellung nach SMITH

Abb. 27. Darstellung nach MOORE-KOMMERS-JASPER

eigenschaften nicht eindeutig bestimmt. Der Stahl kommt daher nur für solche Bauteile in Betracht, die keinen wesentlichen Belastungen ausgesetzt sind.

St 37. Der St 37 ist der bei den meisten Schweißkonstruktionen verwendete Stahl. Für die „Kleine Zulassung" nach DIN 4100 ist nur diese Stahlqualität zugelassen. Abb. 25 zeigt ein vollständiges Dauerfestigkeitsschaubild für Zug-Druck.

Das Schaubild ist nicht symmetrisch, da die Festigkeitswerte im Druckgebiet höher liegen als im Zuggebiet. Bei den meisten Berechnungen genügen jedoch die vereinfachten Schaubilder (Abb. 26 und 27). Man befindet sich dann im Druckgebiet mehr auf der sicheren Seite.

Die Streckgrenze ist in beiden Schaubildern mit dem üblichen Wert

$$\sigma_S = 24 \text{ kg/mm}^2$$

eingezeichnet, liegt aber mitunter niedriger. Mindestwert: 21 kg/mm². Die reine Schwellzugfestigkeit σ_{Sch} liegt zwischen 21 und 23 kg/mm². Mittelwert:

$$\sigma_{Sch} = 22 \text{ kg/mm}^2 .$$

Der Mittelwert der reinen Wechselfestigkeit liegt bei

$$\sigma_W = \pm 13 \text{ kg/mm}^2 .$$

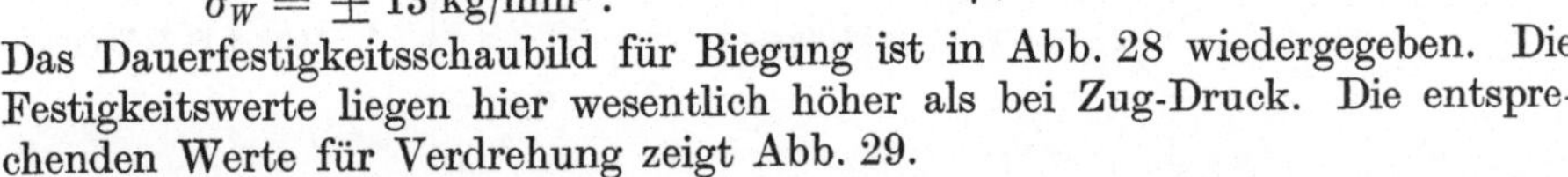

Abb. 28. St 37 Biegung

Das Dauerfestigkeitsschaubild für Biegung ist in Abb. 28 wiedergegeben. Die Festigkeitswerte liegen hier wesentlich höher als bei Zug-Druck. Die entsprechenden Werte für Verdrehung zeigt Abb. 29.

St 52. Der St 52 wird seit 1939 allgemein auf Mangan–Silizium-Basis hergestellt. Mindeststreckgrenzen von St 52—3 nach DIN 17 100

bei Dicken $s \leqq 16$ mm ; $\sigma_S = 36$ kg/mm²;
„   „ s über 16 bis 30 mm ; $\sigma_S = 35$ kg/mm²;
„   „ s über 30 bis 50 mm ; $\sigma_S = 34$ kg/mm².

Die besten Ergebnisse der für die Kennzeichnung der Schweißbarkeit häufig herangezogenen Schweißraupen-Biegeprobe [5] wurde mit einem

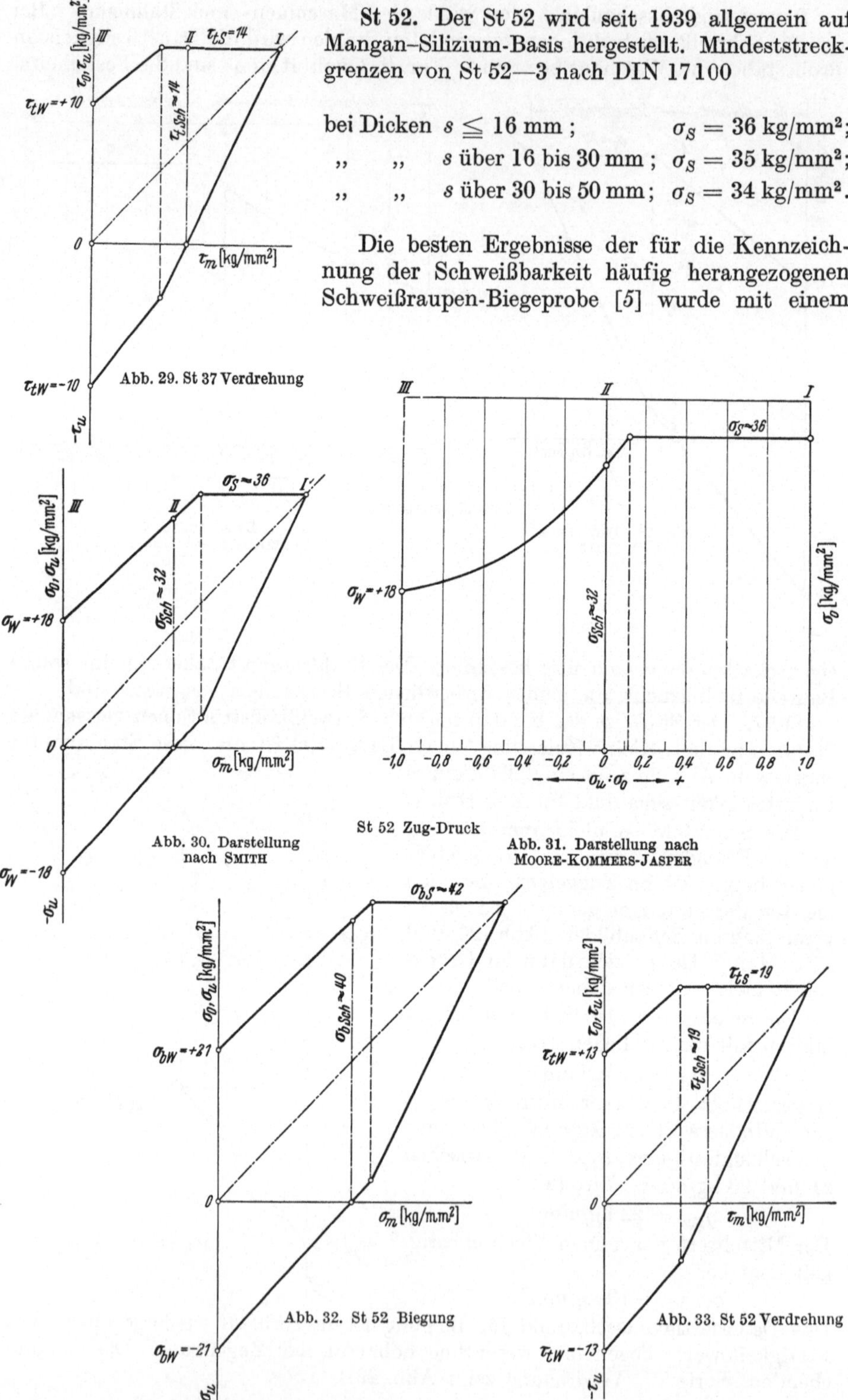

Abb. 29. St 37 Verdrehung

Abb. 30. Darstellung
nach SMITH

Abb. 31. Darstellung nach
MOORE-KOMMERS-JASPER

Abb. 32. St 52 Biegung

Abb. 33. St 52 Verdrehung

Stahl erreicht, der normalgeglüht, d. h. auf 850° C erwärmt und an ruhender Luft abgekühlt wird. Die entsprechenden Dauerfestigkeitsschaubilder sind in den Abb. 30 bis 33 wiedergegeben.

Ein Festigkeitsvergleich der Stähle St 37 und St 52 nach Untersuchungen aus jüngster Zeit für Zug-Druck (Abb. 34) zeigt, daß die Dauerfestigkeitswerte beider Stähle sich ähnlich verhalten wie ihre Streckgrenzen, daß demnach die nur begrenzte Anwendung des St 52 bei Dauerbeanspruchung nicht mehr gerechtfertigt erscheint.

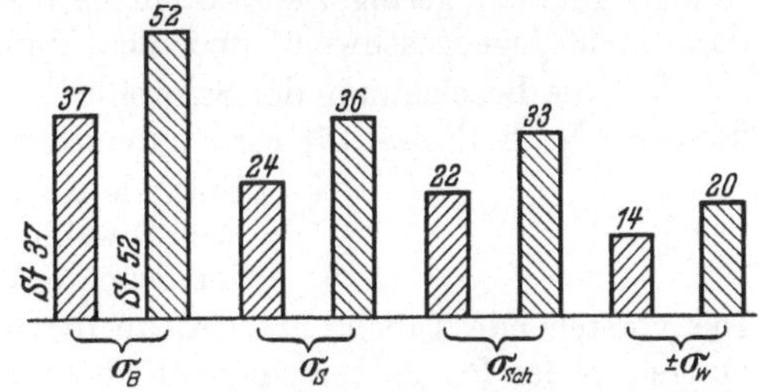

Abb. 34. Festigkeitsvergleich der Stähle St 37 und St 52
Die Werte in Abb. 26, 27, 30 u. 31 stammen aus früheren Versuchen

3.3 Die Schweißnahtgüte

Die Güte der Naht wird aus wirtschaftlichen Gründen von der Beanspruchungsart des Bauteils (ruhend, schwellend, wechselnd), von der Beanspruchungshöhe

Tabelle 11. *Güte der Konstruktionsschweißungen nach Bobek* [6]

Nr.	Angaben	Schweißgüte							
		„N" = Normale Konstr.-Schweißung				„F" = Festschweißung			
1.	Anwendung	Feststehende Teile mit nicht zu hohen ruhenden Beanspruchungen ohne Dauerwechselbeanspruchungen				Feststehende und bewegte Teile mit hohen ruhenden und mit Dauerwechselbeanspruchungen bis etwa 5 kg/mm²			
2.	Werkstoff	St 00***	St 37	St 42	Stg 38	St 00**	St 37	St 50	Stg 38
3.	Zerreißfestigkeit von V- und X-Nähten kg/mm²*	25	28	30	—	—	30	40	—
4.	Festigkeit der Schweiße in kg/mm²**	37				45			
	Dehnung der Schweiße (1 = 5 d) in %	10—5				min 10			
5.	Abweichung in der Nahtdicke in %	0 bis + 20 % (je n. Blechdicke)				0 bis + 20 % (je n. Blechdicke)			
6.	Nahtoberfläche	Ziemlich gleichmäßig				Wellig aber gleichmäßig, durchgehend kontrolliert. Fehler durch Schleifen beseitigt			
7.	Nahtübergang	—				Durchgehend kontrolliert			
8.	Einbrandkerben	Gelegentl. örtlich vorhanden, nicht kontroll.				Fehler durch Schleifen beseitigt			
9.	Schweißdrähte	Alle Durchmesser				Blanke nur 2···5 mm ⌀, umhüllte u. Seelenelektroden alle ⌀			
10.	Schweißer	Alle Schweißer				Zuverlässige Schweißer, die bereits Übung im Schweißen derselben oder ähnlicher Teile haben			

* Nicht zur Beurteilung von Schweißnähten, sondern nur als Anhalt für Festigkeitsrechnungen
** Nur für Werksvergleiche
*** St 00 entspricht nach DIN 17100 einem St 33

und gegebenenfalls von der Forderung nach Dichtheit abhängig gemacht. Schweißungen geringer Güte werden im allgemeinen mit billigeren Elektroden und von weniger geübten, geringer bezahlten Schweißern ausgeführt. Stumpfnähte werden dann nicht gegengeschweißt und nicht durchstrahlt.

Über die Bezeichnung der Schweißnahtgüte hat man sich bisher nicht einigen können. Nach BOBEK [6] wird unterschieden in

N = Normale Konstruktionsschweißung
F = Festschweißung
S = Sonderschweißung

Die vorstehende Tabelle 11 wird an dieser Stelle aufgeführt, weil die Bezeichnungen in der Praxis verschiedentlich noch benutzt werden. Entsprechend der Entwicklung der Schweißtechnik können heute im allgemeinen höhere Werte angesetzt werden.

Bei den Schweißgüten N und F ist Dichtheit von den Nähten nicht zu erwarten.

Ist Dichtheit (z. B. bei Behältern, die unter Druck stehen) erforderlich, so ist dies bei Kennzeichnung der Schweißgüte anzugeben, z. B.: „ND" oder „FD".

Für feststehende und bewegte Teile mit sehr hohen ruhenden und wechselnden Beanspruchungen, für dichte Hochdruckbehälter u. dgl. wird Sonderschweißung („S") angewendet. Bei dieser Schweißgüte werden hochwertige und dichte Nähte erzielt.

Die Bezeichnung für die Nahtgüte ist auf den Werkzeichnungen anzugeben, bei Schweißnähten von verschiedener Güte ist sie hinter die Nahtdicke zu setzen (z. B. 5 N oder 7 F).

Die Bundesbahn verwendet in ihren Vorschriften die Bezeichnungen

Normalgüte
Sondergüte

Nach DIN 4100 sind an die Ausführung der Schweißnähte besondere Anforderungen zu stellen (s. S. 55).

DIN 1912 (s. S. 45) unterscheidet zwischen Güteklasse I, Güteklasse II und „ohne Güteangaben".

3.4 Stöße und Nahtformen

Nach DIN 1912 (Ausgabe Mai 1956) unterscheidet man zwischen dem *Schweißstoß* mit verschiedenen Stoßarten und der
Schweißnaht mit verschiedenen Nahtarten, Nahtformen und Nahtausführungen.

Tabelle 12. *Stoßarten*

Stumpfstoß	Die Teile liegen in einer Ebene	
Überlappstoß	Die Teile überlappen sich	
Parallelstoß	Die Teile liegen breitflächig aufeinander	
T-Stoß	Zwei Teile, davon eins mit seinem Ende, stoßen rechtwinklig aufeinander	
Kreuzstoß	Zwei in einer Ebene liegende Teile stoßen je mit einem Ende rechtwinklig gegen ein dazwischenliegendes drittes	
Schrägstoß	Ein Teil stößt mit seinem Ende schräg gegen ein anderes	
Eckstoß	Zwei Teile stoßen mit ihren Enden unter beliebigem Winkel gegeneinander	
Mehrfachstoß	Drei oder mehr Teile stoßen mit ihren Enden unter beliebigem Winkel aneinander	

Dabei kennzeichnet der

Stoß die Lage der zu verschweißenden Teile an der Verbindungsstelle (vgl. Tabelle 12) zueinander, während die

Naht außer durch die Lage der Teile am Schweißstoß durch Art und Umfang der Nahtvorbereitung bestimmt wird.

Die verschiedenen *Nahtarten* sind in Tabelle 13 zusammengestellt.

Tabelle 13. *Nahtarten*

Stumpfnaht	ohne besondere Vorbereitung (I-Naht)	a
	mit Bördelvorbereitung (Bördelnaht)	b
	mit Fugenvorbereitung (z. B. V-Naht)	c
	Weitere Nahtformen der Stumpfnaht siehe Tabelle 14	
Stirnnaht	ohne besondere Vorbereitung (Stirn-Flachnaht)	a
	mit Fugenvorbereitung (Stirn-Fugennaht)	b
Kehlnaht	Kehlnaht	a
	Doppelkehlnaht	b
	Ecknaht (äußere Kehlnaht)	c
Sonstige Nähte	Die bei gleichzeitiger Anwendung von verschiedenen Fugenformen oder von Fugenformen und Kehlformen entstehenden Nahtarten werden als „sonstige Nähte" bezeichnet.	

Die Nahtform ergibt sich aus der zweckmäßigen Gestaltung (Vorbereitung) der Teile am Schweißstoß, wie sie zur Ausführung der Schweißung benötigt wird. Sie hängt ab von der Werkstoffart, Werkstoffdicke, Beanspruchung, Schweißart und dem Schweißverfahren. Die in der Praxis üblichen Nahtformen sind aus Tabelle 14 zu ersehen. Die wichtigsten Begriffe gehen aus Tabelle 15 hervor. (Die Bilder dienen lediglich zur Erläuterung der Begriffe, die umrahmten Ausdrücke beziehen sich auf Flächen.)

Tabelle 14. *Nahtformen-Sinnbilder und*

Nahtart	Benennung	Sinnbild	Darstellungsweise				
			Naht-form	| bildlich |		| sinnbildlich |	
				Schnitt	Ansicht[1]	Schnitt	Ansicht
Stumpfnähte	Bördelnaht						
	I-Naht						
	V-Naht						
	X-Naht						
	Y-Naht						
	Doppel-Y-Naht						
	U-Naht (Tulpennaht)						
	Doppel-U-Naht (Doppel-Tul-pen-Naht)						
	HV-Naht (Halb-V-Naht)						
	K-Naht						
	HY-Naht (Halb-Y-Naht)	[2]					

[1] Es sind die verschiedenen Möglichkeiten der Darstellung entsprechend Tabelle 18 abwechselnd gebraucht.
[2] Es wird empfohlen, diese Nahtarten stets besonders darzustellen.

ihre Darstellungsweise

Nahtart	Benennung	Sinn-bild	Darstellungsweise				
			Naht-form	bildlich		sinnbildlich	
				Schnitt	Ansicht[1]	Schnitt	Ansicht
Stumpfnähte	*K-Stegnaht*						
	J-Naht (Jotnaht)						
	Doppel- J-Naht						
Stirnnähte	*Stirn- Flachnaht*						
	Stirn- Fugennaht						
Kehlnähte	*Kehlnaht*						
	Doppel- Kehlnaht						
	Ecknaht (äußere Eck- naht)				—	—	—
Sonstige Nähte (Beispiele)	*V-Naht mit U-Naht*	5			—	—	—
	HV-Naht mit Doppel- Kehlnaht	5			—	—	—
	K-Naht mit Doppel- Kehlnaht	5			—	—	—

---

[1] Es sind die verschiedenen Möglichkeiten der Darstellung entsprechend Tabelle 18 abwechselnd gebraucht.

[2] Es wird empfohlen, diese Nahtarten stets besonders darzustellen.

[3] Das Sinnbild kennzeichnet die Flachnaht nach Abb. 44a. Bei Ausführung der Wölb- oder Hohlnaht ist das Sinnbild gemäß Abb. 44b bzw. c zu verwenden.

[4] Das Sinnbild wird bei der bildlichen Darstellungsweise nur in der Ansicht verwendet. Bei der sinnbildlichen Darstellungsweise erscheint es in zwei getrennten Dreiecken jeweils über dem entsprechenden Bezugsstrich.

[5] Für „sonstige Nähte" sind keine besonderen Sinnbilder festgelegt, die Nähte sind besonders darzustellen.

Tabelle 15. *Nahtformen*

Stumpfnaht	ohne besondere Vorbereitung (I-Naht) a mit Bördelvorbereitung (Bördelnaht) b mit Fugenvorbereitung (X-Naht bzw. Doppel-U-Naht) c
Stirnnaht	ohne besondere Vorbereitung (Stirn-Flachnaht)

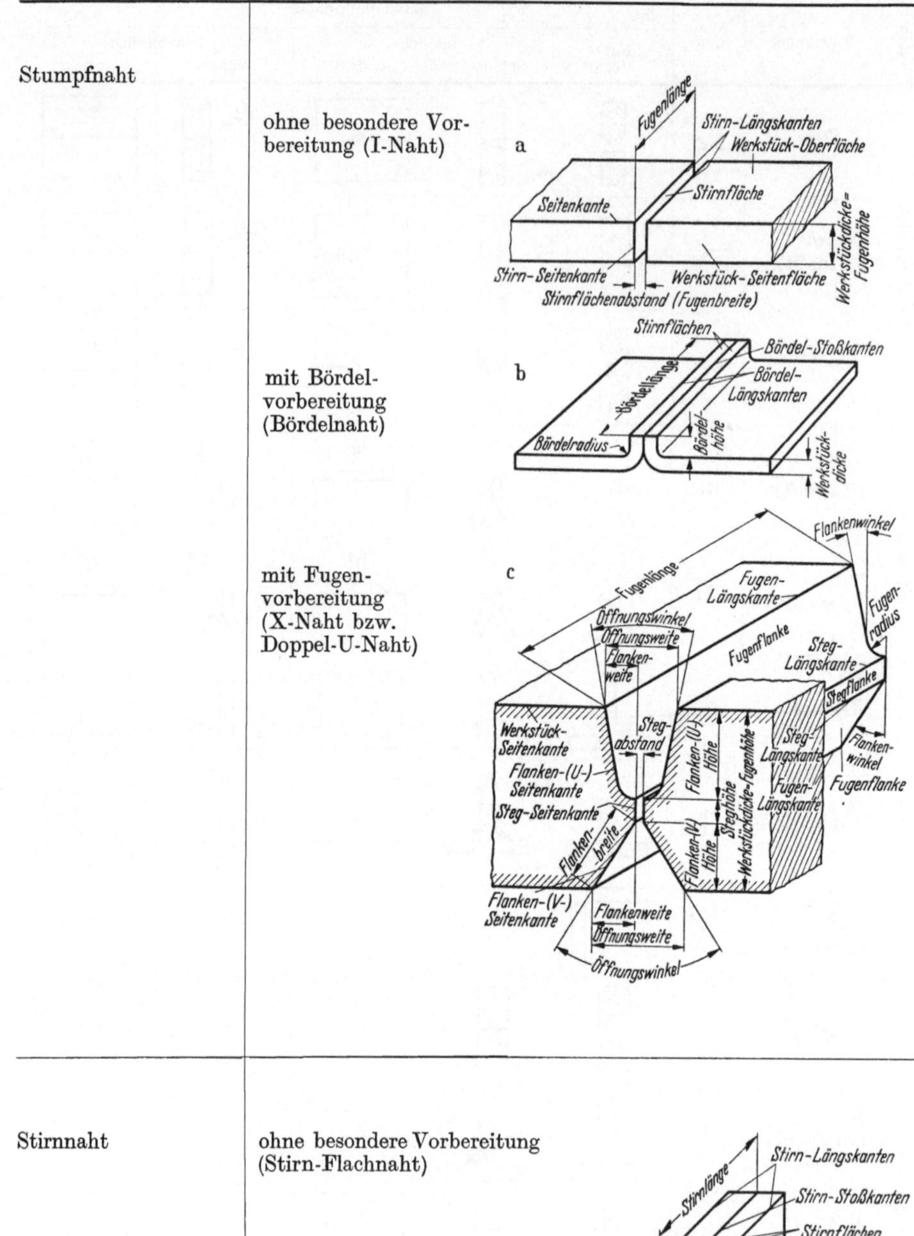

Tabelle 15 (Fortsetzung)

Stirnnaht	mit Fugenvorbereitung (Stirn-Fugennaht)	
Kehlnaht	Kehlnaht und Doppelkehlnaht	
Sonstige Nähte	K-Stegnaht mit Doppelkehlnaht (Beispiel)	

Die *Nahtausführung* geschieht in der Weise, daß einzelne Raupen in einer oder mehreren Lagen aufgebaut werden. Die wichtigsten Begriffe gehen aus Abb. 35—45 hervor.

Stumpfnaht

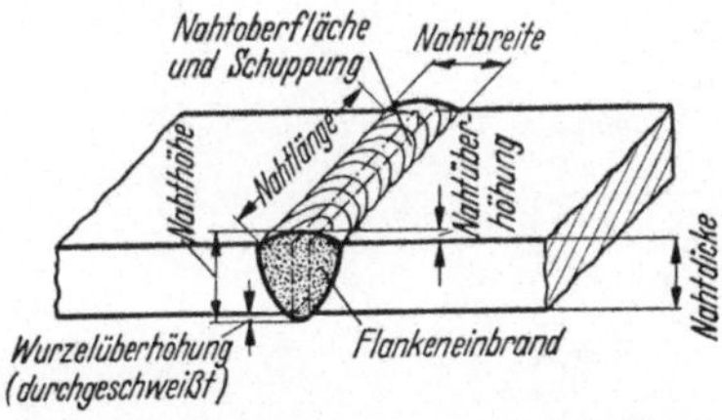

Abb. 35. I-Naht, einseitig durchgeschweißt

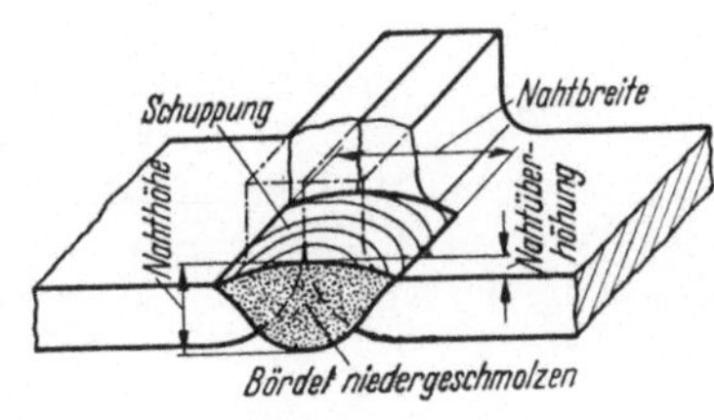

Abb. 36. Bördelnaht

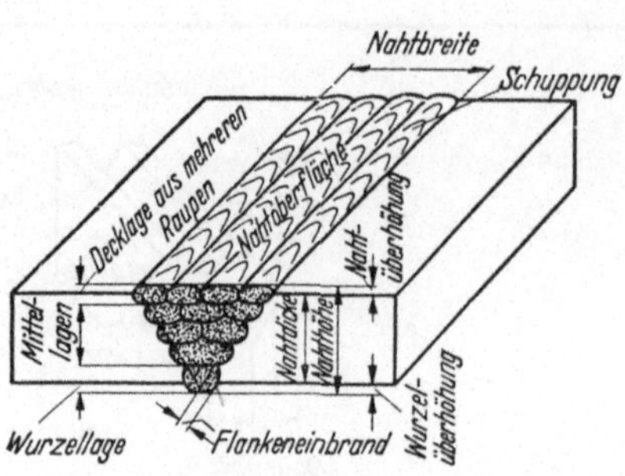

Abb. 37. V-Naht (Nahtaufbau schematisch)

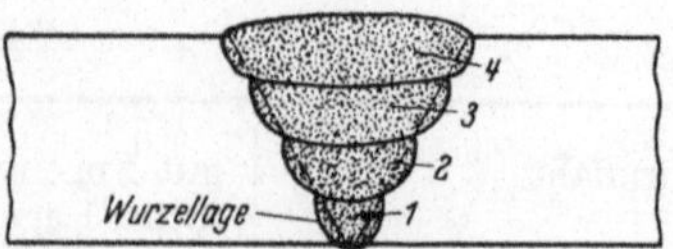

Abb. 38. Lagenfolge für V-Naht, einseitig durchgeschweißt. (Beispiel.) Die Zahlen geben die
Lagenfolge an

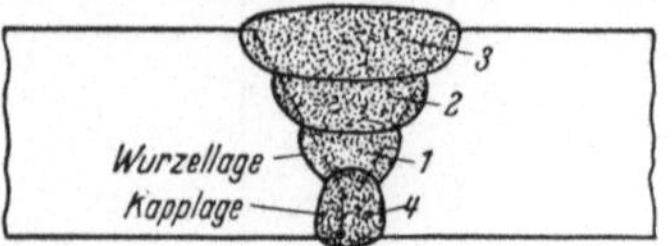

Abb. 39. Lagenfolge für Y-Naht, mit Kapp-
lage gegengeschweißt. (Beispiel.) Die Zahlen
geben die Lagenfolge an

Stirnnaht

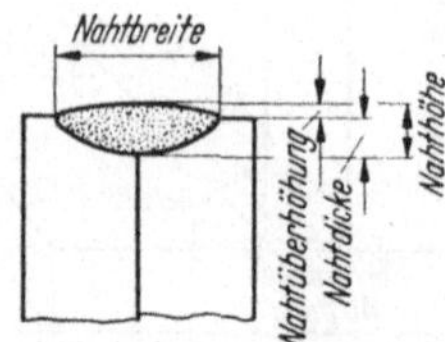

Abb. 40. Stirn-Flachnaht

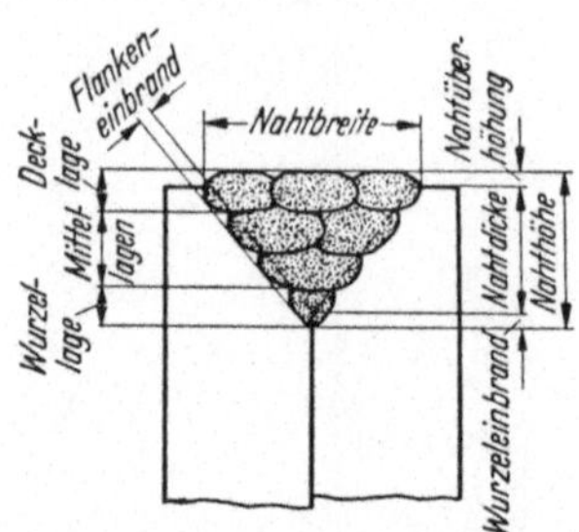

Abb. 41. Stirn-Fugennaht

Kehlnaht

Der Nahtaufbau ist von der Schweißposition abhängig. Je nach Nahtquerschnitt
unterscheidet man Flachnaht, Wölbnaht und Hohlnaht (siehe Abb. 44)

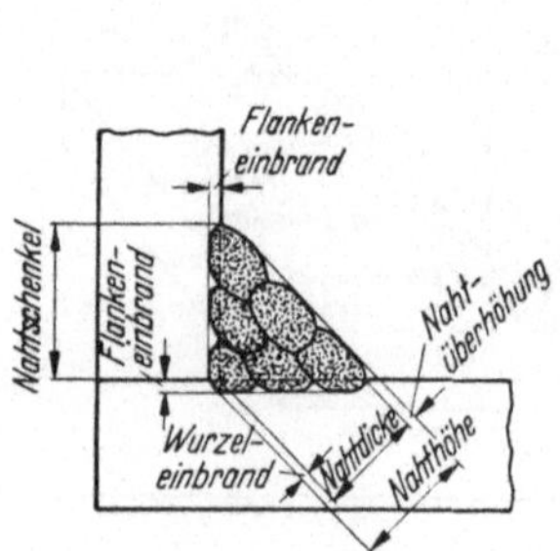

Abb. 42. Kehlnaht,
horizontal (h) geschweißt

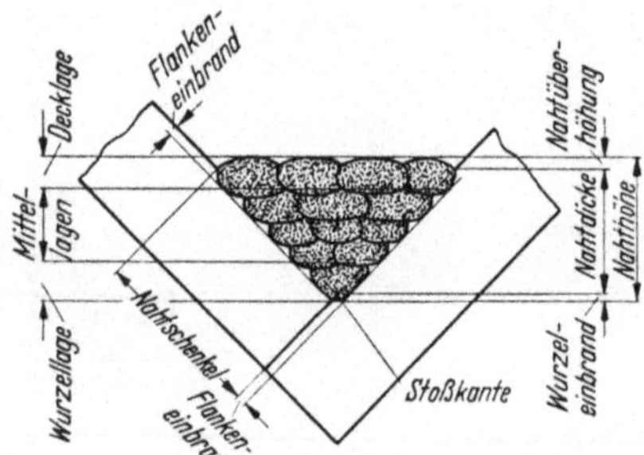

Abb. 43. Kehlnaht, in Wannenposition (w) geschweißt

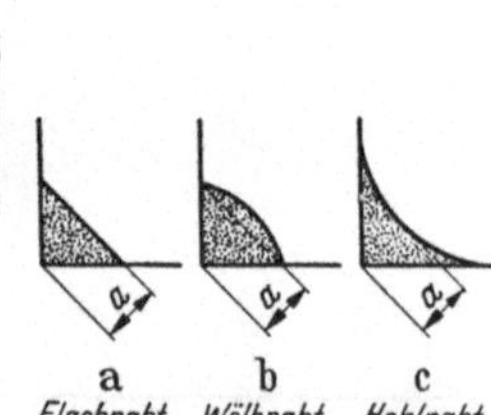

Abb. 44. Nahtquerschnitte
für Kehlnähte

Sonstige Nähte

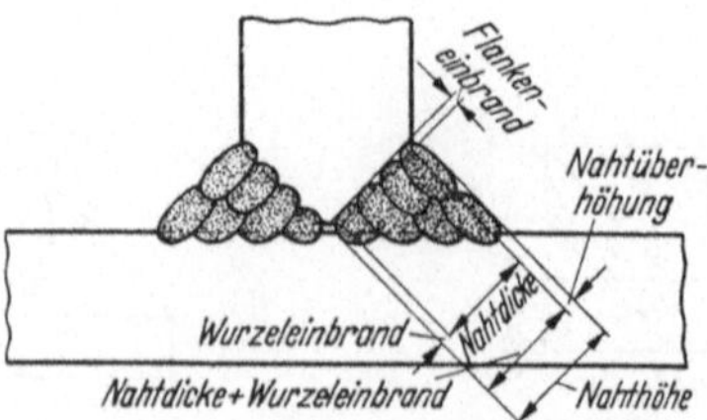

Abb. 45. (Beispiel.) K-Stegnaht mit Doppelkehlnaht

Tabelle 16. *Zusatzzeichen — Sinnbilder und ihre Darstellungsweise*

Benennung	Sinn-bild	Darstellungsweise			
		bildlich		sinnbildlich	
		Schnitt	Ansicht	Schnitt	Ansicht
Naht ein-geebnet[1]					
Übergänge bearbeitet					
Wurzel aus-gekreuzt Kapplage gegen-geschweißt					
Kehlnaht durch-laufend					

Nahtverlauf. Durchlaufende Nähte. Die Nähte sind in ihrer ganzen Länge nicht unterbrochen.

Unterbrochene Nähte. Die Nähte sind in ihrer Länge durch gleichmäßig verteilte Strecken unterbrochen.

Unterbrochene Nähte gegenüberliegend

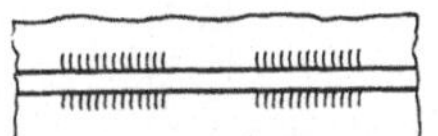

Abb. 46. Die verschweißten Strecken von Doppelkehlnähten liegen einander gegenüber

Unterbrochene Nähte versetzt

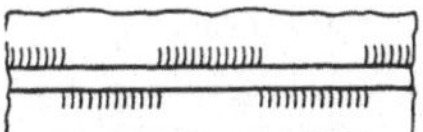

Abb. 47. Die verschweißten Strecken von Doppelkehlnähten sind gegeneinander versetzt

Sinnbild und Zusatzzeichen (Schweißzeichen). Die Nahtformen können durch Sinnbilder gekennzeichnet werden (siehe Tabelle 14). Für das Bearbeiten der Nahtoberfläche, das Nachschweißen der Nahtwurzel usw. können Zusatzzeichen (siehe Tabelle 16) verwendet werden.

Sinnbild und Zusatzzeichen dienen in den Zeichnungen als Schweißzeichen.

Zeichnerische Darstellung. In den Zeichnungen werden die Schweißnähte in Ansicht und/oder im Schnitt dargestellt. Es kann entweder eine bildliche oder sinnbildliche Darstellungsweise gewählt werden. (Beispiele siehe Tabelle 17 und 17a.) Im Schnitt ist die bildliche und in der Ansicht die sinnbildliche Darstellungsweise zu bevorzugen. Die Kennzeichnung erfolgt in beiden Fällen durch das Schweißzeichen (siehe Tabelle 18).

---

[1] Das Sinnbild gilt nur für Bearbeiten der Naht, soll auch die Werkstückoberfläche bearbeitet werden, sind die Oberflächenzeichen nach DIN 140 zu wählen, z. B.

[2] Das Sinnbild für durchlaufende Kehlnaht entfällt in der bildlichen Darstellungsweise, da die Kennzeichnung durch Maßpfeile eindeutig ist (s. Tab. 17).

Tabelle 17. *Zeichnerische Darstellung — Stumpfnähte (Beispiele)*

Benennung	bildliche Darstellungsweise		sinnbildliche Darstellungsweise	
	Schnitt	Ansicht	Schnitt	Ansicht
Stumpfnaht *Allgemeines* *Schweißzeichen*	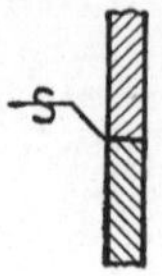	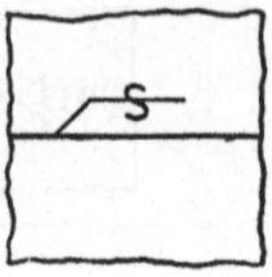	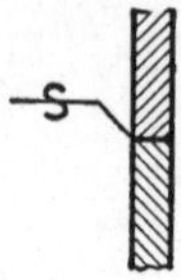	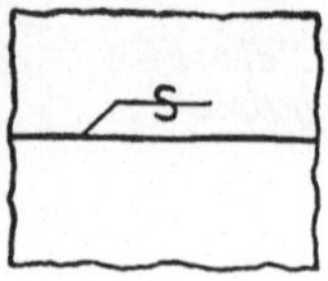
V-Naht (Nahtoberfläche sichtbar) Nahtdicke = Blechdicke $a = 12$ mm Nahtlänge $l = 1100$ mm Wurzel ausgekreuzt, Kapplage gegengeschweißt			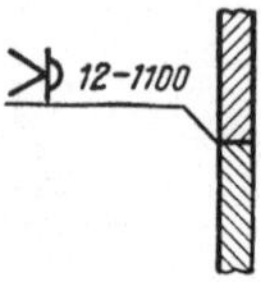	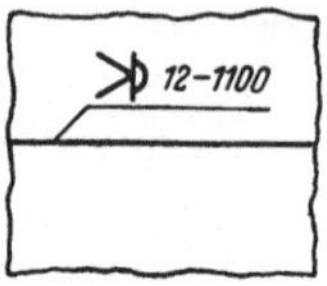
U-Naht (Nahtoberfläche unsichtbar) Nahtdicke = Blechdicke $a = 15$ mm Nahtlänge $l = 2000$ mm Naht eingeebnet		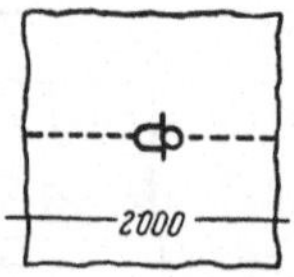	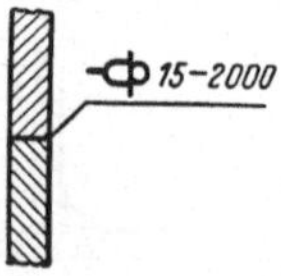	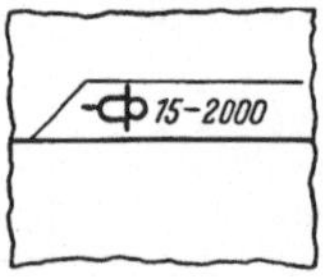
K-Naht Nahtdicke = Blechdicke $a = 30$ mm Nahtlänge $l = 1400$ mm	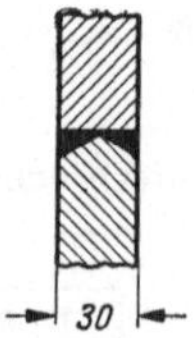		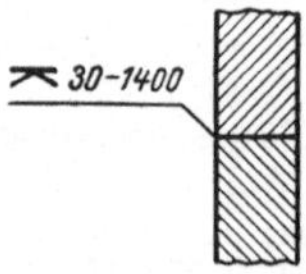	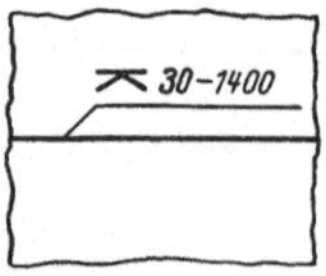
X-Naht Nahtdicke = Blechdicke $a = 20$ mm Nahtlänge $l = 3000$ mm Lichtbogenschweißen, Güte I, Schweißposition w	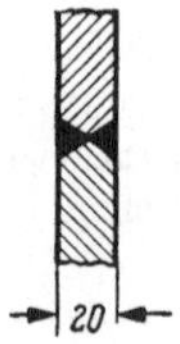		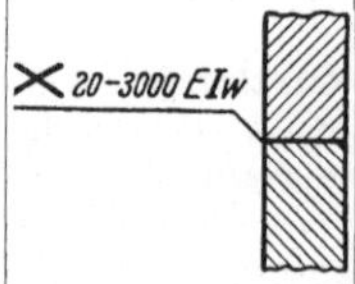	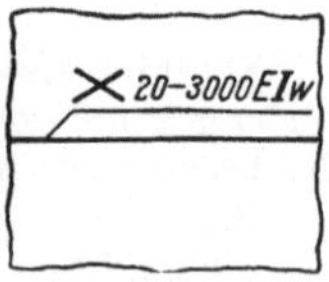
V-Naht Fertigungszeichen vereinfacht durch Fortsetzungszeichen		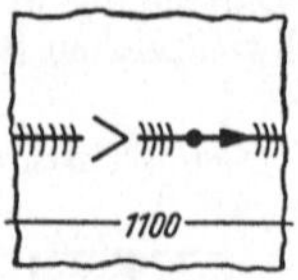	—	—

Tabelle 17a. *Zeichnerische Darstellung — Kehlnähte (Beispiele)*

Benennung	bildliche Darstellungsweise		sinnbildliche Darstellungsweise	
	Schnitt	Ansicht	Schnitt	Ansicht
Kehlnaht *Allgemeines* *Schweißzeichen*	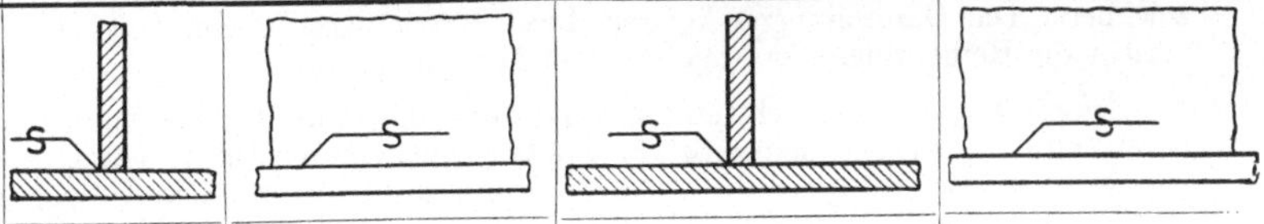			
Kehlnaht *(sichtbar) durchlaufend* Nahtdicke $a = 8$ mm Nahtlänge $l = 1400$ mm Übergänge bearbeitet	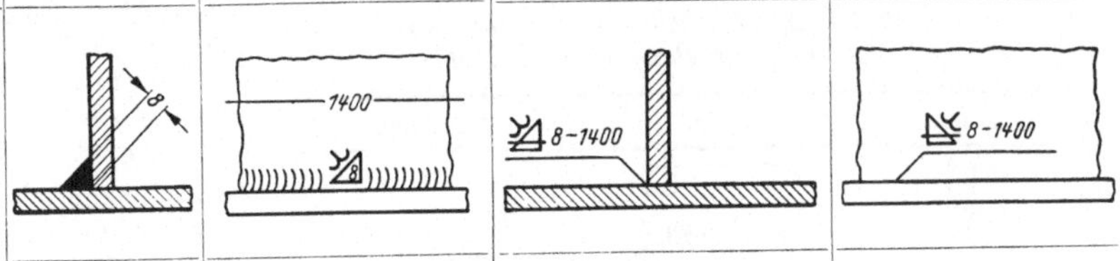	1400	8–1400	8–1400
Kehlnaht *(verdeckt) durchlaufend* Nahtdicke $a = 6$ mm Nahtlänge $l = 1200$ mm	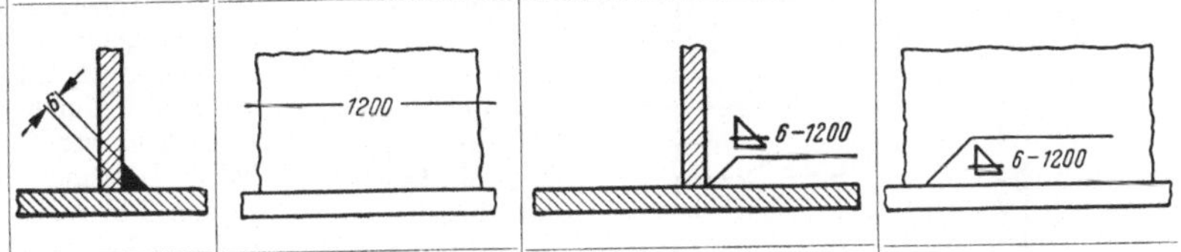	1200	6–1200	6–1200
Doppelkehlnaht *durchlaufend* Nahtdicke $a = 8$ mm (sichtbar) Nahtdicke $a = 6$ mm (unsichtbar) Nahtlänge $l = 1000$ mm	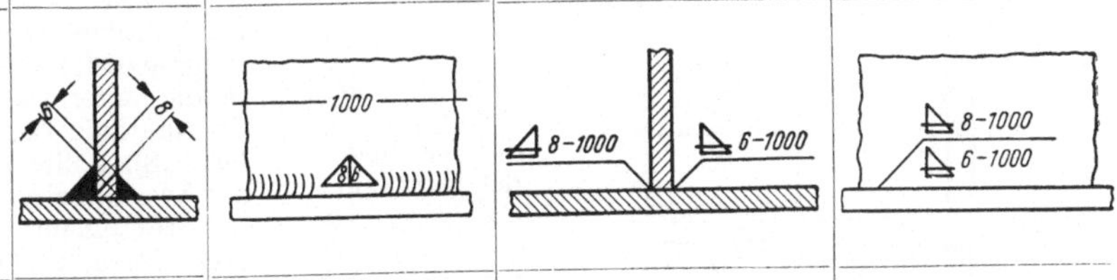	1000	8–1000 6–1000	8–1000 6–1000
Doppelkehlnaht *unterbrochen, gegenüberliegend* Flachnaht $a = 8$ mm (sichtbar) Hohlnaht $a = 6$ mm (unsichtbar) Anzahl der Teilungen $n = 6$ Nahtlänge $l = 300$ mm Abstand zwischen zwei Nahtlängen $z = 500$ mm	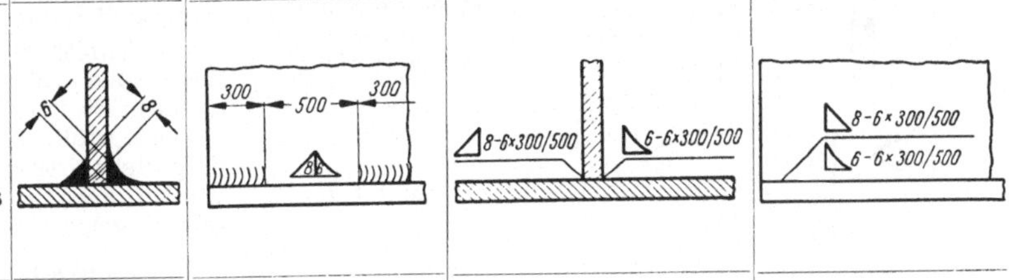	300 500 300	8–6×300/500 6–6×300/500	8–6×300/500 6–6×300/500
Doppelkehlnaht *unterbrochen, versetzt* Flachnaht $a = 8$ mm (sichtbar) Flachnaht $a = 6$ mm (unsichtbar) Anzahl der Teilungen $n = 10$ Nahtlänge $l = 150$ mm Teilung $(l + z) = 150 + 300$ mm $e = 450$ mm	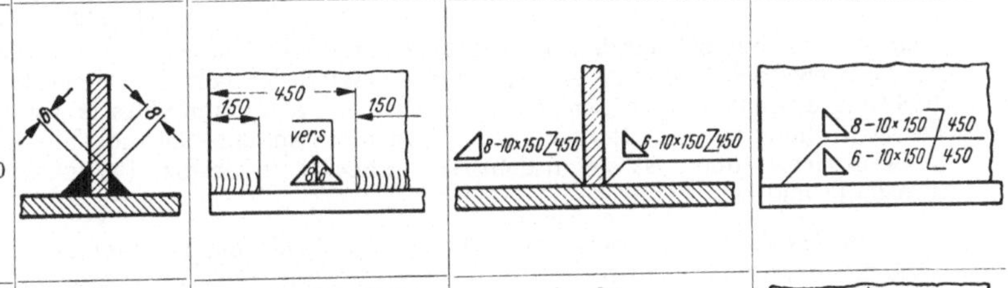	450 150 150 vers	8–10×150 450 6–10×150 450	8–10×150 450 6–10×150 450
Überlappnaht	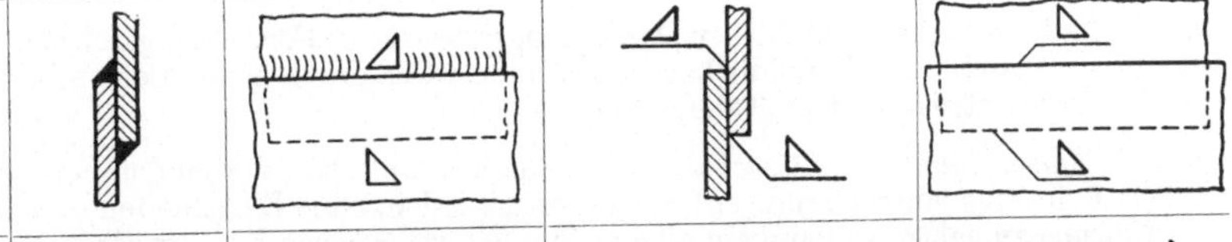			
Kehlnaht *Fertigungszeichen* *vereinfacht durch* *Ringsumzeichen*	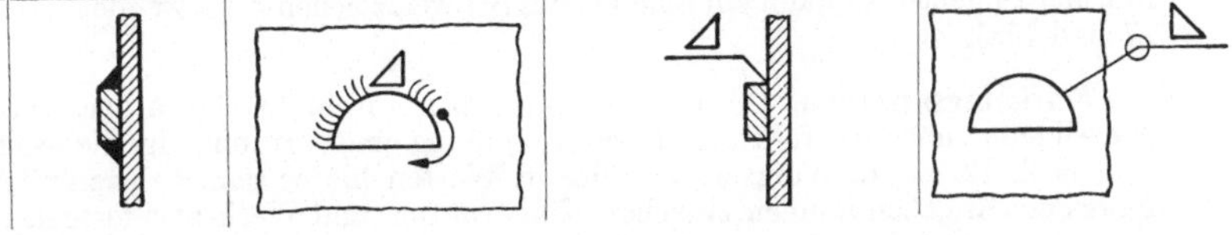			

Reichen die Schweißzeichen nicht aus, Art und Ausführung einer Schweißnaht eindeutig zu beschreiben, so sind Einzelheiten besonders darzustellen. Insbesondere kennzeichnen die Sinnbilder bei Stumpfnähten lediglich die Nahtform, ohne die Fugenvorbereitung im einzelnen erkennen zu lassen. Besondere Fugenformen sind deshalb nach Bedarf herauszuzeichnen. Die Darstellungen können durch Fertigungsangaben ergänzt werden, dabei entspricht die Reihenfolge der Angaben dem Fertigungsablauf.

Schweißzeichen. Die Schweißzeichen geben Aufschluß über die Nahtart und über die Vorbereitung der Teile am Schweißstoß. Sie kennzeichnen also in beiden Darstellungsweisen sowohl die Vorbereitung als auch den gewünschten Endzustand der Naht. Das Schweißzeichen kann durch zusätzliche Fertigungsangaben ergänzt werden.

Tabelle 18. *Möglichkeiten der zeichnerischen Darstellung (am Beispiel der V-Naht)*

Schnitt	Ansicht	Bemerkung
	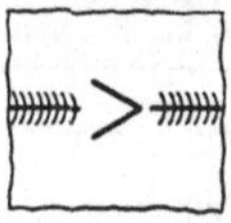	bildlich mit Schuppung
	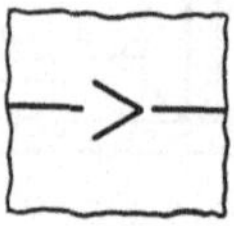	bildlich ohne Schuppung, Sinnbild in der unterbrochenen Nahtlinie
	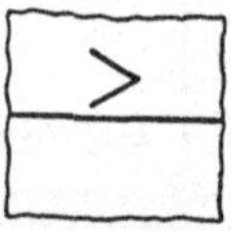	bildlich ohne Schuppung, Sinnbild über der Nahtlinie
	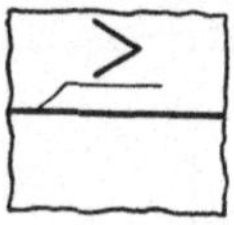	bildlich im Schnitt, sinnbildlich in der Ansicht
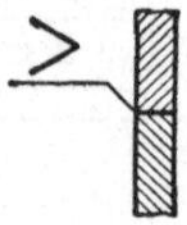		sinnbildlich

Bildliche Darstellungsweise. Die Schweißnaht wird in der Ansicht durch Schuppung (kurze Bogenlinie) dargestellt. Dabei wird das Schweißzeichen in die unterbrochene Schuppung eingetragen. Auf das Darstellen der Schuppung kann verzichtet werden, wenn hierdurch keine Irrtümer beim Lesen entstehen können. Die Schweißnaht wird in diesem Fall lediglich durch die Nahtlinie dargestellt, wobei es freigestellt ist, das Schweißzeichen in die unterbrochene oder neben die Nahtlinie zu setzen (siehe Tabelle 18). Sollte ausnahmsweise in der Ansicht bei einseitig geschweißten Stumpfnähten die Nahtwurzel vorn liegen, so muß die Nahtlinie gestrichelt werden.

Im Schnitt wird die Schweißnaht durch den vollangelegten Nahtquerschnitt, der die mit Schweißgut ausgefüllte Fugenform zeigt, dargestellt. Etwaige Zusatzzeichen werden auch an den Nahtquerschnitt gesetzt (siehe Tabelle 16).

Sinnbildliche Darstellungsweise. Die Schweißnaht wird in der Ansicht und im Schnitt durch eine Nahtlinie dargestellt, dabei wird das Schweißzeichen an den waagerechten Teil eines Bezugsstriches gesetzt, der von der Schweißnaht in beliebiger Richtung ausgeht und abgeknickt wird. Die Lage eines Sinnbildes ist so zu wählen, daß sie der Darstellung im Schnitt bzw. in der Ansicht entspricht. Ist die Naht sichtbar, wird das Schweißzeichen über, ist sie unsichtbar (verdeckt), unter den Bezugsstrich gesetzt (siehe Tabelle 14 und 18).

Durchlaufende Naht. Soll eine Naht durchlaufend oder ringsum geschweißt werden, so kann dies dargestellt werden:

In der Ansicht der bildlichen Darstellungsweise durch Fortsetzungszeichen (siehe Tabelle 17), in der Ansicht der sinnbildlichen Darstellungsweise durch einen kleinen Kreis um den Knick des Bezugsstriches (siehe Tabelle 17a).

Allgemeines Schweißzeichen. Soll lediglich auf das Vorhandensein einer Schweißnaht (z. B. in Angebotszeichnungen) hingewiesen werden, ohne Einzelheiten über ihre Art und Ausführung zu geben, so kann ein allgemeines Schweißzeichen S verwendet werden (siehe Tabelle 17 und 17a).

Fertigungsangaben. Die Fertigungsangaben enthalten alle in der Werkstatt benötigten Einzelheiten über Ausführung, Nachbehandlung und Prüfung der Schweißverbindung. Sie sind nach Bedarf in Kurzzeichen oder in Worten hinter dem Schweißzeichen einzutragen; besondere Angaben können zwischen Konstruktion und Werkstatt festgelegt werden.

Güte. Die Güteklasse einer Schweißverbindung wird durch den Aufwand in der Fertigung und durch folgende zusätzliche Voraussetzungen gesichert:

a) Werkstoff: Schweißeignung gewährleistet
b) Vorbereitung: Fachgerecht und überwacht
c) Schweißverfahren: Nach Werkstoffeigenschaften, Werkstückdicke und Beanspruchung der Schweißverbindung ausgewählt
d) Schweißgut: Zusatzwerkstoff auf den Grundwerkstoff abgestimmt, geprüft bzw. zugelassen
e) Personal: Geprüfte und bei der Arbeit überwachte Schweißer
f) Prüfung: Nachweis fehlerfreier Ausführung (z. B. Durchstrahlungsprüfung).

Man unterscheidet folgende Güteklassen:
Güteklasse I: Alle Voraussetzungen nach a) bis f) sind zu erfüllen.
Güteklasse II: Die Voraussetzungen nach a) bis e) sind zu erfüllen.

Ohne Güteangaben: Die Voraussetzungen werden dem Verwendungszweck entsprechend aus a) bis f) festgelegt.

Besondere Anforderungen: Sie sind an den Darstellungen der betreffenden Schweißnähte zu vermerken, wie z. B. öldicht, vakuumdicht, korrosionsbeständig.

Schweißverfahren. Für die anzuwendenden Schweißverfahren (siehe DIN 1910 Blatt 2) gelten folgende Kurzzeichen:

G = Gasschweißen
E = Lichtbogenschweißen
UP = Unterpulverschweißen
US = Unterschienenschweißen
SG = Schutzgas-Lichtbogenschweißen
IT = Inertschweißen (Wolfram-Inertschweißen, Metall-Inertschweißen).

Sollen die Verfahren maschinell ausgeführt werden, so kann hinter das Kurzzeichen ein „m" gesetzt werden, z. B. Em.

Nahtausführung.

Zusatzwerkstoff. Zusatzwerkstoffe sind nach DIN 1913 bzw. DIN .... (in Vorbereitung) zu bezeichnen.

Schweißposition

w = waagerecht
h = horizontal
s = von unten nach oben (Steignaht)
f = von oben nach unten (Fallnaht)
q = waagerecht an senkrechter Wand (Quernaht)
ü = überkopf.

Nahtfolge und Schweißrichtung. In Quadrate eingeschriebene laufende Zahlen kennzeichnen die Nahtfolge. Die Schweißrichtung wird durch Pfeile angegeben. Die Pfeile haben einen Begrenzungsstrich, der auch den Beginn der Naht anzeigen kann. Werden Nahtfolge und Schweißrichtung angegeben, wird das Quadrat in den Pfeilstrich gesetzt.

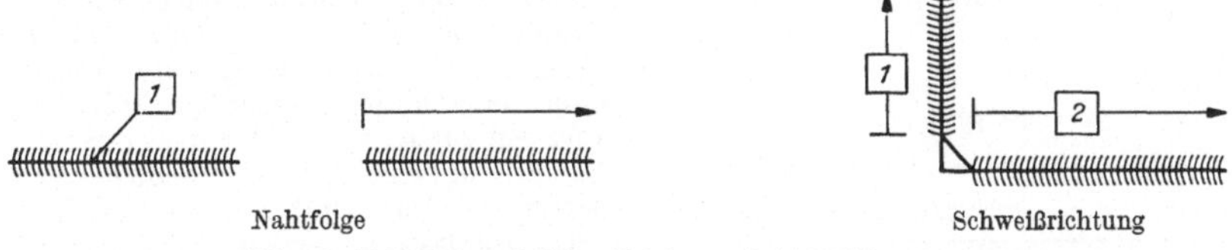

Abb. 48. Nahtfolge und Schweißrichtung bei bildlicher Darstellungsweise

Montagezeichen. Nähte, die erst bei der Montage auf der Baustelle geschweißt werden sollen, sind durch eine kleine Fahne am Sinnbild zu kennzeichnen.

Nachbehandlung und Prüfung. Sollen Schweißteile oder Schweißnähte nachbehandelt werden, so kann die Behandlungsart auf der Zeichnung angegeben werden, z. B. spannungsfreigeglüht, normalgeglüht, gehammert.

Sollen Schweißnähte geprüft werden, so können die Verfahren auf der Zeichnung vorgeschrieben werden.

z. B. Dichtheitsprüfung mit bestimmtem Prüfdruck,
   Magnetische Durchflutung,
   Durchstrahlung,
   Durchschallung.

Besondere sonstige Abnahmevorschriften können unter Bezugnahme auf die in Frage kommenden Vorschriften usw., z. B. DIN 4100 oder DIN 4101, Vogefa[1] , Germanischer Lloyd usw. kenntlich gemacht werden.

Maßangaben. Die Maßangaben werden in den Zeichnungen nach DIN 406 eingetragen. In Vorschriften, Normen usw. sind bestimmte Maßbuchstaben zu verwenden.

Maßbuchstaben sind:

a = Nahtdicke
b = Stegabstand
   Nahtbreite
c = Steghöhe
   Bördelhöhe
l = Nahtlänge
   (als Nahtlänge l gilt der Teil der Naht, der den vollen verlangten Querschnitt aufweist (ohne Endkrater)
z = Abstand zwischen zwei Nahtlängen l bei unterbrochenen Nähten
e = Teilung bei unterbrochenen Nähten = $l + z$ siehe Abb. 49
n = Anzahl der Teilungen bei unterbrochenen Nähten
L = Fugenlänge
   Bördellänge
   Kehllänge
   Stirnlänge.

Als weitere Maßbuchstaben können verwendet werden:
$\Delta a'$ = Nahtüberhöhung
a' = Nahtdicke a + Wurzeleinbrand
f = Flankenbreite
h = Flankenhöhe
k = Stirnflächenabstand
   Stegabstand
r = Fugenradius
   Bördelradius
s = Werkstückdicke
v = Flankenweite
w = Öffnungsweite
w' = Nahtbreite
α = Öffnungswinkel
   Kehlwinkel
β = Flankenwinkel.

Die Bemaßung erfolgt in der bildlichen Darstellungsweise durch Zahlenangaben zwischen Maßpfeilen. Lediglich die Zahlenangabe für die Dicke der Kehlnähte kann in oder neben das Sinnbild eingetragen werden. Bei der sinnbildlichen Darstellungsweise werden unmittelbar hinter das Sinnbild die Zahlenangaben für a, n, l und z bzw. e gesetzt. Bei durchlaufenden Nähten genügen Zahlenangaben für a und l. Sie werden durch einen Bindestrich getrennt (siehe Tabelle 17 und 17a). Bei unterbrochenen Nähten werden außer für a und l noch Zahlenangaben für n und e bzw. z erforderlich. Die Schreibweise ist wie folgt zu wählen:

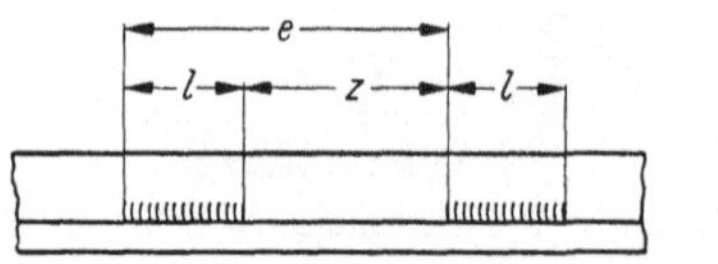

Abb. 49. Unterbrochene Kehlnaht

Sinnbild $a - n \times l/e$ oder
Sinnbild $a - n \times l/z$.

Diese Schreibweise gilt auch für gegenüberliegende unterbrochene Doppelkehlnähte. Bei unterbrochenen versetzten Kehlnähten wird an Stelle des Schrägstriches ein Z gesetzt (siehe Tabelle 17a).

---

[1] Vogefa = Vorschrift für geschweißte Fahrzeuge der Deutschen Bundesbahn bzw. der Reichsbahn

Reihenfolge der Angaben. Die Fertigungsangaben sind in folgender Reihenfolge zu machen:
Sinnbild und Zusatzzeichen
Maßangaben (z. B. a, l)
Schweißverfahren
Gütewert
Schweißposition;
etwaige weitere Angaben:
Zusatzwerkstoffe
Nachbehandlung
Prüfung.

3.5 Nennspannungen und Festigkeit von Stumpf- und Kehlnähten

Die Dauerfestigkeit der Schweißnähte wird vermindert durch die Kerbwirkung. Hierbei ist zu unterscheiden zwischen *inneren* Kerben und *äußeren* (konstruktiven) Kerben. Die Naht hat, im Gegensatz zu dem dichten Walzgefüge des Grundwerkstoffs, Gußgefüge. Innere Kerben sind Poren und Gaseinschlüsse in der Naht, die Nahtwurzel und die Ansatzstellen beim Elektrodenwechsel. Äußere Kerben sind die Endkrater der Nähte und der Übergang von der Naht zum Grundwerkstoff. Durch Bearbeitung der Kerbstellen läßt sich die äußere Kerbwirkung mildern bzw. aufheben.

3.51 Stumpfnähte

Die miteinander zu verbindenden Teile (Bleche) liegen in einer Ebene. Die Nahtform (Abb. 50) ist durch die Blechdicke und durch die an die Schweißkonstruktion zu stellenden Anforderungen (Belastungsart, Dichtheit usw.) bedingt.

a) *I-Nähte* sind nur für dünne Bleche (bis $s = 4$ mm) verwendbar und erfordern keine Vorbereitung der Schweißkanten.

Stumpfnähte, die bei größerer Blechdicke erhebliche Kräfte übertragen, werden allgemein als V- oder X-Nähte ausgeführt.

b) *V-Nähte.* Anwendung bei Blechdicken von $s = 5$ bis 15 mm. Öffnungswinkel $\alpha = 60\cdots80°$, meist 60°.

HV-Nähte werden seltener angewendet.

c) *X-Nähte.* Anwendung bei Blechdicken $s = 10\cdots30$ mm.

K-Nähte kommen nur gelegentlich vor.

U-Nähte und Doppel-U-Nähte kommen für große Blechdicken (über 30 mm) in Betracht.

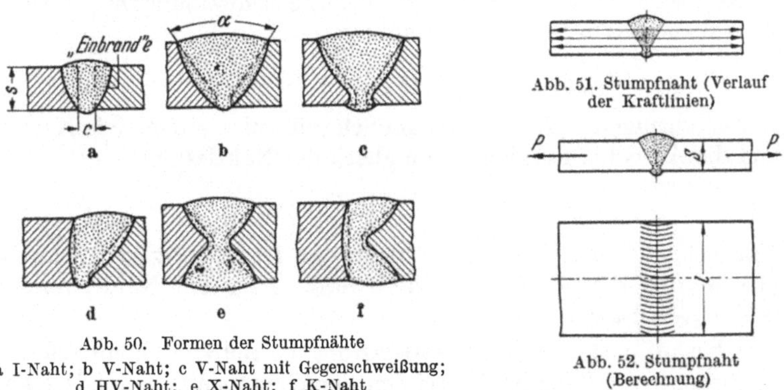

Abb. 50. Formen der Stumpfnähte
a I-Naht; b V-Naht; c V-Naht mit Gegenschweißung;
d HV-Naht; e X-Naht; f K-Naht

Abb. 51. Stumpfnaht (Verlauf der Kraftlinien)

Abb. 52. Stumpfnaht (Berechnung)

Vorbereitung der Schweißkanten s. S. 38. Bei den Stumpfnähten verläuft der Kraftfluß geradlinig (Abb. 51). Sie haben daher die größte Dauerfestigkeit.

Für die quer zur Naht auf Zug beanspruchte Stumpfnaht (Abb. 52) ist die *Nennspannung* in der Naht bzw. im Blech:

$$\varrho_z = \sigma_z = \frac{P}{l\,s} \quad [\text{kg/cm}^2]\,,$$

wobei l [cm] die Nahtlänge ist.

Versuche mit Stumpfnähten haben bei St 37 eine statische Festigkeit ergeben, die der des Grundwerkstoffs nahezu gleich war ($\sigma_{nB} = 37 \cdots 42 \; \mathrm{kg/mm^2}$). Hierbei zeigte sich die übliche Einschnürung am Stab (Abb. 53). Der Bruch tritt im Werkstoff ein, da die unter einem dreiachsigen Spannungszustand stehende Naht am Fließen behindert ist.

Bei oftmals wiederholter Beanspruchung tritt dagegen der Bruch im Übergangsquerschnitt (Anschlußquerschnitt der Naht), Abb. 54, infolge der vorhandenen Kerbwirkung ein. V-Nähte ohne Wurzelgegenschweißung haben eine wesentlich geringere Dauerfestigkeit als die mit nachgeschweißter Wurzel (Abb. 55).

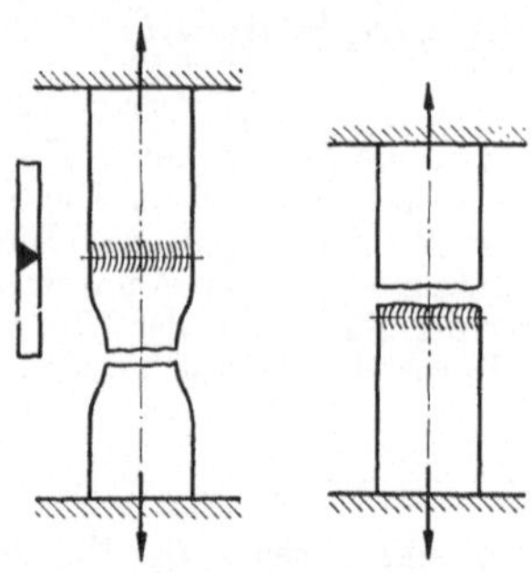

Abb. 53 u. 54. Bruch bei zügiger und oftmals wiederholter Beanspruchung

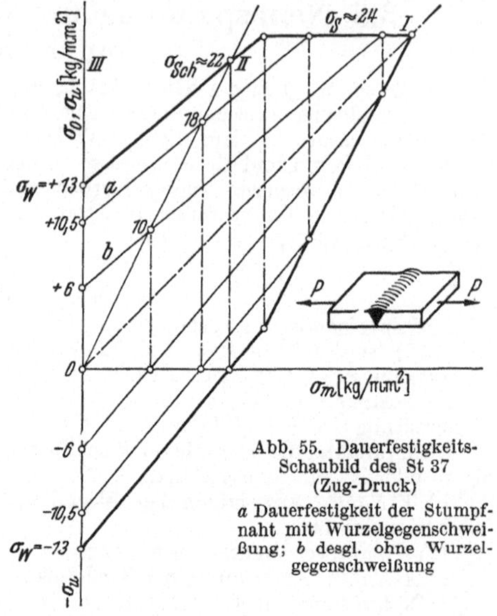

Abb. 55. Dauerfestigkeits-Schaubild des St 37 (Zug-Druck)

a Dauerfestigkeit der Stumpfnaht mit Wurzelgegenschweißung; b desgl. ohne Wurzelgegenschweißung

Dies hat seine Ursache darin, daß bei der Naht ohne Wurzelgegenschweißung an der Wurzel starke Kerbwirkung vorliegt, die vorzeitig zum Bruch im Schweißquerschnitt führt.

Schwellzugfestigkeit der Naht ohne Wurzelgegenschweißung: $\varrho_{Sch} \approx 10 \; \mathrm{kg/mm^2}$; desgl. der Naht mit Wurzelgegenschweißung:

$$\varrho_{Sch} = 16 \cdots 20 \; \mathrm{kg/mm^2} \; \text{i. M.} \; 18 \; \mathrm{kg/mm^2} \, .$$

Bei guter Ausführung der Naht ist die am Schweißwulst auftretende Kerbwirkung gering und die Anschlußfestigkeit kann gleich der Nahtfestigkeit gesetzt werden.

$$\sigma_{nSch} \approx 18 \; \mathrm{kg/mm^2} \, .$$

Durch Einzeichnen der Schwellzugwerte in das Dauerfestigkeits-Schaubild des Werkstoffs werden die Wechselfestigkeitswerte $\pm \varrho_W$ der Nähte und des Anschlusses $\pm \sigma_{nW}$ erhalten.

Für die bei oftmals wiederholter Belastung in Betracht kommende V-Naht mit Wurzelgegenschweißung ist die bei den Berechnungen angewendete Formzahl

$$\alpha = \frac{\varrho_{Sch}}{\sigma_{Sch}} \quad \text{bzw.} \quad \frac{\sigma_{nSch}}{\sigma_{Sch}} = \frac{18}{24} \approx 0{,}8 \, .$$

Für X-Nähte kann bei guter Ausführung die gleiche Dauerfestigkeit wie bei V-Nähten mit Wurzelgegenschweißung angenommen werden.

Werden die Schweißwulste bei den X-Nähten auf beiden Seiten und in der Zugrichtung bearbeitet, dann erhält man nach GRAF [7], [8] eine Schwellzug-Dauerfestigkeit bis zu 24 kg/mm².

Für St 52 wurde vom MPA Berlin-Dahlem eine Schwellfestigkeit der auf Zug beanspruchten Stumpfnähte von

$$\sigma_{nSch} = 27 \cdots 28 \text{ kg/mm}^2$$

erhalten.

Mit der Schwellzugfestigkeit des Werkstoffs $\sigma_{Sch} \approx 33$ kg/mm² wird die Formzahl erhalten zu: $\alpha = \dfrac{\sigma_{nSch}}{\sigma_{Sch}} = \dfrac{27}{33} = 0{,}82 \approx 0{,}80$, also der gleiche Wert wie bei St 37.

Bei Biegung werden für die Schweißquerschnitte die gleichen Werte wie für Zug–Druck in die Rechnungen eingesetzt; das gleiche geschieht auch bei den Anschlußquerschnitten. Da aber die Dauerbiegefestigkeit der Stähle höher ist als die Zug-Druckfestigkeit (s. S. 31), befindet man sich bei den Berechnungen mehr auf der sicheren Seite.

3.52 Kehlnähte

Der Hauptvorzug der Kehlnähte ist der, daß sie — im Gegensatz zu den Stumpfnähten — keine Bearbeitung der Schweißkanten erfordern.

Nahtformen. Die *Wölbnaht* (Abb. 56a) hat den Nachteil, daß sie infolge ihres schroffen Übergangs zum Grundwerkstoff an diesem starke Einbrandkerben hervorruft, die dessen Festigkeit schwächen. Betrachtet man die rechnerische Nahtdicke (a), so hat diese Naht einen übergroßen Schweißinhalt und ist daher entsprechend teuer.

An ihre Stelle tritt allgemein die *Flachnaht* (Abb. 56b). Diese ist hinsichtlich der Kerbwirkung günstiger und hat den wirtschaftlichsten Schweißinhalt. Die Grundform der Naht ist ein gleichschenkelig rechtwinkliges Dreieck mit den Katheten b. Rechnerische Nahtdicke: $a = b : \sqrt{2} = 0{,}707\,b$. Nachprüfung der Naht auf Maßhaltigkeit kann mit dem Zirkel geschehen, der auf die Länge der Hypothenuse $= 2a$ eingestellt wird.

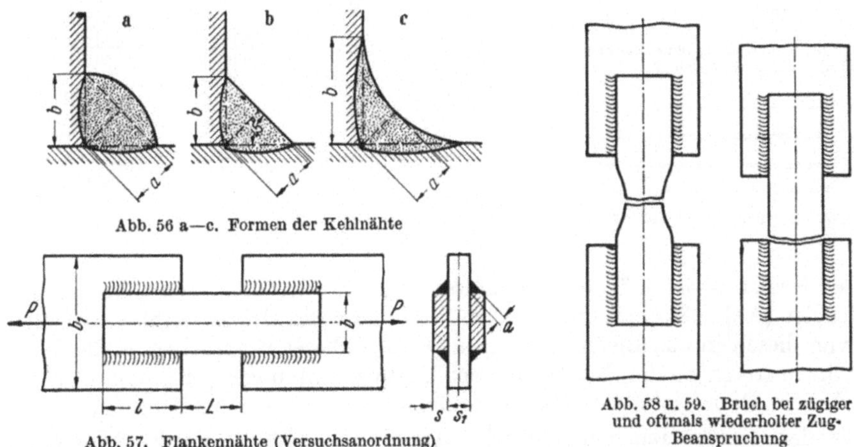

Abb. 56 a—c. Formen der Kehlnähte

Abb. 57. Flankennähte (Versuchsanordnung)

Abb. 58 u. 59. Bruch bei zügiger und oftmals wiederholter Zug-Beanspruchung

Die *Hohlnaht* (Abb. 56c) hat wegen ihres allmählichen Übergangs zum Grundwerkstoff die geringste Kerbwirkung. Bei gleicher Nahtdicke (a) ist ihr Schweißinhalt etwas größer als der der Flachnaht.

Die Kehlnähte werden im allgemeinen durchlaufend ausgeführt. Unterbrochene Nähte (gegenüberliegend oder versetzt, DIN 1912 Abschnitt 3.4 vgl. S.41) vermeide man möglichst und ersetze sie durch dünnere, durchlaufende Nähte.

Die kleinste, mit einer 4 mm-Elektrode herstellbare Kehlnaht hat eine Nahthöhe $b = 3{,}5$ mm und eine Dicke $a \approx 2{,}5$ mm. Im allgemeinen sollte man mit der Nahtdicke nicht unter 3 mm gehen. Kehlnähte, die auf Schwingungsfestigkeit beansprucht sind, müssen in der Nahtwurzel (mit dünnen Elektroden) gut vorgeschweißt sein.

Flankenkehlnähte. Flankennähte sind beim statischen Zugversuch den Stumpfnähten gleichwertig. Bei der Versuchsanordnung nach Abb. 57 wurde für St 37 eine Zugfestigkeit $\sigma_{nB} = 41$ kg/mm² erhalten. Hierbei trat der Bruch im Werkstoff unter Einschnüren des Stabquerschnittes (Abb. 58) ein.

Beim Zugschwell- oder Wechselfestigkeitsversuch tritt infolge der Kerbwirkung der Bruch des Stabes am Beginn der Flankennähte ein (Abb. 59).

Nennspannungen. Scherspannung in den Nähten (Abb. 60 u. 61)

$$\varrho_s = \frac{P}{\Sigma\,(a\,l)} = \frac{P}{4\,a\,l}\ [\text{kg/cm}^2]\,.$$

Zugspannung im ungeschwächten Stabquerschnitt:

$$\sigma_z = \frac{P}{F} = \frac{P}{2\,b\,s}\ [\text{kg/cm}^2]\,.$$

Abb. 62 zeigt das Bindungsbild des Schweißanschlusses mit Flankennähten nach der Versuchsanordnung (Abb. 57).

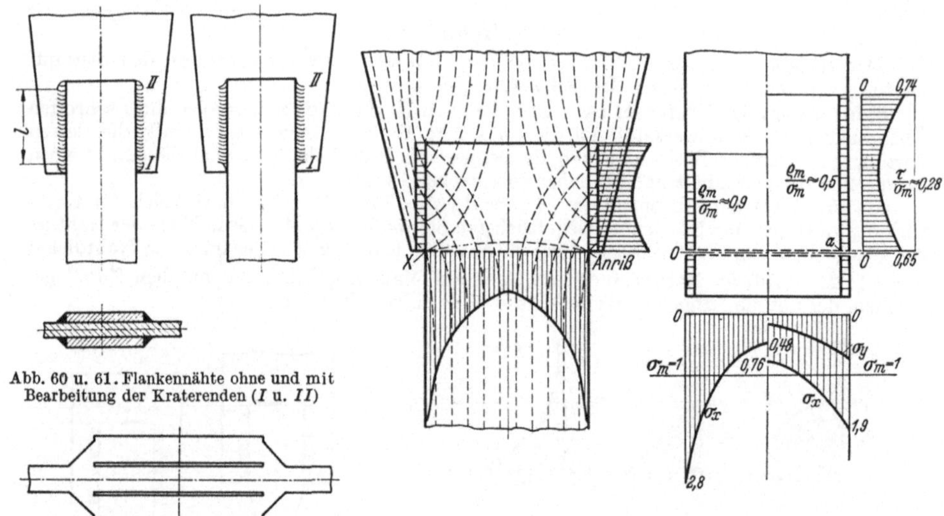

Abb. 60 u. 61. Flankennähte ohne und mit Bearbeitung der Kraterenden (*I* u. *II*)

Abb. 62. Bindungsbild zu Abb. 57

Abb. 63 u. 64. Verlauf der Kraftlinien und Spannungszustände bei Flankennähten (nach BIERETT)

Der Kraftfluß ist bei den Anschlüssen mit Flankennähten ungünstig. Die Kraftlinien (Abb. 63 u. 64) müssen vom Stab durch die kleinen Nahtquerschnitte und von diesen in das Blech übergehen. Infolge dieses räumlichen Verlaufs der Kraftlinien treten an den Nahtenden bei X Kerbspannungen (Spannungsspitzen) auf, die die Dauerfestigkeit des Schweißanschlusses wesentlich vermindern.

Bei den Dauerversuchen nach der Anordnung Abb. 57 wurde festgestellt, daß der Stab stets am Nahtende (*I* in Abb. 60) brach, wenn $\varrho/\sigma = 0,5$ war. Für diesen Wert ist der Schweißquerschnitt

$$F_{Schw} = 2\,F_{Stab}\,.$$

Bei $\varrho/\sigma \geqq 1$ brechen die Nähte. Bei $\varrho/\sigma \leqq 0,5$ ist nicht mehr der Schweißquerschnitt, sondern der durch die Kerbwirkung geschwächte Stabquerschnitt maßgebend.

Versuche mit Schwingbrücken in Dahlem und Dresden [9] ergaben, daß bei $F_{Stab}/F_{Sch} = 0,4\cdots0,83$ nicht die Nähte brechen, sondern der Stab.

Für die Bemessung der Schweißnähte ist das Verhältnis $\varrho/\sigma = 0,65$ angemessen. Nach Versuchen von GRAF beträgt die Schubfestigkeit der Naht

$$\varrho_{Sch} = 11\cdots13,\ \text{i. M. } 12\ \text{kg/mm}^2\,.$$

Ohne Bearbeitung der Nahtenden (Abb. 60) ist die Anschlußfestigkeit von Flachstäben bei St 37:

$$\sigma_{nSch} = 6 \cdots 8 \text{ kg/mm}^2 \; ;$$

mit Bearbeitung (Abb. 61) ist

$$\sigma_{nSch} = 10 \cdots 11 \text{ kg/mm}^2 \, .$$

Mit zunehmendem Abstand L der Bleche (Abb. 57) steigt die Anschlußfestigkeit, da die Kraftlinien dann eine gestrecktere Form annehmen. Bei dem Anschluß von Fachwerkstäben kann man daher folgende Stabfestigkeiten annehmen:

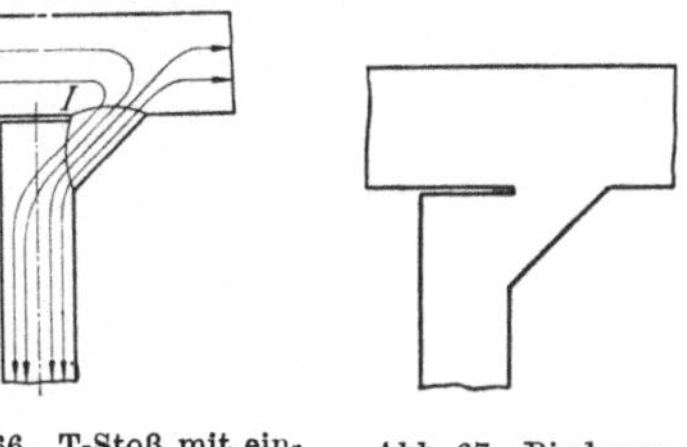
Abb. 66. T-Stoß mit einseitiger Stirnkehlnaht (Verlauf der Kraftlinien)

Abb. 67. Bindungsbild zu Abb. 66

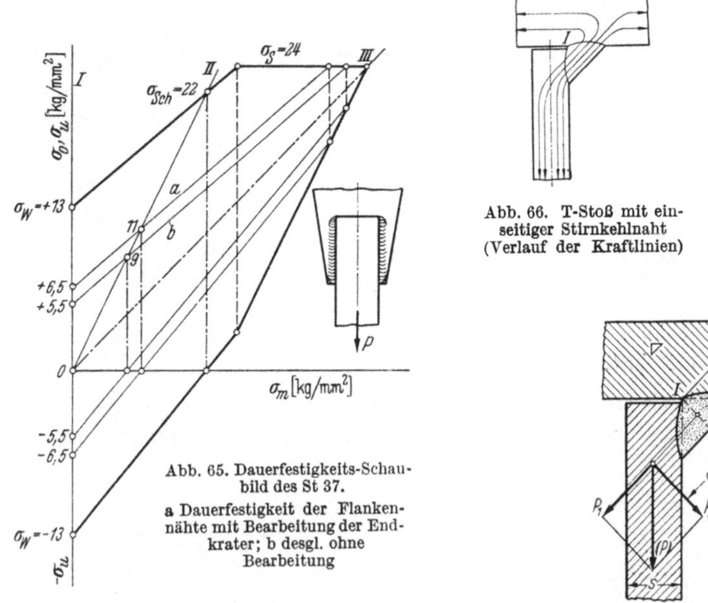
Abb. 65. Dauerfestigkeits-Schaubild des St 37.

a Dauerfestigkeit der Flankennähte mit Bearbeitung der Endkrater; b desgl. ohne Bearbeitung

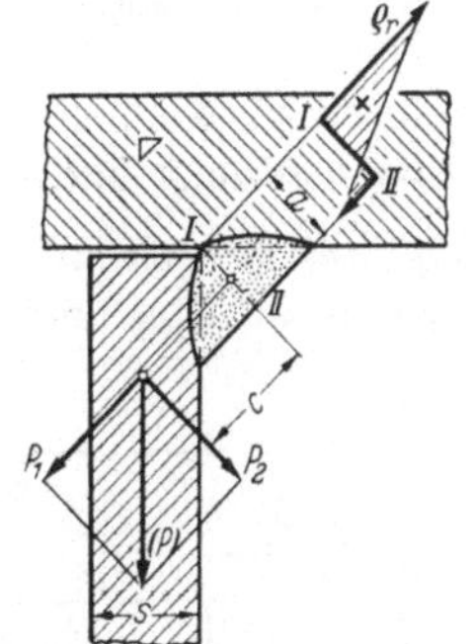
Abb. 68. T-Stoß mit einseitiger Stirnnaht (Berechnungsskizze)

Ohne Bearbeitung der Kraterenden ist

$$\sigma_{nSch} = 9 \cdots 10 \text{ kg/mm}^2 \; ;$$

mit Bearbeitung der Kraterenden

$$\sigma_{nSch} = 11 \cdots 12 \text{ kg/mm}^2 \, .$$

Die versuchsmäßig erhaltene Schwellfestigkeit der Schweißnähte ist in das Dauerfestigkeits-Schaubild des Werkstoffs (St 37) Abb. 65 eingezeichnet, wodurch auch die angenäherten Wechselfestigkeitswerte erhalten werden.

Bei dem Anschluß von U-Stahl an Stelle von Flachstahl war die unter gleichen Verhältnissen erreichte Dauerfestigkeit der Schweißanschlüsse größer und bei L-Stahl etwas kleiner.

Stirnkehlnähte. *T-Stoß mit einseitiger Kehlnaht.* Bei diesem auf Zug beanspruchten Stoß werden die Kraftlinien an der Nahtwurzel (bei I in Abb. 66) besonders stark abgelenkt und es treten daher an dieser Stelle entsprechend hohe Spannungswerte auf. Abb. 67 gibt das Bindungsbild des Stoßes.

In dem Nahtquerschnitt I—II (Abb. 68) ist die Zugspannung:

$$\varrho_z = \frac{P_1}{F_{Schw}} = \frac{0{,}707\,P}{a\,l} \, [\text{kg/cm}^2] \, , \quad l = \text{Nahtlänge in cm} \, .$$

Die noch hinzutretende Biegespannung ist

$$\varrho_b = + \text{ bzw. } - \frac{P_2 c}{W_{Schw}} = + \text{ bzw. } - \frac{4,25 \, P \, c}{a^2 \, l} \, [\text{kg/cm}^2] \, .$$

Unter Vernachlässigung der Schubspannung $\varrho_s = \dfrac{0,707 \, P}{a \, l}$ ist die größte resultierende Spannung bei I:

$$\varrho_r = \varrho_z + \varrho_b \, [\text{kg/cm}^2] \, ,$$

die ein Mehrfaches der im Stegblech auftretenden Spannung ist.

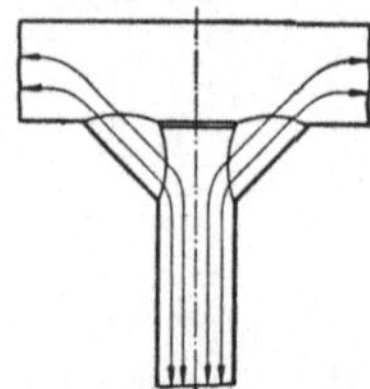

Abb. 69. *T*-Stoß mit doppelseitiger Stirnnnaht (Verlauf der Kraftlinien)

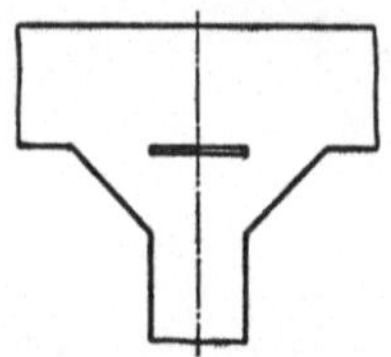

Abb. 70. Bindungsbild zu Abb. 69

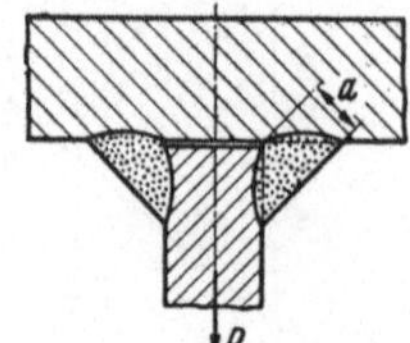

Abb. 71. T-Stoß mit doppelseitiger Stirnnnaht (Berechnungsskizze)

Die einseitige Kehlnaht wird beim Anschluß kastenförmiger Teile, die auf Biegung beansprucht sind, angewendet.

T-Stoß mit doppelseitiger Kehlnaht. Abb. 69 zeigt den Verlauf der Kraftlinien für den auf Zug beanspruchten Stoß. Abb. 70 gibt das Bindungsbild des Stoßes.

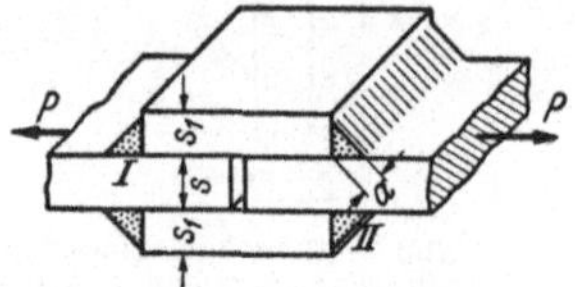

Abb. 72. Laschenstoß

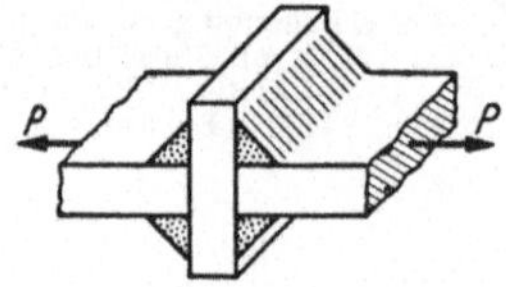

Abb. 73. Kreuzstoß

Nennspannung in den Nähten (Abb. 71)

$$\varrho_z = \frac{P}{\Sigma \, (a \, l)} = \frac{P}{2 \, a \, l} \, [\text{kg/cm}^2] \, ,$$

wobei l [cm] die Nahtlänge bedeutet. Nennspannung im Anschlußquerschnitt mit s [cm] Blechdicke

$$\sigma_z = \frac{P}{F} = \frac{P}{l \, s} \, [\text{kg/cm}^2] \, .$$

Die Versuche an Stirnkehlnähten werden mit dem Laschenstoß (Abb. 72), meist aber mit dem Kreuzstoß (Abb. 73) vorgenommen.

Mit dem Kreuzquerschnitt erhielt GRAF folgende Schwellfestigkeitswerte bei St 37 im Nahtquerschnitt

$$\varrho_{Sch} = 7 \cdots 8 \, \text{kg/mm}^2 \, .$$

Entsprechende Formzahl bei $\sigma_{Sch} = 22 \, \text{kg/mm}^2$:

$$\alpha = 0,32 \cdots 0,36 \, .$$

Bei Bruch im Anschlußquerschnitt wurden folgende Schwellzugwerte erhalten:

$$\sigma_{nSch} = 11\cdots13\ \text{kg/mm}^2.$$

Entsprechende Formzahl: $\alpha = 0{,}50\cdots0{,}60$.

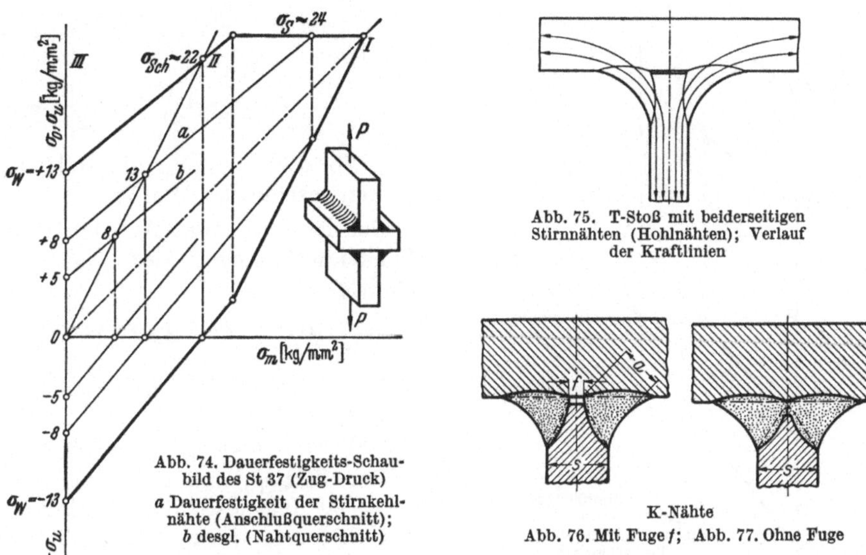

Abb. 74. Dauerfestigkeits-Schaubild des St 37 (Zug-Druck)
a Dauerfestigkeit der Stirnkehlnähte (Anschlußquerschnitt);
b desgl. (Nahtquerschnitt)

Abb. 75. T-Stoß mit beiderseitigen Stirnnähten (Hohlnähten); Verlauf der Kraftlinien

K-Nähte
Abb. 76. Mit Fuge *f*; Abb. 77. Ohne Fuge

Die Schwellzugwerte sind in das Dauerfestigkeits-Schaubild des Werkstoffs (St 37) Abb. 74 eingetragen, wodurch auch die angenäherten Wechselfestigkeitswerte erhalten werden.

Bei der Anordnung von Hohlnähten (Abb. 75) ist der Verlauf der **Kraft**linien günstiger als bei Flachnähten (Abb. 69); die Anschlußfestigkeit ist daher entsprechend höher.

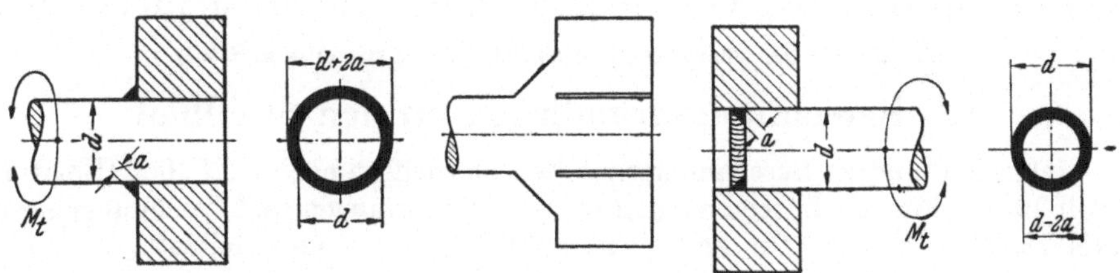

Abb. 78. Auf Verdrehung beanspruchte Ringnaht (Außennaht); Versuchsanordnung   Abb. 79. Bindungsbild   Abb. 80. Auf Verdrehung beanspruchte Ringnaht (Innennaht); Versuchsanordnung

Versuche an Kreuzstößen mit K-Nähten (Abb. 76 u. 77) ergaben für St 52 folgende Zugfestigkeiten σ_{nB} und Schwellzugfestigkeiten σ_{nSch}.

Mit Fuge: $\sigma_{nB} = 56{,}7\ \text{kg/mm}^2$; $\sigma_{nSch} = 11\ \text{kg/mm}^2$;
ohne Fuge: $\sigma_{nB} = 58{,}2\ \text{kg/mm}^2$; $\sigma_{nSch} = 15\ \text{kg/mm}^2$.

Bei der Nahtform mit Fuge geht der Dauerbruch von der Fuge aus, bei der ohne Fuge beginnt er an den Einbrandkerben des Stegbleches.

Die entsprechenden Formzahlen sind für die Zugschwellfestigkeit des St 52 σ_{Sch} = 32 kg/mm² bei der Naht mit Fuge $\alpha \approx 0{,}35$ und bei der Naht ohne Fuge: $\alpha \approx 0{,}47$.

Ringnähte (Rundnähte). Es liegen Versuche des MPA Darmstadt [10] für Verdrehungswechselfestigkeit nach den Anordnungen Abb. 78 und 80 vor. Drehmoment M_t [kgcm].

Widerstandsmoment des Nahtquerschnittes

$$W_t = \frac{1}{r+a}\left[(d+2a)^4\,\frac{\pi}{32} - d^4\,\frac{\pi}{32}\right]\cdots\text{cm}^3 .$$

Abb. 79 gibt das Bindungsbild des Schweißanschlusses Abb. 78.

Bei der Anordnung Abb. 80 ist das Widerstandsmoment des Nahtquerschnittes

$$W_t = \frac{1}{r}\left[d^4\,\frac{\pi}{32} - (d-2a)^4\,\frac{\pi}{32}\right]\cdots\text{cm}^3 .$$

Für St 37 wurde die Verdrehungswechselfestigkeit der Naht nach Abb. 78 und 80 erhalten zu $\varrho_{tW} = \pm 5$ kg/mm².

Der Wert ϱ_{tW} ist in das Dauerfestigkeits-Schaubild des St 37 für Verdrehung (Abb. 81) eingetragen und ergibt eine Schwellfestigkeit der Naht von

$$\varrho_{tSch} \approx 8 \text{ kg/cm}^2 .$$

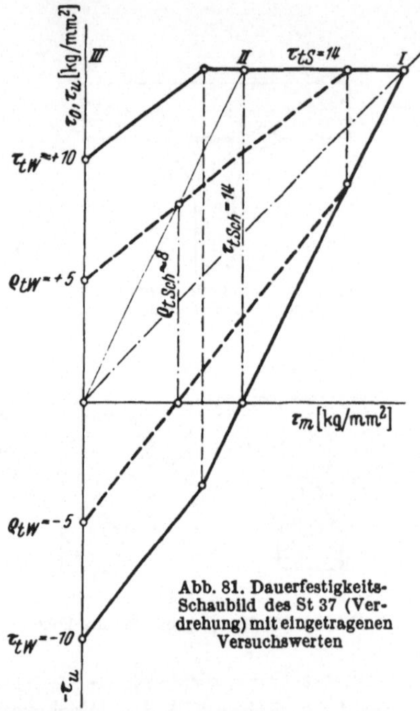

Abb. 81. Dauerfestigkeits-Schaubild des St 37 (Verdrehung) mit eingetragenen Versuchswerten

Die Versuchsergebnisse ermöglichen die Dauerfestigkeitsberechnung der bei Maschinenteilen (Zahnrädern, Kettenrädern usw.) vorkommenden Rundnähte (Ringnähte).

4 Berechnung bei vorwiegend ruhender Beanspruchung

(Definition der vorwiegend ruhenden Beanspruchung s. S. 22)

4.1 Berechnungsgrundlagen für den Stahlbau

Maßgebend für die Berechnung sind die Vorschriften nach DIN 1050 (Entwurf April 1954). Für die Bezeichnungen in den Berechnungen und Zeichnungen gilt DIN 1350 — Zeichen für Festigkeitsberechnungen — und Beiblatt.

Die *Lastannahmen* für Stahlhochbauten sind DIN 1055 Blatt 1 bis 5 — Lastannahmen für Bauten — zu entnehmen. Für bestimmte Konstruktionen erlassene Vorschriften, die Lastannahmen enthalten, z. B. DIN 120, DIN 4111, DIN 4112, DIN 4118, DIN 4119, VDE 0210 sowie die Richtlinien für die Berechnung und Ausführung von Stahlkonstruktionen für Abraumförderbrücken, sind zu beachten.

Einteilung der Lasten (aus DIN-Entwurf 1050, April 1954). Die auf ein Tragwerk wirkenden Lasten werden eingeteilt in Hauptlasten (H) und Zusatzlasten (Z).

Hauptlasten (H) sind:
    ständige Last
    Verkehrslast (einschl. Schnee-, aber ohne Windlast)

Zusatzlasten (Z) sind:
Windlast
Bremskräfte
Waagerechte Seitenkräfte $\left.\right\}$ die von einem oder mehreren Kranen herrühren
Maschinenhauskrane in Kraftwerken,
erforderlichenfalls Wärmewirkungen.

Lastfälle. Für die Berechnung und den Festigkeitsnachweis werden folgende Lastfälle unterschieden:

Lastfall I   Summe H   nur Hauptlasten
Lastfall II   Summe H $+$ max Z   Hauptlasten und die größte Zusatzlast
Lastfall III Summe H $+$ max Summe Z   Hauptlasten und Zusatzlasten im ungünstigsten, möglichen Zusammenwirken.

Wird ein Bauteil *nur* durch eine Zusatzlast beansprucht, so gilt diese für ihn als Hauptlast.

Maßgebender Lastfall. Für die Bemessung und den Spannungsnachweis ist jeweils der Lastfall maßgebend, der die größten Querschnitte ergibt.

Zulässige Spannungen. Die für DIN 1050 vorgeschlagenen zulässigen Spannungen sind in Tabelle 19 zusammengefaßt.

Tabelle 19. *Zulässige Spannungen für Bauteile*

Werkstoff	Lastfall	*Druck* u. Biegedruck, wenn Nachweise auf Knicken und Kippen nach DIN 4114 erforderlich ist $zul\,\sigma$ kg/cm²	*Zug* u. Biegezug. Biegedruck, wenn Ausweichen der gedrückten Gurte nicht möglich ist $zul\,\sigma$ kg/cm²	$Schub^*$ $zul\,\tau = \dfrac{1}{\sqrt{3}} \cdot zul\,\sigma$ (für Zug) $zul\,\tau$ kg/cm²
St HB	I	1400	1600	920
St 37	II	1600	1750	1010
	III	1600	1850	1070
St 52	I	2100	2400	1390
	II	2400	2600	1500
	III	2400	2800	1620

* Wenn in vollwandigen Bauteilen die Durchschnittsschubspannung im Steg $0{,}4 \cdot zul\,\sigma$ überschreitet, ist nachzuweisen, daß die Vergleichsspannung $\sigma_v = \sqrt{\sigma_x^2 + \sigma_y^2 - \sigma_x\,\sigma_y + 3\,\tau^2} \leq zul\,\sigma$ für Zug ist.

Druckstäbe und reine Stahlstützen sind nach DIN 4114 zu untersuchen. Bei auf Biegung beanspruchten vollwandigen Tragwerksteilen ist die Beulsicherheit der Stegbleche und die Kippsicherheit ebenfalls nach DIN 4114 nachzuweisen.

Für die Berechnung der geschweißten Stahltragwerke gilt DIN 4100 „Geschweißte Stahlhochbauten-Berechnung und bauliche Durchbildung" (Ausgabe Dezember 1956). Tabelle 20 gibt die zulässigen Spannungen der geschweißten Verbindungen wieder. Es gilt allgemein:

$$zul\,\sigma_{Schw} = \alpha \cdot \sigma_{zul}.$$

σ_{zul} ist dabei die für den zu verschweißenden Werkstoff zulässige Spannung nach DIN 1050. α ist die von Beanspruchungsart und Nahtform abhängige Bewertungszahl.

Bei Anwendung der nachstehenden Tabelle sind an die Ausführung der Nähte folgende Forderungen zu stellen:

Stumpfnähte. Damit die Gewähr einer einwandfreien Schweißverbindung gegeben ist, soll in der Regel die Wurzel ausgeräumt — Auskreuzen, Ausschleifen, Fugenhobeln — und nachgeschweißt werden. Beim Schweißen nur von einer Seite muß durch geeignete Mittel, wie z. B. durch Unterlegen von gerillten Kupferschienen, einwandfreies Durchschweißen ermöglicht werden.

Ist die Gewähr des Durchschweißens nicht gegeben, so dürfen die Werte für zulässige Spannungen nach Tabelle 20 nicht angewendet werden. Sie sind dann im Einvernehmen mit der zuständigen Bauaufsichtsbehörde, gegebenenfalls durch Versuche, festzulegen.

Die Nahtenden müssen kraterfrei ausgeführt werden, die Übergänge von der Raupe zum Blech sollen flach verlaufen und keine Einbrandkerben enthalten. Die Nähte dürfen weder Risse, noch Binde- oder Wurzelfehler enthalten. Vereinzelte kleine Schlackeneinschlüsse und Poren werden nicht als schädlich angesehen.

Kehlnähte. Die Nähte müssen maßhaltig ausgeführt werden, die Übergänge von der Raupe zum Blech müssen flach verlaufen, Kerben und Krater sind zu vermeiden. Die Rißfreiheit soll im allgemeinen durch eine Prüfung mit der Lupe oder durch magnetische Durchflutung nachgewiesen werden.

Tabelle 20. *Zulässige Spannungen in kg/cm² für geschweißte Verbindungen*
$(zul\ \sigma_{schw}\ u.\ zul\ \tau_{schw})$
Lastfall H = Summe der Hauptlasten
Lastfall HZ = Summe der Haupt- und Zusatzlasten

1	2	3	4	5	6	7
			Stahlsorte			
Zeile	Nahtart und ggf. Bauteile	Art der Beanspruchung	St 37 Lastfall		St 52 Lastfall	
			H	HZ	H	HZ
1	Stumpfnaht 100% durchstrahlt	Zug axial und bei Biegung	1600	1600	2400	2400
2		Druck axial und bei Biegung	1400	1600	2100	2400
3		Schub	900	1050	1350	1550
4	Stumpfnaht 50% durchstrahlt	Zug, Druck axial und bei Biegung	1400	1600	2100	2400
5		Schub	900	1050	1350	1550
6	Stumpfnaht nicht durchstrahlt	Zug axial und bei Biegung	1100	1300	1700	1900
7		Druck axial und bei Biegung	1400	1600	2100	2400
8		Schub	900	1050	1350	1550
9	Kehlnaht	Zug, Druck, Schub	900	1050	1350	1550
10	Kehlnaht am biegefesten Trägeranschluß	Hauptspannung	1100	1300	1700	1900
11		Schub	900	1050	1350	1550
12	Längsnähte (Kehl- und Stumpfnähte) z. B. Halsnähte, Stegblechlängsstoß, Verbindungsnähte zwischen Gurtpl.	Hauptspannung	1400	1600	2100	2400
13		Schub	900	1050	1350	1550
14	Stumpfnaht am Stegblech-Querstoß 50% durchstrahlt	Hauptspannung	1400	1600	2100	2400
15		Schub	900	1050	1350	1550

Herabsetzung der zulässigen Spannung gegenüber den Werten von Tabelle 20. Auf Zug oder Biegung beanspruchte Stumpfstöße in Formstählen wie I-, IP-, U-, T-, L- und Z-Stählen sollten möglichst vermieden werden, wenn der Stoß an der gleichen Stelle über den ganzen Querschnitt verläuft. Läßt sich ein derartiger Stoß nicht vermeiden, dann ist der Steg an der Kehle nach Abb. 82 auszunehmen und bei der Berechnung einer solchen Schweißverbindung der in Tabelle 20 unter Zeile 1—8 aufgeführte Wert von $zul\,\sigma_{Schw}$ auf die Hälfte herabzusetzen.

Berechnung der Schweißverbindungen. *Allgemeine Grundsätze.* Lassen sich Schweißnähte wegen erschwerter Zugänglichkeit nicht einwandfrei ausführen, so sind sie bei der Festigkeitsberechnung als nichttragend anzunehmen. Dies gilt z. B. für Kehlnähte

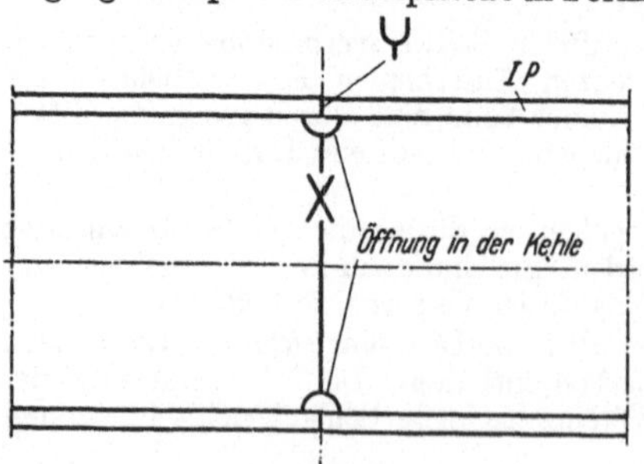

Abb. 82. Universalstoß mit ausgenommener Kehle

mit einem kleineren Öffnungswinkel als 60°. Gurtplatten gelten erst von da ab als volltragend, wo ihr Querschnitt durch Schweißnähte voll angeschlossen ist. Jede Gurtplatte ist mit mindestens einer Anschlußlänge gleich der halben Gurtplattenbreite über das rechnerische Ende hinauszuführen. Die für die Berechnung maßgebenden Kehlnahtlängen (ohne Endkrater) sollen bei Flankenkehlnähten von Stabanschlüssen nicht kleiner als $15\,a$ und größer als $60\,a$ angenommen werden (Abb. 83).

Am gleichen Anschluß oder Stoß soll nicht zugleich geschweißt und genietet bzw. geschraubt werden.

Berechnung auf Zug, Druck und Schub. Bei Beanspruchung auf Zug, Druck und Schub gilt für Stumpf- und Kehlnähte:

$$\left.\begin{array}{c}\sigma_{schw}\\[4pt]\tau_{schw}\end{array}\right\} = \frac{P}{\Sigma\,(a\cdot l)} \leq \left\{\begin{array}{c}zul\ \sigma_{schw}\\[4pt]zul\ \tau_{schw}\end{array}\right.$$

Beispiel 1. Stumpfstoß auf Zug, 50% durchstrahlt (Abb. 84).
Werkstoff: St 37
Blechquerschnitt: $F = 10\ \mathrm{cm^2}$
Zulässige Spannung der Verbindung:
$$zul\ \sigma_{schw} = 1400\ \mathrm{kg/cm^2}$$
(Tabelle 20, Zeile 4, Spalte 4)
Die größte zulässige Belastung beträgt
$$P = F\cdot zul\ \sigma_{schw} = 10\cdot 1400 = 14000\ \mathrm{kg}\,.$$

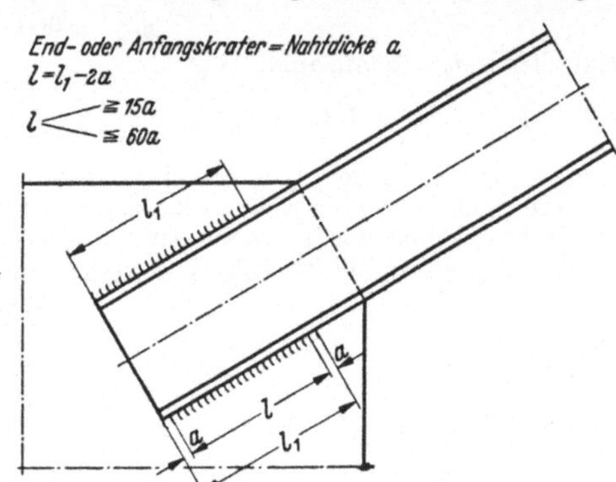

Abb. 83. Nahtlängen und Endkrater bei Stabanschlüssen

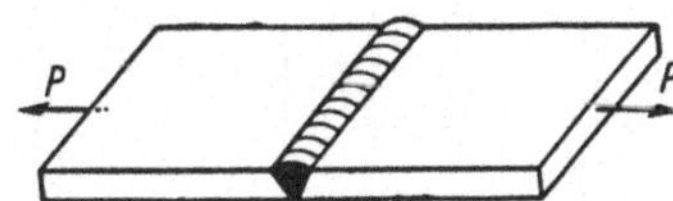

Abb. 84. Auf Zug beanspruchte Stumpfnaht

Beispiel 2. Stumpfstoß auf Zug, nicht durchstrahlt.
Gleiche Abmaße wie in Beispiel 1. Nach Tabelle 20, Zeile 6, Spalte 4 ist $zul\ \sigma_{schw} = 1100\ \mathrm{kg/cm^2}$ und damit die größte zulässige Belastung

$$P = 10\cdot 1100 = 11000\ \mathrm{kg}\,.$$

Beispiel 3. Anschluß von zwei L-Stäben an ein Knotenblech (Abb. 85).
Knotenblechdicke: $s = 10$ mm. Werkstoff: St 37.
Stabkraft (Zugkraft): $S = 33\,000$ kg.
Erforderlicher Stabquerschnitt:

$$F_{erf} = \frac{S}{\sigma_{zul}} = \frac{33\,000}{1400} = 23,6\ \mathrm{cm^2}\,.$$

Gewählt: Zwei L 70×9 mit $F = 2\cdot 11,9 = 23,8\ \mathrm{cm^2}$.
Kräfte in den Schweißnähten

$$S_1 = S\,\frac{b-e_1}{b} = 33\,000\cdot\frac{70-20,5}{70} \approx 23\,300\ \mathrm{kg}\,;$$

$$S_2 = S\,\frac{e_1}{b} = 33\,000\cdot\frac{20,5}{70} \approx 9700\ \mathrm{kg}\,.$$

Annahme der Nahtdicken nach Abb. 86.
Erforderlicher Querschnitt der linken Nähte in Abb. 85.

$$F_1 = \frac{S_1}{\varrho_{zul}} = \frac{23\,300}{900} \approx 25,9\ \mathrm{cm^2}\,.$$

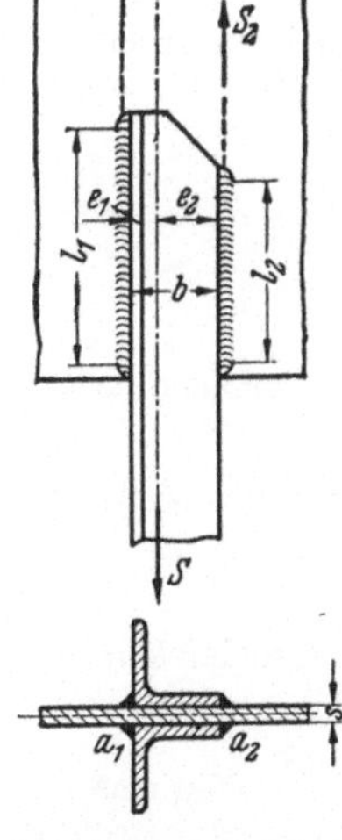

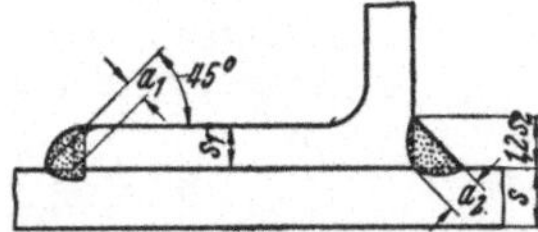

Abb. 85. Schweißanschluß
zweier L-Stähle

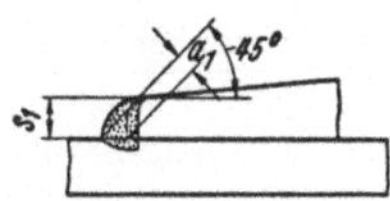

Abb. 86. Dicke der Schweißnähte beim Parallel-
und Schrägflansch der Profilstähle

Nahtdicke: $a_1 = 7$ mm ang.

$$\text{Nahtlänge:}\quad l_1 = \frac{F_1}{2\,a_1} = \frac{25,9}{2\cdot 0,7} \approx 18,5\ \mathrm{cm} = 185\ \mathrm{mm}\,.$$

Erforderlicher Querschnitt der rechten Nähte (Abb. 85):

$$F_2 = \frac{S_2}{\varrho_{zul}} = \frac{9700}{900} \approx 10,8 \text{ cm}^2 .$$

Nahtdicke: $a_2 = 5$ mm ang.

$$\text{Nahtlänge: } l_2 = \frac{F_2}{2\,a_2} = \frac{10,8}{2 \cdot 0,5} = 10,8 \text{ cm} = 108 \text{ mm} .$$

Ausgeführte Nahtlänge: $l_2 = 130$ mm.

Die Nahtdicke von Kehlnähten soll im allgemeinen $0,7 \cdot s_1$ nicht übersteigen, wobei s_1 die Dicke des dünnsten Teiles am Anschluß ist (Abb. 86).

Beispiel 4. Anschluß von zwei ⊏-Stäben an ein Knotenblech (Abb. 87).

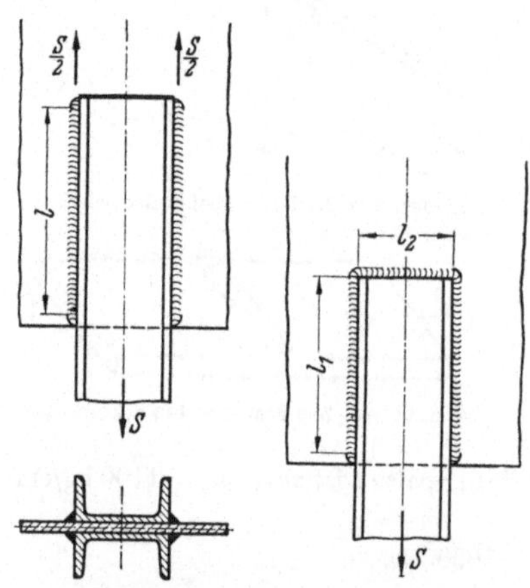

Abb. 87. Stabanschluß durch Flankenkehlnähte

Abb. 88. Schweißanschluß mit Flanken- und Stirnnähten

Werkstoff: St 37

Knotenblechdicke: $s = 10$ mm

Stabkraft (Zug): $S = 47\,000$ kg

Erforderlicher Stabquerschnitt

$$F_{erf} = \frac{S}{\sigma_{zul}} = \frac{47\,000}{1400} \approx 33,6 \text{ cm}^2 .$$

Gewählt: 2 ⊏NP 12 mit $F = 2 \cdot 17 = 34$ cm².

Vorhandene Zugspannung: $\sigma_z = \frac{S}{F} = \frac{47\,000}{34}$

$$\approx 1380 \text{ kg/cm}^2 .$$

Zulässige Scherspannung der Schweißnähte (Tabelle 20)

$$zul\ \tau_{schw} = 900 \text{ kg/cm}^2 .$$

Erforderlicher Schweißquerschnitt

$$F_{schw} = \frac{S}{zul\ \tau_{schw}} = \frac{47\,000}{900} = 52,2 \text{ cm}^2 .$$

Bei einer angenommenen Nahtdicke von $a = 0,6$ cm wird die erforderliche Nahtlänge

$$l = \frac{F_{schw}}{4\,a} = \frac{52,2}{4 \cdot 0,6} = 21,8 \text{ cm} = 218 \text{ mm} .$$

Stirnkehlnähte nach Abb. 88 werden bei Beanspruchung auf Schub in die Rechnung nicht einbezogen.

Berechnung auf Biegung. Für eine durch ein Biegemoment M beanspruchte Schweißverbindung ist die Normalspannung in der Schweißnaht im Abstand c von der Nullinie:

$$\sigma_{schw} = \frac{M}{J} \cdot c \leqq zul\ \sigma_{schw}$$

und in der Randfaser

$$\sigma_{schw} = \frac{M}{W} \leqq zul\ \sigma_{schw} .$$

Dabei ist für J das Trägheitsmoment und für W das Widerstandsmoment des maßgebenden Schweißnahtquerschnittes einzusetzen.

Beispiel 5. Auf Biegung beanspruchte Stumpfnaht, 50% durchstrahlt (Abb. 89).

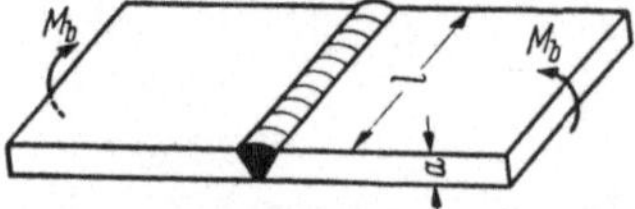

Abb. 89. Stumpfnaht bei reiner Biegung

Werkstoff: St 37

Biegemoment: 9800 cm kg

Abmaße des Bleches: $200 \cdot 15$ mm

Die Nahtenden sind bearbeitet, so daß keine Endkrater abgezogen werden müssen.

$$W = \frac{l \cdot a^2}{6} = \frac{20 \cdot 1,5^2}{6} = 7,5 \text{ cm}^3 ,$$

$$\frac{M}{W} = \frac{9800}{7,5} = 1310 \text{ kg/cm}^2 < 1400, \quad zul\ \sigma_{schw} = 1400 \text{ kg/cm}^2 .$$

Beispiel 6. Auf Biegung beanspruchte Stumpfnaht, 50% durchstrahlt (Abb. 90).
Werkstoff: St 37
Abmaße des Bleches: $200 \cdot 15$ mm
Die Nahtenden sind bearbeitet.

Das größte zulässige Biegemoment beträgt:

$$M = W \cdot zul\ \sigma_{schw}\,.$$

$$W = \frac{a \cdot l^2}{6} = \frac{1{,}5 \cdot 20^2}{6} = 100\ \text{cm}^3\,.$$

$$M \leqq 100 \cdot 1400 = 140\,000\ \text{cm kg}\,.$$

In Abb. 91 ist ein $\tfrac{1}{2}$ I P-Profil an ein Knotenblech angeschlossen. Der Biegehebelarm c wurde dadurch verkleinert, daß das Profil der Blechdicke s entsprechend geschlitzt wird. Es ist

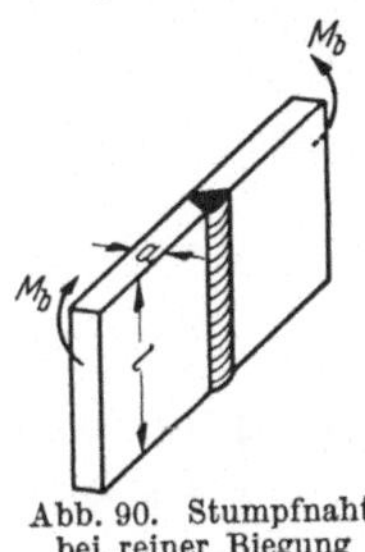

Abb. 90. Stumpfnaht bei reiner Biegung

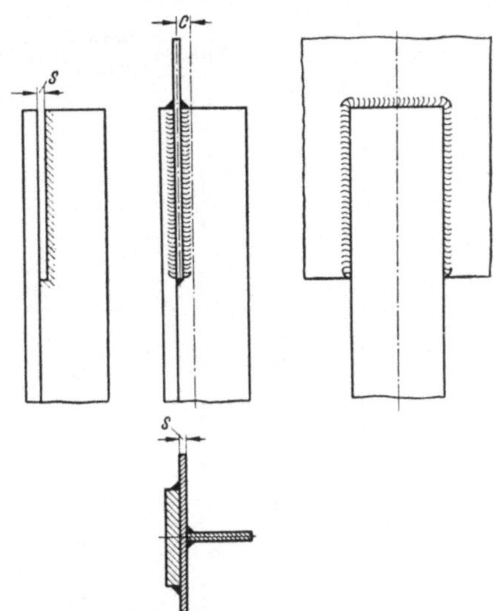

Abb. 91. Schweißanschluß eines geschlitzten $\tfrac{1}{2}$ IP-Profils an ein Knotenblech

mit vier Flankennähten an das Knotenblech angeschlossen.

Berechnung des biegefesten Trägeranschlusses. Bei Anschlüssen nach Abb. 92 und 93, die auf Biegung und Schub nachzurechnen sind, ist der Hauptspannungsnachweis zu führen, d. h., Normal- und Schubspannungen werden zu

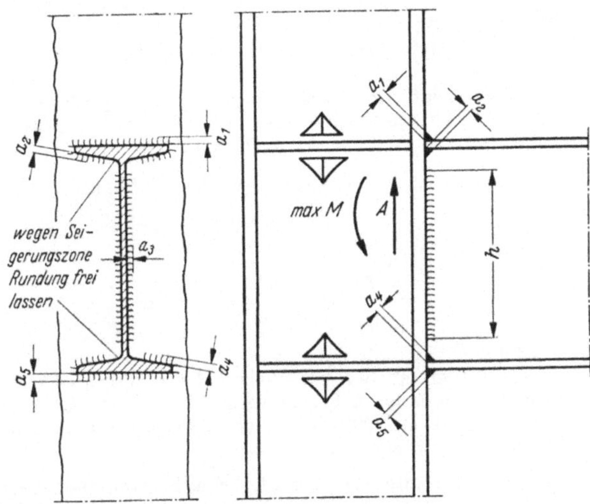

Abb. 92. Anschluß eines Walzträgers

einer Gesamtspannung, der sogenannten Vergleichsspannung zusammengesetzt:

$$\sigma_h = \frac{1}{2}\left(\sigma + \sqrt{\sigma^2 + 4\,\tau^2}\right) = \frac{1}{2}\left[\frac{\max M}{W_{schw}} + \sqrt{\left(\frac{\max M}{W_{schw}}\right)^2 + 4\left(\frac{A}{\Sigma\,(a \cdot l)}\right)^2}\,\right] \leqq zul\ \sigma_{schw}\,,$$

$$\sigma_h = \frac{1}{2}\left(\sigma + \sqrt{\sigma^2 + 4\,\tau^2}\right) = \frac{1}{2}\left[\frac{M}{W_{schw}} + \sqrt{\frac{M}{W_{schw}}^2 + 4\left(\frac{\max A}{\Sigma\,(a \cdot l)}\right)^2}\,\right] \leqq zul\ \sigma_{schw}\,.$$

In der ersten Formel ist A die dem größten Biegemoment max M zugeordnete Querkraft, in der zweiten Formel ist M das der größten Querkraft max A zugeordnete Moment. Bei Schweißverbindungen aus Kehlnähten, die außer für ein Biegemoment M auch für eine Längskraft N zu berechnen sind, muß die Bedingung eingehalten werden:

$$\sigma_{schw} = \frac{\max M}{W_{schw}} + \frac{N}{\Sigma (a \cdot l)} \leqq zul \; \sigma_{schw} \; .$$

Außerdem ist die Bedingung zu erfüllen:

$$\tau_{schw} = \frac{\max A}{\Sigma (a \cdot l)} \leqq zul \; \tau_{schw} \; .$$

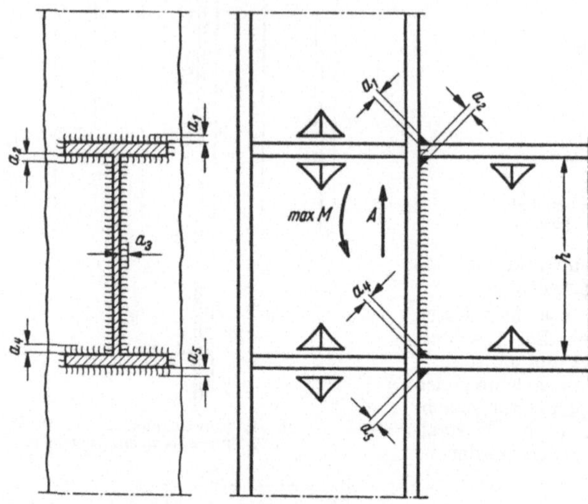

Abb. 93. Anschluß eines geschweißten Trägers

W_{schw} ist das Widerstandsmoment der Fläche, die durch Umklappen der Anschlußnähte in die Anschlußebene entsteht. Der Ausdruck $\Sigma (a \cdot l)$ umfaßt nur die Nähte, die vorzugsweise Schubspannungen übertragen, bei Profilen also die Stegnähte.

Beispiel 7. Anschluß eines [-Stahls an ein Knotenblech (Abb. 94).
Werkstoff: St 37
Stabkraft (Zug): $S = 20\,000$ kg
Erforderlicher Stabquerschnitt

$$F_{erf} = \frac{S}{\sigma_{zul}} = \frac{20\,000}{1400} \approx 14,3 \; \text{cm}^2 \; .$$

Gewählt: [-Stahl NP 12 mit $F = 17 \; \text{cm}^2$.
Wegen des außermittigen Kraftangriffes tritt neben der Schubspannung eine zusätzliche Biegespannung auf. Um diese zu berücksichtigen, wird die zulässige Schubspannung der Nähte $zul \; \tau_{schw} = 900$ kg/cm² zunächst auf 800 kg/cm² ermäßigt und dann durch geometrische Addition die Vergleichsspannung bestimmt.

a) Nachrechnung auf Abscheren. Erforderlicher Schweißquerschnitt

$$F_{schw} = \frac{S}{zul \; \tau_{schw}} = \frac{20\,000}{800} \approx 25 \; \text{cm}^2 \; .$$

Nahtlänge (für $a = 6$ mm)

$$l = \frac{F_{schw}}{2\,a} = \frac{25}{2 \cdot 0,6} = 20,8 \approx 210 \; \text{mm} \; .$$

b) Nachrechnung auf Biegung

$$M = S \cdot e = 20\,000 \cdot 1,6 = 32\,000 \; \text{kgcm} \; .$$

Widerstandsmoment des Schweißquerschnittes

$$W_{schw} = 2 \cdot \frac{a \cdot l^2}{6} = 2 \cdot \frac{0,6 \cdot 21^2}{6} \approx 88 \text{ cm}^3 \,.$$

Biegespannung

$$\sigma = \frac{M}{W_{Schw}} = \frac{32\,000}{88} = 364 \text{ kg/cm}^2 \,.$$

Vergleichsspannung

$$\sigma_h = \frac{1}{2}\,(\sigma + \sqrt{\sigma^2 + 4\,\tau})^2 = \frac{1}{2}\,(364 + \sqrt{364^2 + 4 \cdot 800^2}) = 1002 \text{ kg/cm}^2 < 1100 \text{ kg/cm}^2 \,.$$

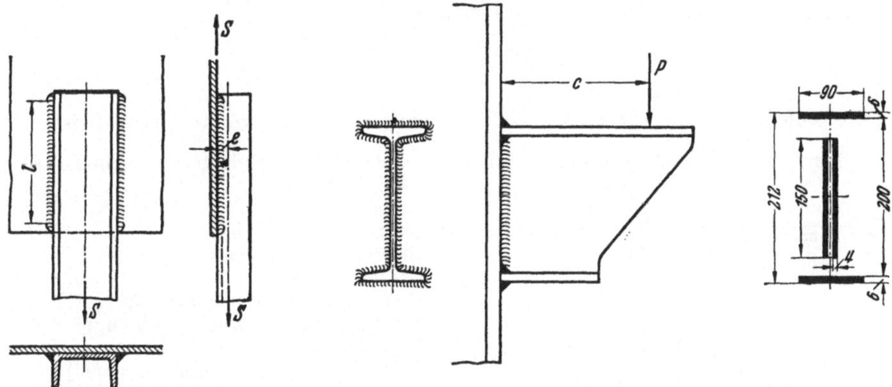

Abb. 94. Anschluß eines [-Stahls
an ein Knotenblech

Abb. 95. An I-Stütze angeschweißte Konsole

Beispiel 8. Biegefester Anschluß einer Konsole (Abb. 95).
Werkstoff: St 37
Die Konsole ist aus einem NP 20 herausgeschnitten.
Belastung: $P = 5225$ kg
Ausladung: $c = 200$ mm
Dicke der Flanschnähte: $a_1 = 6$ mm
Dicke der Stegnähte: $a_2 = 4$ mm
Biegemoment max $M = P \cdot c = 5225 \cdot 20 = 104\,500$ cm kg
Trägheitsmoment des Schweißquerschnittes (nach dem STEINERschen Satz berechnet):

$$J_{schw} = 2 \cdot 0,4\,\frac{15^3}{12} + 2 \cdot 9 \cdot 0,6 \cdot 10,3^2 = 2250 + 1140 = 2390 \text{ cm}^4 \,.$$

Widerstandsmoment

$$W_{schw} = \frac{2 \cdot J}{h} = \frac{2 \cdot 2390}{21,2} \approx 225 \text{ cm}^3 \,,$$

$$\sigma = \frac{\max M}{W_{schw}} = \frac{104\,500}{225} \approx 465 \text{ kg/cm}^2 \,,$$

$$\tau = \frac{A}{\Sigma\,(a \cdot l)} = \frac{5225}{2 \cdot 0,4 \cdot 15} = 436 \text{ kg/cm}^2 .$$

Vergleichsspannung

$$\sigma_h = \frac{1}{2}\,(\sigma + \sqrt{\sigma^2 + 4\,\tau^2})$$

$$= \frac{1}{2}\,(465 + \sqrt{465^2 + 4 \cdot 436^2}) = 725 < 1100 \text{ kg/cm}^2. \quad zul\,\sigma_{schw} = 1100 \text{ kg/cm}^2$$

Berechnung von Halsnaht, Gurtplattenlängsnaht und Stegblechlängsstoß. Für die Berechnung von Halsnähten zur Verbindung von Steg und Gurtplatte, von Längsnähten zwischen Gurtplatten und von Stegblechlängsstößen (z. B. bei der Herstellung von hochstegigen I-Profilen aus zwei T-Profilen mit eingeschweißtem Stegblech) ist der Nachweis der Hauptspannung zu führen:

$$\sigma_h = \frac{1}{2}\left(\sigma + \sqrt{\sigma^2 + 4\,\tau^2}\right)$$

$$\sigma_h = \frac{1}{2}\left[\frac{\max M \cdot c}{J} + \sqrt{\left(\frac{\max M \cdot c}{J}\right)^2 + 4\left(\frac{Q \cdot S}{J \cdot \Sigma a}\right)^2}\right] \leqq zul\ \sigma_{schw}$$

Q ist dabei die dem größten Moment M zugehörige Querkraft, S das statische Moment der anzuschließenden Fläche, J das Trägheitsmoment des Querschnittes, c der Abstand des äußeren Nahtrandes, t die Dicke des Stegbleches und Σa die in Rechnung zu stellenden Nahtdicken.

Ist $\Sigma a < t$, so ist zusätzlich die Schubspannung gemäß

$$\tau = \frac{\max Q \cdot S}{J \cdot \Sigma a} \leqq zul\ \tau_{schw}$$

nachzuprüfen, wobei $\max Q$ die im Stoßquerschnitt auftretende größte Querkraft ist.

Beispiel 9. Nachrechnung der Halsnaht an einem auf Biegung beanspruchten Träger (Abb. 96).

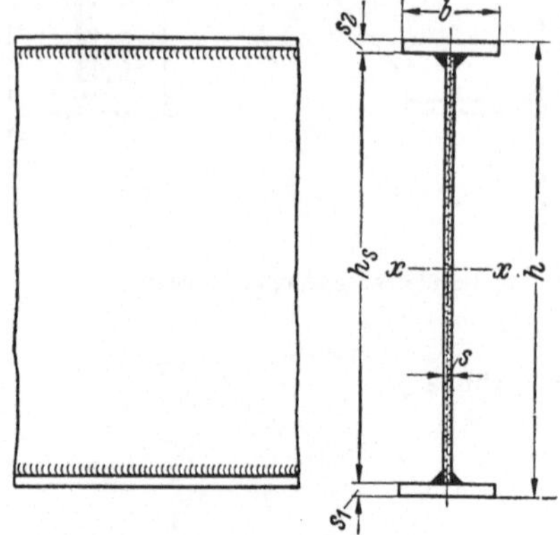

Abb. 96. Anschluß der Gurtplatten an das Stegblech eines Vollwandträgers

Werkstoff: St 37
Abmessungen:
 Stegblechhöhe $h_s = 800$ mm
 Stegblechdicke $s = 10$ mm
 Gurtplattenbreite $b = 180$ mm
 Gurtplattendicke $s_1 = s_2 = 20$ mm
 Trägerhöhe $h = 2\,c = 840$ mm
 Dicke der Halsnähte (angenommen)

$$a = 4\ \text{mm}$$

Querkraft $Q = 21$ t
Biegemoment $\max M = 41{,}8$ tm
Trägheitsmoment des Gesamtquerschnittes

$$J_x \approx 163\,624\ \text{cm}^4 .$$

Statisches Moment der angeschlossenen Fläche

$$S = F_1 \cdot y = 2 \cdot 18 \cdot 41 \approx 1480\ \text{cm}^3 .$$

Spannung aus Biegung

$$\sigma = \frac{\max M \cdot c}{J} = \frac{4\,180\,000 \cdot 40}{163\,624} = 1020\ \text{kg/cm}^2 .$$

Schubspannung

$$\tau = \frac{Q \cdot S}{J \cdot \Sigma a} = \frac{2100 \cdot 1480}{163\,624 \cdot 2 \cdot 0{,}4} = 240\ \text{kg/cm}^2 .$$

Vergleichsspannung

$$\sigma_h = \frac{1}{2}\left(\sigma + \sqrt{\sigma^2 + 4\,\tau^2}\right) ,$$

$$\sigma_h = \frac{1}{2}\left(1020 + \sqrt{1020^2 + 4 \cdot 240^2}\right) = 1075 < 1400\ \text{kg/cm}^2 .$$

$$zul\ \sigma_{schw} = 1400\ \text{kg/cm}^2 \ \text{nach Tabelle 20}$$

Nachweis der Schubspannung:

$$\tau = \frac{Q \cdot S}{J \cdot \Sigma a} = 240 < 900\ \text{kg/cm}^2 .$$

Beispiel 10. Stegblechquerstoß eines Biegeträgers (Abb. 97)
Werkstoff: St 37
Abmessungen: Wie in Beispiel 9
Stumpfnaht, 50% durchstrahlt
Spannung aus Biegung

$$\sigma = \frac{\max M \cdot c}{J} = 1020\ \text{kg/cm}^2 .$$

Schubspannung

$$\tau = \frac{Q}{h_s \cdot s} = \frac{21\,000}{80 \cdot 1,0} = 262\ \text{kg/cm}^2\,.$$

Vergleichsspannung

$$\sigma_h = \frac{1}{2}\left(1020 + \sqrt{1\,020^2 + 4 \cdot 262^2}\right) = 1081\ \text{kg/cm}^2 < 1400\,.$$

Außerdem ist

$$\tau = 262 < 900\ \text{kg/cm}^2$$

Berechnung auf Verdrehung beanspruchter Querschnitte [11]. Durch ein Drehmoment M_t werden im Querschnitt Schubspannungen hervorgerufen, deren Verteilungsgesetz verwickelter ist als das der Normalspannungen durch ein Biegemoment. Die größte Schubspannung durch Drehung (Torsion) ist

$$\max \tau_t = \frac{M_t}{W_t}\ (\text{kg/cm}^2)\,.$$

Bei *Kreis- und Kreisringflächen* wächst die Torsionsspannung linear mit dem Abstand vom Schwerpunkt. Der Größtwert tritt am Rande auf. Bei *Rechteckquerschnitten* liegt die größte Schubspannung in der Mitte der langen Seiten. Für $h < 3\,b$ fällt die Torsionsspannung in den langen Seiten etwa parabolisch bis zu den Ecken auf den Wert Null ab. Für $h > 3\,b$ bleibt sie in der Mitte der langen Seiten auf der Länge $h - 3\,b$ etwa konstant und fällt erst dann auf den Wert Null ab. In der Mitte der kurzen Seiten wird $\tau_t = \eta_1 \cdot \max \tau_t$ und fällt ebenfalls zu den Ecken hin parabolisch auf Null ab. Bei *Profilquerschnitten*, die aus Rechtecken mit den Längen

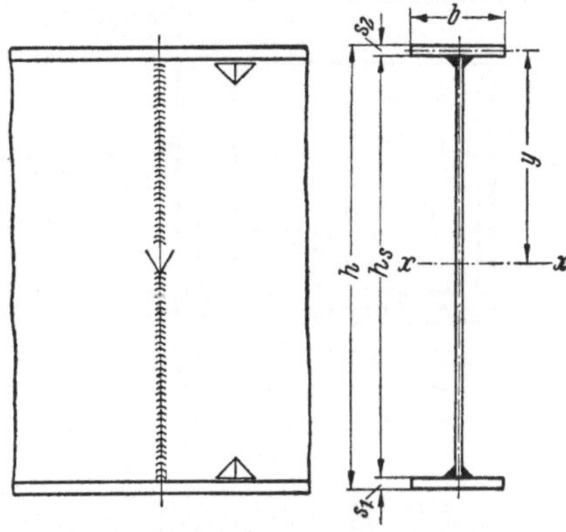

Abb. 97. Stegblechquerstoß eines Vollwandtärgers

$l_1, l_2, l_3, \ldots$ mit den Breiten $b_1, b_2, b_3 \ldots$ zusammengesetzt sind (z. B. I-, [- und L-Querschnitte), verteilen sich die Spannungen ähnlich wie bei Rechteckquerschnitten. Bei *geschlossenen Querschnitten*, also dünnwandigen, beliebig geformten Hohlkörpern, kann die aus dem Drehmoment resultierende Schubspannung mit Hilfe des BREDTschen Satzes

$$\max \tau_t = \frac{M_t}{2 \cdot F_U \cdot s_{min}}$$

gefunden werden. Dabei ist s_{min} die geringste Wanddicke und F_U die von der Wandmitte umschlossene Fläche.

In Tabelle 21 sind die Flächenträgheits- bzw. Widerstandsmomente für Torsion noch einmal übersichtlich zusammengestellt:

Tabelle 21. *Trägheits- und Widerstandsmomente für Drehung*

Querschnitt	Trägheitsmoment J_t cm⁴	Widerstandsmoment W_t cm³
Kreisring	$\dfrac{\pi}{32}(d_a^4 - d_i^4)$	$\dfrac{\pi}{16}\dfrac{d_a^4 - d_i^4}{d_a}$
Kreis	$\dfrac{\pi}{32}d^4$	$\dfrac{\pi}{16}d^3$
Rechteck	$\eta_3\,b^3\,h$	$\eta_2\,b^2\,h$
Profilquerschnitte	$\dfrac{1}{3}(b_1^3\,l_1 + b_2^3\,l_2 + \cdots)$	J_t/b_{max}
Geschlossene Hohlquerschnitte (U = mittlere Umfangslinie)	$4\,F_U^2 \cdot s/U$	$2\,F_U \cdot s$

Für Rechteckquerschnitte gelten die folgenden Beiwerte:

$h/b =$	1	1,5	2	3	4	6	8	10	∞
$\eta_1 =$	1,000	0,858	0,796	0,753	0,743	0,743	0,743	0,743	0,743
$\eta_2 =$	0,208	0,231	0,246	0,267	0,282	0,299	0,307	0,313	0,333
$\eta_3 =$	0,140	0,196	0,229	0,263	0,281	0,299	0,307	0,313	0,333

Beispiel 11. Torsion eines offenen Profilquerschnittes. Wie groß ist das übertragbare Torsionsmoment?

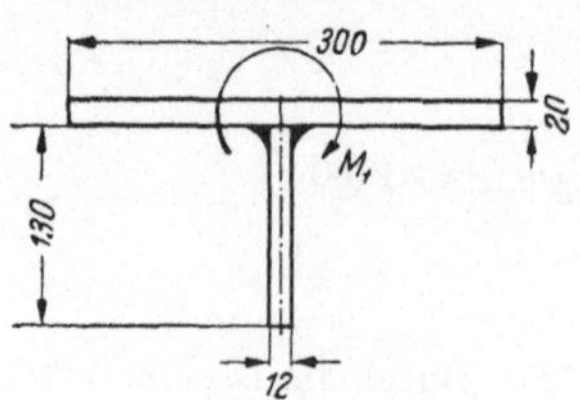

Abb. 98. T-Profil-Stumpfstoß bei Torsionsbeanspruchung

Werkstoff: St 37
$$zul\ \tau_{schw} = 900\ \text{kg/cm}^2$$

$$\text{Trägheitsmoment } J_t = \frac{1}{3}\,(2^3 \cdot 30 + 1{,}2^3 \cdot 13) = 87{,}5\ \text{cm}^4\,,$$

$$\max M_t = \frac{zul\ \tau_{schw} \cdot J_t}{b_{max}} = \frac{900 \cdot 87{,}5}{2{,}0} = 39\,350\ \text{cm kg}\,.$$

Beispiel 12. Torsion eines geschlossenen Hohlquerschnittes. Wie groß ist das übertragbare Torsionsmoment des Hohlkastens?

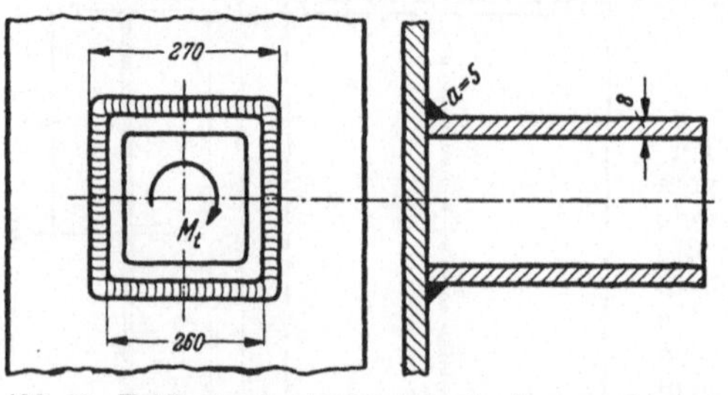

Abb. 99. Hohlkasten-Anschluß bei Torsionsbeanspruchung (vgl. auch [12])

Werkstoff: St 37

$$a_{max} = 0{,}7 \cdot t = 0{,}7 \cdot 0{,}8 = 0{,}56\ \text{cm}.$$

$$\text{Gewählt: } a = 5\ \text{mm}\,,$$

$$W_t = 2\,F_U \cdot s = 2\,(27 - 0{,}5)^2 \cdot 0{,}5$$
$$= 700\ \text{cm}^3\,,$$

$$\max M_t \leq zul\ \tau_{schw} \cdot W_t = 900 \cdot 700$$
$$= 630\,000\ \text{cm kg}\,.$$

4.2 Berechnung von Punktschweißverbindungen

Die Berechnung von Punktschweißverbindungen stößt insofern auf Schwierigkeiten, als der genaue Punktquerschnitt nicht bekannt ist. Er hängt von den Schweißdaten, also von Stromstärke, Zeit und Druck und schließlich noch von Elektrodendurchmesser und Blech-

Tabelle 22. *Richtwerte zum Schweißen von Stählen mit max. 0,25% C* (Maße in mm)

Blech-dicke	Elektroden-Durchmesser D	Elektrodenspitzen-Durchmesser d_e	Elektroden-kraft während des Schweißens kg	Schweiß-strom Ampère	Schweiß-zeit in 0,01 Sek. Halbwellen (50 ∼)	Punktdurchmesser d
	D min	d_e max	ca.	ca.	ca.	ca.
0,2	10	3	80	3400	5	2,5
0,3	10	3	100	4500	5	2,5
0,4	10	3	120	5400	5	2,5
0,5	10	3	130	6200	5	2,5
0,6	10	3	160	7000	5	2,5
0,75	10	3	190	8000	5	2,5
1,0	12	3,5	220	9400	7	3
1,25	12	4,5	300	10600	9	4
1,5	14	5,5	360	11700	13	5
2,0	16	7	480	13900	20	6
2,5	16	9	620	15900	32	8
3,0	22	10	770	17800	48	9
3,5	28	10	900	19500	70	11
4,0	32	11	1040	21200	94	12
5,0	38	12	1330	24300	158	15
6,0	45	12	1600	27300	240	18
7,0	52	13	1900	30000	325	21
8,0	58	14	2100	32500	440	24
10,0	64	15	2400	36000	750	30
12,0	64	16	2600	38000	1160	36

oberfläche ab. Will man eine gewisse Sicherheit bezüglich der erzielbaren Punktfestigkeit erhalten, so müssen demnach zunächst die Schweißbedingungen, etwa wie in Tabelle 22 festgelegt werden [13].

Die Werte von Tabelle 22 gelten für folgende Fälle:

1. Schweißungen an 2 Blechen (einschnittige Verbindungen) gleicher Dicke.

2. Schweißungen an 2 Blechen (einschnittige Verbindungen) ungleicher Dicke, wenn das Verhältnis der Dicken nicht mehr als 3:1 ist. In diesem Fall erfolgt die Einstellung nach dem dünneren Blech.

3. Schweißungen an 3 oder 4 Blechen (2- und 3schnittige Verbindungen), wenn die Gesamtdicke nicht mehr als das 4fache des dünneren Außenbleches beträgt und das Verhältnis der Einzelblechdicken nicht größer als 3:1 ist.

4.21 Punktabstand

Bei zu kleinem Punktabstand tritt eine unerwünschte Nebenschlußwirkung ein, d. h. der für die Herstellung eines Punktes eingeleitete Strom fließt z. Teil durch den bereits geschweißten Nachbarpunkt. Der *Mindestpunktabstand* kann entweder in Abhängigkeit von

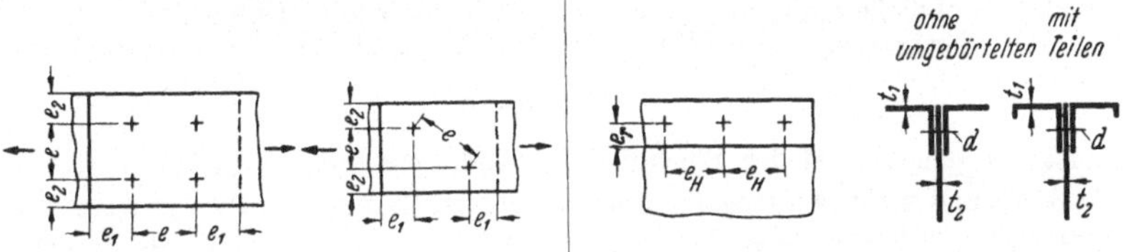

	Kraftverbindungen		Heftverbindungen	
			ohne um-gebörtelte Teile	mit um-gebörtelten Teilen
Gegen-seitige Abstände	$6,0\,d \geqq e \geqq 3,0\,d$		Gedrückte Bauteile: $e_H \leqq \begin{cases} 8\,d \\ 20\,t_{min} \end{cases}$	$e_H \leqq \begin{cases} 12\,d \\ 30\,t_{min} \end{cases}$
			Zugstäbe: $e_H \leqq \begin{cases} 12\,d \\ 30\,t_{min} \end{cases}$	$e_H \leqq \begin{cases} 18\,d \\ 45\,t_{min} \end{cases}$
Rand-Abstände	‖ Kraft-richtung	$4,5\,d \geqq e_1 \geqq 2,5\,d$	$e_r \leqq \dfrac{e_H}{2}$	
	⊥ Kraft-richtung	$4,0\,d \geqq e_2 \geqq 2,0\,d$		

Abb. 100. Abstände der Schweißpunkte

der Blechdicke oder vom Punktdurchmesser festgelegt werden. Geeigneter dürfte die Festlegung nach der eindeutig bekannten Blechdicke sein.

Nach DIN 4115 (Ausg. 1950) dürfen in Kraftrichtung nicht weniger als 2 und nicht mehr als 5 Schweißpunkte hintereinander angeordnet werden. Für den Abstand e_1 der Punkte untereinander, den Randabstand e_2 in Kraftrichtung und e_3 rechtwinklig dazu gilt (vgl. Abb. 100)

$$e_1 = \quad 3\,d \text{ bis } 6\,d,$$
$$e_2 = 2,5\,d \text{ bis } 4,5\,d,$$
$$e_3 = \quad 2\,d \text{ bis } 4\,d.$$

Die Schweizer Norm [13] legt stark vereinfacht fest:

$$e = 6\,s.$$

Bei einschnittigen Verbindungen beträgt danach der Mindestpunktabstand 6mal Blechdicke s, jedoch mindestens 5 mm. Dabei macht sich innerhalb einer Punktreihe schon eine elektrische Nebenschlußwirkung bemerkbar. Zur Erreichung gleichmäßiger Punktdurchmesser muß daher nach dem ersten Punkt ein höherer Schweißstrom eingestellt werden. Ist die Tragkraft der Verbindung von untergeordneter Bedeutung, kann der Punktabstand verdoppelt werden. Die maximal mögliche Bruchlast je Punktreihe sinkt dann etwa auf die Hälfte ab, die Nebenschlußwirkung kann aber praktisch vernachlässigt werden.

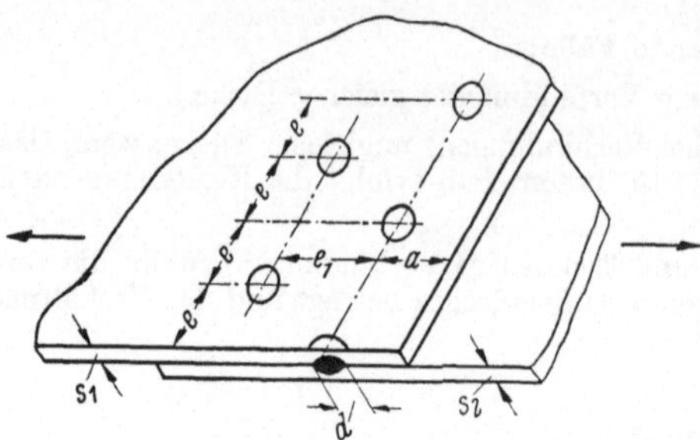

Abb. 101. Zickzack-Schweißung

Bei 2- und mehrschnittigen Verbindungen kann der Punktabstand, entsprechend der höheren Bruchlast des Einzelpunktes, um 50% vergrößert werden (vgl. Tabelle 23).

Bei Zickzack- (Abb. 101) und Kettenschweißungen gelten die Punktabstände e auch als Reihenabstände e_1.

4.22 Randabstand

Soll der Bruch nicht durch Einreißen des Bleches von der durch einen Punkt wärmebehandelten Kante aus erfolgen, so ist ein bestimmter Randabstand, abhängig von der Punktgröße, einzuhalten. Auch der *Mindestrandabstand* wird jedoch meist in Abhängigkeit von der Blechdicke angegeben. Die nach DIN 4115 festgelegten Abstände sind bereits in Abb. 100 eingetragen. Nach [13] ist der Randabstand von 1-schnittigen Verbindungen

$$a = 4\,s\,.$$

Er ist also gleich 4mal der Blechdicke s, mindestens jedoch gleich 4 mm.

Bei 2- und mehrschnittigen Verbindungen, durch die wesentlich größere Kräfte je Punkt übertragen werden können, muß zur Vermeidung des Ausreißens ein Randabstand von

$$a = 6\,s\,,$$

mindestens aber 6 mm eingehalten werden (vgl. Tabelle 23).

Tabelle 23. *Punktdurchmesser und -abstand bei ein- und mehrschnittigen Verbindungen*
Maße in mm [13]

Blechdicke [1] s	Punktdurchmesser d	Einschnittige Verbindungen			Zwei- und mehrschnittige Verbindungen		
		Randabstand a	höchste Tragkraft pro 10 mm Nahtlänge	50% reduzierte Tragkraft pro 10 mm Nahtlänge	Randabstand [1] a	höchste Tragkraft pro 10 mm Nahtlänge	50% reduzierte Tragkraft pro 10 mm Nahtlänge
			Punktabstand e für			Punktabstand e für	
0,2 ··· 0,75	2,5	4	5	10	6	7	15
1	3	4	6	12	6	9	18
1,25	4	5	8	16	8	12	24
1,5	5	6	9	18	9	14	27
2	6	8	12	25	12	18	38
2,5	8	10	15	30	15	22	45
3	9	12	18	36	18	27	54
3,5	11	14	21	42	21	32	63
4	12	16	24	48	24	36	72
5	15	20	30	60	30	45	90
6	18	24	[2]	72	36	[2]	108
7	21	28	[2]	84	42	[2]	126
8	24	32	[2]	96	48	[2]	144
10	30	40	[2]	120	60	[2]	180
12	36	48	[2]	144	72	[2]	216

[1] Bei ungleichen Blechen gilt das dünnere oder die kleinere Summe der Dicken aller Bleche, welche annähernd in gleicher Richtung beansprucht werden.

[2] Punktschweißverbindungen mit voller Ausnützung der Blechfestigkeit können bei Blechdicken über 5 mm kaum mehr erzeugt werden, da die Nebenschlußwirkung beim Schweißen zu groß wird.

4.23 Berechnung

Die von einem Punkt in einpunktigen Verbindungen übertragene Kraft bis zum Bruch zeigt Abb. 102, die Abhängigkeit von der Werkstoffestigkeit Abb. 103 [14].

Eine Punktschweißverbindung kann durch Scherzug, Kopfzug oder durch eine Kombination von beiden oder durch Scherverdrehung beansprucht werden. Die letzte Beanspruchungsart scheidet im allgemeinen aus, weil sie einen einzigen Punkt voraussetzt. Kopfzug ist wegen der sehr starken hierbei auftretenden Kerbwirkung zu vermeiden. Punktschweißverbindungen sollten daher nach Möglichkeit nur auf Abscheren beansprucht werden.

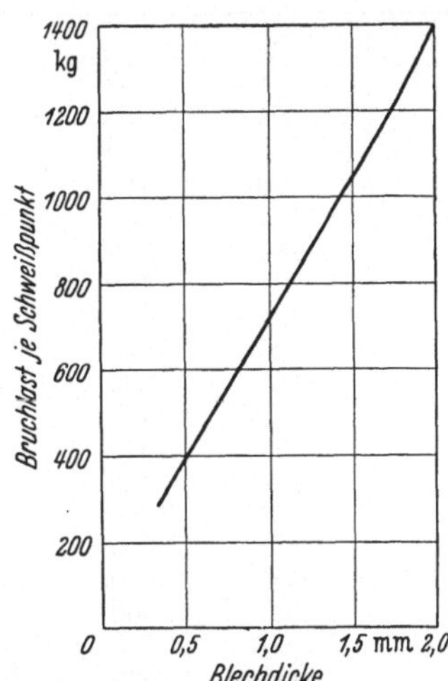

Abb. 102. Scherfestigkeit eines Schweißpunktes in Abhängigkeit von der Blechdicke bei niedrig legierten Stählen St 37.23 und St 50.23 nach CORNELIUS (einreihige, einschnittige Verbindung unter Zugbelastung)

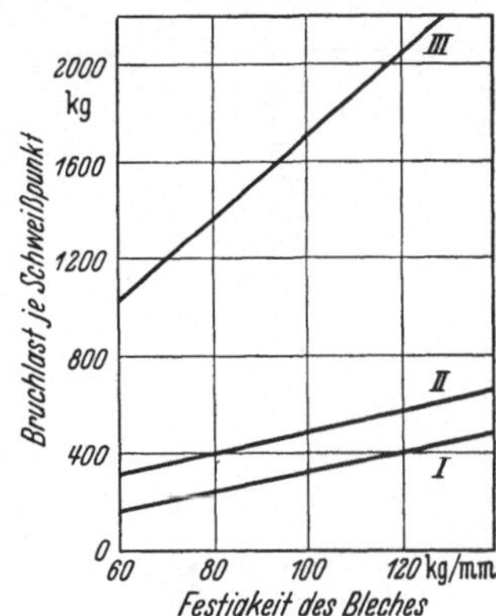

Abb. 103. Scherfestigkeit eines Schweißpunktes in Abhängigkeit von der Werkstoffestigkeit bei höher legierten Blechen nach CORNELIUS (einseitige, einschnittige Verbindung unter Zugbelastung)

Kurve	Blechdicke mm	Elektroden-Dmr. mm
I	0,3	4
II	0,5	5 ÷ 6
III	1.	7 ÷ 8

Rechnerische Bruchlast. Da bei Beanspruchung einer Punktschweißverbindung stark erhöhte, formbedingte Randspannungen auftreten, muß als rechnerische Bruchlast nicht die Tragkraft des Grundwerkstoffes, sondern die der Verbindung eingesetzt werden. Sie ist abhängig von den Abmessungen der Verbindung, der Werkstoffestigkeit und der Beanspruchungsart (ruhend oder schwingend).

Beanspruchung ruhend. Richtwerte für die rechnerische Bruchlast je Punkt sind in Tabelle 24 zusammengestellt. Dabei ist der Punktdurchmesser $d = 3\,s$ angenommen. Bei mehrschnittigen Verbindungen kann mit einer um etwa 50% höheren rechnerischen Bruchlast je Punkt gerechnet werden.

Beanspruchung wechselnd. Bei *Dauerbeanspruchung* von Punktschweißverbindungen tritt eine Werkstoffzerrüttung infolge kleiner, wechselnder Gleitungen auf, deren Größe durch die örtlich begrenzten Spannungsspitzen als Folge einer formbedingten Kerbwirkung bestimmt werden. Nach Versuchen von BAUTZ [14] zeigen die Zeitfestigkeitslinien von Punktschweißverbindungen einen wesentlich stärkeren Abfall als die des Grundwerkstoffes (Abb. 104 und 105). Zum gleichen Ergebnis kommen auch CORNELIUS [15] und SCHULZ [16] (vgl. auch [17]—[19]). Eine ausgesprochene Dauerbeanspruchung von Punktschweißverbindungen mit hoher Lastwechselzahl sollte vermieden werden.

Die rechnerische Bruchlast, abhängig von Vorlast, Grundwerkstoff, Abmessungen und zu erwartender Lastwechselzahl, muß durch Versuch bestimmt werden.

Zulässige Spannung. Zwei Berechnungsverfahren sollen hier skizziert werden.

1. Berechnung nach VSM 14103 [13]: Die zulässige Beanspruchung einer Punktschweißverbindung ist

$$P_{zul} = \frac{n \cdot K \cdot v}{\nu}.$$

n = Anzahl der Punkte der Schweißverbindung.
K = Rechnerische Bruchlast in kg je Punkt.
v = Bewertungsziffer.
ν = Sicherheitsfaktor.

Tabelle 24. *Richtwerte der rechnungsmäßigen Bruchlast pro Punkt bei ruhender Beanspruchung an einschnittigen Punktschweißverbindungen* [13] Maße in mm

Blechdicke	Zugfestigkeit des Bleches				30 kg/mm²	45 kg/mm²	60 kg/mm²
	Abmessungen				Bruchlast pro Punkt bei Scherung in der Linse	Bruchlast pro Punkt bei Scherung in der Linse	Bruchlast pro Punkt bei Scherung in der Linse
	Punktdurchmesser	Randabstand	Punktabstand für				
			höchste Tragkraft pro 10 mm Nahtlänge	50% reduz. Tragkraft pro 10 mm Nahtlänge			
s	d	a	e	e	K kg	K kg	K kg
0,2	2,5	4	5	10	30	45	60
0,3	2,5	4	5	10	45	68	90
0,4	2,5	4	5	10	60	90	120
0,5	2,5	4	5	10	75	112	150
0,6	2,5	4	5	10	90	135	180
0,75	2,5	4	5	10	112	169	225
1,0	3	4	6	12	180	270	360
1,25	4	5	8	16	300	450	600
1,5	5	6	9	18	405	608	810
2,0	6	8	12	25	720	1080	1440
2,5	8	10	15	30	1125	1690	2250
3,0	9	12	18	36	1620	2430	3240
3,5	11	14	21	42	2205	3310	4410
4,0	12	16	24	48	2880	4320	5750
5,0	15	20	30	60	4500	6750	9000
6,0	18	27	1	72	6500	9700	13000
7,0	21	32	1	84	8800	13200	17600
8,0	24	36	1	96	11500	17300	23000
10,0	30	45	1	120	18000	27000	36000
12,0	36	54	1	144	26000	39000	52000

[1] Punktschweißverbindungen mit voller Ausnützung der Blechfestigkeit können bei Blechdicken über 5 mm kaum mehr erzeugt werden, da die Nebenschlußwirkung beim Schweißen zu groß wird.

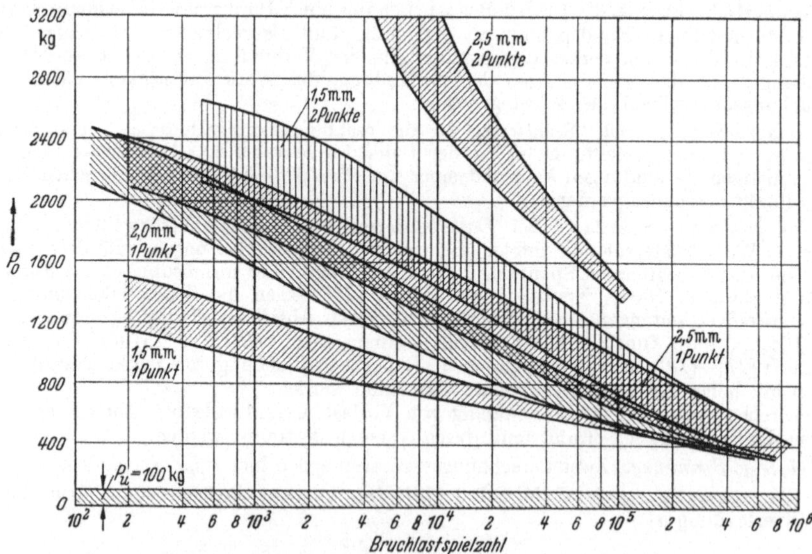

Abb. 104. Zeitfestigkeit von Punktschweißverbindungen bei Schwellbeanspruchung zwischen P_0 und $P_u = 100$ kg
1,5 mm, 1 Punkt, Zerreißlast 1350 ÷ 1560 kg
2,0 mm, 1 Punkt, Zerreißlast 2100 ÷ 2460 kg
2,5 mm, 1 Punkt, Zerreißlast 2350 ÷ 2540 kg
1,5 mm, 2 Punkte, Zerreißlast ca. 2700 kg } Brüche im Blech
2,5 mm, 2 Punkte, Zerreißlast ca. 4500 kg }

n ist gegeben, K aus Tabelle 24 zu entnehmen. Die Bewertungsziffer v berücksichtigt Fehler im Schweißpunkt und die bei der Schweißung (z. B. durch Verwerfung) auftretenden zusätzlichen Beanspruchungen. Sie hängt ab von der Schweißbarkeit des Grundwerkstoffes, der Ausführung der Verbindung (Regelmäßigkeit der Punkte, thermische Nachbehandlung usw.) und der angewendeten Kontrolle. Außerdem ist mit der Bewertungsziffer berücksichtigt, daß nicht alle Punkte gleichmäßig tragen und deshalb gegenüber Einpunktverbindungen ein Faktor von 0,8 bis 0,9 angewendet werden muß (Tabelle 25). Bei schlechter

Tabelle 25. *Bewertungsziffern für Punktreihen*

Bewertung der Punkte	Punktreihen	
	gut schweißbarer Werkstoff [1]	genügend schweißbarer Werkstoff [1]
nach Einstellversuchen, Röntgenkontrolle und Stichproben am Werkstück	0,8	0,9
nach Einstellversuchen und Stichproben am Werkstück	0,7	0,8
nach Einstellversuchen	0,5	0,7
nach Erfahrungswerten	0,4	0,6

[1] Vgl. Tabelle 26

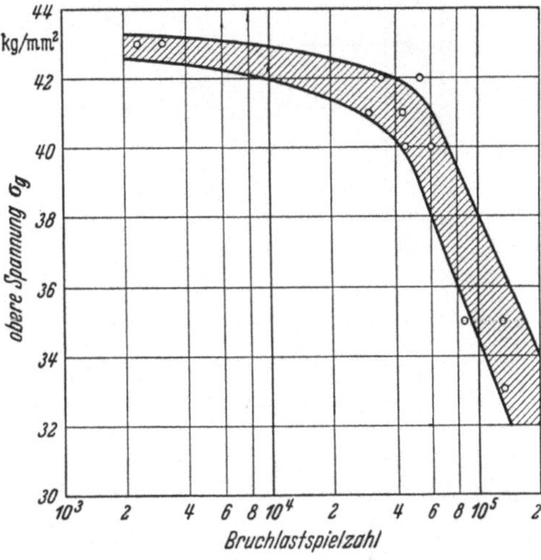

Abb. 105. Zeitfestigkeit von Stahlblech 42 tz, 2,5 mm dick, bei Zugschwellbeanspruchung (Unterspannung 2 kg/mm²)

Zugänglichkeit oder ungenügender Vorbereitung der Blechoberfläche sind die Bewertungsziffern zu reduzieren. Der Sicherheitsfaktor v ist nach der Aufgabe des Werkstückes und der Tragweite eines eventuellen Schadens vom Konstrukteur abzuschätzen. Er entspricht den Sicherheitswerten von anderen Ausführungen (z. B. Nietkonstruktionen), soweit sie dem gleichen Zweck dienen.

2. **Berechnung nach DIN 4115.** Nach DIN 4115 (Stahlleichtbau und Stahlrohrbau im Hochbau, Ausgabe August 1950) sind in der Festigkeitsberechnung die Scher- und Lochleibungsspannungen nachzuweisen. Der Punktdurchmesser darf dabei in der Berechnung nicht größer als

$$d \leq 5 \sqrt{s}$$

eingesetzt werden, wobei s die kleinste Blechdicke ist. Für die zulässigen Spannungen gelten folgende Werte:

Lochleibungsspannung bei einschnittigen Verbindungen $\qquad \sigma \leq 1{,}8 \cdot \sigma_{zul}$,
„ „ zweischnittigen „ $\qquad \sigma \leq 2{,}5 \cdot \sigma_{zul}$,
Scherspannung $\qquad \tau \leq 0{,}65 \cdot \sigma_{zul}$.

Die mit diesen Werten berechneten zulässigen Spannungen von Schweißpunkten sind in Abb. 106 und 107 graphisch dargestellt [20].

4.24 Punktschweißbarkeit

Die Schweißpunkte können folgende Fehler aufweisen, die auf ungeeignete Werkstoffqualität zurückzuführen sind:

Aufhärtung im Punkt oder der Übergangszone,
Schlechte Oberfläche (Narben, Metallausschleuderungen)
Innere Fehler (Poren, Lunker, Risse)

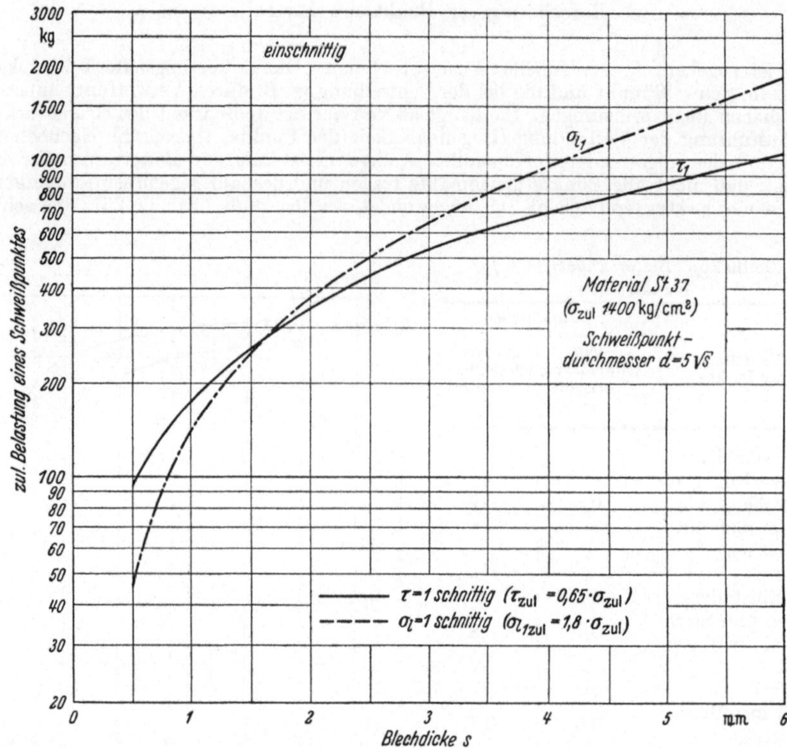

Abb. 106. Zulässige Belastung von einschnittigen Schweißpunkten in Abhängigkeit von der Blechdicke

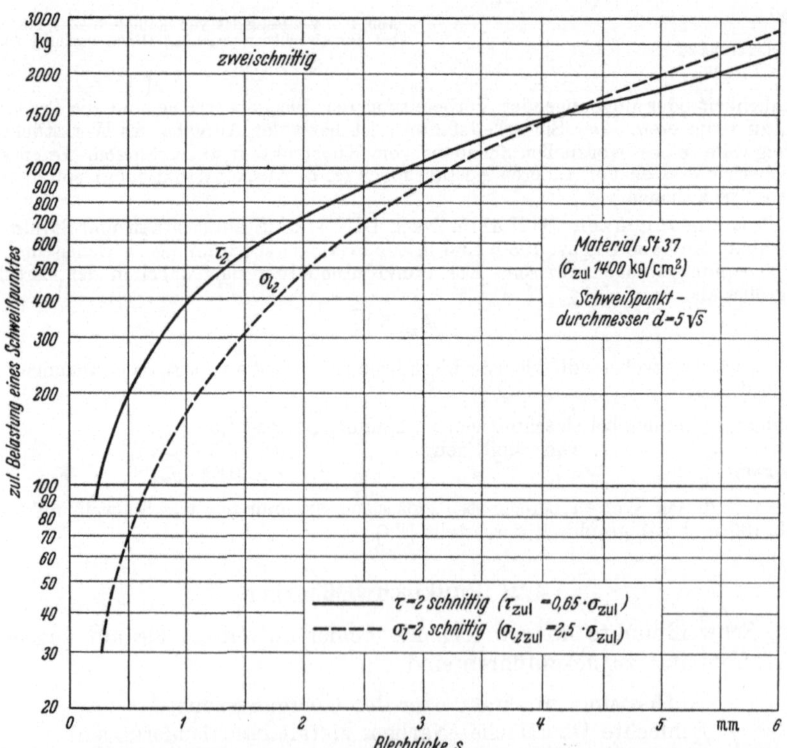

Abb. 107. Zulässige Belastung von zweischnittigen Schweißpunkten in Abhängigkeit von der Blechdicke

Nach [13] wurde nun folgende Abstufung der Punktschweißbarkeit definiert:

Gut schweißbar. Ein Stahl ist gut punktschweißbar, wenn damit ohne Anwendung besonderer Maßnahmen eine Punktschweißung erzielt werden kann, welche weder eine deutliche Aufhärtung (über 300 kg/mm² Brinell- oder Vickershärte), noch Härterisse, innere Fehler oder eine schlechte Blechoberfläche aufweist.

Genügend schweißbar. Ein Stahl ist genügend punktschweißbar, wenn damit unter Anwendung des Vorwärmens und Nachglühens in der Maschine, jedoch ohne nachträgliche thermische Behandlung eine Punktschweißung erzielt werden kann, welche weder eine deutliche Aufhärtung (über 300 kg/mm² Brinell- oder Vickershärte), noch Härterisse, innere Fehler oder eine schlechte Punktoberfläche aufweist.

Bedingt schweißbar. Ein Stahl ist bedingt punktschweißbar, wenn zur Erzielung einer Punktschweißung ohne deutliche Aufhärtung (über 300 kg/mm² Brinell- oder Vickershärte), ohne Härterisse, ohne innere Fehler oder schlechte Punktoberfläche, sowohl ein Vorwärmen und Nachglühen in der Maschine, als auch eine thermische Nachbehandlung notwendig sind.

Tabelle 26. *Zulässige Gehalte von Legierungselementen bei guter bzw. genügender Punktschweißbarkeit nach [13]*

Legierungselemente	maximal zulässige Gehalte bei	
	guter Schweißbarkeit	genügender Schweißbarkeit
C	0,25	0,40
C + Cr	0,35	1,60
C + Mo	0,50	0,70
C + V	0,40	0,60
C + Mn	1,40	1,60
C + Ni	3,0	4,0
Si	0,4	1,0
Cu	0,6	0,6
P + S	0,1	0,1
C + Cr + Mo + V	0,6	1,6

Nicht schweißbar. Ein Stahl ist nicht punktschweißbar, wenn, trotz besonderer Maßnahmen beim Schweißen und trotz nachträglicher thermischer Behandlung, eine Punktschweißung ohne deutliche Aufhärtung (über 300 kg/mm² Brinell- oder Vickershärte), ohne Härterisse, ohne innere Fehler oder schlechte Punktoberfläche nicht mit Sicherheit erzielt werden kann.

Für gute und genügende Punktschweißbarkeit können aus der Erfahrung heraus Richtwerte für den Analysenwerkstoff angegeben werden (vgl. Tabelle 26), wobei sowohl die Maximalgehalte einzelner Elemente für sich, als auch die Summe der angegebenen Kombinationen von Elementen zu beachten sind.

5 Berechnung bei dynamischer Beanspruchung

5.1 Berechnungsgrundlagen für den Maschinenbau

Abweichend von den Gebieten „Stahlbau" und „Brückenbau" gibt es für die Berechnung im Maschinenbau weder Vorschriften noch Richtlinien. Man muß sich deshalb damit abfinden, daß die heute verwendeten Berechnungsverfahren unterschiedlich sind, wenn auch über die Grundlagen keine Meinungsverschiedenheiten bestehen.

5.11 Das Belastungsbild [21]

Der Betrieb einer Maschine wird gekennzeichnet durch das für einen bestimmten Betriebsabschnitt (z. B. $T = 8$ oder $10\,h$) aufgenommene Belastungsbild, aus dem die für die Berechnung maßgebende Summenkurve entworfen wird. Aus dem Belastungsbild bzw. aus der Summenkurve werden entnommen:

Die prozentuale Betriebsdauer BD (%) und die prozentuale Häufigkeit der Belastung h_b [%].

Hinsichtlich der Betriebsart unterscheidet man zwischen Dauerbetrieb und aussetzendem Betrieb.

Dauerbetrieb liegt vor, wenn die Maschine während des angenommenen Betriebsabschnittes pausenlos arbeitet. Beispiele für normalen Dauerbetrieb sind die Maschinen in elektrischen Zentralen, die Pumpen in Wasserwerken usw.

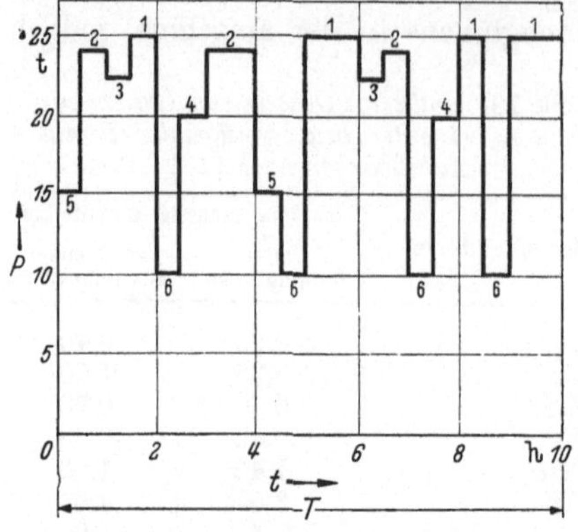

Abb. 108. Belastungsbild einer Presse (Dauerbetrieb)

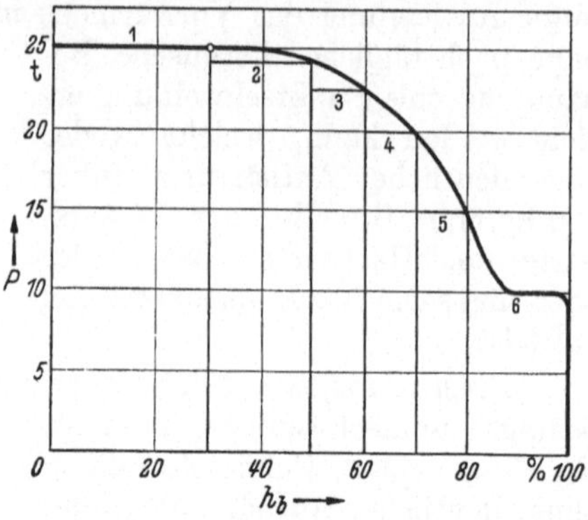

Abb. 109. Summenkurve zu Abb. 108

Schwerem Dauerbetrieb unterliegen die Maschinen in den Hüttenwerken, die Tag und Nacht arbeiten und meist noch hohen Temperaturen ausgesetzt sind.

Abb. 108 zeigt das Belastungsbild einer Presse als Beispiel für Dauerbetrieb (BD = 100%). Der Arbeitsdruck P [t] wechselt zeitweise zwischen dem Größt-

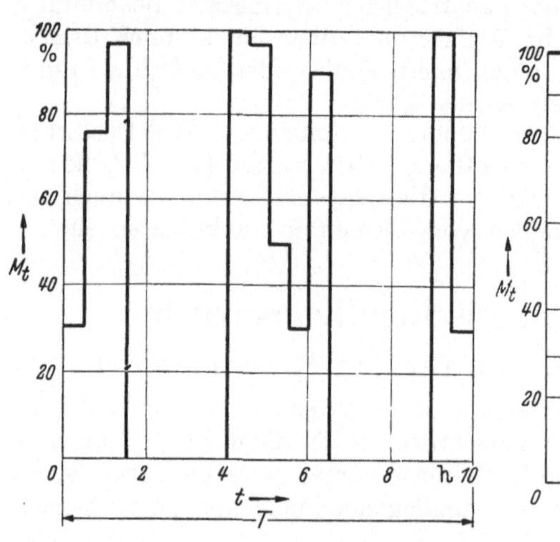

Abb. 110. Belastungsbild bei aussetzendem Betrieb

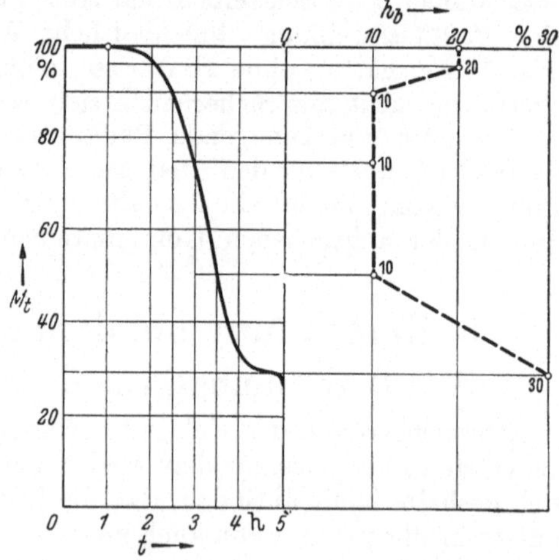

Abb. 111. Summenkurve zu Abb. 110 und Häufigkeits-
Schaubild der Drehmomentenwerte

wert von 25 t und dem Kleinstwert von 10 t. Unter 10 t wird eine Presse mit kleinerem Arbeitsdruck eingesetzt.

Die Drucke P werden nach Größe und Wirkungszeit t geordnet (Tabelle 27) und ergeben die Summenkurve Abb. 109. Aus der Summenkurve wird die prozentuale Häufigkeit des größten Arbeitsdruckes zu $h_b = 30\%$ entnommen.

Bei aussetzendem Betrieb treten zeitweise größere oder kleinere Arbeitspausen auf. Aussetzender Betrieb liegt vor bei Aufzügen, Kranen und verschiedenen Werkzeugmaschinen.

Abb. 110 gibt das Belastungsbild bei aussetzendem Betrieb für das Drehmoment M_t [%] einer Maschine. Da die Maschine zur Hälfte des Betriebsabschnittes T [h] still steht, ist die prozentuale Betriebsdauer BD = 50%. Neben der in Abb. 111 entworfenen Summenkurve ist das Häufigkeits-Schaubild der Momentengrößen dargestellt. Der Größtwert des Drehmomentes hat eine prozentuale Häufigkeit $h_b = 20\%$. Die des Kleinstwertes beträgt 30%.

Tabelle 27

Nr.	P [t]	t [t]	h_b [%]
1	25	3	30
2	24	2	20
3	22,6	1	10
4	20	1	10
5	15	1	10
6	10	2	20

$T = 10\,h$ | Sa: 100%

5.12 Berechnungsgang

Belastungsgröße. Liegt kein Belastungsbild der Maschine vor, muß die Belastung (Kräfte P und Momente M) und ihre prozentuale Häufigkeit h_b [%] nach ähnlichen Ausführungen geschätzt werden. Ist das Belastungsbild bekannt, so kann entweder die der Summenhäufigkeitskurve entsprechende höchste Belastung mit kleiner Lastwechselzahl genommen werden, oder man wählt eine mittlere Beanspruchung mit entsprechend größerer Lastwechselwahl. Hier wird die Höchstlast mit zugehöriger Lastwechselzahl als maßgebend für die Berechnung angenommen. Nach den bisher vorliegenden Erfahrungen führt eine solche Festlegung nicht zu falschen Schlüssen.

Ist eine Belastungsannahme getroffen, so ist die im Bauteil auftretende Spannungsamplitude zu berechnen und mit einer zulässigen Spannungsamplitude zu vergleichen, die von folgenden Größen abhängig ist:

Werkstoff

der Berechnung zugrundeliegende Lebensdauer (Zeit- oder Dauerfestigkeit)

Belastungsart (schwellend, wechselnd, Stoß)

Form und Ausführung der Schweißnähte (Kerbwirkung, Eigenspannungen).

Die zulässige Spannungsamplitude wird gefunden

entweder durch
einen Betriebsfestigkeitsversuch, bei dem die tatsächlich im Betrieb auftretenden Verhältnisse in programmgesteuerten Prüfmaschinen nachgeahmt werden. Diese Methode ist teuer und wohl nur in Sonderfällen, z. B. im Fahrzeugbau, anwendbar,

oder durch
Rechnung, wobei man die verschiedenen Einflußgrößen dadurch berücksichtigt, daß man entweder die rechnerische Belastung durch Multiplikation mit Faktoren > 1 künstlich erhöht und mit der Dauerfestigkeit vergleicht oder durch entsprechende Erniedrigung von $zul\ \sigma_D$ bzw. durch Erhöhung der Sicherheit v.

Die Belastung (Kräfte P und Momente M) ist zu steigern bei

1. *Unsicherheit* in der Größe der Belastung. Sind die an der Maschine bzw. dem Bauteil wirkenden Kräfte nicht genügend bekannt, dann mache man einen prozentualen Zuschlag von $20\cdots30\%$.
Beiwert für die Unsicherheit der Belastung

$$a_1 = 1{,}2\cdots1{,}3\,.$$

2. *Lebenswichtigkeit* des Bauteils. Sind bei Bruch des Bauteils Menschenleben gefährdet oder tritt eine Zerstörung der Maschine ein, dann mache man einen prozentualen Zuschlag von $20\cdots50\%$. Beiwert für die Lebenswichtigkeit des Bauteils:

$$a_2 = 1{,}2\cdots1{,}5\,.$$

3. *Stöße.* Treten in der Maschine betriebsmäßige Stöße auf, dann ist die Belastung mit der Stoßzahl φ zu vervielfachen.

Die Größe der Stoßzahl hängt von der Art der Maschine ab und kann aus Tabelle 28 schätzungsweise entnommen werden.

Die der Berechnung zugrunde zu legende Belastungsgröße ist:

$$a_1\, a_2\, \varphi\, P \qquad \text{bzw.} \qquad a_1\, a_2\, \varphi\, M\,.$$

Statt einer Steigerung des Angriffs können vorstehende Einflüsse auch durch eine entsprechende Erhöhung des Sicherheitswertes berücksichtigt werden (s. S. 83).

Der Einfluß hoher bzw. tiefer Temperaturen sowie etwaiger Korrosionsangriff werden bei der Dauerfestigkeit des gewählten Werkstoffs berücksichtigt.

Tabelle 28. *Stoßzahlen bei verschiedenen Maschinengattungen*

Gruppe	Art der Stöße	Maschinengattung	Stoßzahl φ
I	leicht	Dampf- und Wasserturbinen, umlaufende Verdichter und Vakuumpumpen. Schleifmaschinen, elektrische Maschinen	1,0…1,1
II	mittel- stark	Dampfmaschinen, Brennkraftmaschinen, Kolbenpumpen und -verdichter, Hobelmaschinen, Stoßmaschinen, Drehbänke	1,2…1,5
III	stark	Schmiedepressen (Spindel- und Gesenkpressen), Abkantpressen), Profileisenscheren, Lochmaschinen, Ziehbänke, Kollergänge, Sägegatter	1,5…2
IV	sehr stark	Mechanische Hämmer, Walzwerksmaschinen, Steinbrecher	2…3

Die schädigenden Wirkungen einer Dauerbeanspruchung auf die Bauteile sind Bruch (Gewalt- oder Dauerbruch), bleibende Verformung, Verschleiß, Rosten usw. Aufgabe des Konstrukteurs ist es, diese schädigenden Wirkungen durch geeignete Maßnahmen zu vermindern bzw. die Abwehr des gestalteten Werkstoffs zu steigern und die Bauteile mit geringstem Werkstoffaufwand betriebssicher zu bemessen.

Nennspannungen. Nach Festlegung der Belastungsgröße (Kräfte P und Momente M) werden die in den gefährdeten Querschnitten des Bauteils auftretenden Spannungen nach den allgemeinen Regeln der Festigkeitslehre [*22*] berechnet. Diese vorhandenen Spannungen werden nach Thum Nennspannungen genannt. Sie werden für die Schweißnähte mit ϱ_n und für die Anschlußquerschnitte mit σ_n bzw. τ_n bezeichnet.

Zur Kennzeichnung der Spannungsart treten an Stelle von n die betreffenden Zeiger; z für Zug, d für Druck, b für Biegung, s für Schub und t für Verdrehung.

Beim Entwurf eines Bauteils werden die Abmessungen der Schweißnähte zunächst angenommen und dann nachgerechnet. Um in schwierigen Fällen die Höchstspannung im Bauteil richtig und an der richtigen Stelle zu erhalten, ist der Kraftfluß zu verfolgen und der Spannungsverlauf gegebenenfalls in einem Schaubild darzustellen.

Treten in einem Querschnitt Normalspannungen (z. B. bei Biegung) und Schubspannungen auf (z. B. in Abb. 113), dann ist eine Vergleichsspannung nach folgender einfachen Gl. aufzustellen:

Nahtquerschnitt: $\qquad \varrho_V = \sqrt{\varrho_b^2 + \varrho_s^2}$;

Anschlußquerschnitt: $\qquad \sigma_V = \sqrt{\sigma_b^2 + \tau_s^2}$.

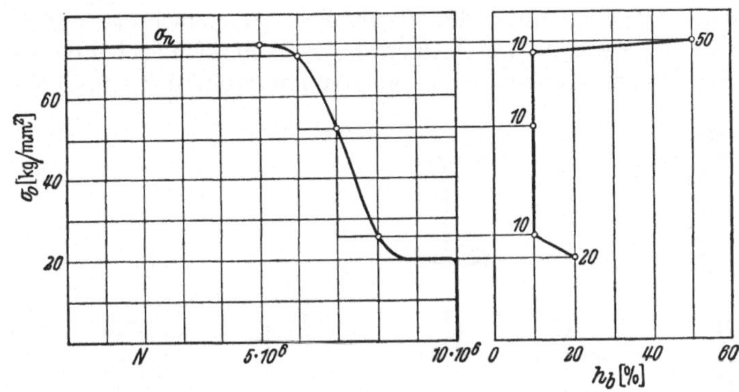

Abb. 112. Summenkurve der Nennspannung σ_n in Abhängigkeit von der Lastspielzahl N und Häufigkeitsschaubild

Dies läßt sich damit begründen, daß eine genaue Spannungsermittlung in den Querschnitten ohnehin schwierig ist. Im Stahlbau dagegen ist es üblich, die größte Normalspannung zugrunde zu legen, was zu

$$\varrho_V = \frac{1}{2}\left(\sigma_b + \sqrt{\sigma_b^2 + 4\,\tau_s^2}\right)$$

führt.

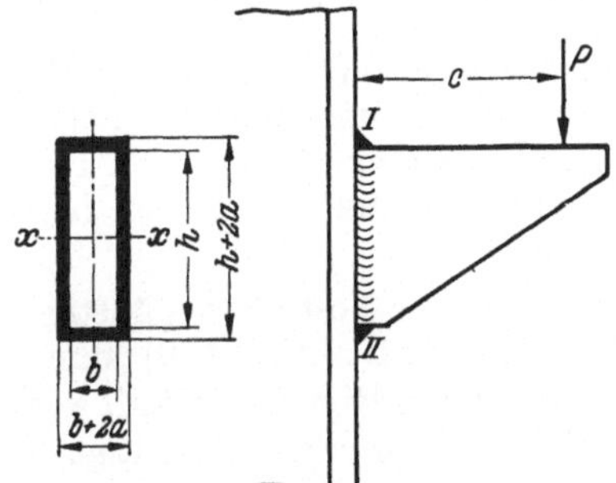

Abb. 113 u. 113a. Anschluß eines einfachen Tragarmes an eine I-Stütze

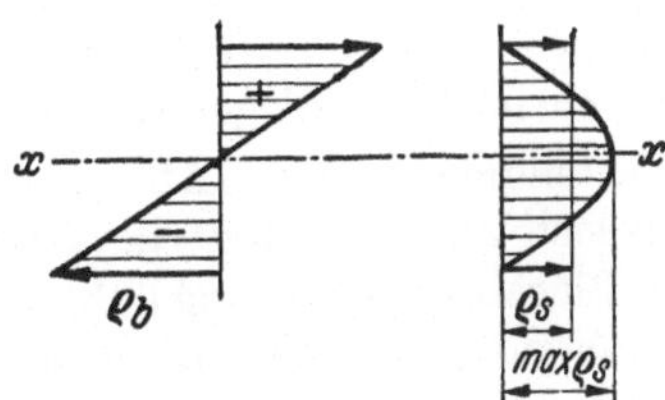

Abb. 114. Spannungswerte des Nahtquerschnittes in Abb. 113a

Am gefährlichsten sind Zugspannungen, da in den Nähten infolge des Schrumpfens oft schon höhere Zugeigenspannungen vorhanden sind.

Ebenso wie die Kräfte und Momente lassen sich die aus ihnen berechneten Nennspannungen als Summenkurven darstellen.

Abb. 112 zeigt als Beispiel eine Summenkurve für die Nennspannung σ_n in Abhängigkeit von der Lastspielzahl N des Bauteils. Neben der Summenkurve ist die prozentuale Häufigkeit $h_b[\%]$ der Spannungswerte dargestellt.

Für die verschiedenen Nahtarten (Stumpf- und Kehlnähte) sind die Nennspannungen in Abschnitt 3.5 angegeben.

Abb. 113 zeigt einen einfachen Tragarm, der an eine I-Stütze angeschweißt ist. Der Schweißquerschnitt (Abb. 113a) ist durch das Moment $M_b = P\,c$ [kgcm] auf

Biegung und durch die Querkraft $Q = P$ auf Schub beansprucht. Die Schubspannung ϱ_s (Abb. 114) wird durch die Flankennähte übertragen. Ihr Einfluß ist um so größer, je kleiner die Ausladung c des Armes ist.

Die Biegespannung ϱ_b (Abb. 114) und die Schubspannung ϱ_s werden zu einer Vergleichsspannung ϱ_V zusammengesetzt. In Wirklichkeit ist die Schubspannung an den Außenfasern gleich Null. In der Mitte ist max $\varrho_s = 1{,}5\,\varrho_s$ (Abb. 114).

Abb. 115 bis 120 geben die Werkstoff- und Schweißquerschnitte auf Biegung beanspruchter Bauteile wieder. Der T-Querschnitt (Abb. 115) ist bei Beanspruchung nach Abb. 113 am günstigsten, da er an der gefährdeten Zugfaser ausreichend

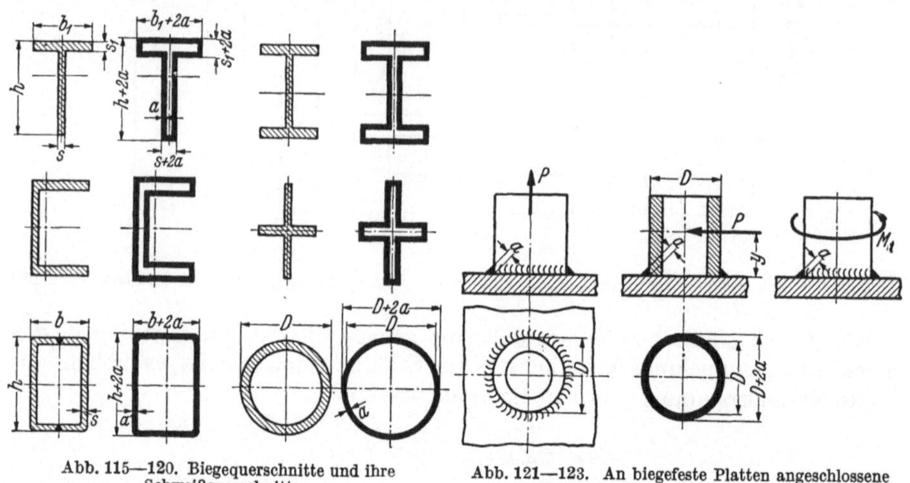

Abb. 115—120. Biegequerschnitte und ihre Schweißquerschnitte

Abb. 121—123. An biegefeste Platten angeschlossene zylindrische bzw. hohlzylindrische Teile

Abb. 121. Zug; Abb. 122. Biegung; Abb. 123. Verdrehung

Werkstoff hat. Der I-Querschnitt (Abb. 116) ist besonders für wechselndes Biegemoment ($\pm M_b$) geeignet. Der in bezug auf die y-Achse unsymmetrische [-Querschnitt (Abb. 117) wird selten angewendet. Der Kreuzquerschnitt (Abb. 118) ist ungünstig, da bei ihm an der Außenfaser wenig Werkstoff vorhanden ist, was entsprechend hohe Biegebeanspruchungen ergibt.

Kastenquerschnitte (Abb. 119) sind hinsichtlich der Festigkeit günstig und lassen sich auch verjüngt herstellen. Der Rohrquerschnitt (Abb. 120) kann nur wenig Biegebeanspruchung aufnehmen oder er muß durch Rippen versteift werden. Der Kasten- und der Rohrquerschnitt lassen sich nur durch eine einseitige Kehlnaht anschließen.

Die Abb. 121 bis 123 zeigen den Schweißanschluß zylindrischer bzw. hohlzylindrischer Teile an eine biegefeste Platte.

Für die auf Zug beanspruchte Rundnaht (Abb. 121) ist der Schweißquerschnitt:

$$F_{Schw} = (D + 2\,a)^2 \frac{\pi}{4} - D^2 \frac{\pi}{4} \;[\text{cm}^2]\,.$$

In Abb. 122 ist die Rundnaht durch das Moment $M_b = P\,y$ [kgcm] auf Biegung beansprucht. Widerstandsmoment des Schweißquerschnittes:

$$W_{Schw} = \frac{1}{R + a} \cdot \left[(D + 2\,a)^4 \frac{\pi}{64} - D^4 \frac{\pi}{64} \right] \ldots \text{cm}^3\,.$$

Zur Berechnung der Schubspannung ist die Querschnittsfläche die gleiche wie bei der auf Zug beanspruchten Naht.

Der Schweißanschluß Abb. 123 ist durch das Drehmoment M_t [kgcm] auf Verdrehung (Schub) beansprucht. Polares Widerstandsmoment des Schweißquerschnittes:

$$W_t = \frac{1}{R+a} \cdot \left[(D + 2\,a)^4 \frac{\pi}{32} - D^4 \frac{\pi}{32} \right] \ldots \text{cm}^3 \,.$$

Dauerfestigkeit des Bauteils (Nutzdauerfestigkeit). Die wirkliche Spannung des Schweißanschlusses im Gefahrenzustand, bei der ein Bauteil bricht, kann nur durch betriebsmäßige Versuche an den naturgroßen Bauteilen selbst bestimmt werden. Hierbei ist zu unterscheiden zwischen dem Bruch in der Schweißnaht (Grenzspannung ϱ_G) und dem Bruch des Anschlußquerschnittes (Grenzspannung σ_G). Derartige Betriebsfestigkeitsversuche sind bereits verschiedentlich ausgeführt worden [23]—[26]. Ihre an den verschiedensten Bauteilen ermittelten Ergebnisse sind z. B. in [27]—[30] zu finden. Sie sind außerordentlich wertvoll,

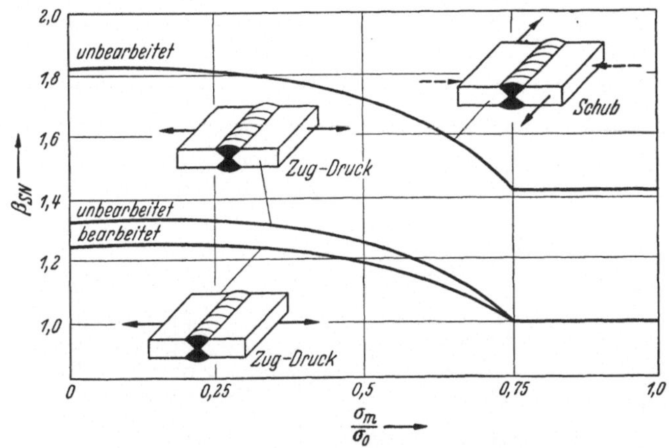

Abb. 124. β_{SN}-Werte für Stumpfnähte, 1. Ausführungsklasse

reichen aber noch keineswegs aus, um für die Vielzahl der vorkommenden Bauformen die Dauerfestigkeit des Bauteils festlegen zu können. Diesen Wert (ϱ_N bzw. σ_N) wollen wir als Nutzdauerfestigkeit [11] bezeichnen.

Die Nutzdauerfestigkeit (Oberspannung) des Schweiß- bzw. Anschlußquerschnittes wird berechnet aus der prüfmäßigen Dauerfestigkeit des Werkstoffs, dem Beiwert für die Schweißgüte, dem Beiwert für die Nahtform und Belastungsart und gegebenenfalls einem Beiwert für den Größeneinfluß.

Die durch das Schweißen verursachten Eigenspannungen werden bei der Berechnung meist nicht berücksichtigt, weil sie nach Richtung und Größe nur sehr ungenau abgeschätzt werden können und außerdem nach den bisherigen Erfahrungen die Dauerfestigkeit dann nicht wesentlich beeinflussen, wenn ein trennbruchsicherer Stahl verwendet wird, der durch plastische Verformung den Abbau der Eigenspannungen bereits nach relativ wenigen Lastwechseln ermöglicht.

Die Dauerfestigkeit des Werkstoffs, Oberspannung σ_O [kg/mm²] wird entsprechend der Nennspannung ϱ_o (Naht) bzw. σ_o (Anschluß) aus dem Dauerfestigkeits-Schaubild des gewählten Werkstoffs entnommen. Dauerfestigkeits-Schaubilder der Stähle s. Abb. 25—33.

Für den Schweißquerschnitt ist die Nutzdauerfestigkeit (Oberspannung):

$$\varrho_{ON} = b_1 \cdot b_2 \cdot b_3 \ldots \sigma_O \ (\text{kg/mm}^2) \,.$$

Der Beiwert b_1 für die Schweißgüte (s. S. 45) ist, da für oftmals wiederholte (schwingende) Beanspruchung nur Güte I in Betracht kommt, gleich eins.

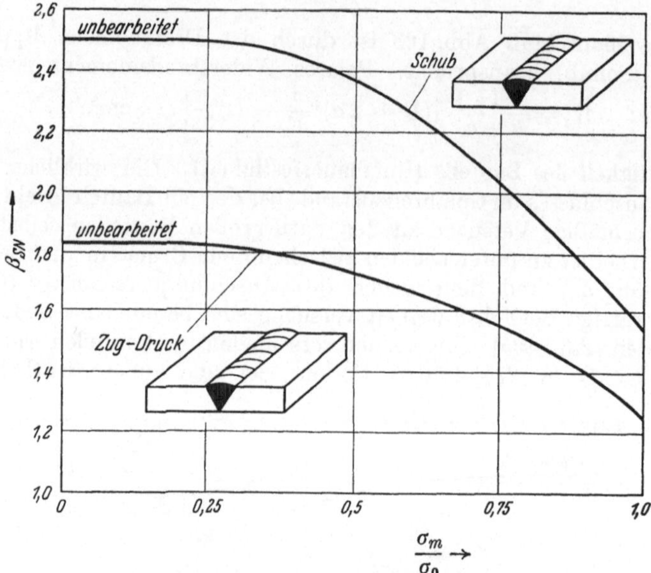

Abb. 125. β_{SN}-Werte für Stumpfnähte, 2. Auführungsklasse

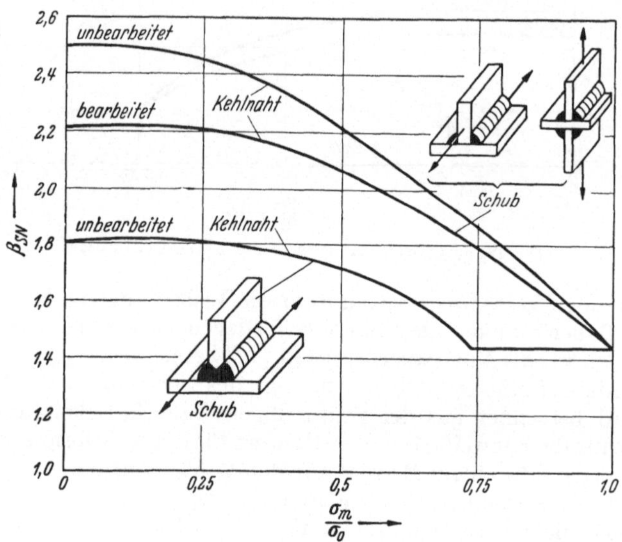

Abb. 126. β_{SN}-Werte für K- und Kehlnähte

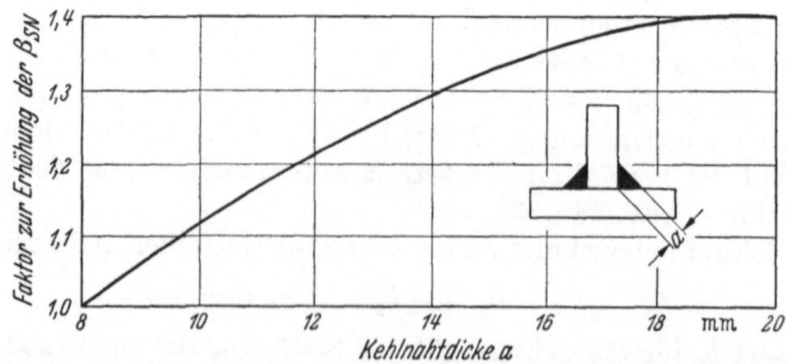

Abb. 127. Korrekturzahlen zur Erhöhung von β_{SN} bei Kehlnähten über 8 mm Dicke

Der Beiwert für die Nahtform b_2 kann nach [31] und [32] abgeschätzt werden. Dabei ist

$$b_2 = \frac{1}{\beta_{SN}} \; .$$

In Abb. 124 bis 127 sind die β_{SN}-Werte nach durchgeführten Dauerversuchen für Stumpf- und Kehlnähte für St 37 in Abhängigkeit von σ_m/σ_o aufgeführt.

Für andere Werkstoffe als St 37 werden von NEUMANN [31] folgende Korrekturen angegeben:

$$\beta_{SN} \text{ (St 42)} = 1{,}1\,\beta_{SN} \text{ (St 37)}$$
$$\beta_{SN} \text{ (St 50)} = 1{,}2\,\beta_{SN} \text{ (St 37)}$$
$$\beta_{SN} \text{ (St 60)} = 1{,}2\,\beta_{SN} \text{ (St 37)}$$

Die verschiedenen Ausführungsklassen werden dabei so definiert:

Ausführungsklasse 1: Hochbelastete Bauwerke unter Verwendung von Werkstoffen mit gewährleisteter Schweißbarkeit und entsprechender Schweißzusatzwerkstoffe. Verwendung von Siemens-Martin-Stahl beruhigt (für rein statische Beanspruchung auch Th-Sondergüte).

Grundsätzlich ist die zerstörungsfreie Prüfung durchzuführen (Röntgen). Umfang und Angabe der Prüfung nach besonderen Vereinbarungen (in der Regel 100%).

Laufende Überwachungen und Prüfbedingungen nach den Richtlinien für Gütekontrolle.

Schweißer müssen Zusatzprüfungen abgelegt haben.

Schweißnähte, deren Zugänglichkeit oder Ausführung behindert ist, können nicht nach Ausführungsklasse 1 gefertigt werden.

Ausführungsklasse 2: Durchschnittliche Werkstattausführung für Bauwerke des Maschinenbaus.

Siemens-Martin-Stahl wird beruhigt verwendet. Thomas-Stahl unter bestimmten Bedingungen in Sondergüte.

Für dynamische Belastung ist Wurzelschweißung erforderlich; bei rein statischer kann diese entfallen.

Wurzelnachschweißung muß in der Zeichnung angegeben werden.

Zerstörungsfreie Prüfung wird nicht gefordert. Stichprobenuntersuchung kann gesondert vereinbart werden.

Laufende Überwachungen und Prüfbedingungen nach den Richtlinien für die Gütekontrolle.

Schweißer müssen Hauptprüfung nachweisen.

Ausführungsklasse 3: Schweißausführung ohne Zusatzbedingungen.

Thomas-Stähle werden beruhigt und unberuhigt verwendet. Schweißer haben lediglich die Grundprüfung nachzuweisen.

Ältere Werte, auch für andere Nahtformen. liegen von BOBEK [33], [34] vor. Sie sind in Tabelle 29 zusammengestellt. Die Werte sind, da nicht genügend Versuche vorliegen, geschätzt und beziehen sich auf den Anlieferungszustand des Werkstoffes (mit Walzhaut).

Der Beiwert für den Größeneinfluß b_3 [4] braucht nur bei großen Bauteilen berücksichtigt zu werden. Die Zug-Druck-Dauerfestigkeit ist von der Querschnittsgröße unabhängig, so daß hier $b_3 = 1$ ist. Bei Bauteilen, die auf Biegung und Verdrehung beansprucht sind, muß der Beiwert der Bauteilgröße entsprechend geschätzt werden.

Für den Anschlußquerschnitt (Werkstoffquerschnitt) ist die Nutzdauerfestigkeit

$$\sigma_{ON} = b_2 \cdot b_3 \ldots \sigma_o \; [\text{kg/mm}^2] \; .$$

Tabelle 29. *Beiwerte b_2 für Nahtform und*

Belastungsart		Stumpfnähte		Flankennähte	
		Wurzelverschweißung		Endkrater	
		ohne	mit	unbearbeitet	bearbeitet
1		2	3	4	5
Zug—Druck	N	0,4···0,5	0,7···0,8**	0,65	0,65
	A	0,4···0,5	0,7···0,8*	0,4···0,45	0,5···0,6
Biegung	N	0,5···0,6	0,8···0,9	—	—
	A	0,5···0,6	0,8···0,9	—	—
Schub	N	0,3···0,4	0,6···0,7	0,65	0,65
	A	—	—	—	—

* Nur Vorschlagswerte. ** Naht bearbeitet; $b_2 = 0,9$ bis $1,0$

Mit einem weiteren Beiwert b_4 kann man den Einfluß von Eigenspannungen zu erfassen suchen. Da jedoch bei einer Wechselbeanspruchung bereits bei der ersten Belastung durch örtliche plastische Verformungen ein Eigenspannungsabbau einsetzt und bei den nachfolgenden Belastungen ein weiterer Abbau stattfindet, ist nicht damit zu rechnen, daß der Einfluß der Eigenspannungen groß ist [35], [36].

Von KLÖPPEL [37] wurden prismatische Stäbe mit rechteckigem Querschnitt mit einer gewissen Anzahl von Lastspielen auf Schwellzugfestigkeit beansprucht und jeweils das Eigenspannungsdiagramm bestimmt. Die Eigenspannungen waren durch aufgelegte Längsnähte erzeugt worden. Nach etwa $6,2 \cdot 10^5$ Lastspielen wurde ein Steilabfall der Eigenspannungen beobachtet (Abb. 128).

Ein eindeutiger herabmindernder Einfluß der Eigenspannungen auf die Dauerfestigkeit konnte bisher durch Versuche nicht nachgewiesen werden. Voraussetzung zum Eigenspannungsabbau ist die Fähigkeit des Werkstoffes, sich plastisch zu verformen. Daß „bei zähen Werkstoffen die Eigenspannungen weitgehend abgebaut werden, sobald die durch Betriebs- und Eigenspannungen hervorgerufenen Gesamtbeanspruchungen die Streckgrenze überschreiten", konnte durch Versuche von SIEBEL und PFENDER [38] nachgewiesen werden. Umgekehrt aber haben Eigenspannungen bei der Verwendung von nicht als „zäh" anzusprechenden Werkstoffen, d. h. bei trennbruchempfindlichen Stählen, einen entscheidenden Einfluß auf das Auftreten von sehr unangenehmen Sprödbrüchen gehabt [37]. Diese Gefahr besteht vor allen Dingen dann, wenn zur mehrachsigen Beanspruchung durch Betriebs- und Eigenspannungen noch tiefe Temperaturen und/ oder schlagartige Belastung treten. Um dieser Gefahr zu steuern, kann man nicht den Weg über die Festigkeitsberechnung gehen, indem man die zulässige Spannung herab- oder die „Sicherheit" heraufsetzt. Der Forderung, Sicherheit gegen Spröd-

Belastungsart. Werkstoff: St 37*

Kehlnähte					
Stirnkehlnähte (⊥-Stoß)			versenkte Kehlnähte		
Flachnähte		Hohlnähte	einseitig	doppelseitig	
einseitig	doppelseitig	doppelseitig		mit Fuge	ohne Fuge
6	7	8	9	10	11
0,25	0,3···0,4	0,45	0,6	0,4	0,7
0,3	0,5	0,6	0,7	0,7	0,8
0,12	0,6	0,8	—	—	—
0,15	0,7	0,8	0,7	0,8	0,8
—	0,35	0,5	—	—	—
—	—	—	—	—	—

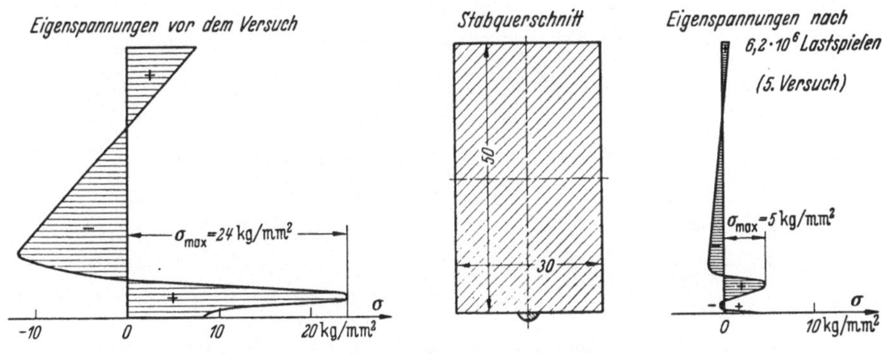

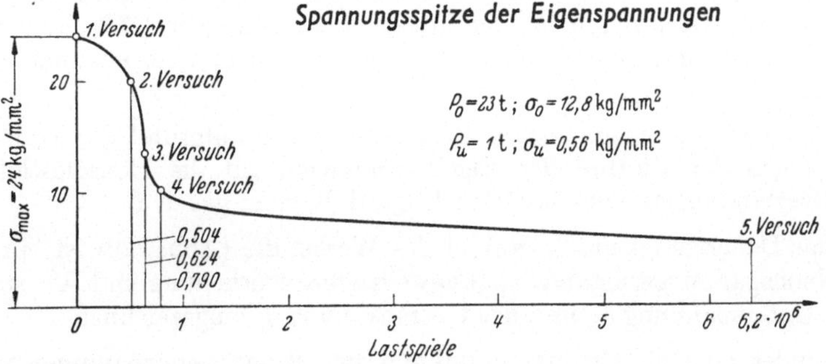

Abb. 128. Abbau der Eigenspannungen infolge Schwellzugbeanspruchung nach $6,2 \cdot 10^6$ Lastspielen [37]

bruch zu gewährleisten, kann nur von der Werkstoffseite her genügt werden, indem trennbruchsichere Stähle verwendet werden. Diese Gedankengänge wurden zwar aus den Erfahrungen des Stahlbaues, vor allem des Brückenbaues heraus entwickelt, es ist jedoch nicht einzusehen, warum sie nicht ebenso auch für den Maschinenbau Gültigkeit haben sollten, wenn auch hier im allgemeinen die Sprödbruchgefahr nur gering ist.

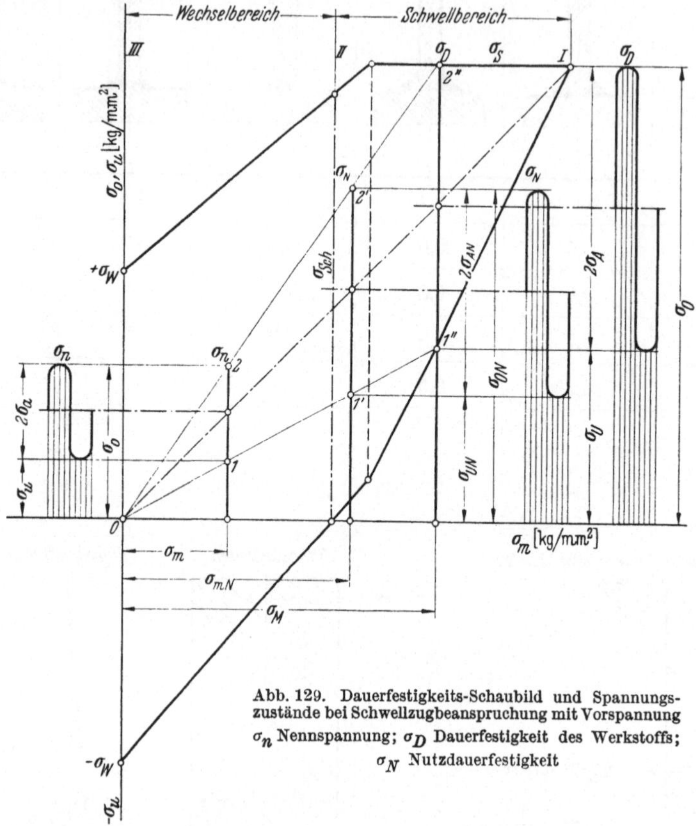

Abb. 129. Dauerfestigkeits-Schaubild und Spannungszustände bei Schwellzugbeanspruchung mit Vorspannung

σ_n Nennspannung; σ_D Dauerfestigkeit des Werkstoffs; σ_N Nutzdauerfestigkeit

Aus den dargelegten Gründen und weil die beim Schweißen auftretenden Eigenspannungen ihrer Größe und Richtung nach unbekannt sind, sieht man meist von ihrer Berücksichtigung bei der Festigkeitsrechnung ab [39]. Zuweilen wird der die Eigenspannungen berücksichtigende Beiwert b_4 auch summarisch gleich 0,9 gesetzt.

In den hier durchgerechneten Beispielen wurde aufgrund der vorstehenden Überlegungen der Einfluß der Eigenspannungen auf die Dauerfestigkeit von Schweißverbindungen nicht berücksichtigt, d. h. b_4 ist gleich 1.

In das Dauerfestigkeits-Schaubild des Werkstoffs (Abb. 129) ist ein berechneter Nennspannungszustand σ_n (Schwellzugbeanspruchung mit Vorspannung) mit der Unterspannung σ_u und der Oberspannung σ_o eingezeichnet.

Verbindet man die Ordinatenpunkte 1 und 2 der Nennspannungswerte mit dem 0-Punkt des Schaubildes und bringt die Strahlen bei 1'' und 2'' zum Schnitt

mit dem Dauerfestigkeits-Schaubild, dann erhält man die entsprechende prüfmäßige Dauerfestigkeit σ_D des Werkstoffs mit der Unterspannung σ_U und der
Oberspannung σ_O. Die Nutzdauerfestigkeit σ_N ist mit den Spannungswerten
σ_{UN} und σ_{ON} ebenfalls eingezeichnet.

Da ähnliche Spannungszustände vorliegen, ist:

$$\frac{\sigma_m}{\sigma_o} = \frac{\sigma_{mN}}{\sigma_{ON}} = \frac{\sigma_M}{\sigma_O}.$$

Sicherheit und zulässige Spannungen. *1. Sicherheit.* Bei der Sicherheit ist zu
unterscheiden zwischen der Sicherheit bei beliebig langer Haltbarkeit (Dauerhaltbarkeit) und der Sicherheit bei
begrenzter Haltbarkeit (Berechnung auf Zeitfestigkeit).

Bei der Berechnung auf
Dauerfestigkeit (Summenkurve a in Abb. 130) muß die betriebsmäßige Oberspannung σ_o
bzw. ϱ_o einen genügend großen Sicherheitsabstand SA von
der Nutzdauerfestigkeit, Ober-
spannung σ_{ON} bzw. ϱ_{ON} haben.

Wird das Bauteil auf Zeitfestigkeit (Summenkurve b in
Abb. 130) berechnet, dann ist
noch das Verhältnis v_N der
Bruchlastspielzahl N_B zur betriebsmäßigen Lastspielzahl N'_B
maßgebend, das den zulässigen
Wert nicht überschreiten soll.

In das Dauerfestigkeits-
Schaubild für Zug–Druck
(Abb. 131) sind die betriebsmäßige Spannung (Nennspan-
nung) σ_n, die Nutzdauerfestigkeit σ_N und die Dauerfestig-

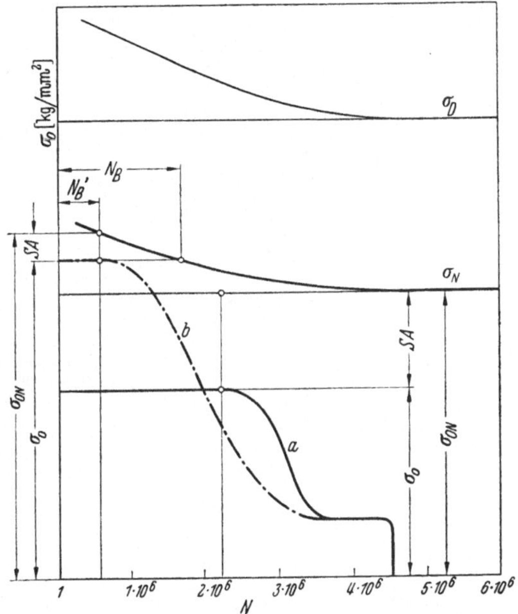

Abb. 130. Begriff der Sicherheit bei der Berechnung auf Dauerfestigkeit (Summenkurve a) und der Berechnung auf Zeitfestigkeit (Summenkurve b)

keit σ_D für wechselnde Beanspruchung mit positiver Vorspannung σ_m eingetragen. Das die Sicherheit ausdrückende Spannungsverhältnis ist für die Anschlußfestigkeit

$$v_{vorh} = \frac{\sigma_{ON}}{\sigma_o} = \frac{b_2 \cdot b_3 \cdots \sigma_o}{\sigma_o}.$$

Für die Nahtfestigkeit ist die vorhandene Sicherheit

$$v_{vorh} = \frac{\varrho_{ON}}{\varrho_o} = \frac{b_1 \cdot b_2 \cdot b_3 \cdots \sigma_o}{\varrho_o}.$$

Beiwerte b_1, b_2, b_3 siehe S. 77ff.

Für die Größe des erforderlichen Sicherheitswertes (v_{erf}) lassen sich keine all-
gemeingültigen Werte angeben. Die Sicherheit ist daher von Fall zu Fall entsprechend der betriebsmäßigen Beanspruchung des Bauteils festzulegen.

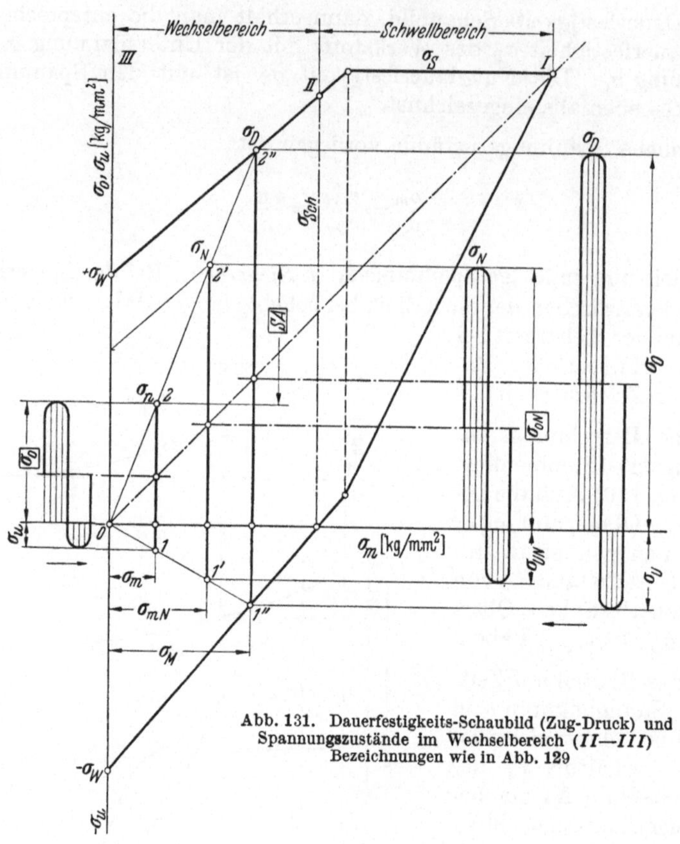

Abb. 131. Dauerfestigkeits-Schaubild (Zug-Druck) und
Spannungszustände im Wechselbereich ($II—III$)
Bezeichnungen wie in Abb. 129

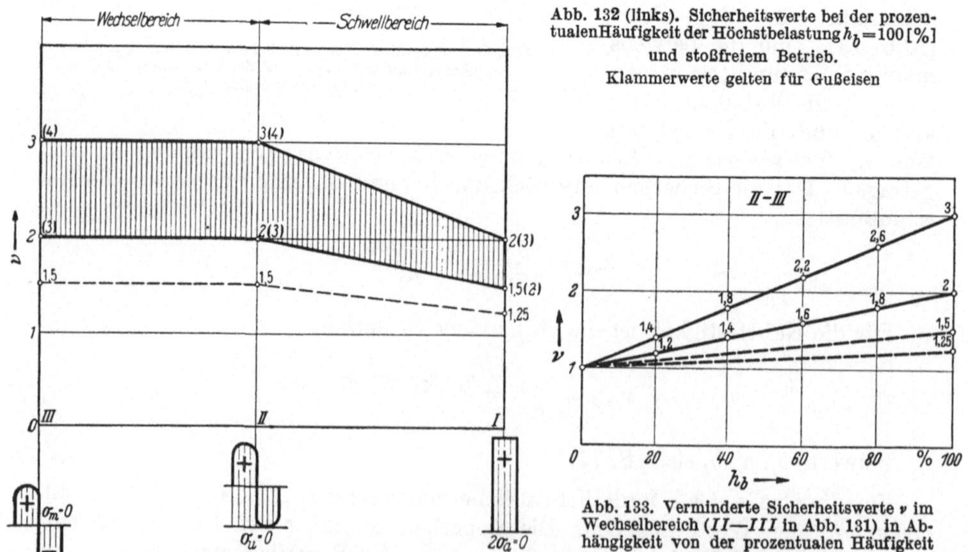

Abb. 132 (links). Sicherheitswerte bei der prozentualen Häufigkeit der Höchstbelastung $h_b = 100\,[\%]$
und stoßfreiem Betrieb.
Klammerwerte gelten für Gußeisen

Abb. 133. Verminderte Sicherheitswerte ν im
Wechselbereich ($II—III$ in Abb. 131) in Abhängigkeit von der prozentualen Häufigkeit
der Höchstlast $h_b\,[\%]$

Die in Abb. 132 gegebenen Werte gelten für normalen stoßfreien Betrieb. Im Belastungsfall I ist die erforderliche Sicherheit zu $v_{erf} = 1{,}5 \cdots 2$ angenommen.

Bei schwingender Beanspruchung und der prozentualen Häufigkeit der Höchstlast $h_b = 100\%$ kann $v_{erf} = 2 \cdots 3$ gesetzt werden. Liegt die Höhe der Beanspruchung einwandfrei fest und sind alle Gefahreneinflüsse erfaßbar, dann kann man mit der Sicherheit ausnahmsweise bis zu der gestrichelten Linie in Abb. 132 herabgehen.

Da die v-Werte in Abb. 132 bei schwingender Beanspruchung für die prozentuale Häufigkeit der Höchstlast $h_b = 100\%$ gelten, kann die erforderliche Sicherheit mit abnehmender prozentualer Häufigkeit gesenkt

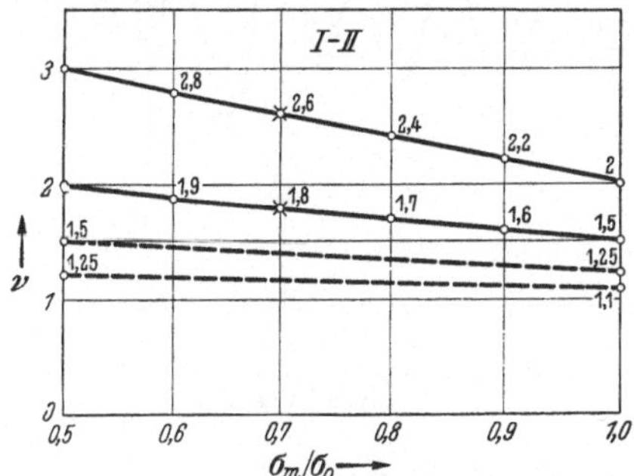

Abb. 134. v-Werte für $h_b = 100$ [%] im Schwellbereich (I—II in Abb. 131) in Abhängigkeit von dem Verhältnis σ_m/σ_0

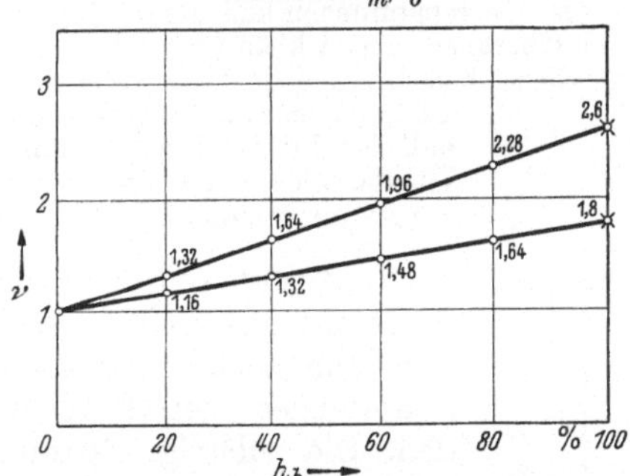

Abb. 135. Verminderte v-Werte für das Verhältnis $\sigma_m/\sigma_0 = 0{,}7$ und $v = 1{,}8$ bzw. 2,6

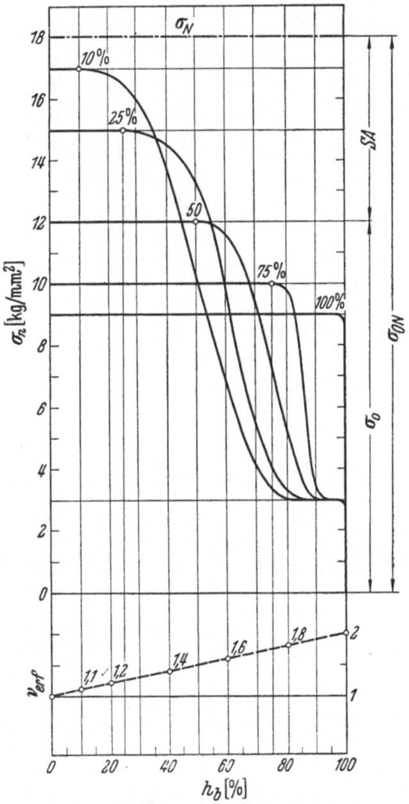

Abb. 136. Summenkurven der Nennspannung σ_n in Abhängigkeit von der prozentualen Häufigkeit h_b [%] $= 10$ bis 100%

σ_N Nutzdauerfestigkeit; SA Sicherheitsabstand; v_{erf} erforderliche Sicherheitswerte

werden. Dies ermöglicht eine schwächere Bemessung des Bauteils und einen geringeren Werkstoffaufwand.

Abb. 133 gibt die verminderten v-Werte im Wechselbereich ($II \cdots III$ in Abb. 131) in Abhängigkeit von der prozentualen Häufigkeit der Höchstlast h_b [%]. Die Abbildung zeigt, daß man bei kleiner Belastungshäufigkeit nahe an die Gefahrengrenze herangehen bzw. mit kleinen Sicherheitswerten (nahe bei 1) rechnen kann.

Für den Schwellbereich ($I \cdots II$ in Abb. 131) sind die v-Werte für $h_b = 100\%$ in Abb. 134 in Abhängigkeit von dem Verhältnis σ_m/σ_0 dargestellt. Bei kleinerer Belastungshäufigkeit sind diese v-Werte für das jeweils vorliegende Verhältnis σ_m/σ_0 umzurechnen.

Abb. 135 gibt z. B. die verminderten v-Werte für das Verhältnis $\sigma_m/\sigma_0 = 0{,}7$ und $v = 1{,}8$ bzw. 2,6 wieder.

In Abb. 136 sind die Summenkurven der Nennspannungen σ_n von Stumpfnähten (Anschlußwerte) bei unterschiedlicher prozentualer Häufigkeit h_b (%) der

Höchstlast aufgetragen; Beanspruchungsart: Reine Schwellzugfestigkeit ($\sigma_u = 0$). Werkstoff: St 37. Bei $h_b = 100\%$ ist die erforderliche Sicherheit gegen die Nutzdauerfestigkeit σ_N zu $v_{erf} = 2$ angenommen (Abb. 136 unten). Mit abnehmender Belastungshäufigkeit kann der Sicherheitswert vermindert werden. Hierdurch wird die zulässige Spannung höher und das Bauteil kann schwächer bemessen werden.

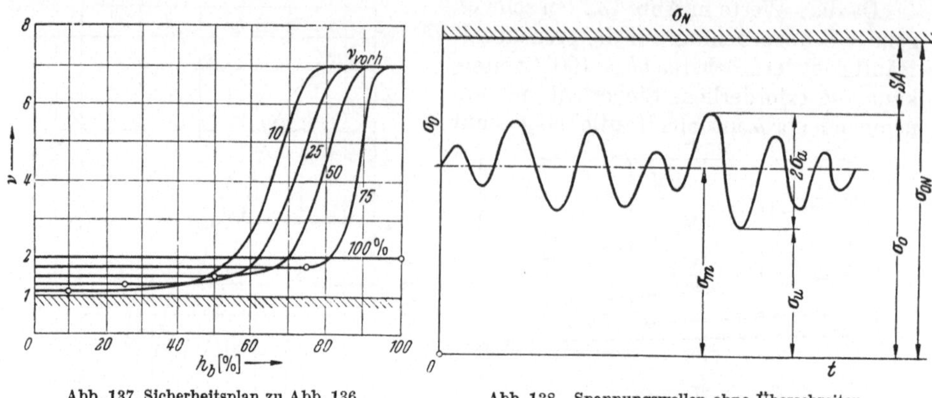

Abb. 137. Sicherheitsplan zu Abb. 136

Abb. 138. Spannungswellen ohne Überschreiten der Nutzdauerfestigkeit σ_N

Abb. 137 gibt den Sicherheitsplan zu Abb. 136.

In Abb. 138 haben die größten Spannungswellen den Sicherheitsabstand SA von der Nutzdauerfestigkeit σ_N. In Abb. 139 dagegen treten Überspannungen auf, die die Gefahrengrenze überschreiten. Ist die Lastspielzahl dieser Überspannungen klein (unter $h_b = 10\%$), dann kann die Summenkurve die Nutzdauerfestigkeit überschreiten, da Dauerversuche mit Überlast (s. S. 26) ergeben haben, daß bei kleiner Lastspielzahl der Überlast eine Schädiguug des Werkstoffes nicht eintritt.

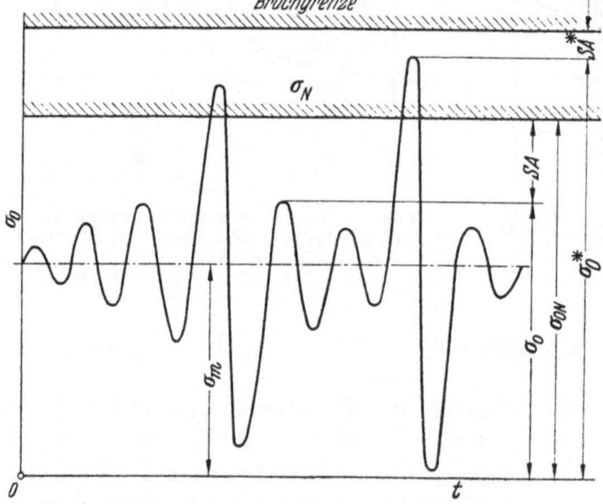

Abb. 139. Spannungswellen mit Überspannungen

2. Zulässige Spannungen.

Statt mit den Sicherheitswerten kann auch mit zulässigen Spannungen gerechnet werden. Die zulässige Spannung wird der Nennspannung, s. S. 74, gegenübergestellt und muß von Fall zu Fall bestimmt werden.

a) Werkstoffquerschnitt. Die zulässigen Spannungen für den ungeschwächten Werkstoffquerschnitt lassen sich mit den Dauerfestigkeits-Schaubildern aufstellen. Abb. 140 gibt als Beispiel die zulässigen Spannungen für den St 37 bei Zug-Druck. Im Belastungsfall I ist die Sicherheit zu $v_{erf} = 1{,}5$ bis 2 angenommen und es ist $\sigma_{zul} = \dfrac{\sigma_S}{v_{erf}}$ [kg/mm²]. Die Werte im Wechselbereich sind in Abb. 140 mit $v_{erf} = 2 \cdots 3$ berechnet und gelten für eine prozentuale Häufigkeit der Höchstlast $h_b = 100\%$. Bei kleinerer prozentualer Häufigkeit können sie entsprechend erhöht werden.

In gleicher Weise lassen sich auch die zulässigen Spannungen für Biegung und Verdrehung, sowie für andere Werkstoffe (z. B. St 52) aufstellen.

b) **Nahtquerschnitt.** Die zulässige Spannung ist

$$\varrho_{zul} = \frac{\varrho_{ON}}{v_{erf}} = \frac{b_1 \cdot b_2 \cdot b_3 \cdots \sigma_0}{v_{erf}} \quad [\text{kg/mm}^2].$$

Berechnung der Nutzdauerfestigkeit (Oberspannung) ϱ_{ON} nach den Angaben S. 77 ff. Erforderliche Sicherheit v_{erf} s. S. 83 ff.

c) **Anschlußquerschnitt.** Der unmittelbar neben der Naht gelegene Querschnitt bzw. der Querschnitt eines Stabes an den Enden von Flankennähten ist durch die dort auftretende Kerbwirkung geschwächt. Zulässige Spannung

$$\sigma_{zul} = \frac{\sigma_{ON}}{v_{erf}} = \frac{b_2 \cdot b_3 \cdots \sigma_0}{v_{erf}} \quad [\text{kg/mm}^2].$$

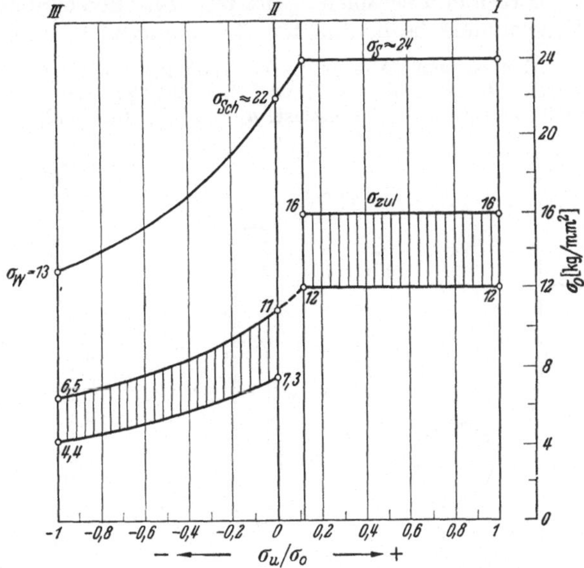

Abb. 140. Zulässige Spannungen σ_{zul} bei St 37 (Zug-Druck) in Abhängigkeit von dem Verhältnis σ_u/σ_o

Berechnung der Nutzdauerfestigkeit σ_{ON} s. S. 77 ff. Erforderliche Sicherheitswerte s. S. 83 ff.

In das Dauerfestigkeits-Schaubild des St 37, Zug–Druck (Abb. 141), sind die zulässigen Spannungen für den Wechselbereich (*II—III* in Abb. 131) und die prozentuale Häufigkeit der Höchstlast $h_b = 100\%$ eingetragen. *a* Festigkeit des Werkstoffs; *b* zulässige Spannung des Werkstoffs; *c* desgl. der Stumpfnaht mit Wurzelverschweißung; *d* desgl. der Flankenkehlnähte; *e* desgl. der Stirnkehlnähte (Flachnähte).

Ebenso wie beim Werkstoffquerschnitt muß die zulässige Spannung des Naht- und des Anschlußquerschnittes von Fall zu Fall bestimmt werden.

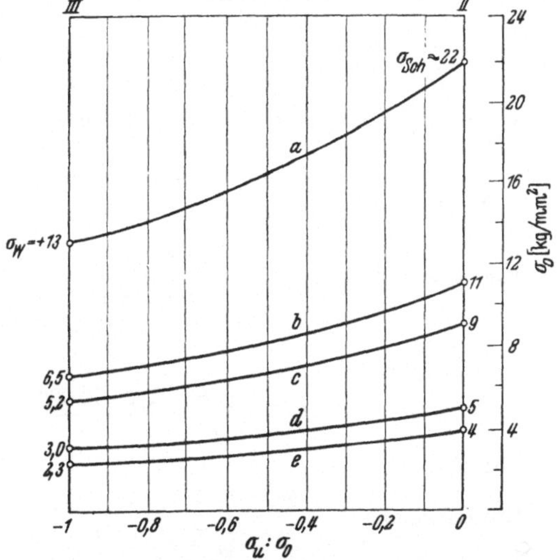

Abb. 141. Zulässige Spannungen der Schweißnähte im Wechselbereich (Anschlußfestigkeit) in Abhängigkeit von dem Verhältnis σ_u/σ_o. Werkstoff: St 37 (Zug-Druck)

Die Berechnung auf Dauerfestigkeit kann mit den Sicherheitswerten (s. S. 84/5) oder mit den zulässigen Spannungen durchgeführt werden. Im allgemeinen wird man es vorziehen, mit Sicherheitswerten zu rechnen, wobei die erforderliche Sicherheit v_{erf} der vorhandenen Sicherheit v_{vorh} gegenüber gestellt wird.

In den folgenden Beispielen wird allgemein mit kg/cm² gerechnet. Die in den Dauerfestigkeits-Schaubildern (Abb. 26—33) mit kg/mm² angegebenen Festigkeitswerte sind daher in kg/cm² einzusetzen.

Berechnungsbeispiele. *Beispiel 13.* Berechnung eines auf Schwellzug mit Vorspannung beanspruchten Gelenkauges. Werkstoff: St 37.

Abmessungen (Abb. 142): $b = 120$ mm; $s = 15$ mm. Nahtart: V-Naht mit Wurzelverschweißung. Ruhende Kraft: $P_r = 3600$ kg; Schwellzugkraft: $P = 10000$ kg. Prozentuale Häufigkeit der Höchstlast: $h_b = 100\%$. Stoßzahl: $\varphi = 1,2$.

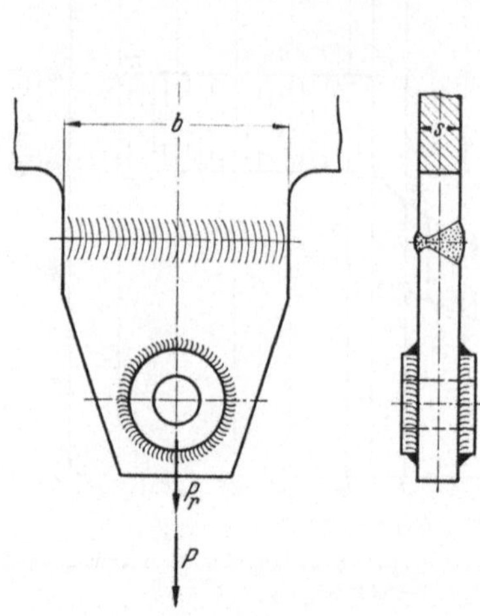

Abb. 142. Schweißanschluß eines Gelenkauges

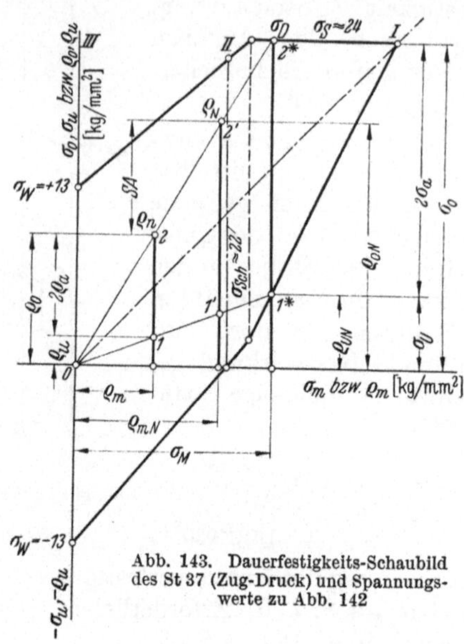

Abb. 143. Dauerfestigkeits-Schaubild des St 37 (Zug-Druck) und Spannungswerte zu Abb. 142

1. **Angriff.** Beanspruchungsart: Schwellzug mit Vorspannung.

$$\text{Ruhende Kraft: } P_r = 3600 \text{ kg;}$$
$$\text{Schwellzugkraft: } P = 10000 \text{ kg.}$$

2. **Nennspannungen.** Schweißquerschnitt:

$$F_{Schw} = b\, s = 12 \cdot 1,5 = 18 \text{ cm}^2 \; ;$$

Unterspannung:

$$\varrho_u = \frac{P_r}{F} = \frac{3600}{18} = 200 \text{ kg/cm}^2 \; ;$$

Schwingungsbreite:

$$2\,\varrho_a = \frac{\varphi\,P}{F} = \frac{1,2 \cdot 10\,000}{18} \approx 670 \text{ kg/cm}^2 \; ;$$

Oberspannung:

$$\varrho_o = \varrho_u + 2\,\varrho_a = 200 + 670 = 870 \text{ kg/cm}^2 \; ;$$

Mittelspannung:

$$\varrho_m = \frac{\varrho_o + \varrho_u}{2} = \frac{870 + 200}{2} \approx 535 \text{ kg/cm}^2 \; .$$

Die Nennspannungen sind in das Dauerfestigkeits-Schaubild des Werkstoffs (Abb. 143) in kg/mm² eingetragen.

3. **Nutzdauerfestigkeit.** Durch Verbinden der Ordinatenpunkte 1 und 2 von ϱ_n mit dem 0-Punkt und Verlängern der Strahlen bis zum Schnitt des Schaubildes wird die ähnliche Werkstoff-Festigkeit σ_D (σ_U und σ_O) erhalten.

Nutzdauerfestigkeit der Schweißnaht (Oberspannung);

$$\varrho_{ON} = b_1 \cdot b_2 \cdot b_3 \cdot \sigma_O \quad [\text{kg/cm}^2] \; .$$

Für Güte I ist der Beiwert $b_1 = 1$.

Für $\dfrac{\varrho_m}{\varrho_0} = \dfrac{535}{870} = 0{,}615$ ist der Formwert

$$b_2 = \frac{1}{\beta_{SN}} = \frac{1}{1{,}2} = 0{,}83 \qquad \text{mit } \beta \text{ aus Abb. 124 (unbearbeitete Stumpfnaht).}$$

Der Größenbeiwert b_3 ist $= 1$.

Dauerfestigkeit des Grundwerkstoffes (Abb. 143) $\sigma_O = \sigma_S = 24 \text{ kg/mm}^2$.

$$\varrho_{ON} = 1 \cdot 0{,}83 \cdot 1 \cdot 2400 = 1990 \text{ kg/cm}^2 .$$

Die Nutzdauerfestigkeit ist in das Schaubild Abb. 143 eingetragen.

4. Sicherheit. Vorhandene Sicherheit:

$$\nu_{vorh} = \frac{\varrho_{ON}}{\varrho_0} = \frac{1990}{870} = 2{,}3 .$$

Nach Abb. 134 S. 85 ist die erforderliche Sicherheit

$$\nu_{erf} = 1{,}9 \text{ bis } 2{,}8 \qquad \text{für } \varrho_m/\varrho_0 = 0{,}6 .$$

Rechnet man mit der zulässigen Spannung (s. S. 87), dann ist

$$\varrho_{zul} = \frac{b_1 \cdot b_2 \cdot b_3 \cdot \sigma_O}{\nu_{erf}} = \frac{1 \cdot 0{,}83 \cdot 1 \cdot 2400}{1{,}9} = 1050 \text{ kg/cm}^2 \qquad (\text{mit } \nu_{erf} \text{ aus Abb. 134}) .$$

Vorhandene Nennspannung (Oberspannung): $\varrho_0 = 870 \text{ kg/cm}^2$.

Beispiel 14. Berechnung eines auf Biegeschwellfestigkeit beanspruchten Tragarmes (Abb. 144).

Abmessungen. Ausladung: $a = 600$ mm; Stegblechhöhe: $h_s = 350$ mm; Stegblechdicke: $s = 10$ mm; Breite der Gurtplatte: $b_1 = 180$ mm; Dicke: $s_1 = 15$ mm; Dicke der Wandplatte: $s_2 = 25$ mm; Dicke der Arbeitsleisten $s_3 = 8$ mm. Werkstoff: St 37.

Der Tragarm ist durch Kehlnähte an die Wandplatte angeschlossen. Dicke der Kehlnähte: $a = 5$ mm ang.

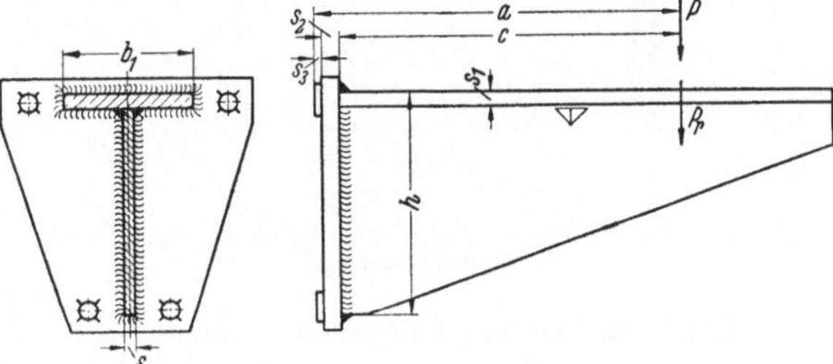

Abb. 144. An eine IP-Stütze angeschraubter Tragarm (Abmessungen)

Belastungen. Ruhende Kraft: $P_r = 2000$ kg; Schwellkraft: $P = 835$ kg.

Prozentuale Häufigkeit des Größtwertes der Schwellkraft: $h_b = 100\%$. Stoßzahl: $\varphi = 1{,}2$.

a) Schweißquerschnitt.

1. Angriff. Biegemomente:

$$M_g = P_r\, c = 2000 \cdot 56{,}7 \approx 113400 \text{ kgcm} ;$$
$$M_p = P\, c = 835 \cdot 56{,}7 \approx 47300 \text{ kgcm} .$$

2. Nennspannungen.

Abstände von der neutralen Faser: $e_1 = 134$ mm; $e_2 = 241$ mm; Querschnittshöhe:

$$h + 2\,a = 365 + 2 \cdot 5 = 375 \text{ mm} .$$

Trägheitsmoment:

$$J_x \approx 8360 \text{ cm}^4 .$$

Widerstandsmomente:

$$W_I \approx 625 \text{ cm}^3 ; \quad W_{II} \approx 350 \text{ cm}^3 .$$

Querschnittsfläche:

$$F \approx 55 \text{ cm}^2 .$$

Unter Vernachlässigung der noch auftretenden Schubspannungen sind die *Biegespannungen*:

Stelle I (Abb. 145), Zug.

Unterspannung:

$$\varrho_{u1} = \frac{M_g}{W_I} = \frac{113400}{625} \approx 180 \text{ kg/cm}^2 .$$

Schwingungsbreite:

$$2\,\varrho_{a1} = \frac{\varphi M_p}{W_I} = \frac{1{,}2 \cdot 47300}{625} \approx 90 \text{ kg/cm}^2 .$$

Oberspannung: $\varrho_{o1} = \varrho_{u1} + 2\,\varrho_{a1} = 180 + 90 = 270 \text{ kg/cm}^2 .$

Stelle II, Druck.

$$\text{Unterspannung: } \varrho_{u2} = \frac{M_g}{W_{II}} = \frac{113400}{350} \approx -325 \text{ kg/cm}^2 ;$$

Schwingungsbreite:

$$2\,\varrho_{a2} = \frac{\varphi M_p}{W_{II}} = \frac{1{,}2 \cdot 47300}{350} \approx -162 \text{ kg/cm}^2 ;$$

Oberspannung: $\varrho_{o2} = \varrho_{u2} + 2\,\varrho_{a2} = -325 - 162 = -487 \text{ kg/cm}^2 .$

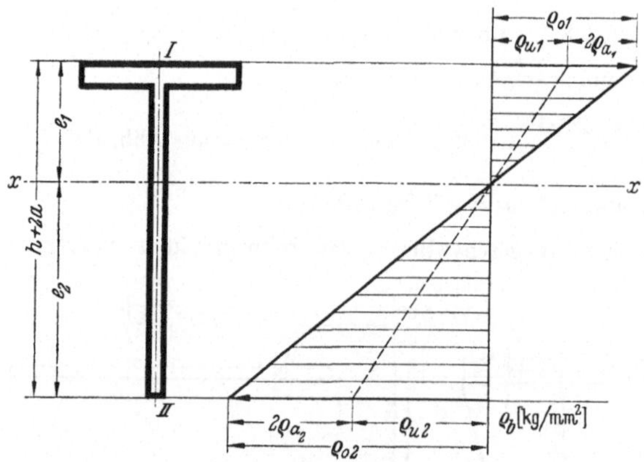

Abb. 145. Schweißquerschnitt zu Abb. 144 und Biegespannungen im Schweißquerschnitt

Die Spannungswerte sind in Abb. 145 zeichnerisch dargestellt.

3. **Nutzdauerfestigkeit (Oberspannung).**

Stelle I (Zug): $\varrho_{ON} = b_1 \times b_2 \cdot b_3 \cdot \sigma_O$ [kg/cm²].

Schweißgüte (Güte I), Beiwert: $b_1 = 1$. Beiwert für die Nahtform und Belastungsart (s. S. 81) $b_2 \approx 0{,}6$; Beiwert für den Größeneinfluß $b_3 = 1$. Die der Nennspannung ähnliche Werkstoff-Festigkeit (Oberspannung) ist die Streckgrenze $\sigma_S = 2400$ kg/cm². Nutzdauerfestigkeit (Oberspannung):

$$\varrho_{ON} = 1 \cdot 0{,}6 \cdot 1 \cdot 2400$$
$$= 1440 \text{ kg/cm}^2 .$$

Stelle II (Druck): Mit der Quetschgrenze $\sigma_{-S} \approx 2800$ kg/cm² wird

$$\varrho_{ON} = 1 \cdot 0{,}6 \cdot 1 \cdot 2800 = 1680 \text{ kg/cm}^2 .$$

4. **Sicherheit.** Vorhandene Sicherheiten:

$$\text{Stelle } I \text{ (Zug): } \nu_{vorh} = \frac{\varrho_{ON}}{\varrho_{o1}} = \frac{1440}{270} = 5{,}3 ;$$

$$\text{Stelle } II \text{ (Druck): } \nu_{vorh} = \frac{\varrho_{ON}}{\varrho_{o2}} = \frac{1680}{487} = 3{,}5 .$$

Erforderliche Sicherheit bei der prozentualen Häufigkeit $h_b = 100\%$ (s. S. 84): $\nu_{erf} = 2\cdots3$.

b) **Anschlußquerschnitt.**

1. **Angriff.** Biegemomente:

$$M_g = P_r\,c_1 = 2000 \cdot 56 \approx 112000 \text{ kgcm} ;$$
$$M_p = P\,c_1 = 835 \cdot 56 \approx 46700 \text{ kgcm} .$$

2. **Nennspannungen.** Durchführung der Berechnung nur für die Zugfaser.

Faserabstand: $e_1 = 111$ mm; Trägheitsmoment: $J_x \approx 8600$ cm⁴; Widerstandsmoment $W_1 \approx 775$ cm³. Unter Vernachlässigung der Schubspannungen sind die Biegespannungen an Stelle I

$$\sigma_u = \frac{M_g}{W_1} = \frac{112000}{775} \approx 145 \text{ kg/cm}^2 .$$

$$\text{Schwingungsbreite: } 2\,\sigma_a = \frac{\varphi M_p}{W_1} = \frac{1{,}2 \cdot 46700}{775} \approx 72 \text{ kg/cm}^2 ;$$

Oberspannung: $\sigma_o = \sigma_u + 2\,\sigma_a = 145 + 72 = 217 \text{ kg/cm}^2 .$

3. Nutzdauerfestigkeit (Oberspannung).

$$\sigma_{ON} = b_2 \cdot b_3 \cdot \sigma_O = 0,7 \cdot 1 \cdot 2400 = 1680 \text{ kg/cm}^2 .$$

4. Sicherheit. Vorhandene Sicherheit

$$v_{vorh} = \frac{\sigma_{ON}}{\sigma_0} = \frac{1680}{217} = 7,7 .$$

Erforderliche Sicherheit bei $h_b = 100\%$ (s. S. 84)

$$v_{erf} = 2 \cdots 3 .$$

Beispiel 15. Berechnung eines auf Biegeschwellfestigkeit beanspruchten Schweißanschlusses einer Federkonsole.

Abmessungen (Abb. 146). Die Konsole
ist aus einem Stück Blech zugeschnitten, das
[-förmig abgekantet ist. Dicke der Schweißnähte (Kehlnähte): $a = 4$ mm ang.

Federdruck $P = 6000$ kg; prozentuale
Häufigkeit des größten Federdrucks:

$$h_b = 100\% ;$$

Stoßzahl: $\varphi = 1,2$. Werkstoff: St 37.

1. **Angriff.** Beanspruchungsart: Biegeschwellfestigkeit. Abstand der Kraft vom
Stegblech: $x = 70$ mm. Biegemoment:

$$M_b = P\,x = 6000 \cdot 7 = 42\,000 \text{ kgcm} .$$

Bei dem kleinen Abstand x wird die Querkraft $Q = P = 6000$ kg berücksichtigt.

2. **Nennspannungen.** Es genügt, den
Schweißquerschnitt (Abb. 147) zu berechnen, da der Anschlußquerschnitt stärker und

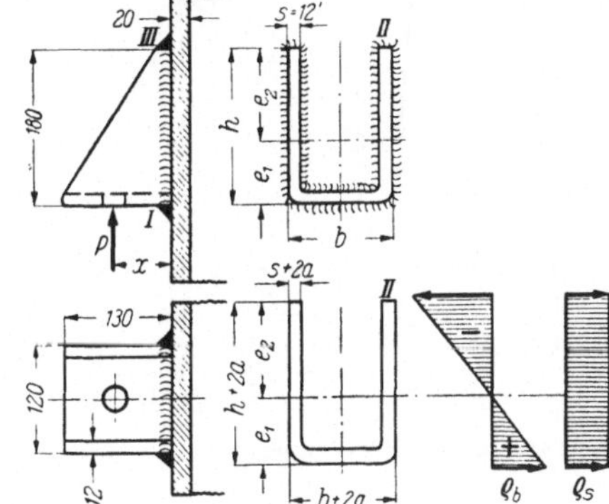

Abb. 146. Schweißanschluß einer Federkonsole.
Abb. 147. Schweißquerschnitt;
Abb. 148. Spannungen im Schweißquerschnitt;

entsprechend niedriger beansprucht ist. Faserabstände des *Schweißquerschnittes* (Abb. 147)
$e_1 = 78$ mm; $e_2 = 112$ mm;

Querschnittsfläche: $F \approx 50$ cm²; Trägheitsmoment: $J_x \approx 1916$ cm⁴; Widerstandsmomente: $W_1 \approx 240$ cm³; $W_2 \approx 170$ cm³.

Biegespannungen:

$$\text{Unten: } \varrho_{b_1} = \frac{\varphi M_b}{W_1} = \frac{1,2 \cdot 42\,000}{240} \approx + 210 \text{ kg/cm}^2 ; \quad \text{(Zug)}$$

$$\text{Oben: } \varrho_{b_2} = \frac{\varphi M_b}{W_2} = \frac{1,2 \cdot 42\,000}{170} \approx - 300 \text{ kg/cm}^2 . \quad \text{(Druck)}$$

Schubspannung:

$$\varrho_s = \frac{\varphi Q}{F} = \frac{1,2 \cdot 6000}{50} \approx 145 \text{ kg/cm}^2 .$$

Spannungsverteilung s. Abb. 148. Vergleichspannung (unten):

$$\varrho_V = \sqrt{\varrho_{b_1}^2 + \varrho_s^2} = \sqrt{210^2 + 145^2} \approx 256 \text{ kg/cm}^2 .$$

3. Nutzdauerfestigkeit (Oberspannung)

$$\varrho_{ON} = b_1 \cdot b_2 \cdot b_3 \cdot \sigma_O \ [\text{kg/cm}^2] .$$

Beiwert für die Schweißgüte (Güte I) $b_1 = 1$;
Beiwert für die Nahtform und Belastungsart (s. S. 81) $b_2 = 0,4$;
Beiwert für den Größeneinfluß $b_3 = 1$.
Schwellfestigkeit des St 37 (Zug), s. S. 26

$$\sigma_{Sch} = 2200 \text{ kg/cm}^2 ;$$
$$\varrho_{ON} = 1 \cdot 0,4 \cdot 1 \cdot 2200 = 880 \text{ kg/cm}^2 .$$

4. Sicherheit. Vorhandene Sicherheit

$$v_{vorh} = \frac{\varrho_{ON}}{\varrho_V} = \frac{880}{256} = 3,4 .$$

Erforderliche Sicherheit bei $h_b = 100\%$ (s. S. 84):

$$v_{erf} = 2 \cdots 3 .$$

Beispiel 16. Berechnung eines auf Drehschwellfestigkeit beanspruchten Schweißanschlusses (Abb. 149).

Abmessungen: Durchmesser der Welle: $d = 60$ mm; Hebelarmlänge: $l = 320$ mm. Der Hebel ist durch zwei Ringnähte (Rundnähte) an die Welle angeschlossen. Nahtdicke: $a = 5$ mm ang.

Hebelkraft: $P = 600$ kg; prozentuale Häufigkeit der größten Hebelkraft: $h_b = 100\%$; Stoßzahl: $\varphi = 1,2$. Werkstoff der Welle: St 50.11, des Hebels: St 37.

1. Angriff. Beanspruchungsart der Nähte: Drehschwellfestigkeit.

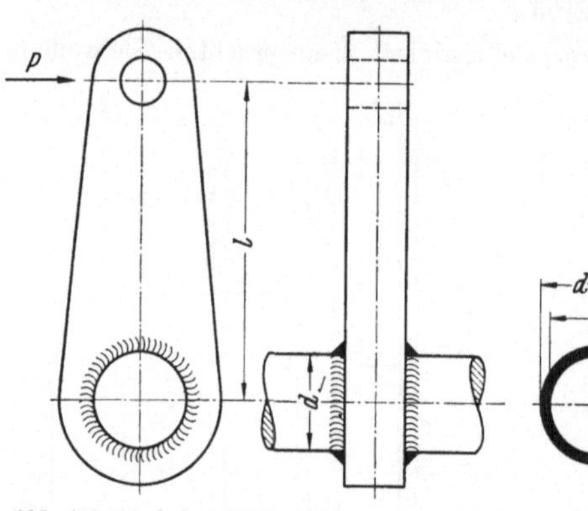

Drehmoment: $M_t = P\,l = 600 \cdot 32 = 19\,200$ kgcm.

2. Nennspannung. Polares Trägheitsmoment des Nahtquerschnittes (Abb. 150):

$$J_t = (d + 2\,a)^4\,\frac{\pi}{32} - d^4\,\frac{\pi}{32}$$

$$= (6 + 2 \cdot 0,5)^4\frac{\pi}{32} - 6^4\frac{\pi}{32} \approx 108\,\text{cm}^4.$$

Widerstandsmoment:

$$W_t = \frac{J_t}{r + a} = \frac{108}{3,5} \approx 31\,\text{cm}^3\,.$$

Schubspannung:

Abb. 149. Auf einer Welle aufgeschweißter Hebel

Abb. 150. Schweißquerschnitt

$$\varrho_t = \frac{\varphi M_t}{2\,W_t} = \frac{1,2 \cdot 19\,200}{2 \cdot 31} \approx 370\,\text{kg/cm}^2\,.$$

3. Nutzdauerfertigkeit (Oberspannung). Sie wird aus Abb. 81 zu

$$\varrho_{ON} = \varrho_{Sch} \approx 800\ \text{kg/cm}^2$$

entnommen.

4. Sicherheit. Vorhandene Sicherheit:

$$v_{erf} = \frac{\varrho_{ON}}{\varrho_t} = \frac{800}{370} \approx 2,2\,.$$

Erforderliche Sicherheit bei $h_b = 100\ \%$ (s. S. 84)

$$v_{erf} = 2 \cdots 3\,.$$

Beim Schweißen von St 50.11 ist Vorwärmen zu empfehlen.

Beispiel 17. Berechnung eines auf Biegeschwellfestigkeit beanspruchten Schweißanschlusses (Abb. 151).

Schweißanschluß des Gelenkauges zum Untersatz einer doppelten Backenbremse. *1* Untersatz; *2* Auge; *3* Bohrung zum unteren Bolzen des Backenhebels.

Bolzendruck: $P = 250$ kg. Werkstoff: St 37. Nahtdicke: $a = 5$ mm ang. Nahtlänge: $l = 80$ mm, $c = 27$ mm.

Prozentuale Häufigkeit des größten Bolzendrucks: $h_b = 100\%$; Stoßzahl: $\varphi = 1,5$.

Der Schweißanschluß ist auf Biegung und Schub beansprucht.

1. Angriff. Biegemoment:

$$M_b = P\,c = 250 \cdot 2,7 \approx 675\ \text{kgcm}\,.$$

Schubkraft: $P = 250$ kg.

2. Nennspannungen. Widerstandsmoment des Schweißquerschnittes:

$$W_{Schw} = 4\,a\,\frac{(l-2\,a)^2}{6} = 4 \cdot 0,5 \cdot \frac{(8-2 \cdot 0,5)^2}{6} \approx 16\ \text{cm}^3\,.$$

Biegespannung

$$\varrho_b = \frac{\varphi M_b}{W_{Schw}} = \frac{1,5 \cdot 675}{16} \approx 63\ \text{kg/cm}^2\,.$$

Querschnitt

$$F_{Schw} = 4\,a\,(l-2\,a) = 4 \cdot 0,5\,(8-2 \cdot 0,5) = 14\,\text{cm}^2\,.$$

Schubspannung

$$\varrho_s = \frac{\varphi P}{F_{Schw}} = \frac{1,5 \cdot 250}{14} \approx 27\ \text{kg/cm}^2\,.$$

Vergleichsspannung

$$\varrho_V = \sqrt{\varrho_b^2 + \varrho_s^2} = \sqrt{63^2 + 27^2} \approx 69\ \text{kg/cm}^2\,.$$

3. Nutzdauerfestigkeit (Oberspannung)

$$\varrho_{ON} = b_1 \cdot b_2 \cdot b_3 \cdot \sigma_O = 1 \cdot 0,6 \cdot 1 \cdot 2200 = 1320 \text{ kg/cm}^2 \,.$$

Beiwert für die Schweißgüte $b_1 = 1$;
Beiwert für Nahtform und Belastungsart $b_2 = 0,6$;
Beiwert für den Größeneinfluß $b_3 = 1$.
Schwellzugfestigkeit für St 37: $\sigma_O = \sigma_{Schw} = 2200 \text{ kg/cm}^2$.

4. Sicherheit. Vorhandene Sicherheit:

$$v_{vorh} = \frac{\varrho_{ON}}{\varrho_V} = \frac{1320}{69} \approx 19 \,.$$

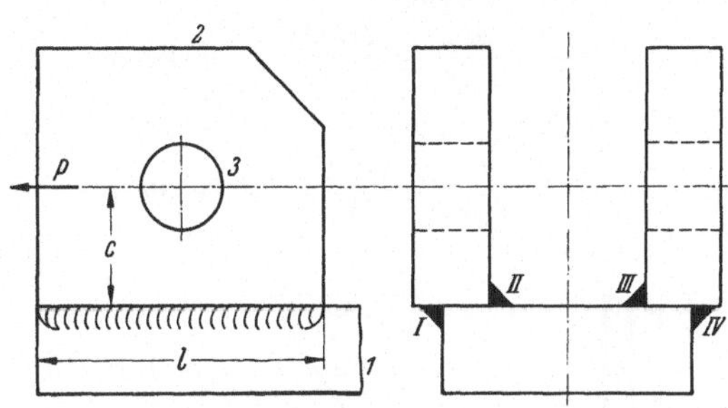

Abb. 151. Schweißanschluß des Gelenkauges zum Untersatz einer doppelten Backenbremse

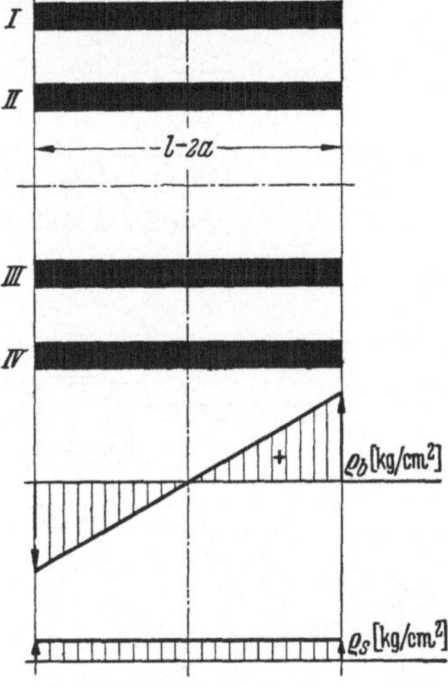

Abb. 152. Schweißquerschnitt zu Abb. 151; Nennspannungen im Schweißquerschnitt. ϱ_b Biegung; ϱ_s Schub

Erforderliche Sicherheit bei $h_b = 100\%$ (s. S. 84) $v_{erf} = 2\cdots3$. Der Schweißanschluß ist somit reichlich bemessen.

Beispiel 18. Berechnung der Ankerplatte zum Oberzapfen eines Wanddrehkranes (Abb. 153), Beanspruchung je nach Stellung des Auslegers auf Zug bzw. Schub und Biegung.
1 Zapfen; *2* Oberes Querlager.
Abmessungen: $c = 370 \text{ mm}$; $h = 400 \text{ mm}$; Blechdicke $s_1 = b = 15 \text{ mm}$; $s = 20 \text{ mm}$.
Nahtdicke: $a = 5 \text{ mm}$ ang.
Werkstoff: St 37.
Waagerechte Lagerkraft: $H = 6000 \text{ kg}$.
Betriebsart: Leichter Betrieb. Prozentuale Häufigkeit der größten Lagerkraft: $h_b = 20\%$;
Stoßzahl: $\varphi = 1,1$.
Berechnet wird der Nahtquerschnitt (Abb. 154).

a) Ausleger in Stellung *I* (Abb. 153).

Der Nahtquerschnitt ist auf Zug beansprucht.

1. Angriff. Zugkraft: $H = 6000 \text{ kg}$.

2. Nennspannung. Schweißquerschnitt:

$$F_{Schw} = (h + 2a) \cdot (b + 2a) - hb = (40 + 2 \cdot 0,5) \cdot (1,5 + 2 \cdot 0,5) - 40 \cdot 1,5 = 42,5 \text{ cm}^2.$$

Zugspannung:

$$\varrho_z = \varrho_0 = \frac{H}{F_{Schw}} = \frac{6000}{42,5} = 141 \text{ kg/cm}^2 \,.$$

3. Nutzdauerfestigkeit (Oberspannung)

$$\varrho_{ON} = \frac{b_1 \cdot b_2 \cdot b_3 \cdot \sigma_O}{\varphi} = \frac{1 \cdot 0,5 \cdot 1 \cdot 2200}{1,1} = 1000 \text{ kg/cm}^2 \,.$$

4. Sicherheit. Vorhandene Sicherheit:

$$v_{vorh} = \frac{\varrho_{ON}}{\varrho_0} = \frac{1000}{141} = 7,2 \,.$$

Erforderliche Sicherheit bei $h_b = 20\%$, $v_{erf} = 1,2\cdots1,4$.

b) Ausleger in Stellung II.
Beanspruchung des Nahtquerschnittes auf Biegung und Schub.

1. Angriff. Biegemoment:

$$M_b = H\,(c-s) = 6000\,(37-2) = 210\,000 \text{ kgcm.}$$

Schubkraft: $H = 6000$ kg.

2. Nennspannungen. Widerstandsmoment des Schweißquerschnittes

$$W_{Schw} = \frac{2}{(h+2\,a)}\left[(b+2\,a)\,\frac{(h+2\,a)^3}{12} - b\,\frac{h^3}{12}\right]$$

$$= \frac{2}{(40+2\cdot0,5)}\cdot\left[(1,5+2\cdot0,5)\,\frac{(40+2\cdot0,5)^3}{12} - 1,5\,\frac{40^3}{12}\right] \approx 300 \text{ cm}^3 ;$$

$$F_{Schw} = 2\cdot(h+2\,a)\cdot a = 2\cdot(40+2\cdot0,5)\cdot0,5 = 41 \text{ cm}^2 ;$$

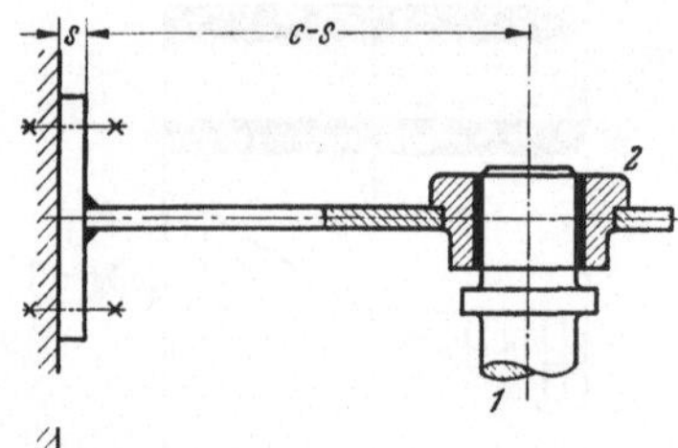

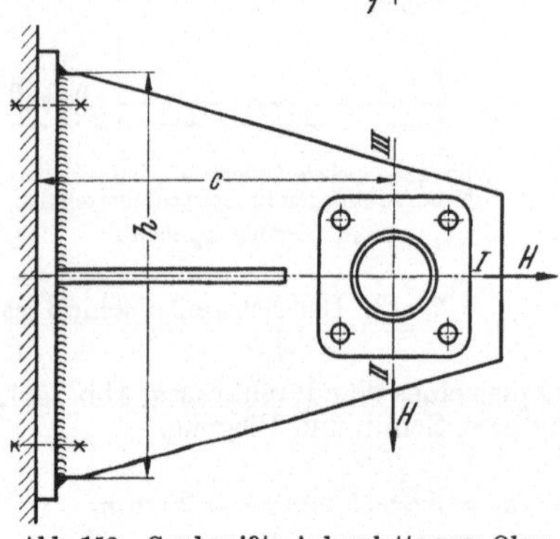

Abb. 153. Geschweißte Ankerplatte zum Oberzapfen eines Wanddrehkranes

Biegespannung

$$\varrho_b = \frac{M_b}{W_{Schw}} = \frac{210\,000}{300} = 700 \text{ kg/cm}^2 ;$$

Schubspannung

$$\varrho_s = \frac{H}{F_{Schw}} = \frac{6000}{41} = 146 \text{ kg/cm}^2 ;$$

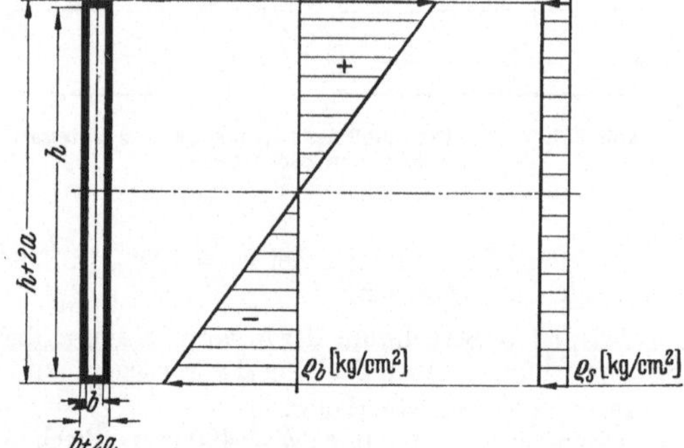

Abb. 154. Schweißquerschnitt und Nennspannungen

Vergleichsspannung

$$\varrho_v = \sqrt{\varrho_b^2 + \varrho_s^2} = \sqrt{700^2 + 146^2} = 715 \text{ kg/cm}^2 .$$

3. Nutzdauerfestigkeit (Oberspannung); s. unter a 3:

$$\varrho_{ON} = 1000 \text{ kg/cm}^2 .$$

4. Sicherheit. Vorhandene Sicherheit:

$$v_{vorh} = \frac{\varrho_{ON}}{\varrho_v} = \frac{1000}{715} = 1,4 .$$

Erforderliche Sicherheit bei $h_b = 20\%$

$$v_{erf} = 1,2\cdots1,4 .$$

Weitere Beispiele s. Abschn. III: Ausgeführte Konstruktionen.

Ermittlung der Nutzdauerfestigkeit durch Rechentafeln. Die Anwendbarkeit des oben beschriebenen Rechenverfahrens ist davon abhängig, daß mit den Beiwerten $b_1\ldots b_n$ die tatsächlich vorliegenden Verhältnisse sicher und richtig wiedergeben werden, so daß nicht eine Unsicherheit in der Rechnung durch die Wahl hoher Sicherheitsbeiwerte ausgeglichen werden muß. Bei der Übertragung der in den Beispielen 13 bis 18 durchgerechneten Fälle auf die jeweiligen betrieblichen Verhältnisse ist daher die Überprüfung der einzusetzenden Beiwerte in jedem Einzelfall dringend zu empfehlen.

Ausgehend von der Methode des Rechnens mit Beiwerten [34] wurde eine Rechentafel zusammengestellt [40], [41], [2], mit deren Hilfe die Zeit- oder Dauerfestigkeit der Schweißverbindung unter Berücksichtigung von Beiwerten für Nahtform, Eigenspannungen und Gestalt gefunden werden soll. Ihre Handhabung ist unter Tabelle 30 näher erläutert.

Tabelle 30. *Ermittlung der Zeit- und Dauerfestigkeit von Schweißverbindungen (aus [2])*

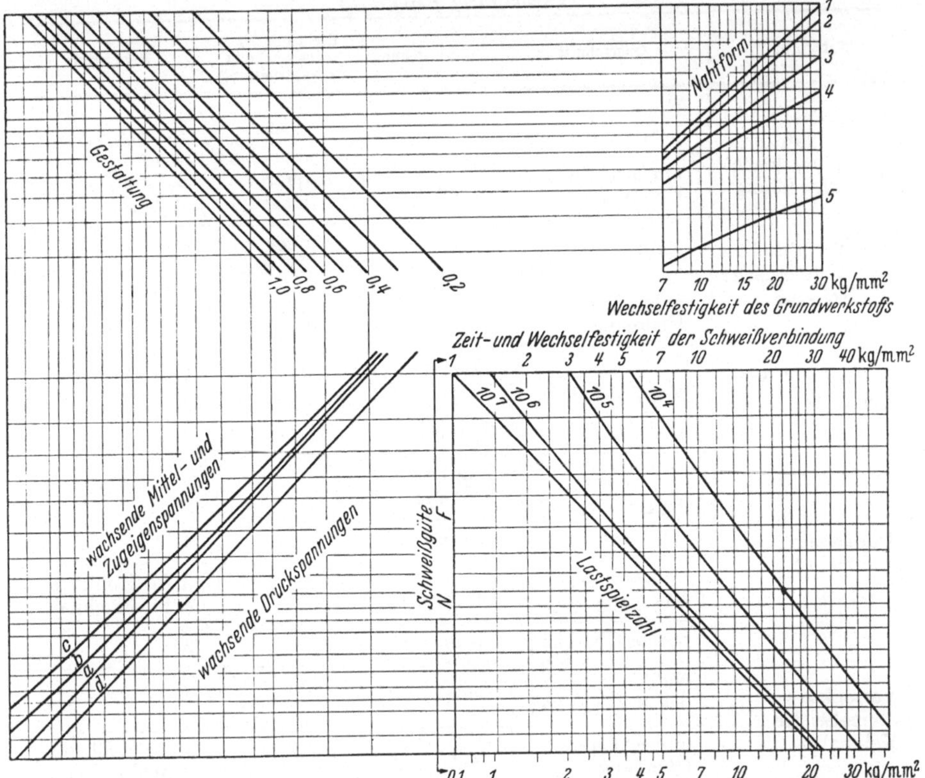

Man beginnt im rechten oberen Viertel der Tabelle an der bemaßten waagerechten Achse bei der Wechselfestigkeit des Grundwerkstoffes (Tabelle 31) und geht von hier aus senkrecht hoch bis zur Bezugslinie, die der Nahtform (Tabelle 32) entspricht. Vom Schnittpunkt dieser Senkrechten mit der Bezugslinie geht man waagerecht nach links in das obere Viertel der Tafel bis zum Schnittpunkt mit der Bezugslinie für den Gestaltbeiwert b_3 (Wert abschätzen, Anleitung in Tabelle 33). Von hier aus geht man senkrecht hinunter in das untere linke Viertel zum Schnittpunkt mit der Bezugslinie für Mittel- und Eigenspannungen (Auswahl Tabelle 34) und von dort aus waagerecht nach rechts ins rechte untere Viertel bis zum Schnittpunkt mit der Bezugslinie für die Lastspielzahl. Geht man von diesem Schnittpunkt senkrecht nach oben zur Maßstabachse, so erhält man die Zeit- oder Dauerfestigkeit der Schweißverbindung bei Schweißgüte F, geht man senkrecht nach unten, so erhält man die Zeit- oder Dauerfestigkeit bei Schweißgüte N.

Beispiel 19. Zug-Druck-, biege- oder verdrehwechselbeanspruchte Kehlnahtverbindungen [2].

1. **Übergangsquerschnitt.** Wird ein Blech oder ein Rundstab der Dicke s (bzw. Durchmesser s) an eine Platte (oder Flansch) mit einer Kehlnaht der Dicke a angeschweißt, so hängt der Kraftfluß und damit die Spannungsverteilung von dem Verhältnis a/s ab.

Man rechnet
bei Zug-Druckbeanspruchung das Verhältnis F_S/F_B
bei Biegebeanspruchung das Verhältnis W_{bS}/W_{bB}
bei Verdrehbeanspruchung das Verhältnis W_{dS}/W_{dB}
aus und liest aus dem Schaubild den zugehörigen Gestaltbeiwert ab.

Tabelle 31. *Mittlere Wechselfestigkeitswerte verschiedener Grundwerkstoffe*

Zugfestigkeit	Wechselfestigkeit		
	Zug-Druck	Biegung	Verdrehung (Schub)
σ_B kg/mm²	σ_{Wz} kg/mm²	σ_{Wb} kg/mm²	τ_W kg/mm²
37	± 13	± 16	± 11
52	± 18	± 21	± 14
70 bis 80	± 20	± 23	± 16

Tabelle 32. *Anleitung zur Auswahl der Bezugslinien für verschiedene Nahtformen*
(entspricht Beiwert b_1)

	Nahtform	Querschnitt	Beanspruchung	Richtung der Beanspruchung zur Nahtrichtung	Bezugslinie
Stumpfnähte	X-Naht V-Naht mit Wurzelnachschweißung	Naht bearb. Übergang	jede	jede	1
		unbearbeiteter Übergang	jede	quer längs	3 2
	V-Naht ohne Wurzelnachschweißung	Naht	jede	quer längs	4 3
		unbearbeiteter Übergang	jede	quer längs	3 2
Doppelte V-Naht mit Lücke		Naht	Zug-Druck Biegung	quer längs	5 4
			Schub	jede	4
Doppelseitige Kehlnaht*		Naht	Zug-Druck Biegung		5
			Schub		4
		unbearbeiteter Übergang	jede		3 für Hohlnaht 4 für Flachnaht
		bearb. Übergang	jede		2
Versenkte doppelseitige Kehlnaht		Naht bearb. Übergang	jede		2
		unbearbeiteter Übergang	jede		3 für Hohlnaht 4 für Flachnaht

* Bei einseitigen Kehlnähten sind die gleichen Bezugslinien zu verwenden, wegen der ungünstigen Kraftführung sind jedoch die Gesamtbeiwerte etwa auf das 0,5- bis 0,7fache gegenüber der doppelseitigen Kehlnaht zu vermindern.

Tabelle 33. *Anleitungen zur Auswahl des Gestaltbeiwertes b_3*

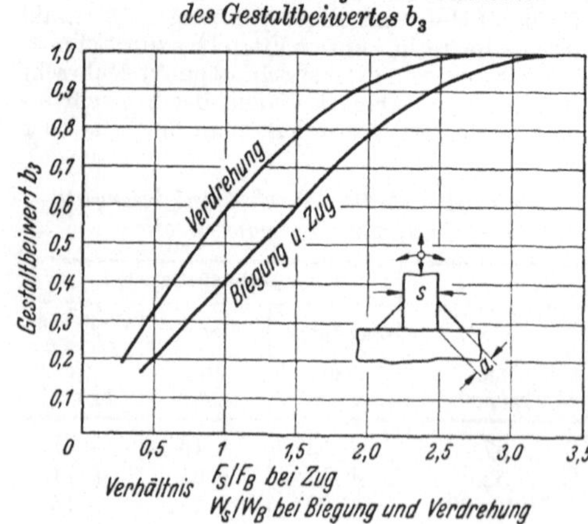

Tabelle 34. *Anleitung zur Auswahl der Bezugslinien für höhere Mittelspannungen und Eigenspannungen*

Mittelspannungen	Bezugslinie
0 (reine Wechselbeanspruchung)	a
σ_a bzw. τ_a (Schwellbeanspruchung)	b

Eigenspannungen	Bezugslinie
geringe natürliche Eigenspannungen	a
höhere natürliche Eigenspannungen sowie mittlere äußere Verspannung	b
sehr hohe natürliche Eigenspannungen und hohe äußere Verspannung	c
Druckeigenspannungen an Kerbstellen	d

Beim Zusammentreffen von Eigenspannungen und höheren Mittelspannungen werden entsprechend höhere Bezugspunkte gewählt.

Es bedeuten

$F_S = a \cdot l$ Querschnittsfläche der Schweißnaht

$F_B = s \cdot l$ (bzw. $\pi\,s^2/4$) Anschlußquerschnitt im Grundwerkstoff

W_{bS} Biege-Widerstandsmoment der Schweißnaht nach DIN 4100

W_{bB} Biege-Widerstandsmoment des Grundwerkstoffes

W_{dS} Verdreh-Widerstandsmoment der Schweißnaht

    $(= [s \pm 0,7\,a]^2\,\pi\,a/2$ für kreisrunde Kehlnähte an Wellen)

W_{dB} Verdreh-Widerstandsmoment des Grundwerkstoffes

2. **Nahtquerschnitt.** Für den Nahtquerschnitt kann der Gestaltbeiwert immer $b_3 = 1$ gesetzt werden, da der Einfluß der konstruktiven Anordnung im Vergleich zur sehr scharfen Wurzelkerbe, die schon bei der „Nahtform" berücksichtigt wird, gering ist.

Beispiel 20. Wechselbiegebeanspruchte Profilanschlüsse [2].

Bei Profilanschlüssen ist wegen der fehlenden versteifenden Wirkung des Steges die Spannungsverteilung über die Nahtlänge nicht mehr gleichmäßig. Die Dauerfestigkeit wird im Verhältnis der Mittelspannung zur Höchstspannung gemindert.

Ist $W_S/W_B \geq 3$, so gelten die angegebenen Gestaltbeiwerte. Sie gelten für Naht und Übergang.

Für $W_S/W_B < 3$, sind diese Beiwerte für den Übergang mit den entsprechenden Beiwerten aus Beispiel 19, Absatz 1, zu multiplizieren.

Beispiel 21. Laschenverbindung mit Flankenkehlnähten [2].

1. **Nahtquerschnitt.** Wegen der Spannungsspitzen an den Nahtenden ist der Gestaltbeiwert b_3 immer kleiner als 1. Bei kurzen Nähten ist er größer als bei langen Nähten.

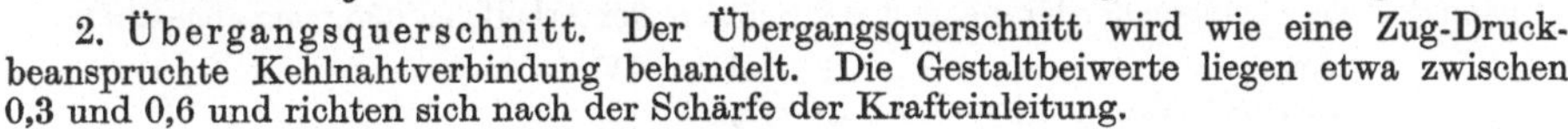

2. **Übergangsquerschnitt.** Der Übergangsquerschnitt wird wie eine Zug-Druck-beanspruchte Kehlnahtverbindung behandelt. Die Gestaltbeiwerte liegen etwa zwischen 0,3 und 0,6 und richten sich nach der Schärfe der Krafteinleitung.

5.2 Berechnungsgrundlagen für Stahltragwerke der Krane

5.21 Allgemeines

Vorschriften. Maßgebend für die Berechnung und bauliche Durchbildung sind die „Berechnungsgrundlagen für Stahlbauteile von Kranen und Kranbahnen" (DIN 120).

Diese Vorschriften sind z. Z. noch auf das Nieten eingestellt und enthalten keine Angaben für die Berechnung der Schweißverbindungen.

Die geschweißten Vollwandträger der Krane (s. S. 100) können bei allen vier Krangruppen (DIN 120 § 2) nach den „Vorschriften für geschweißte vollwandige Eisenbahnbrücken" DV 848 auf Dauerfestigkeit berechnet und betriebssicher bemessen werden.

Nach dem Reichsarbeitsblatt 1942 Nr. 17 S. I 279/81 [42] ist das Schweißen fachwerkartiger Krane der Gruppen I und II nach DIN 120 zugelassen und zwar unter Verschärfung der Überwachung der Schweißarbeiten nach den „Vorschriften für geschweißte vollwandige Eisenbahnbrücken". Krane der Gruppen III und IV (DIN 120) dürfen in Fachwerkausführung nicht geschweißt werden. Diese Anwendung gilt sinngemäß nur für die Anschlüsse der Füllungsstäbe der Träger und nicht für die Ausbildung der Gurtungen.

Das bisherige Normblatt DIN 120 befindet sich seit längerer Zeit in Neubearbeitung. Es ist vorgesehen, dieses Blatt in mehrere Einzelblätter aufzuteilen, und zwar in:

1. Berechnungsgrundsätze für Tragwerke
2. Tragwerke, bauliche Durchbildung
3. Standsicherheit von Kranen
4. Kranbahnen

Für die Standsicherheit wurde ein besonderes Normblatt entwickelt, nämlich DIN 15 019, weil dieser Teil aus DIN 120 aus dem Rahmen der Festigkeitsberechnung herausfällt. Er liegt seit Januar 1955 im Entwurf vor.

Belastungen. 1. Hauptkräfte (ständige Last, Verkehrslast und Wärmewirkungen);

2. Zusatzkräfte (Winddruck, Bremskräfte aus der Fahrbewegung und waagerechte Seitenkräfte).

Stoßzahl, Ausgleichzahl und Wechselbeanspruchung. *1. Stoßzahl φ.* Ist das zu berechnende Stahltragwerk fahr- oder drehbar, dann verursachen die Eigengewichte (ständige Last) im Zusammenhang mit den aus der Bewegung herrührenden Stößen keine rein ruhenden Spannungen. Damit nun diese aus der ständigen Last sich ergebenden Spannungen sich mit denen für ruhende Belastung vergleichen lassen, werden die von der ständigen Last (Eigengewicht) herrührenden Momente (M_g), Querkräfte (Q_g) und Stabkräfte (S_g) mit einer von der Eigenfahrgeschwindigkeit abhängigen Stoßzahl vervielfacht. Für ruhende Stahltragwerke ist die Stoßzahl $\varphi = 1$; für Eigenfahrgeschwindigkeiten bis 60 m/min ist $\varphi = 1,1$ und für Eigenfahrgeschwindigkeiten über 60 m/min ist $\varphi = 1,2$ einzuführen. Haben die Laufschienen keine oder geschweißte Schienenstöße, so erhöht sich die für die Stoßzahl φ zugelassene Geschwindigkeit um 50%.

2. Ausgleichzahl ψ. Um dem Einfluß der häufigen Wiederholungen der Belastung (Lastspielzahl) der veränderlichen Lastgröße und ihrer Stoßwirkung Rechnung zu tragen, werden die von den Verkehrslasten hervorgerufenen Biegemomente (M_p), Querkräfte (Q_p) und Stabkräfte (S_p) mit der Ausgleichzahl ψ vervielfacht.

Hierdurch werden die Belastungskräfte in ideelle ruhende Kräfte verwandelt und die mit ihnen ermittelten Spannungen können wie ruhende betrachtet werden. Die Ausgleichzahl ist nach den vier Gruppen der Krane nach der Schwere der Arbeitsbedingungen abgestuft.

$$\text{Gruppe} \ . \ . \ . \ . \qquad \text{I} \quad \text{II} \quad \text{III} \quad \text{IV}$$
$$\text{Ausgleichzahl} \ . \ . \ \psi = 1,2 \quad 1,4 \quad 1,6 \quad 1,9$$

Werkstätten- und Lagerplatzkrane großer Tragkraft fallen z. B. in die Gruppe II, solche kleiner Tragkraft in die Gruppen II und III. (Krane kleiner Trakgraft werden häufiger überanstrengt und stoßweise belastet.)

3. *Dauerbeanspruchung* (DIN 120 § 7). Wechselt in einem Querschnitt die von der ständigen Last und der Verkehrslast hervorgerufene Spannung ihr Vorzeichen, so ist für Nietverbindungen bei Biegeträgern der zahlenmäßig größte Grenzwert max $M_I = \varphi\, M_g + \psi\, M_p$ und bei Fachwerkstäben der Größtwert der Stabkraft max $S_I = \varphi\, S_g$

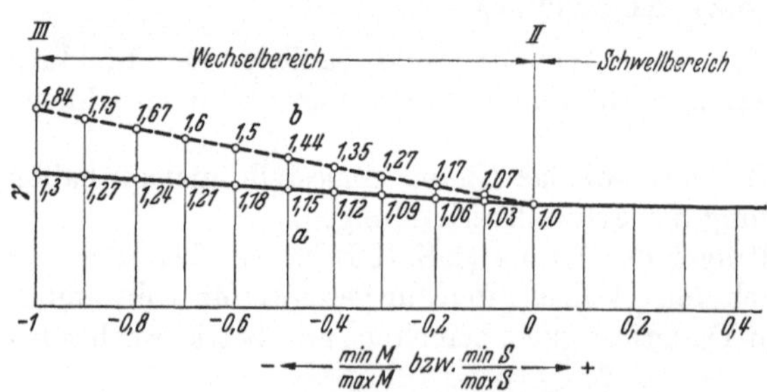

Abb. 155. Schwingbeiwerte für St 37. Schaulinie *a* nach DIN 120; Schaulinie *b* aus dem Dauerfestigkeits-Schaubild (Abb. 26, S. 31) abgeleitet

$+ \psi\, S_p$ bei der Spannungsermittlung mit dem Schwingbeiwert γ zu vervielfachen (γ-Verfahren).

Der Beiwert γ ist von dem Verhältnis min M_I/max M_I bzw. min S_I/max S_I abhängig. Für den Schwellbereich (Spannung wechselt das Vorzeichen nicht) ist allgemein $\gamma = 1$. Für den Wechselbereich (Spannung wechselt das Vorzeichen) sind die γ-Werte für St 37

Tabelle 35. *Zulässige Spannungen für Stahlbauteile und ihre Verbindungsmittel in kg/cm²
nach DIN 120*

Verwendungsform im Bauwerk	bei Beanspruchung auf	$\dfrac{\sigma}{\sigma_{zul}}$ bzw. $\dfrac{\tau}{\sigma_{zul}}$	Bei vollwandigen Trägern, Fachwerken und Stützen aus						Werkstoff	Maßgebender Querschnitt
			St 00.12	Handelsbaustahl	St 37.12		St 52			
			und Belastungsfall							
			Hu.HZ	Hu.HZ	H	HZ	H	HZ		
a) Bauteile	Zug und Biegung σ_{zul}	1	1000	1200	1400	1600	2100	2400		
	Schub τ_{zul}	0,8	800	960	1120	1280	1680	1920		
	Druck s. § 17									
b) Nietverbindungen	Abscheren τ_{azul}	0,8	800	960	1120	1280	1120	1280	Niete aus St 34.13	Lochquerschnitt
			—	—	—	—	1680	1920	Niete aus St 44	
	Lochleibungsdruck σ_{lzul}	2	2000	2400	2800	3200	2800	3200	Niete aus St 34.13	
			—	—	—	—	4200	4800	Niete aus St 44	

in Abb. 155 zeichnerisch dargestellt. Die mit $\max M_l$ bzw. $\max S_l$ errechneten (gedachten) Spannungen dürfen zusammen mit etwaigen Spannungen aus Wärmewirkung die zulässige Spannung für den Belastungsfall H (Tabelle 35) nicht überschreiten.

Zulässige Spannungen. Es sind folgende Belastungsfälle zu unterscheiden:

Belastungsfall H: Es sind nur die *Hauptkräfte* (ständige Last, Verkehrslast und Wärmewirkungen) wirksam. Zur Verkehrslast zählen auch alle im Betrieb auftretenden Massenkräfte, gegebenenfalls auch Schrägzug der Last, jedoch nicht die Bremskräfte aus der Fahrbewegung.

Belastungsfall HZ: Gleichzeitige ungünstigste Wirkung der *Hauptkräfte* und *Zusatzkräfte* (Winddruck, Bremskräfte aus der Fahrbewegung und waagerechte Seitenkräfte). Maßgebend für die Querschnittsermittlung ist der Belastungsfall, der den größten Querschnitt ergibt.

Die zulässigen Spannungen der Tabelle 35 sind für die Berechnung der genieteten Stahlbauteile der Krane maßgebend (DIN 120, § 13).

Abb. 156 gibt die zulässigen Spannungen σ_{Dzul} für ge

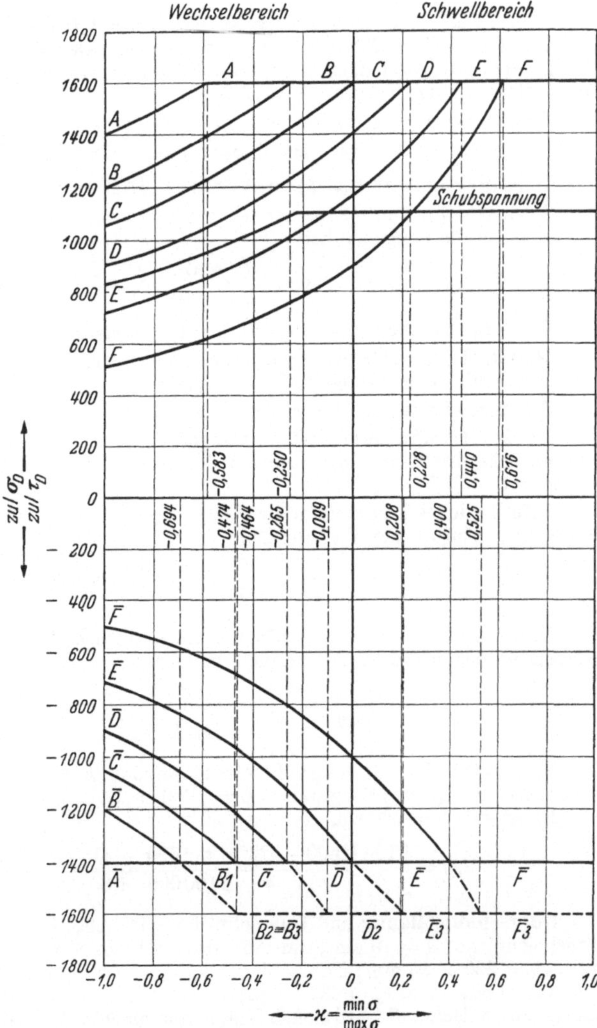

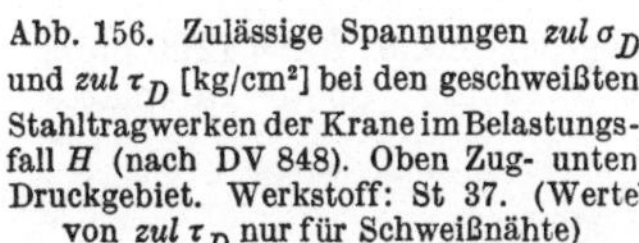

Abb. 156. Zulässige Spannungen $zul\,\sigma_D$ und $zul\,\tau_D$ [kg/cm²] bei den geschweißten Stahltragwerken der Krane im Belastungsfall H (nach DV 848). Oben Zug- unten Druckgebiet. Werkstoff: St 37. (Werte von $zul\,\tau_D$ nur für Schweißnähte)

schweißte Krane und Kranbahnen bei St 37 als Werkstoff nach DV 848. Sie gelten für den Belastungsfall H.

Die zulässigen Spannungen sind in Abb. 156 in Abhängigkeit von dem Verhältnis der Biegemomente M_{min}/M_{max} bzw. dem Verhältnis der Stabkräfte S_{min}/S_{max} dargestellt. Bedeutung der Schaulinien siehe S. 118 ff.

Es ist damit zu rechnen, daß die seit 1936 unveränderte DIN 120 bei ihrer Neufassung entsprechend erhöhte Spannungen zulassen wird (vgl. DIN 4100 und DIN 1050 [Entwurf]).

5.22 Berechnung der Vollwandträger (Blechträger)

Die folgenden Ausführungen beziehen sich nur auf die Hauptträger (Lastträger) der Laufkrane. Auf andere Stahltragwerke wie Torgerüste, Ausleger u. a. sind die Ausführungen sinngemäß anzuwenden. Die Hauptträger der Laufkrane werden je nach Größe der Tragkraft $Q(t)$ und der Stützweite $L(m)$ als Vollwandträger (I-Träger und Blechträger) oder als Fachwerkträger ausgebildet.

Beispiel 22. Der Hauptträger eines elektrisch betriebenen Laufkranes von $Q = 30\ t$ Tragkraft und $L = 16\ m$ Stützweite ist zu berechnen. Der Kran ist ein Werkstättenkran großer Tragkraft (Gruppe II nach DIN 120), Trägerform nach Abb. 157, Stegblechhöhe: 1200 mm ang., Bauhöhe des Trägers: $h = 1265$ mm;

Höhe an den Trägerenden (am Anschluß der Querträger): $h_0 = 400$ mm.

Werkstoff: St 37. Für die zul. Spannungen wird DV 848 zugrunde gelegt.

Belastungsannahmen. Hauptkräfte (DIN 120 § 3).

1. Ständige Last (Eigenlast). Sie wurde zu $G = 5100$ kg veranschlagt. Gewicht auf die Längeneinheit

$$g = \frac{G}{L} = \frac{5100}{16} \approx 320 \text{ kg/lfd. m}.$$

2. Verkehrslast (wandernde Last). Radstand der Laufkatze: $b = 2200$ mm.

Raddruck der voll belasteten Katze einschließlich Eigengewicht: $P \approx 9000$ kg; Raddruck einschl. Verzögerungskraft: $P = 9100$ kg.

Schrägzug ist für den Kran nicht zugelassen.

Die *Zusatzkräfte* (Bremskräfte, waagerechte Seitenkräfte und waagerechte Belastung der Kranbrücke durch den Massendruck der voll belasteten Katze) wurden nach DIN 120 § 4 berechnet.

Erforderliches Trägheitsmoment des Trägers. Größtzulässige Durchbiegung des Trägers unter dem Einfluß der Verkehrlast:

$$f''_{zul} = \frac{1}{1000} L = \frac{1}{1000} \cdot 16\,000 = 16 \text{ mm}.$$

Unter der Annahme, daß die beiden Raddrücke $P - P$ symmetrisch zur Kranmitte stehen, ist das erforderliche Trägheitsmoment:

$$J_{erf} = \frac{P(L-b)\,[3\,L^2 - (L-b)^2]}{48\,E \cdot f''_{zul}} \quad (\text{vgl. [43]}).$$

Raddruck: $P = 9100$ kg; Elastizitätsmodul $E = 2\,100\,000$ kg/cm²; zulässige Durchbiegung $f''_{zul} = 1{,}6$ cm; Stützweite: $L = 1600$ cm;
Radstand: $b = 220$ cm.

$$J_{erf} = \frac{9100\,(1600 - 220)\,[3 \cdot 1600^2 - (1600 - 220)^2]}{48 \cdot 2\,100\,000 \cdot 1{,}6} \approx 449\,000 \text{ cm}^4.$$

Querschnittsbildung und Querschnittswerte (Abb. 158). Stegblechhöhe: $h_s = 1200$ mm; Stegblechdicke: $s = 10$ mm; untere Gurtplatte $b_1 \times s_1 = 220 \times 20$ mm; obere Gurtplatte $b_2 \times s_2 = 220 \times 15$ mm; Fahrschiene: $b_3 \times s_3 = 50 \times 30$ mm.
Faserabstände: $e_1 \approx e_2 = 632{,}5$ mm;
Querschnittsfläche: $F = 212$ cm²; Trägheitsmoment: $J_x \approx 490\,000$ cm⁴;
Widerstandsmomente: $W_1 \approx W_2 = 7740$ cm³.

Biegemomente und Querkräfte.

1. Ständige Last (Eigengewicht). Größtes Biegemoment auf Trägermitte (Abb. 157a)

$$\max M_g = \frac{G\,L}{8} = \frac{5{,}1 \cdot 16}{8} = 10{,}2 \text{ tm} \ .$$

Größte Querkraft am Auflager (Abb. 157b) $\max Q_g = \dfrac{5{,}1}{2} = 2{,}55 \text{ t}$.

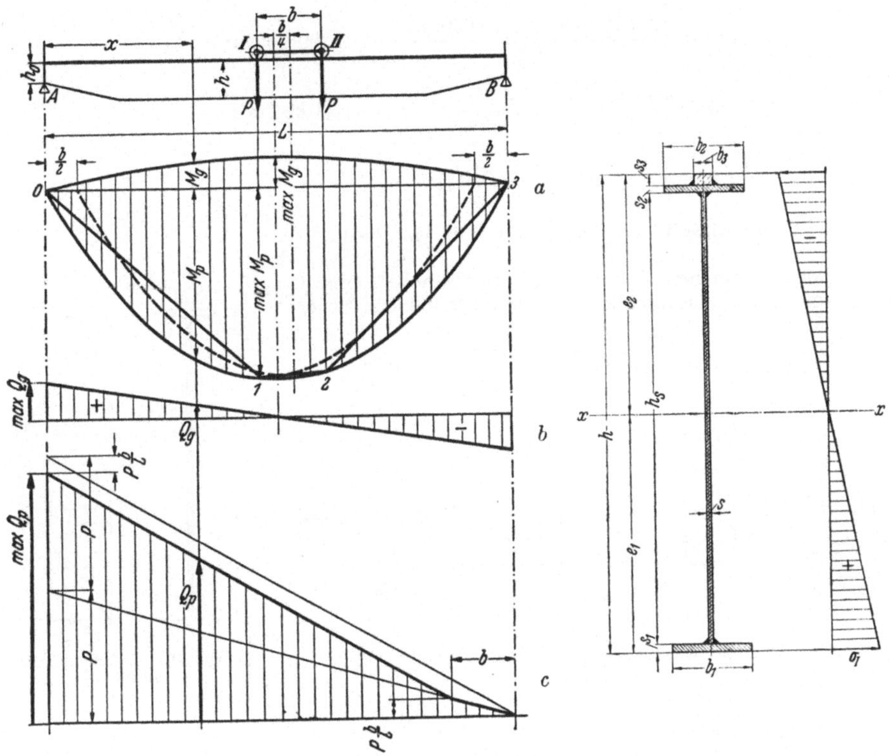

Abb. 157 a bis c. Trägerform, Biegemomente M_g und M_p [tm] und Querkräfte Q_g und Q_p [t] des Vollwandträgers

Abb. 158. Querschnittsform des Vollwandträgers und Verlauf der Biegespannung

2. Verkehrslast. Das im Abstand $\dfrac{b}{4}$ von der Trägermitte auftretende größte Biegemoment (Abb. 157a) ist

$$\max M_p = \frac{P}{2\,L} \cdot \left(L - \frac{b}{2}\right)^2 = \frac{9{,}1}{2 \cdot 16} \cdot \left(16 - \frac{2{,}2}{2}\right)^2 \approx 63 \text{ tm} \ .$$

Größte Querkraft am Auflager (Abb. 157c)

$$\max Q_p = 2\,P - P\,\frac{b}{L} = 2 \cdot 9{,}1 - 9{,}1 \cdot \frac{2{,}2}{16} \approx 17 \text{ t} \ .$$

Die Biegemomente und Querkräfte aus der ständigen Last sind bei der Spannungsermittlung mit der Stoßzahl φ zu vervielfachen (DIN 120, § 6).

Bei einer Fahrgeschwindigkeit von mehr als 60 m/min ist die Stoßzahl $\varphi = 1{,}2$. Die Biegemomente und Querkräfte aus der Verkehrslast sind mit der Ausgleichszahl ψ zu vervielfachen (DIN 120 § 5). Ausgleichszahl $\psi = 1{,}4$.

Vorhandene Durchbiegung des Trägers. Mit dem Trägheitsmoment $J_x = 490\,000 \text{ cm}^4$ wurden folgende Durchbiegungen berechnet:

Durchbiegung aus der ständigen Last: $f' \approx 0{,}25$ cm;

Durchbiegung aus der Verkehrslast (zeichnerisch nach Mohr): $f'' \approx 1{,}33$ cm;

Gesamtbiegung:

$$f = f' + f'' = 0{,}25 + 1{,}33 = 1{,}58 \text{ cm} .$$

Spannungsermittlung des Trägers.

Biegespannungen:

Unten: $\max \sigma_I = \dfrac{\varphi \cdot \max M_g + \psi \max M_p}{W_1} \, [\text{kg/cm}^2] \, ;$

$$\max \sigma_I = \frac{1{,}2 \cdot 102\,000 + 1{,}4 \cdot 630\,000}{7740} = + 1300 \text{ kg/cm}^2 ;$$

$$\min \sigma_I = \frac{\varphi \cdot max\, M_g}{W_1} = \frac{1{,}2 \cdot 102\,000}{7740} = + 15{,}4 \text{ kg/cm}^2 ;$$

$$\varkappa = \frac{min\, \sigma_I}{max\, \sigma_I} = \frac{15{,}4}{1300} = 0{,}012 ;$$

$$zul\, \sigma_D = 1600 \text{ kg/cm}^2 \text{ (Linie A in Abb. 156)} .$$

Unter der Annahme, daß das Stegblech allein die Querkraft überträgt, ist die gleichmäßig verteilt angenommene Scherspannung:

$$\tau_{vorh} = \frac{Q}{h_s \cdot s} \, .$$

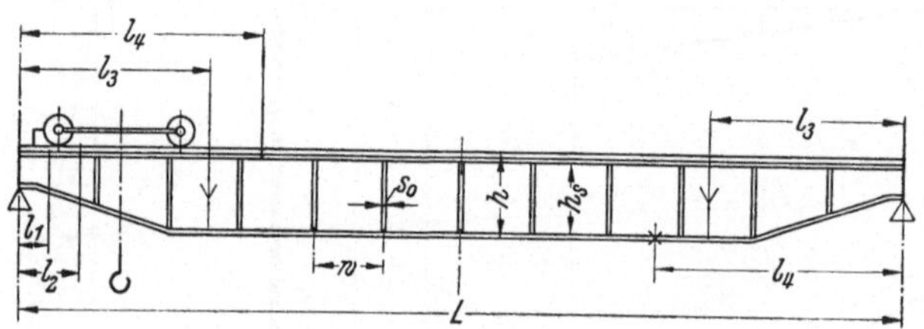

Abb. 159. Vollwandträger. Anordnung der Stöße

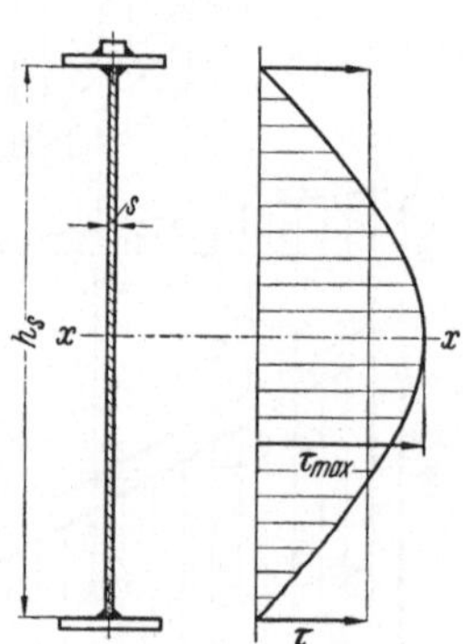

Abb. 160. Berechnung des Stegbleches

Gesamte Querkraft

$$\max Q = \varphi \cdot (\max Q_g - g \cdot l_1) + \psi \cdot \max Q_p$$
$$= 1{,}2\,(2{,}55 - 0{,}320 \cdot 0{,}4) + 1{,}4 \cdot 17 = 25{,}6 \, t ;$$
$$\min Q = \varphi \cdot (max\, Q_g - g \cdot l_1) = 1{,}2\,(2{,}55 - 0{,}32 \cdot\cdot 0{,}4) = 2{,}84 \text{ t} ;$$

$$\max \tau_{vorh} = \frac{25\,600}{52 \cdot 1{,}0} \approx 490 \text{ kg/cm}^2 .$$

$$\min \tau_{vorh} = \frac{2840}{52 \cdot 1{,}0} \approx 55 \text{ kg/cm}^2 .$$

Für den rechteckigen Querschnitt ist die tatsächliche Scherspannung in der neutralen Faser:

$$\tau = 1{,}5 \cdot \tau_{vorh} ;$$

$$\max \tau = 1{,}5 \cdot 490 = 735 \text{ kg/cm}^2 ;$$

$$\varkappa = \frac{\min \tau}{\max \tau} = \frac{55}{490} = 0{,}111 ;$$

$$zul\, \tau_D = 920 \text{ kg/cm}^2 \text{ (nach BE 804, 40.1 c)} .$$

(BE = Berechnungsunterlagen für stählerne Eisenbahnbrücken.)

Vergleichsspannung nach BE 804—40,4

$$\max \sigma_h = \sqrt{\max \sigma_I^2 + 3 \max \tau_{vorh}^2} \leq 0,75 \cdot \sigma_s$$

$$= \sqrt{1300^2 + 3 \cdot 490^2} \approx 1550 \text{ kg/cm}^2;$$

$$\min \sigma_h = \sqrt{15,4^2 + 3 \cdot 55^2} \approx 97 \text{ kg/cm}^2;$$

$$\varkappa = \frac{\min \sigma_h}{\max \sigma_h} = \frac{97}{155} = 0,0625;$$

$$\sigma_{zul} = 0,75 \cdot \sigma_s = 0,75 \cdot 2400 = 1800 \text{ kg/cm}^2.$$

Abb. 161—166 zeigen weitere Ausbildungsformen von Vollwandträgern.
Abb. 161 Anschluß eines T-Querschnittes an das Stegblech durch eine V-Naht.

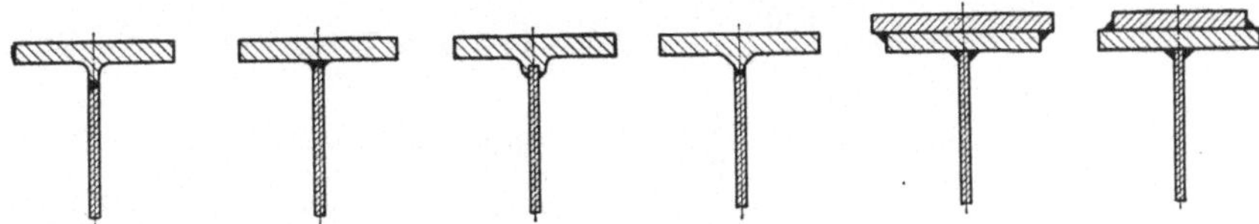

Abb. 161—166. Querschnittsformen des Vollwandträgers

Abb. 162 Anschluß der Gurtplatte an das Stegblech durch versenkte Kehlnähte.
Das Nasenprofil Abb. 163 erleichtert das Passen.
Abb. 164 Wulstprofil von DÖRNEN.
Abb. 165 und 166: Verstärkung der Gurtungen durch aufgeschweißte Platten.

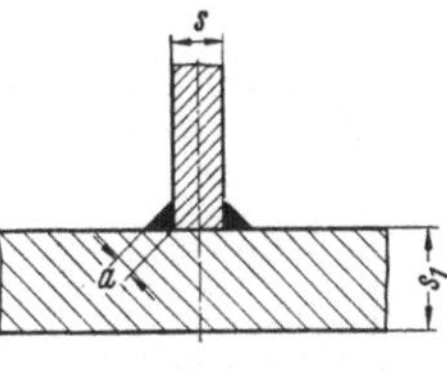

Abb. 167. Untergurt-Querschnitt

Spannungsermittlung in den Schweißverbindungen. Schweißanschluß der Gurtplatten an das Stegblech (Abb. 158).
Zuggurt (Abb. 167). Blechdicke $s = 1$ cm
Nahtdicke $a = 4$ mm ang.

Da die Kehlnahtdicke $a < \dfrac{s}{2}$ ist, muß die Kehlnaht berechnet werden. Nachrechnung im Abstand $l_2 = 0,8$ (m) vom linken Auflager. Querkräfte aus Abb. 157b und 157c.
Es muß sein:

$$\tau_I = \frac{\max Q \cdot S}{J_x \cdot 2\,a} \leq \text{zul } \tau_D.$$

Ständige Last $Q_g = 2,2$ t; $\varphi \cdot Q_g = 1,2 \cdot 2,2 = 2,64$ t.
Verkehrslast: $Q_p = 16$ t; $\psi \cdot Q_p = 1,4 \cdot 16 = 22,4$ t.
Gesamtquerkraft: $\max Q = 25$ t.
Statisches Moment der Gurtplatte: $S = 1540$ cm³;
Trägheitsmoment: $J_x = 129\,000$ cm⁴;
Nahtdicke $a = 4$ mm.

$$\max \tau_I = \frac{25\,000 \cdot 1540}{129\,000 \cdot 2 \cdot 0,4} = 375 \text{ kg/cm}^2;$$

$$\min \tau_I = \frac{2640 \cdot 1540}{129\,000 \cdot 2 \cdot 0,4} \approx 40 \text{ kg/cm}^2;$$

$$\varkappa = \frac{\min \tau_I}{\max \tau_I} = \frac{40}{375} = 0,105;$$

$$\text{zul } \tau_D = 1120 \text{ kg/cm}^2.$$

Ist c der Abstand von der neutralen Achse bis zur Gurtplatte, so muß aus σ_I und τ_I die Vergleichsspannung σ_h nachgewiesen werden. Nachrechnung im gleichen Abstand (0,8 [m]) vom Auflager.

$$\sigma_I = \frac{M \cdot c}{J_x} \text{ (kg/cm}^2).$$

Biegemoment (Abb. 157a)
Ständige Last: $M_g = 1,76$ tm; $\varphi\,M_g = 1,2 \cdot 1,76 = 2,11$ tm.
Verkehrslast: $M_p = 12,8$ tm; $\psi\,M_p = 1,4 \cdot 12,8 = 17,9$ tm.

Gesamtmoment $\max M = 20,0$ tm.
Abstand: $c = 34$ cm; $J_x = 129\,000$ cm^4 .
Biegespannung:

$$\max \sigma_I = \frac{2\,000\,000 \cdot 34}{129\,000} \approx 530 \text{ kg/cm}^2 ;$$

$$\min \sigma_I = \frac{211\,000 \cdot 34}{129\,000} \approx 56 \text{ kg/cm}^2 .$$

Vergleichsspannung:

$$\sigma_h = \frac{\sigma_I}{2} + \frac{1}{2} \sqrt{\sigma_I^2 + 4\,\tau_I^2} \leqq \text{zul } \sigma_D ;$$

$$\max \sigma_h = \frac{530}{2} + \frac{1}{2} \sqrt{530^2 + 4 \cdot 375^2} \approx 725 \text{ kg/cm}^2 ;$$

$$\min \sigma_h = \frac{56}{2} + \frac{1}{2} \sqrt{56^2 + 4 \cdot 40^2} \approx 98 \text{ kg/cm}^2 ;$$

$$\varkappa = \frac{\min \sigma_h}{\max \sigma_h} = \frac{98}{725} = 0,135 ;$$

$$\text{zul } \sigma_D = 1600 \text{ kg/cm}^2 \text{ (Linie } \overline{\text{B}}\,3 \text{ in Abb. 156)} .$$

Druckgurt (Abb. 168). Scherspannung:
Nahtdicke: $a = 4$ mm; Nachrechnung im Abstand $l_2 = 0,8$ (m) vom Auflager (Abb. 159)

$$\tau_I = \frac{\max Q \cdot S}{J_x \cdot 2\,a} \leqq \text{zul } \tau_D .$$

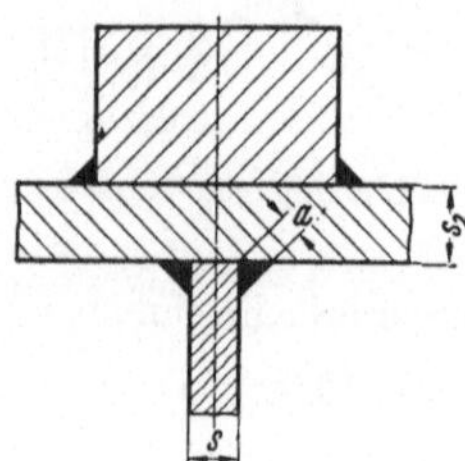

Gesamtquerkraft: $\min Q = 2640$ kg
                   $\max Q = 25\,000$ kg
Statisches Moment der Gurtplatte und Fahrschiene: $S \approx 1600$ cm^3;
Trägheitsmoment $J_x = 129\,000$ cm^4;

$$\max \tau_I = \frac{25\,000 \cdot 1600}{129\,000 \cdot 2 \cdot 0,4} \approx 390 \text{ kg/cm}^2 ;$$

$$\varkappa = 0,105 ;$$

$$\text{zul } \tau_D = 1120 \text{ kg/cm}^2 .$$

Abb. 168. Obergurt-Querschnitt

Biegespannung: $\sigma_I \approx 530$ kg/cm^2 wie auf der Zugseite.
Der Nachweis der Vergleichsspannung σ_h erübrigt sich, da sie nur unwesentlich höher
als im Zuggurt wird.

Stegblechstöße (Abb. 169): Es werden zwei Stöße im Abstand $l_3 = 3,5$ (m) von den Auf-
lagern angeordnet (Abb. 159). Ausführung als gegengeschweißte V-Naht; unbearbeitet.
Scherspannung: Es muß nachgewiesen werden, daß die auftretende Scherspannung

$$\tau_I = \frac{\max Q_I}{h_s \cdot s} \leqq \text{zul } \tau_D$$

ist.
Querkräfte (Abb. 157b und 157c).
Aus ständiger Last: $Q_g = 1,5$ t; $\varphi\,Q_g = 1,2 \cdot 1,5 = 1,8$ t;
Aus der Verkehrslast: $Q_p = 13,5$ t; $\psi\,Q_p = 1,4 \cdot 13,5 = 19$ t;
Gesamtquerkraft: $\max Q_I = 20,8$ t
Stegblechhöhe: $h_s = 120$ cm; Stegblechdicke: $s = 1$ cm;
Scherspannung:

$$\max \tau_I = \frac{20\,800}{120 \cdot 1} \approx 174 \text{ kg/cm}^2 ;$$

$$\min \tau_I = \frac{1800}{120 \cdot 1} \approx 15 \text{ kg/cm}^2 ;$$

$$\varkappa = \frac{\min \tau_I}{\max \tau_I} = \frac{15}{174} = 0,086 ;$$

$$\text{zul } \tau_D = 1120 \text{ kg/cm}^2 .$$

Biegespannung:

$$\sigma_I = \frac{M_I \cdot \dfrac{h_s}{2}}{J_x} \ (\text{kg/cm}^2) \, .$$

Biegemomente:
Aus ständiger Last: $M_g = 0{,}7$ tm; $\varphi\, M_g = 1{,}2 \cdot 0{,}7 = 0{,}84$ tm;
Aus der Verkehrslast: $M_p = 45$ tm; $\psi\, M_p = 1{,}4 \cdot 45 = 63$ tm;
Gesamtmoment: $\max M = 63{,}84$ tm;
Stegblechhöhe: $h_s = 120$ cm; Trägheitsmoment: $J_x \approx 490\,000$ cm⁴;

$$\max \sigma_I = \frac{6\,384\,000 \cdot \dfrac{120}{2}}{490\,000} \approx 780 \ \text{kg/cm}^2;$$

$$\min \sigma_I = \frac{84\,000 \cdot \dfrac{120}{2}}{490\,000} \approx 10 \ \text{kg/cm}^2 \, .$$

Vergleichsspannung:

$$\max \sigma_h = \frac{\sigma_I}{2} + \frac{1}{2}\sqrt{\sigma_I^2 + 4\,\tau^2} = \frac{780}{2} + \frac{1}{2}\sqrt{780^2 + 4 \cdot 174^2}$$
$$= \approx 820 \ \text{kg/cm}^2;$$

$$\min \sigma_h = \frac{10}{2} + \frac{1}{2}\sqrt{10^2 + 4 \cdot 15^2} \approx 21 \ \text{kg/cm}^2;$$

$$\varkappa = \frac{\min \sigma_h}{\max \sigma_h} = \frac{21}{820} = 0{,}025;$$

$$\text{zul } \sigma_D = 1420 \ \text{kg/cm}^2 \qquad (\text{Linie D in Abb. 156}) \, .$$

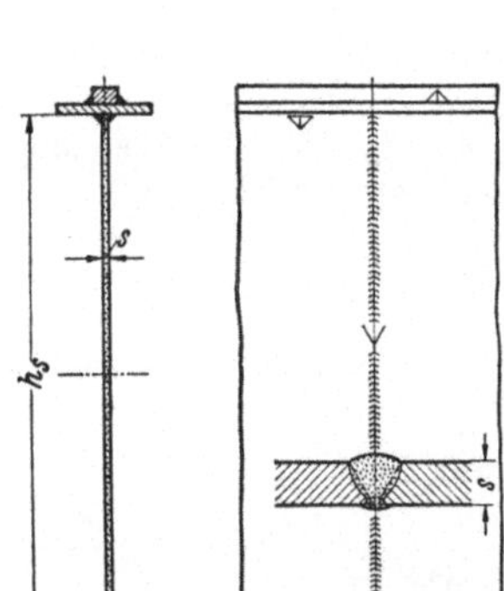

Abb. 169. Berechnung des
Stegblechstoßes

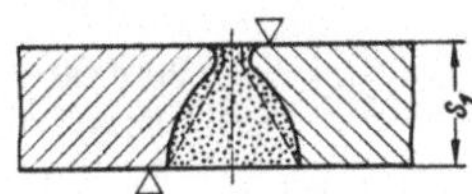
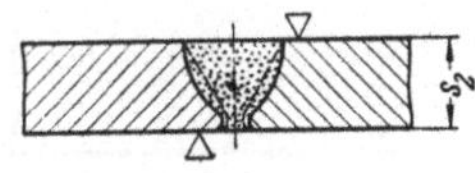

Abb. 170 u. 171. Stöße der Gurtplatten

Gurtplattenstöße:

Zuggurt. Abmessungen der Gurtplatte (Abb. 170):
$b_1 = 220$ mm; $s_1 = 20$ mm; Anordnung des Stoßes im Abstand $l_4 = 4{,}4$ (m) vom rechten
Auflager (Abb. 159).
   Ausführung als gegengeschweißte V-Naht, die oben und unten bearbeitet und durch-
strahlt ist.
   An der Stoßstelle muß sein:

$$\sigma_I = \frac{\max M}{W_x} \leqq \text{zul } \sigma_D \ (\text{kg/cm}^2) \, .$$

Biegemoment: (Abb. 157a)
Aus ständiger Last: $M_g = 7{,}5$ tm; $\varphi \cdot M_g = 1{,}2 \cdot 7{,}5 = 9$ tm;
Aus der Verkehrslast: $M_p = 52$ tm; $\psi \cdot M_p = 1{,}4 \cdot 52 = 73$ tm;
Gesamtmoment: $\max M = 82$ tm;
Widerstandsmoment: $W_x = 7740$ cm³;

$$\max \sigma_I = \frac{8\,200\,000}{7740} = 1060 \ \text{kg/cm}^2;$$

$$\min \sigma_I = \frac{900\,000}{7740} = 116 \ \text{kg/cm}^2;$$

$$\varkappa = \frac{\min \sigma_I}{\max \sigma_I} = \frac{116}{1060} = 0{,}11;$$

$$\text{zul } \sigma_D = 1600 \ \text{kg/cm}^2 \qquad (\text{Linie B in Abb. 156}) \, .$$

   Druckgurt: Abmessungen der Gurtplatte (Abb. 171): $b_2 = 220$ mm; $s_2 = 15$ mm; Anordnung des Stoßes im Abstand $l_4 = 4{,}4$ (m) vom linken Auflager (Abb. 159); Ausführung
als gegengeschweißte V-Naht, die oben und unten bearbeitet und durchstrahlt ist.

An der Stoßstelle muß sein:

$$\sigma_I = \frac{\max M \, (e_2 - s_3)}{J_x} \leqq \text{zul } \sigma_D \; (\text{kg/cm}^2) \, .$$

Gesamtmoment (siehe unter Zuggurt):

$$\min M = 9 \, \text{tm} \, ;$$

$$\max M = 82 \, \text{tm}; \; \text{Trägheitsmoment:} \; J_x = 490\,000 \, \text{cm}^4 \, .$$

Abstand (Abb. 158) $e_2 = 63{,}25$ cm; Schienendicke $s_3 = 3{,}0$ cm.

$$\max \sigma_I = \frac{8\,200\,000 \cdot (63{,}25 - 3)}{490\,000} = 1010 \, \text{kg/cm}^2 \, ;$$

$$\min \sigma_I = \frac{900\,000 \cdot (63{,}25 - 3)}{490\,000} = 111 \, \text{kg/cm}^2 \, ;$$

$$\varkappa = \frac{\min \sigma_I}{\max \sigma_I} = \frac{111}{1010} = 0{,}11 \, ;$$

$$\text{zul } \sigma_D = 1400 \, \text{kg/cm}^2 \quad (\text{Linie } \overline{\text{B}} \, 1 \text{ in Abb. 156}).$$

Stoß der Fahrschiene. Abmessungen (Abb. 172): $b_3 = 50$ mm; $s_3 = 30$ mm. Anordnung im Abstand $l_4 = 4{,}4$ (m) vom rechten Auflager. Ausführung als X-Naht, die oben und unten bearbeitet und durchstrahlt ist. Nachweis der Spannung nach der Gleichung

$$\sigma_I = \frac{\max M}{W_x} \leqq \text{zul } \sigma_D \quad (\text{kg/cm}^2) \, .$$

Gesamtmoment (s. unter Gurtplattenstöße) $\min M = 9$ tm; $\max M = 82$ tm; Widerstandsmoment $W_x = 7740$ cm³

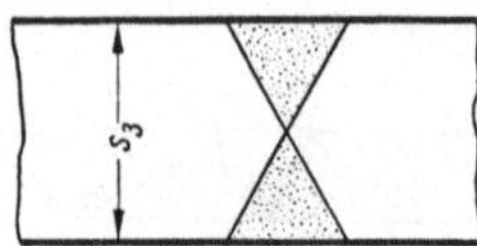

$$\max \sigma_I = \frac{8\,200\,000}{7740} = 1060 \, (\text{kg/cm})^2 \, ;$$

$$\min \sigma_I = \frac{900\,000}{7740} = 116 \, \text{kg/cm}^2 \, ;$$

$$\varkappa = \frac{\min \sigma_I}{\max \sigma_I} = \frac{116}{1060} = 0{,}11 \, ;$$

Abb. 172. Stoß der Fahrschiene

$$\text{zul } \sigma_D = 1400 \, \text{kg/cm}^2 \quad (\text{Linie } \overline{\text{B}} \, 1 \text{ in Abb. 156}).$$

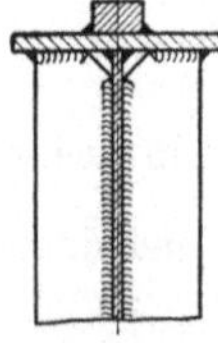
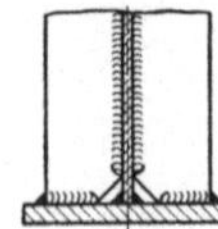
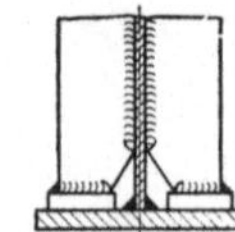

Aussteifung des Trägers. Ausführung als Flachstähle, die in Abständen $w = 1300$ mm angeordnet werden (Abb. 159). Abmessungen der Flachstähle: $b_0 \times s_0 = 90 \times 8$ mm.

Diese Versteifungen sind durch 3 mm dicke Nähte an das Stegblech und an die obere Gurtplatte (Druckgurt) angeschlossen (Abb. 173). In der Kehle sind sie abgeschnitten, damit die Gurtnähte durchgezogen werden können und der Untersuchung zugänglich sind.

An die untere Gurtplatte (Zuggurt) dürfen die Aussteifungen nur dann angeschweißt werden, wenn die zulässige Biegespannung nicht überschritten wird.

Für Gurte von Vollwandträgern mit Quer- oder Längsnähten wie von Aussteifungen ist bei Zugbeanspruchung die zul. Spannung $zul \, \sigma_D$ aus Linie F (Abb. 156) zu entnehmen.

Abb. 173 und 174. Aussteifung des Vollwandträgers

Für die Aussteifung auf Trägermitte (Abb. 157) sind die Biegemomente (Abb. 157a)

$$\min M = \varphi \cdot M_g = 1{,}2 \cdot 10{,}2 = 12{,}2 \, \text{tm};$$

$$\max M = \varphi \cdot M_g + \psi \cdot M_p = 1{,}2 \cdot 10{,}2 + 1{,}4 \cdot 63 = 100 \, \text{tm} \, ;$$

Mit

$$\varkappa = \frac{\min M}{\max M} = \frac{12{,}2}{100} = 0{,}122 \text{ ist}$$

$$\text{zul } \sigma_D = 985 \, \text{kg/cm}^2 \quad (\text{Linie F}) \, .$$

Biegespannung:

$$\sigma_I = \frac{\max M \, (e_1 - s_1)}{J_x} \leqq \text{zul } \sigma_D \; (\text{kg/cm}^2) \, .$$

Trägheitsmoment $J_x = 490\,000$ cm⁴;
Abstand $e_1 = 63{,}25$ cm;
Gesamtplattendicke $s_1 = 2{,}0$ cm.

$$\sigma_I = \frac{10\,000\,000 \cdot (63{,}25 - 2{,}0)}{490\,000} = 1250 > 985 \text{ kg/cm}^2.$$

Der Wert zul $\sigma_D = 985$ kg/cm² wird überschritten. Diese Aussteifungen dürfen daher nicht am Untergurt angeschweißt werden, sondern erhalten dort Paßplättchen nach Abb. 174.

Die Aussteifungen können am Untergurt erst angeschweißt werden, wenn

$$\psi \, M_{vorh} \leq \frac{\text{zul } \sigma_D \cdot J_x}{(e_1 - s_1)} \text{ tm}$$

is .

Für angeschweißte Aussteifungen wird

$$\psi \, M_{max} = \frac{985 \cdot 490\,000}{61{,}25} = 7\,880\,000 \text{ kgcm};$$

$$M_{max} = \frac{7\,880\,000}{1{,}4} = 5\,620\,000 \text{ kgcm} = 56{,}2 \text{ tm} .$$

Aus Abb. 157a wird dieses M_{max} in einem Abstand $l = 4{,}55$ m von Trägermitte entnommen. Damit wird die Anzahl der Aussteifungen, die nicht mit dem Untergurt verschweißt werden dürfen

$$Z = \frac{4{,}55}{w} = \frac{4{,}55}{1{,}3} = 3{,}5 \; . \qquad\qquad (w = \text{Feldweite})$$

Somit sind links und rechts von der Trägermitte je 3 Aussteifungen nach (Abb. 174) anzubringen.

Abkanten der Stegbleche. Durch Abkanten der Stegbleche (Abb. 175 u. 176) an Stelle von aufgeschweißten Gurtplatten (Abb. 158) werden die, besonders bei großer Stützweite des Kranes, erforderlichen langen Halsnähte gespart und die Konstruktion wird wesentlich billiger [44].

Bei genügend großer Abkantbreite (b in Abb. 175) läßt sich das Profil voll tragfähig machen. Der Dicke beim Abkanten ist aber durch den Arbeitsdruck der Abkantpresse eine Grenze gesetzt.

Um bei gleicher Wandhöhe und gleichem Querschnitt des Trägers eine möglichst große Systemhöhe zu erhalten, wird die Abkantbreite auf b_1 (Abb. 176) vergrößert und der Träger wird mit der Höhe $h_1 = 2\,(b_1 - b_2)$ gelocht.

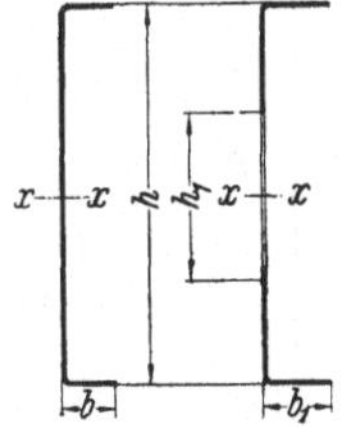

Abb. 175 u. 176. Abgekantete Blechträger

Weiteres über die Wirtschaftlichkeit der Bauformen von geschweißten Blechtragwerken des Kranbaues s. [44].

5.23 Berechnung der Fachwerkträger im Kranbau

Allgemeines. Die verhältnismäßig niedrigen Dauerfestigkeitswerte der geschweißten Stabanschlüsse mit Flankennähten, die als Ergebnisse der bereits erwähnten Dauerversuche erhalten wurden, sowie die an einem geschweißten Fachwerkträger vorgenommenen Dauerversuche [45] haben dazu geführt, daß das Schweißen der Fachwerkträger in den Hintergrund getreten ist. Auch der Mangel an schweißgerechten Profilen für die Füllungsstäbe (Vertikale und Diagonale), die Anschlüsse mit Stumpf- und Kehlnähten ermöglichen, hat mit dazu beigetragen. Hierzu tritt noch die Tatsache, daß die Schweißanschlüsse bei wechselnder Belastung der Stäbe oft mehr Werkstoffaufwand erfordern als die genieteten Anschlüsse. Der genietete Träger ist dann dem geschweißten gegenüber wirtschaftlich überlegen. Wesentlich günstiger liegen die Verhältnisse beim geschweißten Vollwandblechträger oder beim Rahmenträger.

Wegen der niedrigen Dauerfestigkeit der geschweißten Stabanschlüsse und der daraus sich ergebenden Unsicherheit ist das Schweißen der Fachwerkträger nach den baupolizeilichen Vorschriften (s. S. 97) nur für Krane der Gruppen I und II nach DIN 120 zugelassen. Krane der Gruppen III und IV, deren prozentuale Belastungshäufigkeit groß ist, dürfen nicht geschweißt werden, sondern sind zu nieten. Dies gilt jedoch nur für die Stabanschlüsse der Füllungsstäbe. Die Gurtungen der Träger (Ober- und Untergurt) dagegen können geschweißt ausgeführt werden.

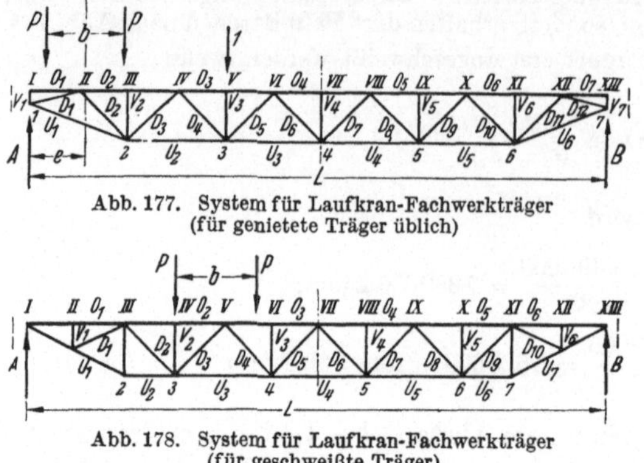

Abb. 177. System für Laufkran-Fachwerkträger
(für genietete Träger üblich)

Abb. 178. System für Laufkran-Fachwerkträger
(für geschweißte Träger)

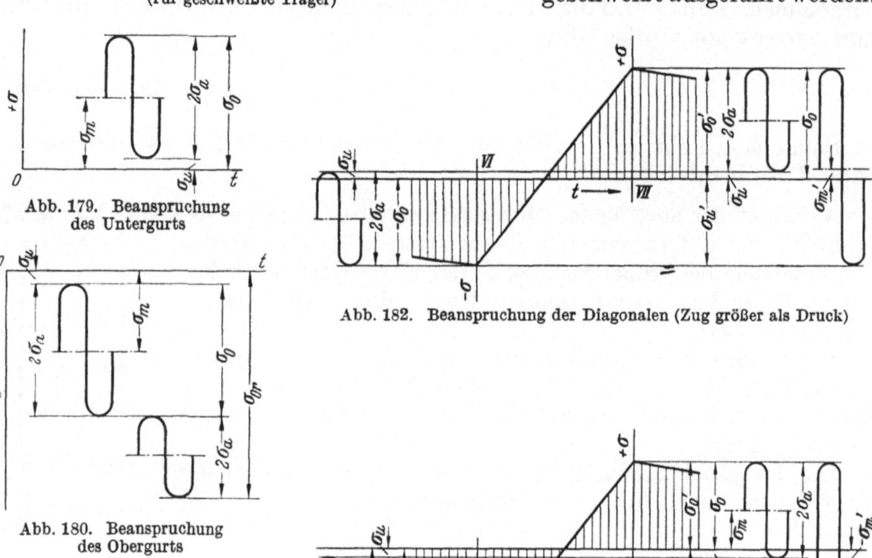

Abb. 179. Beanspruchung
des Untergurts

Abb. 180. Beanspruchung
des Obergurts

Abb. 181. Beanspruchung
der Vertikalen (Pfosten)

Abb. 182. Beanspruchung der Diagonalen (Zug größer als Druck)

Abb. 183. Beanspruchung der Diagonalen (Druck größer als Zug)

Trägersystem und Bestimmung der Stabkräfte. Das bei den genieteten Trägern allgemein übliche System (Abb. 177) ist für geschweißte Träger nicht geeignet, da sich die Schweißnähte am Untergurtknoten 2 zu sehr häufen. Dieser Nachteil wird bei dem System Abb. 178 vermieden.

Die Stabkraftbestimmung für die ständige Last geschieht mit Hilfe eines Cremona-Planes. Für die Verkehrslast werden die Stabkräfte mit Hilfe des $A = 1$-Planes und der A-Linie oder mit Einflußlinien ermittelt [46].

Der Untergurt des Trägers (Abb. 177 u. 178) ist auf Schwellzugfestigkeit mit Vorspannung durch die ständige Last (Abb. 179) beansprucht. Der Obergurt ist auf Schwelldruckfestigkeit mit Druckvorspannung beansprucht, der noch die schwellende Biegebeanspruchung aus den Raddrücken der Katze überlagert ist (Abb. 180).

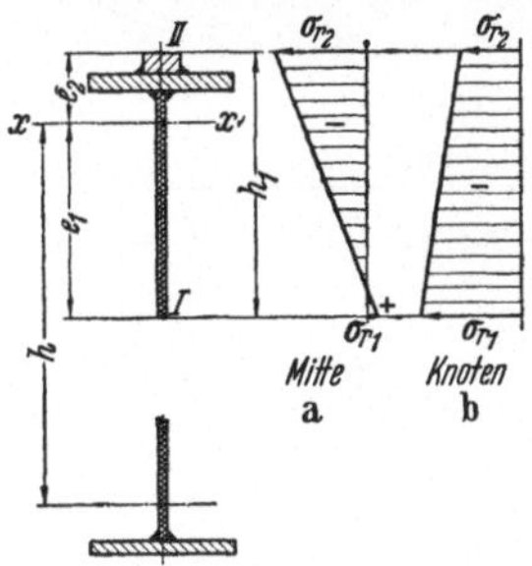

Abb. 184. Querschnitt des Ober- und Untergurts.
a Beanspruchung auf Feldmitte;
b Beanspruchung an den Knoten

Die Vertikalen (Pfosten) sind auf Schwelldruckfestigkeit mit Druckvorspannung aus der ständigen Last beansprucht (Abb. 181). Die Diagonalen sind Wechselstäbe und erhalten je nach Stellung der Laufkatze Zug oder Druck. Bei der Spannungsdarstellung in Abb. 182 ist die Zugkraft und bei der in Abb. 183 die Druckkraft größer.

Querschnittsgestaltung und -bemessung. Abb. 184. Querschnittsgestaltung des Ober- und Untergurts.

Bei der Berechnung des Obergurts auf Biegung (Abb. 185) kann das Mittenmoment (Abb. 186) zu

$$M_m \approx \frac{P \cdot w}{6}$$ angenommen werden.

Knotenmoment: $M_k \approx \dfrac{P \cdot w}{12}$.

Die Biegemomente lassen sich genauer mit Hilfe einer Einflußlinie ermitteln [47], wobei sie etwas kleiner sind (gestrichelt in Abb. 186) als die ausreichenden Näherungswerte.

Die Füllungsstäbe erhalten die Querschnittsformen (Abb. 187 bis 189) und werden durch Flankenkehlnähte an den Ober- und Unter-

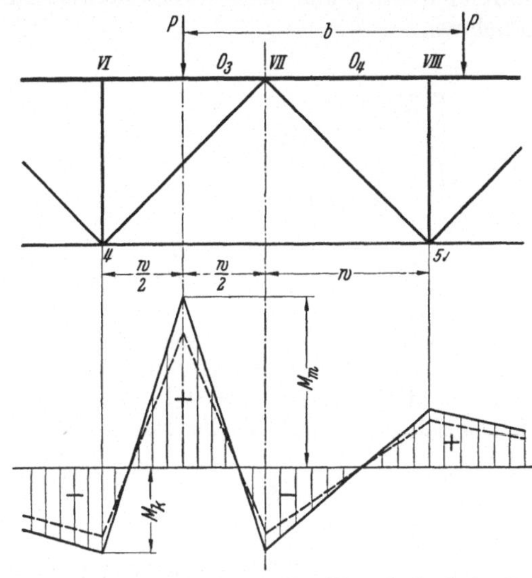

Abb. 185 u. 186. Biegemomente des Obergurts durch den Raddruck P; w Feldweite; M_m Mittenmoment; M_k Knotenmoment

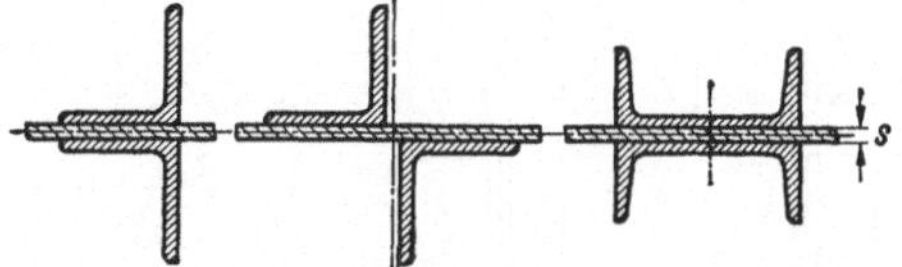

Abb. 187 bis 189. Querschnittsbildung der Füllungsstäbe (Vertikale und Diagonale)

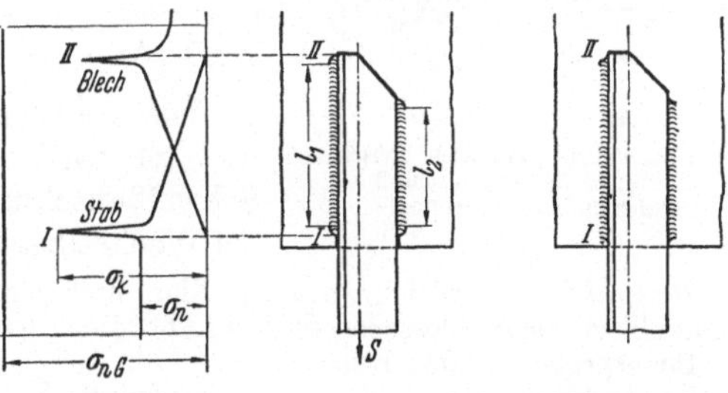

Abb. 190. Spannungen im Schweißanschluß (Endkrater nicht bearbeitet)

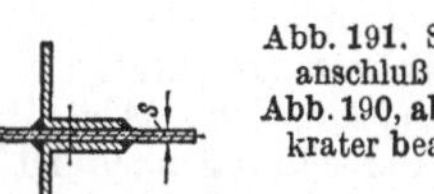

Abb. 191. Schweißanschluß wie in Abb. 190, aber Endkrater bearbeitet

gurt angeschlossen. Dieser erhält nur soviel Querschnittshöhe als für den Anschluß der Füllungsstäbe erforderlich ist. Andere Querschnitte wie z. B. der Kreuzquerschnitt oder der Anschluß geschlitzter Stäbe bieten keine Vorteile.

Bei dem Stabanschluß Abb. 190 ist σ_n die Nennspannung im ungeschwächten Stabquerschnitt. Am Beginn der Flankennähte bei I tritt eine Spannungsspitze (Kerbspannung) σ_k auf, durch die die Dauerhaltbarkeit des Schweißanschlusses vermindert wird. Bei dem Blech tritt die Spannungsspitze bei II ein und kann bei zu kleiner Blechdicke s zu Rissen im Blech führen. Durch Bearbeitung der Endkrater (Fräsen), Abb. 191, werden die Spannungsspitzen gemildert und die Dauerfestigkeit des Schweißanschlusses wird erhöht. Diese Bearbeitung der Nahtenden wird man bei Schweißanschlüssen der Füllungsstäbe der Krane stets vornehmen.

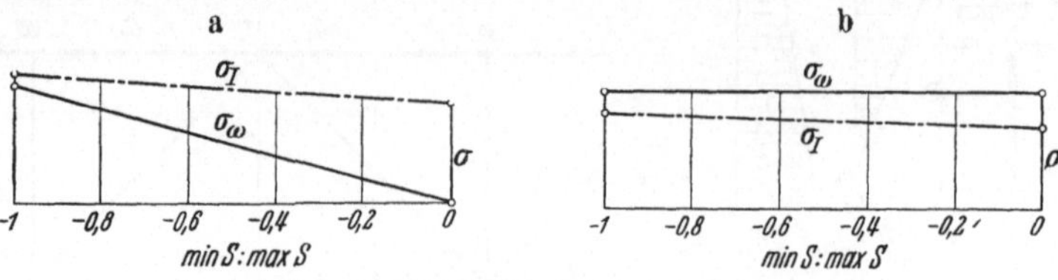

Abb. 192a u. b. Beanspruchung der Wechselstäbe (Diagonalen)
σ_I Dauerbeanspruchung; σ_ω Knickbeanspruchung

Gedrückte Stäbe werden nach DIN 4114 auf Knickung berechnet. Sie erhalten in bestimmten Abständen Bindebleche. Die Diagonalen (D_2 bis D_9 in Abb. 178) sind Wechselstäbe. Die Angaben für Wechselbeanspruchung (DIN 120 § 12) beziehen sich auf Wechselstäbe, die durch Nieten angeschlossen sind.

Für Stäbe deren Anschlüsse geschweißt sind, ist

$$\sigma_I = \gamma \frac{\max S_I}{F} \ [\text{kg/cm}^2]$$

nachzuweisen. Hierbei bezeichnen max S_I die größte Stabkraft in kg, F[cm²] den Stabquerschnitt und γ den Schwingbeiwert (Abb. 155, S. 98).

Der Spannung σ_I wird die zulässige Spannung $zul\ \sigma_D$ [kg/mm²] gegenübergestellt, die aus den Schaulinien F und $\overline{F}$ entnommen werden kann (Abb. 156, S. 99).

Ist die Zugkraft größer als die Druckkraft, dann überwiegt der Wert der Spannung σ_I gegenüber dem σ_ω-Wert (Abb. 192a). Bei größerer Druckkraft (Abb. 192b) ist das Umgekehrte der Fall.

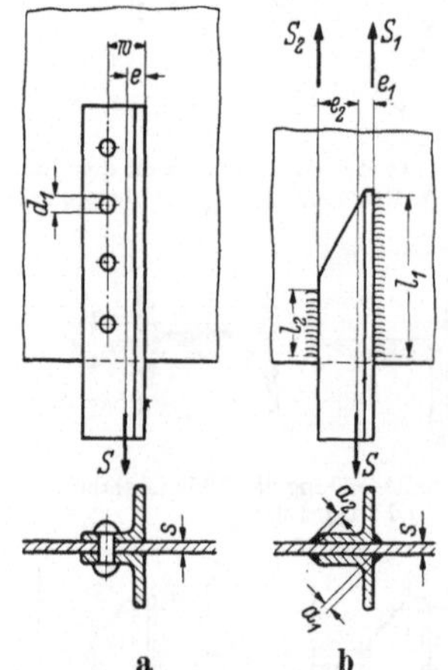

a   b

Abb. 193a und b. Vergleich zwischen Niet- und Schweißanschluß (ruhende Beanspruchung)

Anschluß der Füllungsstäbe. In den Beispielen 23 und 24 wird ein Vergleich zwischen Niet- und Schweißanschluß bei ruhender Beanspruchung bzw. bei Wechselbeanspruchung durchgeführt.

Beispiel 23. Vergleich zwischen Niet- und Schweißanschluß eines zweiteiligen, an ein Knotenblech angeschlossenen Stabes (Abb. 193a und b).
Beanspruchungsart: Ruhend.
Knotenblechdicke: $s = 10$ mm; Werkstoff: St 37.
Stabkraft (Zugkraft): $S = 17$ t.
a) *Nietanschluß* (Abb. 193a).
α) Berechnung nach DIN 120. Mit einem Zuschlag von 15% für die Nietschwächung ist der erforderliche Stabquerschnitt

$$F_{erf} = 1{,}15\,\frac{S}{\sigma_{zul}} = 1{,}15 \cdot \frac{17\,000}{1400} = 14 \ \text{cm}^2\ .$$

Gewählter Querschnitt: 2 L 55×55×8 mit $F = 2 \cdot 8{,}23 = 16{,}46 \ \text{cm}^2$;
Nietdurchmesser $d = 16$ mm, geschlagener Nietdurchmesser $d_1 = 17$ mm;
Vorhandene Zugspannung im L

$$\sigma_z = \frac{S}{F_n} = \frac{17\,000}{16{,}46 - 2 \cdot 1{,}7 \cdot 0{,}8} = 1210 \ \text{kg/cm}^2\ .$$

$$\sigma_{zul} = 1400 \ \text{kg/cm}^2\ .$$

Nietzahl: $z = 4$
Vorhandener Lochleibungsdruck

$$\sigma_l = \frac{S}{d_1 \cdot s \cdot z} = \frac{17\,000}{1,7 \cdot 1,0 \cdot 4} = 2500 \text{ kg/cm}^2 \,,$$

Zulässiger Lochleibungsdruck $\quad \sigma_{lzul} = 2800 \text{ kg/cm}^2$.
Vorhandene Scherspannung im Nietschaft

$$\tau = \frac{S}{2 \cdot z \cdot \frac{\pi \cdot d_1^2}{4}} = \frac{17\,000}{2 \cdot 4 \cdot \frac{\pi}{4} \cdot 1,7^2} = 935 \text{ kg/cm}^2 \,,$$

$$\tau_{zul} = 1120 \text{ kg/cm}^2 \,.$$

β) **Berechnung nach BE 804**
Erforderlicher Stabquerschnitt:

$$F_{erf} = 1,15 \cdot \frac{S}{\text{zul}\,\sigma_D} = 1,15 \cdot \frac{17\,000}{1600} = 12,2 \text{ cm}^2 \,.$$

Gewählter Querschnitt: 2 L $55 \times 55 \times 6$ mit $F = 2 \cdot 6,31 = 12,62 \text{ cm}^2$;
Nietdurchmesser $d = 16$ mm; geschlagener Nietdurchmesser $d_1 = 17$ mm;
Vorhandene Zugspannung im L

$$\sigma_z = \frac{S}{F_n} = \frac{17\,000}{12,62 - 2 \cdot 1,7 \cdot 0,6} = 1610 \text{ kg/cm}^2$$

$$\text{zul}\,\sigma_D = 1600 \text{ kg/cm}^2 \,.$$

Nietzahl $z = 4$;
Vorhandener Lochleibungsdruck $\sigma_l = 2500 \text{ kg/cm}^2$;

$$\sigma_{lzul} = 2800 \text{ kg/cm}^2 \,.$$

Vorhandene Scherspannung im Nietschaft

$$\tau = 935 \text{ kg/cm}^2;$$

$$\tau_{zul} = 1400 \text{ kg/cm}^2 \,.$$

b) *Schweißanschluß* (Abb. 193b)
Stabkraftverhältnis

$$\frac{S_{min}}{S_{max}} = 1 \,.$$

Zulässige Spannung zul $\sigma_D = 1600 \text{ kg/cm}^2$ (Linie F in Abb. 156).
Erforderlicher Stabquerschnitt:

$$F_{erf} = \frac{S}{\text{zul}\,\sigma_D} = \frac{17\,000}{1600} = 10,6 \text{ cm}^2 \,.$$

Gewählter Querschnitt: 2 L $50 \times 50 \times 6$ mit $F = 2 \cdot 5,69 = 11,38 \text{ cm}^2$.
Spannung

$$\sigma_I = \frac{S_{max}}{F_{vorh}} = \frac{17\,000}{11,38} = 1495 \text{ kg/cm}^2 \,,$$

$$\text{zul}\,\sigma_D = 1600 \text{ kg/cm}^2 \,.$$

Erforderlicher Schweißquerschnitt:

$$\text{zul}\,\tau_D = 1120 \text{ kg/cm}^2;$$

$$F_{erf} = \frac{S}{\text{zul}\,\tau_D} = \frac{17\,000}{1120} = 15,2 \text{ cm}^2 \,.$$

Rechte Schweißnähte, Erforderlicher Querschnitt:

$$F_1 = F_{erf} \cdot \frac{e_2}{e_1 + e_2} = 15,2 \cdot \frac{3,94}{5,5} = 10,9 \text{ cm}^2 \,.$$

Nachtdicke: $a_1 \leqq 0,7 \cdot 6 \approx 4$ mm.
Nahtlänge:

$$l_1 = \frac{F_1}{2 \cdot a_1} = \frac{10,9}{2 \cdot 0,4} = 13,6 \text{ cm} = 140 \text{ mm} \,.$$

Linke Schweißnähte, Erforderlicher Querschnitt:

$$F_2 = F_{erf} \cdot \frac{e_1}{e_1 + e_2} = 15{,}2 \cdot \frac{1{,}56}{5{,}5} = 4{,}3 \text{ cm}^2 \,.$$

Nahtdicke: $a_2 = 4$ mm .
Nahtlänge

$$l_2 = \frac{F_2}{2 \cdot a_2} = \frac{4{,}3}{2 \cdot 0{,}4} = 5{,}4 \text{ cm} \,.$$

Ausgeführte Nahtlänge: $l_2 = 60$ mm .

Gegenüberstellung der Anschlüsse

Berechnungs-verfahren	Nietanschluß		Schweißanschluß
	DIN 120	BE 804	DV 848
Stab	2 L 55×55×8	2 L 55×55×6	2 L 50×50×6
Querschnitt	16,46 cm² = 145%	12,62 cm² = 111%	11,38 cm² = 100%
Anschlußlänge	220 mm= 122%	220 mm = 122%	180 mm = 100%

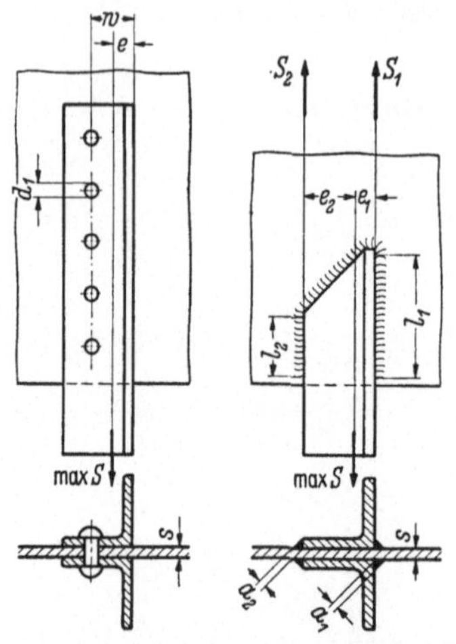

Abb. 194a und b. Vergleich zwischen Niet- und Schweißanschluß (Wechselbeanspruchung)

Der theoretische Mehraufwand eines Nietanschlusses gegenüber einem Schweißanschluß beträgt bei ruhender Belastung nach:

$$\text{DIN } 120 \approx 32\%,$$
$$\text{BE } \ \ 804 \approx 15\% \,.$$

Beispiel 24. Vergleich zwischen Niet- und Schweißanschluß eines zweiteiligen, an ein Knotenblech angeschlossenen Stabes (Abb. 194a und b).
Beanspruchungsart: Wechselbeanspruchung.
Knotenblechdicke: $s = 10$ mm; Werkstoff: St 37.
Stabkräfte. Zugkraft: $S_{max} = 18{,}3$ t.
Druckkraft: $S_{min} = 13{,}9$ t.

a) Nietanschluß (Abb. 194a)
Berechnung nach DIN 120.
Nach DIN 120 § 12 ist bei Stäben, die durch Wechselkräfte beansprucht sind, die gedachte Spannung

$$\sigma_I = \gamma \, \frac{\max S_I}{F_a} = 1400 \text{ kg/cm}^2$$

nachzuweisen.
Stabkraftverhältnis:

$$\frac{\min S_I}{\max S_I} = -\frac{13{,}9}{18{,}3} = -0{,}76 \,.$$

Entsprechender Schwingbeiwert (Abb. 155: Schaulinie a): $\gamma \approx 1{,}23$; da $\max S_I$ eine Zugkraft ist, ist $F_a = F_n$.
Mit einem Zuschlag von 15% für die Nietschwächung ist der erforderliche Stabquerschnitt:

$$F_{erf} = 1{,}15 \cdot \gamma \cdot \frac{S_{max}}{\sigma_{zul}} = 1{,}15 \cdot 1{,}23 \cdot \frac{18300}{1400} = 18{,}5 \text{ cm}^2.$$

Gewählter Querschnitt: 2 L 70×70×7 mit $F = 2 \cdot 9{,}40 = 18{,}8$ cm² .
Nietdurchmesser $d = 16$ mm, geschlagener Nietdurchmesser $d_1 = 17$ mm.
Nutzbarer Querschnitt: $F_n = 18{,}8 - 2 \cdot 1{,}7 \cdot 0{,}7 = 16{,}42$ cm² .
Gedachte Spannung:

$$\sigma_I = 1{,}23 \cdot \frac{18300}{16{,}4} = 1372 \text{ kg/cm}^2,$$

$$\sigma_{zul} = 1400 \text{ kg/cm}^2 \,.$$

Nietzahl $z = 5$.
Gedachter Lochleibungsdruck:

$$\sigma_l = \gamma \, \frac{S_{max}}{d_1 \cdot s \cdot z} = 1{,}23 \, \frac{18300}{1{,}7 \cdot 1 \cdot 5} = 2650 \text{ kg/cm}^2 \,.$$

Zulässiger Lochleibungsdruck:

$$\sigma_{lzul} = 2800 \text{ kg/cm}^2 \,.$$

Gedachte Scherspannung im Nietschaft:

$$\tau = \frac{\gamma \cdot S_{max}}{2 \cdot d_1^2 \cdot \frac{\pi}{4} \cdot z} = \frac{1{,}23 \cdot 18300}{2 \cdot 1{,}7^2 \cdot \frac{\pi}{4} \cdot 5} = 995 \text{ kg/cm}^2 ,$$

$$\tau_{zul} = 1120 \text{ kg/cm}^2 .$$

Berechnung nach BE 804.

Die maßgebenden Querschnitte sind:

für den Stab bei Druck: $F_m = F$,

Zug: $F'_m = F - \Delta F$;

$$\varkappa = \frac{\min \sigma_d}{\max \sigma_z} = \frac{-P_d}{1{,}15 \cdot P_z} = -\frac{13{,}9}{1{,}15 \cdot 18{,}3} = -0{,}66 .$$

Zug: zul $\sigma_D = 1190 \text{ kg/cm}^2$.
Druck: zul $\sigma_D = 1253 \text{ kg/cm}^2$.
Erforderlicher Stabquerschnitt:

$$F_{erf} = 1{,}15 \cdot \frac{S}{\text{zul } \sigma_D} = 1{,}15 \cdot \frac{18300}{1190} = 17{,}7 \text{ cm}^2 .$$

Gewählter Querschnitt: 2 L $60 \times 60 \times 8$ mit $F = 2 \cdot 9{,}03 = 18{,}06 \text{ cm}^2$;
Nietdurchmesser $d = 16$ mm; geschlagener Nietdurchmesser $d_1 = 17$ mm;
Nutzbarer Querschnitt bei Zug $F'_m = 18{,}06 - 2 \cdot 1{,}7 \cdot 0{,}8 = 15{,}34 \text{ cm}^2$.
Zugspannung

$$\sigma_z = \frac{P_z}{F'_m} = \frac{18300}{15{,}34} = 1190 \text{ kg/cm}^2 = \text{zul } \sigma_D .$$

Druckspannung

$$\sigma_d = \frac{P_d}{F_m} = \frac{13900}{18{,}06} = 770 \text{ kg/cm}^2 < \text{zul } \sigma_D .$$

Nietzahl $z = 5$.
Lochleibungsdruck:

$$\min \sigma_l = \frac{P_d}{z \cdot d_1 \cdot s} = \frac{13900}{5 \cdot 1{,}7 \cdot 1} = -1635 \text{ kg/cm}^2 ,$$

$$\max \sigma_l = \frac{P_z}{z \cdot d_1 \cdot s} = \frac{18300}{5 \cdot 1{,}7 \cdot 1} = 2150 \text{ kg/cm}^2 ,$$

$$\varkappa = \frac{\min \sigma_l}{\max \sigma_l} = -\frac{1635}{2150} = -0{,}76 ,$$

$$\text{zul } \sigma_{lD} \approx 2290 \text{ kg/cm}^2 .$$

Vorhandene Scherspannung im Nietschaft:

$$\min \tau_{vorh} = \frac{P_d}{2 \cdot z \cdot \pi \frac{d_1^2}{4}} = \frac{13900}{2 \cdot 5 \cdot \pi \cdot \frac{1{,}7^2}{4}} = -614 \text{ kg/cm}^2 ,$$

$$\max \tau_{vorh} = \frac{P_z}{2 \cdot z \cdot \pi \cdot \frac{d_1^2}{4}} = \frac{18300}{2 \cdot 5 \cdot \pi \cdot \frac{1{,}7^2}{4}} = 808 \text{ kg/cm}^2 ,$$

$$\varkappa = \frac{\min \tau_{vorh}}{\max \tau_{vorh}} = -\frac{614}{808} = -0{,}76 ,$$

$$\text{zul } \tau_D = 1145 \text{ kg/cm}^2 .$$

b) Schweißanschluß (Abb. 194b) Stabkraftverhältnis:

$$\frac{S_{min}}{S_{max}} = -\frac{13{,}9}{18{,}3} = -0{,}76 .$$

Die zulässige Spannung wird bei diesem Verhältnis für bearbeitete Nähte aus Linie E (Abb. 156) entnommen zu zul $\sigma_D = 800 \text{ kg/cm}^2$.
Erforderlicher Stabquerschnitt:

$$F_{erf} = \frac{S_{max}}{\text{zul } \sigma_D} = \frac{18300}{800} = 22{,}9 \text{ cm}^2 .$$

Werden die Nahtenden nicht bearbeitet, dann ist die zulässige Spannung nach Linie F

$$\text{zul } \sigma_D = 560 \text{ kg/cm}^2 \text{ und } F_{erf} = \frac{18300}{560} = 32,7 \text{ cm}^2 .$$

Gewählter Querschnitt. Nahtenden bearbeitet:

$$2 \text{ L } 70 \times 70 \times 9 \text{ mit } F = 2 \cdot 11,9 = 23,8 \text{ cm}^2 .$$

Nahtenden unbearbeitet:

$$2 \text{ L } 75 \times 75 \times 12 \text{ mit } F = 2 \cdot 16,7 = 33,4 \text{ cm}^2 .$$

Bei unbearbeiteten Nahtenden ist ein Mehraufwand an Werkstoff von mindestens 43% erforderlich. Die Nahtenden sind daher stets zu bearbeiten. Spannung des Stabes $2 \text{ L } 70 \times 70 \times 9$ (Nahtenden bearbeitet)

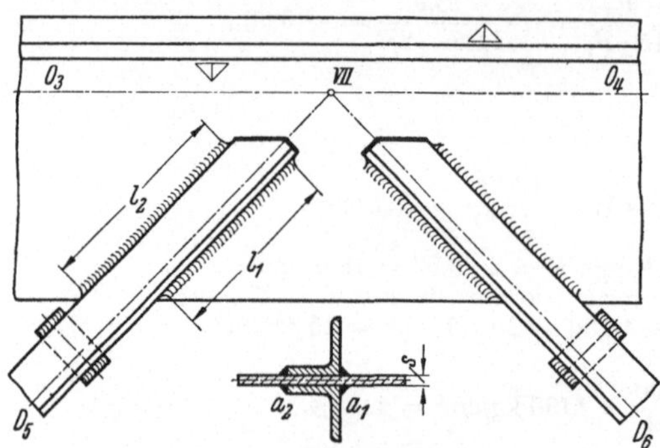

Abb. 195. Schweißanschluß der Diagonalen D_5 und D_6 (Abb. 178, S. 108) an den Obergurt

$$\sigma_I = \frac{\max S_I}{F_{vorh}} = \frac{18300}{23,8} = 769 \text{ kg/cm}^2 ,$$

$$\text{zul } \sigma_D = 800 \text{ kg/cm}^2 .$$

Erforderlicher Schweißquerschnitt:

$$F_{erf} = \frac{S_{max}}{\text{zul } \sigma_D} = \frac{18300}{915} = 20,0 \text{ cm}^2 .$$

Rechte Schweißnähte. Erforderlicher Querschnitt:

$$F_1 = F_{erf} \cdot \frac{e_2}{e_1 + e_2} = 20 \cdot \frac{49,5}{70}$$

$$= 14,1 \text{ cm}^2 .$$

Mit der Nahtdicke $a_1 \leqq 0,7 \cdot 9 \approx 6$ mm ist die erforderliche Nahtlänge:

$$l_1 = \frac{F_1}{2 \, a_1} = \frac{14,1}{2 \cdot 0,6} = 11,75 \text{ cm} \approx 120 \text{ mm} .$$

Linke Schweißnaht. Erforderlicher Querschnitt:

$$F_2 = F_{erf} \cdot \frac{e_1}{e_1 + e_2} = 20 \cdot \frac{20,5}{70} = 5,85 \text{ cm}^2 .$$

Mit der angenommenen Nahtdicke $a_2 = 4$ mm ist die erforderliche Nahtlänge

$$l_2 = \frac{F_2}{2 \cdot a_2} = \frac{5,85}{2 \cdot 0,4} = 7,3 \text{ cm} .$$

Ausgeführte Nahtlänge $l_2 = 80$ mm.

Der theoretische Werkstoffaufwand ist für den geschweißten Stabanschluß um 29% höher als für den genieteten Anschluß.

Gegenüberstellung der Anschlüsse

Berechnungs-verfahren	Nietanschluß		Schweißanschluß
	DIN 120	BE 804	DV 848
Stab	$2 \text{ L } 70 \times 70 \times 7$	$2 \text{ L } 60 \times 60 \times 8$	$2 \text{ L } 70 \times 70 \times 9$
Querschnitt	18,8 cm² = 104%	18,06 = 100%	23,8 = 131,5%
Anschlußlänge	270 mm = 100%	270 mm = 100%	130 mm = 50%

Der genietete Anschluß ist in diesem Fall wirtschaftlicher und dem Schweißanschluß vorzuziehen. Dies trifft bei Anschlüssen mit bearbeiteten Nähten und einem Belastungsverhältnis von

$$\frac{S_{min}}{S_{max}} = -1 \cdots + 0,1$$

zu.

    Abb. 195 zeigt die Schweißanschlüsse der Diagonalen D_5 und D_6 an den Obergurt des Trägers Abb. 178, die den Schweißnahtdicken a_1 und a_2 entsprechenden Nahtlängen sind mit l_1 und l_2 bezeichnet.

5.24 Der unterspannte Balken (Langersche Balken)

Das Bestreben, die Laufkranträger mit geringstem Werkstoffaufwand auszuführen, weist auf die Anwendung des Langerschen Balkens (Abb. 196) hin [48]. Bei diesem fallen die Diagonalen der Fachwerkträger (Abb. 177 u. 178, S. 108) fort. Der Langersche Balken besteht aus einem Biegeträger, der durch ein Zugband unterspannt ist, dessen Knickpunkte auf einer Parabel liegen und einer Anzahl der Feldweite w entsprechender Vertikalstäbe (Pfosten).

Der Träger ist einfach statisch unbestimmt. Zur Berechnung [47] denke man sich das Zugband in der Mitte durchgeschnitten und an den Enden die Größe $X = -1$ t entgegengesetzt angebracht.

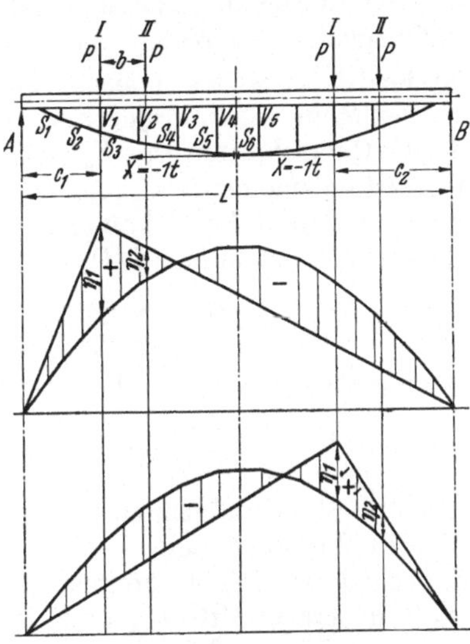

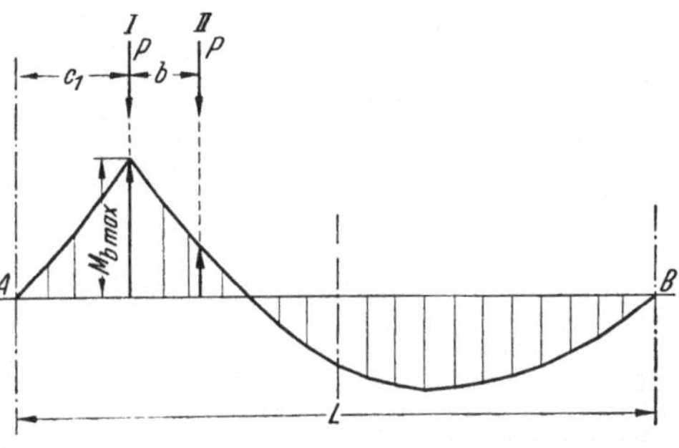

Abb. 196 bis 198. Langerscher Balken. Einflußlinien der Biegemomente

Abb. 199. Biegemomente zum Langerschen Balken (Abb. 196)

Mit dieser Größe werden die Stabkräfte V in den Vertikalen und S_1 bis S_6 im Zugband bestimmt.

Die Erweiterung an der Schnittstelle aus der Verkehrslast δ_a' wird mittels eines Verschiebeplanes gefunden [46]. Für δ_a'' aus der ständigen Last kann ein Zuschlag von etwa 10% auf δ_a' gemacht werden. Aus den Verschiebungen werden die der Belastung entsprechende Größe X und die Biegemomente M_b bestimmt. Während bei dem üblichen Träger (Abb. 177 u. 178) das größte Biegemoment in der Mitte auftritt, ist dies beim Langerschen Balken im Abstand c_1 vom linken Auflager (s. Einflußlinie Abb. 197) der Fall. Das im Abstand c_2 vom rechten Auflager auftretende Biegemoment ist etwas kleiner (s. Einflußlinie Abb. 198).

Abb. 199 zeigt das im Abstand c_1 der Einflußlinie auftretende größte Biegemoment $M_{b\,max}$, für das der Balken bemessen wird. Die Stabkräfte in den Vertikalen sind verhältnismäßig klein.

Wenn auch die Anwendung des Langerschen Balkens nicht die im Schrifttum angegebene Gewichtsersparnis von 50% erreicht, so hat diese Bauart dem Fachwerkträger gegenüber den Vorzug der einfacheren Gestaltung und geringeren Formänderung. Auch treten im Gegensatz zu den Schweißanschlüssen des Fachwerkträgers keine kritischen Spannungsspitzen auf. Wenn auch die erreichbare Gewichtsersparnis gegenüber dem Fachwerkträger nicht groß wird, so erfordert der Langersche Balken, da nur die Anschlüsse der Vertikalen an den Balken und an das Zugband erforderlich sind, wenig Schweißarbeit.

Gestaltung des Langerschen Balkens s. Abschnitt „Stahltragwerke der Krane".

8*

5.25 Der Rahmenträger

Bei größeren Stützweiten und Tragkräften bietet der Rahmenträger (Abb. 200) dem Fachwerkträger gegenüber wesentliche Vorteile. Dies gilt besonders für den Fortfall der Diagonalen mit ihren geringen Dauerfestigkeitswerten für die Schweißanschlüsse. Bei dem Rahmenträger sind die Vertikalen (Pfosten) mit dem Ober- und Untergurt durch biegesteife Ecken verbunden. Der Rahmenträger kann so ausgebildet werden, daß seine größte Beanspruchung in der Trägermitte gleich der Beanspruchung am Trägerende (im Anfahrmaß e der Katze) ist [44].

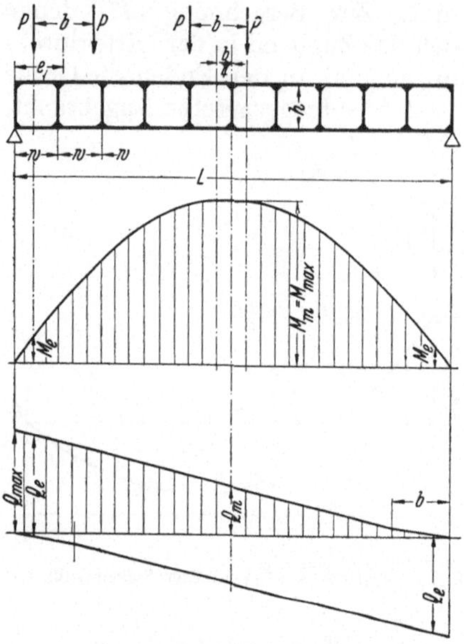

Die Feldweite w des Trägers läßt sich aus den Momenten und Querkräften für gleiche Querschnittswerte F_g [cm²] und Widerstandsmomente W_g [cm³] der Gurtungen mit den Bezeichnungen in Abb. 201 u. 202 bestimmen [44].

$$\frac{M_m}{h\,F_g} + \frac{Q_m w}{4\,W_g} = \frac{M_e}{h\,F_g} + \frac{Q_e w}{4\,W_g}.$$

Hieraus wird die Feldweite erhalten zu

$$w = \frac{M_m - M_e}{Q_e - Q_m} \cdot \frac{4\,W_g}{h\,F_g} \ [\text{cm}]\ .$$

Die Formel läßt sich allgemein für zwei beliebige Punkte aufstellen.

In besonderen Fällen können die Querkraft in Trägermitte Q_m und das Biegemoment M_e am Trägerende vernachlässigt werden. Die günstigste Feldweite ist dann

$$w' = \frac{M_m\,4\,W_g}{Q_e\,h\,F_g}\ [\text{cm}].$$

Abb. 200 bis 202. Rahmenträger, Biegemomente und Querkräfte aus der Verkehrslast

Vergleich zwischen den Pfosten eines Rahmenträgers und den Füllungsstäben eines Fachwerksträgers (Parallelträgers) siehe [44].

5.3 Berechnungsgrundlagen für den Brückenbau

Für die Berechnung *geschweißter Eisenbahnbrücken* sind die „Vorschriften für geschweißte Eisenbahnbrücken" (DV 848, Ausgabe 1955) heranzuziehen, die sinngemäß auch für Fachwerkbrücken mit geschweißten Stäben und genieteten oder geschraubten Anschlüssen gelten. Bei der Neufassung der Vorschrift ist man vom α—γ-Verfahren abgegangen. Man geht so vor, daß nach den Methoden der Baustatik zunächst die maximale Grenzspannung max σ ermittelt wird, die man dann unmittelbar mit der dem jeweils maßgebenden Grenzspannungsverhältnis $\varkappa = \dfrac{\min \sigma}{\max \sigma}$ zugeordneten zulässigen Dauerfestigkeit zul σ_D vergleicht. Dabei kann σ eine Normalspannung, eine Schubspannung oder eine Hauptspannung sein. Es ist demnach der Nachweis

$$\max \sigma \leqq \text{zul } \sigma_D, \quad \max \tau \leqq \text{zul } \tau_D \quad \text{oder} \quad \max \sigma_h \leqq \text{zul } \sigma_D$$

zu führen. Die zulässigen Dauerfestigkeitswerte sind in Abhängigkeit von

$$\varkappa = \frac{\min \sigma}{\max \sigma} \quad \text{oder} \quad = \frac{\min \tau}{\max \tau} \quad \text{oder} \quad = \frac{\min \sigma_h}{\max \sigma_h}$$

aus den Abb. 203 und 204 (mit Tabelle 36) zu entnehmen.

Die zulässigen Dauerfestigkeitswerte sind gegenüber der früheren Fassung der DV 848 (Ausgabe 1951) wesentlich erhöht worden. Unter anderem konnte, auf Versuchswerte gestützt, auch der dauerfestigkeitsmindernde Einfluß der Anschlußnähte von Stegblechaus-

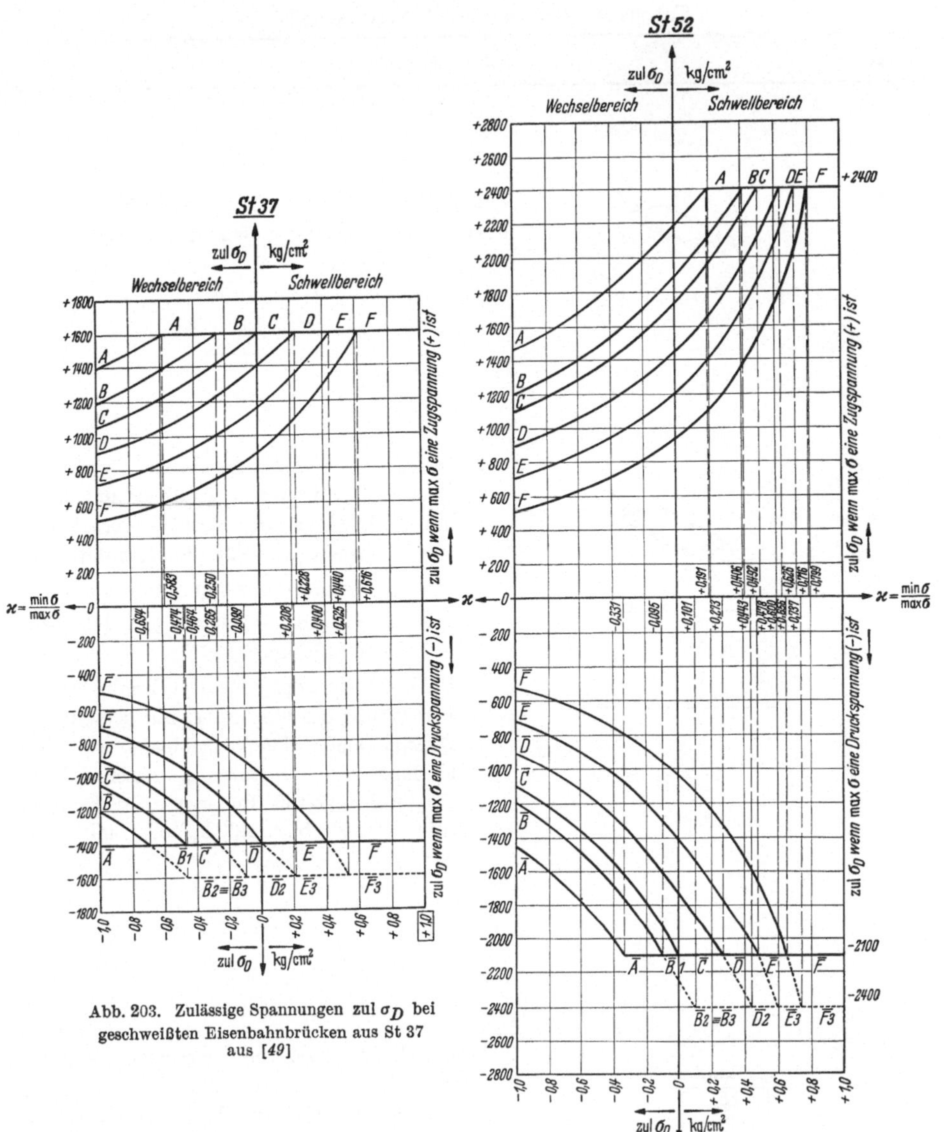

Abb. 203. Zulässige Spannungen zul σ_D bei
geschweißten Eisenbahnbrücken aus St 37
aus [49]

Abb. 204. Zulässige Spannungen zul σ_D bei
geschweißten Eisenbahnbrücken aus St 52
aus [49]

steifungen günstiger bewertet werden. Für den Dauerfestigkeitsnachweis im Zugbereich
gilt als oberste Grenze für zul σ_D der Wert von 1600 bzw. 2400 kg/cm² für St 37 bzw. 52.
Auch für die Berechnung im Maschinenbau können wertvolle Schlüsse aus den auf den neuesten
Versuchsergebnissen basierenden Werten für zul σ_D gezogen werden.

Bei zusammengesetzter Beanspruchung ist die Vergleichsspannung unter Zugrunde-
legung der Hauptspannungshypothese zu bilden:

$$\max \sigma_h = \frac{1}{2}\left(\sigma \pm \sqrt{\sigma^2 + 4\,\tau^2}\right) \leqq \text{zul } \sigma_D \,.$$

Tabelle 36. *Bewertung der Schweißverbindungen*

Linie	Art der Verbindung

A — Auf Biegung oder durch Längskraft beanspruchte ungestoßene Bauteile (Vollstab).

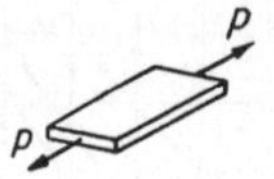

B

1. Durch Stumpfnaht-Sondergüte gestoßene Bauteile (Naht quer zur Kraftrichtung, kerbfrei in Kraftrichtung blecheben bearbeitet, Wurzel gegengeschweißt, durchstrahlt).
2. Stumpfnaht am Stegblechquerstoß, bearbeitet. Für max σ Druck (—) ist zul $\sigma_D \leqq 1600$ bzw. 2400 kg/cm² (Linie $\overline{B}\,2$).
3. Halsnaht (Stumpf-, K- oder Kehlnaht) zur Verbindung des Stegbleches mit den Gurten. Durchlaufende Flankenkehlnaht zur Verbindung der Gurtplatten untereinander. Stegblechlängsstoß. Für max σ Druck (—) ist zul $\sigma_D \leqq 1600$ bzw. 2400 kg/cm² (Linie $\overline{B}\,3$).

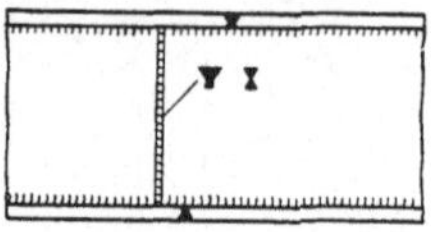

C

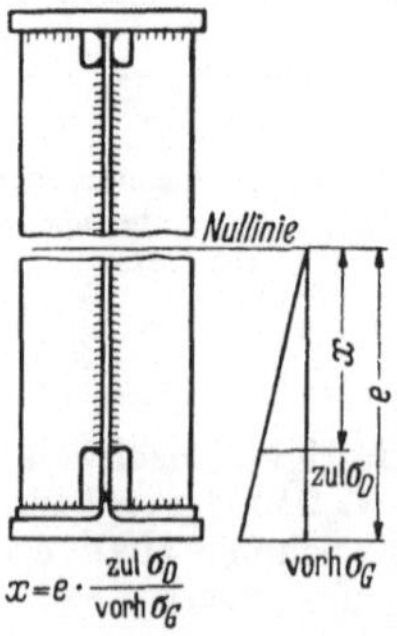

Stegblech am Ende von Quer- oder Längsaussteifungen, wenn die Kehlnähte der Aussteifung um die Kanten der Ausschnitte herumgezogen und in der Zugzone an den Übergängen bearbeitet werden.

Stab mit eingeschweißten Querschotten (vgl. Skizze E 4 und F 4). Mehrteiliger Stab mit eingeschweißten Bindeblechen (vgl. Skizze F 5). Gurt von Vollwandträgern mit Quer- oder Längsnähten wie von Aussteifungen und Schwellenwinkeln.

} nur im Druckschwellbereich $\varkappa \geqq 0$.

Tabelle 36 (Fortsetzung). *Bewertung der Schweißverbindungen*

Linie	Art der Verbindung
D	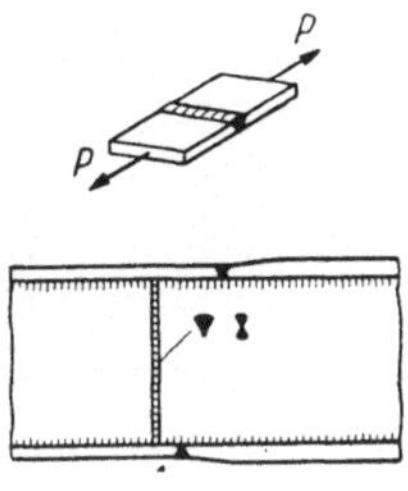 1. Durch Stumpfnaht-Normalgüte gestoßene Bauteile (Naht quer zur Kraftrichtung, Wurzel gegengeschweißt, durchstrahlt). 2. Stumpfnaht am Stegblechquerstoß, unbearbeitet. Für max σ Druck (—) ist zul $\sigma_D \leqq 1600$ bzw. 2400 kg/cm² (Linie $\overline{D}\,2$). Stegblech am Ende von Quer- oder Längsaussteifungen, wenn die Kehlnähte der Aussteifungen um die Kanten der Ausschnitte herumgezogen, jedoch in der Zugzone an den Übergängen nicht bearbeitet werden (vgl. Skizze bei C).
E	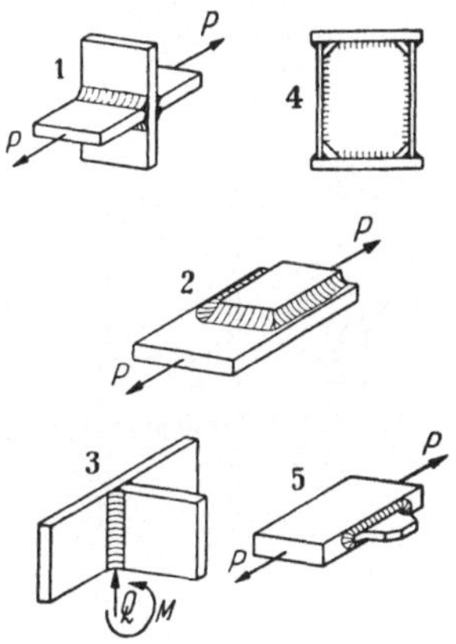 1. K-Naht quer zur Kraftrichtung. 2. Stoßlasche oder Grundquerschnitt am Ende einer Gurtplatte mit bearbeiteter Stirnkehlnaht. 3. Trägeranschluß mit K-Naht. Für max σ Druck (—) ist zul $\sigma_D \leqq 1600$ bzw. 2400 kg/cm² (Linie $\overline{E}\,3$). 4. Stab mit eingeschweißten Querschotten, wenn die Ecken der Schotte ausgeschnitten und die Kehlnähte um die Kanten der Ausschnitte herumgezogen werden. *(im Druckschwellbereich ($\varkappa \geqq 0$) Berechnung nach Linie C)* 5. Stab mit seitlich in der Kraftrichtung laufenden, endenden Stumpf- oder Kehlnähten, wenn die Nahtenden unter Ausrundung der Querschnittsübergänge abgearbeitet werden.
F	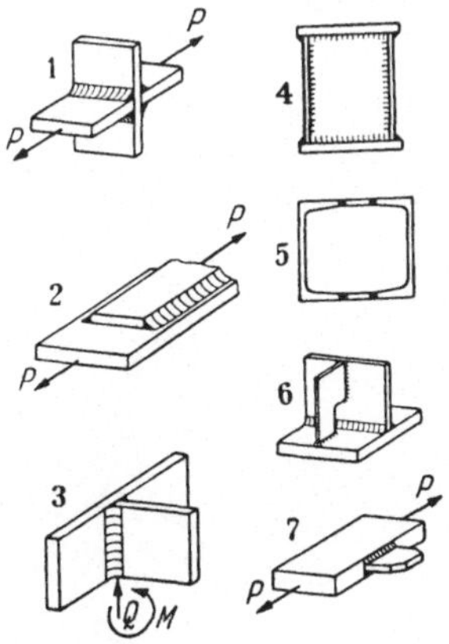 1. Kehlnaht quer zur Kraftrichtung. 2. Stoßlasche oder Grundquerschnitt am Ende einer Gurtplatte mit Flankenkehlnähten. 3. Trägeranschluß mit Kehlnähten. Für max σ Druck (—) ist zul $\sigma_D \leqq 1600$ bzw. 2400 kg/cm² (Linie $\overline{F}\,3$). 4. Stab mit vollständig eingeschweißten Querschotten. 5. Mehrteiliger Stab mit eingeschweißten Bindeblechen. 6. Gurt von Vollwandträgern mit Quer- oder Längsnähten wie von Aussteifungen und Schwellenwinkeln. *(im Druckschwellbereich ($\varkappa \geqq 0$) Berechnung nach Linie C.)* 7. Stab mit seitlich in der Kraftrichtung laufenden, endenden Stumpf- oder Kehlnähten ohne Bearbeitung.

Tabelle 36a. *Zulässige Spannungen* zul σ_D *und* zul τ_D *bei geschweißten Eisenbahnbrücken aus St 37*

1	2	3	4	5	6	7	8	9	10

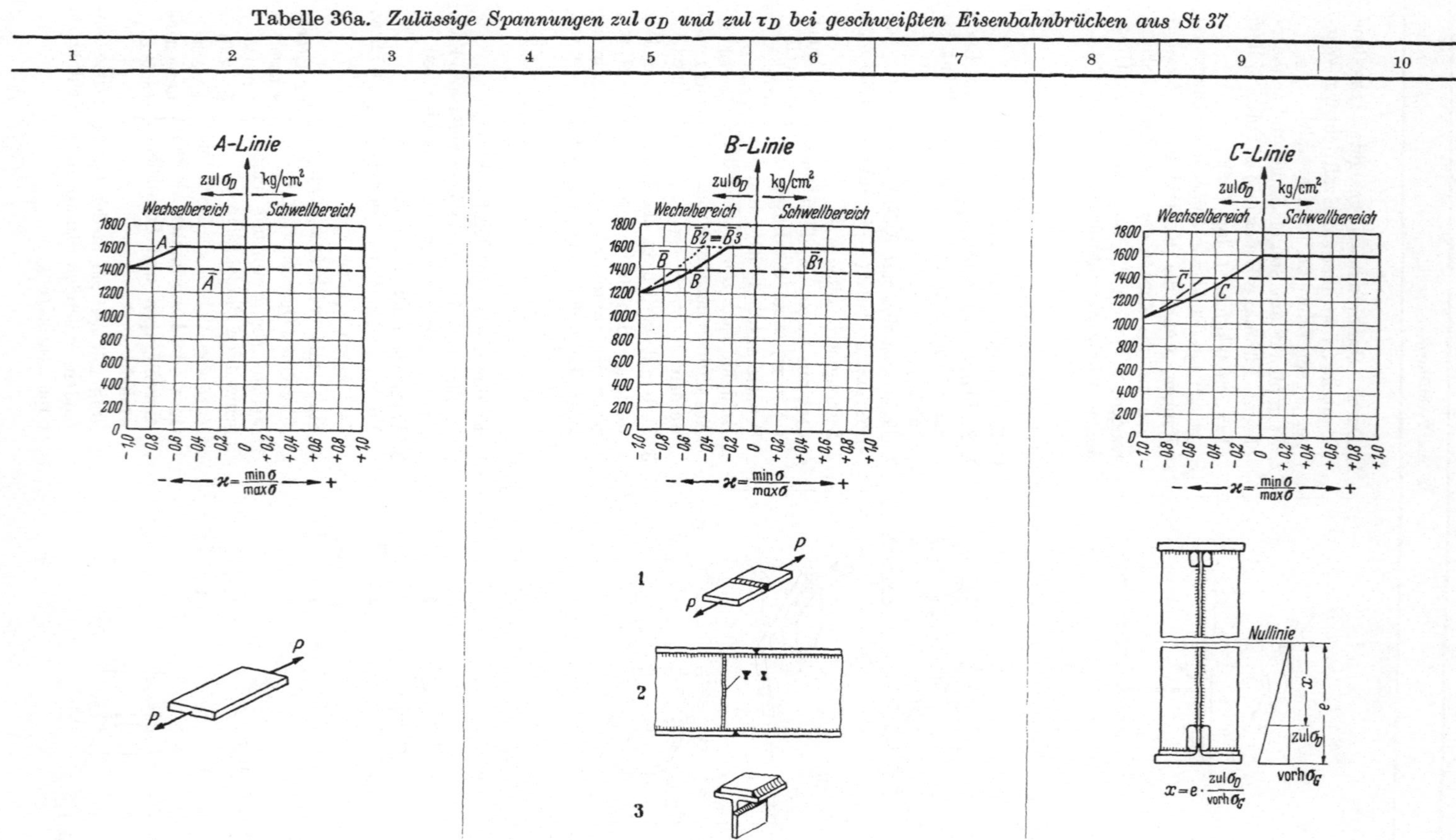

Die Zahlen sind in kg/cm² angegeben. Die rund eingeklammerten Zahlen dienen zur Interpolation. Zwischenwerte sind geradlinig einzuschalten

$\varkappa = \dfrac{\min\sigma}{\max\sigma}$	zul σ_D	
	wenn max σ eine Zugspannung (+)	wenn max σ eine Druckspannung (—)
	Linie A	Linie $\overline{\text{A}}$
—1,0	1400	
—0,9	1443	
—0,8	1489	
—0,7	1538	
—0,6	1591	
—0,583	1600	
—0,5	(1647)	
—0,4		
—0,3		
—0,2		
—0,1		
—0,0		1400
+0,1		
+0,2	1600	
+0,3		
+0,4		
+0,5		
+0,6		
+0,7		
+0,8		
+0,9		
+1,0		

$\varkappa = \dfrac{\min\sigma}{\max\sigma}$	zul σ_D		
	wenn max σ eine Zugspannung (+)	wenn max σ eine Druckspannung (—)	
	Linie B	Linie $\overline{\text{B}}$ 1	Linie $\overline{\text{B}}$ 2, 3
—1,0	1200	1200	1200
—0,9	1241	1259	1259
—0,8	1286	1324	1324
—0,7	1333	1395	1395
—0,694	1336	1400	1400
—0,6	1385	(1475)	1475
—0,5	1440		1565
—0,464			1600
—0,4	1500		(1667)
—0,3	1565		
—0,25	1600		
—0,2	(1636)		
—0,1		1400	
0,0			
+0,1			1600
+0,2			
+0,3	1600		
+0,4			
+0,5			
+0,6			
+0,7			
+0,8			
+0,9			
+1,0			

$\varkappa = \dfrac{\min\sigma}{\max\sigma}$	zul σ_D	
	wenn max σ eine Zugspannung (+)	wenn max σ eine Druckspannung (—)
	Linie C	Linie $\overline{\text{C}}$
—1,0	1050	1050
—0,9	1087	1102
—0,8	1127	1160
—0,7	1171	1224
—0,6	1217	1296
—0,5	1268	1377
—0,474	1282	1400
—0,4	1323	(1469)
—0,3	1383	
—0,2	1448	
—0,1	1520	
0,0	1600	
+0,1		
+0,2		
+0,3		
+0,4		
+0,5	1600	1400
+0,6		
+0,7		
+0,8		
+0,9		
+1,0		

Tabelle 36a (Fortsetzung). *Zulässige Spannungen* zul σ_D *und* zul τ_D *bei geschweißten Eisenbahnbrücken aus St 37*

11	12	13	14	15	16	17	18	19	20	21	22	23	24	

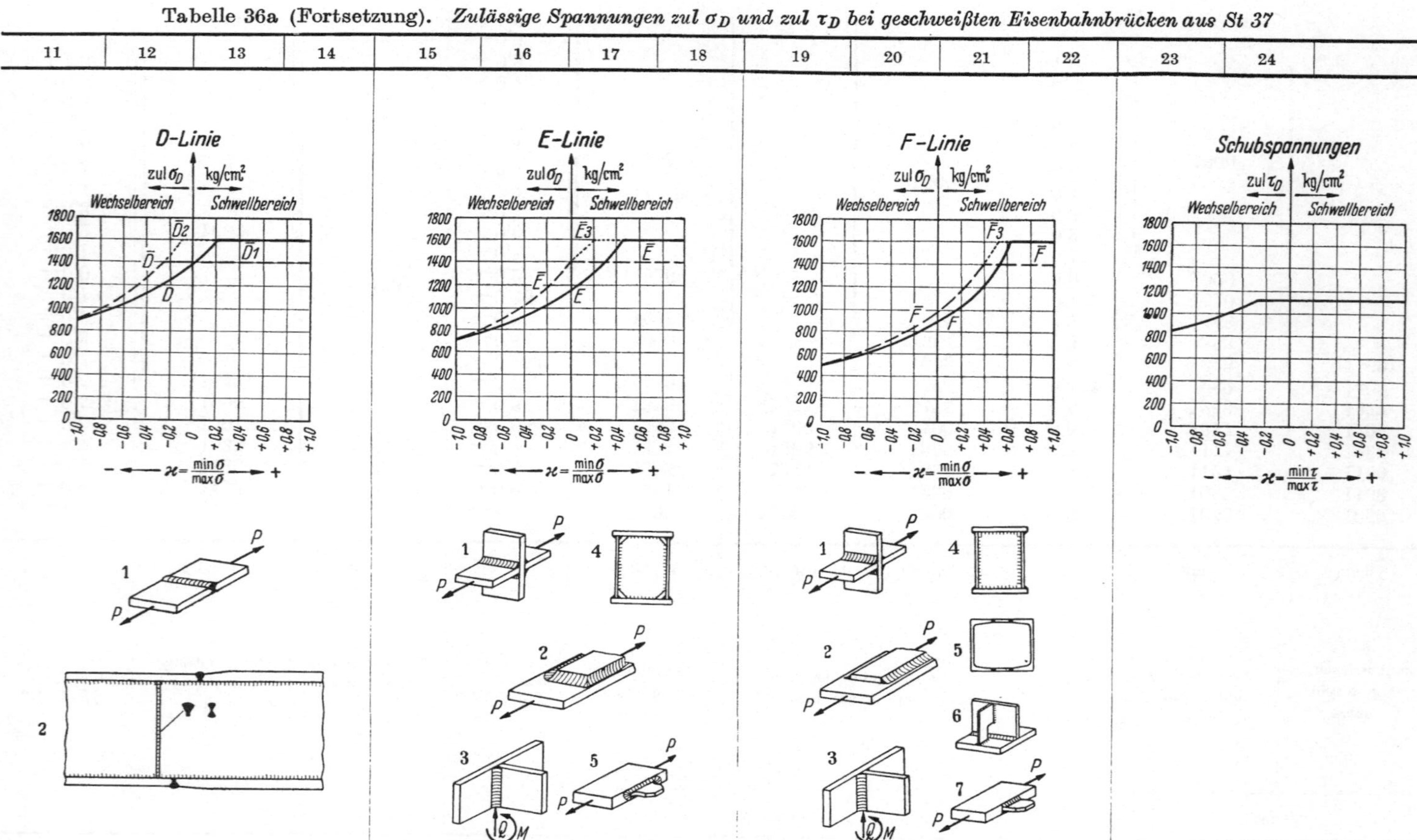

Die Zahlen sind in kg/cm² angegeben. Die rund eingeklammerten Zahlen dienen nur der Interpolation. Zwischenwerte sind geradlinig einzuschalten

zul σ_D

$\varkappa = \dfrac{\min\sigma}{\max\sigma}$	wenn max σ eine Zugspannung (+)	wenn max σ eine Druckspannung (—)	
	Linie D	Linie $\overline{\text{D}}$1	Linie $\overline{\text{D}}$2
—1,0	900	900	900
—0,9	933	946	946
—0,8	969	997	997
—0,7	1008	1054	1054
—0,6	1050	1117	1117
—0,5	1096	1189	1189
—0,4	1145	1270	1270
—0,3	1200	1364	1364
—0,265	1220	1400	1400
—0,2	1260	(1472)	1472
—0,1	1326		1599
—0,099			1600
0,0	1400		(1750)
+0,1	1481		
+0,2	1572		
+0,228	1600	1400	
+0,3	(1676)		
+0,4			1600
+0,5			
+0,6	1600		
+0,7			
+0,8			
+0,9			
+1,0			

zu σ_D

$\varkappa = \dfrac{\min\sigma}{\max\sigma}$	wenn max σ eine Zugspannung (+)	wenn max σ eine Druckspannung (—)	
	Linie E	Linie $\overline{\text{E}}$	Linie $\overline{\text{E}}$ 3
—1,0	710	710	710
—0,0	739	747	747
—0,8	770	788	788
—0,7	804	833	833
—0,6	840	884	884
—0,5	881	942	942
—0,4	925	1008	1008
—0,3	975	1084	1084
—0,2	1030	1172	1172
—0,1	1091	1276	1276
0,0	1160	1400	1400
+0,1	1237		1489
+0,2	1326		1591
+0,208			1600
+0,3	1428		(1707)
+0,4	1547		
+0,440	1600	1400	
+0,5	(1688)		
+0,6			1600
+0,7	1600		
+0,8			
+0,9			
+1,0			

zul σ_D

$\varkappa = \dfrac{\min\sigma}{\max\sigma}$	wenn max σ eine Zugspannung (+)	wenn max σ eine Druckspannung (—)	
	Linie F	Linie $\overline{\text{F}}$	Linie $\overline{\text{F}}$ 3
—1,0	500	500	500
—0,9	523	526	526
—0,8	549	556	556
—0,7	577	588	588
—0,6	608	625	625
—0,5	643	667	667
—0,4	682	714	714
—0,3	726	769	769
—0,2	776	833	833
—0,1	833	909	909
0,0	900	1000	1000
+0,1	969	1077	1077
+0,2	1049	1167	1167
+0,3	1143	1273	1273
+0,4	1257	1400	1400
+0,5	1395		1555
+0,525			1600
+0,6	1568		(1749)
+0,616	1600	1400	
+0,7	(1789)		1600
+0,8	1600		
+0,9			
+1,0			

zul τ_D

$\varkappa = \dfrac{\min\tau}{\max\tau}$	zul τ_D
—1,0	840
—0,9	869
—0,8	900
—0,7	933
—0,6	969
—0,5	1008
—0,4	1050
—0,3	1096
—0,25	1120
—0,2	(1145)
—0,1	
0,0	
+0,1	
+0,2	
+0,3	
+0,4	1120
+0,5	
+0,6	
+0,7	
+0,8	
+0,9	
+1,0	

Tabelle 36b. *Zulässige Spannungen zul σ_D und zul τ_D bei geschweißten Eisenbahnbrücken aus St 52*

[1	2	3	4	5	6	7	8	9	10

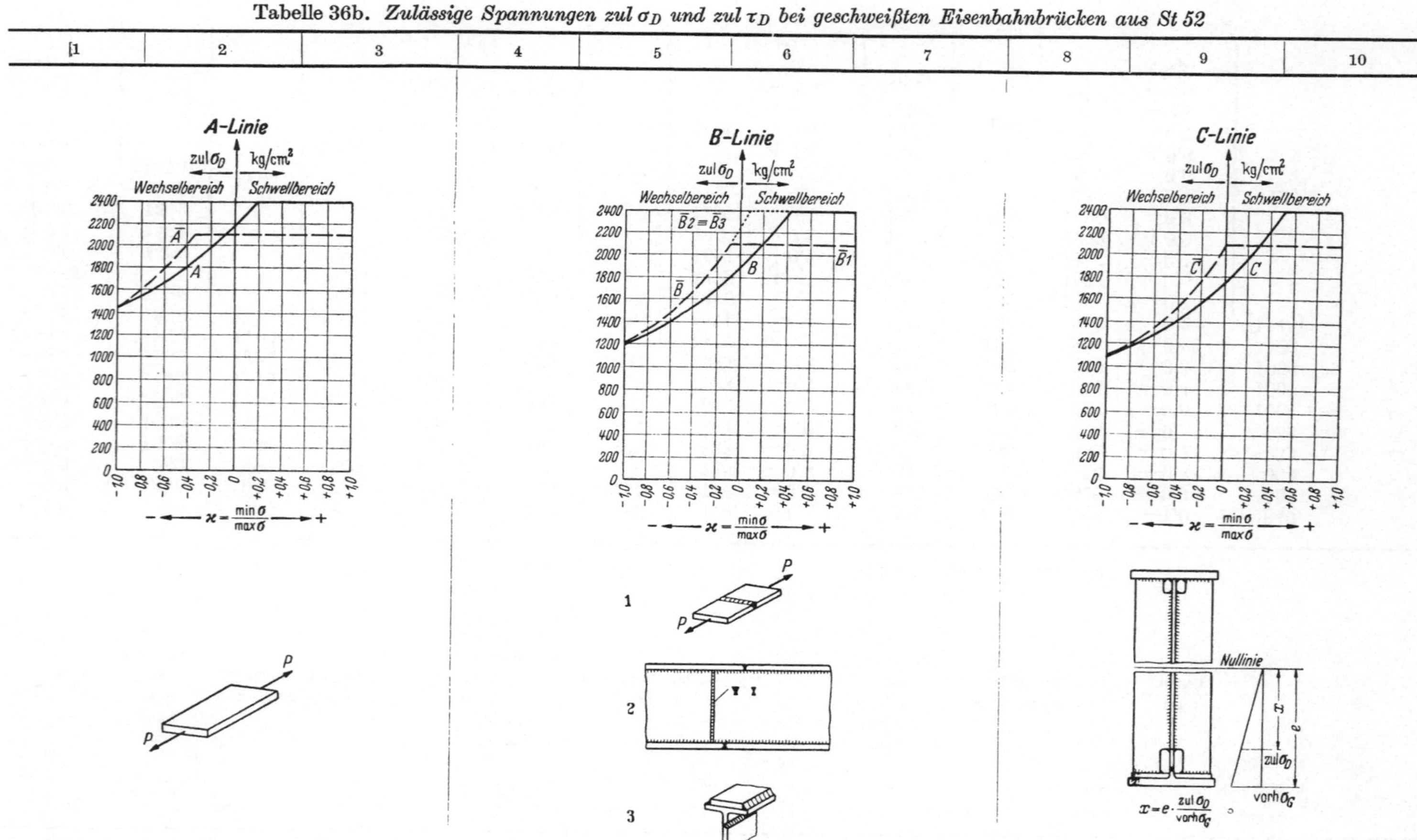

Die Zahlen sind in kg/cm² angegeben. Die rund eingeklammerten Zahlen dienen nur der Interpolation. Zwischenwerte sind geradlinig einzuschalten

$\varkappa = \dfrac{\min \sigma}{\max \sigma}$	zul σ_D	
	wenn max σ eine Zugspannung (+)	wenn max σ eine Druckspannung (—)
	Linie A	Linie $\overline{\text{A}}$
—1,0	1450	1450
—0,9	1501	1520
—0,8	1556	1598
—0,7	1615	1684
—0,6	1679	1780
—0,5	1748	1887
—0,4	1823	2008
—0,331	1878	2100
—0,3	1905	(2145)
—0,2	1994	
—0,1	2092	
0,0	2200	
+0,1	2300	
+0,191	2400	
+0,2	(2410)	2100
+0,3		
+0,4		
+0,5		
+0,6	2400	
+0,7		
+0,8		
+0,9		
+1,0		

$\varkappa = \dfrac{\min \sigma}{\max \sigma}$	zul σ_D		
	wenn max σ eine Zugspannung (+)	wenn max σ eine Druckspannung (—)	
	Linie B	Linie $\overline{\text{B}}$1	Linie $\overline{\text{B}}$ 2, 3
—1,0	1200	1200	1200
—0,9	1246	1260	1260
—0,8	1296	1326	1326
—0,7	1349	1399	1399
—0,6	1407	1481	1481
—0,5	1471	1572	1572
—0,4	1541	1676	1676
—0,3	1617	1795	1795
—0,2	1702	1932	1932
—0,1	1795	2092	2092
—0,095	1800	2100	2100
0,0	1900	(2280)	2280
+0,1	2003		2398
+0,101			2400
+0,2	2117		(2529)
+0,3	2246		
+0,4	2390	2100	
+0,406	2400		
+0,5	(2555)		
+0,6			2400
+0,7	2400		
+0,8			
+0,9			
+1,0			

$\varkappa = \dfrac{\min \sigma}{\max \sigma}$	zul σ_D	
	wenn max σ eine Zugspannung (+)	wenn max σ eine Druckspannung (—)
	Linie C	Linie $\overline{\text{C}}$
—1,0	1100	1100
—0,9	1142	1155
—0,8	1188	1216
—0,7	1238	1283
—0,6	1292	1359
—0,5	1351	1444
—0,4	1415	1540
—0,3	1486	1650
—0,2	1565	1777
—0,1	1652	1925
0,0	1750	2100
+0,1	1852	
+0,2	1967	
+0,3	2097	
+0,4	2245	
+0,492	2400	
+0,5	(2416)	2100
+0,6		
+0,7	2400	
+0,8		
+0,9		
+1,0		

Tabelle 36b (Fortsetzung). *Zulässige Spannungen zul σ_D und zul τ_D bei geschweißten Eisenbahnbrücken aus St 52*

11	12	13	14	15	16	17	18	19	20	21	22	23	24

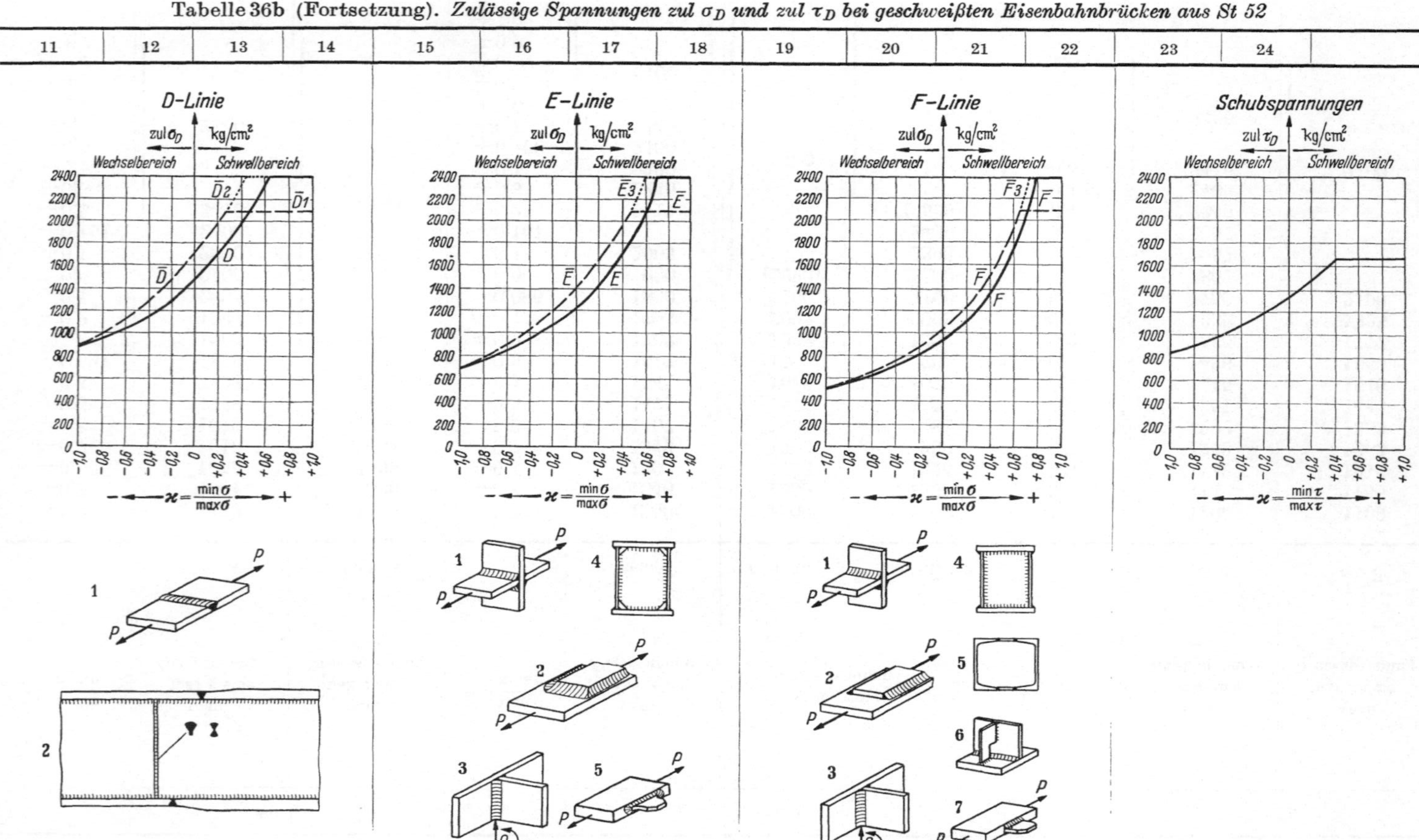

Die Zahlen sind in kg/cm² angegeben. Die rund eingeklammerten Zahlen dienen nur der Interpolation. Zwischenwerte sind geradlinig einzuschalten

zul σ_D

$\varkappa = \dfrac{\min \sigma}{\max \sigma}$	wenn max σ eine Zugspannung (+)	wenn max σ eine Druckspannung (−)	
	Linie D	Linie $\overline{\text{D}}$ 1	Linie $\overline{\text{D}}$ 2
—1,0	900	900	900
—0,9	936	946	946
—0,8	975	997	997
—0,7	1017	1054	1054
—0,6	1063	1117	1117
—0,5	1114	1189	1189
—0,4	1169	1270	1270
—0,3	1230	1364	1364
—0,2	1298	1472	1472
—0,1	1375	1599	1599
0,0	1460	1750	1750
+0,1	1557	1864	1864
+0,2	1669	1994	1994
+0,273	1761	2100	2100
+0,3	1798	(2143)	2143
+0,4	1948		2316
+0,443			2400
+0,5	2125		(2520)
+0,6	2338	2100	
+0,626	2400		
+0,7	(2598)		2400
+0,8	2400		
+0,9			
+1,0			

zul σ_D

$\varkappa = \dfrac{\min \sigma}{\max \sigma}$	wenn max σ eine Zugspannung (+)	wenn max σ eine Druckspannung (−)	
	Linie E	Linie $\overline{\text{E}}$	Linie $\overline{\text{E}}$ 3
—1,0	720	720	720
—0,9	751	757	757
—0,8	784	798	798
—0,7	821	844	844
—0,6	861	895	895
—0,5	906	953	953
—0,4	955	1019	1019
—0,3	1010	1095	1095
—0,2	1071	1183	1183
—0,1	1141	1287	1287
0,0	1220	1410	1410
+0,1	1310	1514	1514
+0,2	1414	1635	1635
+0,3	1537	1776	1776
+0,4	1682	1944	1944
+0,478	1818	2100	2100
+0,5	1859	(2147)	2147
+0,6	2076		2400
+0,7	2351		
+0,716	2400	2100	
+0,8	(2710)		2400
+0,9	2400		
+1,0			

zul σ_D

$\varkappa = \dfrac{\min \sigma}{\max \sigma}$	wenn max σ eine Zugspannung (+)	wenn max σ eine Druckspannung (−)	
	Linie F	Linie $\overline{\text{F}}$	Linie $\overline{\text{F}}$ 3
—1,0	520	520	520
—0,9	545	547	547
—0,8	572	578	578
—0,7	602	612	612
—0,6	635	650	650
—0,5	672	693	693
—0,4	714	743	743
—0,3	761	800	800
—0,2	815	867	867
—0,1	877	945	945
0,0	950	1040	1040
+0,1	1028	1127	1127
+0,2	1119	1229	1229
+0,3	1229	1352	1352
+0,4	1362	1502	1502
+0,5	1528	1690	1690
+0,6	1739	1931	1931
+0,656	1887	2100	2100
+0,7	2019	(2252)	2252
+0,737			2400
+0,799	2400	2100	(2703)
+0,8	(2406)		
+0,9	2400		2400
+1,0			

zul τ_D

$\varkappa = \dfrac{\min \tau}{\max \tau}$	zul τ_D
—1,0	840
—0,9	872
—0,8	907
—0,7	945
—0,6	985
—0,5	1030
—0,4	1078
—0,3	1132
—0,2	1191
—0,1	1257
0,0	1330
+0,1	1402
+0,2	1482
+0,3	1572
+0,4	1673
+0,406	1680
+0,5	(1789)
+0,6	
+0,7	1680
+0,8	
+0,9	
+1,0	

Die Auswertung der Hauptspannungsformel kann vereinfacht mit Hilfe der Tabelle 37 erfolgen. Im übrigen ist wie im Stahlbau zu rechnen.

Tabelle 37. *Hilfswerte für die vereinfachte Berechnung der Hauptspannung* [49]

$$\sigma_h = \frac{1}{2} \cdot \left(\sigma \pm \sqrt{\sigma^2 + 4\tau^2}\right) = \alpha \cdot \sigma$$

$\tau \lessgtr \sigma$				$\tau > \sigma$			
$\frac{\tau}{\sigma}$	α	$\frac{\tau}{\sigma}$	α	$\frac{\sigma}{\tau}$	α	$\frac{\sigma}{\tau}$	$\varkappa$
0,02	1,0004	0,52	1,221	0,98	1,636	0,48	2,643
0,04	1,002	0,54	1,236	0,96	1,655	0,46	2,731
0,06	1,004	0,56	1,251	0,94	1,675	0,44	2,827
0,08	1,006	0,58	1,266	0,92	1,696	0,42	2,933
0,10	1,010	0,60	1,281	0,90	1,718	0,40	3,050
0,12	1,014	0,62	1,297	0,88	1,742	0,38	3,179
0,14	1,019	0,64	1,312	0,86	1,766	0,36	3,322
0,16	1,025	0,66	1,328	0,84	1,791	0,34	3,483
0,18	1,031	0,68	1,344	0,82	1,818	0,32	3,665
0,20	1,039	0,70	1,360	0,80	1,846	0,30	3,871
0,22	1,046	0,72	1,377	0,78	1,876	0,28	4,106
0,24	1,055	0,74	1,393	0,76	1,908	0,26	4,379
0,26	1,064	0,76	1,410	0,74	1,941	0,24	4,697
0,28	1,073	0,78	1,427	0,72	1,976	0,22	5,073
0,30	1,083	0,80	1,443	0,70	2,014	0,20	5,525
0,32	1,094	0,82	1,460	0,68	2,053	0,18	6,078
0,34	1,105	0,84	1,478	0,66	2,096	0,16	6,770
0,36	1,116	0,86	1,495	0,64	2,141	0,14	7,660
0,38	1,128	0,88	1,512	0,62	2,189	0,12	8,848
0,40	1,140	0,90	1,530	0,60	2,240	0,10	10,513
0,42	1,153	0,92	1,547	0,58	2,295	0,08	13,010
0,44	1,166	0,94	1,565	0,56	2,354	0,06	17,174
0,46	1,179	0,96	1,582	0,54	2,418	0,04	25,505
0,48	1,193	0,98	1,600	0,52	2,487	0,03	33,837
0,50	1,207	1,00	1,618	0,50	2,562	0,02	50,503

Beispiel 25. Das Beispiel 14 auf S. 89, das mit der im Maschinenbau üblichen Methode durchgerechnet wurde, soll hier noch einmal nach der DV 848 für den Brückenbau überprüft werden.

Stelle I (Zug): $\sigma_{max} = \varrho_{o1} = 270 \ \text{kg/cm}^2$,

$$\sigma_{min} = \varrho_{u1} = 180 \ \text{kg/cm}^2,$$

$$\varkappa = \frac{\min \sigma}{\max \sigma} = \frac{180}{270} \approx 0,7 \ .$$

Zulässige Dauerbeanspruchung im Zugbereich

$$\text{zul } \sigma_D = 1600 \ \text{kg/cm}^2 \qquad (\text{Linie F für St 37 aus Abb. 203})$$
$$\max \sigma = 270 \ \text{kg/cm}^2 < \text{zul } \sigma_D \ .$$

Stelle II (Druck): $\max \sigma = \varrho_{o2} = -\ 487 \ \text{kg/cm}^2$,

$$\min \sigma = \varrho_{u2} = -\ 325 \ \text{kg/cm}^2,$$

$$\varkappa \approx 0,7 \ .$$

Zulässige Dauerbesanspruchung im Druckbereich

$$\text{zul } \sigma_D = -\ 1600 \ \text{kg/cm}^2 \quad (\text{Linie } \bar{\text{F}} \ 3 \text{ für St 37 aus Abb. 203}),$$

$$\max \sigma = 487 \ \text{kg/cm}^2 < \text{zul } \sigma_D \ .$$

Allerdings müßte bei genauerer Rechnung — für welche die zulässigen Werte der Abb. 203 und 204 aufgestellt sind — auch die Schubspannung nachgeprüft werden, wobei auch die Hauptspannung

$$\sigma_h = \frac{1}{2} \left(\sigma + \sqrt{\sigma^2 + 4\tau^2}\right)$$

unter zul σ_D bleiben muß.

Vergleich der zulässigen Spannungen nach beiden Berechnungsmethoden:

	Zug (kg/cm²)	Druck (kg/cm²)
zul σ_D	1600	1600
$\varrho_{zul} = \dfrac{\varrho_{0\,N}}{\nu_{erf}}$	850	990

Die Bestimmung von ϱ_{zul} erfolgte dabei mit dem unteren Grenzwert des Sicherheitsbeiwertes ν

für $\dfrac{\sigma_m}{\sigma_0} \approx 0{,}8$

$$\nu = 1{,}7 \;.\; \text{(Abb. 134, S. 85).}$$

Daß nach der DV 848 für Druck eine geringere Spannung (1400) zugelassen wird, als für Zug (1600), ist auf die hierdurch erfolgte pauschale Berücksichtigung einer Beanspruchung auf Knickung zurückzuführen. Im übrigen sind im Maschinenbau wegen der schwerer erfaßbaren Belastungsverhältnisse geringere Spannungen zulässig als im Stahlbau.

Für die Berechnung *geschweißter, vollwandiger, stählerner Straßenbrücken* gilt DIN 4101 (Ausgabe 1937 mit geringfügigen Änderungen, die bis 1943 angefügt wurden). Da die Spannungen, die durch Lastwagenverkehr usw. hervorgerufen werden, erheblich kleiner sind als die durch den Eisenbahnverkehr verursachten Spannungen, ist die Berücksichtigung der Dauerfestigkeit bei Straßenbrücken im allgemeinen nicht erforderlich. Die Entscheidung, ob Brücken mit Straßenbahnverkehr nach der DV 848 nachzurechnen sind, trifft die Aufsichtsbehörde. Die DIN 4101 lehnt sich in ihren Bestimmungen eng an die DIN 4100 „Geschweißte Stahlbauten" an. Maßgebend für die Berechnung und bauliche Durchbildung sind, soweit sich nicht aus der DIN 4101 Abweichungen ergeben, die Bestimmungen von DIN 1073 (Ausg. 1941) „Berechnungsgrundlagen für stählerne Straßenbrücken" und DIN 1079 (Ausgabe 1938) „Grundsätze für die bauliche Durchbildung stählerner Straßenbrücken". Die zulässigen Spannungen sind in Tabelle 38 zusammengestellt.

Tabelle 38. *Zulässige Spannungen für Schweißnähte nach DIN 4101*

Nahtart	Beanspruchung	zul σ_{schw} St 37	zul σ_{schw} St 52
Stumpfnähte Güte I	Zug	0,8 σ_{zul}	0,8 $\cdot \sigma_{zul}$
	Druck	1,0 σ_{zul}	1,0 $\cdot \sigma_{zul}$
	Abscheren	0,65 σ_{zul}	0,65 $\cdot \sigma_{zul}$
Stumpfnähte Güte II (Wurzel nicht nachgeschweißt)	Zug	0,72 σ_{zul}	0,65 $\cdot \sigma_{zul}$
	Druck	0,9 σ_{zul}	0,8 $\cdot \sigma_{zul}$
	Abscheren	0,55 $\cdot \sigma_{zul}$	0,50 $\cdot \sigma_{zul}$
Kehlnähte	Zug	0,65 $\cdot \sigma_{zul}$	0,65 $\cdot \sigma_{zul}$
	Druck	0,65 $\cdot \sigma_{zul}$	0,65 $\cdot \sigma_{zul}$
	Abscheren	0,65 $\cdot \sigma_{zul}$	0,65 $\cdot \sigma_{zul}$

σ_{zul} ist die nach DIN 1073 für den zu verschweißenden Werkstoff zulässige Spannung. Die Ausnutzung der in Tabelle 38 für Stumpfnähte der Güte I angegebenen Zug- und Druckspannungen für Baustahl St 52 ist nur zulässig, wenn dafür gesorgt wird, daß der Übergang von der Schweißnaht zum Grundwerkstoff allmählich und glatt verläuft. Bei Zugspannungen im Grundwerkstoff von mehr als 1700 kg/cm² sind Stirnkehlnähte und die Übergänge zu den Flankenkehlnähten zu bearbeiten. Die Enden von Gurtplatten, die dicker als 25 mm sind, müssen mit einer Oberflächenneigung von etwa 1:10 auf 25 mm abgearbeitet werden.

6 Entwerfen der Schweißkonstruktionen

Schweißgerechte Gestaltung. Der Konstrukteur muß, um schweißgerecht gestalten zu können, eine Reihe von Faktoren berücksichtigen. Schweißen ist ein Fertigungsmittel unter vielen, das dazu da ist, ein bestimmtes Erzeugnis wirtschaftlich so herzustellen, daß es den Anforderungen des Verbrauchers genügt. Wird ein solches Erzeugnis späterhin nur gering beansprucht, so ist jeder Pfennig Verschwendung, der für Maßnahmen aufgewendet wird, die die Festigkeit der

Konstruktion über das notwendige Maß hinaus erhöhen. Konstrukteur und Schweißingenieur müssen Art und Höhe der verlangten Beanspruchungen im Bauteil kennen und beurteilen, ob verteuernde Maßnahmen, die zur schweißgerechten Konstruktion führen, im Einzelfall berechtigt sind oder nicht. Anders ausgedrückt: Der für eine schweißtechnisch richtige Gestaltung erforderliche Aufwand muß im richtigen Verhältnis zum gewünschten Ergebnis stehen. Was man erreichen will, ist demnach eine zweckbedingte Güte. Die nachfolgenden Betrachtungen zur schweißtechnisch richtigen Gestaltung beziehen sich daher grundsätzlich auf hochbeanspruchte Bauteile.

Folgende Anforderungen sind an eine schweißtechnisch richtig gestaltete Konstruktion zu stellen: Sie muß beanspruchsgerecht, formgerecht, stoffgerecht, fertigungsgerecht und wirtschaftlich sein.

Beanspruchsgerecht konstruieren heißt z. B.: Die Kräfte sollen in ein Bauteil stets so ein- und in ihm weitergeleitet werden, daß ein möglichst großer Teil der Konstruktion sich an der Lastaufnahme beteiligt.

Auch die besten Schweißnähte sind Schwachstellen einer Konstruktion. Sie sollten daher möglichst gering und vor allen Dingen nicht auf Biegung beansprucht werden. Ist man sich über die Beanspruchungsverhältnisse klar, so können die Verbindungsstellen in die geringer beanspruchten Zonen verlegt werden. Beispiele hierfür sind Schweißungen an Behältern (Böden, Stutzen) oder Träger-Eckverbindungen.

Nahtanhäufungen sollten vermieden werden, weil sie erhöhte Eigenspannungen erzeugen. Beim Einschweißen von Versteifungen lassen sich Nahtkreuzungen dadurch vermeiden, daß man die Ecken ausspart. Außer der Vermeidung erhöhter Eigenspannungen erreicht man damit noch einen fertigungstechnischen Vorteil (weniger Nahtvolumen, keine Behinderung durch Blaswirkung). Werden Versteifungen beiderseits eines Bleches angeordnet, so sind sie trotz der Nahtanhäufung nicht gegeneinander zu versetzen. Die zusätzlichen Spannungen durch die nahe beieinander liegenden Nähte sind weniger gefährlich als die ungünstige Kraftumlenkung. Die Blechdicke zwischen den Versteifungen oder Rippen soll (im Stahlbau) mindestens 7 mm betragen.

Bei geschweißten Fachwerken soll die Stabschwerachse mit der Netzlinie zusammenfallen, der Schwerpunkt des Schweißanschlusses soll auf einer Linie mit der Stabschwerachse liegen.

Durch Schweißung wird die Wechselfestigkeit etwa eines Biegeträgers um mindestens 25% herabgesetzt. Es ist daher stets zu prüfen, ob ein größerer Träger mit entsprechendem Widerstandsmoment nicht günstiger ist als ein durch Gurte „verstärkter".

Formgerecht konstruieren heißt z. B.: Die Kräfte sind in ein Bauteil stets so einzuleiten, daß ein glatter, günstiger Kraftfluß entsteht. Querschnittssprünge sind zu vermeiden, Stumpfnähte sind besser als Kehlnähte (zu beachten vor allem bei wechselbeanspruchten Teilen). Andererseits ist der Anschluß mit Kehlnähten sehr häufig billiger: Fortfall teurer Paßarbeiten, leichter herstellbare Nähte (z. B. mit Automaten in Wannenlage), kein Nachschweißen der Wurzel. Im Schiffbau wird oft aus diesen Gründen (Paßarbeit bei langen Nähten besonders schwierig) die Kehlnaht bevorzugt. Es gilt also auch hier der Grundsatz von der „zweckbedingten Güte".

Ist die Blechdicke — etwa bei Stegen von Biegeträgern oder von Gurtungen — veränderlich, so soll der Übergang allmählich erfolgen.

Ebenso wie jede plötzliche Querschnittsänderung ist auch eine Riefe, Einbrandkerbe oder konstruktive Kerbe oder eine Schweißnaht quer zur Beanspruchungsrichtung im weiteren Sinn eine „Kerbe", durch welche die Spannung im Bauteil örtlich heraufgesetzt wird.

Die Steifigkeit von Schweißkonstruktionen (etwa im Werkzeugmaschinenbau) läßt sich durch Verwendung geschlossener Kasten- oder Rohrquerschnitte oder durch Zellenbauweise erhöhen. Steifigkeitssprünge, also etwa Übergänge vom geschlossenen zum weichen offenen Profil sollen so gestaltet werden, daß keine zu hohen Spannungsspitzen entstehen. Häufig wird die durchweg starre (Werkzeugmaschine) oder die weiche (Landmaschine) Konstruktion am Platze sein.

Eine Nietverbindung hat Schlupf, eine Schweißverbindung ist starr. Bei reiner Nietverbindung geben die einzelnen Niete so lange nach, bis alle Verbindungselemente gleichmäßig tragen. Bei reinen Schweißverbindungen rechnet man damit, daß alle Nähte sofort ihren Anteil übernehmen. Bei gemischter Anwendung von Nietung und Schweißung in einem Anschluß geben dagegen die Niete

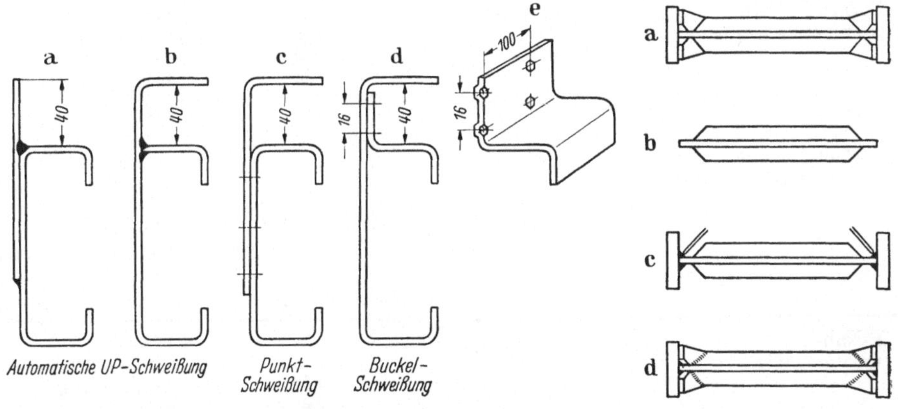

Abb. 205a—e. Gestaltung eines Leichtträgers aus Bandstahl. Aus [51]

Abb. 206a—d. UP-Konstruktion geschweißter Blechträger. Aus [51]

nach, bis nur die Schweißnähte tragen. Diese werden überlastet und reißen. Dagegen ist es unbedenklich, einzelne Baugruppen für sich zu schweißen und auf der Baustelle durch Nieten zu verbinden.

Stoffgerecht konstruieren heißt z. B.: Einsatz des richtigen Werkstoffes an der richtigen Stelle.

Aufteilung der Konstruktionen in solche, für die billige Stähle verwendet werden können, für die dann evtl. ein Spannungsfreiglühen vorgeschrieben werden muß und in solche, die trennbruchsichere Stähle erfordern.

Die Kontinuität der Konstruktion soll auch im stofflichen Bereich gewahrt bleiben, also Gleiches zu Gleichem fügen.

Fertigungsgerecht konstruieren heißt z. B.: Die Widerstandschweißung ist eines der wirtschaftlichsten Verfahren. Durch Stumpfschweißung lassen sich auch schwere Teile in Verbundbauweise herstellen, indem z. B. Gesenkschmiedeteile mit Rund- oder Vierkantmaterial verbunden werden (Achsen, Schubstangen usw.). Blechträger können als Kastenträger ausgebildet und aus abgekanteten Blechen durch Punkt- oder Nahtschweißen hergestellt werden. Die Konstruktion richtet sich hier nach dem angewendeten Verfahren.

Auch die Automatenschweißung verlangt die Berücksichtigung durch den Konstrukteur („automatengerechte Konstruktion" [50]). Abb. 205 zeigt die unterschiedliche Gestaltung eines Leichtträgers [51], je nachdem, welches Verfahren bei der Herstellung benutzt wird. Auch der in Abb. 206 gezeichnete Träger verdankt seine Gestaltung der Anwendung der automatischen Schweißung.

Tabelle 39. *Nahtformen für UP-Schweißung ohne zusätzliche Badsicherung*
Stumpfnähte

Nahtform	Grundzeichen	Nahtquerschnitt		Abmessung der Fugenvorbereitung
		vorbereitet	geschweißt	
Ohne zusätzliche Badsicherung				
I-Naht	‖			$s = 4 - 10\ \ b \leqq 0,5$ $s = 10 - 15\ \ b \leqq 0,8$
Y-Naht	Y			$s = 10 - 30$ $c = 7 - 14$ $\alpha = 100° - 70°$ $b \leqq 0,8$
Doppel-V-Naht (symmetrisch)	X			$s = 20 - 50$ $c = 4{-}12$ $\alpha_1 = 90°{-}70°$ $\alpha_2 = 90°{-}70°$ $b \leqq 0,8$
Doppel-Y-Naht (unsymmetrisch)	X			$s = 40{-}90$ $c = 12{-}20$ $\alpha_1 = 70°{-}40°$ $\alpha_2 = 70°{-}40°$ $b \leqq 0,8$
Kombinierte Hand-UP-Schweißung				
X-Naht (unsymmetrisch)	X			$s = 12{-}30$ $s_1 = 0,75{-}0,65\ s$ $s_2 = 0,25{-}0,35\ s$ $b \geqq 2$ $\alpha_1 = 60°{-}30°$ $\alpha_2 = 60°$
I-Naht	‖			$s = 8{-}15$ $b = 2$

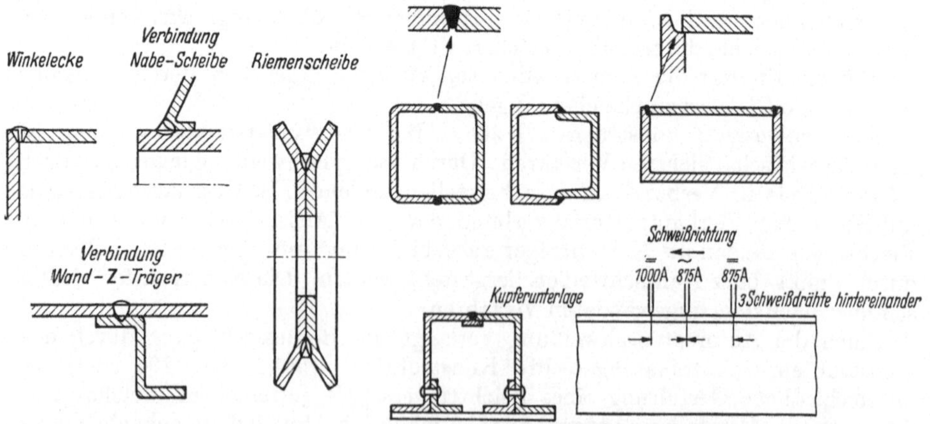

Abb. 207.　Formelemente für Hand-Unterpulververschweißung

Abb. 208.　Bauelemente aus dem Fahrzeugbau für automatische Unterpulverschweißung

Tabelle 40. *Nahtformen für UP-Schweißung mit zusätzlicher Badsicherung Stumpfnähte*

Nahtform	Grundzeichen	Nahtquerschnitt vorbereitet	Nahtquerschnitt geschweißt	Abmessung der Fugenvorbereitung
Badsicherung mit untergelegter Kupferschiene				
I-Naht	‖			$s = 5{-}8$
V-Naht	Y			$s = 8{-}30$ $c = 3{-}5$ $\alpha = 69°{-}30°$
Badsicherung mit untergeheftetem Blechstreifen				
I-Naht	‖			$s = 6$ $b = 3$
V-Naht	V			$s = 6{-}30$ $\alpha = 30°{-}10°$
Badsicherung auf Pulverkissen				
I-Naht	‖			$s = 4{-}10 \quad b = 2$ $s = 10{-}20 \quad b = 4$
I-Naht	‖			$s = 6{-}20$ $b = 2{-}4$
I-Naht	‖			$s = 20{-}40 \quad b = 4$ $s = 40{-}60 \quad b = 8$
Doppel-V-Naht	X			$s = 60{-}90$ $b = 10$ $c = 30{-}50$ $\alpha = 80°{-}40°$

In Abb. 207 und 208 [52] sind Bauelemente gezeigt, die bei halb- und vollautomatischer UP-Schweißung verwendet werden können.

Auch die Nahtform wird durch das Schweißverfahren beeinflußt (Abb. 209 und Tabelle 39 u. 40).

Abb. 209. Erleichterung des Schweißens durch entsprechende Vorbereitungen und Formgebung

Verbindungsformen, die für die Handschweißung ausscheiden, können bei Verwendung der automatischen Schweißung richtig sein.

Bei Anwendung der automatischen Schweißung kommt auch der Festlegung der zulässigen Toleranzen eine erhöhte Bedeutung zu. Während zu enge Toleranzen die Kosten der Vorbereitungsarbeiten erhöhen, können zu weite Toleranzen die Qualität der Automatenschweißung in Frage stellen. Bereits bei der Konstruktion ist an die Bereitstellung der notwendigen Vorrichtungen zu denken.

Bei der Gestaltung vor allem schwerer Teile im Maschinenbau — Pressenständer, schwere Motorengehäuse usw. — kann die Verbundbauweise herangezogen werden, bei der Stahlgußteile mit Dickblechen verbunden werden, am besten durch Automatenschweißung.

Wirtschaftlich konstruieren heißt z. B.: Werden Träger oder Bleche mit Überlappung geschweißt, so ist stets die Notwendigkeit einer solchen Überlappung zu überprüfen. Der Querchnitt ist beanspruchungsmäßig zu dick (Werkstoffvergeudung), der Übergang ist schroff (scharfe Umlenkung von „Kraftlinien").

Die Festigkeit steigt linear mit der Nahtdicke an ($\Sigma a\,l$), das Nahtvolumen aber quadratisch ($\Sigma a^2\,l$). Deshalb sind lange dünne Nähte günstiger als kurze dicke.

Von der Anordnung unterbrochener Kehlnähte sollte man möglichst absehen [53] und stattdessen dünnere durchlaufende Raupen vorsehen. Nur wenn keine Dichtheit verlangt wird und eine unterbrochene Befestigung mit der geringsten zulässigen Kehlnahtdicke ausreicht, ist die Anordnung der Unterbrechung von Vorteil. Der Abstand von Raupenmitte zu Raupenmitte soll dann mindestens gleich der 4-fachen Raupenlänge sein. Unterbrochene Kehlnahtschweißungen von 5 mm und mehr Dicke sind jedoch unwirtschaftlich.

6.1 Bauformen (Gestaltungselemente)

Die Bauteile (Baukörper, Konstruktionselemente), deren Herstellung durch Schweißen hier behandelt wird, setzen sich aus einzelnen Bauformen zusammen.

Die Bauformen sind nicht nur maßgebend für die Fertigung, sondern auch für die Festigkeitsrechnung (Gestaltfestigkeit), Ermittlung des Gewichtes, des Inhaltes, der Blechschnitte (Abwicklungen) usw.

Mehrere Bauteile bilden eine Baugruppe, eine Reihe von Baugruppen bilden ein Bauwerk (oder eine Maschine).

Die Bauformen lassen sich in Hauptformen, zusammengesetzte Formen und Nebenformen einteilen.

6.11 Hauptformen

Man unterscheidet ebenflächige, krummflächige und gemischtflächige Hauptformen. Zwei oder mehrere miteinander verbundene Hauptformen bilden eine zusammengesetzte Form. Die Formen sind entweder voll oder hohl.

Hohlformen werden aus Blechen gebildet und erfordern vor dem Schweißen eine entsprechende Vorbereitung, wie das Zuschneiden, Abkanten und Biegen der Bleche.

Um die Bleche der jeweiligen Form entsprechend zuschneiden zu können, müssen die Mäntel der Hohlformen zunächst in eine Ebene gebracht, d. h. abgewickelt, werden. Das Abwickeln ist besonders bei zusammengesetzten Blechformen (s. S. 139) oft sehr schwierig und muß vom Konstrukteur sorgfältig durchgeführt werden [54]. Dabei ist die zweckmäßige Lage der Schweißnähte besonders zu beachten.

Ebenflächige Hauptformen. Ebenflächige Hauptformen sind das meist vierseitige *Prisma*, der seltener vorkommende *Würfel* und die *abgestumpfte Pyramide*, sowie Zusammensetzungen (Verbindungen) unter diesen.

Soweit diese als Hohlformen in Betracht kommen, entstehen sie durch die Verbindung mehrerer ebener Wände (Seiten- und Zwischenwände, Böden, Deckel u. dgl.).

Abb. 210a···h zeigen einige oft vorkommende ebenflächige Hauptformen und Verbindungen von solchen, und zwar:

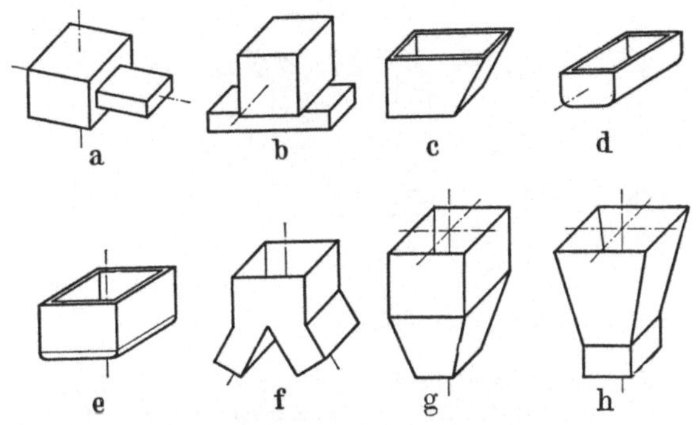

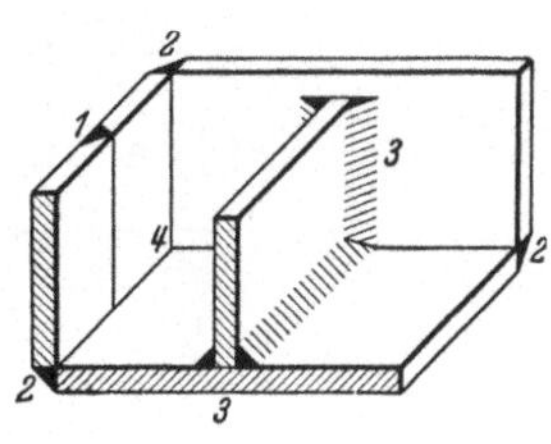

Abb. 210a bis h. Ebenflächige Hauptformen

Abb. 211. *1* Stumpfstoß (Verbindung zweier ebener Wände); *2* Eckstoß (an einer Kante); *3* T-Stoß (Zwischenwand); *4* Ecke (Stoß dreier Wände)

a Verbindung zweier Prismen (Flachstahlhebel mit quadratischem Auge). b Desgl. Einfaches Stehlager). c Schräg abgeschnittenes Hohlprisma (Kippkübel für Schüttgüter). d Offenes, rechteckiges Gefäß mit abgerundeten Längskanten (Kippmulde zu einem Beschickungskran). e Offenes Gefäß mit abgerundeten Bodenkanten (Wasserbehälter). f Rechteckiger Behälter mit doppeltem Auslauf. g Rechteckiger Behälter mit pyramidenförmigem Unterteil (Schüttgutbehälter). h Pyramidenförmiger Behälter mit rechteckigem Auslauf.

Schweißverbindungen ebener Wände (Blechstöße). Abb. 211 erläutert die in Frage kommenden Blechstöße.

Stumpfstoß (Stoß zweier ebener Wände). Wenn irgend angängig, wird der Stumpfstoß auch im Maschinenbau bevorzugt.

Ausführung nach Abb. 212a···m und zwar:

212a: V-Naht mit Wurzelverschweißung. 212b: V-Naht bei verschieden dicken Blechen. 212c u. d: V-Nähte mit Wurzelverschweißung und allmählichem Übergang vom dicken Blech zum dünnen. 212e u. f: $^1/_2$V-Nähte bei gleicher und verschiedener Blechdicke. 211g u. h: Prismatischer Behälter mit größerem Innendruck. (Die Bleche werden abgekantet und

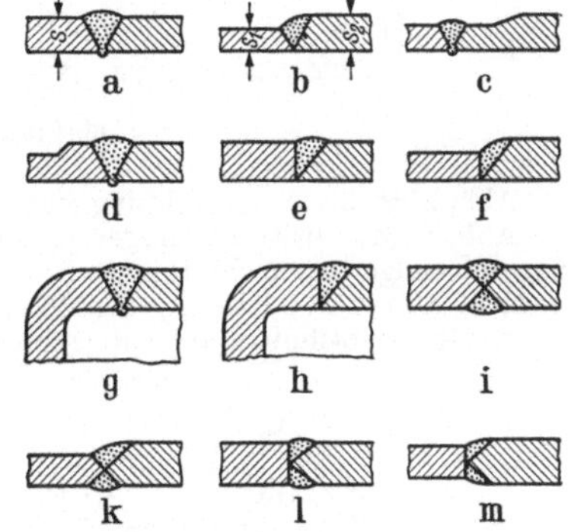

Abb. 212a bis m. Stumpfstöße

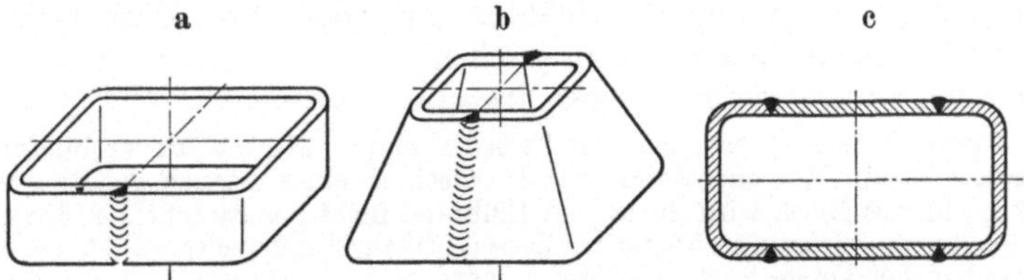

Abb. 213 a bis c. Abgekantete Seitenwände für Bleche und Behälter

die Nähte in den Wänden angeordnet.) 212i u. k: X-Nähte bei gleicher und verschiedener Blechdicke. 212 l u. m: K-Nähte bei gleicher und verschiedener Blechdicke.

Durch Abkanten der Bleche läßt sich die Zahl der Schweißnähte beschränken (Abb. 213a bis b) bzw. günstiger anordnen (Abb. 213c).

Eckstoß (Abb. 214a···l). Beide Bleche stehen in der Regel unter einem Winkel von 90°. In Abb. 214 stellen dar:

214a: Halbe V-Naht. 214b: V-Naht. 214a u. b: erfordern Abschrägen der Blechkanten und werden nur beim Gasschmelzschweißen angewendet. 214c···h: Kehlnähte. Um bei c gutes Durchschweißen zu ermöglichen, werden die beiden Bleche mit geringem Spiel e gestoßen; gute Paßarbeit erforderlich. Naht ist wenig biegefest. Bei d ist innen noch eine Kehlnaht

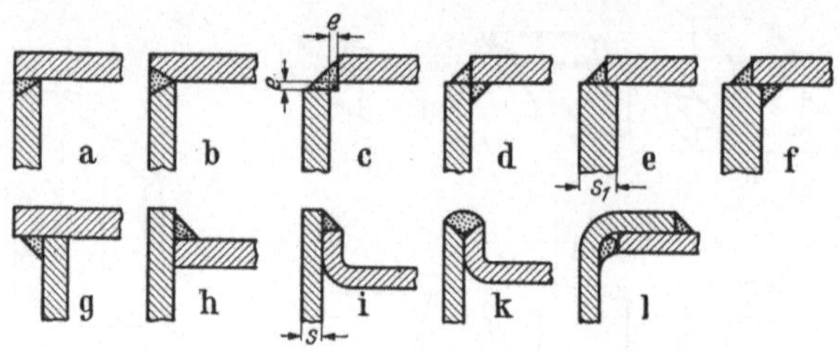

Abb. 214a bis l. Gestaltung der Eckstöße

gezogen. Der Stoß ist biegefest und dicht, aber teuer in der Ausführung. 214 e u. f: einseitige und doppelseitige Kehlnaht; die Stöße ermöglichen leichtes Passen. 214g u. h: Eckstöße mit einseitiger Kehlnaht. 214i u. k: Eckstöße mit Bördelnaht; Blechdicke < 3 mm. 214 l: Eckstoß mit Überlappnaht für dünne Bleche.

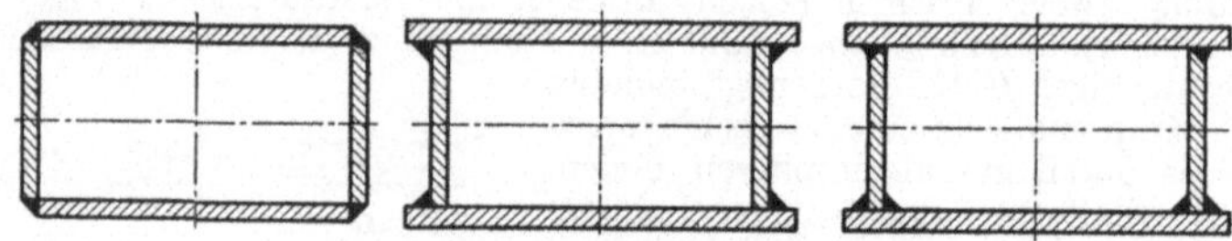

Abb. 215a bis c. Kastenquerschnitte

Abb. 215a bis c: Ausbildung von Kastenquerschnitten.

Abb. 215a. Kastenförmiger Querschnitt; meist verwendete Ausführung. Abb. 215b. Kastenförmiger Querschnitt: mit Nähten nach Abb. 214g. Abb. 215c. Kastenförmiger Querschnitt: Unten doppelseitige Kehlnaht, oben Eckstumpfnähte.

Kastenquerschnitte mit abgekanteten Blechen und Stumpfnähten s. Abb. 216a bis e.

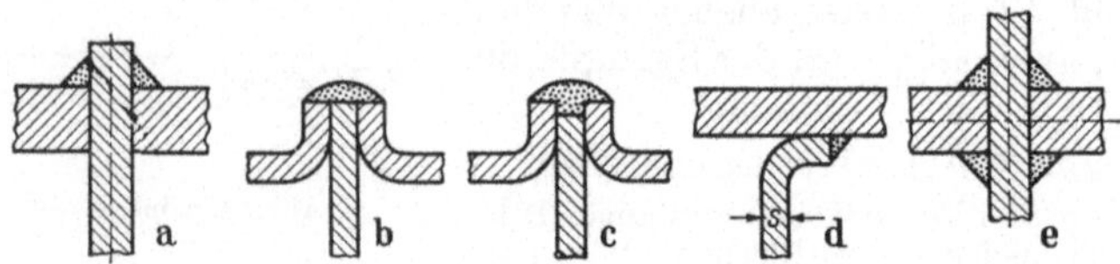

Abb. 216a bis e. T-Stöße und Kreuzstoß

T- und Kreuzstoß. T-Stöße mit einseitiger und beiderseitiger Kehlnaht und mit beiderseitigen versenkten Kehlnähten mit oder ohne Fuge sind aus den Abb. 66 und 71, sowie 76 und 77 zu ersehen.

Einige Sonderausführungen zeigen die Abb. 216a···e.

216a: Anschluß einer durchgehenden Zwischenwand. 216b u. c: Verbindung dünner gebördelter Bleche mit Zwischenwand. 216d: Anschluß eines dünnen gebördelten Bleches an ein dickes (dünnes Blech wird durch den Einbrand nicht geschwächt). 216e: Kreuzstoß. Anwendung hauptsächlich als Prüfform bei Zerreißstäben, ferner gelegentlich beim Stoß von Zwischenwänden, bei Versteifung von Trägern usw.

Abb. 217a···d. Eckstöße von ⌐-Stählen.

Abb. 218a···h. Ausbildung von T- und Eckstößen aus Winkelstahl.

Abb. 218a Glatter Stoß. 218b u. c: Ein Schenkel ausgeklinkt. 218d u. e: Schenkel ausgeklinkt, Winkeleisen nach innen gebogen. 218f: Schenkel ausgeklinkt, Winkeleisen gebogen, Platte *P* eingeschweißt. 218g: Eckbildung durch Ausklinken des Hochkantschenkels. 218h: Eckbildung durch Abschrägen der beiden Winkelstähle (Gehrungsstoß).

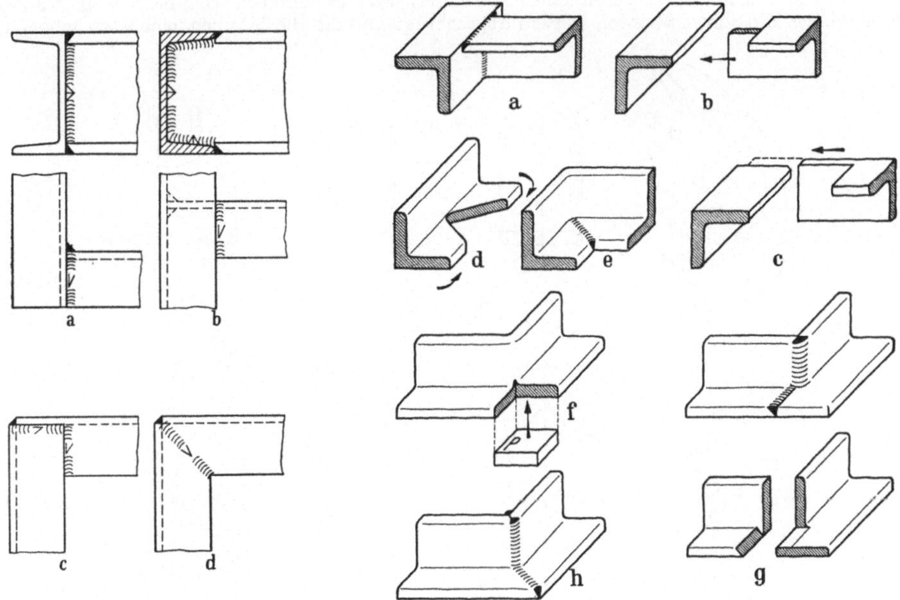

Abb. 217a bis d.
Eckstöße von [-Stählen

Abb. 218a bis h. T- und Winkelstöße aus L-Stahl

Behälter- und Kastenecken. Durch die Verbindung dreier senkrecht zueinander stehender Wände ergibt sich eine Ecke (4 in Abb. 211). Die Ecke in dieser Abbildung ist jedoch schweißtechnisch unvorteilhaft und wird zweckmäßig durch die Ausführungen Abb. 219···221 ersetzt.

Abb. 219. Seitenwände abgekantet.
Abb. 220. Boden und Seitenwand aus einem abgekanteten Blech.
Abb. 221. Gebördelter Boden. Anschluß durch V-Nähte (Vorbereitungsarbeit erhöht, Schweißarbeit verringert).

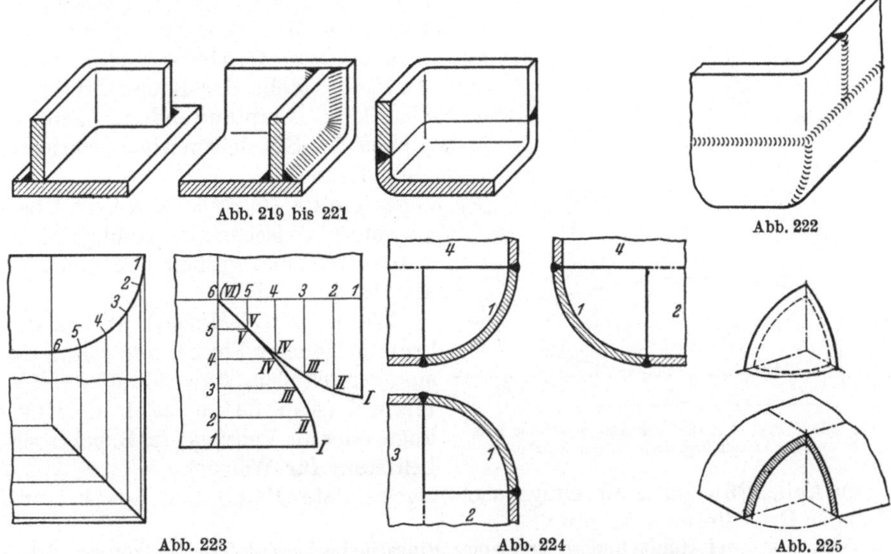

Abb. 219 bis 221

Abb. 222

Abb. 223

Abb. 224

Abb. 225

Abb. 219 bis 225. Gestaltung von Kasten- bzw. Behälterecken

Abb. 222. Die Bodenkanten sind abgerundet. Das Bodenblech wird nach Abb. 223 zugeschnitten, die Schweißkanten werden abgeschrägt und die Blechlappen nach oben gebogen.

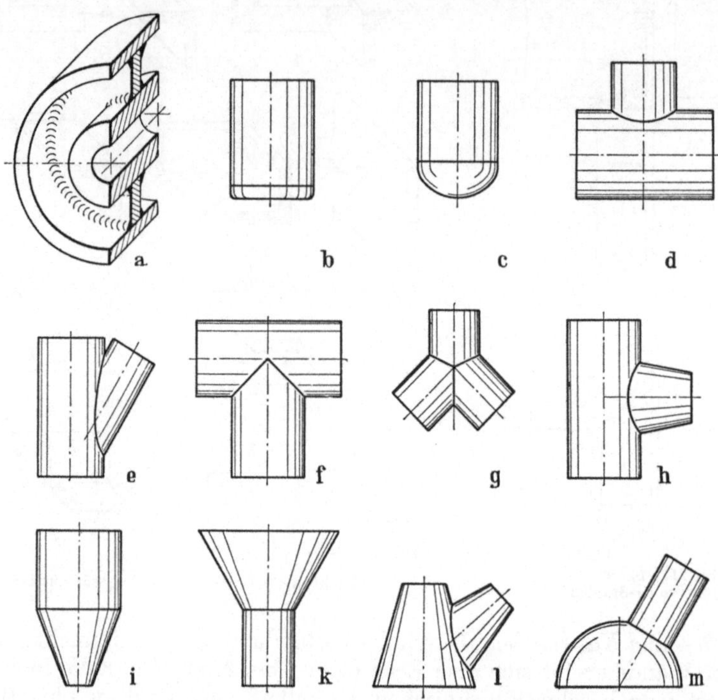

Abb. 226a bis m. Krummflächige Grundformen

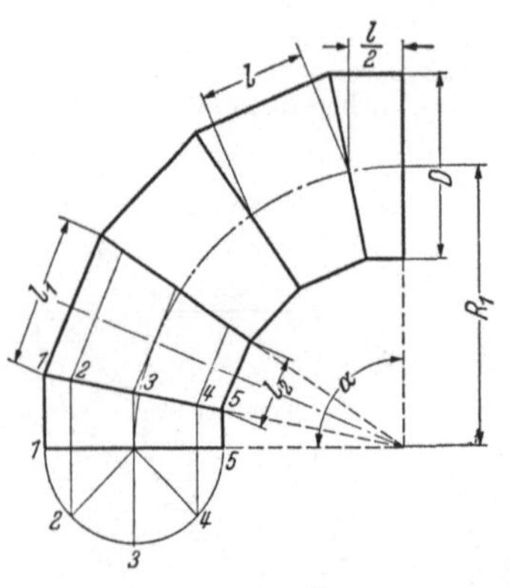

Abb. 227 u. 228. Aus fünf Schüssen gebildeter Rohrkrümmer; Abwicklung eines mittleren Schusses

Abb. 224. Boden für größeren Wasserbehälter. Die Bodenkanten werden umgebogen und die Ecken aus $^1/_4$-Kugelstücken (in Form gepreßt) gebildet. 1 Kugelstück; 2···3 Behälterboden; 4···4 Seitenwände.

Abb. 225. Behälterdeckel mit abgerundeten Kanten und eingesetzten $^1/_4$-Kugelstücken an den Ecken.

Krummflächige Hauptformen. Unter den krummflächigen Hauptformen — *Zylinder, Kegel* und *Kugel* — steht der Kreiszylinder an erster Stelle. Seine Hauptanwendung findet er als *Hohlzylinder* im Rohrleitungsbau, sowie im Behälter- und Kesselbau.

Der abgestumpfte *Hohlkegel* dient als Übergangsform zwischen zwei Hohlzylindern von verschieden großen Durchmessern als Stutzen u. dgl.

Die *Kugel (Hohlkugel)* ist von den krummflächigen Formen am schwierigsten herzustellen. Anwendung als Viertelkugel (Abb. 224 u. 225), als Halbkugel oder als Vollkugel (z. B. bei Hochbehältern für Wasser).

In Abb. 226a···m sind einige viel angewendete Bauformen aus krummflächigen Grundformen dargestellt.

226a: Aus zwei Hohlzylindern und einer Ringscheibe hergestellter Radkörper. 226b: Zylindrischer Behälter mit ebenem Boden. 226c: Behälter mit gewölbtem Boden. 226d···g:

Aus Zylinderflächen bestehende Bauformen. 226h: Zylinder mit Kegelstutzen. 226i: Zylinder mit Kegelansatz. 226k: Kegel mit Zylinderansatz. 226 l: Kegel mit Kegelstutzen. 226m: Kugel mit Zylinderstutzen.

Abb. 227. Aus fünf Schüssen geschweißter Rohrkrümmer. $\alpha = 90°$. Die beiden äußeren, sowie die drei mittleren Schüsse sind gleich.

Abb. 228. Abwicklung eines mittleren Schusses.

Zusammengesetzte Formen. Aus den ebenflächigen und krummflächigen Hauptformen lassen sich die verschiedenartigsten Bauformen, insbesondere Übergangsformen aus dem rechteckigen in den kreisförmigen Querschnitt zusammensetzen.

Abb. 229 a···m geben einige Beispiele von zusammengesetzten Formen, wie sie im allgemeinen Maschinenbau sowie im Rohrleitungs- und Behälterbau vorkommen. Daneben sind noch andere vielfältige Durchdringungen möglich.

229a: Zylinder und Prisma (Flachstahlhebel mit rundem Auge). 229b: Hohlzylinder und Prisma (Teil einer Rohrleitung). 229c: Hohlprisma und Halbzylinder (Gehäusedeckel). 229d: Spiralgehäuse zu einer Wasserturbine (Francis-Turbine) mit rechteckigem Einlauf. 229e und f: Zylinder mit Anschlußstücken (Rohrleitungs- und Gehäuseteile). 229g: Halbkugel mit Prisma (Behälterdeckel). 229h: Zylinder und Zylinder mit kegeligen und ebenen Übergangsstücken (Teil einer Rohrleitung). 229 i u. k; Übergang vom großen Kreisquerschnitt zum kleinen rechteckigen Querschnitt. 229 l u. m: Übergang vom großen rechteckigen Querschnitt zum kleinen Kreisquerschnitt.

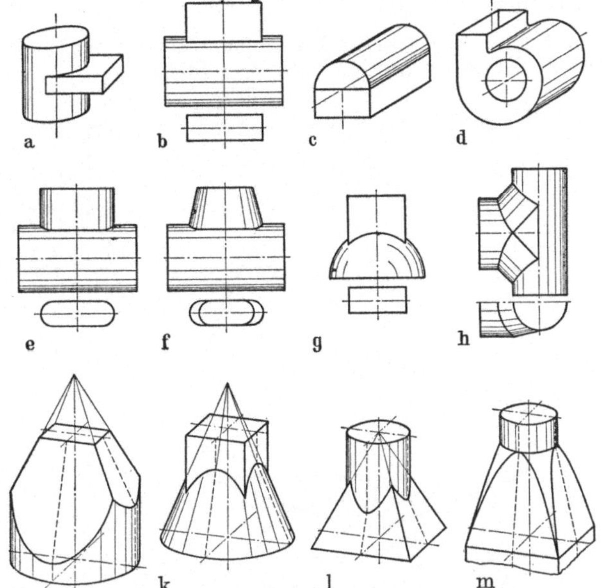

Abb. 229a bis m. Zusammengesetzte Bauformen (aus eben- und krummflächigen Formen)

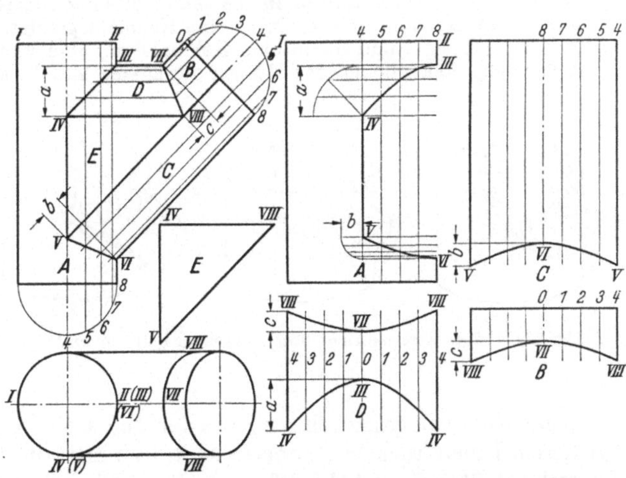

Abb. 230. Winkelstück einer Rohrleitung mit eingesetztem Zwickel (Abwicklung)

Abb. 230 u. 231 zeigen an zwei Beispielen das Abwickeln hohler zusammengesetzter Bauformen.

Abb. 230. Winkelstücke einer Rohrleitung mit eingesetztem Zwickel.

Abwicklungen: *A* halber senkrechter Zylinder; *B* und *C* Teile des schräg liegenden Zylinders; *D* Zwischenstück; *E* dreieckige (ebene) Zwischenstücke.

Die Schweißverbindungen der krummflächigen und gemischtflächigen Formen sind z. T. die gleichen wie bei den ebenflächigen. In überwiegendem Maße wird der Stumpfstoß (mit V-Naht) angewendet. Überlappte Stöße kommen nur gelegentlich in Frage.

Abb. 231. Zylindrisches Hosenrohr mit rechteckigen Anschlußquerschnitten. *A* Abwicklung der beiden Anschlußteile. 0—0 Stoßkante.

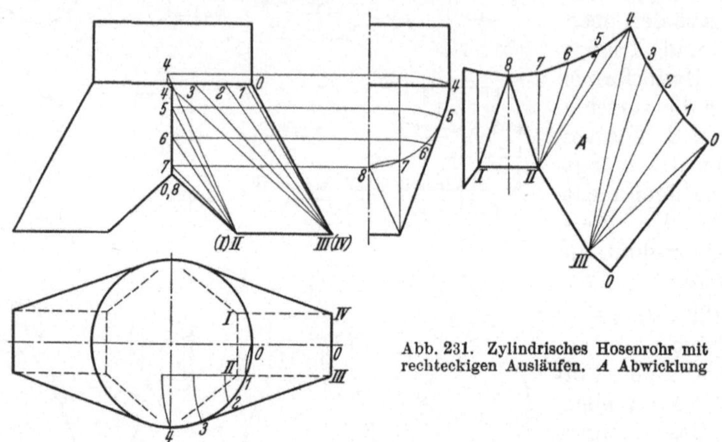

Abb. 231. Zylindrisches Hosenrohr mit
rechteckigen Ausläufen. *A* Abwicklung

Abb. 232 bis 234. Anschluß eines Stutzens an einen zylindrischen (stumpfgestoßenen) Mantel.

In Abb. 232 ist der Stutzen in die Mantelöffnung eingesetzt; links ist der Anschluß durch eine $^1/_2$V-Naht und rechts durch eine Kehlnaht gezeigt. In Abb. 233 ist der Stutzen am Mantel aufgesetzt und durch eine Kehlnaht mit ihm verbunden. In Abb. 234 ist das Mantelloch ausgebördelt und der Stutzen durch eine V-Naht angeschlossen.

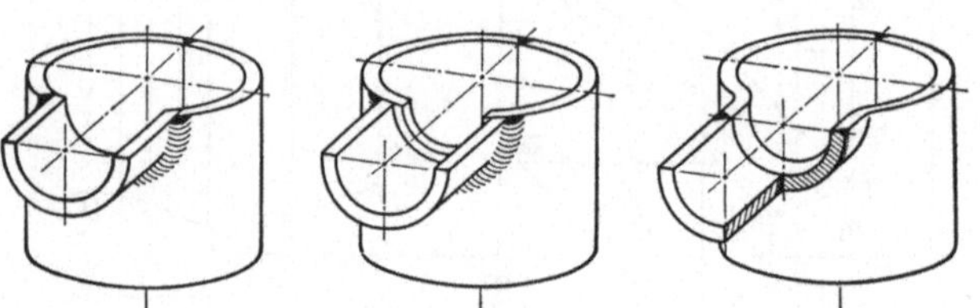

Abb. 232 bis 234. Anschluß eines Stutzens an einen zylindrischen Mantel

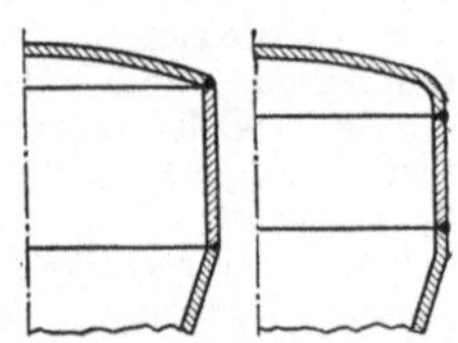

Abb. 235 u. 236. Lage der
Schweißnähte bei Behältern
und Gefäßen

Beim Entwurf geschweißter Behälter und Gefäße, insbesondere solchen, die stärkerem Innendruck unterworfen sind, lege man die Schweißnähte nicht in die Querschnittsübergänge (Abb. 235), sondern ordne sie nach Art von Abb. 236 an. Hierdurch wird zwar die Vorbereitungsarbeit größer, es treten jedoch keine unzulässig hohen Spannungen in den Nähten auf.

6.12 Nebenformen

Sie werden an den Hauptformen (s. S. 134) angeschweißt und dienen zur Verstärkung oder Versteifung, sowie zur Befestigung anderer Bauteile.

Arbeitsleisten. Zur Befestigung von Teilen mit bearbeiteter Auflagefläche (Lager, Motoren usw.) auf einer Schweißkonstruktion sind Arbeitsleisten erforderlich. Diese werden unter Bearbeitungszugabe aus Flach- oder Rundstahl abgeschnitten und auf der Konstruktion aufgeschweißt (Abb. 237 u. 238).

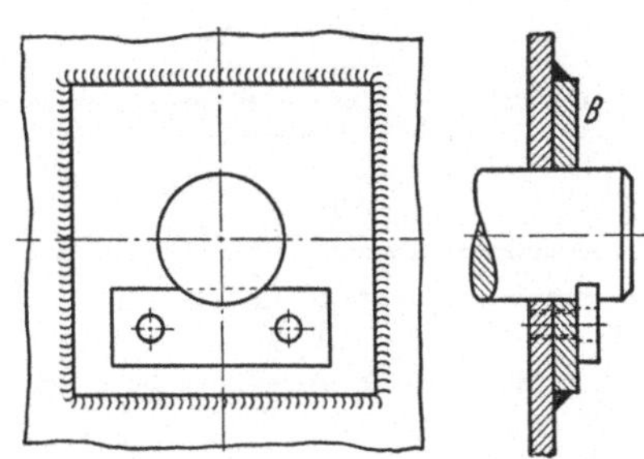

Abb. 237 u. 238. Arbeitsleisten

Abb. 139. Verstärkung eines Stegbleches

Verstärkungen. Bolzen, z. B. Laufradbolzen und feste Achsen, wie Trommelachsen werden in den Bohrungen von Blechschilden oder in den Stegen von Trägern eingepaßt und durch Achshalter in ihrer Lage gesichert. Überschreitet der Flächendruck zwischen Bolzen bzw. Achse und Blech den zulässigen Wert, dann wird an dem tragenden Blech ein Verstärkungsblech B angeschweißt (Abb. 239).

Der aus einem abgekanteten ⌐-Profil hergestellte Längsträger eines Fahrzeugs (Abb. 240), ist an seiner höchstbeanspruchten Stelle durch einen angeschweißten Flachstahl verstärkt. Hierdurch wird ein Kastenquerschnitt von entsprechend hoher Festigkeit erhalten.

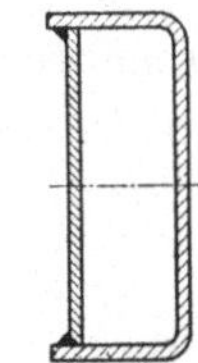

Abb. 240. Verstärkung eines ⌐-förmig abgekanteten Trägers

Reicht die Dicke eines Bleches zum Einschneiden der erforderlichen Gangzahl eines Gewindes nicht aus, dann wird ein rundes oder quadratisches Auge als Verstärkung aufgeschweißt (Abb. 241).

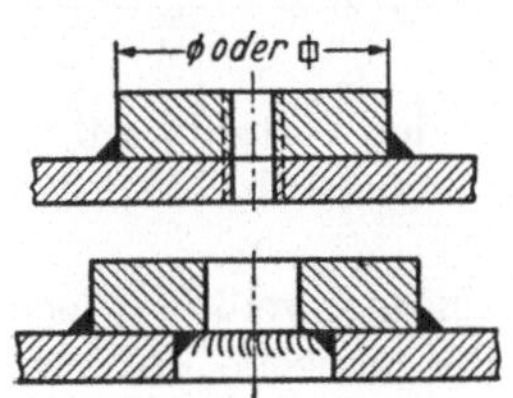

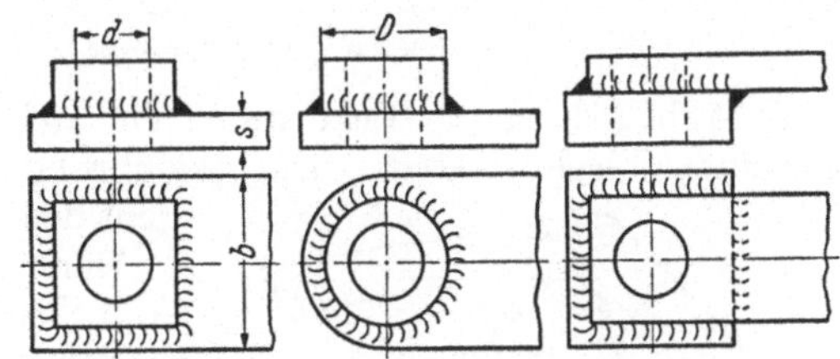

Abb. 241 u. 242. An Blechwänden aufgeschweißte Augen

Abb. 243 bis 245. An Flachstähle angeschweißte Augen

Verstärkungen an den Blechwänden von Kesseln und Behältern werden nach Abb. 242 ausgeführt.

Flachstahlhebel und ähnliche Teile erhalten am Bolzensitz aufgeschweißte Augen (Abb. 243 bis 245), durch die die Auflagefläche vergrößert wird.

Querversteifungen. Parallele Blechwände oder Träger bzw. Stützenteile erhalten in bestimmten Abständen Querversteifungen.

Abb. 246 u. 247: Querversteifungen aus Flachstahl. Die Ausführung nach Abb. 247 verdient den Vorzug.

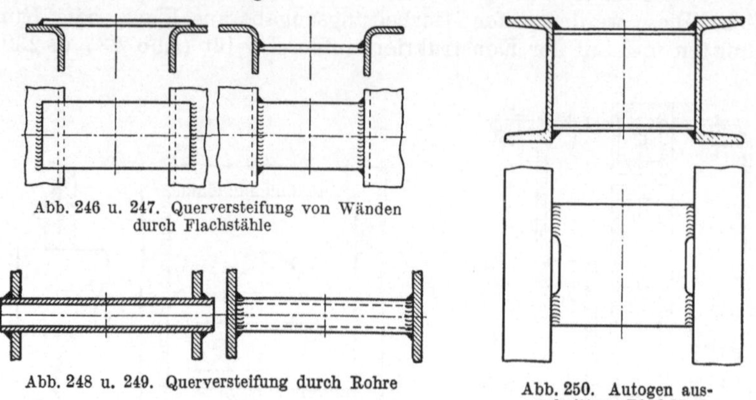

Abb. 246 u. 247. Querversteifung von Wänden durch Flachstähle

Abb. 248 u. 249. Querversteifung durch Rohre

Abb. 250. Autogen ausgeschnittene Bindebleche

Die Versteifung durch Rohre (Abb. 248 u. 249) ist besonders bei Beanspruchung auf Druck (Knickung) vorteilhaft. Als Versteifungsmittel kommen auch Formstähle (z. B. L- oder [-Stahl) in Betracht.

Abb. 250 zeigt die Bindebleche zu einem aus zwei [-Stählen gebildeten Signalmast. Die Bindebleche sind zur Verminderung der Schweißnahtlänge autogen ausgeschnitten.

Eckversteifungen. Rechteckige Grundplatten und Rahmen erhalten biegesteife Ecken.

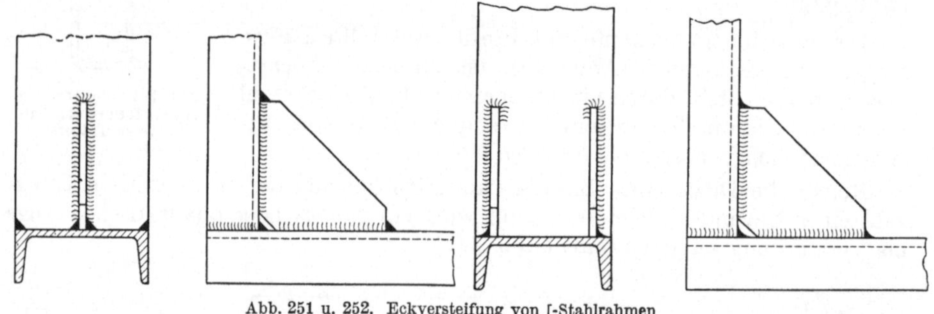

Abb. 251 u. 252. Eckversteifung von [-Stahlrahmen

In Abb. 251 ist die Ecke durch ein auf der Stegmitte des [-Stahls aufgeschweißtes Blech versteift. Die Ausführung mit zwei Blechen (Abb. 252) verdient den Vorzug.

Durch ein schräg eingeschweißtes Blech (Abb. 253) wird die Rahmenecke in zwei Ebenen versteift.

Flanschen (Abb. 254a ··· m). Flanschen dienen zum Stützen von Bauteilen (Maschinengestellen u. dgl.) sowie zum Zusammenschrauben von Teilen mit gleichem lichtem Querschnitt. Dieser ist z. B. bei Räderkästen rechteckig und bei Rohren und Behältern rund. Da die Flanschen meist

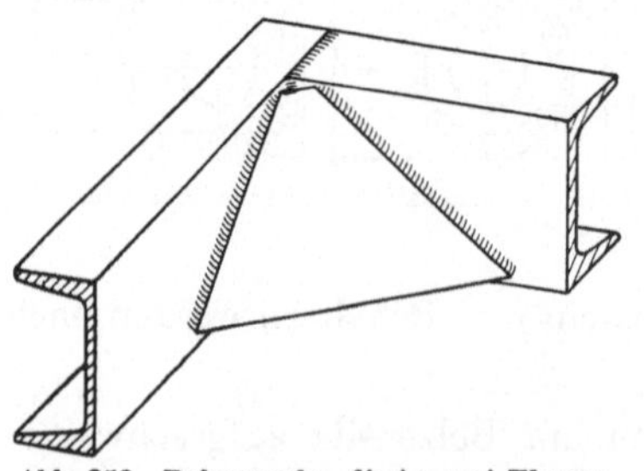

Abb. 253. Rahmenecke, die in zwei Ebenen versteift ist

durch den Schraubenzug auf Biegung beansprucht sind, müssen sie entsprechend kräftig bemessen werden. Flanschdicke = $1{,}5 \cdots 2 \times$ Wanddicke.

Abb. 254a: Stahlgußflansch oder geschmiedeter Flansch (Vorsatz- oder Schweißflansch) an ein Stahlrohr oder einen Behältermantel durch eine V-Naht angeschlossen. Die Ausführung ist in der Herstellung teuer.

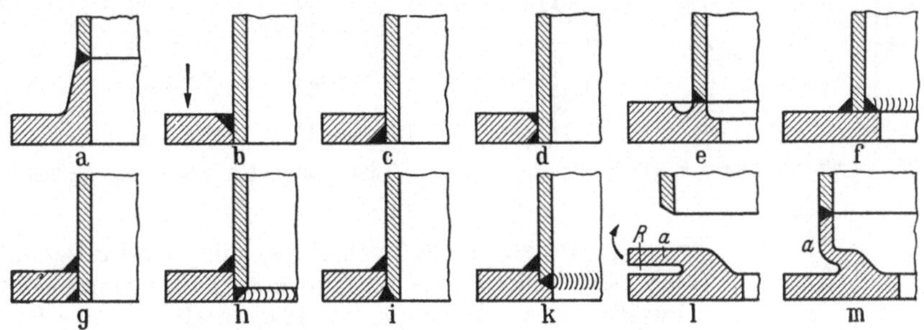

Abb. 254a bis m. Ausführung von Flanschen

Abb. 254b···d: Die Flanschen sind durch $^1/_2$V-Nähte an das Rohr angeschlossen. Die Ausführungen Abb. 254b und c können nur geringe Kräfte übertragen.

Abb. 254e: Anschluß für Gasschmelzschweißung. Hierbei sind gleiche Querschnitte miteinander zu verbinden, was durch Eindrehen einer Rille am Flansch erreicht wird.

Der Anschluß mit zwei Kehlnähten (Abb. 254f) weist gute Festigkeit auf und wird allgemein bei Ständerfüßen angewendet. Für Rohre ist er wegen Verengung des Durchflußquerschnittes ungeeignet. Abb. 254g u. h, ebenfalls Anschluß mit Kehlnähten.

Abb. 254i u. k: Flanschanschlüsse mit Kehl- und Stumpfnähten (V-Nähten). Die Anschlüsse weisen gute Festigkeit auf.

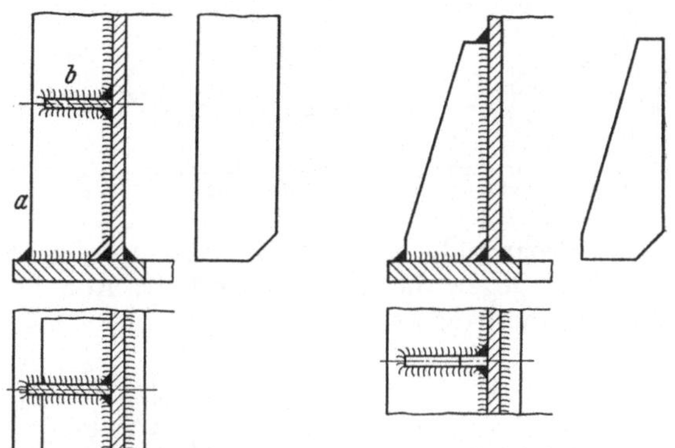

Abb. 255 u. 256. Anordnung von Rippen

Abb. 254 l u. m: Anschluß eines Rohrbodens an einen Behälter. Um den Flansch in gleicher Dicke an den Behälter anschließen zu können, wird eine Rille R eingedreht (Abb. 254l). Teil a wird warm nach oben gebogen und mittels einer V-Naht angeschweißt (Abb. 254m).

Rippen. Rippen dienen zur Versteifung von Blechwänden, Ständerfüßen, Lagerkörpern, Naben usw. Auch Lagerböcke, Wandarme u. dgl. erhalten zur Abstützung bzw. zur Übertragung der Kräfte geeignet geformte Rippen.

Abb. 255: Rippen aus Flachstahl zur Versteifung einer tragenden Wand. a Längsrippen; b Querrippen. Abb. 256: Rippe zur Versteifung einer Wand am Fußflansch. Abb. 257 bis 259: Rippen aus Formstahl. Die Verwendung des ⌐-Stahls (Abb. 259) gibt die beste Versteifung. Abb. 260 bis 262: Hohlrippen aus geformtem Blech hergestellt. Die Hohlrippen erfordern nur eine kleine Blechdicke und ergeben eine gute Versteifung. Abb. 263: Aus Blech geformte Hohlrippe an einem Ständerfuß. Abb. 264: Abwicklung zur Rippe. Abb. 265:

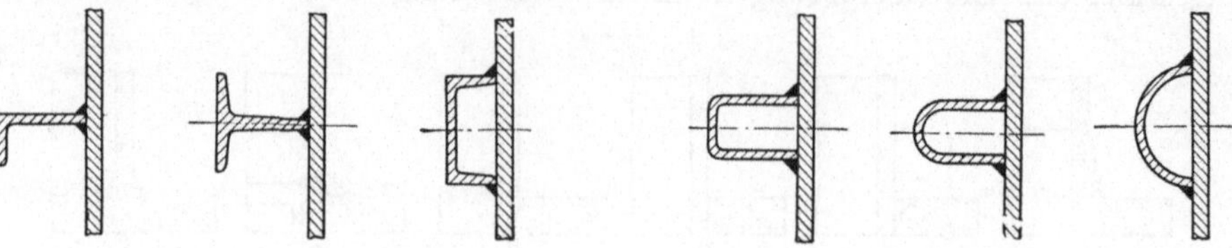

Abb. 257 bis 259. Rippen aus Formstahl   Abb. 260 bis 262. Ausführung von Hohlrippen

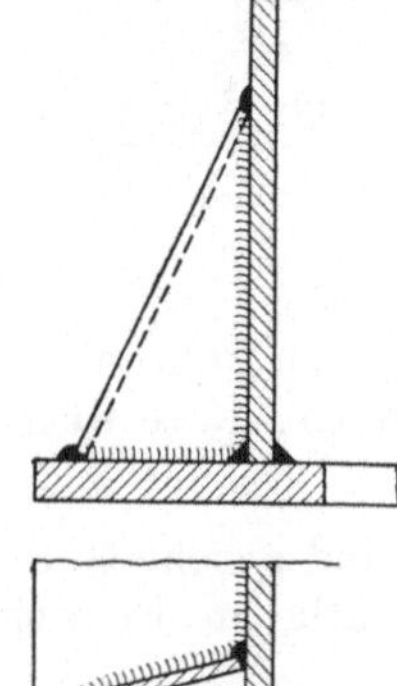

Konsolplatte zu einem Deckellager mit vier Fußschrauben (DIN 506). Die Platte ist auf dem [-Stahlflansch aufgeschweißt. Das überkragende Plattenteil ist durch zwei Rippen gegen den [-Stahl abgesteift. Abb. 266 gibt die Schnittskizze zu den Rippen.

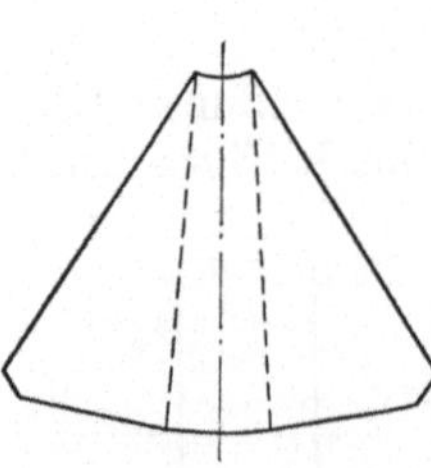

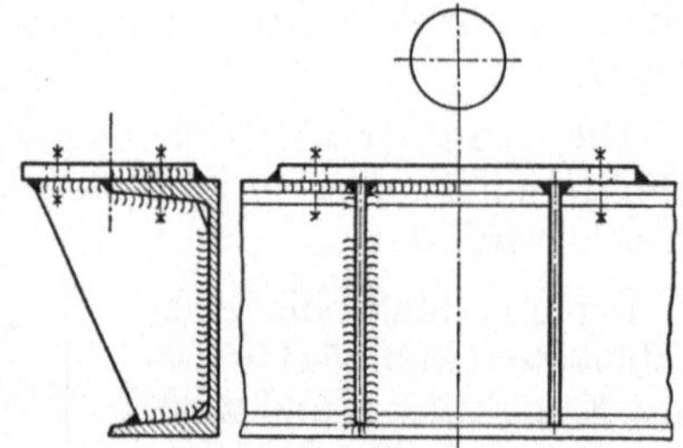

Abb. 263. Hohlrippe an einem Ständerfuß

Abb. 264. Abwicklung der Rippe

Abb. 265. Konsolplatte zu einem Lager mit vier Fußschrauben

In Blechwände eingesetzte Lager werden durch vier oder sechs Rippen (Abb. 267) gegen die Wand abgesteift. Abb. 268: Radialrippen am Obergurt eines Vollwandträgers.

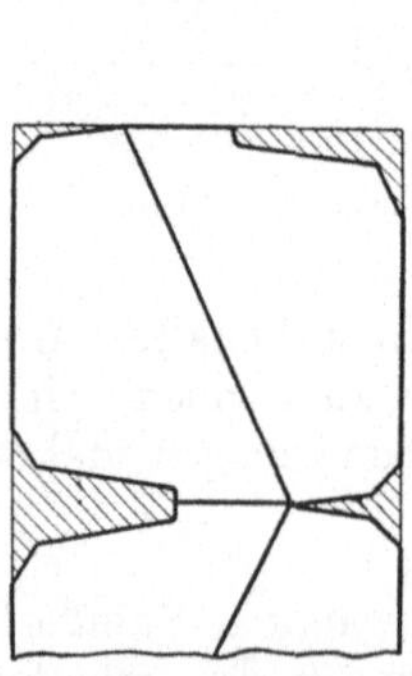

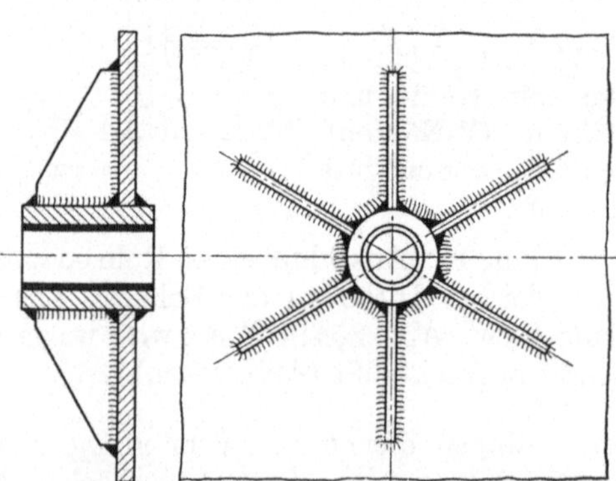

Abb. 266. Schnittskizze zu den Rippen Abb. 265

Abb. 267. Durch Rippen abgesteiftes Lagerteil

Besondere Aufmerksamkeit erfordert die Anordnung der Rippen bei den Wänden unter Druck oder Unterdruck stehender Behälter und Gefäße.

Abb. 269 zeigt die Verrippung der Wände und der Türe eines Trockenschrankes, der unter Unterdruck (Vakuum) steht. Die Wand wird durch die

Längs- und Querrippen in rechteckige Felder $b_0 \times h_0$ geteilt. Die Felder werden näherungsweise als eingespannte Platten berechnet. Die Höhe h_1 bzw. h_1' der

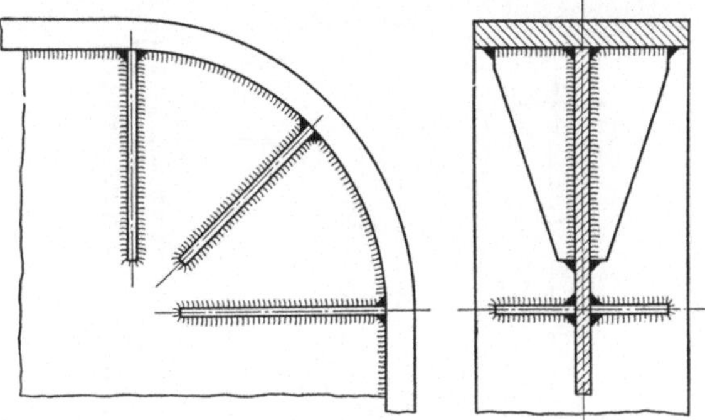

Abb. 268. Radialrippen am Obergurt eines Vollwandträgers

Versteifungsrippen wird der Größe der Biegebeanspruchung entsprechend in der Wandmitte am größten angenommen und gegen die Auflageflächen am Rand

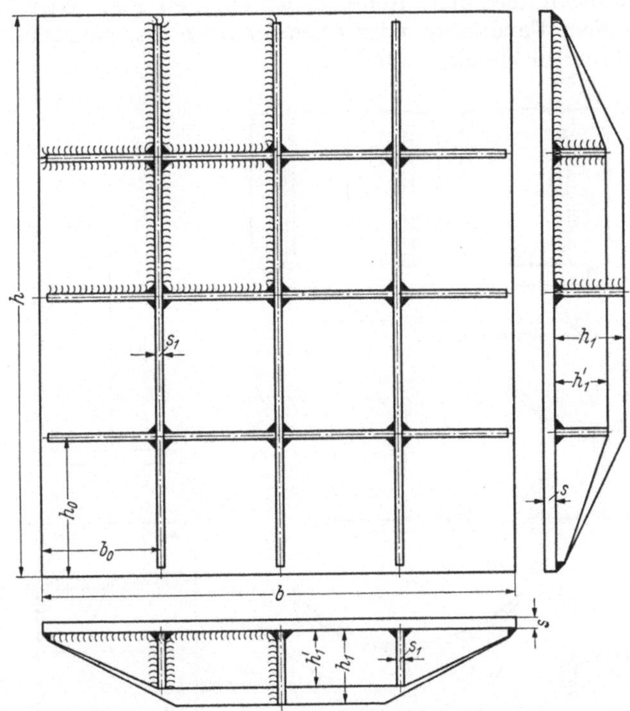

Abb. 269. Anordnung der Rippen bei einer durch Druck (oder Unterdruck) beanspruchten Wand

zu verjüngt. Die Schweißnähte zwischen Wand und Rippen müssen, da eine Nachrechnung nicht möglich ist, ausreichend bemessen sein.

In Abb. 270 ist eine Sterilisierungskammer[1] dargestellt, die ein gutes Beispiel für die zweckmäßige Verrippung ebener Wände gibt.

Weitere Beispiele für die Gestaltung der Rippen ausgeführter Konstruktionen s. Abschnitt III.

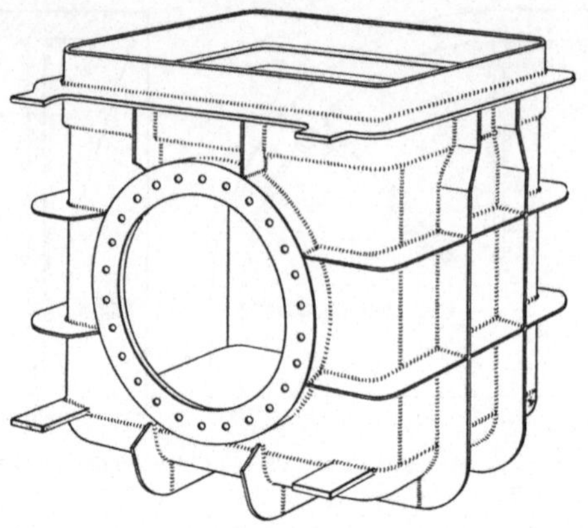

Abb. 270. Sterilisationskammer (Beispiel für gute Verrippung)

Stützteile. Geschweißte Bauteile wie Maschinenständer und -gestelle, Säulen und Gebäudestützen, Behälter, Rohre u. dgl. erhalten Füße oder Pratzen, mit denen sie auf dem Fundament oder einem anderen tragenden Teil aufgestellt und durch Schrauben befestigt werden.

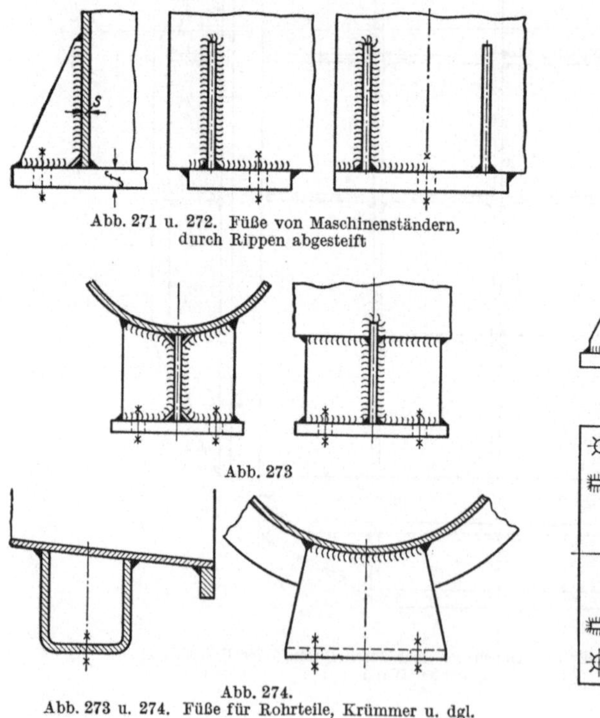

Abb. 271 u. 272. Füße von Maschinenständern, durch Rippen abgesteift

Abb. 273

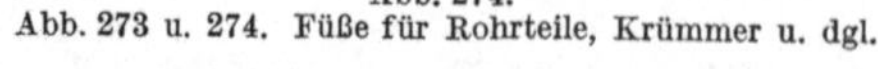

Abb. 274.
Abb. 273 u. 274. Füße für Rohrteile, Krümmer u. dgl.

Abb. 275. Fuß einer **IP**-Stütze

---

[1] AEG, Berlin.

Teile, die standfest sein müssen wie Ständer, Behälter u. dgl., erhalten meist vier Stützen. Vielfach sind drei ausreichend, deren Tragkraft der statischen Bestimmtheit wegen festliegt. Mehr als vier Stützen sind nicht empfehlenswert, da mit zunehmender Zahl die statische Unbestimmtheit größer wird und manche der Stützen an der Lastaufnahme nicht oder nur ungenügend teilnehmen.

1. Füße. Abb. 271 u. 272: Füße von Maschinenständern, die durch Rippen abgesteift sind. Wenn erforderlich, erhalten die Füße Arbeitsleisten. Abb. 273 u. 274: Füße für Rohrteile, Krümmer u. dgl. Abb. 275: Fuß einer IP-Stütze, deren Flanschen durch Rippen gegen die Platte versteift sind. Die vorgesehenen $^1/_2$V-Nähte sind ausreichend.

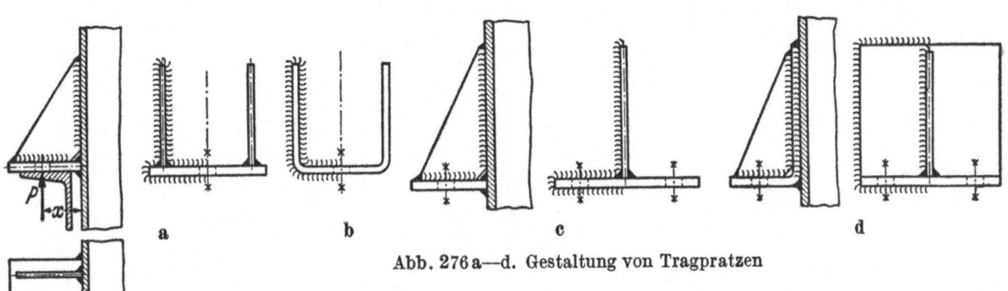

Abb. 276a—d. Gestaltung von Tragpratzen

2. Pratzen (Abb. 276a bis d). Pratzen werden angewendet, wenn der abzustützende Teil, z. B. ein Behälter, sich an der Stützfläche nach unten erstreckt. Sie sind an einer Längswand oder einem Mantel angeschweißt. Da die Pratzen auf Biegung beansprucht werden, sind Rippen anzuordnen.

Abb. 276a u. b: Pratzen für eine Befestigungsschraube. Die Ausführung mit dem abgekanteten Blech (Abb. 276b) spart Schweißnähte und ist daher billiger. Abb. 276c und 276d: Pratzen für zwei Befestigungsschrauben. Die tragende Platte ist kräftig zu halten, da nur eine Rippe angeordnet ist.

Um bei dünnwandigen Behältern das Verformen des Mantelbleches durch das Biegemoment $M_b = P\,x$ [kgcm] (Abb. 276a) zu vermeiden, empfiehlt es sich, zwischen Mantel und Pratze noch eine Verstärkungsplatte anzuordnen.

Schraubenansätze (Abb. 277 bis 285). Maschinenständer und -gehäuse erhalten an der Stützfläche Schraubenansätze zur Führung der Befestigungsschrauben.

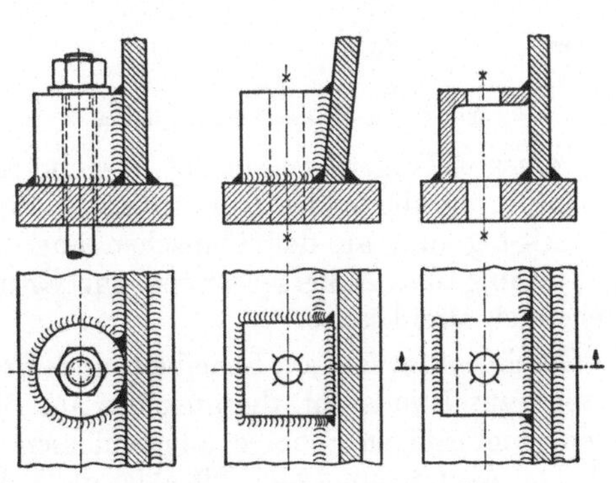

Abb. 277 bis 279. Schraubenansätze

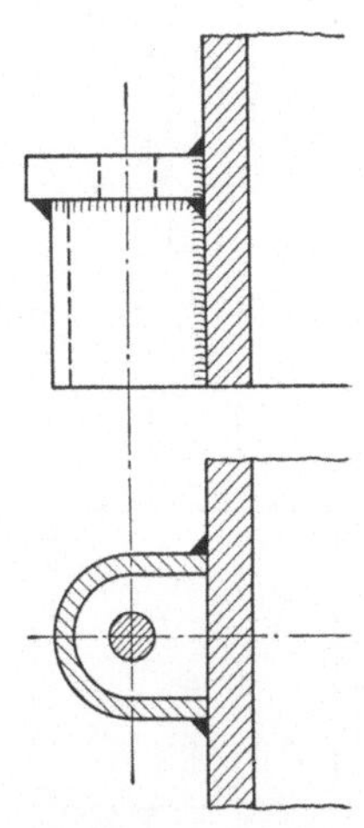

Abb. 280. Schraubenansatz aus gebogenem Blech mit aufgeschweißter Platte

10*

Abb. 277 bis 279: Schraubenansätze an Ständerflanschen. Ausführung des Schraubenansatzes aus Rundstahl (Abb. 277), aus Quadratstahl (Abb. 278) oder aus Winkelstahl (Abb. 279). Abb. 280: Schraubenansatz aus gebogenem Blech

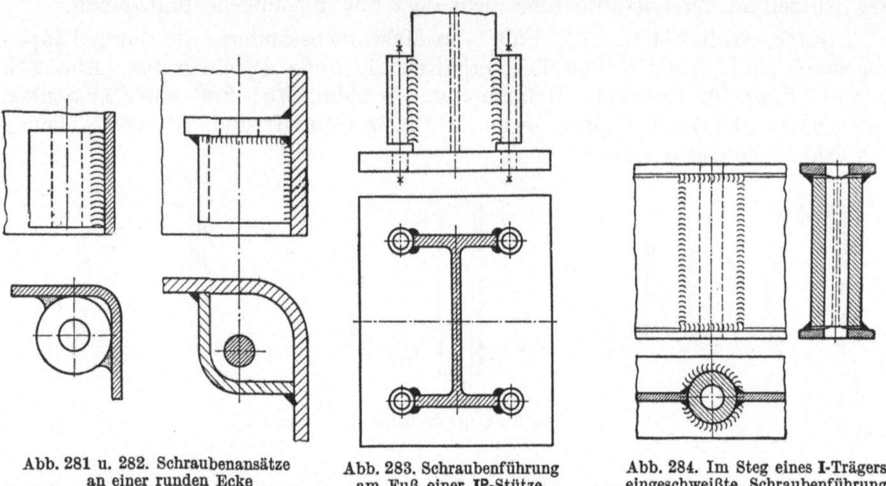

Abb. 281 u. 282. Schraubenansätze an einer runden Ecke

Abb. 283. Schraubenführung am Fuß einer IP-Stütze

Abb. 284. Im Steg eines I-Trägers eingeschweißte Schraubenführung

mit aufgeschweißter Platte. Abb. 281 u. 282 zeigen Schraubenansätze, die an hohlen, abgerundeten Ecken angeordnet sind. Abb. 283: Am Fuß einer IP-Stütze sind Rohrstücke zur Führung der Befestigungsschrauben angeschweißt. Zwischen den Führungsstücken und der Fußplatte ist Spielraum zu lassen. In Abb. 284

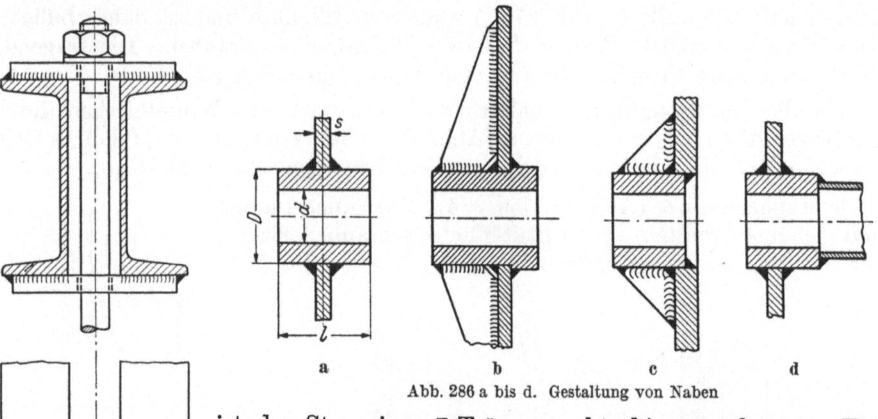

a   b   c   d

Abb. 286 a bis d. Gestaltung von Naben

Abb. 285. Führung einer Ankerschraube

ist der Steg eines I-Trägers rechteckig ausgebrannt. Ein zur Schraubenführung dienendes Rundstahlstück ist durch Kehlnähte am Steg und an den Flanschen angeschweißt. Abb. 285: Führung der Ankerschrauben zur Grundplatte eines freistehenden Drehkranes.

Naben. Geschweißte Räder, Scheiben und Trommeln erhalten Naben aus Rundstahl, die an einer aus Blech zugeschnittenen ringförmigen Scheibe angeschlossen werden. Bei der üblichen Ausführung (Abb. 286a) ist die Nabe in die Bohrung der Scheibe eingesetzt und durch Kehlnähte (Rundnähte) angeschweißt.

Abb. 286 b: Unsymmetrische, durch Rippen abgesteifte Nabe zu einer Seiltrommel. Die Ausführung Abb. 286 c wird nur gelegentlich angewendet. Bei breiten Scheiben oder Trommeln werden zwei Naben ausgeführt, die nach Abb. 286 d durch ein angeschweißtes Rohr miteinander verbunden sind. Abb. 287: Breite Nabe mit zwei Scheiben zum Walzrad einer Straßenwalze. Abb. 288 a zeigt eine Stahlgußnabe, die durch eine X-Naht an die Stahlscheibe angeschlossen ist. Bei dem Anschluß mit einer K-Naht (Abb. 288 b) wird nur die Nabe abge-

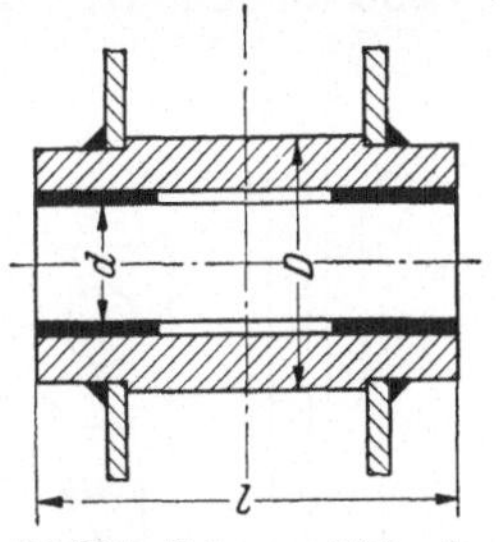

Abb. 287. Nabe zum Walzrad einer Straßenwalze

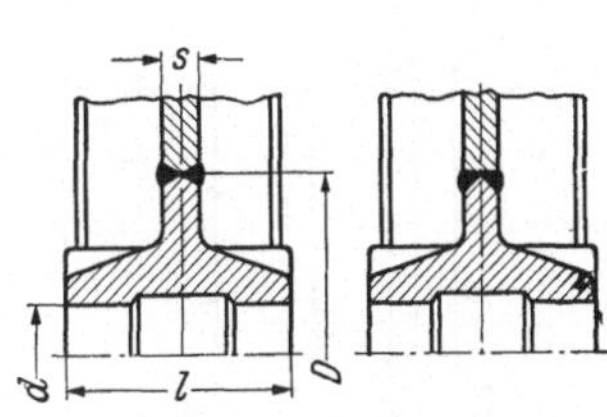

Abb. 288 a u. b. Anschweißen von Stahlgußnaben

schrägt, die ohnehin auf der Drehbank bearbeitet wird, während die Scheibe mit dem Brenner glatt ausgeschnitten wird. Abb. 289 a: Nabe zum Läufer eines Drehstrommotors. Bei der Ausführung Abb. 289 b ist die Nabe aus Stahlguß gefertigt und die Scheiben sind durch X-Nähte angeschlossen. Die Schweißnähte sind bei dieser Ausführung wesentlich günstiger beansprucht als bei der in Abb. 289 a.

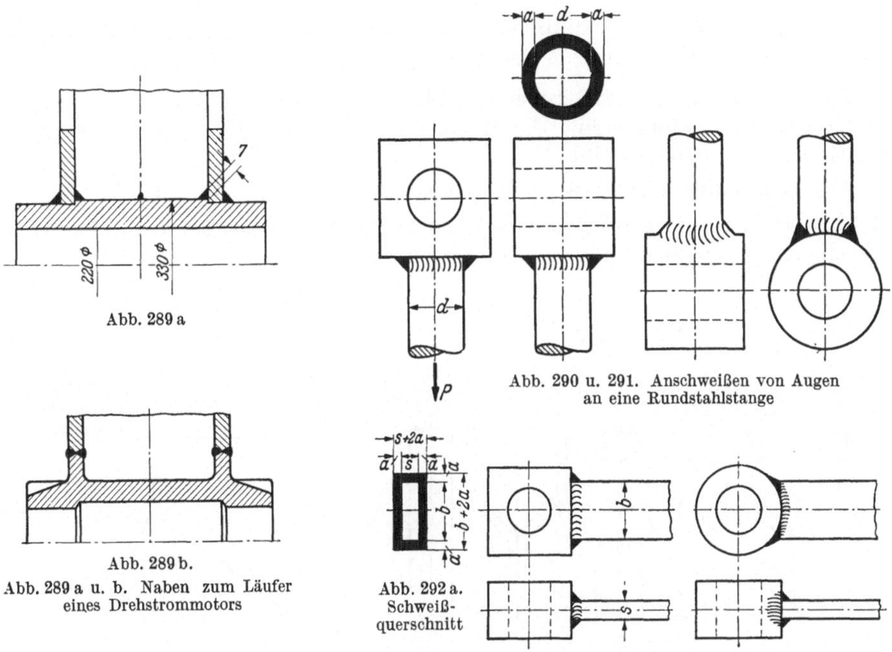

Abb. 289 a

Abb. 289 b.

Abb. 289 a u. b. Naben zum Läufer eines Drehstrommotors

Abb. 290 u. 291. Anschweißen von Augen an eine Rundstahlstange

Abb. 292 a. Schweißquerschnitt

Abb. 292 u. 293. Anschweißen von Augen an einen Flachstahl

Stangenaugen und Gabelstücke. Stangen und Hebel, z. B. für Bremsgestänge, erhalten zum gelenkigen Anschluß angeschweißte Augen oder Gabelstücke.

Die Ausführung mit quadratischem Auge (Abb. 290) ist schweißtechnisch am besten, da die Stange mit einer Rundnaht an eine ebene Fläche angeschlossen wird. Der Schweißanschluß (Abb. 290) wird mit der Stangenkraft auf Zug berechnet. Wegen der besseren seitlichen Bearbeitbarkeit gibt man meist dem

Auge aus Rundstahl (Abb. 291) den Vorzug. Abb. 292: Anschluß eines Flachstahlhebels an ein quadratisches Auge. Abb. 292a: Schweißquerschnitt. In Abb. 293 ist ein rundes Auge an einem Flachstahlhebel angeschlossen. Gabelstücke werden nach Abb. 294···296 ausgeführt.

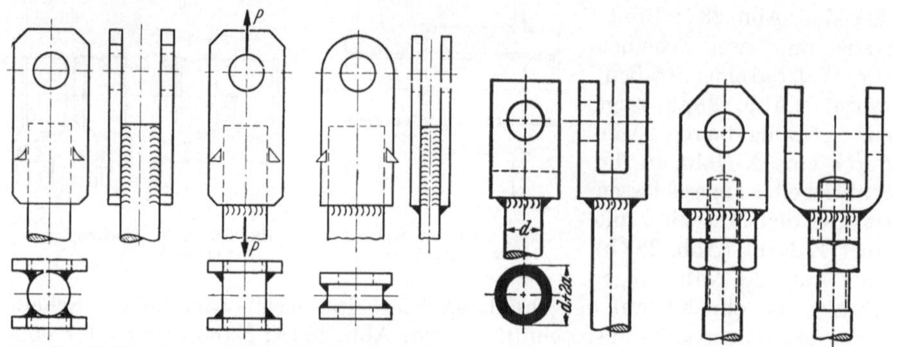

Abb. 294 bis 296. An verschiedene Stangenquerschnitte angeschlossene Gabelstücke

Abb. 297 u. 298. Anschluß von Gabelstücken an Rundstahlstangen

Der Anschluß an eine Rundstahlstange nach Abb. 294 ist nur für kleinere Kräfte geeignet, da die Kehlnähte sich nicht einwandfrei schweißen lassen.

Abb. 295 u. 296: Anschluß des Gabelstückes an eine Stange mit quadratischem bzw. rechteckigem Querschnitt durch Flanken- und Stirnnähte.

Das Gabelstück Abb. 297 ist aus Quadratstahl gefertigt. Der Schlitz ist mit dem Brenner ausgeschnitten. Die Rundstahlstange ist durch eine Ringnaht an das Gabelstück angeschweißt.

Das nachstellbare Gabelstück Abb. 298 ist aus Flachstahl gebogen. Damit für das Gewinde die genügende Zahl Gänge vorhanden ist, ist noch ein Stück Sechskantstahl angeschweißt.

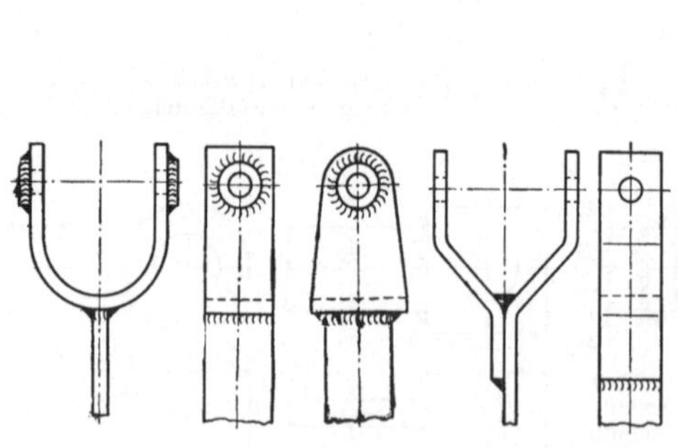

Abb. 299 bis 301. Gabelstücke für Einrückstangen von Kupplungen

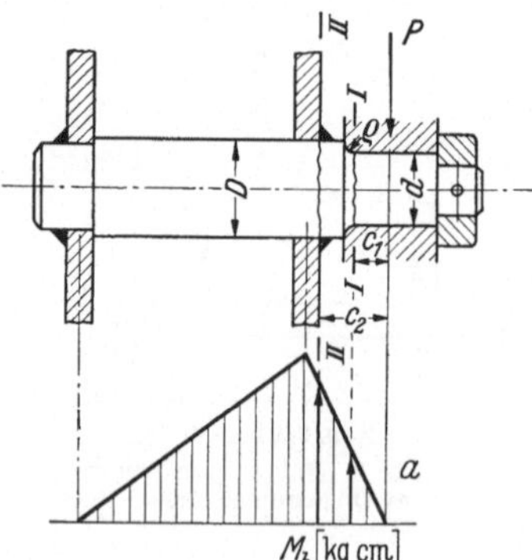

Abb. 302. In zwei Wände eingeschweißter Zapfen

Einrückvorrichtungen für Klauen- und Reibungskupplungen erhalten doppelarmige Hebel, deren Gabelstücke nach Abb. 299 bis 301 ausgebildet werden. Die Ausführung Abb. 299, bei der das Gabelstück aus Flachstahl gebogen und durch Kehlnähte an den Hebel angeschlossen wird, ist schweißtechnisch am besten.

Bearbeitung des Gabelstücks nach Abb. 300 erhöht die Fertigungskosten.

Die Ausführung Abb. 301 ist einfach herzustellen und wird vielfach angewendet.

Abb. 303a. Schweißquerschnitt zu Abb. 303

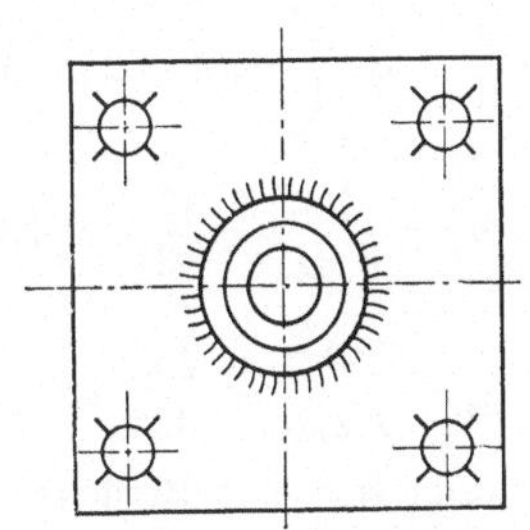

Abb. 303. An eine biegefeste Platte angeschweißter Zapfen

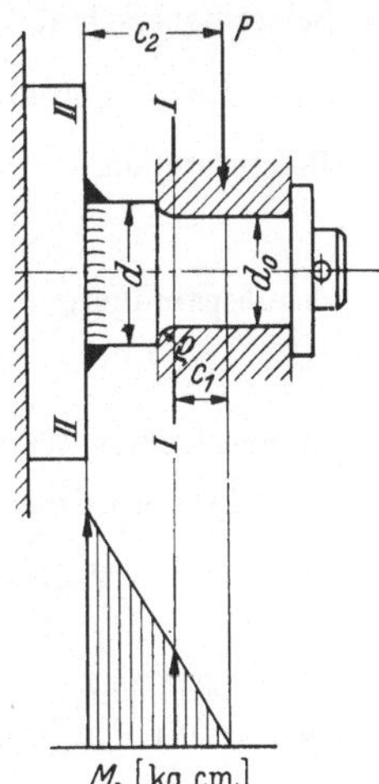

M_b [kg cm]

Zapfenanschlüsse (Abb. 302 bis 305). Abb. 302 zeigt den Schweißanschluß eines in zwei Wänden eingesetzten Zapfens. Die Nachrechnung der beiden Schweißnähte erübrigt sich, da sie kaum beansprucht sind. Der Zapfen wird an der Hohlkehle (Querschnitt I—I) auf Dauerhaltbarkeit berechnet. Der Querschnitt II—II ist durch den Einbrand der Naht durch Kerbwirkung beansprucht. Der Zapfen Abb. 303 ist durch eine Rundnaht an eine biegefeste Platte angeschlossen. Der Schweißquerschnitt (Abb. 303a) ist auf Biegung und Schub beansprucht.

Beispiel 26. Berechnung eines an eine biegefeste Platte angeschweißten Zapfens (Abb. 303) Abmessungen: $d_0 = 60$ mm; $d = 80$ mm; $\varrho = 6$ mm; $c_1 = 34$ mm; $c_2 = 85$ mm.

Nahtdicke: $a = 6$ mm ang.

Werkstoff des Zapfens: St 50—2, der Platte: St 37—2.

Biegekraft (Schwellkraft) des Zapfens: $P = 200$ kg; prozentuale Häufigkeit der größten Schwellkraft: $h_b = 25\%$.

Stoßzahl: $\varphi = 1{,}1$.

α) Querschnitt I—I. Berechnung auf Biegeschwellfestigkeit [4].

1. Angriff. Biegemoment:

$$M_{b_1} = P\,c_1 = 200 \cdot 3{,}4 = 680 \text{ kgcm}\,.$$

2. Nennspannung.

$$\sigma_b = \frac{M_{b_1}}{W_b} = \frac{680}{6^3\,\dfrac{\pi}{32}} \approx 32 \text{ kg/cm}^2\,.$$

3. Zulässige Spannung.

$$\sigma_{b\,zul} = \frac{b_1\,b_2\,\sigma_O}{\varphi\,\beta_k\,\nu_{erf}} = \frac{1 \cdot 0{,}9 \cdot 4000}{1{,}1 \cdot 1{,}5 \cdot 1{,}25} = 1750 \text{ kg/cm}^2\,.$$

b_1 Beiwert für die Bauteilgröße; b_2 Beiwert für die Bearbeitungsgüte (geschliffen); $\sigma_O = \sigma_{b\,Sch}$ Biegeschwellfestigkeit des St 50—2; ν_{erf} erforderliche Sicherheit (s. S. 84). Der Querschnitt ist reichlich bemessen.

β) Nahtquerschnitt II—II. Berechnung auf Biegung und Schub.

1. Angriff. Biegemoment:

$$M_{b_2} = P\,c_2 = 200 \cdot 8{,}5 = 1700 \text{ kgcm};$$

Schubkraft: $P = 200$ kg.

2. Nennspannungen. Widerstandsmoment des Schweißquerschnittes (Abb. 303a):

$$W_{Schw} = \frac{1}{r+a}\left[(d+2a)^4\frac{\pi}{64} - d^4\frac{\pi}{64}\right] = \frac{1}{4+0,6}\left[(8+2\cdot0,6)^4\frac{\pi}{64} - 8^4\frac{\pi}{64}\right] \approx 31\ \text{cm}^3 .$$

Schweißquerschnitt:

$$F_{Schw} = (d+2a)^2\frac{\pi}{4} - d^2\frac{\pi}{4} = (8+2\cdot0,6)^2\frac{\pi}{4} - 8^2\frac{\pi}{4} \approx 16,21\ \text{cm}^2 .$$

Biegespannung:

$$\varrho_b = \frac{M_{b2}}{W_{Schw}} = \frac{1700}{31} \approx 550\ \text{kg/cm}^2 .$$

Schubspannung:

$$\varrho_s = \frac{P}{F_{Schw}} = \frac{200}{16,21} \approx 12,5\ \text{kg/cm}^2 .$$

Bei diesem kleinen Wert erübrigt sich eine Berücksichtigung der Schubspannung.

3. Zulässige Spannung (s. S. 86)

$$\varrho_{bzul} = \frac{b_1\cdot b_2\cdot b_3\cdot\sigma_O}{\varphi\cdot v_{erf}} = \frac{1\cdot0,4\cdot1\cdot2200}{1,1\cdot1,25} \approx 640\ \text{kg/cm}^2 .$$

Da zwei verschiedene Werkstoffe verschweißt sind, wurde die Festigkeit des schwächeren eingesetzt. Für den St 37 ist $\sigma_O = \sigma_{Sch} \approx 2200$ kg/cm²; erforderliche Sicherheit s. S. 84.

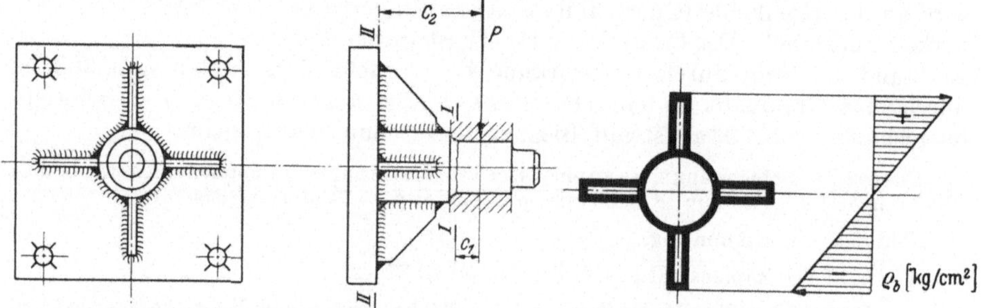

Abb. 304. Durch Rippen abgesteifter Zapfen   Abb. 304a. Schweißquerschnitt zu Abb. 304

Beim Schweißen von St 50—2 ist Vorwärmen zu empfehlen.

Abb. 305. Zapfen für Induktionsöfen

Stark belastete Zapfen werden durch Rippen gegen die biegefeste Platte versteift (Abb. 304). Schweißquerschnitt s. Abb. 304a. Abb. 305 zeigt die Ausführung von angeschweißten Zapfen für Induktionsöfen[1].

[1] Siemens-Schuckert-Werke, Berlin.

Ösen und Haken. In Abb. 306 ist eine Kupplungsöse für Schmalspurwagen dargestellt. Die Öse ist aus Flachstahl zugeschnitten, abgekantet und durch Kehlnähte an den [-Stahl angeschlossen.

Abb. 307: Kupplungsöse. Bei der oftmals wiederholten stoßweisen Zugbeanspruchung sind die Stirnkehlnähte ausreichend zu bemessen.

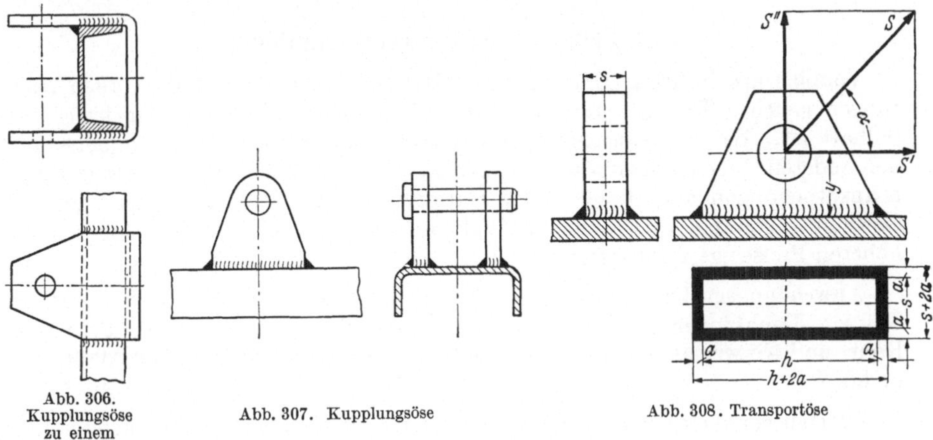

Abb. 306.
Kupplungsöse
zu einem
Schmalspurwagen

Abb. 307. Kupplungsöse

Abb. 308. Transportöse

Für die Beförderung durch Krane erhalten die Bauteile (Motorgehäuse, Räderkästen u. a.) Transportösen, die nach Art von Abb. 308 ausgeführt werden. Für die Berechnung des Schweißanschlusses wird die Zugkraft S des Anschlagseiles in die Komponenten S' und S'' zerlegt. S' beansprucht den Schweißquerschnitt auf Biegung und Schub und S'' noch auf Zug.

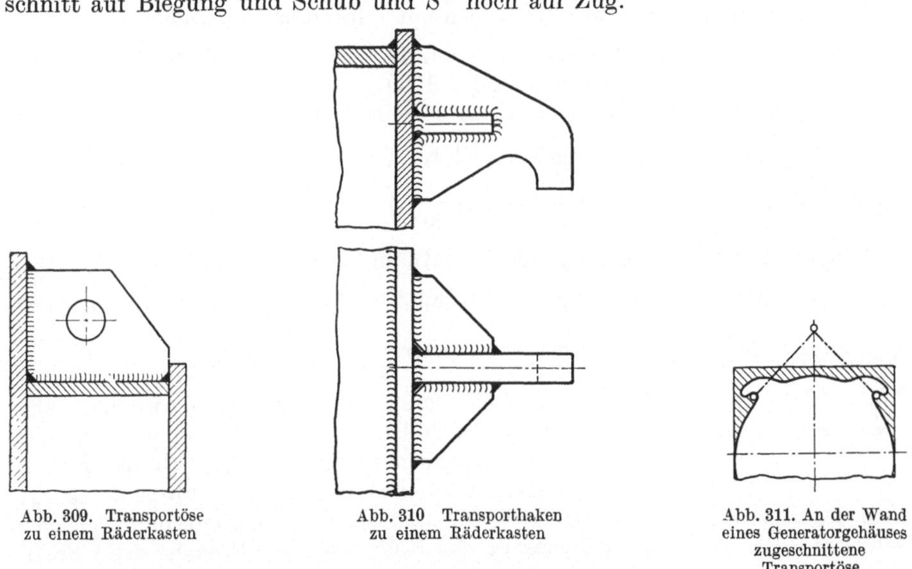

Abb. 309. Transportöse
zu einem Räderkasten

Abb. 310 Transporthaken
zu einem Räderkasten

Abb. 311. An der Wand
eines Generatorgehäuses
zugeschnittene
Transportöse

Abb 309 zeigt die Transportöse zu einem Räderkasten.

Der an einem Räderkasten angeschweißte Transporthaken Abb. 310 ist durch zwei Rippen gegen seitliche Kräfte versteift.

Bei der Wand zu einem Generatorgehäuse (Abb. 311) sind die Transporthaken schon beim Zuschnitt der Bleche vorgesehen.

Kreuzungen von Blechen und Profilen. Möglichkeiten für Kreuzungspunkte von Blechen und Profilen wurden von H. KRIESCHE [55] in übersichtlicher Form zusammengestellt. Da die Tabellen (42—45) für sich selbst sprechen, werden sie ohne Komentar unverändert nachfolgend wiedergegeben. Bedeutung der Buchstaben vgl. Tabelle 41.

6.13 Elemente der Rohrkonstruktionen

Vorzüge des Rohres. Das Rohr mit Kreisringquerschnitt hat in allen Richtungen gleiches Trägheitsmoment, was bei Beanspruchung auf Knickung vorteilhaft ist. Bei Beanspruchung auf Verdrehung ist der Kreisringquerschnitt den anderen Querschnittsformen überlegen. Dagegen kann er nur geringe Biegebeanspruchungen aufnehmen. Der Hauptvorteil des Rohres ist sein geringes Gewicht gegenüber den üblichen Walzprofilen, dem jedoch der Nachteil des höheren Preises gegenübersteht.

Anwendungsgebiet. Vorwiegend für ruhend beanspruchte Hochbauteile wie Stützen, Dachbinder, Kuppeln, Aussichtstürme, Sprunggerüste usw. Ferner für Rohr- und Gittermaste elektrischer Leitungen, Feuerwehrleitern, Kraftfahrzeuge u. dgl.

Im Hebezeugbau findet das Rohr bei leichteren Konstruktionen, insbesondere bei den Auslegern der Drehkrane, mehr und mehr Verwendung.

Werkstoff. Je nach Beanspruchungsart St 00.29, St 35.29, St 45.29 oder legierter Stahl.

Der Stahl St 00.29 ist als bedingt schweißbar,
St 35.29 als gut schweißbar   und
St 45.29 als im allgemeinen gut schweißbar anzusehen.

Berechnung. Für die Rohrkonstruktion des Hochbaus sind die Berechnungsgrundlagen für Stahl im Hochbau DIN 1050 (s. S. 54) maßgebend. Zulässige Spannungen für geschweißte Tragwerke nach DIN 4100 (s. S. 55).

Bei Beanspruchung auf Knickung ist für Wanddicken $s = \dfrac{d}{10}$ (Abb. 312) der Trägheitshalbmesser $i \approx 0{,}32\,d$; bei $s = \dfrac{d}{30}$ ist $i \approx 0{,}342\,d$.

Vergleicht man bei Biegung das I-Profil mit dem Stahlrohr $s = \dfrac{d}{10}$, dann kann das Stahlrohr bei gleichem Gewicht nur 40% der Biegefestigkeit des I-Profils

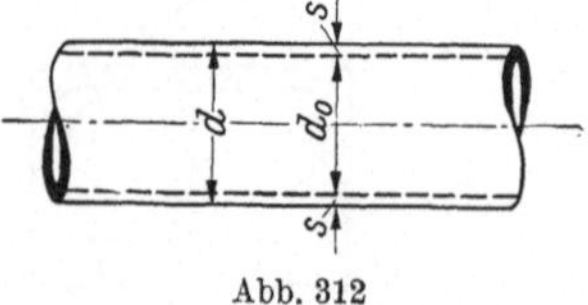

aufnehmen. Bei $s = \dfrac{d}{20}$ sind es 55%.

Zur Übertragung von Biegekräften wird man daher das Rohr durch Rippen versteifen oder geeignetere Querschnittsformen ausführen. Sind Schubkräfte aufzunehmen, dann ist die größte Schubspannung τ_{max} beim Rohrquerschnitt um 10···20% kleiner als beim I-Querschnitt gleichen Gewichtes. Bei Verdrehung überträgt das Rohr etwa das 10-fache des I-Profils von gleichem Gewicht.

Abb. 312

Verarbeitung der Rohre und Schweißverbindungen. Die Rohre lassen sich mit geeigneten Vorrichtungen auf verschiedene Art (durch Aufweiten, Verengen, Biegen, Anflächen, Stanzen, Bördeln usw.) formen [56], [57]. Aus runden Rohren können Hohlprofile wie Quadrat, Rechteck, abgerundetes Rechteck usw. hergestellt werden.

Tabelle 41. *Kraftangriffe an der Blechkreuzung*

Bezeich-nung	Kraftangriff	Skizze	Lastfall	Bezeich-nung	Kraftangriff	Skizze	Lastfall
1	Zug in Richtung A—B		Z	6	Querbiegung, an einem der 4 Arme angreifend, verteilt sich entsprechend der Steifigkeit auf die drei übrigen Richtungen		M
2	Zug in Richtung a—b		z	7	Biegung in der Ebene A—B		F
3	Druck in Richtung A—B		D	8	Biegung in der Ebene a—b		f
4	Druck in Richtung a—b		d	9	Schubkraft, quer aus a oder b eingeleitet in A—B		s
5	Querkraft, aus a oder b eingeleitet in A—B, z. B. q_b		q	10	Verdrehung an einem Arm, wird durch Biegesteifigkeit des quer gerichteten Stabes aufgenommen		T

Tabelle 42. *Ausbildung und Eignung von Blechkreuzungen*

* = zulässige Kräfte mittlerer Größe   ~ = Dauerwechselbeanspruchung

Beispiel	Konstruktive Ausbildung	Bemerkung	Eignung		
			gut	gering	schlecht
			für Lastfall		
1	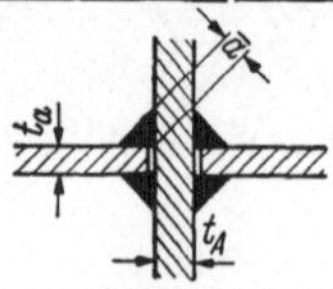	Verbindung mit Kehlnähten bei geringem zulässigen Spalt. $a < 0{,}7 \cdot t_{min}$	Z D q s	Z* d* Zz* Zd* Dz* ~	z d
2	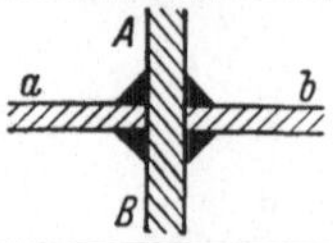	a und b mit guter Kantenbearbeitung ohne Spiel scharf angedrückt.	Z D d* q s	Z* Zz* Dz* d ~	z
3	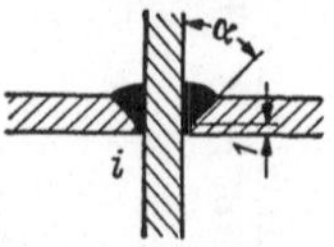	a und b einseitig abgeschrägt, wenn bei i unzugänglich. $\alpha > 60°$	Z D z* d* q* s*	q Zz* Dz*	z d
4		Halbe V-Nähte wie bei 3, jedoch mit Wurzelnachschweißung.	Z D z d q s ~	Zz Dz	~
5	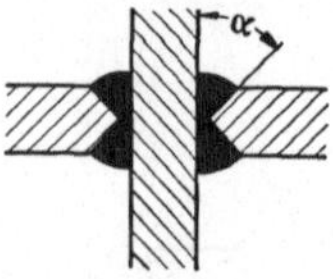	K-Nähte, teure Kantenbearbeitung, geeignet für große Wanddicken. $\alpha > 60°$	Z D z d q s ~	Zz Dz	
6		Versetzung von Steifen. Nachteil: Kraftumleitung durch Kerbwirkung.	Z* D* q	Z D s ~	z d
7	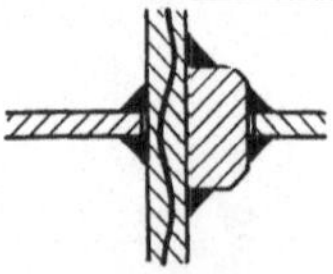	Versetzung der Nähte durch Zwischenleiste. Kraftumleitung wie bei 6.	Z* D* q s	Z d ~	z
8	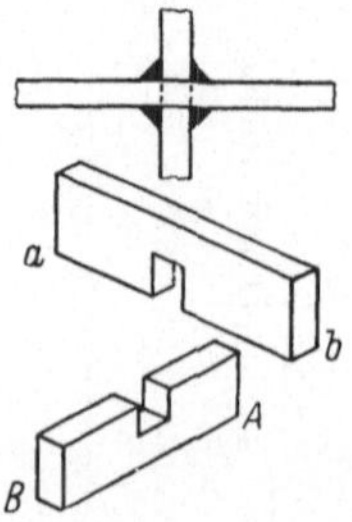	Flachstäbe ausgeklinkt und eingekämmt. Verbindung durch Kehlnähte oder Punktschweißung bei Leichtprofilen. Stäbe gleich oder verschieden hoch.	q s	D d F	Z z f ~

Beispiel	Konstruktive Ausbildung	Bemerkung	Eignung		
			gut	gering	schlecht
			für Lastfall		
9	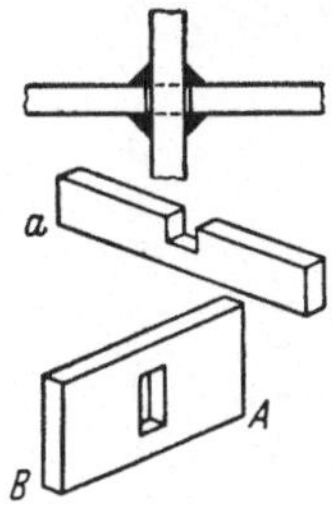	Flachstäbe verschiedener Breite. Haupttragstab $A—B$ geschlitzt, Nebenstab $a—b$ ausgeklinkt, durchgeschoben und hochgedrückt.	D* F* q* s	D F q Z* d	Z z ~
10	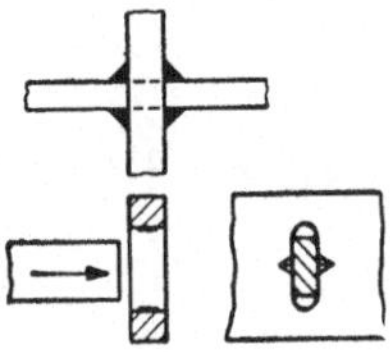	Haupttragstab $A—B$ geschlitzt, sauber ausgerundet, Nebenstab $a—b$ durchgesteckt. Kehlnähte.	D* z d q* s	D Z q ~	
11	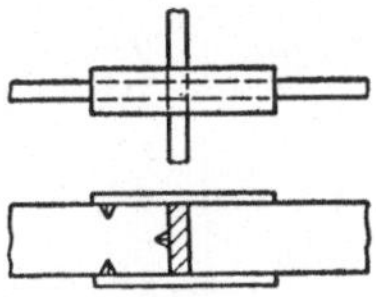	Flachstäbe gleicher Höhe. Zusätzliche Laschen.	Z D z d q s ~		
12	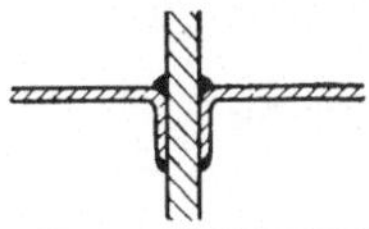	Abgekantete Bleche mit Kehlnähten. t durch Maschinen begrenzt.	Z D q s	z* d ~	z
13	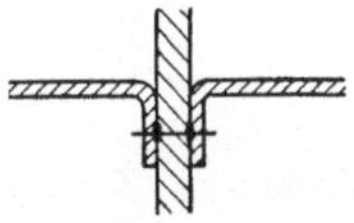	Abgekantete Bleche mit Punktschweißung. Elastischer als 12.	Z D q* s*	z* d ~	z
14	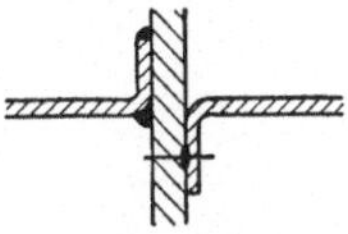	Versetzte Abkantung. Verbindung durch Kehlnähte oder Punktung.	Z D q s	z* d* ~	z
15		Zwischengesetzte T-Profile, etwas federnd, dämpfend. Viele Nähte.	Z D q s ~		z
16	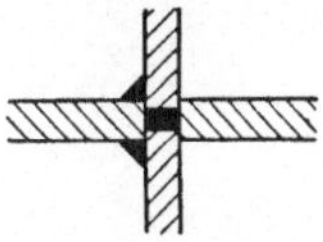	A, B und b durch Dreiblechschweißung verbunden, dann a mit Kehlnähten aufgesetzt.	Z* D* q* s*	Z D q s z* d* ~	z d

Beispiel	Konstruktive Ausbildung	Bemerkung	Eignung		
			gut	gering	schlecht
			für Lastfall		
17		Zwischengesetztes Sonderprofil, für hohe Beanspruchung in allen Richtungen.	Z D z d q s ~		
18	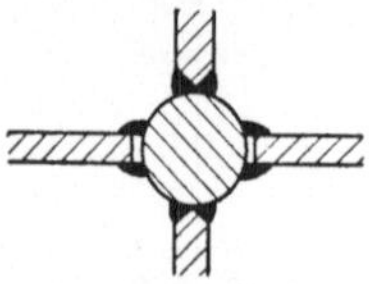	Steife Verbindung mit Zwischenstück. Kehlnähte für Schubkräfte, K-Nähte für Längskräfte.	Z D q s ~	z d	
19	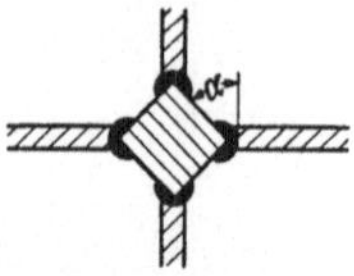	Steife Verbindung für mittlere Längskräfte, billiger als 18. Flankenwinkel $\alpha = 45°$ gering.	Z* D* z* d* q s*	Z D z d	
20		Mit Rohrzwischenstück. Bei Längskräften elastisch.	Z* D* z* d* q s* ~	Z D z d	
21		Hauptblech durchgehend, Nebenbleche elastisch angeschlossen.	Z D z* d* q s* ~	z d	
22	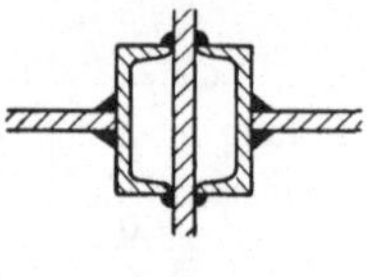	Für hohe Schubkräfte bei Ausschaltung von Längskräften.	Z D q ~		z d s
23	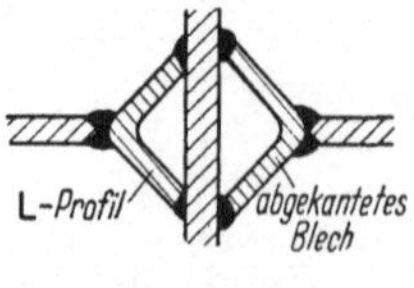 L-Profil abgekantetes Blech	Für Verteilung der Schubkräfte auf größere Breite.	Z D z* d* q s ~	z d	
24	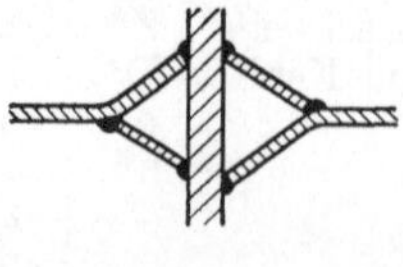	Abgekantete Bleche mit Versteifungsblechen.	Z D z* d* q s ~	z d	

Beispiel	Konstruktive Ausbildung	Bemerkung	Eignung		
			gut	gering	schlecht
			für Lastfall		
25		Doppelt abgekantete Bleche. Dämpfend.	Z D z* d* q s	z d ~	
26		Kreuzstoß mit zusätzlichen Versteifungsblechen. Hohe innere Spannungen.	Z* D*	q s Z D	z d ~
27		In Sonderfällen aus Gründen des Zusammenbaues.	Z D z* d q s	z ~	
28		Ausweichlösung, wenn Sonderprofil nach 17 nicht verfügbar.	Z D z* d q s ~	z	

Tabelle 43. Kreuzungspunkte von L- und I-Profilen

* = zulässige Kräfte mittlerer Größe   ~ = Dauerwechselbeanspruchung

29		Stab *b* ausgeklinkt. Winkel gleichen oder verschiedenen Profils.	Z* D* z* d* q s M*	Z D z d M ~	
30		Winkel mit zusätzlicher Lasche, die am Hauptstab nicht angeschweißt wird.	Z D z* d* q s M*	z d M ~	
31		Winkel mit Knotenblech. Aufriß wie bei 30.	Z D z* d* q s M ~		

Beispiel	Konstruktive Ausbildung	Bemerkung	Eignung		
			gut	gering	schlecht
			für Lastfall		
32		Nebenwinkel *b* aufgelegt. Auch mit Naht *i* möglich.	Z* D* z* d* q s M*	Z D z d M ~	
33		Durchlaufende Winkel in verschiedenen Ebenen. Mit 2 oder 4 Nähten.	Z D z d s*	q s M ~	
34		Durchlaufende Winkel mit Knotenblech. Starre Verbindung.	Z D z d s M ~	q	
35		T-Profile. Nebenstäbe ausgeklinkt. Zwei verschiedene Anschlüsse je nach Beanspruchung.	Z* D* z* d* q s*	M ~	
36		Ausklinkungen wie bei 35 links. Mit Eckversteifungen.	Z D z d q s M ~		

Tabelle 44. Kreuzungen von U-Profilen

* = zulässige Kräfte mittlerer Größe   ~ = Dauerwechselbeanspruchung

Beispiel	Konstruktive Ausbildung	Bemerkung	gut	gering	schlecht
37		Hauptprofil durchgehend, mit Leisten ausgesteift.	Z* D* z* d* q s M*	Z D z d M ~	
38		Zusätzliche Lasche oder Knotenblech. Nähte *i* nur zur Heftung.	Z D z d q s M ~		

Beispiel	Konstruktive Ausbildung	Bemerkung	Eignung		
			gut	gering	schlecht
			für Lastfall		
39	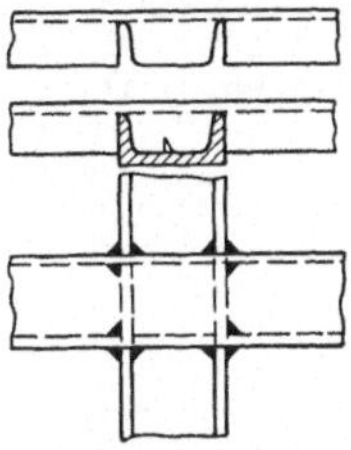	Hauptstab durchlaufend, Nebenstab eingekämmt.	Z D z* d* q s M ~	z d	
40	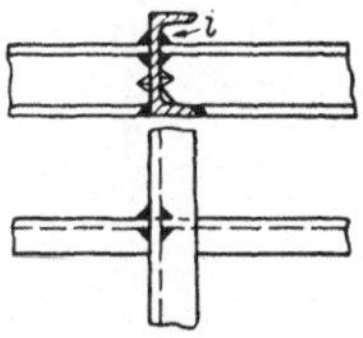	Stehende Profile verschiedener Höhe. Zugänglichkeit der Naht i beachten.	Z* D* z* d* q s	Z D z d	M ~
41	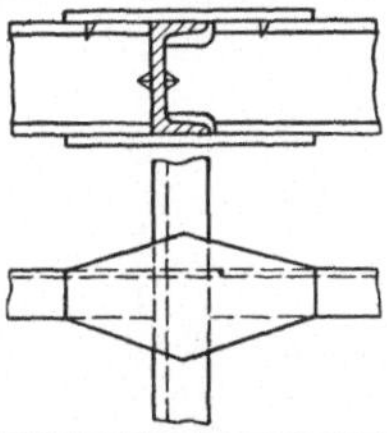	Profile gleicher Höhe. Bei hoher Beanspruchung mit Knotenblechen, ohne M auch mit Laschen.	Z D z d q s M ~		
42	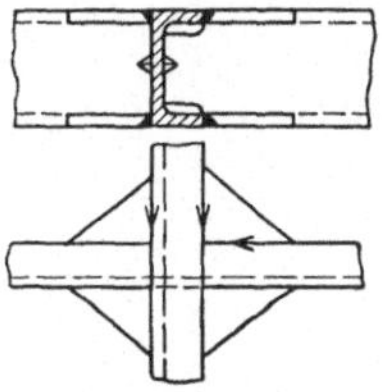	Profile gleicher Höhe, mit Eckblechen.	Z D z d q s M ~		
43	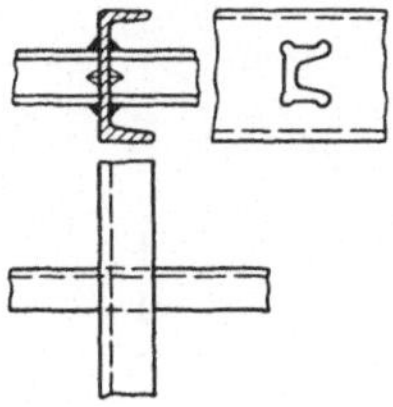	Durchgestecktes Nebenprofil. Nähte i für Querkräfte. Weitere Nähte nur als Dichtnähte.	Z D z d q	s	M

Tabelle 45. *Kreuzungen von Trägern*

* = zulässige Kräfte mittlerer Größe   ~ = Dauerwechselbeanspruchung

Beispiel	Konstruktive Ausbildung	Bemerkung	gut	gering	schlecht
44	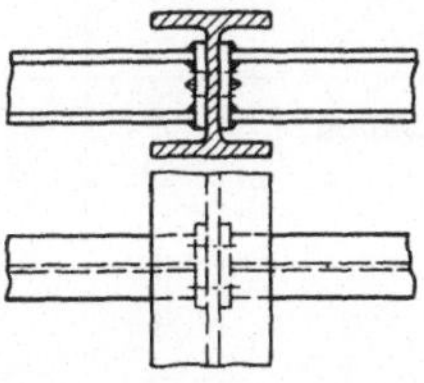	Vorgeschweißte Kopfplatten und Schraubverbindung. Zu vermeiden bei biegebeanspruchten Nebenträgern.	Z D q s	z d	f M ~

Beispiel	Konstruktive Ausbildung	Bemerkung	Eignung		
			gut	gering	schlecht
			für Lastfall		
45		Ausgeklinkte Querträger mit angeschweißten Kopfplatten. In keinem Fall zu empfehlen.	Z D q*	z* d* q s*	z d s f M ~
46		Träger gleicher Höhe, Nebenträger ausgeklinkt. Trägersteg am Hauptflansch angeschweißt oder frei durchgeführt.	Z D d q s ~	z M	
47		Träger gleicher Höhe, Nebenträger ausgeklinkt. Laschen am Hauptträger nicht angeschweißt.	Z D z d q ~		M s
48		Träger in gleicher Höhe mit Eckversteifungen, voll oder aufgelöst.	Z D z d q s ~		
49		Nebenträger geschweißt, untere Lamelle ungestoßen durchgesteckt.	Z D z d q ~	s M	
50		Obere Lamelle aufgelegt, unten durchgesteckte Kontinuitätslasche.	Z D z d* q ~	d s	M
51		Ähnlich 49, mit Montagestößen.	Z D z d q ~	s M	

Beispiel	Konstruktive Ausbildung	Bemerkung	Eignung		
			gut	gering	schlecht
			für Lastfall		
52		Querträger rahmenartig beigezogen, links mit Montagestoß.	Z D z d q s M ~		
53		Eingesetztes Knotenblech im Obergurt, für hohe dynamische Beanspruchung.	Z D z d q s M ~		
54		Verschieden hohe Träger. Für Nebenträger oben Zuglasche, unten eingepaßtes Druckstück, angeheftet.	Z D d* q*	d q ~	z M s
55		Ähnlich 54. Unterer Trägerflansch als Druckfläche angepaßt.	Z D d* q* ~	d q	z M s

Mit Rohren lassen sich die verschiedensten Schweißverbindungen ausführen.

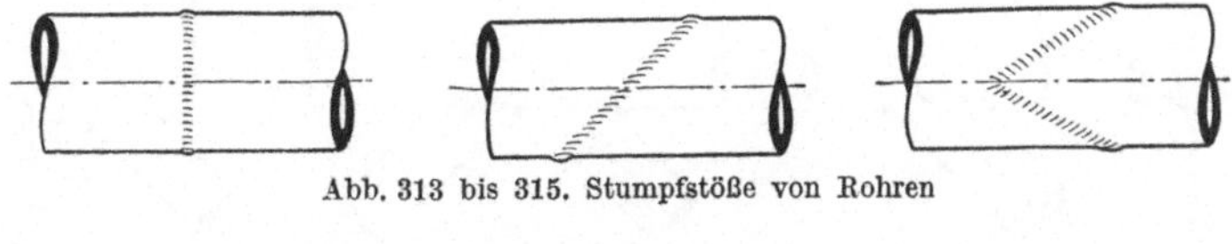

Abb. 313 bis 315. Stumpfstöße von Rohren

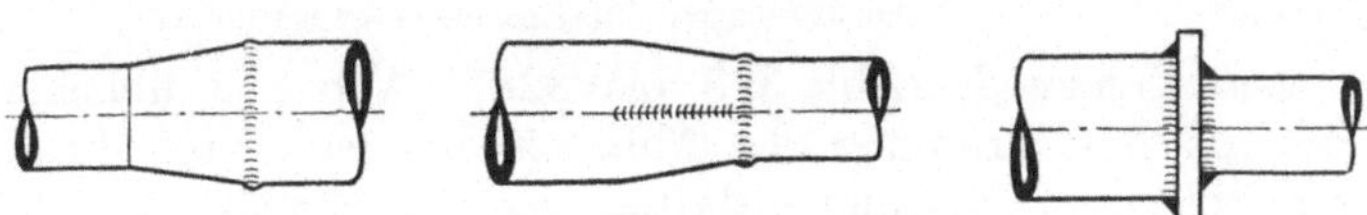

Abb. 316 bis 318. Stöße von Rohren bei verschiedenem Durchmesser

1. Stumpfstöße (Abb. 313 bis 315).

Abb. 313 einfacher Stumpfstoß. Der durch Abbrennschweißung ausgeführte Stumpfstoß hat die größte Festigkeit. Abb. 314: Schrägstoß; Abb. 315: Fischgrätenstoß. Abb. 316: Übergang vom kleinen zum großen Querschnitt durch Aufweiten des kleinen Rohres. Abb. 317: Übergang vom großen zum kleinen Querschnitt durch Schlitzen und Verengen des großen Rohres. Abb. 318: Stoß mit eingeschweiß-

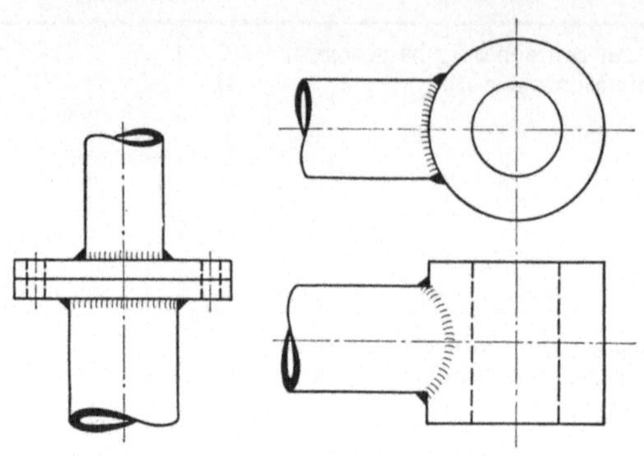

Abb. 319

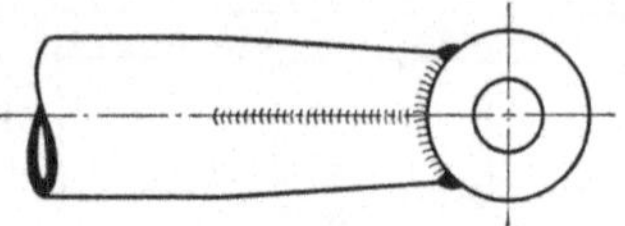

Abb. 320 u. 321. Anschweißen von Augen an Rohre

ter Platte bei verschiedenem Rohrdurchmesser. Abb. 319: Verkleinerung des Rohrdurchmessers durch Verschrauben. Anwendung bei Masten.

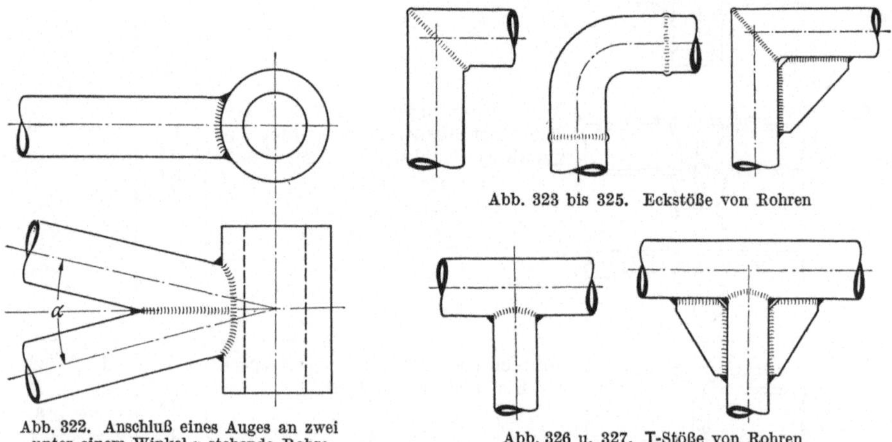

Abb. 322. Anschluß eines Auges an zwei unter einem Winkel α stehende Rohre

Abb. 323 bis 325. Eckstöße von Rohren

Abb. 326 u. 327. T-Stöße von Rohren

2. Anschweißen von Augen (Abb. 320 u. 321). Zum Anschweißen eines kleinen Auges ist das Rohr durch Aufschlitzen verjüngt (Abb. 321). Abb. 322: Anschluß zweier unter dem Winkel α stehender Rohre an ein Auge.

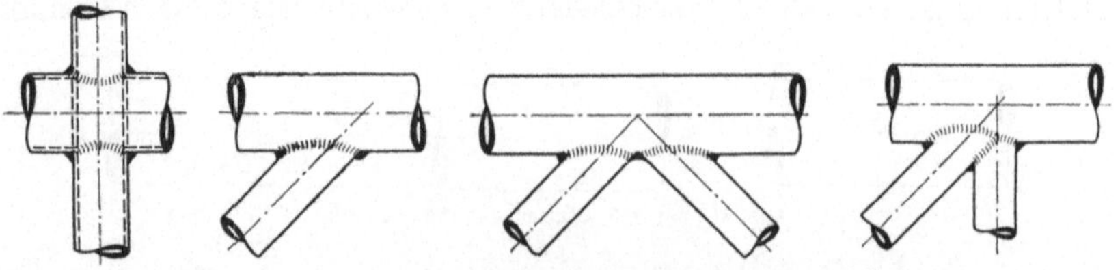

Abb. 328. Kreuzstoß

Abb. 329 bis 331. Diagonalanschlüsse bei Rohren

3. L-, T- und Kreuzstöße (Abb. 323 bis 328). Abb. 323 üblicher L-Stoß. Abb. 324: Eckstoß mit Krümmer. In Abb. 325 ist der L-Stoß durch ein eingeschweißtes Eckblech auf Biegung entlastet.

Abb. 326: T-Stoß; Abb. 327: T-Stoß mit eingeschweißten Rippen.

Abb. 328: Kreuzstoß mit durchgestecktem kleinerem Rohr.

4. Diagonalanschlüsse. Abb. 329: Anschluß einer Diagonalen; Abb. 330: Anschluß zweier Diagonalen; Abb. 331: Anschluß einer Diagonalen und einer Vertikalen.

5. Rohrfüße (Abb. 332 u. 333). Der durch Rippen versteifte Anschluß an die Grundplatte (Abb. 333) kann Biegespannungen aufnehmen.

6. Anschlüsse an Walzprofile. Abb. 334: Anschluß zweier Diagonalen an den Flansch eines $^1/_2$ I-Stahls. Abb. 335: Anschluß zweier Diagonalen an den Steg eines $^1/_2$ I-Stahls erfordert Schlitzen der Rohre.

7. Querverbindung von Rohren. Die Rohre erhalten in bestimmten Abständen Bindebleche (Abb. 336). Die Ausführung nach Abb. 337 spart an Schweißnähten und ist ausreichend.

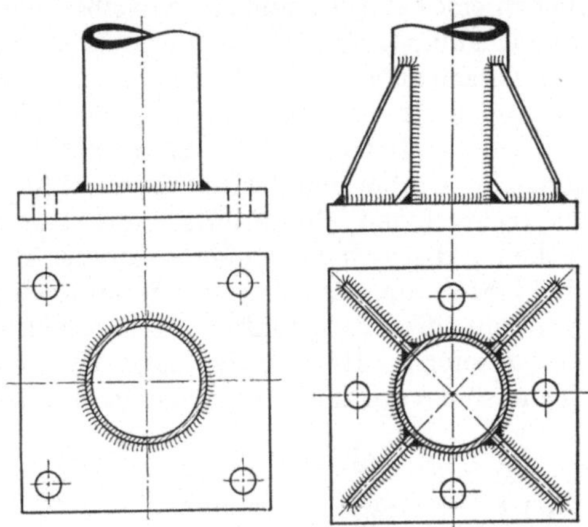

Abb. 332 u. 333. Rohrfüße

8. Anwendungen zum Aufnehmen von Biegekräften. In Abb. 338 sind zwei Rohre durch ein Stegloch miteinander verbunden, wodurch ein biegesteifer Querschnitt mit der Höhe h und den Faserabständen e erhalten wird.

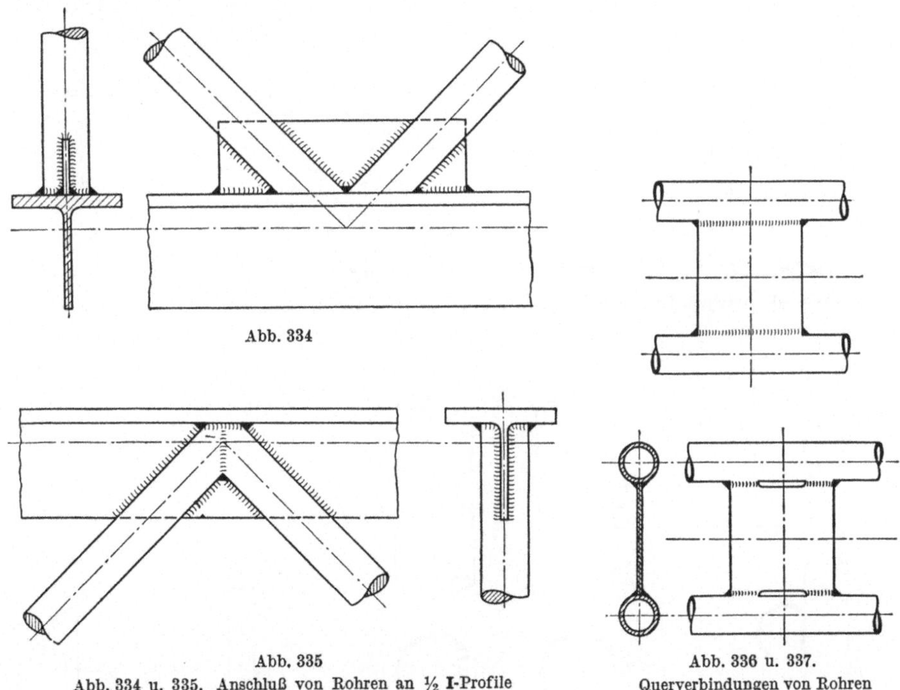

Abb. 334

Abb. 335

Abb. 334 u. 335. Anschluß von Rohren an ½ I-Profile

Abb. 336 u. 337.
Querverbindungen von Rohren

Abb. 339 zeigt das Oberteil der Stütze zu einem fahrbaren Montagebockkran. Der Anschluß an das Gelenk ist durch Rippen biegesteif gemacht.

9. Sonstige Gestaltungselemente. Abb. 340:
Anschluß eines Gelenkauges. Abb. 341: Anschluß eines Gabelstückes. Abb. 342: Anflächen eines Rohres zum Anschweißen eines
andern. Abb. 342: Umbördeln des Loches eines
Rohres nach außen; Abb. 344 desgl. nach innen.
Abb. 345 u. 346: Umbördeln des Loches eines
leichten ⊏-Profils zum Anschluß eines Rohres.
Abb. 347: Umbördeln der Löcher eines leichten rechteckigen Hohlprofils zum Durch-
stecken und Anschweißen eines Rohres. Abb.
348: T-Stoß mit besonders gut verlaufendem
Kraftfluß. Das Anschlußrohr ist geschlitzt
und gespreizt. Herzförmig zugeschnittene
Bleche sind vorn und hinten eingeschweißt.

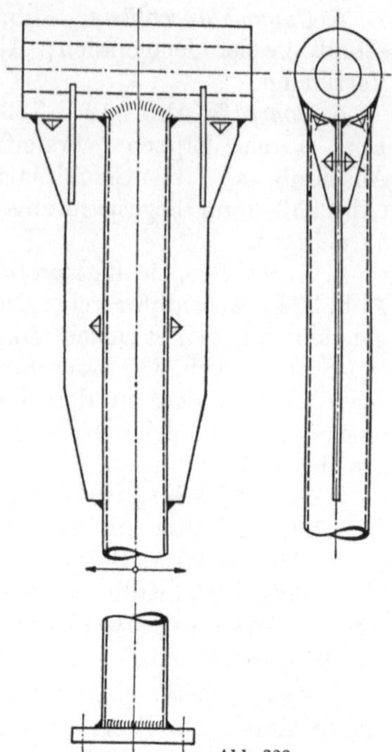

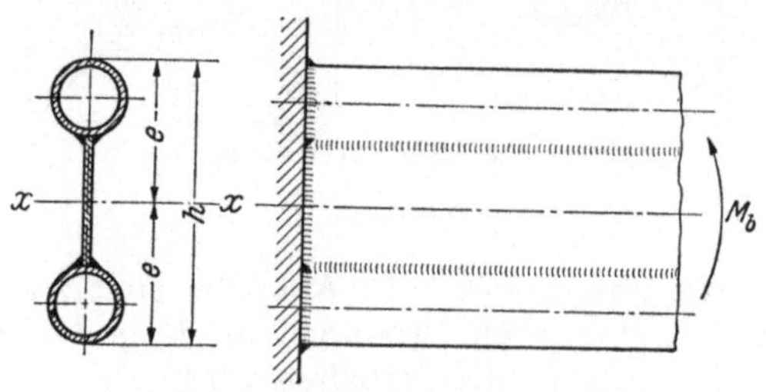

Abb. 338. Biegesteifer Querschnitt von Rohren

Abb. 339.
Oberteil der Stütze eines fahrbaren Bockkranes

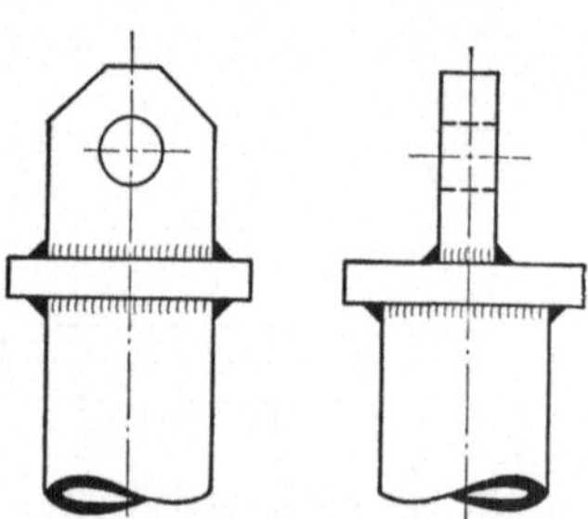

Abb. 340. Anschluß eines Gelenkauges

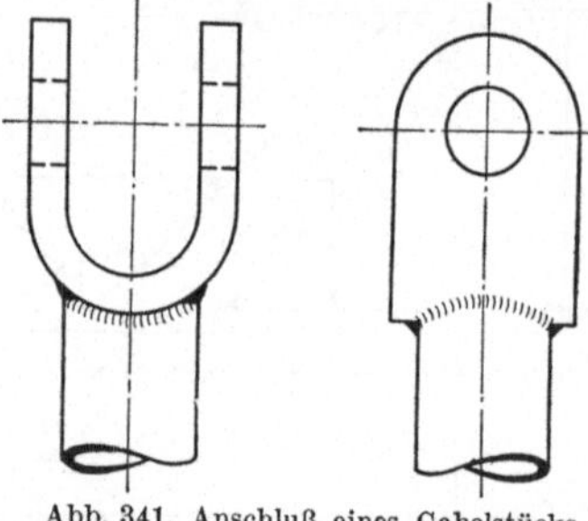

Abb. 341. Anschluß eines Gabelstücks

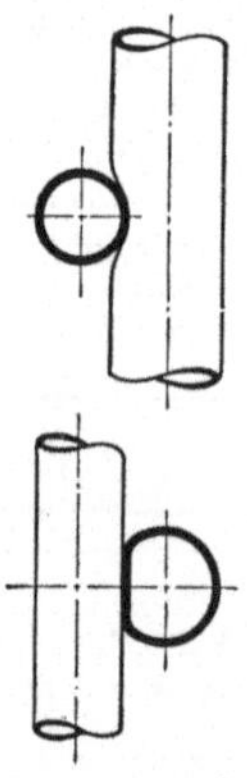

Abb. 342. Anflächen
eines Rohres

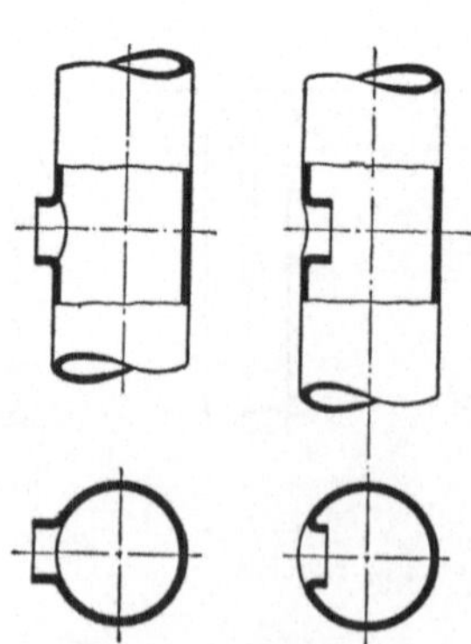

Abb. 343 u. 344. Umbördeln
des Loches eines Rohres
nach außen bzw. innen

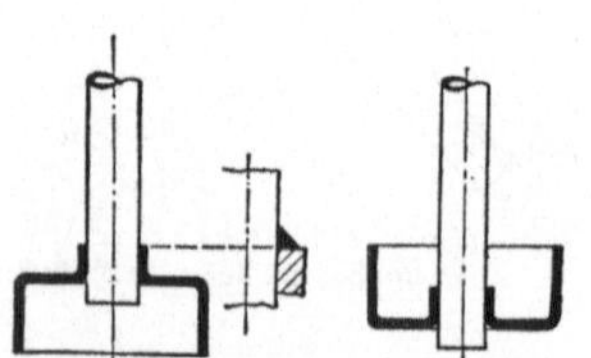

Abb. 345 u. 346. Umbördeln des
Loches eines leichten [-Profils für
den Anschluß eines Rohres

Abb. 349: Eckstoß mit eingeschweißter Blechtasche, deren Lochränder für den Anschluß des durchgesteckten Rohres umgebördelt sind.

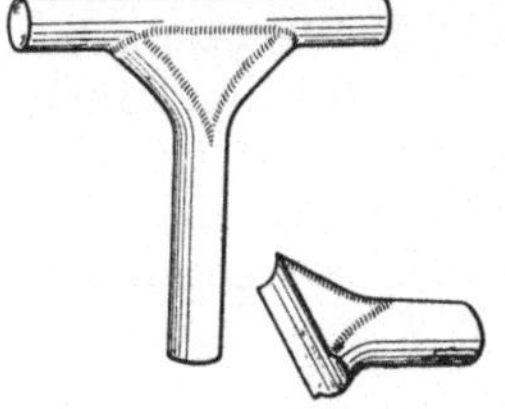

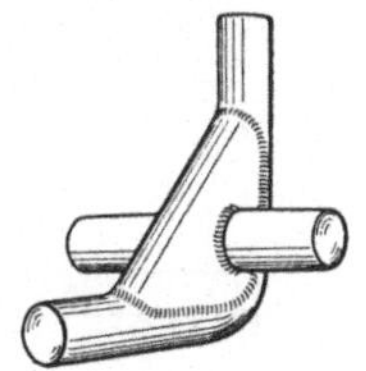

Abb. 348. T-Stoß mit besonders gut verlaufendem Kraftfluß

Abb. 349. L-Stoß mit eingeschweißter Blechtasche

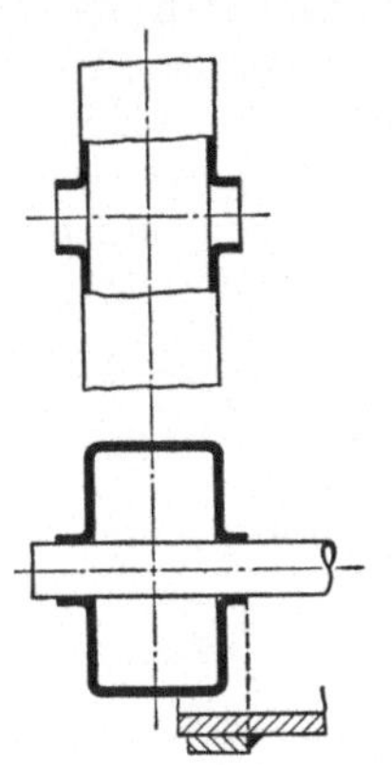

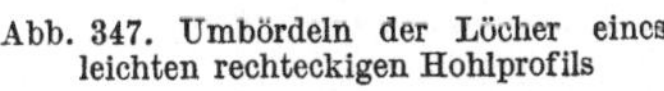

Abb. 347. Umbördeln der Löcher eines leichten rechteckigen Hohlprofils

6.14 Leichtbau [56], [57], [58]

Sinn des Leichtbaues ist es, durch den Einsatz spezifisch leichter Werkstoffe (Leichtstoffbau) oder durch werkstoffsparende Gestaltung (Leichtformbau) wirtschaftliche oder technische Vorteile zu erzielen. Solche Vorteile können z. B. liegen in der

Herabsetzung des Gewichtes der Konstruktion

Veränderung des Schwingungsverhaltens (Steifigkeit, Dämpfung)

Herabsetzung der Transport- und Lagerkosten für Halbfabrikate und der Versandkosten der Fertigfabrikate.

Der Leichtstoffbau soll hier nicht behandelt werden (näheres hierzu siehe [56]).

Im vorliegenden Zusammenhang interessiert in erster Linie der Leichtformbau, d. h. Leichtbau durch werkstoffsparende Gestaltung.

Konstruktionsgrundsätze für den Leichtformbau.

1. Bestmögliche Ausnutzung des Werkstoffes durch Verlegen der Massen in Gebiete, die hoch beansprucht werden. Die Beanspruchung im Bauteil soll möglichst über den ganzen Querschnitt hinweg gleich hoch sein.

2. Bestmögliche Anpassung der Konstruktion an die Beanspruchungsart.

3. Herabsetzung der maximalen Zugspannung durch eine Druckvorspannung (im Stahlleichtbau nur selten möglich).

4. Vermeidung eines außermittigen Kraftangriffes.

5. Gleichmäßiges Einleiten der Kräfte in alle Teile der Konstruktion.

6. Vermeidung von Steifigkeitssprüngen.

Leichtbau bei Beanspruchung auf Biegung. Abb. 350 [57] begründet die Tendenz des Leichtbaues, von massiven Walzquerschnitten auf hochstegige Blechquerschnitte überzugehen. In Abb. 351 sind die Gewichte von Trägern unterschiedlicher Ausbildung bei gleicher höchster Werkstoffbeanspruchung angegeben.

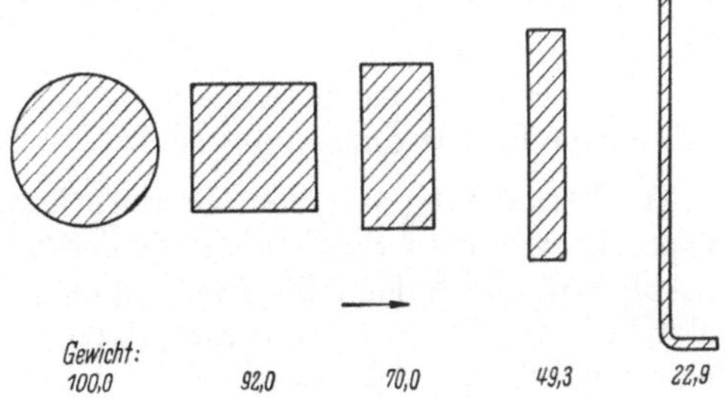

Abb. 350. Gewichtsvergleich verschiedener Querschnitte gleichen Widerstandsmomentes

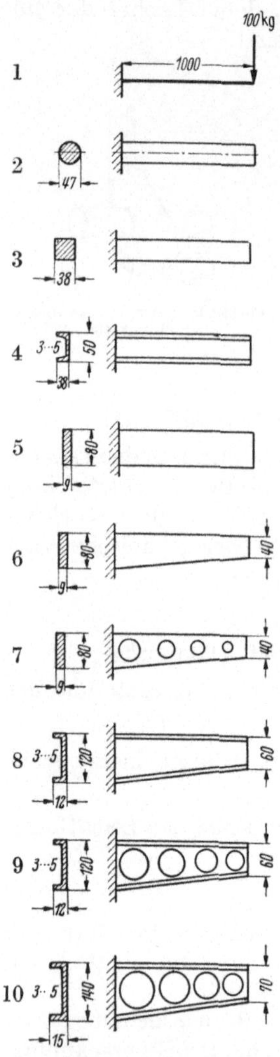

Abb. 351. Gewichte von Biegeträgern aus Stahl (Nr. 1—8) und AlCuMg (Nr. 9 und 10) bei gleichem $\sigma_B = 9{,}8$ kg/mm² an der Einspannstelle (Nach KLOTH u. NIEMANN)

Leichtbau bei Beanspruchung auf Verdrehung. Die Auswirkung des ersten und zweiten der oben genannten Konstruktionsgrundsätze erkennt man aus Abb. 352 [57]. Bei Beanspruchung auf Verdrehung gelangt man demnach zwangsläufig zur dünnwandigen Hohlkastenbauweise, wobei die Hohlkörper geschlossen sein müssen, damit sie die bei Torsion auftretenden Schubspannungen aufnehmen können.

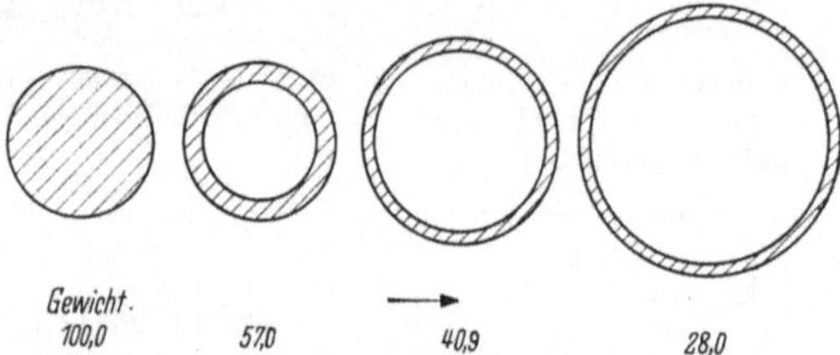

Abb. 352. Gewichtsvergleich verschiedener Querschnitte gleichen Widerstandsmomentes

Leichtbau unter Berücksichtigung von Steifigkeit und Dämpfung. Häufig ist im Leichtbau nicht die maximale Beanspruchung, sondern die Steifigkeit der Konstruktion maßgebend für die Gestaltung. Bei der Verwendung dünnwandiger Blech-Konstruktionsteile muß der Gefahr des Ausknickens oder des Beulens ent-

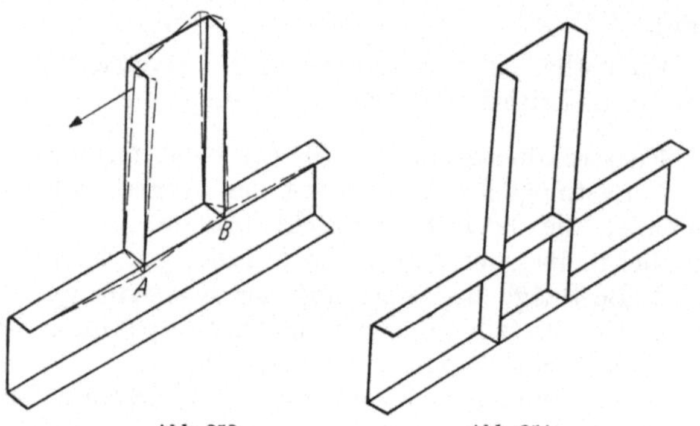

Abb. 353   Abb. 354
Verlängerung von Stegen zur Sicherung gegen Ausknicken

gegengewirkt werden, meist durch zweckmäßig eingeschweißte Versteifungen. Um z. B. bei einer Eckverbindung nach Abb. 353 den unteren Flansch an der Lastaufnahme zu beteiligen, verlängert man die Flansche des senkrecht stehenden ⊏-Profils durch eingeschweißte Stege.

Zur Vermeidung von Steifigkeitssprüngen sollte man ein auf Verdrehung beanspruchtes offenes Profil nicht örtlich zu einem geschlossenen machen, wie es in Abb. 355 durch das Aufschweißen eines Bleches geschehen ist. An den Ecken entstehen hierdurch Spannungsspitzen, was die Gefahr des Einreißens der Schweißnähte mit sich bringt. Bei der Verformung des Profilstabes durch Torsion (in Abb. 356 übertrieben dargestellt) verschieben sich die Flansche in entgegengesetzten Richtungen. Da das eingeschweißte Blech in seiner Ebene starr ist, dreht es sich, wobei die Flanschen dieser Drehung folgen und ausbeulen. Infolge Verwölbungsbehinderung entstehen an den Stellen höchster Verformung hohe Zug- und Druckspannungen. Da gerade an diesen Stellen Schweißnähte enden, besteht die Gefahr des Einreißens [59].

Abb. 355. Versteifter U-Profilträger in unbelastetem Zustand

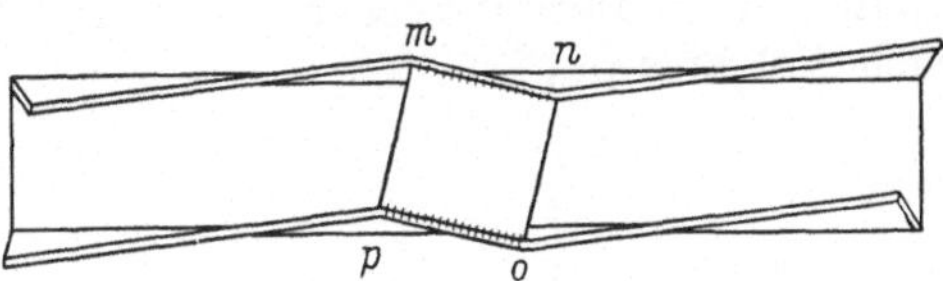

Abb. 356. Verformungsmechanismus des in Abb. 355 gezeigten versteiften U-Profilträgers bei Torsionsbeanspruchung

An den Stellen m und o herrschen auf der Außenseite der Flansche zweiachsige Zugspannungszustände. Die Stellen n und p werden bei dieser Verformung zweiachsig auf Druck beansprucht

Die Aussteifung nach Abb. 357 ist bei Torsionsbeanspruchung ungeeignet, da an den Enden der parabelförmigen Ausschnitte wieder hohe Spannungsspitzen entstehen. Bei Beanspruchung auf Biegung ist sie als bedingt geeignet anzusehen.

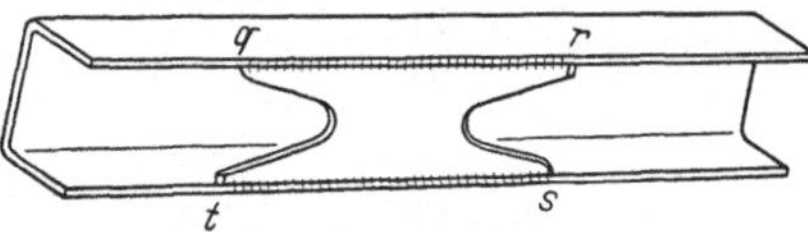

Abb. 357. U-Profilträger mit parabelförmig ausgeschnittener Versteifungsplatte zwischen den freien Flanschflanken; bedingt geeignet für Biegung, nicht geeignet für Torsion

Das Einschweißen von Stegen (nach Abb. 359 besser als nach Abb. 358) erreicht ebenfalls eine Sicherung gegen Ausknicken der Flansche, ohne dabei das torsionsweiche Profil unnötig örtlich zu versteifen. Das Gleiche gilt für den Knoten von Abb. 360 und 361, wie er z. B. im Fahrzeugbau vorkommt.

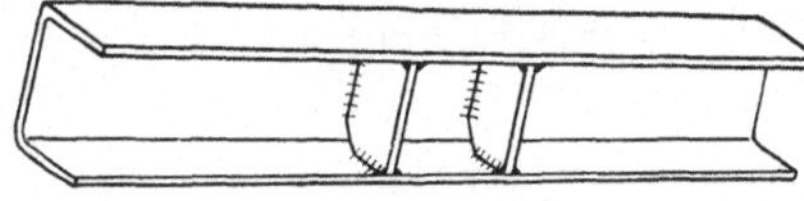

Abb. 358

Stützbleche an Steg und Flanschen angeschweißt. Bei Torsionsbeanspruehung ungünstig

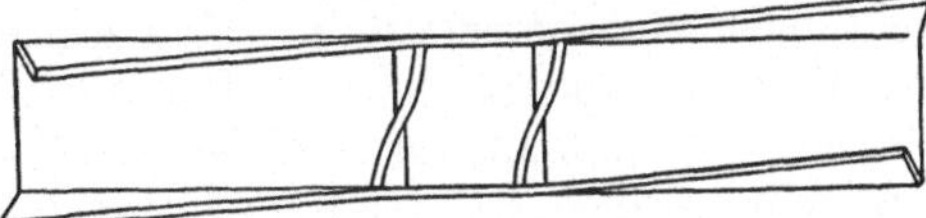

Abb. 359

Dieselbe Versteifungsart wie in Abb. 358, jedoch ohne Schweißnähte am Steg (günstig bei Torsion)

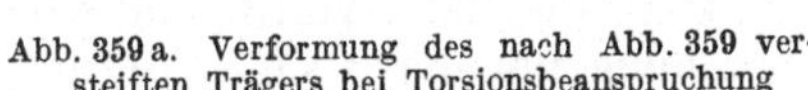

Abb. 359a. Verformung des nach Abb. 359 versteiften Trägers bei Torsionsbeanspruchung

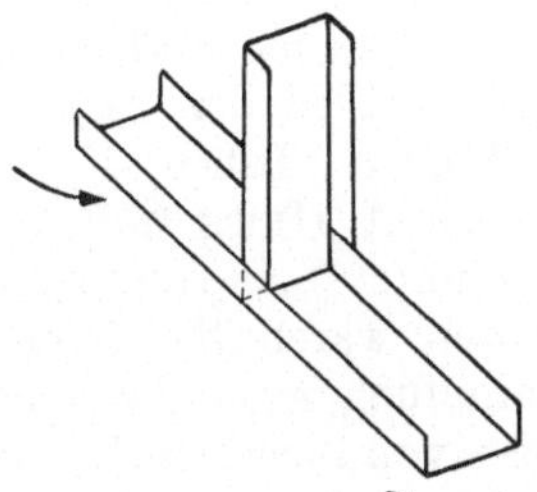

Abb. 360

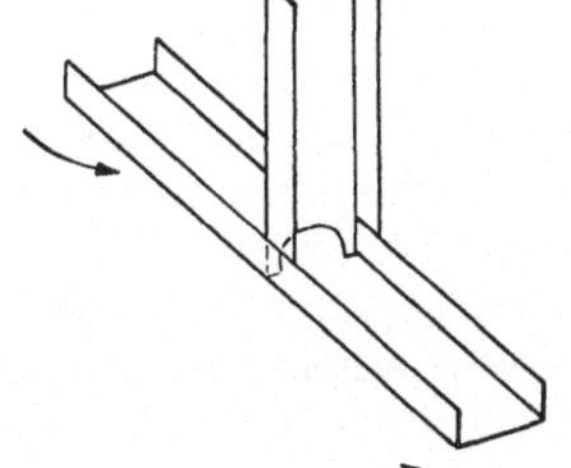

Abb. 361

T-Stoß mit und ohne Schweißnähte am Steg (Ausbildung nach Abb. 361 ist bei Torsionsbeanspruchung vorzuziehen)

Die Biegesteifigkeit ist abhängig vom Produkt $E \cdot J$, die Verdrehsteifigkeit entsprechend vom Produkt $G \cdot J_d$, wobei E und G den Elastizitäts- bzw. Schubmodul darstellen und J bzw. J_d das äquatoriale bzw. polare Trägheitsmoment. In Abb. 362 ist zu erkennen, wie man durch Anordnung einer gegebenen Werkstoffmenge im Kastenquerschnitt die Biegesteifigkeit erhöhen kann. Ist die untere Grenze für die Wanddicke mit 3 mm z. B. dadurch gegeben, daß bei ihrer Unterschreitung mit Dröhnen oder Ausbeulen gerechnet werden muß, so kann die „Wand" als Zelle ausgebildet werden, die durch entsprechende Aussteifungen ein Heruntergehen bis zu etwa 1 mm Wanddicke ermöglicht (Beispiel nach A. HEISS in [58]).

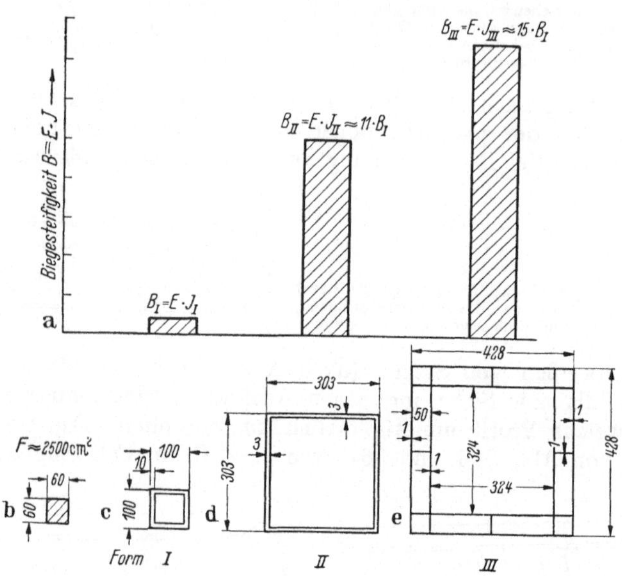

Abb. 362. Steifigkeit von Kastenformen mit gleichem Werkstoffaufwand aber verschiedener Wanddicke und Außenabmessungen

In Tabelle 46 [58] sind die Federzahlen einiger Profile für Biegen und Verdrehen, die Eigenschwing- und Dämpfungszahlen für beide Beanspruchungsrichtungen zusammengestellt. Man erkennt deutlich, wie sich häufig Eignung für Biegebeanspruchung und Eignung für Verdrehbeanspruchung nicht miteinander in Einklang bringen lassen. So weist z. B. die Petersverrippung eine nur sehr geringe Biegesteifigkeit bei Beanspruchung um die X–X-Achse auf, während sie sich bei Verdrehung vorzüglich verhält.

Geht man im Werkzeugmaschinenbau vom gegossenen Bett zur geschweißten Stahlkonstruktion über, so wird zuweilen das Fehlen der guten Dämpfungseigenschaften des Graugusses als Mangel empfunden. Tabelle 47 zeigt nun, wie durch die Einführung der Scheuerwirkung nach A. HEISS [60] die Dämpfung wesentlich vergrößert werden kann. Stäbe, die unter Vorspannung an der Stirnseite durch Schweißung miteinander verbunden waren (Nr. 7 in Tabelle 47), zeigten einen sehr erheblichen Anstieg der Dämpfung gegenüber dem Einzelstab gleichen Querschnittes. HEISS faßt die Ergebnisse von Biegeschwingungsversuchen in folgenden zwei Grundbedingungen für die Vergrößerung der Dämpfung an Konstruktionen von Gestellen für Werkzeugmaschinen im Stahlschweißbau zusammen:

1. Geringe Verbundwirkung der verschweißten Teile, damit kleinste Verschiebungen der sich berührenden Flächen eintreten können.

2. Kräftige Vorspannung in der Fuge.

Schalen-, Zellen- und Plattenbauweise. In *Schalenbauweise* werden Konstruktionen ausgeführt, bei denen, wie z. B. im Flugzeug- oder teilweise im Waggonbau die „Schale" nicht als Verkleidung, sondern als selbsttragendes Bauelement verwendet wird.

Unter *Zellenbauweise* versteht man im Stahlleichtbau die Verwendung unterteilter, geschlossener Hohlräume (Abb. 363), wobei die einzelnen Zellen rohrförmig, quaderförmig oder prismatisch sein können. Die Zellenbauweise wird vorzugsweise bei der Herstellung von Gestellen für Werkzeugmaschinen verwendet [61]—[63].

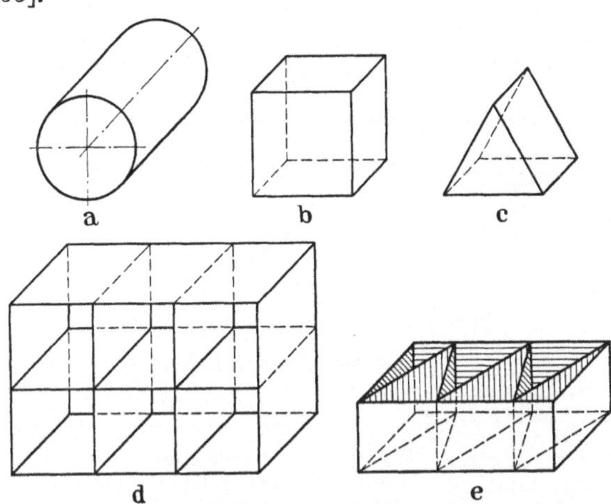

Abb. 363a bis e. Zellen und Zellengruppen beim Stahlschweißbau für
Werkzeugmaschinen. Grundformen a, b und c. Zellengruppen: d und e

Die *Plattenbauweise* entsteht durch das Zusammenfügen von Blechen mit großen Querschnitten, wie es bei der Konstruktion schwerer Pressengestelle üblich ist. Die Plattenbauweise enthält im allgemeinen keine Bauelemente mehr, wie sie für den Stahlleichtbau typisch sind.

Gestaltung von Punktschweißverbindungen. Bei der punktschweißgerechten Gestaltung von Schweißverbindungen ist darauf zu achten, daß der Schweißstrom auf möglichst kurzem Weg zur Schweißstelle geführt wird. Die Fensteröffnung der Schweißmaschine soll zur Erzielung eines möglichst hohen Wirkungsgrades so klein wie möglich sein. Unter Umständen ist es zweckmäßig, große Teile zu zerlegen und in Gruppen zu schweißen. Die Elektroden müssen gut aufliegen können. Wenn irgend angängig, sollen nur die Normalelektroden verwendet werden, also keine für den jeweiligen Zweck besonders hergestellten (abgekröpfte). Rüstzeiten und Elektrodenverschleiß lassen sich auf diese Weise herabsetzen. Bei gebördelten Blechen sind die Bördelränder so breit zu halten, daß die Mindestrandabstände eingehalten werden können. Punktabstand und damit Anzahl der Punkte sind vom Konstrukteur festzulegen, damit keine unnötig große Zahl von Punkten mit infolge Nebenschlußwirkung herabgesetzter Festigkeit geschweißt wird.

Bei mehrschnittigen Verbindungen sollen, wenn möglich, die dünnsten Bleche zwischen die dicken gelegt werden.

In Tabelle 48 sind einige Beispiele für richtige und ungünstige Gestaltung nach [13] zusammengestellt.

Tabelle 46.

Statische
Biegung

um die Achse

X—I—X Y··H··Y

Trägerform Nr.	Skizzen der Trägerform	Angaben über die Art der Verschweißung	Gewicht kg	c_B kg/μ	c_B kg/μ
Ia		Träger mit einseitig verschweißtem Steg	42	3,2	1,6
Ib		Träger mit beiderseitig verschweißtem Steg	43	3,65	1,6
Ic		und mit 9 Paar Zwischenrippen	47	3,65	1,6
II		Träger mit verschieden breiten Gurten, 4 Kehlnähte	38	3,0	n. g.
III		Träger mit schmaler Scheuerfläche, 4 Nähte	46	3,6	1,75
IV		Träger mit X-Form-Steg, 4-V-Nähte und 4 Kehlnähte	49	3,6	1,95
V		Petersverrippung in geschweißter Form	44	1,6	1,75
VI		Träger mit Zickzack-Steg, 4 Kehlnähte	44	3,1	1,85
VII		Träger mit gewelltem Steg, 4 Kehlnähte	45	2,95	1,8
—		Leichtbauträger, Steg nach Insektenflügelbauart und punktgeschweißte Gurte	10,5	0,85	0,04
—		Vollträger mit gleichen Biegefederzahlen	14,4	0,85	0,048

Vergleichswerte

Zusammenstellung der Trägerwerte [58]

Federzahlen	Eigenschwingzahlen			Dämpfungszahlen		
Verdrehung	Biegung		Verdrehung	Biegung		Verdrehung $M_d = 1$ mgk
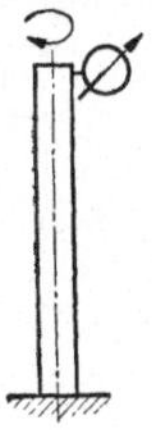	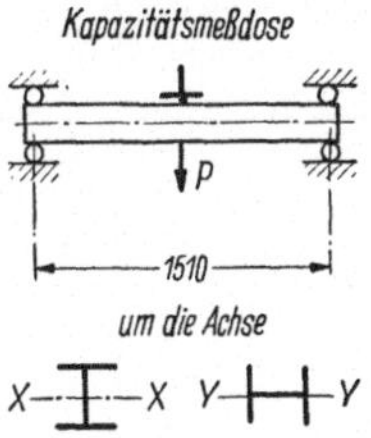		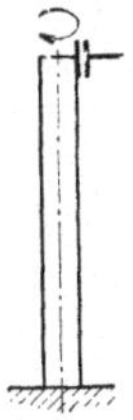	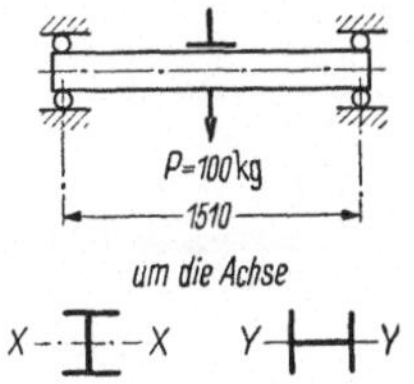		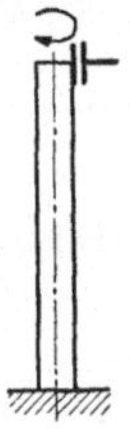
ε_v	f_B		f_v	δ_B		δ_v
10^{-3} mkg / $\frac{\mu}{m}$	Hz	Hz	Hz	10^{-3}	10^{-3}	10^{-3}
1,0	195	135	50,5	1,12	0,58	1,38
1,6	209	135	54,5	0,74	0,31	0,56
1,6	190	128	53,5	0,73	0,47	1,07
1,0	196	n.g.	50,5	0,81	n.g.	n.g.
1,75	194	132,5	58	0,86	0,345	0,595
11,6	167	137,6	129,5	0,75	0,23	0,285
22,3	118	134	183	0,79	0,25	1,26
2,9	181	134,5	70	0,63	0,24	0,89
3,7	178	136	78,5	0,65	0,275	0,335
0,25	200	44	44	n.g.	n.g.	$M_d = 0,25$ mkg 3,0
	Nach RAYLEIGH errechnet!					
errechnet!	173	41		—	—	—
	Nach RAYLEIGH errechnet!					

Tabelle 47. *Scheuerwirkung und Trägheitsmoment. Einzelstäbe und Stabverbindungen*

Lfd. Nr.	Bezeichnung	Skizze der Stäbe und Stabverbindungn	Äquatoriales Trägheitsmoment	Verbundwirkung $\frac{J_3 \text{ bis } J_7}{J_8}$	Eigenschwingzahl	Fuge	Dämpfungszunahme
			Vergleich mit J_0	—	Hz	—	%
1	Einzelstab, 10 mm dick		J_0	—	f_0	—	—
2	Doppelstab, lose		$J_1 = 2\,J_0$	—	f_0	frei	0
3	4 Schweißpunkte		$J_2 = 5,4\,J_0$	0,676	$1,42\,f_0$	frei	0
4	2 Schweißpunkte		$J_3 = 6,1\,J_0$	0,763	$1,6\,f_0$	dicht	≈100
5	8 Schweißpunkte		$J_4 = 6,7\,J_0$	0,837	$1,75\,f_0$	dicht	≈200
6	Kehlnaht an der Stirnseite Stäbe nur 5,9 mm dick		$J_5 = 5,6\,J_0'$	0,7	$1,7\,f_0'$	frei	0
7	V-Naht an der Stirnseite		$J_6 = 5,2\,J_0$	0,65	$1,66\,f_0$	dicht	6400
8	V-Nähte an Stirnseite und auf ganzer Länge		$J_7 = 7,28\,J_0$	0,91	$1,85\,f_0$	frei	0
9	Vollstab, 20 mm dick		$J_8 = 8\,J_0$	1,0	$2\,f_0$	—	0

Rows 3, 4, 5 are grouped under "Punktgeschweißte Stäbe"; rows 6, 7, 8 under "Nahtgeschweißte Stäbe".

Tabelle 48. *Gestaltung von Punktschweißverbindungen*

Schlecht	Gut	Bemerkungen
Abb. a	Abb. b	Auf Scherung beanspruchte Schweißpunkte vermögen ca. 3- bis 4mal größere Kräfte zu übertragen als auf Zug beanspruchte Schweißpunkte
Abb. c	Abb. d	Schweißpunkte können nur geringe Drehmomente übertragen. Dieser Belastungsfall soll daher möglichst vermieden werden
Abb. e	Abb. f	Bei zu kleinem Abstand a_1 kann die Elektrode nur schlecht angesetzt werden. Ist der Abstand a_2 zu klein, so besteht Gefahr, daß der Werkstoff an der Trennstelle herausgequetscht wird.
Abb. g	Abb. h	Große Stücke sind schweißgerecht so zu konstruieren, daß mit möglichst kleiner Fensteröffnung geschweißt werden kann Eine große Fensteröffnung (Ausladung $\times$ Armabstand) erhöht den Energieverbrauch der Maschine infolge der Induktionsverluste

Tabelle 48. *(Fortsetzung)*

Schlecht	Gut	Bemerkungen
Abb. i 	Abb. k 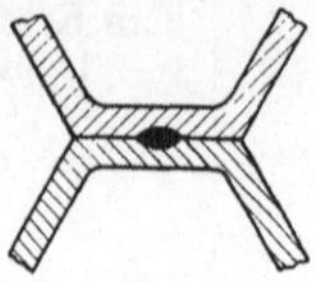	
Abb. l 	Abb. m 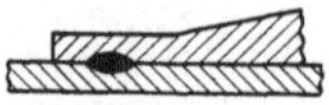	Um eine gute Schweißverbindung zu erzeugen, benötigen die Elektroden genügend große, ebene und parallele Auflageflächen
Abb. n 	Abb. o 	
Abb. p 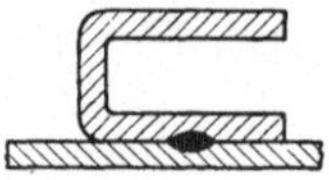	Abb. q 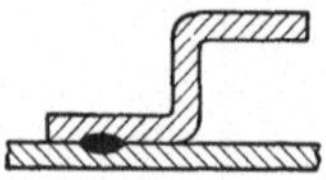	Konstruktionen mit schlechter Zugänglichkeit für die Elektroden bedingen Spezialelektroden und ergeben selten vollwertige Schweißpunkte
Abb. r 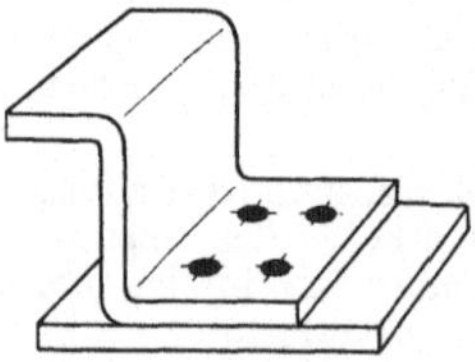	Abb. s 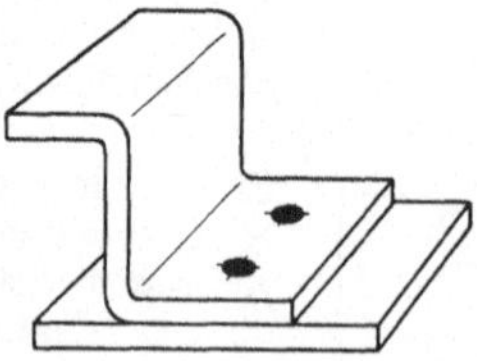	Statt 4 kleiner Schweißpunkte, die wegen Nebenschlußwirkung nur schlecht schweißbar sind, genügen meist wenige größere und gut ausgebildete Schweißpunkte
Abb. t 	Abb. u 	Beim Aufpunkten von bedingt schweißbaren Teilen (z. B. Federstahl) werden die Verhältnisse etwas besser mit einem gut schweißbaren Deckblech, da die Stelle der maximalen Beanspruchung dann nicht mehr in den Schweißpunkt fällt

7 Ausgeführte Konstruktionen

7.1 Maschinenbau

7.11 Stangen

Zugstangen erhalten meist runden Querschnitt und angeschweißte Augen bzw. Gabelstücke (s. S. 149).

Die Stange Abb. 364 hat ein angeschweißtes quadratisches Auge und ein aus Quadratstahl gefertigtes Gabelstück. Wegen der verhältnismäßig kleinen Dauerfestigkeit der Stirnkehlnähte muß der Schweißquerschnitt (Abb. 364a) ausreichend bemessen sein.

Ist eine Abbrennschweißmaschine vorhanden, dann wird man das Auge und das Gabelstück auf den Stangendurchmesser abdrehen und bei 1 und 2 stumpf

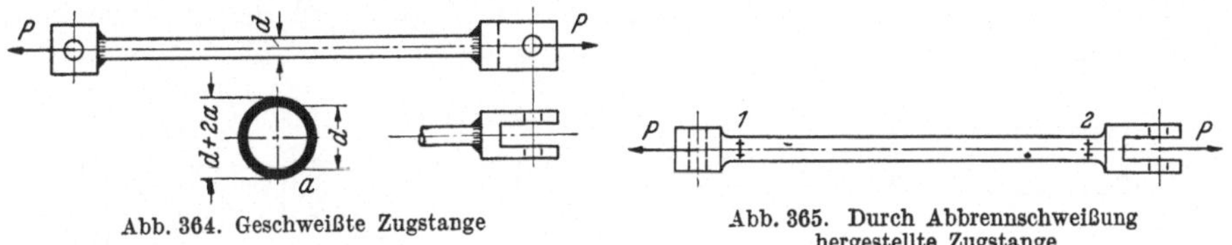

Abb. 364. Geschweißte Zugstange

Abb. 365. Durch Abbrennschweißung hergestellte Zugstange

stoßen (Abb. 365). Der Stoß hat hierbei eine Festigkeit, die nahezu gleich der des Werkstoffs ist.

Beispiel 27. Berechnung der Zugstange Abb. 364.
Stangendurchmesser: $d = 25$ mm.
Dicke der Rundnähte: $a = 5$ mm ang. Werkstoff: St 37—2.
Schwellzugkraft: $P = 700$ kg.
Prozentuale Häufigkeit der größten Zugkraft: $h_b = 100\%$; Stoßzahl: $\varphi = 1,2$.

1. **Angriff.** Beanspruchungsart: reiner Schwellzug.
Zugkraft: $P = 700$ kg.

2. **Nennspannungen.** Zugspannung im ungeschwächten Stangenquerschnitt:

$$\sigma_z = \frac{\varphi\,P}{F} = \frac{1,2 \cdot 700}{2,5^2\,\dfrac{\pi}{4}} \approx 170 \text{ kg/cm}^2\,.$$

Schweißquerschnitt (Abb. 364a):

$$F_{Schw} = (d + 2\,a)^2\,\frac{\pi}{4} - d^2\,\frac{\pi}{4} = (2,5 + 2 \cdot 0,5)^2\,\frac{\pi}{4} - 2,5^2\,\frac{\pi}{4} \approx 4,7 \text{ cm}^2\,.$$

Zugspannung im Schweißquerschnitt:

$$\varrho_z = \varrho_0 = \frac{\varphi\,P}{F_{Schw}} = \frac{1,2 \cdot 700}{4,7} \approx 180 \text{ kg/cm}^2\,.$$

3. **Nutzdauerfestigkeit** (Oberspannung).

$$\varrho_{ON} = b_1 \cdot b_2 \cdot b_3 \cdots \sigma_0 = 1 \cdot 0,4 \cdot 1 \cdot 2200 \approx 880 \text{ kg/cm}^2\,.$$

Beiwert für die Schweißgüte (Festschweißung „F") $b_1 = 1,0$ (s. S. 34); Beiwert für die Nahtform und Belastungsart (s. S. 80) $b_2 \approx 0,4$; Beiwert zur Berücksichtigung der Bauteilgröße $b_3 = 1,0$; Werkstoffestigkeit $\sigma_0 = \sigma_{Sch} \approx 22$ kg/mm² (Abb. 26).

4. **Sicherheit.** Vorhandene Sicherheit:

$$v_{vorh} = \frac{\varrho_{ON}}{\varrho_0} = \frac{880}{180} = 4,9\,.$$

Erforderliche Sicherheit bei $h_b = 100\%$ (Abb. 133 S. 84): $v_{erf} = 2 \cdots 3$.

Derartige, auf oftmals wiederholten Zug beanspruchte Schweißanschlüsse, sind wegen der geringen Dauerfestigkeit der Stirnkehlnähte zur Übertragung größerer schwingender Kräfte weniger geeignet.

Man wird daher der Ausführung Abb. 365 den Vorzug geben und die Anschlußstücke durch Abbrennschweißung mit der Stange verbinden. Mit der Zugspannung in der Stange $\sigma_z = 170$ kg/cm² erhält man dann die hohe Sicherheit $v_{vorh} = \dfrac{\sigma_{Sch}}{\sigma_z} = \dfrac{2200}{170} \approx 13$.

Die Stange Abb. 366 ist aus I-Stahl hergestellt und zur Übertragung größerer Zug- bzw. Druckkräfte geeignet.

Abb. 367. Zugstange zur Deichsel eines Lastwagenanhängers.

a Zugstange; a_1 eingeschweißtes Verstärkungsblech; b Querstück, an das die aus ⌷-Stahl hergestellte Stange angeschweißt ist.

Abb. 368 zeigt die Zugstange zu einer doppelten Backenbremse, deren Bremshebel parallel zur Achse der Bremsscheibe liegt. Die Stange a, deren Gelenkachsen sich unter 90° kreuzen, besteht aus zwei Flachstahlpaaren, die sich auf so einfache Weise nur durch Schweißen verbinden lassen.

Die Stange ist oben an den Winkelhebel b und unten an den Bremshebel c angeschlossen.

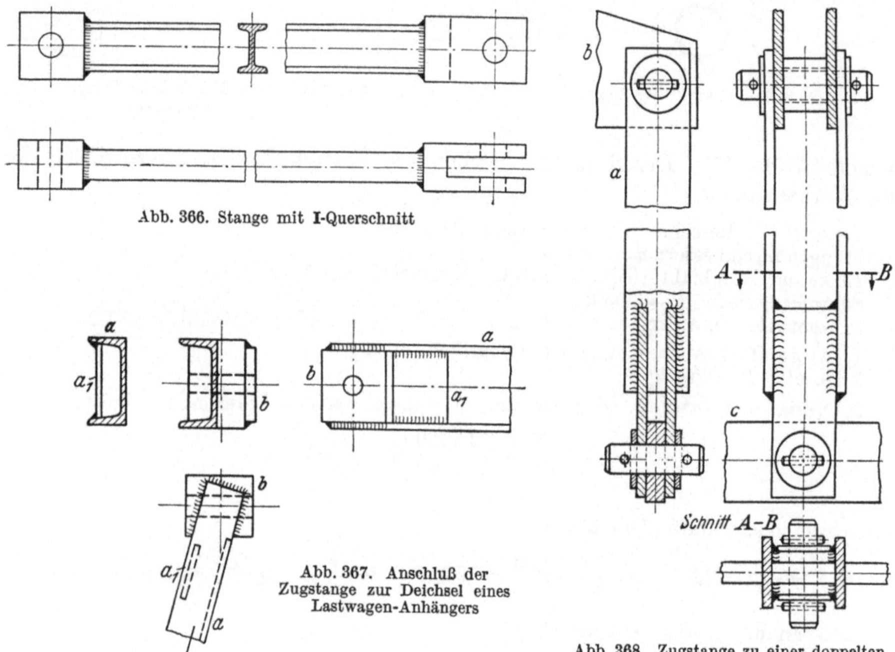

Abb. 366. Stange mit I-Querschnitt

Abb. 367. Anschluß der Zugstange zur Deichsel eines Lastwagen-Anhängers

Abb. 368. Zugstange zu einer doppelten Backenbremse

Beispiel 28. Berechnung der Zugstange zu einem Bremsgestänge (Abb. 368).

Abmessungen der Stange (Abb. 369). Flachstähle: $b \times s = 70 \times 8$ mm; Bohrung: $d = 25$ mm; Dicke der Schweißnähte: $a = 4$ mm; Länge: $l = 100$ mm.

Werkstoff der Stange: St 37.

Zugkraft: $S = 1500$ kg; prozentuale Häufigkeit der größten Zugkraft: $h_b = 100\%$; Stoßzahl: $\varphi = 1{,}5$.

Zugspannung im ungeschwächten Stangenquerschnitt:

$$\sigma_z = \frac{\varphi\,S}{F} = \frac{1{,}5 \cdot 1500}{2 \cdot 7 \cdot 0{,}8} \approx 200 \text{ kg/cm}^2.$$

a) Querschnitt I—I (Abb. 369). Nennspannung:

$$\sigma_z = \frac{\varphi\,S}{F_1} = \frac{1{,}5 \cdot 1500}{2 \cdot (7-2{,}5) \cdot 0{,}8} \approx 312 \text{ kg/cm}^2.$$

Kerbwirkungszahl: $\beta_k \approx 2$.

Kerbspannung: $\sigma_k = \beta_k \sigma_z = 2 \cdot 312 = 624 \text{ kg/cm}^2$.

Schwellzugfestigkeit des Flachstahls mit Walzhaut (Abb. 26): $\sigma_{Sch} \approx 22 \text{ kg/mm}^2$.

Vorhandene Sicherheit: $v_{vorh} = \dfrac{\sigma_{Sch}}{\sigma_k} = \dfrac{2200}{624} \approx 3,5$.

Erforderliche Sicherheit bei $h_b = 100\%$ (s. S. 84).

$$v_{erf} = 2\cdots 3 .$$

b) **Nahtquerschnitt.** Nennspannung (Scherspannung der Flankennähte):

$$\varrho_s = \frac{\varphi S}{\Sigma(a\,l)} = \frac{1,5 \cdot 1500}{4 \cdot 0,4 \cdot 10} \approx 140 \text{ kg/cm}^2 .$$

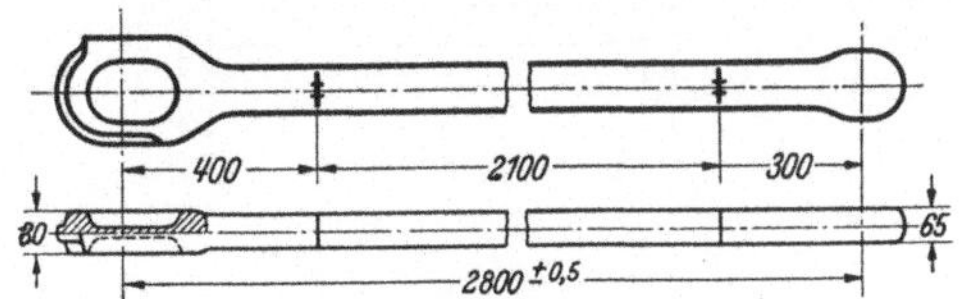

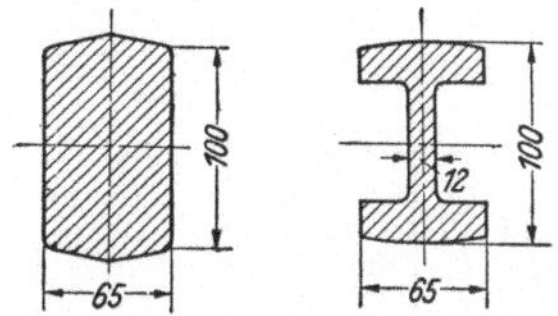

Abb. 370. Treibstange zu einer Lokomotive

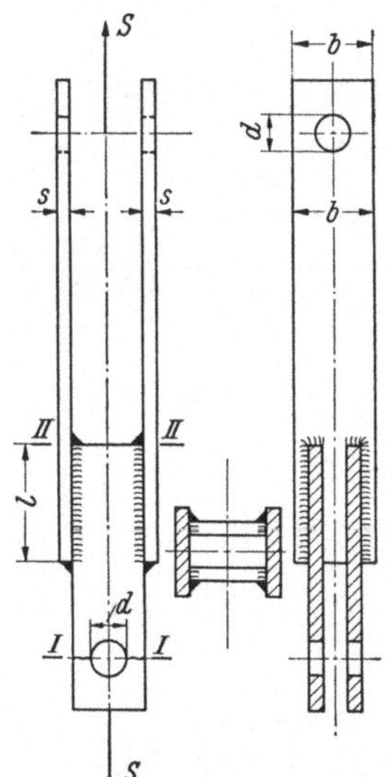

Abb. 369. Berechnungsskizze zu Abb. 368

Abb. 371 u. 372. Querschnitte zu Abb. 370

Zulässige Scherspannung der Nähte $\varrho_{zul} = 910 \text{ kg/cm}^2$.

c) **Anschlußquerschnitt.** (II—II in Abb. 369). Vorhandene Zugspannung im Anschlußquerschnitt (s. oben): $\sigma_z \approx 200 \text{ kg/cm}^2$.

Zulässige Spannung der Flankennähte ohne Bearbeitung der Nahtenden (Schaulinie in Abb. 156 S. 99): $\sigma_{Dzul} \approx 960 \text{ kg/cm}^2$.

Die Stange und ihre Schweißnähte sind somit reichlich bemessen.

Abb. 370. Treibstange zu einer Lokomotive (250 PS). Die beiden Stangenköpfe sind im Gesenk geschmiedet und an die rohe Stange (Querschnitt Abb. 371) durch Abbrennschweißung angeschlossen. Werkstoff: St 50—2.

Abb. 372: Querschnitt der bearbeiteten Stange ($F \approx 34 \text{ cm}^2$). Größte Stangenkraft: $P = 15\,000 \text{ kg}$. Prüfmäßige Zugkraft der Stange: $34\,000 \text{ kg} \approx 2,26\,P$.

7.12 Hebel- und Handkurbeln

Hebel. Hebel werden heute allgemein geschweißt, da sie dann wesentlich billiger als geschmiedete oder gegossene Teile sind. Da die Hebel auf Biegung, (und Schub) beansprucht sind, erhalten sie eine entsprechende Querschnittsform. Für kleinere Hebel ist Flachstahl ausreichend. Größere Hebel haben ⌐-, ⊤-, I- oder kastenförmigen Querschnitt.

Einfache Hebel erhalten quadratische oder runde Augen, die nach Abb. 292 bzw. 293 an einen Flachstahl angeschlossen sind.

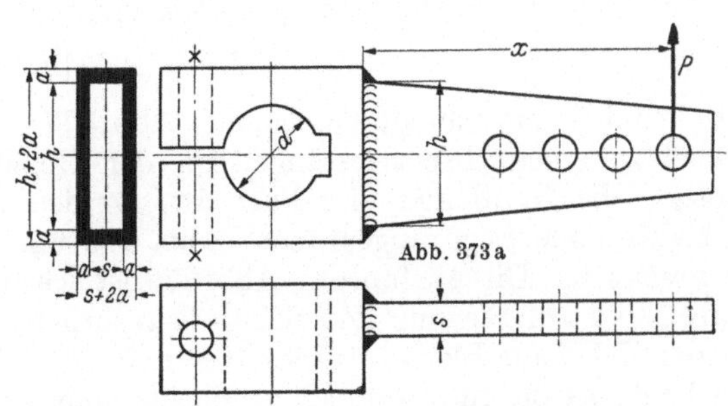

Abb. 373 a

Abb. 373. Hebel zu einem Kupplungsgestänge

Abb. 373. Hebel zum Kupplungsgestänge (Hubwerk) eines Baggers.

Der Hebel ist geschlitzt und wird durch eine Schraube auf der Welle auf-
geklemmt. Seine Armlänge ist durch verschiedene Bohrungen veränderlich. Der
Schweißungsquerschnitt Abb. 373a wird auf Biegung und Schub berechnet. Bei
dem Hebel Abb. 374 sind zwei Flachstähle auf einer Nabe aufgeschweißt, die

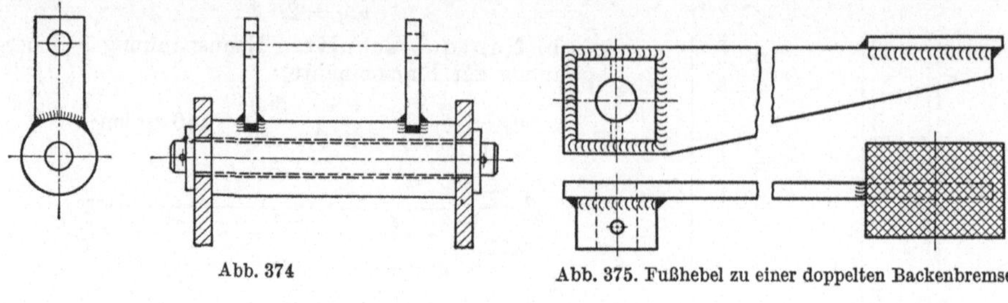

Abb. 374

Abb. 375. Fußhebel zu einer doppelten Backenbremse

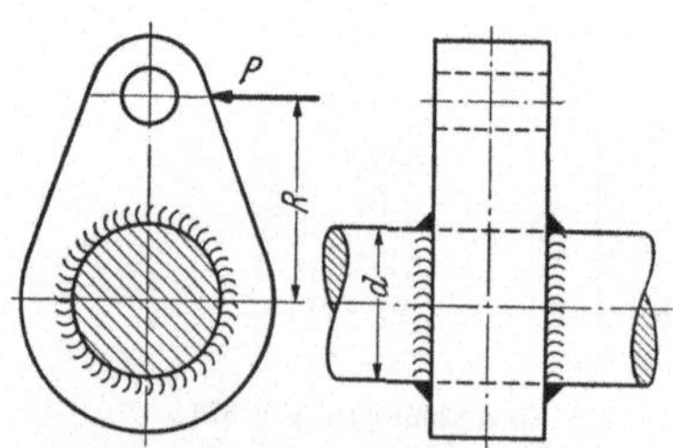

Abb. 376. Auf einer Welle aufgeschweißter Hebel

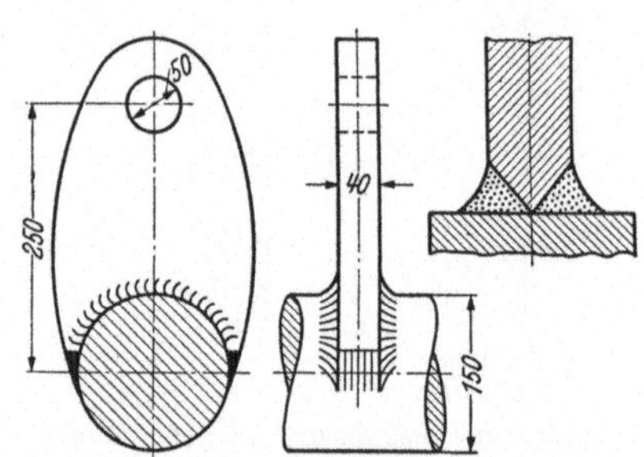

Abb. 377. Hebel zu einem Bremsgestänge

auf einem, in zwei Blechen eingesetzten Bolzen drehbar ist. Abb. 375: Fußhebel zur Betätigung einer doppelten Backenbremse. Der Hebel hat ein angeschweißtes quadratisches Auge und ist durch einen Stift auf der Welle befestigt.
Am Hebelende ist eine Platte aus Riffelblech aufgeschweißt. Abb. 376 zeigt
einen auf einer Welle aufgeschweißten Hebel. Er ist mit dem Brenner zuge-

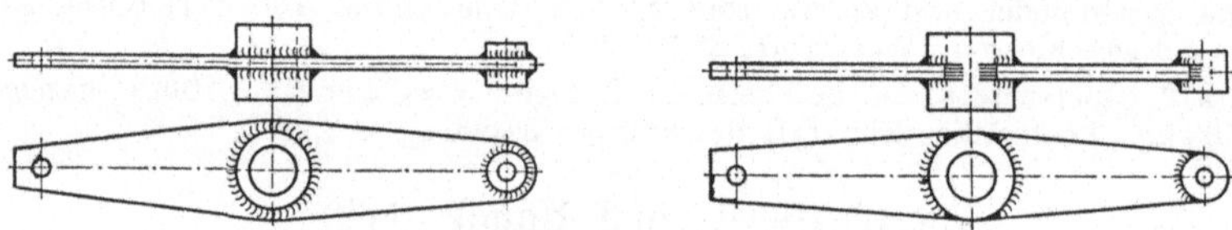

Abb. 378 u. 379. Gestaltung von Doppelhebeln

schnitten und durch zwei Rundnähte an die Welle angeschlossen. Die Nähte
werden nach den Angaben S. 54 mit dem Drehmoment

$$M_t = P\,R \ \text{[kgcm]}$$

auf Schub (Verdrehung) berechnet. Abb. 377: Auf der Welle aufgeschweißter
Hebel zu einem Bremsgestänge. Da der Hebel nur zum Teil an der Welle
anliegt, die Nahtlänge also kurz ist, werden statt der üblichen Kehlnähte
K-Nähte ohne Fuge angeordnet. Abb. 378 und 379 zeigen Ausführungen von
Doppelhebeln. Die Ausführung Abb. 379 ist schweißtechnisch die richtigere. Die
Nähte sind auf Biegung und Schub beansprucht. Bei der Ausführung Abb. 378
ist der Hebel aus Blech zugeschnitten und hat aufgeschweißte Augen. Abb. 380:
Backenhebel zu einer doppelten Backenbremse. Der Hebel wurde früher aus
Stahlguß hergestellt. Die geschweißte Ausführung ist wesentlich billiger. In

Abb. 380 sind die Hebelteile ganz mit dem Brenner zugeschnitten. In Abb. 381 ist der Hebel aus Flachstahl zugeschnitten und nur die Anlagefläche der Bremsbacke ist autogen ausgebrannt. Durch dieses vorwiegend maschinelle Zuschneiden wird erheblich an Gas gespart. Die Bremsbacke ist aus Flachstahl gebogen und durch Kehlnähte an die Hebelteile angeschlossen. Durch radial angeordnete Rippen erhält der Hebel die erforderliche Steifigkeit.

Abb. 382 bis 386 geben einige Ausführungen von *Winkelhebeln*.

Der Winkelhebel (Abb. 382) ist mit dem Brenner zugeschnitten und hat ein angeschweißtes Auge. Abb. 383: Der kurze Hebel mit der Länge l_2 besteht aus zwei Flachstählen. Abb. 384: Winkelhebel als Fußhebel ausgebildet. Der Winkelhebel Abb. 385 ist aus Flachstahl zugeschnitten. Beide Hebelteile sind durch

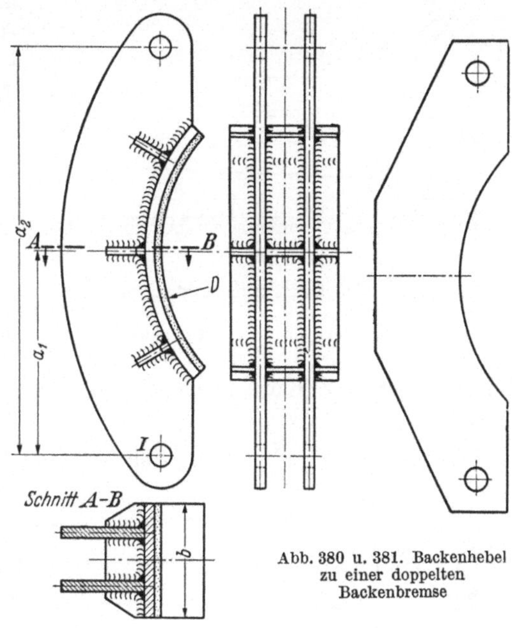

Abb. 380 u. 381. Backenhebel zu einer doppelten Backenbremse

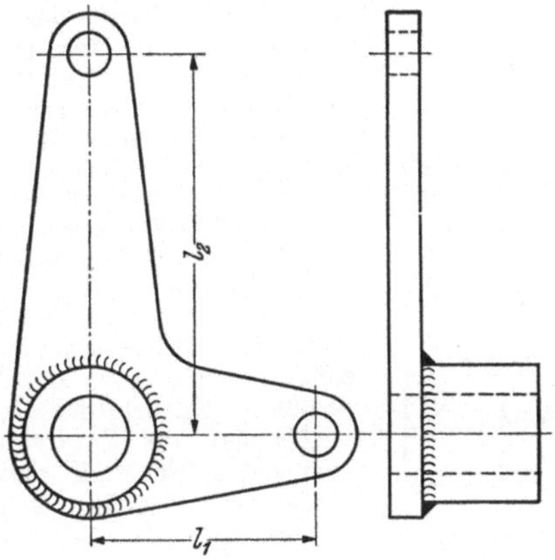

Abb. 382

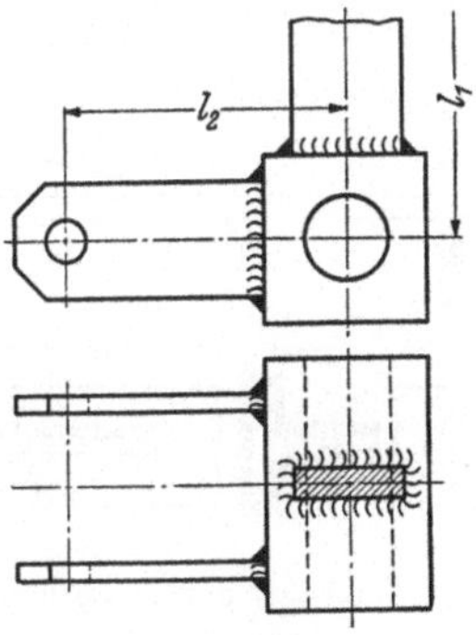

Abb. 383

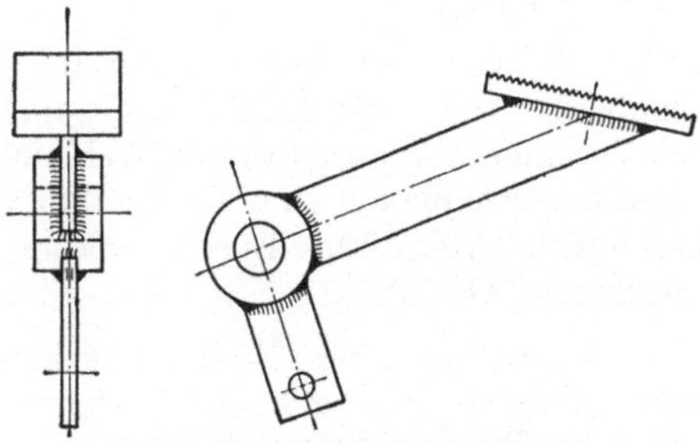

Abb. 384. Fußhebel zu einer Bremse

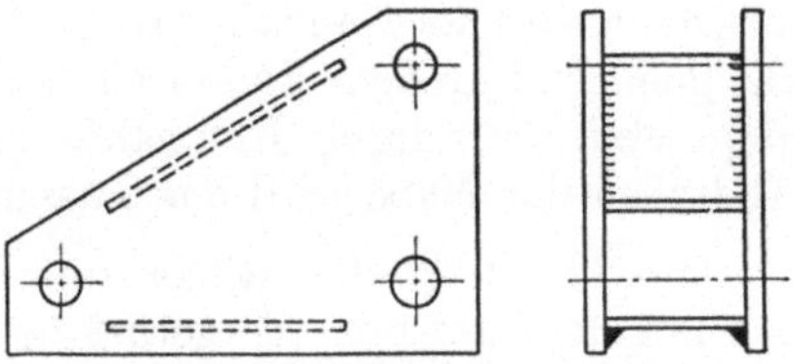

Abb. 385

eingeschweißte Flachstahlrippen verbunden. Abb. 386: Winkelhebel zu einem
Hubtransportwagen. Die Hebelteile sind mit dem Brenner zugeschnitten und
an der Drehachse durch ein Rohr-
stück zusammengeschweißt. Am
langen Hebelarm ist ein ⸦-Stahl zur
Verbindung eingeschweißt. Statt des
⸦-Stahls ist ein Flachstahl ausreichend.

Handkurbeln. Die bei Handhebe-
zeugen und sonstigen Handantrieben
verwendeten Kurbeln haben meist
eine Armlänge $a = 300 \cdots 400$ mm.
Betätigung durch ein oder zwei
Mann. Größter Kurbeldruck je
Mann (vorübergehend): $20 \cdots 25$ kg.

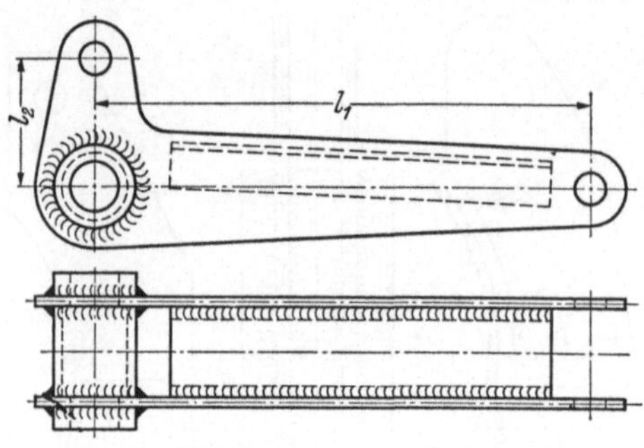

Abb. 386. Winkelhebel zu einem Hubtransportwagen

Durchmesser der Kurbelwelle für ein- bzw. zweimännige Kurbeln: $d = 30$
bzw. 40 mm.

Die geschweißten Kurbeln, Abb. 387 und 388 sind wesentlich billiger als die
von Hand geschmiedeten. Nur
bei großer Fertigungszahl und
Herstellung im Gesenk liegt
die geschmiedete Kurbel im
Preis niedriger.

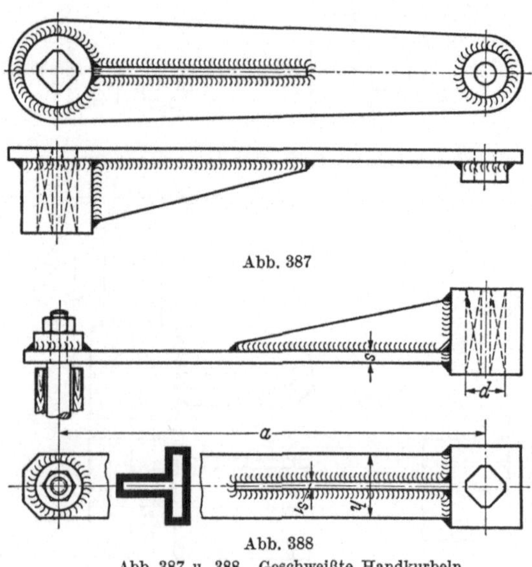

Abb. 387

Bei der Ausführung Abb. 387
ist der Kurbelarm mit dem Schneidbrenner zugeschnitten. Die aufgeschweißte Nabe ist aus Rundstahl
hergestellt und durch eine Rippe
gegen den Arm zu versteift.

Bei der Ausführung Abb. 388
ist der Flachstahlarm an eine
quadratische Nabe angeschweißt
und ebenfalls durch eine Rippe
versteift. Der Schweißanschluß ist
nicht nur auf Biegung und Schub,
sondern noch durch das Moment
(größter Kurbeldruck $\times$ halbe
Grifflänge) auf Verdrehung beansprucht. Er muß daher entsprechend kräftig ausgeführt
werden.

Abb. 388
Abb. 387 u. 388. Geschweißte Handkurbeln

7.13 Räder und Scheiben

Zahnräder. Kleinere *Stirnräder* werden voll ausgeführt und von der Rundstahlstange abgestochen. Reicht die Nabenbreite zum Aufkeilen des Rades nicht
aus, dann wird noch ein Stück Rundstahl als Verlängerung angeschweißt (Abb. 389).
Bei genügend großem Raddurchmesser wird die Scheibe auf eine Rundstahlnabe
aufgesetzt und durch Kehlnähte angeschlossen (Abb. 390). Durch schwaches
Abdrehen der Nabe wird das Passen erleichtert (Abb. 391).

Abb. 392 zeigt das Ritzel zum Drehwerkvorgelege eines Hafendrehkranes,
das mit dem auf dem Torgerüst befestigten Triebstockkranz kämmt. Die mitunter erforderliche Ausführung B ist teurer als die Ausführung A.

Abb. 393 a und b: Anschweißen der Triebstöcke bei den Zahnstangen der Schützenanlagen.

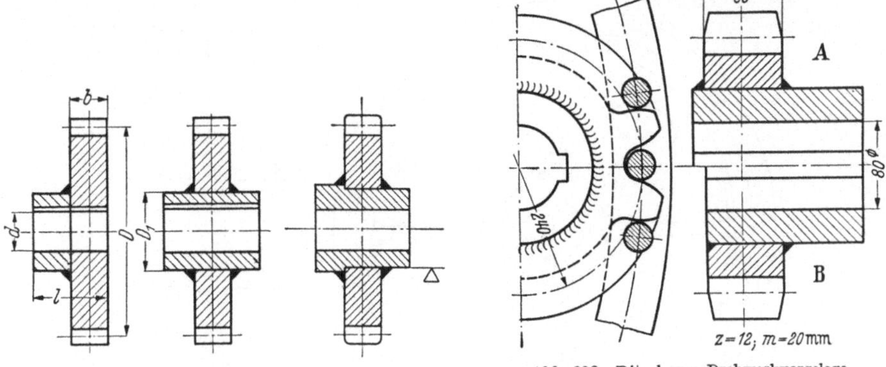

Abb. 389 bis 391. Schweißen kleiner Stirnräder

Abb. 392. Ritzel zum Drehwerkvorgelege eines Hafendrehkranes

Größere Stirnräder werden nach Abb. 394 ausgeführt.

1 Nabe aus Rundstahl; *2* Scheibe, mit dem Brenner zugeschnitten; *3* Zahnkranz aus Flachstahl gebogen und stumpf geschweißt.

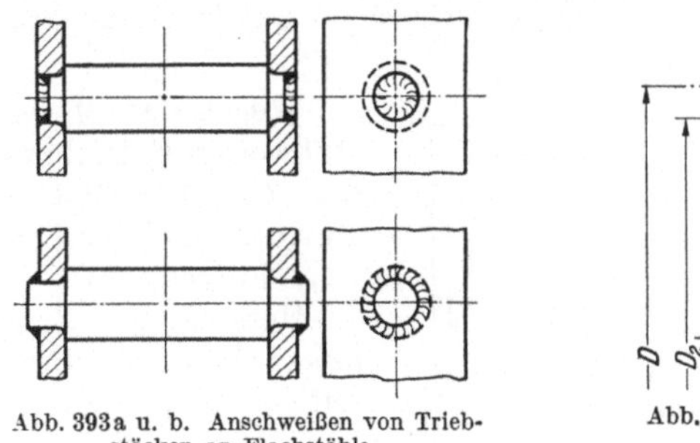

Abb. 393a u. b. Anschweißen von Triebstöcken an Flachstähle

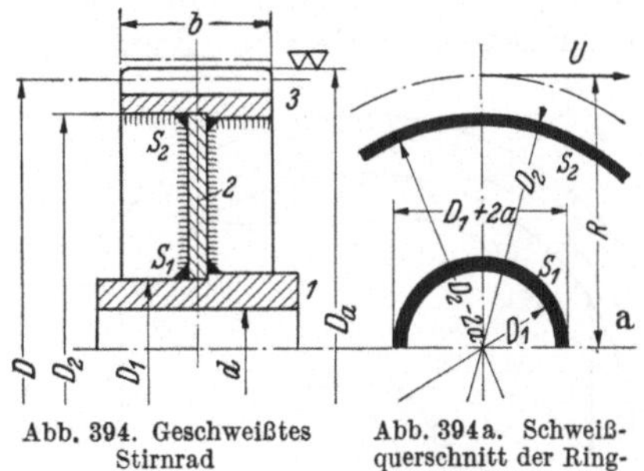

Abb. 394. Geschweißtes Stirnrad

Abb. 394a. Schweißquerschnitt der Ringnähte S_1 und S_2

Beim Einfräsen der Zähne muß die Schweißnaht auf die Mitte einer Zahnlücke fallen (Abb. 395).

Die Schweißnähte S_1 zwischen Nabe und Scheibe bzw. S_2 zwischen Scheibe und Kranz (Schweißquerschnitt s. Abb. 394a) sind durch das Drehmoment $M_t = U R$ [kgcm] auf Schub (Verdrehung) beansprucht.

Bei genügend großem Raddurchmesser wird die Scheibe durch Rippen gegen Nabe und Kranz versteift (Abb. 396).

Abb. 395

Das Ausbrennen der Aussparungen an der Scheibe bringt nur wenig Gewichtsersparnis und erhöht die Fertigungskosten, gibt aber ein besseres Aussehen.

Abb. 397 zeigt eine von der üblichen Ausführung abweichende Bauart eines Stirnrades.

Die quadratischen, an den Ecken abgerundeten Scheiben sind durch einseitige, entsprechend kräftig bemessene Kehlnähte an die Nabe angeschlossen. Die Nähte am Kranz sind doppelseitig ausführbar.

Für hochbeanspruchte Räder wird der aus legiertem Stahl gefertigte Zahnkranz auf den geschweißten Radkörper aufgepreßt und durch Stifte gesichert

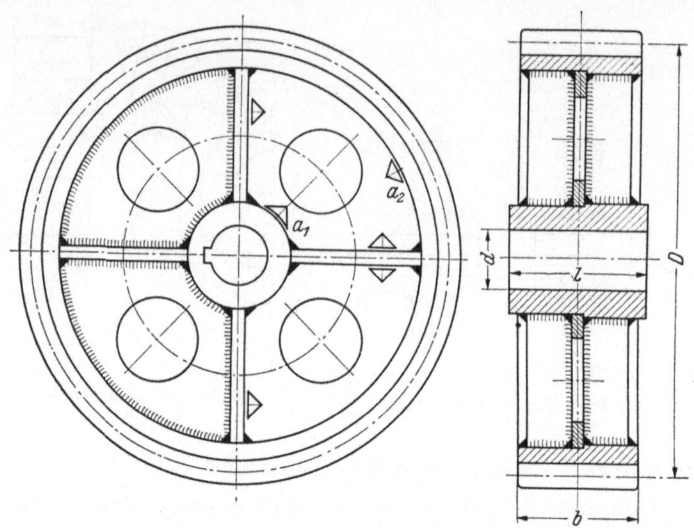

Abb. 396. Geschweißtes Stirnrad mit Rippen

(Abb. 398). Abb. 399 und 400 zeigen Sonderausführungen geschweißter Stirnräder für schweren Betrieb (Baggerbetrieb).

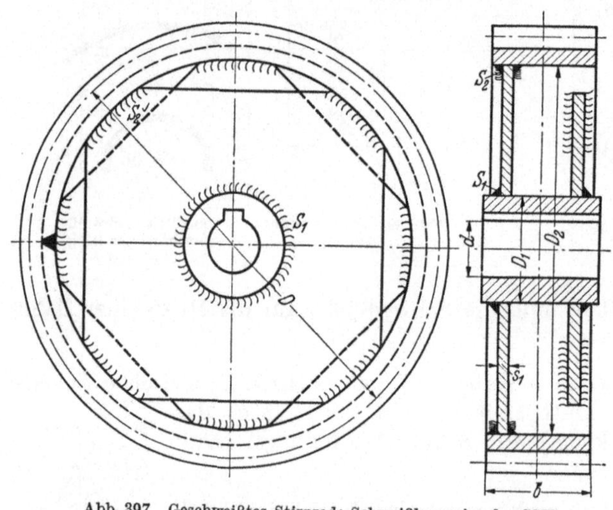

Wegen des schweren stoßweisen Betriebes ist das Rad Abb. 399 mit 16 Nuten auf der Treibwelle aufgesetzt.

Herstellung: Zuerst linke Scheibe mit doppelseitigen Kehlnähten an-

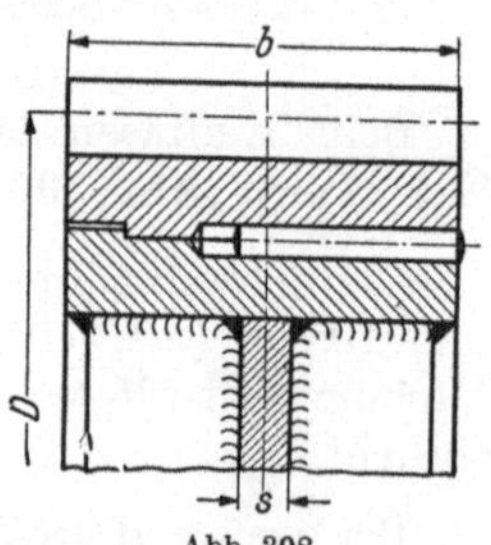

Abb. 397. Geschweißtes Stirnrad; Schweißbauweise der SSW   Abb. 398

schließen. Nach dem Einschweißen der Rippen rechte Scheibe aufsetzen und durch $^1/_2$V-Nähte anschweißen. Verbindung der rechten Scheibe mit den Rippen noch durch Lochnähte.

Abb. 400. Trommelrad zum Hubwerk einer Baggermaschine. Das Rad ist durch eine Mitnehmerscheibe mit der Trommel gekuppelt.

Teile: *1* Nabenböckchen (geschmiedet); *2* Scheibe; *3* Zahnkranz (Werkstoff: St 50—2); *4···7* Versteifungsrippen; *8* und *9* Naben (ausgebüchst); *10* gebogenes Blech zum Befestigen der Naben; *11* und *12* Versteifungsrippen der Naben; *13* Auswuchtgewicht; *14* Anlaufscheibe; *15* Ansatz aus Quadratstahl.

Fertiggewicht des Rades: $\approx$ 380 kg.

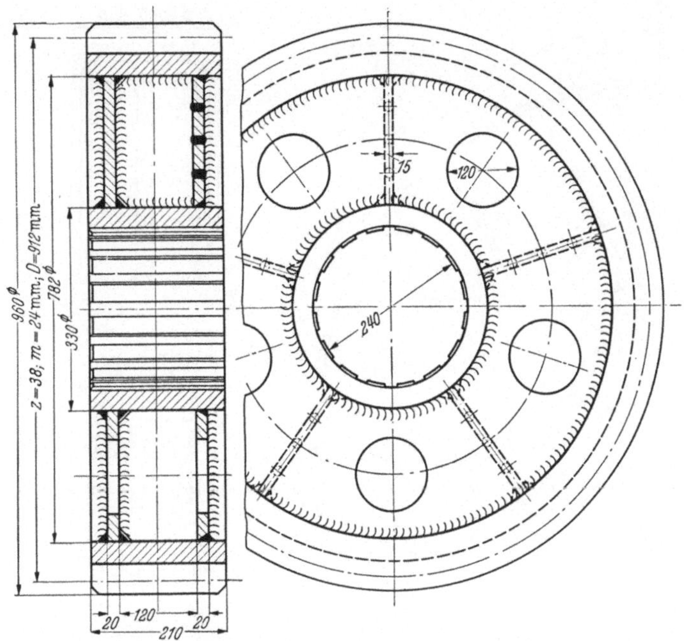

Abb. 399. Stirnrad zum Antrieb eines Baggers

Große Stirnräder erhalten Arme, die meist mit I-förmigem Querschnitt ausgeführt werden.

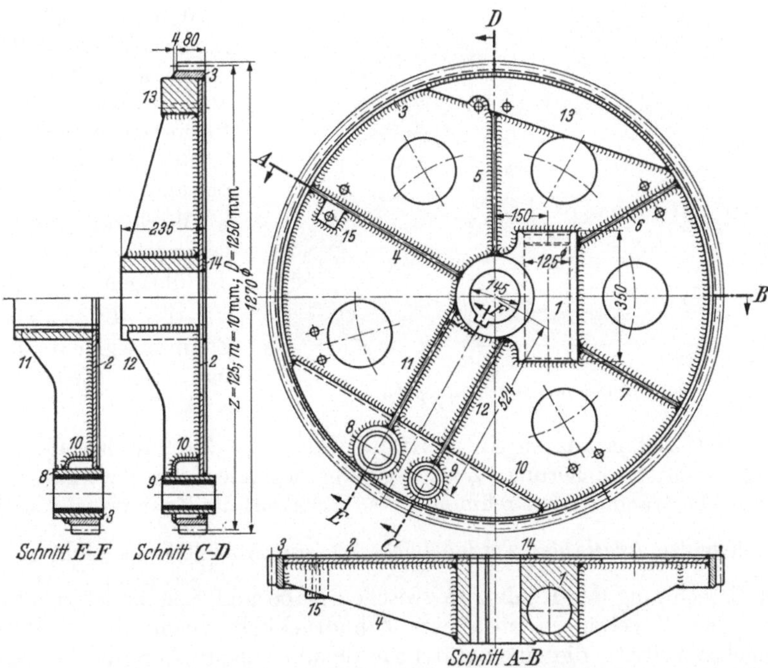

Abb. 400. Trommelrad zum Hubwerk eines Baggers

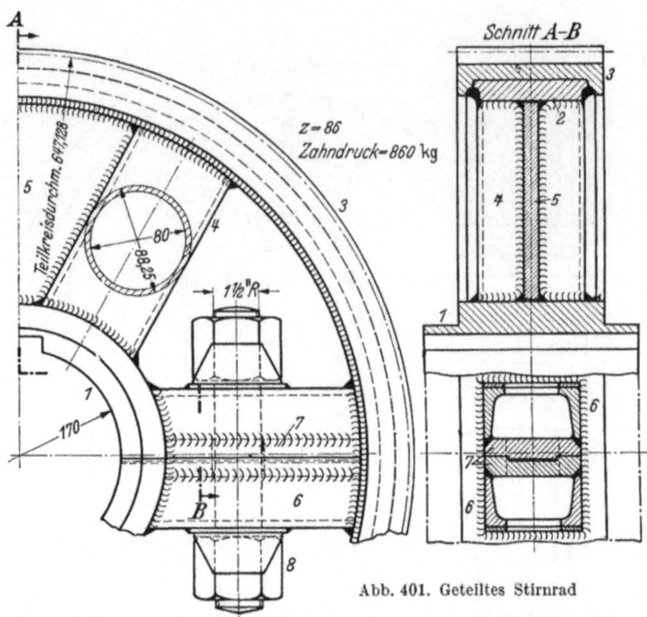

Abb. 401. Geteiltes Stirnrad

Abb. 401. Geteiltes Stirnrad für einen dieselelektrischen Triebwagen.

Teile: *1* Nabe; *2* innerer Kranz; *3* Zahnkranz; *4* Arme (Gasrohr); *5* Segmente, Nabe, Kranz und Rohrarme verbindend; *6* ⊏-Stahl; *7* Flachstahl (Auflageflächen); *8* Verbindungsschrauben mit Sicherungsblechen.

Abb. 402. Geschweißte Zahnradsegmente

Herstellung: Beide Radhälften schweißen, Teilfugen bearbeiten; dann die Zahnkranzhälften einzeln aufschweißen, die Teilfugen bearbeiten, die Radhälften zusammenschrauben und die Zähne einfräsen.

Werkstoff des Zahnkranzes: C 60 (vergütet), der übrigen Teile: St 37.

Abb. 402: Geschweißte Zahnradsegmente in Zellenbauweise. (Zellenbauweise s. S. 171).

Abb. 403: Zahnkranz zu einem Kranlaufrad. Der Zahnkranz hat eine Eindrehung zur Mittensicherung. Zwei gegenüberliegende Schrauben haben Scherringe zur Übertragung des Drehmomentes. Werkstoff des Zahnkranzes: St 50—2.

Geschweißte *Kegelräder* werden nach Art von Abb. 404 ausgeführt.

Bei Berechnung der Kehlnähte zwischen Nabe und Scheibe ist zu beachten, daß bei den Kegelrädern noch eine Zahndruckkomponente in Richtung der Wellenachse auftritt, die eine zusätzliche Schubbeanspruchung in den Schweißnähten hervorruft.

Geschweißte *Schneckenräder* erhalten den gleichen Radkörper wie die Stirnräder (Abb. 396). Der aus Gußbronze gefertigte Kranz wird in üblicher Weise auf den Radkörper aufgesetzt (Abb. 405).

Abb. 406 zeigt ein Schneckenradsegment. Abb. 406a gibt die Schnittskizze für den Blechzuschnitt.

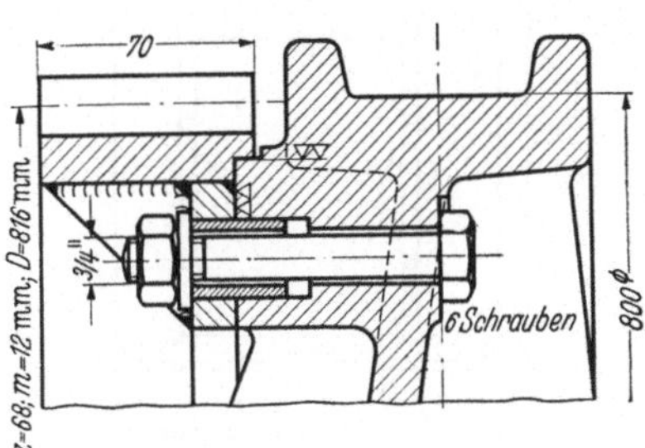

Abb. 403. Zahnkranz zu einem Kranlaufrad

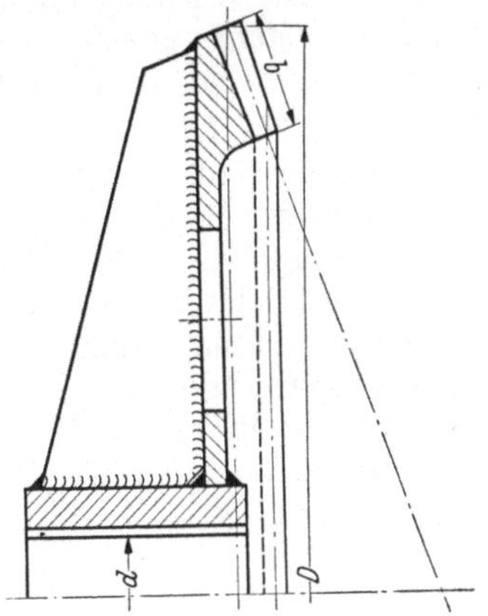

Abb. 404. Geschweißtes Kegelrad

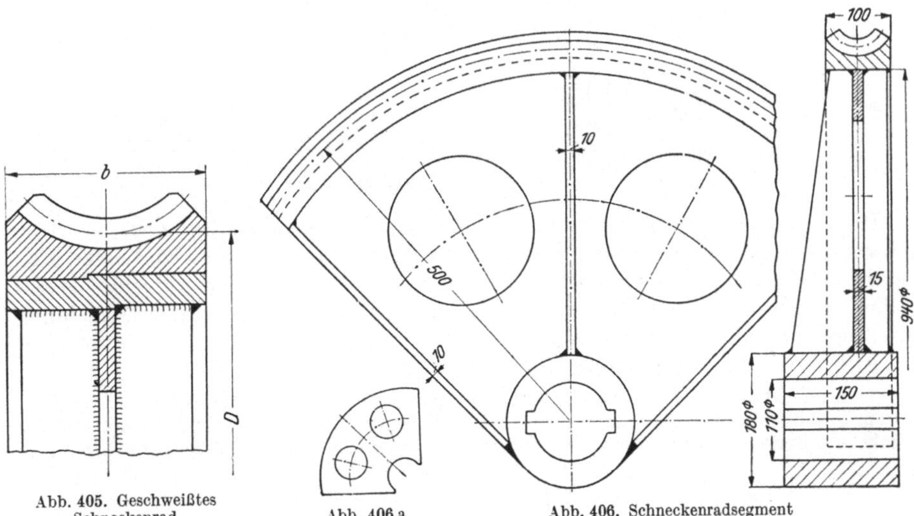

Abb. 405. Geschweißtes Schneckenrad

Abb. 406a

Abb. 406. Schneckenradsegment

Kettenräder. Das Schweißen von Kettenrädern für Gelenkketten ergibt wesentliche Ersparnisse. Bei kleinen Rädern wird das Rad auf die Welle aufgesetzt

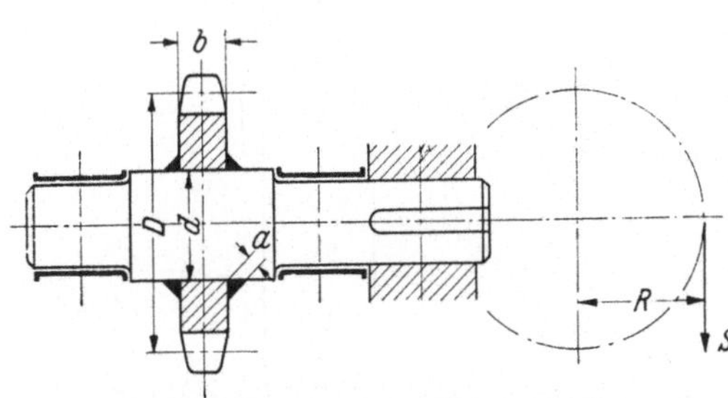

Abb. 407. Auf der Welle aufgeschweißtes Kettenrad

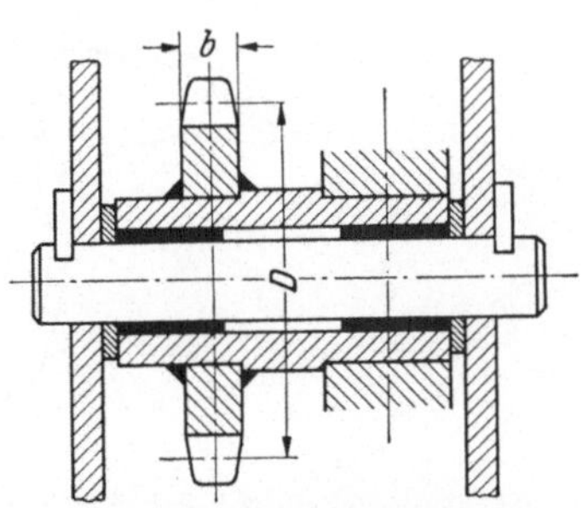

Abb. 408. Geschweißtes Kettenrad

und mit zwei Kehlnähten angeschweißt (Abb. 407). Die Nähte werden nach den Angaben S. 92 auf Schub (Verdrehung) berechnet. Bei Berechnung der Welle ist die Kerbwirkung infolge des Nahteinbrandes zu berücksichtigen.

Bei der Ausführung nach Abb. 408 ist das Kettenrad auf einer Hohlwelle aufgeschweißt. Rechts ist der Sitz des die Hohlwelle antreibenden Zahnrades.

Laufräder. Die Laufräder kleiner und mittlerer Größe sind, da sie in größeren Reihen hergestellt werden, keine geeigneten Schweißgegenstände. Bei großen Rädern dagegen, die nur in kleiner Stückzahl benötigt werden, bringt das Schweißen große Gewichtsersparnisse. Die Gestaltung der geschweißten Laufräder ist im wesentlichen die gleiche wie die größerer Stirnräder (s. S. 184).

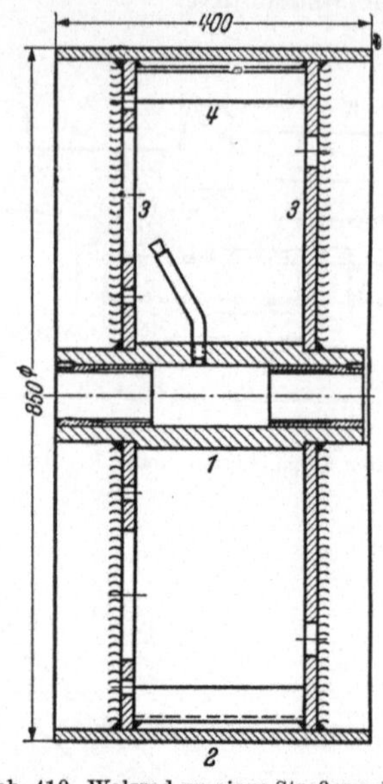

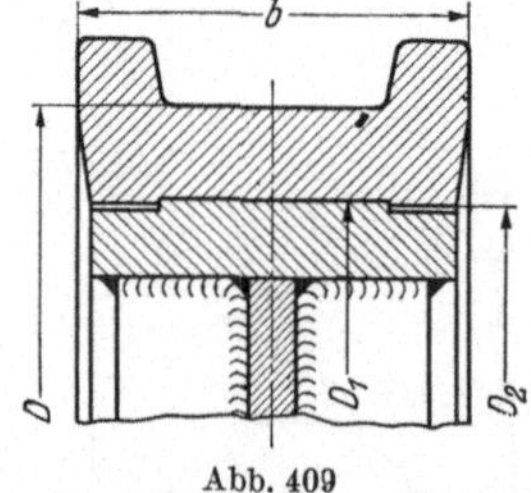

Abb. 409

Abb. 410. Walzrad zu einer Straßenwalze

Hochbeanspruchte, starkem Verschleiß ausgesetzte Laufräder, z. B. bei Hüttenwerkskranen erhalten einen geschweißten Radkörper aus St 37 und einen aufgeschrumpften Kranz aus verschleißfestem Stahl (Abb. 409). Geschweißte Walzräder für Straßenwalzen haben sich bei dem rauhen Betrieb dieser Maschinen als sehr widerstandsfähig erwiesen.

Abb. 410: Walzrad zu einer Straßenwalze.

Teile: *1* Nabe aus Rundstahl, mit Gußbronze ausgebüchst; *2* Mantel aus verschleißfestem Stahlblech, rund gebogen und durch eine V-Naht stumpf gestoßen; *3* Scheiben, durch Winkel *4* miteinander verbunden. Die linksseitige Scheibe hat vier verschließbare Öffnungen.

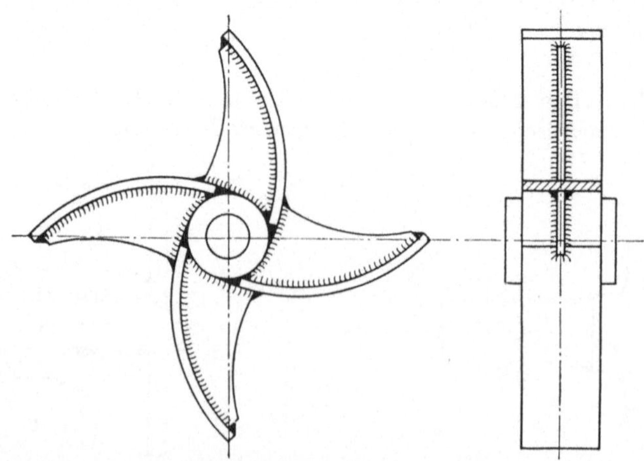

Abb. 411. Schaufelrad zu einer Kreiselpumpe

Laufräder für Pumpen und Turbinen. Abb. 411 zeigt ein einfach gestaltetes Laufrad, dessen Schaufeln T-förmigen Querschnitt haben. Sie bestehen aus zugeschnittenem Blech und einem gebogenen Flachstahl und sind an die aus Rundstahl gefertigte Nabe angeschweißt.

Bei Überdruckturbinen von Wasserkraftwerken werden je nach Fallhöhe und Durchfluß Kaplan- oder Francislaufräder verwendet. Während die Flügel der Kaplanräder aus Stahlguß hergestellt werden, preßt man die Schaufeln der Francislaufräder häufig aus Stahlblech und schweißt sie an die aus Stahlguß gefertigten Innen- und Außenkränze an (Abb. 412).

Abb. 412. Francis-Laufrad mit eingeschweißten Schaufeln [64]

Scheiben. *Geschweißte Bremsscheiben* lassen sich mit schwächerer Kranzdicke ausführen als die gegossenen und haben daher ein entsprechend kleineres Schwung-

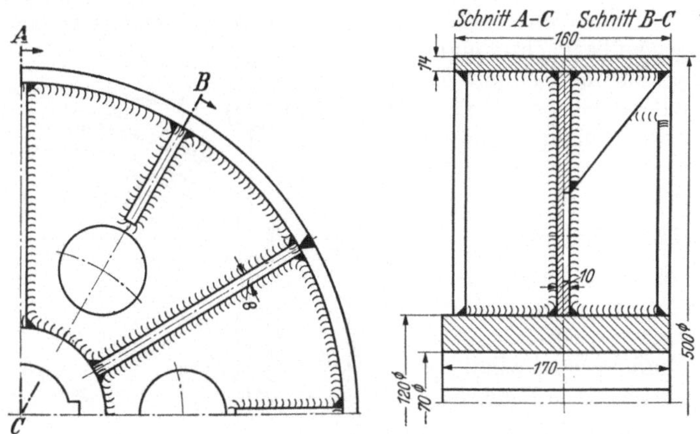

Abb. 413 Geschweißte Bremsscheibe

moment, was sich beim Anlauf und Abbremsen des Triebwerks günstig auswirkt. Bei breiten Scheiben (Abb. 413) sind noch dreieckige Zwischenrippen erforderlich, die den Kranz gegen die Scheibe abstützen.

Bei den elastischen Kupplungen, wie sie im Kranbau viel angewendet werden, wird die eine Hälfte als Bremsscheibe und mit großem Durchmesser geschweißt ausgeführt, während die andere, der größeren Fertigungszahl wegen, gegossen hergestellt wird.

Abb. 414: Scheibe für eine elastische Kupplung.

a gegossene Kupplungsscheibe 350 mm Durchm.; *b* Bolzen, an *a* befestigt; *c* Lederscheibenpaket in die Hülse *d* der Scheibe eingreifend.

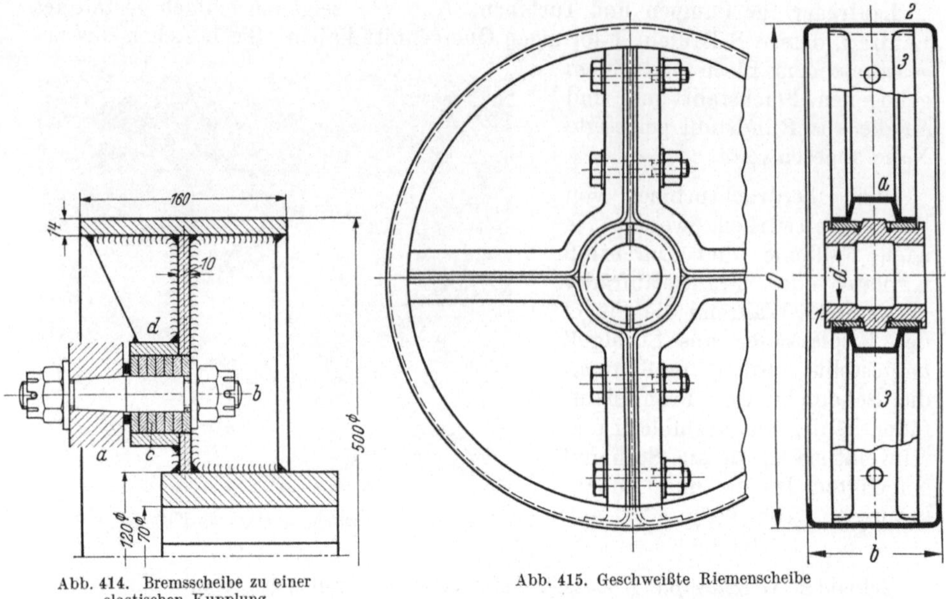

Abb. 414. Bremsscheibe zu einer
elastischen Kupplung

Abb. 415. Geschweißte Riemenscheibe

Riemenscheiben. Stahlriemenscheiben werden ungeteilt, geteilt und als Fest-
und Leerlaufscheiben ausgeführt. Die geschweißten Riemenscheiben sind den
gegossenen gegenüber leichter und bruchsicherer, haben einen guten Rundlauf und sind gegen Hitze und Feuchtigkeit unempfindlich.

Die Scheiben werden für Durchmesser

$$D = 140 \cdots 1600 \text{ mm}$$

mit verschiedener Bohrung hergestellt und sind für einfache und Doppelriemen verwendbar.

Größte Umfangsgeschwindigkeit: $v = 25$ m/sek. Die Mindestbestellzahl beträgt 50 Stück, darunter wird ein Mehrpreis von 20% gefordert.

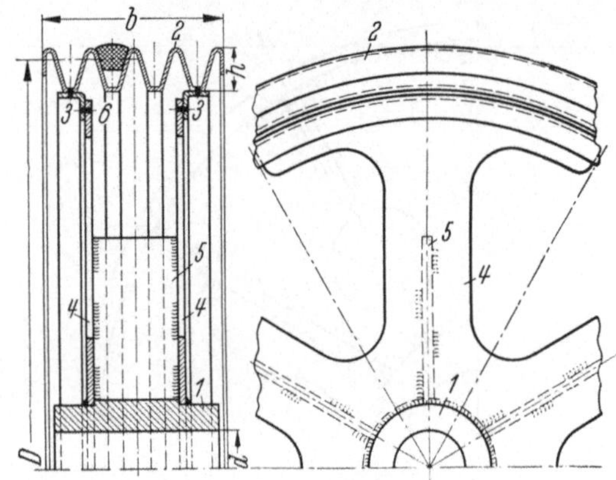

Abb. 416. Geschweißte Keilriemenscheibe

Die Riemenscheiben werden aus dünnen, entsprechend geformten Stahlblechteilen und dünnwandigen Stahlrohren elektrisch geschweißt.

Bei der Ausführung Abb. 415 ist die Teilung durch die Arme gelegt.

1 Nabe; *2* Kranz aus Blech mit ⊏-förmigem Querschnitt; *3* Arme mit dem Querschnitt *a*; die Arme sind einerseits an die geteilte Büchse *4* und andererseits an den Kranz *2* angeschweißt.

Abb. 416. Geschweißte Keilriemenscheibe.

Teile: *1* Nabe; *2* Kranz; *3* Winkelringe; *4* Scheiben; *5* Querverbindungen zu den Scheiben; *6* Punktschweißungen.

Der gewalzte Kranz erhält durch die Keilrillen (DIN 2217) eine große Steifigkeit und Festigkeit. Er ist ausreichend genau und maßhaltig hergestellt. Die armartig ausgesparten

Blechscheiben sind einerseits durch Punktschweißung an die gewalzten Winkelringe und andererseits durch Kehlnähte an die Nabe angeschweißt. Bei kleineren Scheiben mit wenig Rillen fallen die Winkelringe fort und die Scheiben sind unmittelbar an den Kranz angeschweißt.

Nach der Fertigung werden die Keilriemenscheiben ausgewuchtet. Herstellung der Stahl-Keilriemenscheiben mit fünf Profilen und $3 \cdots 10$ Rillen. Breite: $b = 53 \cdots 390$ mm, Nenndurchmesser der Scheiben: $D = 244 \cdots 1400$ mm.

Bohrung: $d = 50 \cdots 160$ mm.

Gegenüber den aus Gußeisen hergestellten Scheiben sind die aus Stahl gefertigten sehr leicht und erfordern nur wenig Bearbeitung, da das genau gewalzte Kranzprofil keine Nachbearbeitung benötigt.

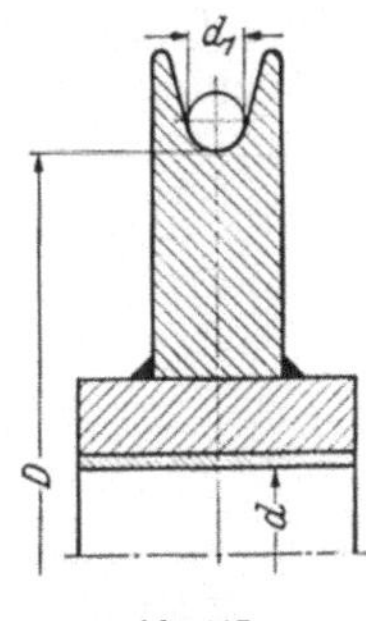

Abb. 417a

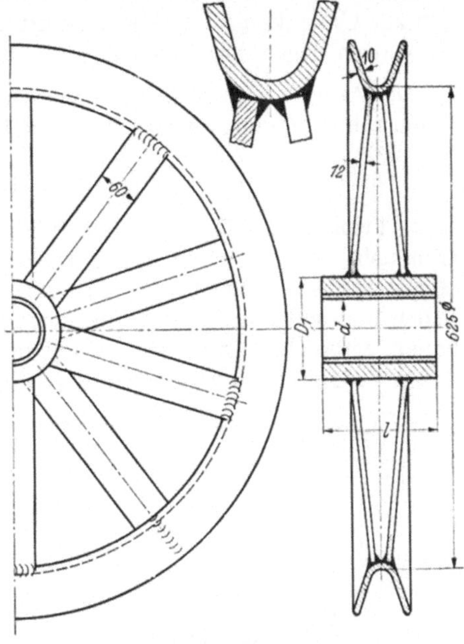

Abb. 417b. Geschweißte Seilscheibe

Seilrollen und Seilscheiben. Bei kleinerem Rollendurchmesser D, z. B. bei den Seilausgleichrollen der Kranhubwerke wird die Rolle in einfacher Weise nach Abb. 417a ausgeführt.

Die geschweißten Seilscheiben (Abb. 417b) haben den gegossenen gegenüber den Vorteil des geringeren Gewichtes und sind bruchsicherer.

Abb. 417b: Seilscheibe von 625 mm Durchmesser für Seile von 22 mm Durchmesser. Der aus Flachstahl bestehende Kranz ist dem Rillenprofil entsprechend geformt, rundgebogen und durch eine V-Naht stumpf gestoßen. Die Rundstahlnabe und der Kranz sind durch zehn Flachstahlspeichen verbunden, die zueinander versetzt sind.

Gewicht der geschweißten Scheibe ~ 28 kg, der gegossenen ~ 40 kg.

Die Wirtschaftlichkeit des Schweißens dieser Seilscheiben

Abb. 418. Seilscheiben zu einer Förderanlage

ist von der Zweckmäßigkeit der Vorrichtung zum Herstellen des Kranzes und einer genügend großen Fertigungszahl abhängig.

Bei den Seilscheiben von großem Durchmesser, wie sie bei den Fördermaschinen zur Umlenkung der Seile angeordnet werden, wird durch das Schweißen der Gußbauart gegenüber eine sehr große Gewichtsersparnis erzielt.

Die Arme der Seilscheibe Abb. 418 bestehen aus zwei ⌐-Stählen, die durch Flachstähle miteinander verbunden sind.

7.14 Trommeln

Seiltrommeln. Die bei den Winden und Kranen verwendeten Drahtseiltrommeln werden bei größerem Durchmesser neuerdings zur Gewichtsersparnis allgemein geschweißt. Die Trommeln erhalten zur Schonung des Seiles eingedrehte Rillen und sollen nach den Unfallverhütungsvorschriften seitliche Bordscheiben haben, deren Höhe mindestens gleich dem 2,5fachen Seildurchmesser ist. Je nach Art des angewendeten Rollenzugs greifen an der Trommel ein oder zwei tragende

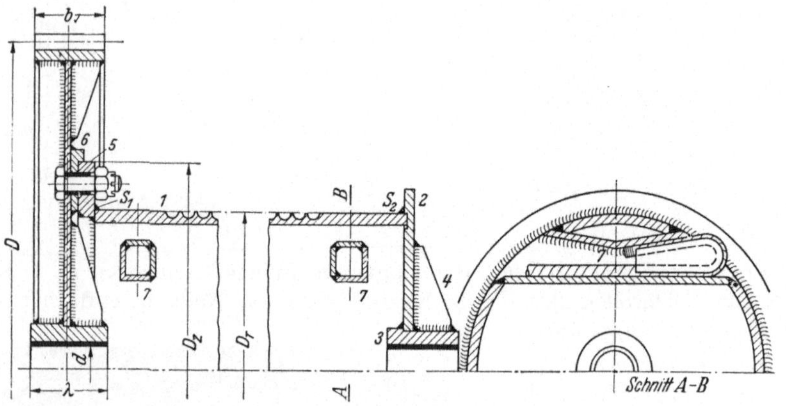

Abb. 419. Geschweißte Seiltrommel zu einer elektrisch betriebenen Laufkatze

Seilstränge an. Der Trommelmantel wird aus Blech gebogen und durch eine V-Naht stumpf gestoßen. Der Außendurchmesser D_1 des Mantels (Abb. 420) ist so anzunehmen, daß eine genügende Bearbeitungszugabe für das Einschneiden des Gewindes vorhanden ist. Der Innendurchmesser ist durch die kleinste Wanddicke bestimmt.

Abb. 419 zeigt die meist ausgeführte Bauart, bei der Trommel und Trommelrad miteinander verschraubt sind und auf der durch Achshalter festgestellten Achse umlaufen.

Teile: *1* Trommelmantel; *2* Seitenscheibe, an die Nabe *3* angeschweißt und durch Rippen *4* versteift; *5* am Mantel angeschweißter Flansch; *6* Zentrierleisten am Trommelrad; *7* Taschen für die Seileinlegekeile.

Als Werkstoff für die Trommel und den Radkörper ist auch bei stoßweisem Betrieb St 37 ausreichend. Der Zahnkranz des Trommelrades wird aus St 50—2 oder, wenn erforderlich, aus legiertem Stahl gefertigt.

Die Schweißnähte S_1 zwischen Flansch und Trommelmantel (Abb. 419 links und Abb. 420) sind durch das Drehmoment der Trommel M_t [kgcm] und die Querkraft Q [kg] auf Schub beansprucht.

Bei der Ausführung Abb. 421 sind die Nähte S_1 nur durch das Drehmoment M_t beansprucht.

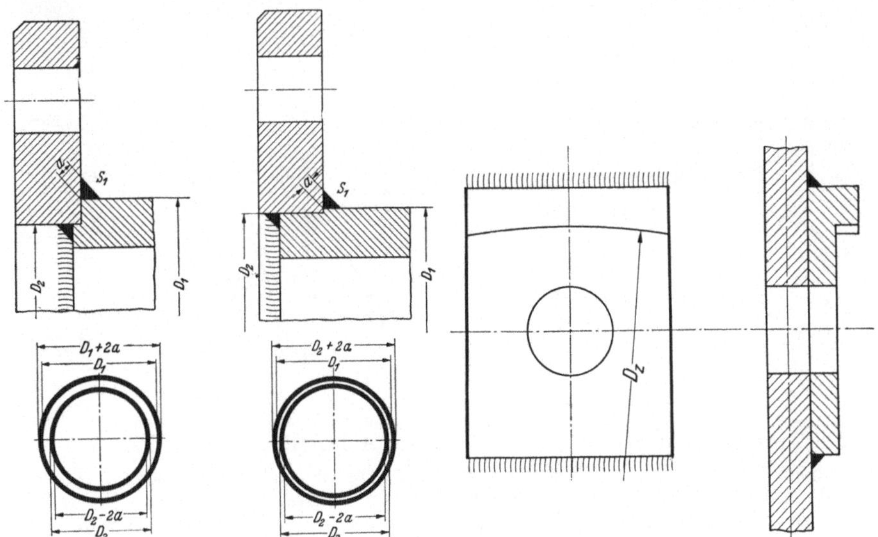

Abb. 420 u. 421.
Schweißnähte S_1 in Abb. 419 und Schweißquerschnitt

Abb. 422. Leiste zum Zentrieren des Trommelflansches am Trommelrad

Die Zentrierleisten zur Verbindung von Trommel und Trommelrad werden aus Flachstahl hergestellt und an die Radscheibe angeschweißt (Abb. 419 u. 422).

Befestigung des Seiles am Trommelmantel durch einen Keil a mit Druckschrauben (Abb. 423) oder durch einen Einlegekeil a mit entsprechend ausgebil-

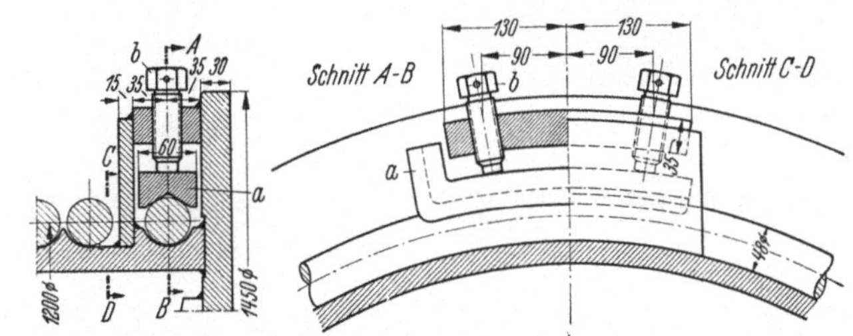

Abb. 423. Seilbefestigung mit Keil a und Druckschrauben b (MAN)

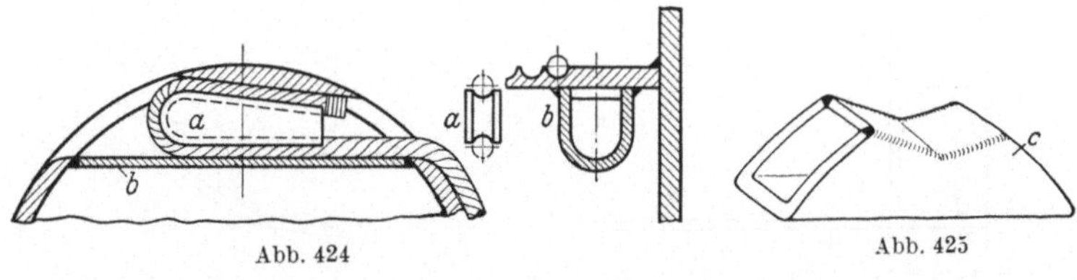

Abb. 424

Abb. 425

deter Tasche b (Abb. 424). Bei der Ausführung der Tasche 7 in Abb. 419 kann der Einlegekeil von beiden Seiten eingeführt werden. Gestaltung der Seiltasche auch nach Abb. 425.

Abb. 426 zeigt die Sonderausführung einer Seiltrommel mit Kupplungs- und Bremsflansch, bei der das Trommelrad durch eine Mitnehmerscheibe mit der Trommel gekuppelt wird.

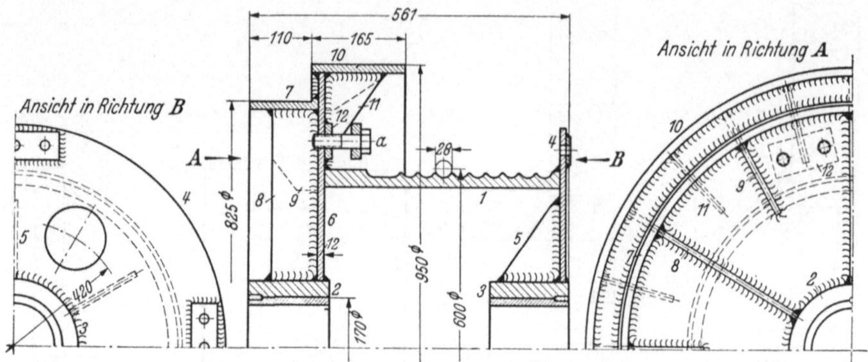

Abb. 426. Haupttrommel zum Hubwerk einer Baggermaschine

Die Trommel läuft wie üblich auf der durch Achshalter festgestellten Achse um.

a Seilbefestigung durch Klemmplatten. Teile der Schweißkonstruktion: *1* Trommelmantel (nahtloses Mannesmannrohr); *2* und *3* Naben; *4* rechte Seitenscheibe; *5* Versteifungsrippen; *6* linke Stirnscheibe; *7* Kupplungsflansch; *8* und *9* Versteifungsrippen; *10* Bremsflansch; *11* Versteifungsrippen; *12* Verstärkungen zur Seilbefestigung.

Abb. 427. Lagerung einer Elektrotrommel

Werkstoff des Kupplungs- und Bremsflansches: St 52—3, der übrigen Teile St 37.

Förderbandtrommeln. Abb. 427 zeigt die Lagerung einer Elektrotrommel. Abb. 428: Ausführung einer Förderbandtrommel von größerem Durchmesser. Die Naben aus Rundstahl werden vorgebohrt. Die Trommelwände sind genau rund gebrannt und durch Rippen abgesteift.

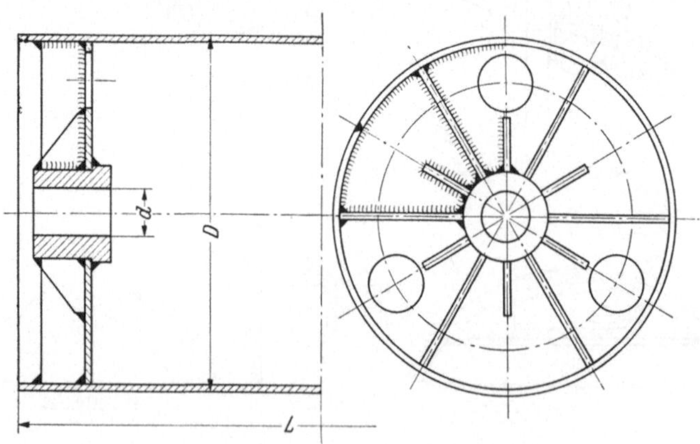

Abb. 428. Gestaltung einer Förderbandtrommel

Bei der Herstellung wird zuerst der Nabenstern mit den Rippen geheftet und geschweißt. Der Trommelmantel wird dann aufgezogen und mit einer Spannvorrichtung fest auf die Wände gepreßt. Nach genauer Maßkontrolle werden die ersten Lagen der Anschlußnähte an den Mantel im Pilgerschritt und dann die Decklage durchgehend geschweißt.

7.15 Lager

Querlager. *Einfache Lager* aus Rundstahl werden in den tragenden Wänden größerer Bauteile wie Maschinenständer u. dgl. eingesetzt und durch Kehlnähte angeschlossen (Abb. 429). Bei unsymmetrischer Anordnung und größerer Lagerkraft wird der Lagerkörper durch vier Rippen gegen die tragende Wand abgesteift (Abb. 430). Abb. 431: In dem [-Stahlrahmen einer elektrisch betriebenen Laufkatze eingeschweißtes Laufradachsenlager. Der Lagerkörper ist durch kleine Rippen gegen die Flanschen versteift. Werkstoff der Lagerteile St 33 oder St 37. In den meisten Fällen ist St 33 ausreichend.

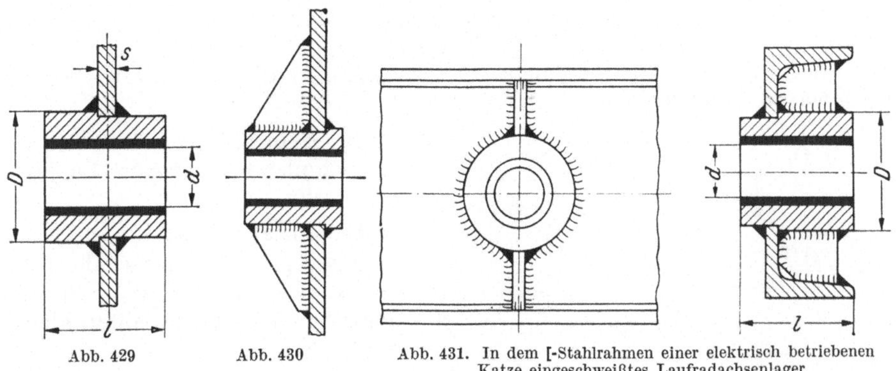

Abb. 429   Abb. 430   Abb. 431. In dem [-Stahlrahmen einer elektrisch betriebenen
Katze eingeschweißtes Laufradachsenlager

Stehlager. Abb. 432 zeigt ein einfaches Lager mit quadratischem Auge. Mit Rücksicht auf die Bearbeitung ist das Auge breiter als die Grundplatte gehalten.

Berechnung des Schweißquerschnittes auf Biegung mit dem Moment $M_b = P \cdot y$ [kgcm] und Schub mit der Querkraft P.

Abb. 433. Ungeteiltes Querlager mit rundem Auge und Stützung durch ein Stück [-Stahl.

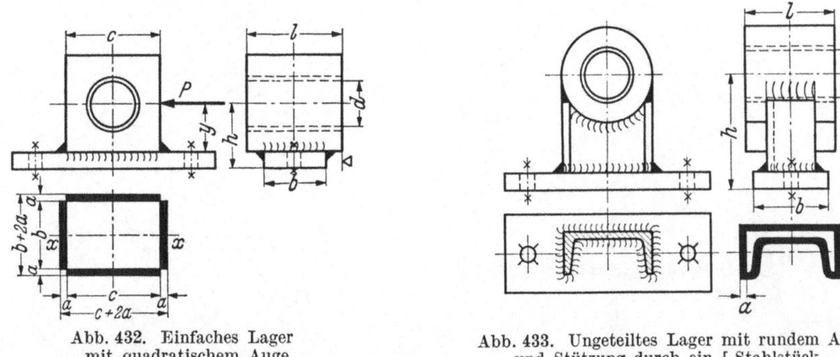

Abb. 432. Einfaches Lager
mit quadratischem Auge

Abb. 433. Ungeteiltes Lager mit rundem Auge
und Stützung durch ein [-Stahlstück

Abb. 434 zeigt ein Augenlager in Zellenbauweise, das aus dünnen Blechteilen geschweißt ist und sich durch gute Formgebung auszeichnet.

13*

Abb. 435: Geteiltes Stehlager mit Rotgußschalen ähnlich der Bauart nach DIN 506. Das an die Lagerplatte angeschweißte Unterteil und der Deckel sind

Abb. 434. Augenlager in Zellenbauweise

Supportschnitte. Der Schweißquerschnitt zwischen Platte und Unterteil ist der gleiche wie in Abb. 432.

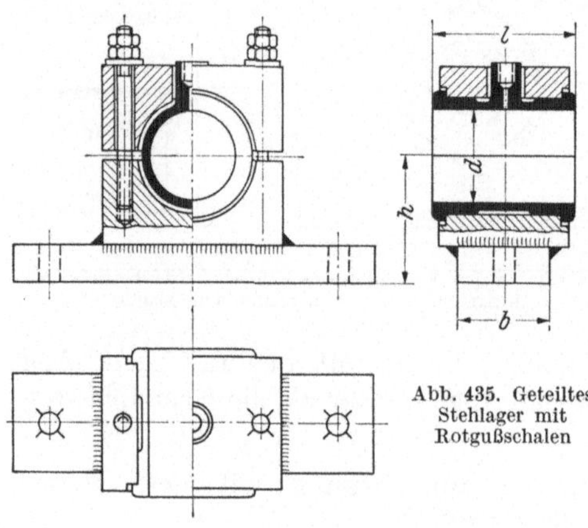

Abb. 435. Geteiltes Stehlager mit Rotgußschalen

In Abb. 436 bis 438 ist ein Ringschmierlager großer Bauhöhe dargestellt.

Die Schalen a sind aus Flachstahl gebogen, die Oberschale ist an den Ausschnitten für die Schmierringe durch aufgeschweißten Flachstahl b verstärkt.

Teile der Schweißkonstruktion. A. Unterteil: *1* zwei Außenwände, *2* Innenwand, *3* Boden des Ölbehälters, *4* Längsrippen, *5* Querrippe, *6, 7* Grundrahmen, *8* Ölfänger, *9* Teilfugenflansch, *10* Längswand (Verkleidung), *11* Schraubenansätze, *12* Verstärkung am Ölablaß. *c* Paßstift, *d* Schraubenlöcher.

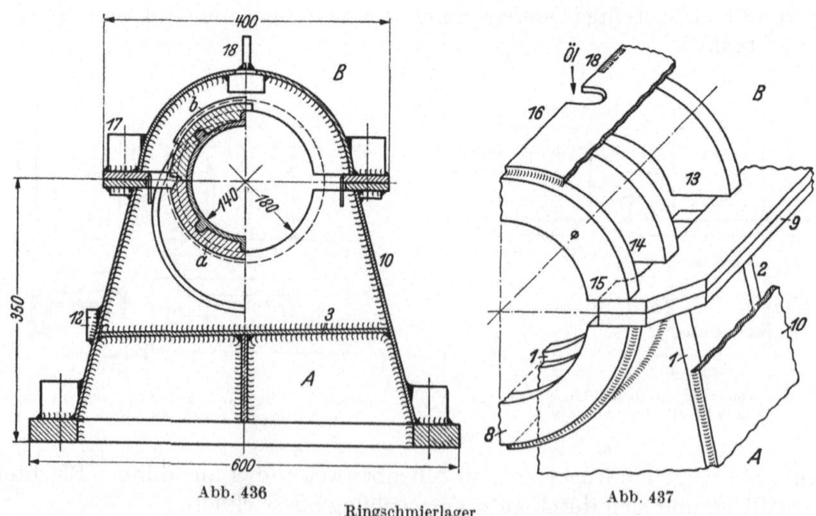

Abb. 436   Abb. 437

Ringschmierlager

B. Oberteil (Deckel): *13* mittlerer Halbring, *14* zwei äußere Halbringe, *15* Abschluß des Ölfängers; *16* Deckelverkleidung (mit Schmieröffnung); *17* Schraubenansatz; *18* Transportöse.

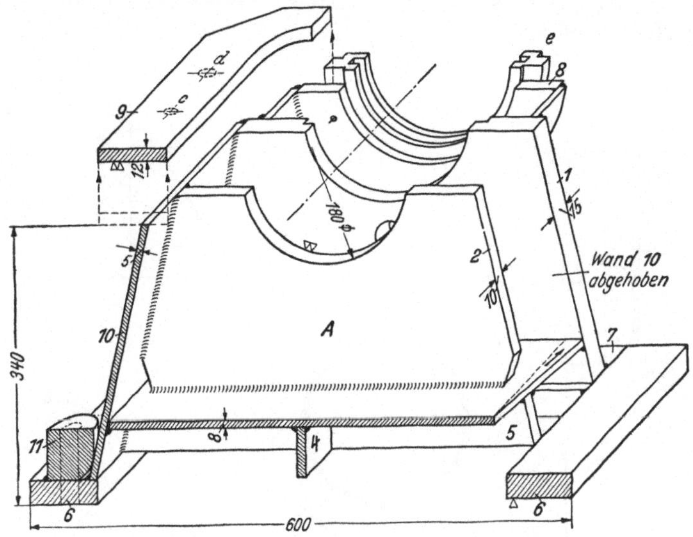

Abb. 438. Ringschmierlager, 140 mm Bohrung

Fördermaschinenlager nach Abb. 439 werden für große Bohrungen ($d = 400\cdots500$ mm) hergestellt und sind hoch belastet. Derartige Lager sind besonders zum Schweißen geeignet und ergeben große Gewichtsersparnis gegenüber der Gußausführung (bis etwa 25%).

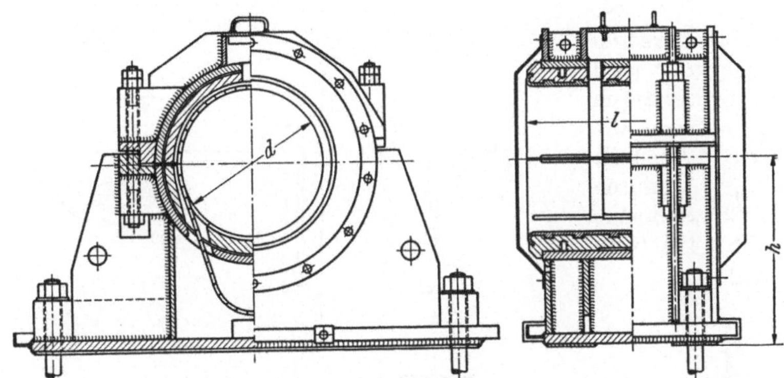

Abb. 439. Ringschmierlager für eine Fördermaschine

Die Lager haben Kettenschmierung. An den Stirnflächen sind Ölfanghauben befestigt. Aufbau verfolgen. Unterschiede gegen Abb. 436 bis 438 feststellen.

Längs- und Querlager (Stützlager). Unteres Längs- und Querlager zu einem Wanddrehkran mit Ober- und Unterzapfen (Abb. 440). Zum Aufnehmen der Längskraft *V* dient eine Spurplatte, der eine Beiplatte unterlegt ist.

Der ringförmige Schweißquerschnitt zwischen Lagerkörper und Grundplatte (Abb. 441) ist durch die waagerechte Lagerkraft *H* auf Biegung und Schub beansprucht. An der Stelle der größten Biegespannung ϱ_b (Abb. 441) ist die Schubspannung ϱ_s gleich Null. Ihr Größtwert ist beim Kreisringquerschnitt $\max \varrho_s = 2{,}0 \cdot \dfrac{H}{F_{Schw}}$ (vgl. [22]). Er tritt an der neutralen Faser auf, wo die Biegespannung gleich Null ist.

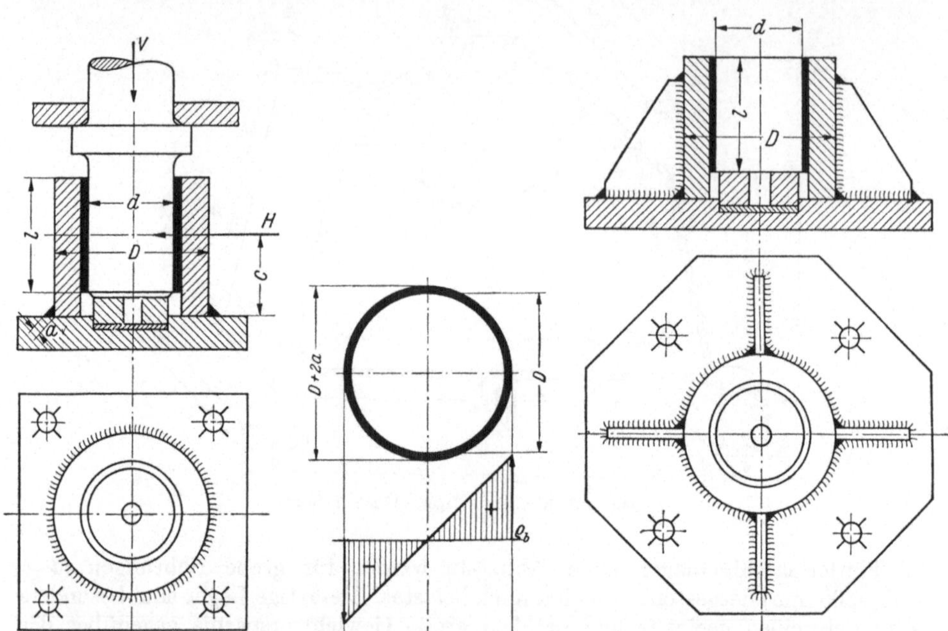

Abb. 440. Unteres Längs- und Querlager zu einem Wanddrehkran

Abb. 441. Berechnung des Schweißquerschnittes zu Abb. 440

Abb. 442. Durch Rippen versteiftes Längs- und Querlager

Bei größerer waagerechter Lagerkraft wird der Lagerkörper durch vier Rippen gegen die Grundplatte versteift (Abb. 442), wodurch auch der Schweißquerschnitt Abb. 442a tragfähiger wird.

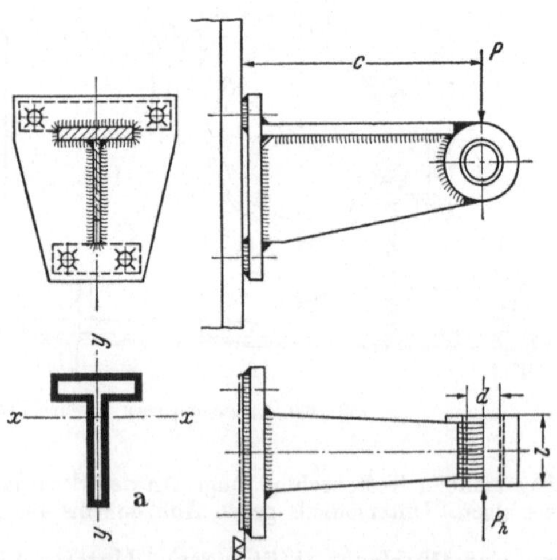

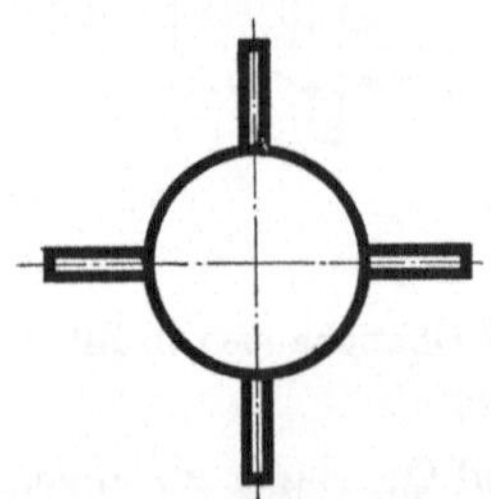

Abb. 442a. Schweißquerschnitt zu Abb. 442

Abb. 443. Konsollager mit T-förmigem Tragarm

Abb. 443a. Schweißquerschnitt zu Abb. 443

Konsollager (Wandlager). In Abb. 443 ist ein Konsollager mit ungeteiltem Lagerkörper und der Ausladung c dargestellt. Der Tragarm hat T-förmigen Querschnitt.

Berechnung des Schweißanschlusses an die Wandplatte (Abb. 448a) auf Biegung mit dem Moment M_b und auf Schub mit der Querkraft V. Gegebenenfalls tritt noch eine waagerechte Kraft P_h hinzu, die von dem Einrückungsdruck einer Kupplung oder einem Stirnrädergetriebe mit Schrägverzahnung herrührt.

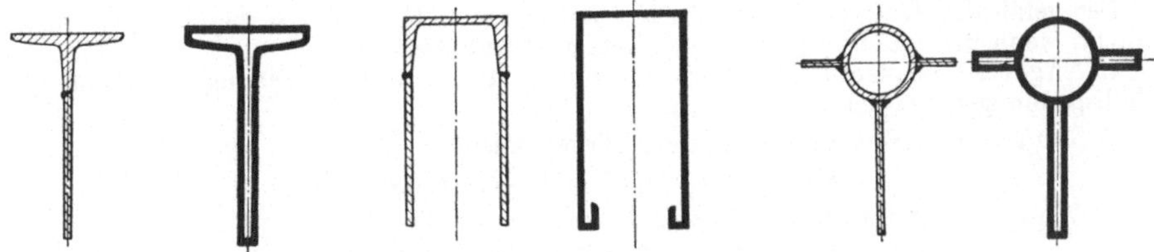

Abb. 444 bis 446. Tragarmquerschnitte für Konsollager und zugehörige Schweißquerschnitte

Derartige einfache Konstruktionsteile lassen sich meist aus vorhandenen Abfallteilen herstellen. Abb. 444 bis 446 zeigen einige hierfür geeignete Tragarmquerschnitte und die zugehörigen Schweißquerschnitte. Abb. 447: Geteilter Lagerkörper mit Rotgußschalen zu einem Konsollager. Abb. 448 zeigt das untere Längs- und Querlager zu einem Wanddrehkran, das an eine IP-Stütze angeschraubt ist. Der aus Rundstahl hergestellte Lagerkörper entspricht in baulicher Hinsicht dem Längs- und Querlager Abb. 440. Er ist durch einen Tragarm mit T-förmigem Querschnitt an die Wandplatte angeschlossen. Schweißquerschnitt s. Abb. 448a.

Beispiel 29. Unteres Längs- und Querlager zu einem Wanddrehkran zur Bedienung von Werkzeugmaschinen (Abb. 448). Das Lager ist an einem IP-Träger angeschraubt.

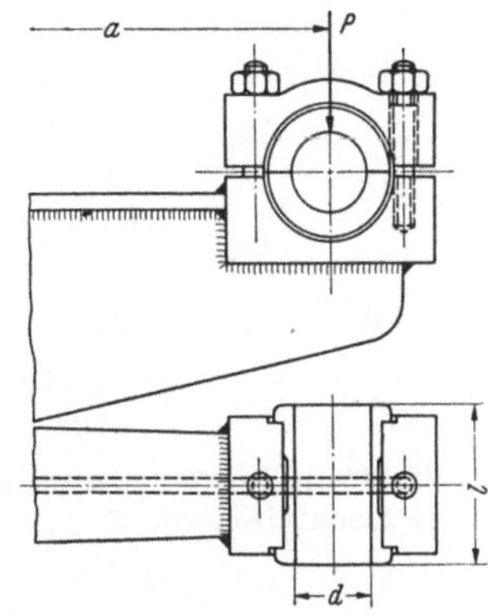

Abb. 447. Geteilter Lagerkörper zu einem Konsollager

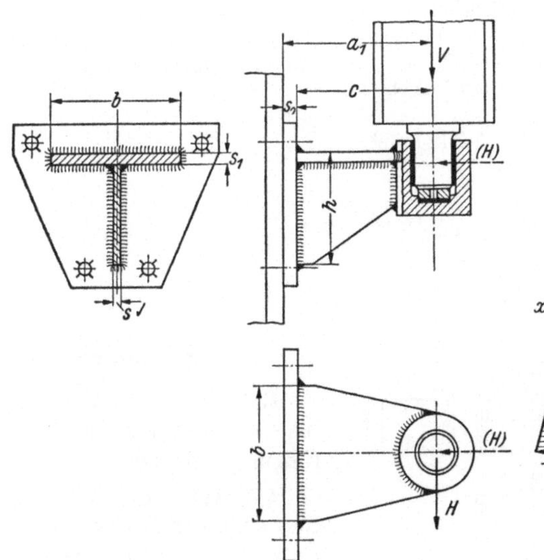

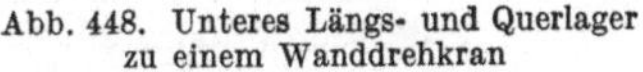

Abb. 448. Unteres Längs- und Querlager zu einem Wanddrehkran

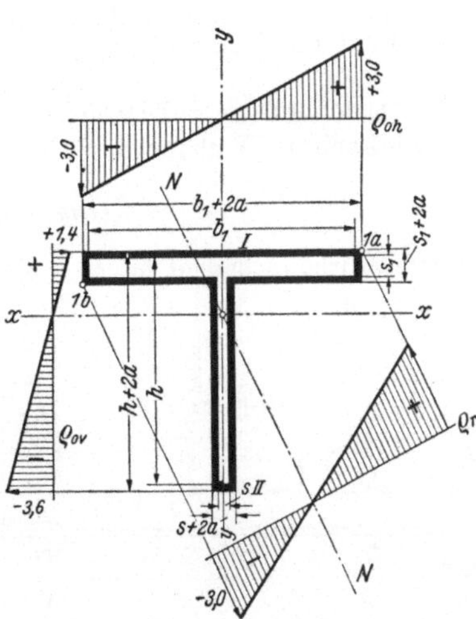

Abb. 448a. Schweißquerschnitt und Nahtspannungen zu Abb. 448

Abmessungen: Ausladung: $a_1 = 230$ mm; $s_0 = 20$ mm; Breite: $b = 220$ mm; $s_1 = 15$ mm; Höhe: $h = 180$ mm; $s = 10$ mm; Nahtdicke $a = 5$ mm. Werkstoff: St 37.

Schweißgüte: „F“, Festschweißung.
Senkrechte Lagerkraft: $V = 1560$ kg.
Waagerechte Lagerkraft: $H = 2000$ kg.
Prozentuale Häufigkeit der Höchstlast: $h_b = 30\%$; Stoßzahl: $\varphi = 1{,}1$.

Der gefährdete Querschnitt ist der Nahtquerschnitt. Er wird am ungünstigsten beansprucht, wenn der Ausleger parallel zur Gebäudewand steht.

1. Angriff. Beanspruchungsart: Biegung in zwei Ebenen. Die noch auftretenden Schubspannungen werden vernachlässigt.

a) Senkrechte Belastungsebene. Biegemoment:

$$M_{bv} = V\,c = 1560 \cdot (23 - 2) \approx 33\,000 \text{ kgcm.}$$

b) Waagerechte Belastungsebene. Biegemoment:

$$M_{bh} = H\,c = 2000\,(23 - 2) = 42\,000 \text{ kgcm.}$$

2. Nennspannungen.

Widerstandsmomente: $W_{x1} \approx 260$ cm³; $W_{x2} \approx 100$ cm³; $W_y \approx 155$ cm³.
Biegespannungen (Oberspannungen).

a) Senkrechte Belastungsebene (Abb. 448a links).

$$\varrho_{v1} = \frac{\varphi M_{bv}}{W_{x1}} = \frac{1{,}1 \cdot 33\,000}{260} \approx +\,140 \text{ kg/cm}^2 = +\,1{,}4 \text{ kg/mm}^2\,;$$

$$\varrho_{v2} = \frac{\varphi M_{bv}}{W_{x2}} = \frac{1{,}1 \cdot 33\,000}{100} \approx -\,360 \text{ kg/cm}^2 = -\,3{,}6 \text{ kg/mm}^2\,.$$

b) Waagerechte Belastungsebene (Abb. 448a oben).

$$\varrho_h = \frac{\varphi\,M_{bh}}{W_y} = \frac{1{,}1 \cdot 42\,000}{155} \approx 300 \text{ kg/cm}^2 = 3 \text{ kg/mm}^2\,.$$

Je nach Auslegerstellung Zug oder Druck.

c) Resultierende Spannungen (Abb. 448a rechts unten).

$$\varrho_{1a} = \varrho_{v1} + \varrho_h = +\,1{,}4 + 3 = +\,4{,}4 \text{ kg/mm}^2\,;$$

$$\varrho_{1b} = +\,\varrho_{v1b} - \varrho_h = +\,0{,}6 - 3{,}6 = -\,3 \text{ kg/mm}^2\,.$$

Die gefährdete Stelle liegt bei $1a$ (Abb. 448a).

3. Nutzdauerfestigkeit

Oberspannung: $\varrho_{ON} = b_1 \cdot b_2 \cdot b_3 \cdots \sigma_{Sch}$ [kg/mm²].

Beiwert für die Schweißgüte (s. S. 77) $b_1 = 1$; Gestaltbeiwert (s. S. 79) $b_2 = 0{,}35$; Beiwert zur Berücksichtigung der Bauteilgröße (s. S. 79) $b_3 = 1$; Zugschwellfestigkeit des St 37 (am Flachstab mit Walzhaut): $\varrho_{Sch} \approx 22$ kg/mm² (Abb. 26).

Oberspannung: $\varrho_{ON} = 1 \cdot 0{,}35 \cdot 1 \cdot 22 = 7{,}7$ kg/mm².

4. Sicherheit. Vorhandene Sicherheit:

$$\nu_{vorh} = \frac{\varrho_{ON}}{\varrho_{1a}} = \frac{7{,}7}{4{,}4} = 1{,}75\,.$$

Erforderliche Sicherheit bei $h_b = 30\%$ (s. S. 84):

$$\nu_{erf} = 1{,}3 \cdots 1{,}6\,.$$

7.16 Stützungen

1. Untersätze. Abb. 449 bis 451 zeigen einige Ausführungsbeispiele.

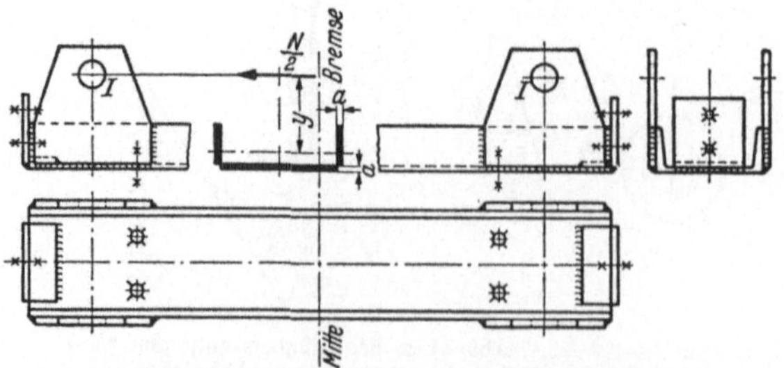

Abb. 449. Untersatz zu einer doppelten Backenbremse

Abb. 449. Untersatz zu einer doppelten Backenbremse. I—I feste Drehpunkte der Backenhebel. Beanspruchung der Schweißanschlüsse auf Biegung durch $M = N/2 \cdot y$, auf

Schub durch $N/2$, wobei N den Backendruck bedeutet. (Die seitlich angeschweißten Winkel dienen zum Anschrauben der Stellvorrichtung für die Backenlüftung.)

Abb. 450. Untersatz zu einem Drehstrom-Magnetbremslüfter. a Lüftergehäuse, b Zugstange, durch ein Gelenkstück an den Bremshebel c angeschlossen. Der Untersatz wird auf den Katzenrahmen aufgeschraubt.

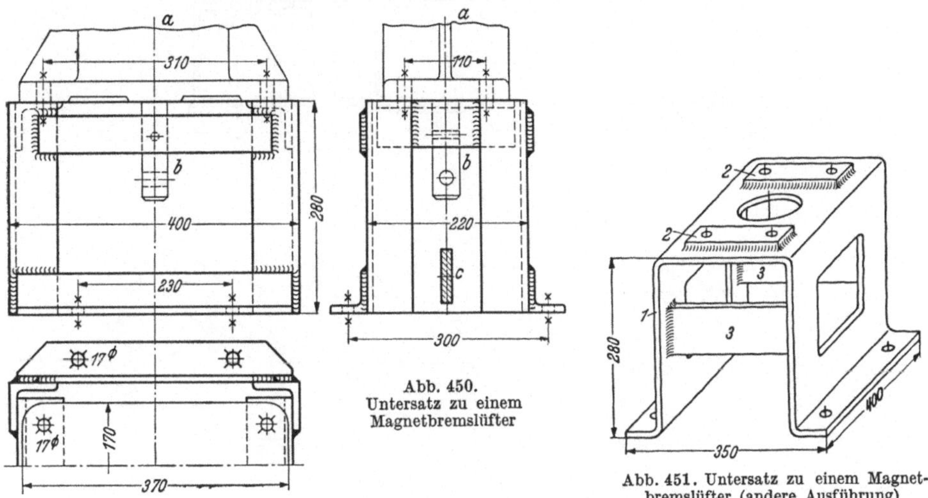

Abb. 450.
Untersatz zu einem
Magnetbremslüfter

Abb. 451. Untersatz zu einem Magnetbremslüfter (andere Ausführung)

Abb. 451: Untersatz zu einem Magnetbremslüfter (andere Ausführung). *1* abgekantetes Blech mit brenngeschnittenen Aussparungen, *2* Flachstähle, die als Arbeitsleisten dienen, *3* Flachstähle zur Versteifung.

2. Grundplatten. Abb. 452 bis 454. Gestaltung der Ecken bei Grundplatten aus [-Stahl[1].

Abb. 452. Ecke durch ein Flacheisen b abgedeckt. Abb. 453. Ecke abgerundet, abdeckender Flachstahl c gebogen. Abb. 454. Ecke mit eingeschweißtem Schraubenansatz d.

Werden die Grundplatten aus Blechen hergestellt, so ist es oft zweckmäßig, diese abzukanten. Hierdurch wird erheblich an Schweißnähten gespart.

Beispiele ausgeführter Grundplatten s. Abb. 455 bis 458.

Abb. 455 bis 457: Grundplatte zu einem Drehstrommotor von 110 kW und 1460 U/min. Gewicht des Motors 850 kg. *I* Untersatz für den Motor. *II* Untersatz für den Lagerbock. *I* u. *II* sind durch einen kastenförmigen Träger *III* verbunden. Teile: *1—3* [-Stahl zum

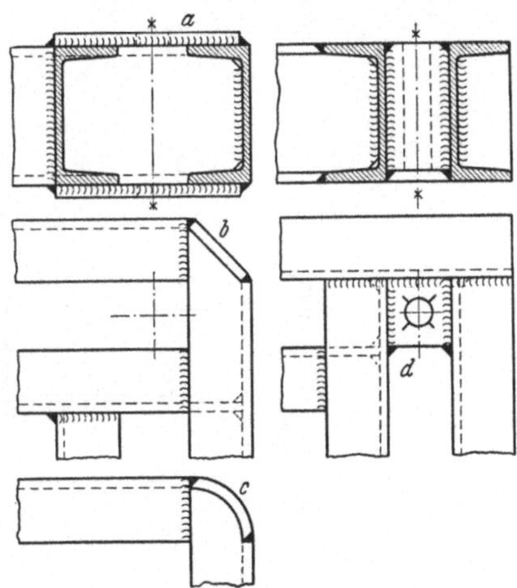

Abb. 452 bis 454. Gestaltung der Ecken
bei Grundplatten aus [-Stahl

Motoruntersatz (*2* u. *3* ausgeklinkt), *4* [-Stahl zum Lagerbockuntersatz, *5—7* Bleche zum kastenförmigen Verbindungsträger, *8* Seitenbleche zum Lagerbockuntersatz, *9* u. *10* Grundbleche, *11* u. *12* Arbeitsleisten, *13—15* Verstärkungsstücke, *16* Schraubenansätze.

Gesamtlänge der Schweißnähte ≈ 16 m. Ausführung des Trägers *III* nach Abb. 457 spart Schweißnähte.

Abb. 458: Grundplatte zu einem freistehenden Drehkran von 5 t Tragkraft und 4,5 m Ausladung, a sternförmige Grundplatte, in das Betonfundament eingebaut; b aus Stahl

---

[1] Deckplatten a im Grundriß der Abb. 452 bis 454 sind fortgelassen.

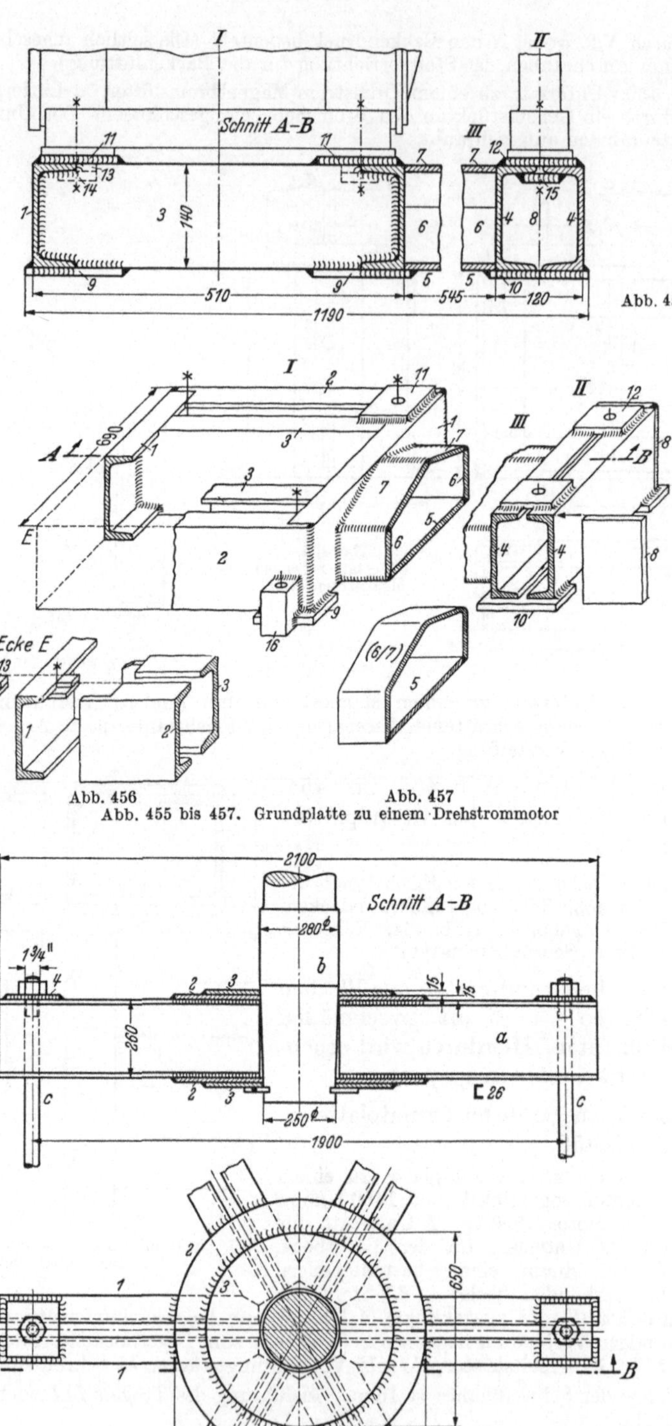

Abb. 455.

Abb. 456　　　　　　　　Abb. 457
Abb. 455 bis 457. Grundplatte zu einem Drehstrommotor

Abb. 458.
Grundplatte zu einem
freistehenden Drehkran

geschmiedete Kransäule; *c* Ankerschrauben. Teile der Schweißkonstruktion: *1* Arme aus ⌐-Stahl, *2—3* Nabenbleche, *4* Unterlegplatten zu den Ankerschrauben. Das runde Zuschneiden der Nabenbleche *2—3* ist teuer und ergibt viel Abfall.

Abb. 459a bis i: geschweißte Grundplatte zu einem Dieselmotor (MAN).

$Z_1 \cdots Z_5$ Zylindermitten; *I—I* Achse der Kurbelwelle; *II—II* Mitte Spülpumpe.

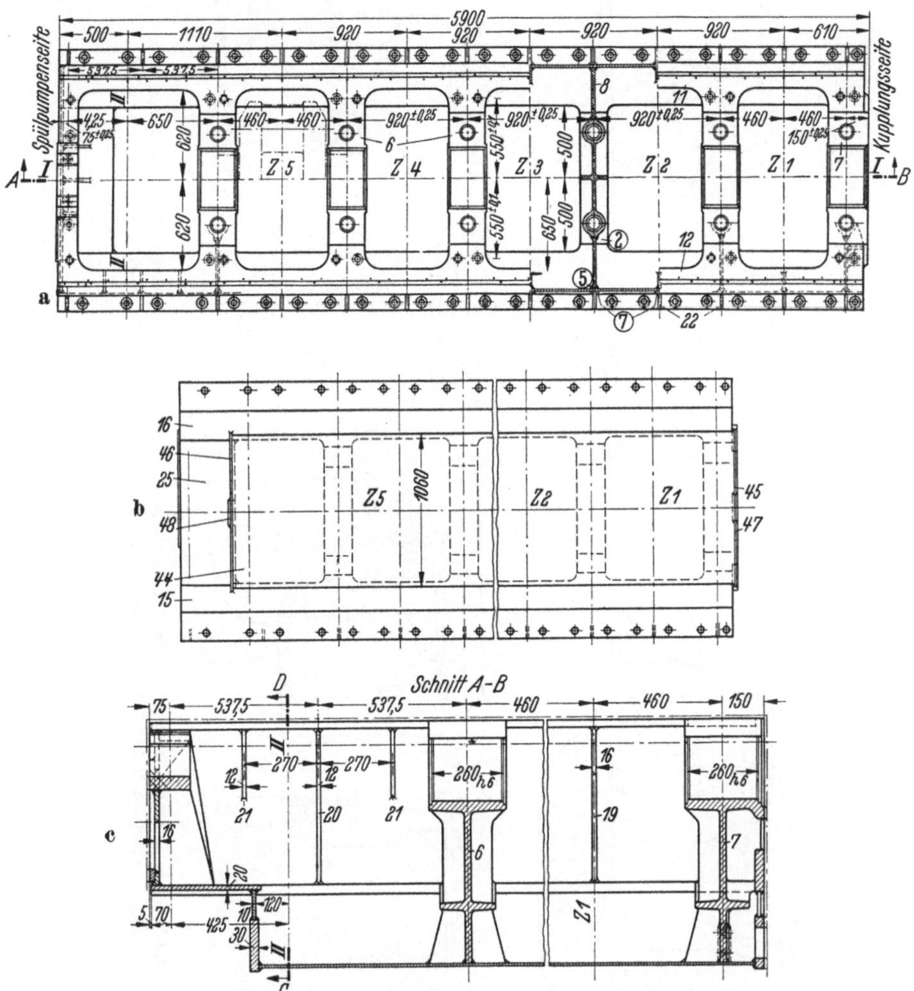

Abb. 459 a—c. Geschweißte Grundplatte zu einem Dieselmotor Type G 5 Z $^{52}/_{70}$ (MAN, Augsburg)
a Grundriß (Ansicht von oben); b Grundriß (Ansicht von unten); c Aufriß (Schnitt A—B)

Hauptteile der Schweißkonstruktion: *6* Lagerstuhl (GS 45); *7* Lagerstuhl Kupplungsseite (GS 45); *8* Innenblech (H II); *11/12* obere Gurtplatten; *15/16* untere Gurtplatten (H II); *18* Längswand; *19* Stützblech (Mitte Zylinder); *20* Stützblech (Spülpumpenseite); *21* Stützwinkel (desgl.); *22* Stützwinkel (außen); *25* Verbindungsplatte (Spülpumpenseite); *27* Stützwand (Kupplungsseite); *28* und *29* Flanschstücke (desgl.); *30* Stützrippe; *31* Stützwinkel; *35* Stirnwand (Spülpumpenseite); *36* Lagerstück; *37* u. *38* Stützbleche; *39* Stützwinkel; *40* Rahmen; *44* Ölwanne; *45* Stirnwand (Kupplungsseite); *46* Stirnwand (Spülpumpenseite); *47* Flansch; *48* Blindflansch; *49* Auge; *53* und *54* Ölsiebe.

Schweißverfahren: UP-Schweißung außer *6* und *7* in Abb. 459a bis i.

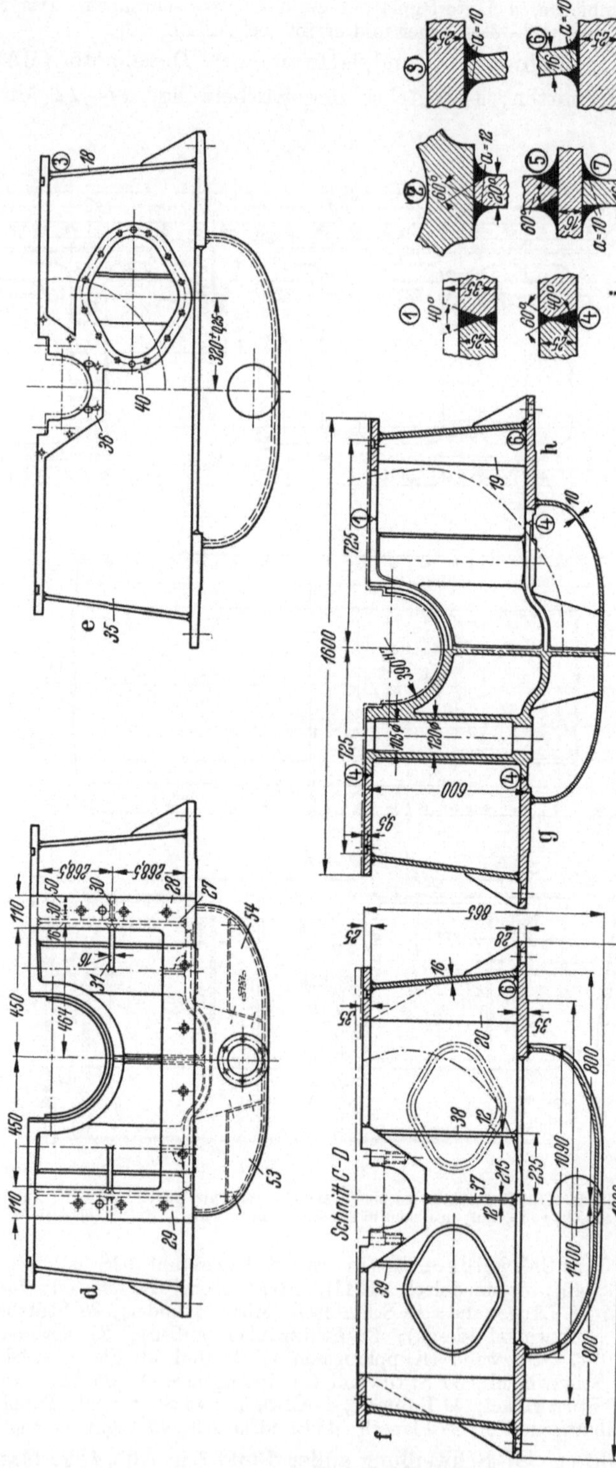

Abb. 459 d bis i. Geschweißte Grundplatte zu einem Dieselmotor. d Seitenriß (Ansicht auf Kupplungsseite); e Seitenriß (Ansicht auf Spülpumpenseite); f Seitenriß (Schnitt C—D in Abb. 459 c); g u. h Seitenriß (g Schnitt durch den Lagerstuhl, h Schnitt durch den Zylinder); i Schweißtechnische Einzelheiten

Rahmen und Gestelle. Durch das Schweißen dieser sehr mannigfaltigen Bauteile, die bisher gegossen wurden, werden große Gewichtsersparnisse erreicht.

Abb. 459 k. Grundrahmen zu einem Dieselmotor. Der Rahmen zeigt die vorbildliche Formgebung für das Schweißen im Leichtbau. Die tragenden Blechteile sind dünn gehalten und zur Werkstoffersparnis mit Aussparungen versehen, die mit dem Brenner ausgeschnitten sind. Durch ebenfalls ausgeschnittene Querwände und Rippen ist das ganze Stück vollkommen steif gemacht. Das fertige Schweißstück wird „normalgeglüht" (s. S. 17).

Abb. 459 k. Grundrahmen zu einem Dieselmotor

Abb. 460 a bis i: Gestellhälfte zu einem Dieselmotor.

Die rechte vorhandene Gestellhälfte GH_{1-3} mit den Zylindern $Z_1 \cdots Z_3$ wird an die neue Hälfte GH_{4-6} mit den Zylindern Z_4 bis Z_6 angeschweißt.

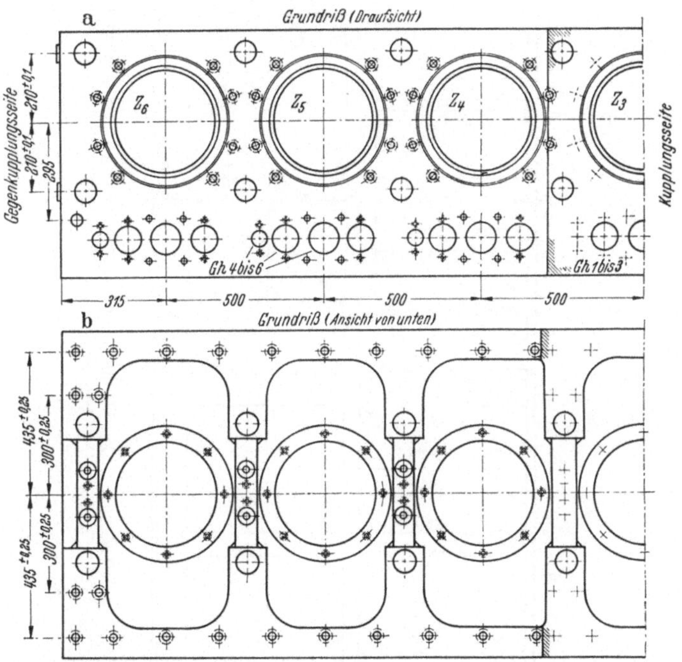

Abb. 460 a u. b. Gestellhälfte zu einem Dieselmotor (MAN, Augsburg).
a Grundriß (Draufsicht); b Grundriß (Ansicht von unten);
weitere Abb. s. S. 206 u. 207

Hauptteile der Schweißkonstruktion (Werkstoff: vorwiegend H II): *1* Bodenblech; (Abb. 460 h) *2* Deckplatte; *3/4* Längswände; *5* Anschweißblech; *6* Ankerstütze; *7* Querleiste; *8* Zwischenwände; *11* Dreieckblech; *12* Querwände; *18* Längswand; *20* Zwischenboden; *21* Ring; *23* unterer Zwischenboden; *24* Kragen; *25* U-Rohr; *41/42* Lagerstühle; *47/48* Füllstücke; *49/50* Bügel; *55/56* Leisten.

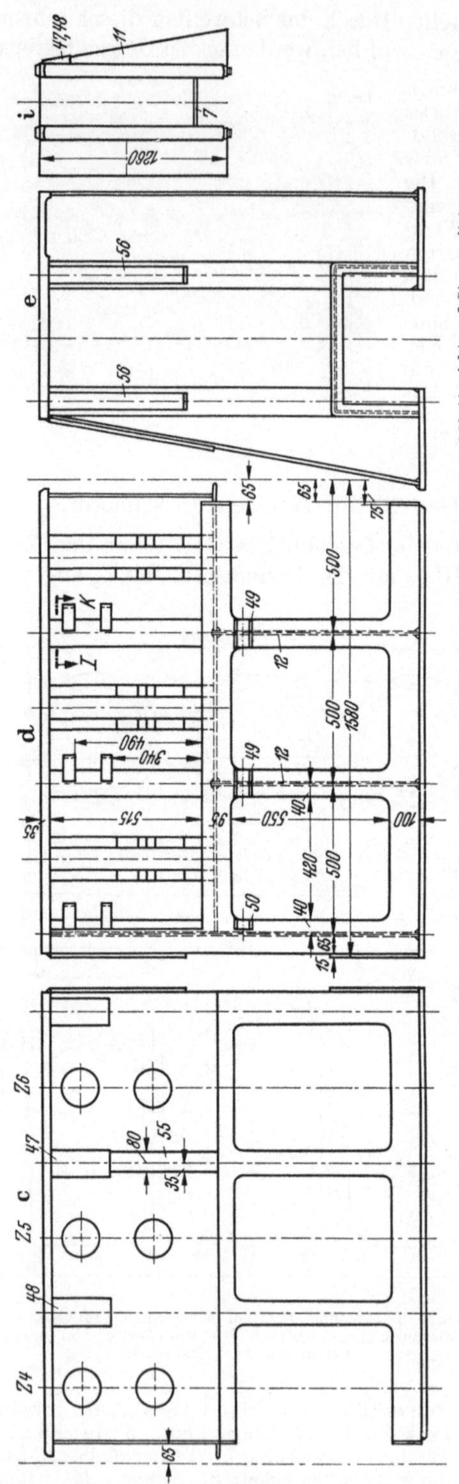

Abb. 460c bis e und i. Gestellhälfte zu einem Dieselmotor. c Aufriß (Ansicht auf Auspuffseite); d Aufriß (Ansicht auf Steuerseite); e Seitenriß (Ansicht auf Gegenkurbelseite); i Seitenriß (Ansicht); weitere Abb. s. S. 205 u. 207

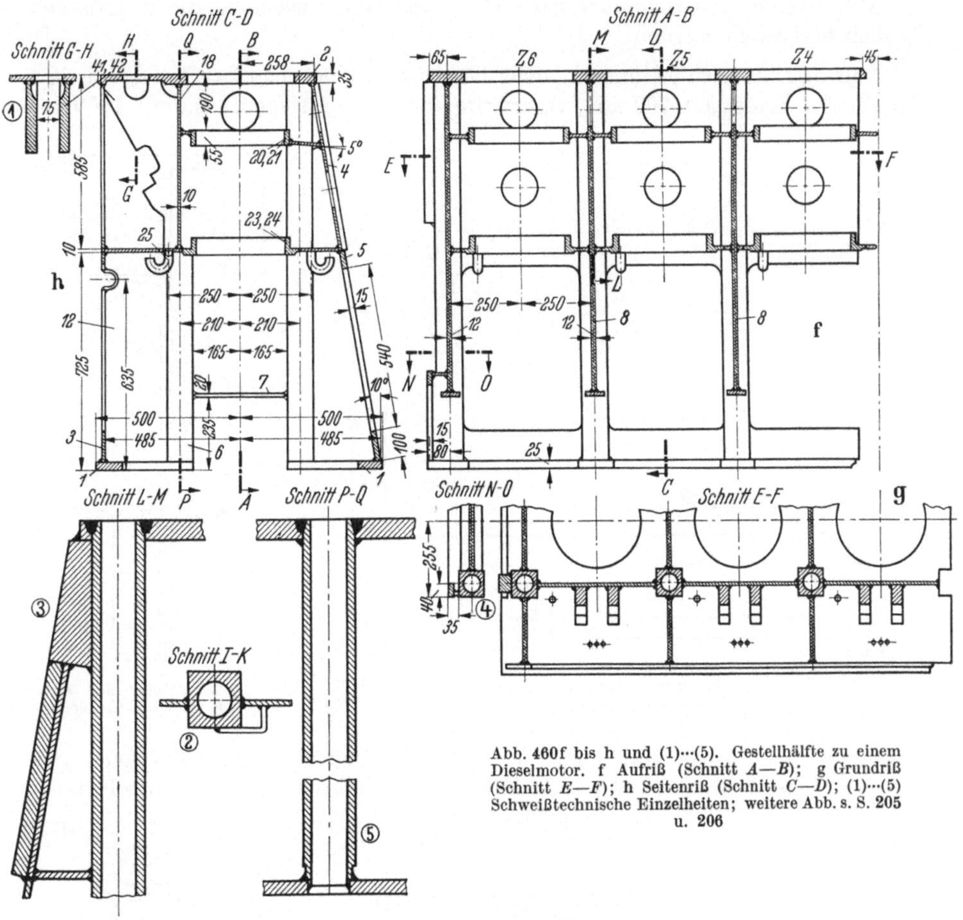

Abb. 460f bis h und (1)···(5). Gestellhälfte zu einem Dieselmotor. f Aufriß (Schnitt $A-B$); g Grundriß (Schnitt $E-F$); h Seitenriß (Schnitt $C-D$); (1)···(5) Schweißtechnische Einzelheiten; weitere Abb. s. S. 205 u. 206

Abb. 461.
Rahmen zu einer
stehenden
Krandampfmaschine

Abb. 461: Rahmen zu einer stehenden Krandampfmaschine, die in größeren Reihen hergestellt werden.

Abb. 462 bis 466: Rahmen zu einer elektrisch betriebenen Laufkatze von 20 t Tragkraft. Radstand 760 mm, Spurweite (Schienenmittenentfernung) 1900 bis

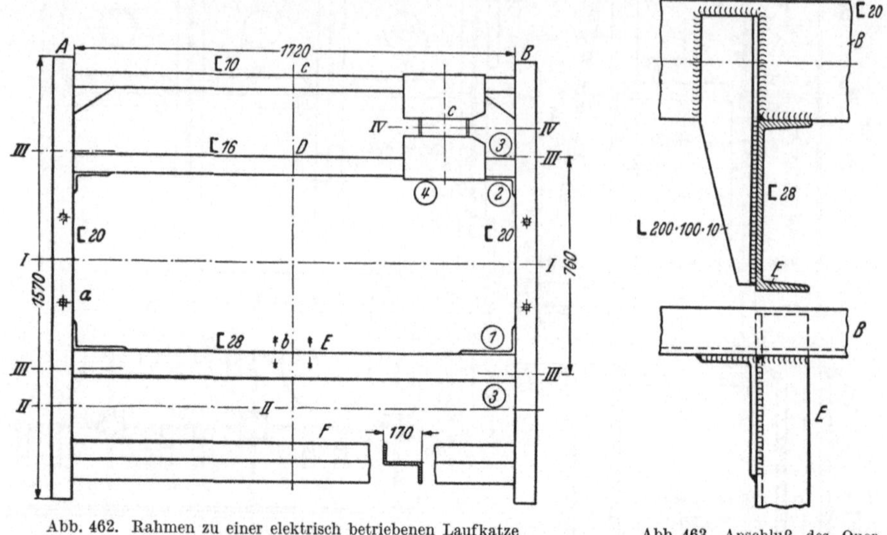

Abb. 462. Rahmen zu einer elektrisch betriebenen Laufkatze
von 20 t Tragkraft

Abb. 463. Anschluß des Querträgers E an den Längsträger B

2300 mm. I—I Mitte Seiltrommel (a Löcher zur Befestigung der Trommellager; II—II Mitte Hubmotor; III—III Mitte Laufradachsen; IV—IV Mitte Katzenfahrmotor. Werkstoff des Rahmens: St 37.

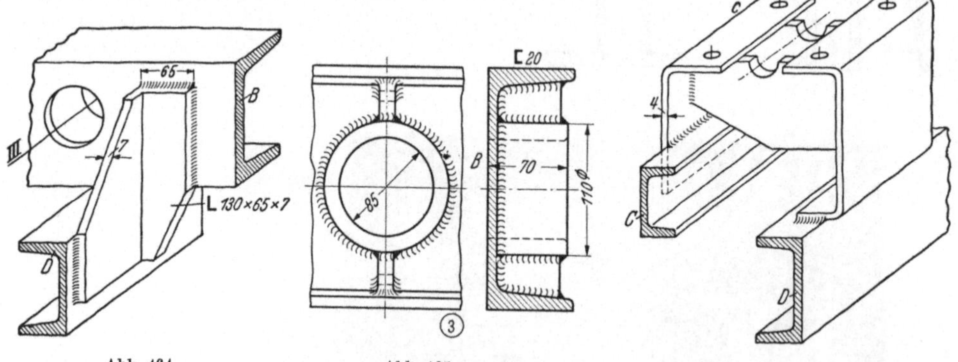

Abb. 464   Abb. 465   Abb. 466
Abb. 464 bis 466. Einzelheiten zum Rahmen der elektrisch betriebenen Laufkatze von 20 t Tragkraft

Hauptteile des Rahmens der Abb. 462: A und B Längsträger (parallel zur Fahrtrichtung der Katze), C—F Querträger. Abb. 463. Anschluß des Querträgers E (durch die Seilaufhängung b belastet). Abb. 464. Anschluß des Querträgers D. Die unter Wirkung der Last stehenden Träger (der Querträger E und die Längsträger A u. B) sind auf Biegung und ihre Schweißanschlüsse auf Biegung und Schub zu berechnen. Abb. 465. Lager für die Laufradachsen, an den Längsträgern A und B angeschweißt. Abb. 466. Untersatz zum Fahrmotor, bestehend aus zwei abgekanteten Blechen mit Versteifungsblechen, an C und D angeschweißt.

Abb. 467: Rahmen zu einem Elektrokarren. Die Rohre sind gebogen und durch V-Nähte stumpf gestoßen.

Bei dem Rahmen zu einem fahrbaren Kompressor [*65*] dienen die als Längs-
und Querträger verwendeten Rohre gleichzeitig als Luftbehälter.

Rahmen (Untergestelle) für Eisenbahnwagen und Triebwagen, Drehgestelle, Unterwagen für fahrbare Drehkrane usw. sowie Bemessung, Formgebung und Bauelemente dieser
Teile s. [*66*].

Abb. 468 zeigt die vordere
Rahmenecke eines Lastwagen-
anhängers mit dem Anschluß
der Deichsel und der vorderen
Wagenfeder.

L Längsträger; Q vorderer
Querträger; E Eckversteifung;
a Anschluß der Zugstange an die
Deichsel (Abb. 367); b Querstück,
an die Zugstange angeschweißt;
c Bolzen zum Querstück; d An-
schluß für die vordere Plattfeder.

**Lagerstühle — Lagerböcke
— Tragarme.** *Lagerstühle.*
Abb. 469: Lagerstuhl (Lager-
schild) zur Trommelachse
einer elektrisch betriebenen
Laufkatze von 30 t Tragkraft.

Zwei derartige Lagerstühle sind
auf dem aus [-Stahl gebildeten
Katzenrahmen aufgeschweißt. An
den Schildblechen sind Schleiß-
scheiben a befestigt, an denen die
Naben der Trommel bzw. des
Trommelrades anlaufen. In Längsrichtung der Trommelachse wirkende Kräfte (aus Schrägzug der
Last) werden durch eine Rippe auf
den oberen Flansch des [-Rahmens
übertragen, der ebenfalls durch
eine Rippe abgesteift ist.

Abb. 470: Lagerstuhl (Stützung) zur Seilausgleichrolle der
gleichen Laufkatze.

Abb. 467. Rahmen zu einem Elektrokarren

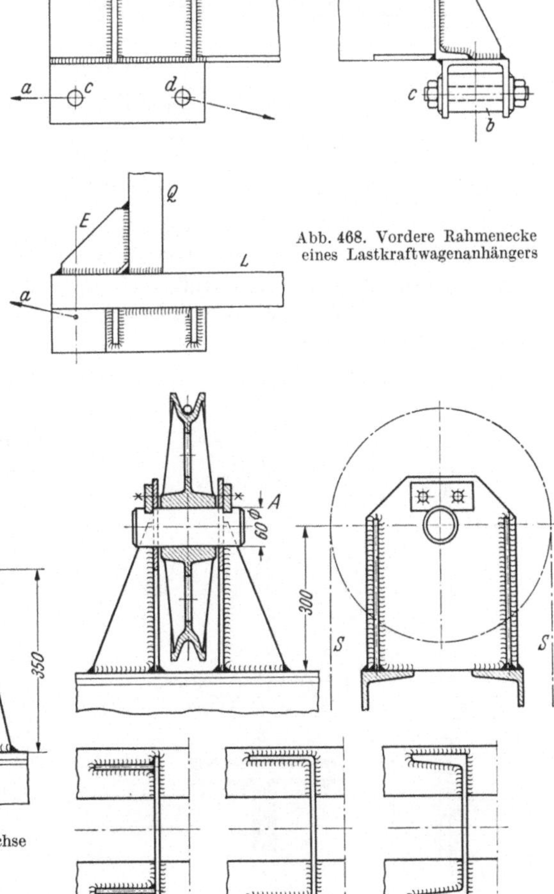

Abb. 468. Vordere Rahmenecke
eines Lastkraftwagenanhängers

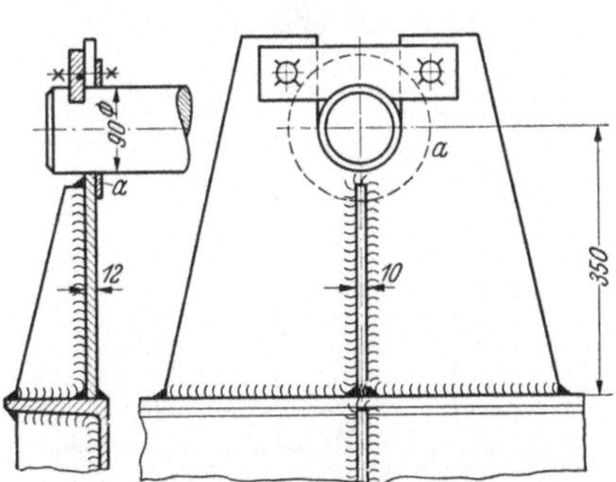

Abb. 469. Lagerstuhl zu einer Trommelachse

Abb. 470. Lagerstuhl zu einer Seilausgleichrolle

Diese Stützung ist ebenfalls auf dem Katzenrahmen aufgeschweißt und besteht bei der Ausführung *A* aus den beiden Stegblechen, in denen der Rollenbolzen eingesetzt ist und zwei seitlichen Rippenpaaren zum Aufnehmen von Längskräften in Richtung der Rollenachse. Wird der tragende Teil ⌐-förmig abgekantet (Abb. 470, Ausf. B) oder wird ein ⌐-Stahl verwendet (Abb. 470, Ausf. C), so werden die Schweißnähte zwischen Stegblech und Rippen (Ausf. A) gespart und die Konstruktion wird billiger.

Lagerböcke. Lagerböcke (Lager mit großer Bauhöhe) werden im Maschinenbau in Sonderausführung und in verschiedenen Abmessungen hergestellt.

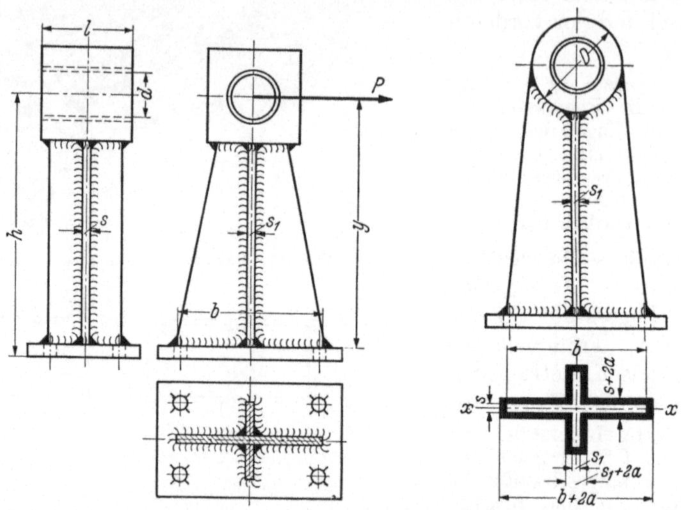

Abb. 471 u. Abb. 472. Gestaltung einfacher Lagerböcke

Abb. 471 und 472 zeigen Lagerböcke, die bei beschränkter Ausladung auch als Wandlager (s. S. 198) verwendbar sind. Der Querschnitt der Stützung zwischen Lagerkörper und Grundplatte ist kreuzförmig. Lagerkörper aus Quadratstahl (Abb. 471) sind schweißtechnisch am besten, solche aus Rundstahl (Abb. 472) seitlich leichter bearbeitbar.

Der Lagerbock Abb. 473 hat T-förmigen Stützquerschnitt.

Bei dem Lagerbock (Abb. 474) dient als Stützung ein Stück I-Stahl, das durch Rippen gegen die Grundplatte abgesteift ist.

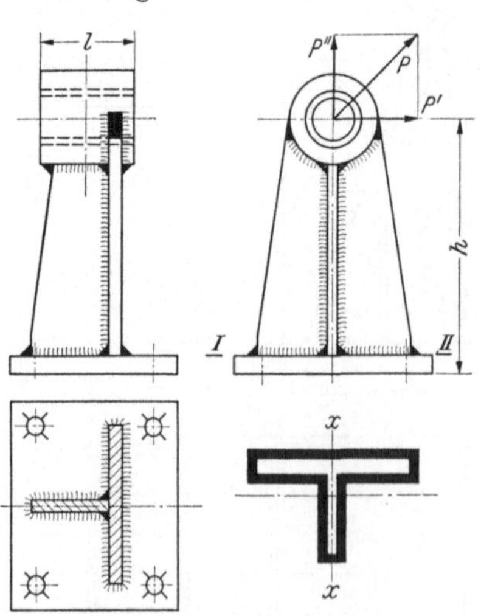

Abb. 473. Lagerbock mit T-förmigem
Stützquerschnitt

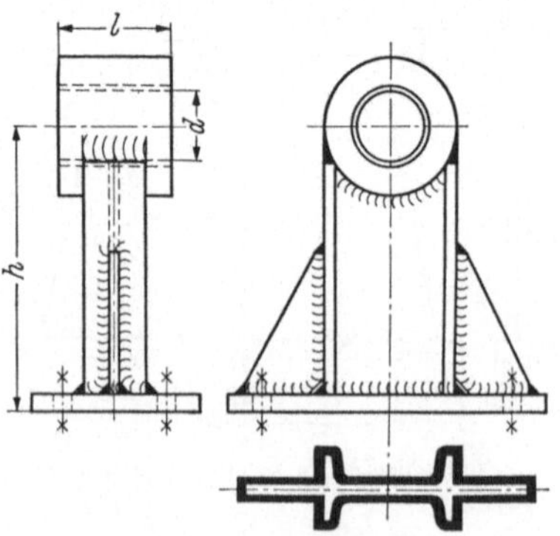

Abb. 474. Lagerbock mit Stützung durch einen
⌐-Stahl mit seitlichen Rippen

Abb. 475 zeigt einen Lagerbock, bei dem das Stützteil kastenförmig ausgebildet ist. Es besteht aus zwei abgekanteten Blechen, die durch V-Nähte miteinander verbunden sind. Der Bock ist durch die unter 45° nach oben wirkende Lagerkraft P und die in Richtung der Wellenachse wirkende Längskraft P_2 belastet.

Beispiel 30. Berechnung des Schweißquerschnittes I—I des Lagerbocks Abb. 475.

Abmessungen: Durchmesser $d = 70\,\text{mm}$; Lagerlänge $l = 140\,\text{mm}$; Lagerhöhe $h_1 = 380\,\text{mm}$; Plattendicke $s_1 = 30\,\text{mm}$; Querschnittshöhe $h = 260\,\text{mm}$; Breite $b = 100\,\text{mm}$; Blechdicke $s = 8\,\text{mm}$.

Werkstoff: St 37; Nahtdicke $a = 4\,\text{mm}$.

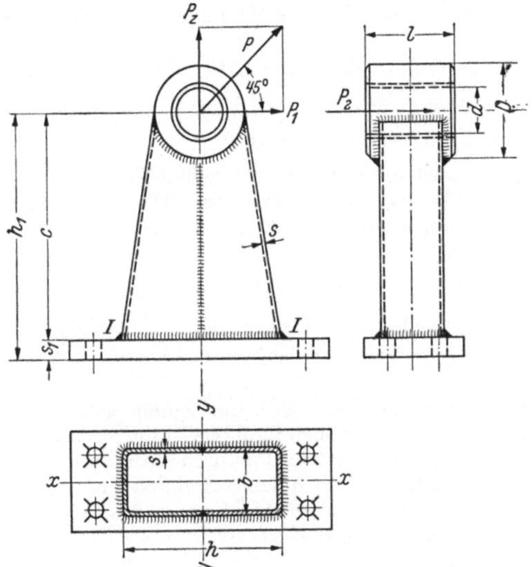

Abb. 475. Lagerbock mit kastenförmigem Stützquerschnitt

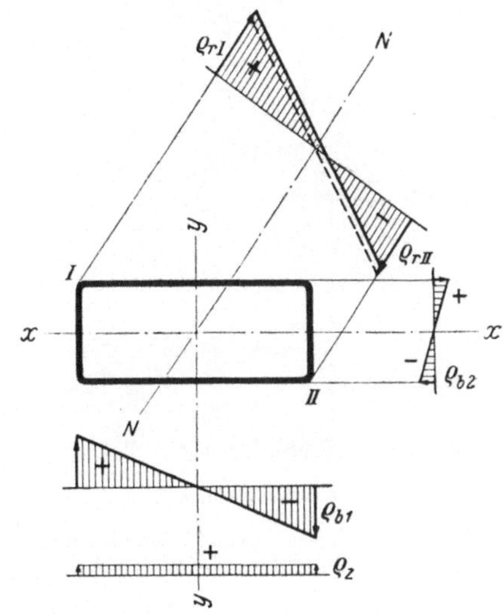

Abb. 476. Schweißquerschnitt und Nahtspannungen zu Abb. 475

Die nahezu ruhend wirkende Lagerkraft ist $P \approx 4500\,\text{kg}$; Längskraft (in Richtung der Wellenachse): $P_2 = 450\,\text{kg}$.

1. Angriff. Der Nahtquerschnitt (I—I in Abb. 475) ist durch die Kraft $P_1 \approx 0{,}7\,P = 0{,}7\cdot 4500 \approx 3150\,\text{kg}$ auf Biegung beansprucht: Abstand: $c = h_1 - s_1 = 380 - 30 = 350\,\text{mm}$.

Biegemoment:
$$M_{b1} = P_1\,c = 3150 \cdot 35 = 110\,000\ \text{kgcm}\,.$$

Zugkraft:
$$P_z \approx 0{,}7\,P = 0{,}7 \cdot 4500 \approx 3150\ \text{kg}\,.$$

Biegemoment durch die Längskraft:
$$M_{b2} = P_2\,c = 450 \cdot 35 \approx 15\,750\ \text{kgcm}\,.$$

Die noch in dem Schweißquerschnitt auftretenden Schubkräfte P_1 und P_2 werden vernachlässigt.

2. Nennspannungen. Abb. 476: Nahtquerschnitt.

Trägheitsmoment: $J_y \approx 2700\ \text{cm}^4$;

Widerstandsmoment: $W_y \approx 200\ \text{cm}^3$.

Trägheitsmoment: $I_x \approx 650\ \text{cm}^4$;

Widerstandsmoment: $W_x \approx 120\ \text{cm}^3$.

Querschnittsfläche: $F \approx 30\ \text{cm}^2$.

Biegespannungen:

$$\varrho_{b1} = \frac{M_{b1}}{W_y} = \frac{110\,000}{200} \approx 550 \text{ kg/cm}^2 \,;$$

$$\varrho_{b2} = \frac{M_{b2}}{W_x} = \frac{15750}{120} \approx 131 \text{ kg/cm}^2 \,.$$

Die Spannungswerte sind in Abb. 476 zeichnerisch dargestellt. Nach Bestimmung der Lage der neutralen Achse $N-N$ werden die Biegespannungen bei I und II erhalten zu

$$\varrho_I = + \varrho_{b1} + \varrho_{b2} = + 550 + 131 = + 681 \text{ kg/cm}^2 \,,$$
$$\varrho_{II} = - \varrho_{b1} - \varrho_{b2} = - 550 - 131 = - 681 \text{ kg/cm}^2 \,.$$

Zugspannung:

$$\varrho_z = \frac{P_z}{F} = \frac{3150}{30} \approx 105 \text{ kg/cm}^2 \,.$$

Resultierende Spannungen (Abb. 476 oben):

$$\varrho_{rI} = + \varrho_I + \varrho_z = + 681 + 105 = + 786 \text{ kg/cm}^2 \,,$$
$$\varrho_{rII} = - \varrho_I + \varrho_z = - 681 + 105 \approx - 576 \text{ kg/cm}^2 \,.$$

Die gefährdete Stelle des Schweißanschlusses ist bei I (Abb. 487): $\varrho_{rI} = + 786$ kg/cm². Da es sich um ruhende Beanspruchung handelt, ist die zulässige Spannung nach

$$\varrho_{zul} = 0,65 \, \sigma_{zul} = 0,65 \cdot 1400 = 910 \text{ kg/cm}^2 \,.$$

Der vorhandene Größtwert der resultierenden Spannung $\varrho_{rI} = 786$ kg/cm² liegt um $\approx 14\%$ unter dem zulässigen Wert.

Der Lagerblock Abb. 477 hat einen geteilten Lagerkörper. Bei der großen Bauhöhe ist die Stützung aus zwei ⌶-Stählen gebildet, die durch ein schräg zu-

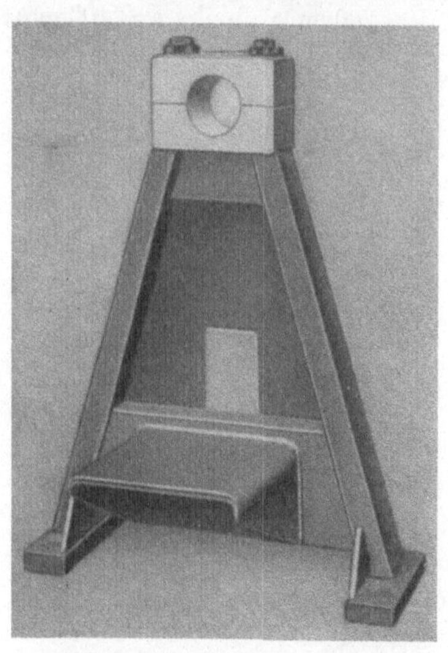

Abb. 477. Lagerbock mit geteiltem Lagerkörper

geschnittenes Blech miteinander verbunden sind. Am Fuß ist noch ein ⌶-förmig abgekantetes Blech eingeschweißt, an das eine ⌶-förmig abgekantete Konsole angeschlossen ist. Die Abb. 477 zeigt den geschweißten Bock vor der Bearbeitung.

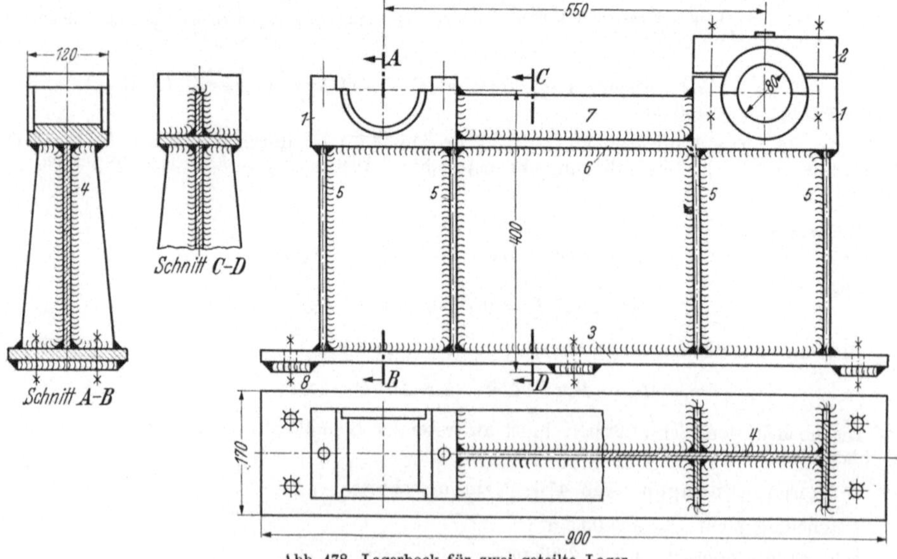

Abb. 478. Lagerbock für zwei geteilte Lager

Die Ausführung der Lagerböcke geschieht häufig auch derart, daß zwei (oder mehrere Lager) eine gemeinsame Grundplatte bzw. Stützung haben.

Abb. 478 bis 480 zeigen Lagerböcke für zwei parallele Wellen (mit Stirnrädergetrieben).

Bei dem Lagerblock Abb. 478 dient als Stützung ein durchgehendes Stegblech. An dieses angeschlossene Rippen geben dem Bock die erforderliche seitliche Steifigkeit.

Es handelt sich um einen Lagerblock für zwei geteilte Lager. Teile der Schweißkonstruktion: *1* Lagerkörper, *2* Lagerdeckel aus Vierkantstahl, *3* Grundplatte, *4* Stegblech, *5* Versteifungsrippen, *6—7* Flachstähle zur Verbindung der Lagerkörper, *8* Arbeitsleisten zur Fußplatte.

Die Stützung des Lagerbocks Abb. 479 u. 480 besteht aus ⊏-förmig abgekanteten Blechen, die durch Rippen untereinander und mit der Grundplatte verbunden sind.

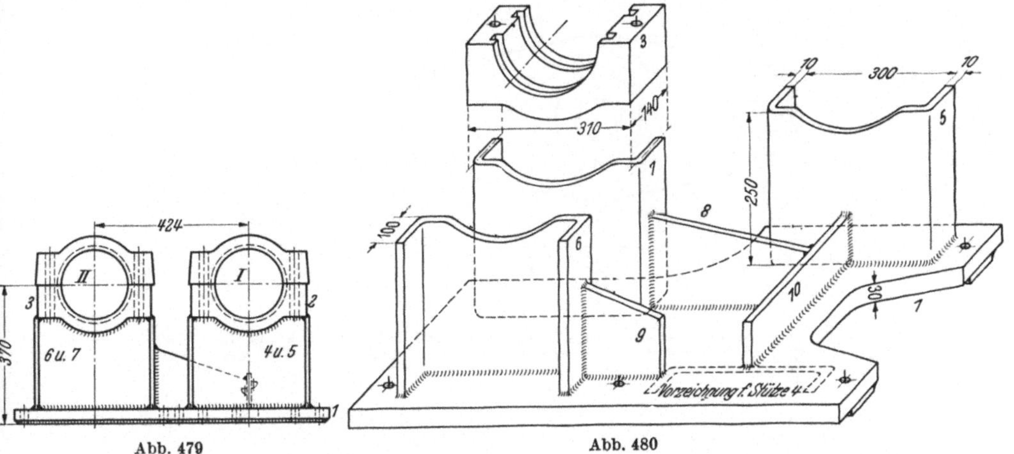

Abb. 479

Abb. 480

Abb. 479 u. 480. Lagerbock zum Hubwerk eines Baggers

Der Lagerbock gehört zum Hubwerk eines Baggers (Demag, Duisburg). Zwei parallel liegende Wellen, vier Lager (Rollenlager). Stützung durch Bleche, ⊏-förmig abgekantet. *I* und *II* Wellenmitten. Teile der Schweißkonstruktion: *1* Grundplatte, *2* und *3* Lagerkörper, *4* und *5* bzw. *6* und *7* Stützungen, *8···10* Versteifungsrippen.

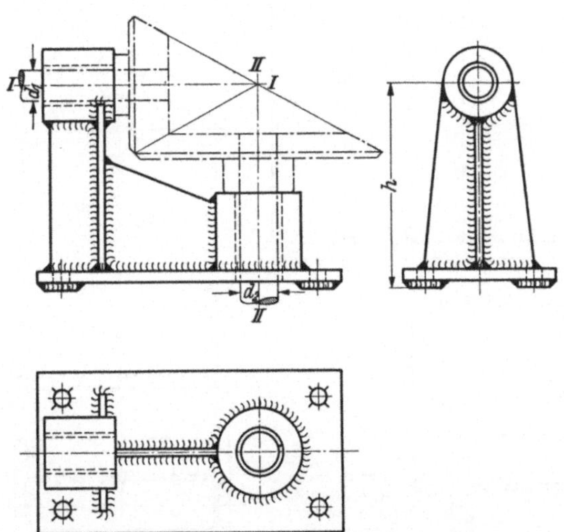

Abb. 481. Lagerbock zu einem Kegelrädergetriebe

Abb. 481: Lagerbock für ein Kegelrädergetriebe. Der Bock kann um 90° gedreht auch als Wandbock verwendet werden.

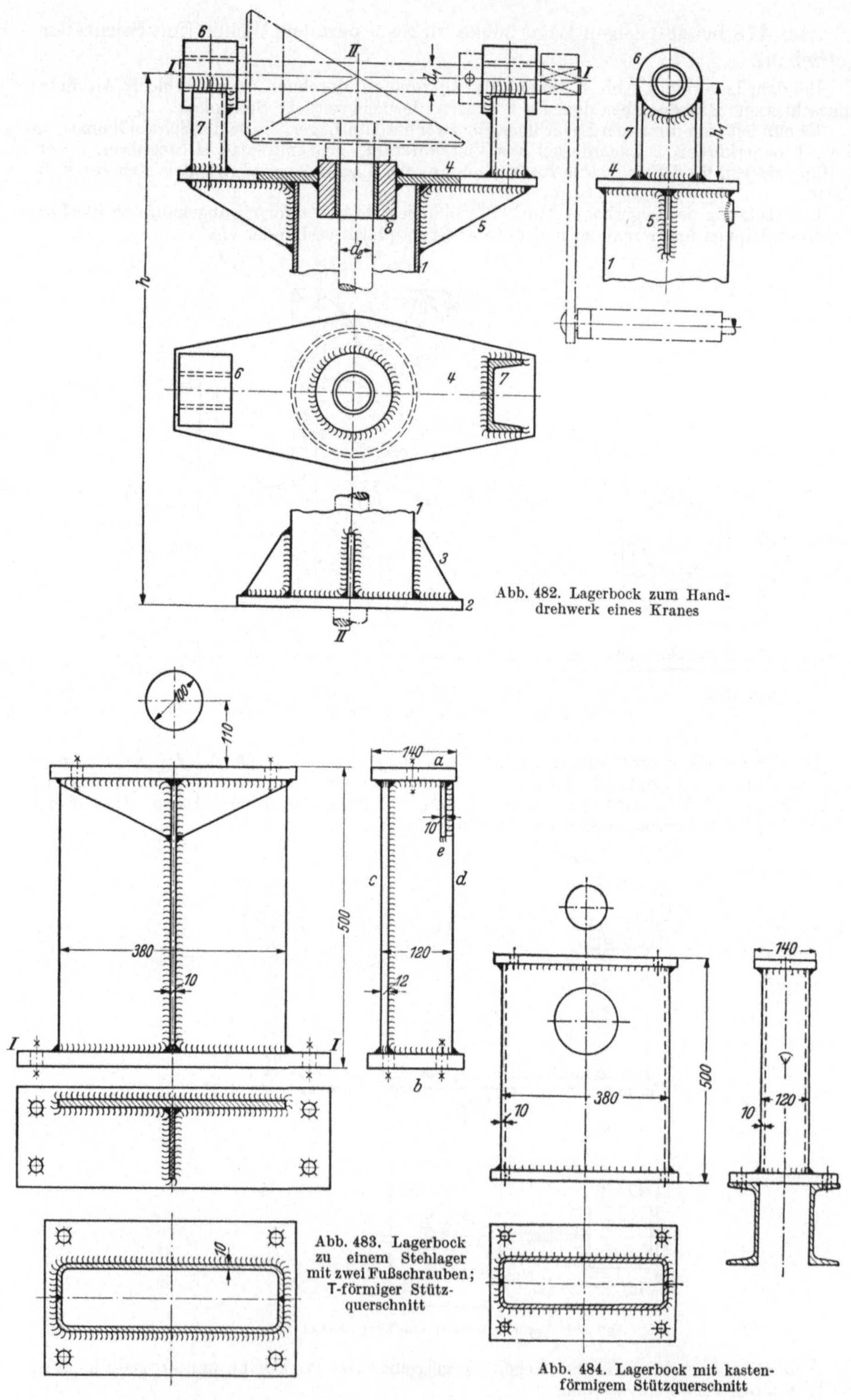

Abb. 482. Lagerbock zum Handdrehwerk eines Kranes

Abb. 483. Lagerbock
zu einem Stehlager
mit zwei Fußschrauben;
T-förmiger Stütz-
querschnitt

Abb. 484. Lagerbock mit kastenförmigem Stützquerschnitt

Abb. 482: Lagerständer zum Handdrehwerk eines Krans. *I* und *II* Wellenmitten, *h* Ständerhöhe. Teile der Schweißkonstruktion: *1* Stahlrohr als Stützung; *2* Grundplatte, durch Rippen *3* abgesteift; *4* Lagerplatte; *5* Versteifungsrippen; *6* Lagerkörper; *7* Stützungen (⌐-Stahl) zu den Lagern der Welle *I*; *8* Lagerkörper zur Welle *II*.

Abb. 483 bis 485 zeigen die Gestaltung von Lagerböcken, bei denen die Lager als selbständige Lager aufgeschraubt sind.

Abb. 483: Lagerbock zu einem Stehlager mit zwei Fußschrauben nach DIN 505. Der Lagerdruck wird von der Lagerplatte *a* durch das Stegblech *c* und die Rippe *d* auf die Grundplatte *b* übertragen. Rippen *e* versteifen die Lagerplatte gegen die Tragrippe *d*. Berechnung des Schweißanschlusses *I—I* an der Grundplatte nach den Angaben S. 211.

In Abb. 484 ist die Stützung kastenförmig ausgebildet. Sie besteht aus zwei ⌐-förmig abgekanteten Blechen, die durch V-Nähte miteinander verbunden sind. Bei kastenförmigem Querschnitt ist der Schweißanschluß an die Grundplatte nur durch eine einseitige Kehlnaht möglich, die bei ungünstigem Kraftangriff ihrer geringen Festigkeit wegen (s. S. 81) kräftig zu bemessen ist.

Abb. 485 zeigt einen Lagerbock für zwei Stehlager mit vier Fußschrauben, der sich durch eine gute und zweckmäßige Form auszeichnet. Er ist aus verhältnismäßig dünnen Blechen hergestellt und durch eingeschweißte Rohre versteift.

Abb. 486 u. 487. Stützung (Hängebock) für einen Hebelzapfen.

Abb. 485.
Lagerbock für zwei Stehlager mit vier Fußschrauben

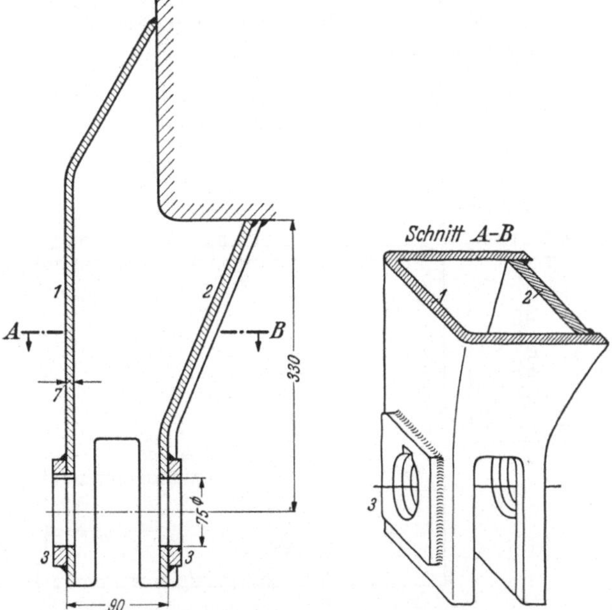

Abb. 486 u. 487. Hängebock für einen Hebelzapfen

Teile der Schweißkonstruktion: *1* Vorderwand (gepreßt); *2* Rückwand (gebogen); *3* Verstärkung für die Augen. Werkstoff: St 52. Bei geringerer Stückzahl und etwas anderer Form kann die Wand *1* auch aus Blech abgekantet werden. Der Bock wird mit einem Kastenträger aus abgekantetem Blech verschweißt.

Tragarme. Abb. 488 zeigt einen Tragarm für ein Deckellager mit vier Fußschrauben (DIN 506). Der Arm hat T-förmigen Querschnitt. Berechnung des Tragarmes s. Beispiel 14, S. 89.

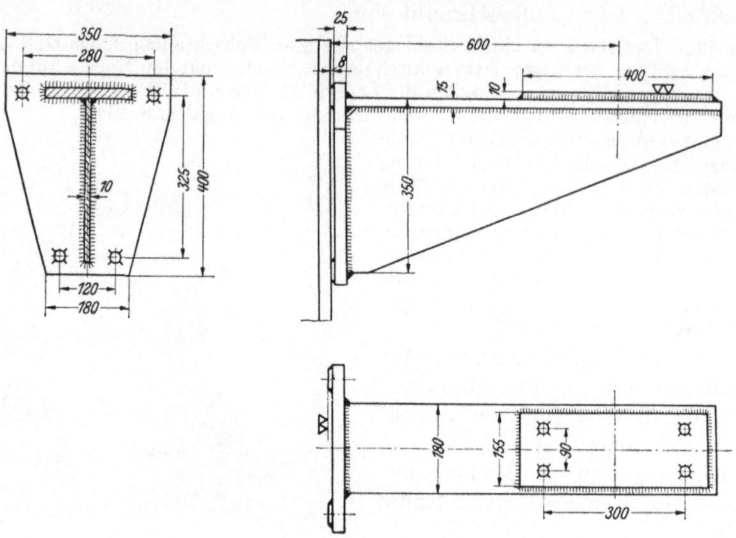

Abb. 488. Tragarm für ein Deckellager mit vier Fußschrauben

Bei der Ausführung Abb. 489 bestehen Wand- und Lagerplatte aus einem Stück abgekantetem Flachstahl, wodurch gegenüber der Ausführung Abb. 488 an Schweißnähten wesentlich gespart wird.

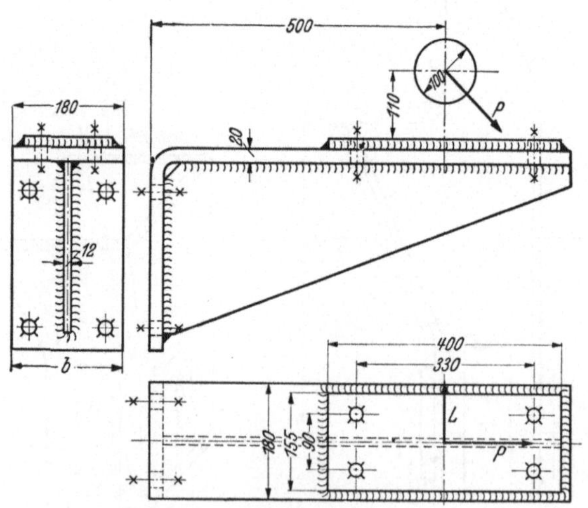

Abb. 489. Andere Ausführung des Tragarmes Abb. 488

Abb. 490: Einfacher Tragarm, bei dem die Wellenachse des Lagers senkrecht zur Wand steht.

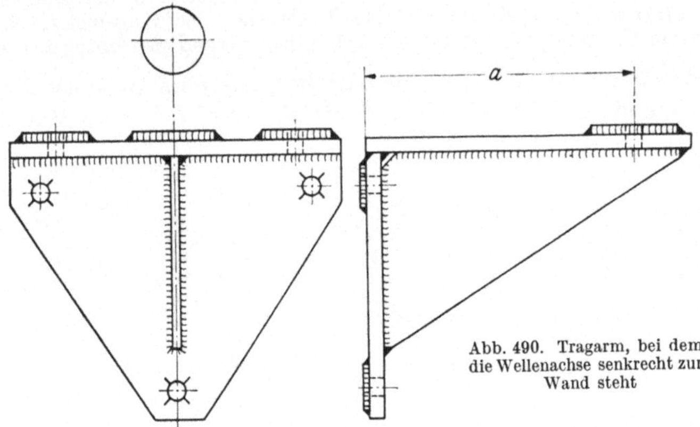

Abb. 490. Tragarm, bei dem
die Wellenachse senkrecht zur
Wand steht

Lagerbrücken (Traversen) — Hinterachsbrücken — Armkreuze — Lenkbügel.

Halslagerbrücken für Francis-Turbinen mit stehender Welle wurden früher
gegossen ausgeführt, was vielgestaltige Modelle und umständliches Formen (in
Hohlguß) erforderte. Auch mußten diese Lagerbrücken den jeweiligen örtlichen
Verhältnissen entsprechend mit neuen Modellen oder unter kostspieligen Modell-

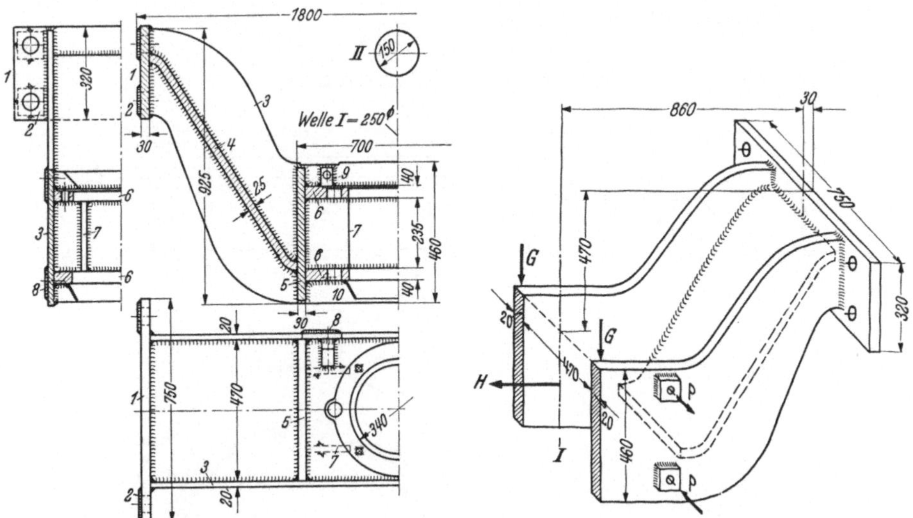

Abb. 491. Halslagerbrücke zu einer stehenden
Francis-Turbine

Abb. 492. Belastungskräfte zu Abb. 492

änderungen hergestellt werden. Bei dem schon seit längerem angewandten
Schweißen entfallen die hohen Modell- und Gießereikosten und es werden bis zu
30% an Werkstoff gespart.

Abb. 491: Halslagerbrücke zu einer stehenden Francis-Turbine (J. M. Voith, Heidenheim). Die Brücke ist an zwei I-Trägern (NP 36) angeschraubt. An der Wand *3* sind Arbeitsleisten *8* zur Befestigung des Tragarmes für das Lager der waagerechten Welle (*II*) vorgesehen.

Teile der Schweißkonstruktion: *1* Befestigungsplatten; *2* Arbeitsleisten (vor der Bearbeitung 15 mm dick). *3—3* tragende Wände; *4* Bleche zur Versteifung; *5* Querrippen;
6 Platten für das Halslager; *7* Rippen; *8* Arbeitsleisten für den Lagertragarm der waagerechten Welle; *9* Verstärkungen für Stiftschraubengewinde; *10* kegeliger Dichtungsring.

Beanspruchung (Abb. 492). Das Halslager (der Welle *I*) ist durch die senkrechten Kräfte *G—G* und die Horizontalkraft *H* belastet. Der Lagerdruck der waagerechten Welle *II* übt auf die Brücke ein Kräftepaar *P—P* mit dem Schraubenabstand als Hebelarm aus.

Hinterachsbrücken für Kraftwagen bestehen aus dem Gehäuse für das Ausgleichgetriebe und den beiden Achstrichtern. Der aus mehreren Teilen zu-

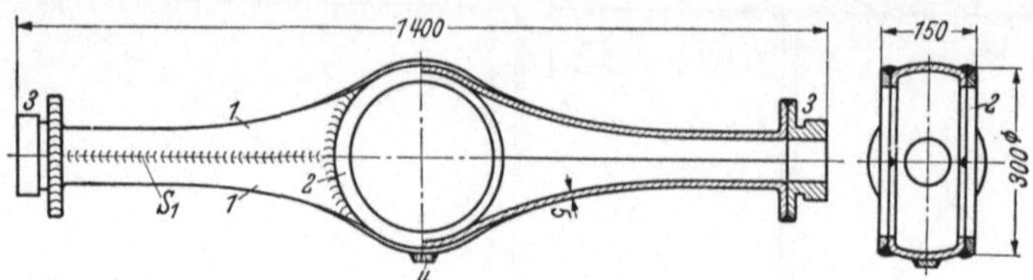

Abb. 493. Hinterachsbrücke für Kraftwagen (längs geteilt)

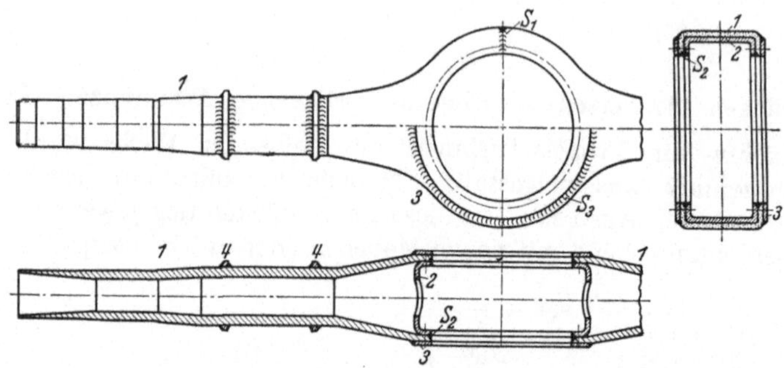

Abb. 494. Hinterachsbrücke (quer geteilt)

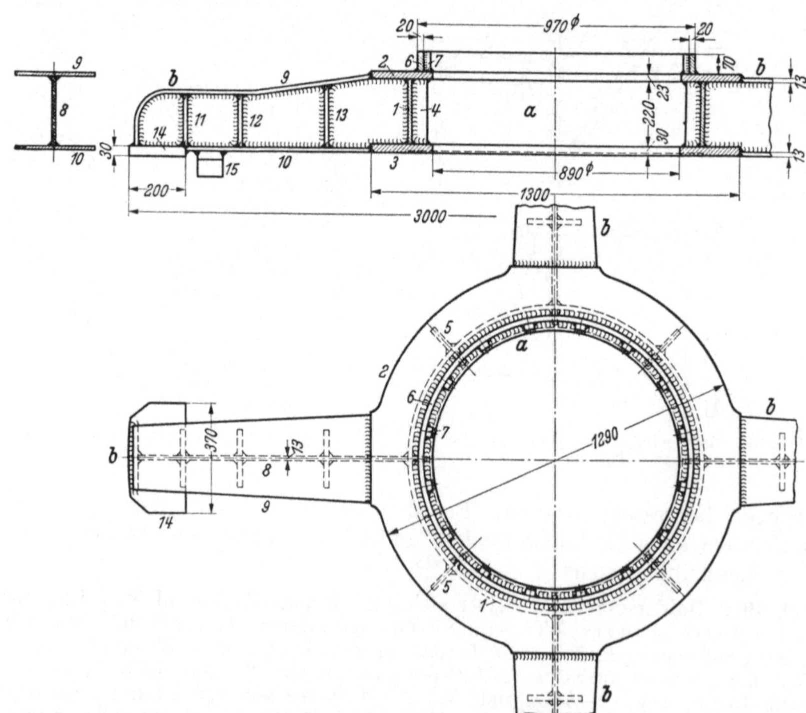

Abb. 495. Armstern mit vier Tragarmen

zusammengesetzten Brücke wird in neuerer Zeit allgemein die einstückige geschweißte Hinterachsbrücke vorgezogen, die bei geringem Gewicht eine hohe Steifigkeit aufweist.

Abb. 493 zeigt eine längsgeteilte und Abb. 494 eine quergeteilte Ausführung.

Abb. 493. Hinterachsbrücke für Kraftwagen. *1 — 1* aus Stahlblech gepreßte Achstrichterhälften, durch Längsnähte S_1 (V-Nähte) verbunden; *3* aufgeschweißte Ringe am Getriebegehäuse; *3* Naben, an den Achstrichterenden angeschweißt; *4* Auge für den Ölablaß.

Abb. 494. Hinterachsbrücke zu einem Lastkraftwagen (Büssing-NAG, Braunschweig). *1—1* Achstrichter, auf Gehäusemitte durch eine V-Naht (S_1) verbunden; *2* Verstärkungsring im Gehäuse, durch eine V-Naht (S_2) mit der Brücke verschweißt; *3* Außenringe (Anschlußnaht S_3); *4* Bunde, an den Achstrichtern aufgeschweißt. Werkstoff: St 60—2.

Berechnung der Hinterachsbrücken s. DUBBEL [22].

3. Armsterne (Tragkreuze) dienen bei stehenden Francis-Turbinen von großer Leistung zum Abstützen des mit der Turbinenwelle unmittelbar gekuppelten Generators. Ausführung je nach Größe mit drei bis sechs Armen. Die Ausführung mit drei Armen hat den Vorzug der statisch bestimmten Lastverteilung. Die an den Nabenring angeschlossenen Arme erhalten I-förmigen (Abb. 495) oder Kastenquerschnitt (s. S. 136).

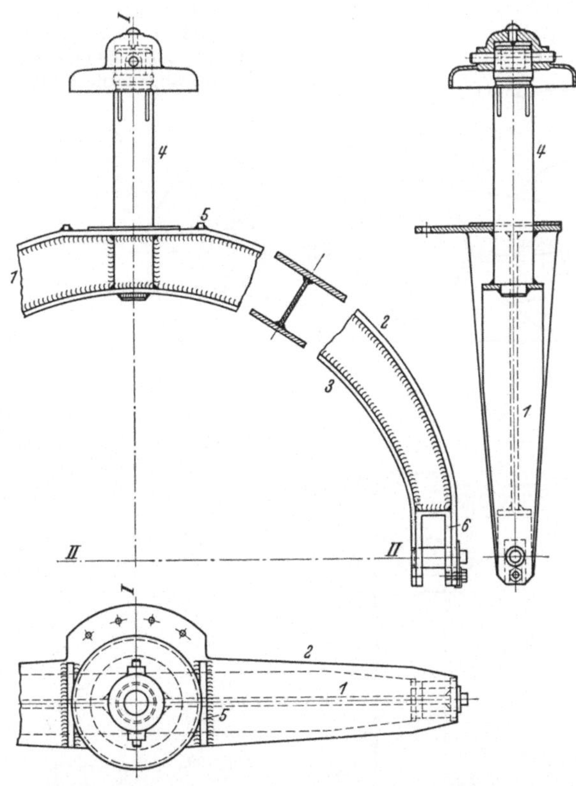

Abb. 496. Lenkbügel zu einer Straßenwalze

Abb. 495. Armstern mit vier Tragarmen (SSW, Berlin). *a* Nabenring; *b* Tragarme. Teile der Schweißkonstruktion: *1* Stegring; *2* u. *3* Gurtringe; *4* u. *5* Versteifungsrippen zum Stegring; *6* oberer Ring; *7* Verstärkungen zum oberen Ring; *8* Stegblech; *9* u. *10* Gurtplatten; *11···13* Aussteifungen; *14* Fußplatte; *15* Auge. Werkstoff: St 33.

Abb. 496: Lenkbügel zu einer Straßenwalze mit Dieselantrieb (Gebr. Zettelmeyer A. G., Konz bei Trier).

$I\!-\!I$ senkrechte Drehachse, $II\!-\!II$ Achse der Vorderwalze. Teile des Lenkbügels: *1* Stegbleche; *2* Obergurt; *3* Untergurt; *4* Lenkzapfen, im Oberteil des Bügels eingesetzt und mit diesem verschweißt; *5* aufgeschweißte Leisten für das (angeschraubte) Drehzapfenlager; *6* Einsatzstück für die Walzenbolzen. Werkstoff: St 37−2.

Radschemel — Rollenwagen — Schwingen. *Radschemel* (einstellbare Radgestelle) sind am Unterteil der Krangerüste gelenkig angeordnet und ermöglichen statisch bestimmte Lastverteilung der beiden in ihnen gelagerten Laufräder auf die Kranfahrbahn.

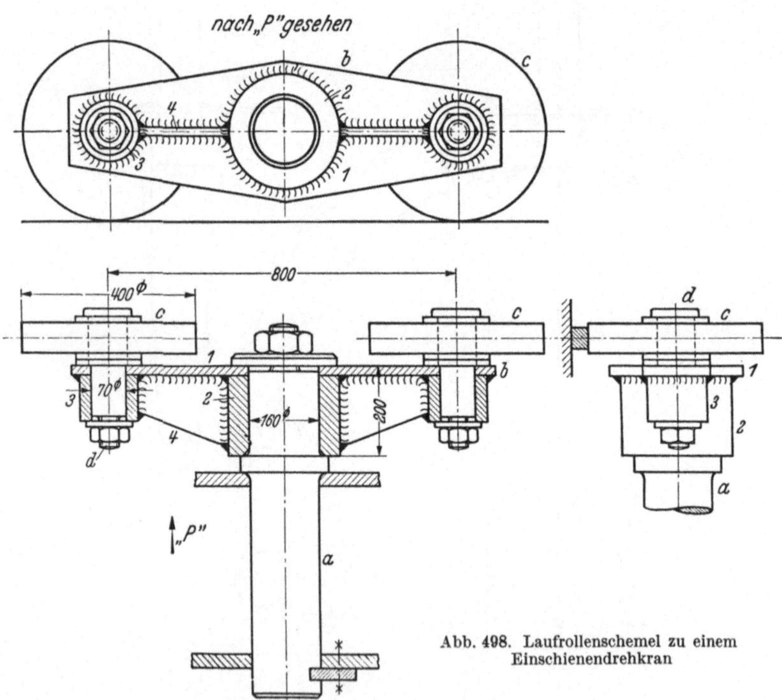

Abb. 497. Radgestell zu einem Tordrehkran

Abb. 497: Einstellbares Radgestell zum Fahrwerk eines Tordrehkranes von 20/5 t Tragkraft und 25/14 m Ausladung (Kampnagel, Hamburg). Spurweite des Kranes: 9,1 m. Abstand der Radgestelle: 6,0. Radstand des Schemels: $l = 1{,}0$ m. Größter Raddruck: max $P = 15$ t. *a* Radgestell; *b* Laufräder mit angeschraubtem Zahnkranz; *c* Laufradbolzen, durch Achshalter festgestellt; *d* Bolzen zur Aufnahme von 2 max *P*. Das Radgestell besteht aus zwei trapezförmigen Trägern *1* mit abgekanteten Gurtungen und angeschweißten Versteifungsrippen. Die beiden Träger *1* sind durch die aus abgekanteten Blechen hergestellten

Abb. 498. Laufrollenschemel zu einem Einschienendrehkran

Radbruchstützen *4* miteinander verschraubt. An den Bohrungen der Bolzen *c* und *d* sind Verstärkungsbleche *2* bzw. *3* aufgeschweißt (s. auch Abb. 239). Werkstoff St 37.

Abb. 498. Laufrollenschemel zu einem Einschienendrehkran (Velozipedkran) von 5 t Tragkraft und 6 m Ausladung. *a* Gelenkbolzen, am Oberteil des Kranauslegers befestigt;

b Schemel; *c* Laufrollen; *d* Rollenbolzen. Teile des geschweißten Schemels: *1* Blech; *2* Nabe zum Gelenkbolzen (Rundstahl); *3* Naben zu den Laufradbolzen; *4* Versteifungsrippen. Werkstoff: St 37.

Abb. 499: Rollenwagen zum Raupenfahrwerk eines Baggers (Orenstein & Koppel A. G., Berlin). Die Rollenwagen übertragen die vom Bagger herrührenden Drücke auf den Boden.

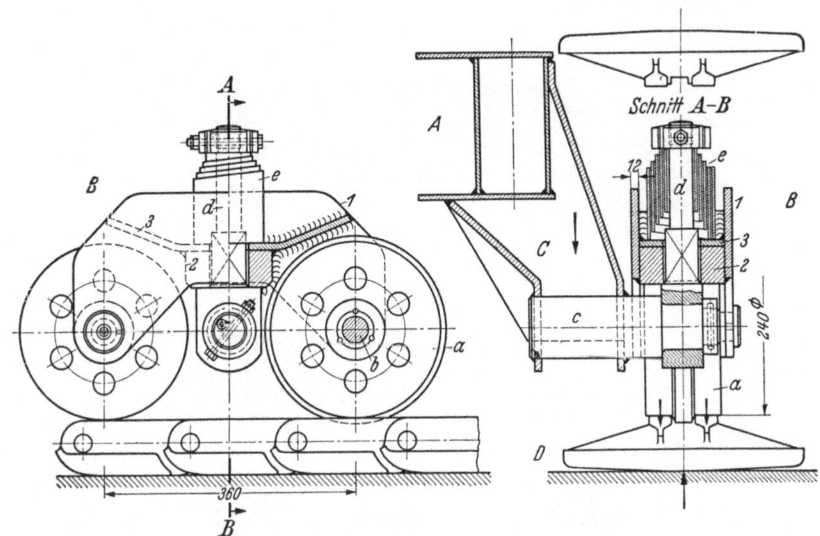

Abb. 499. Rollenwagen zum Raupenfahrwerk eines Baggers

A Unterwagen des Baggers; *B* Rollenwagen; *C* am Unterwagen angeschweißte Stützen; *D* Raupenkette. Zu *B* (Rollenwagen): *a* Laufrollen; *b* Rollenbolzen; *c* Gelenkbolzen, an der Stütze *C* angeschweißt; *d* senkrecht geführtes, auf dem Gelenkbolzen sitzendes Zugstück; *e* Kegelfeder zum Aufnehmen der Fahrstöße. Teile der Schweißkonstruktion: *1* Stegbleche;

Abb. 500. Unterwagen mit Raupenfahrwerk zu einem Drehkran

2 Querstück aus Vierkantstahl; *3* Verbindungsblech für die Stegbleche. Werkstoff: S 37. Nahtdicke 5 mm. Gewicht des Schweißstückes ≈ 226 kg.

Abb. 500: Unterwagen mit Raupenkettenfahrwerk zu einem Drehkran (Ardeltwerke GmbH., Osnabrück). Der Unterwagen, die Schwinge und die Kettenräder sind geschweißt.

Abb. 501 zeigt die *Schwinge* zum Raupenfahrgestell eines Baggers [*67*].

I Bolzen zur Schwingachse; *II—II* Gelenkbolzen zu den einstellbaren Laufrollenschemeln; *l* Abstand der Gelenkbolzen, l_1 Radstand der Laufrollenschemel. Teile der Schweißkonstruktion: *1* Stegbleche; *2* u. *3* Gurtplatten; *4* Naben zum Schwingbolzen; *5* u. *6* Rippen zur Absteifung der Naben; *7* u. *8* Aussteifung der Träger; *9* u. *10* Querverbindungen; *11* Abdeckung; *12* unteres Querblech. Werkstoff: St 37—2.

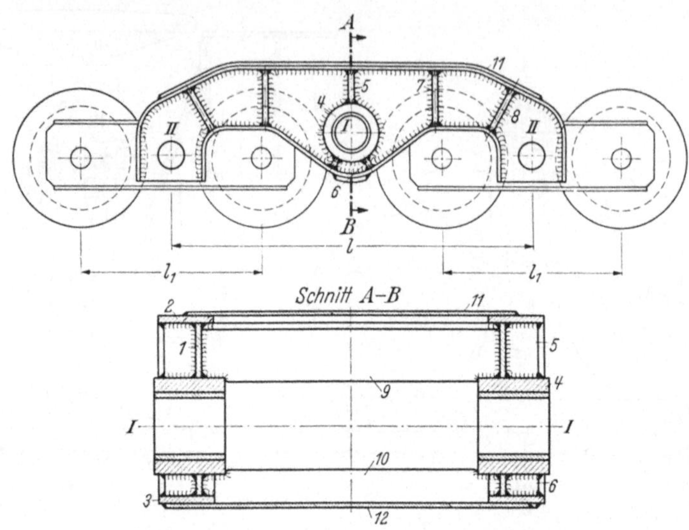

Abb. 501. Schwinge zum Raupenfahrgestell eines Baggers

Maschinenständer und -gestelle. Diese hauptsächlich bei Werkzeugmaschinen vorkommenden Bauteile wurden früher allgemein und werden zum Teil auch heute noch in Gußkonstruktion ausgeführt. Soweit es sich nicht um kleinere, in großen Reihen hergestellte Maschinen handelt, wendet man heute in zunehmendem Maße das Schweißen an, da es besonders bei großen Maschinen erhebliche Ersparnisse an Werkstoff ermöglicht.

Für die Gestaltung der Werkzeugmaschinen in Stahlbauweise gelten folgende Regeln.

1. Die Maschinen müssen eine möglichst hohe Gestaltsteifigkeit aufweisen, damit sie große Kräfte bei kleinsten Formänderungen aufnehmen können. Begriff der Steifigkeit s. S. 168.

2. Die Maschinen sollen so leicht wie möglich sein. Es steht fest, daß der Werkstoffverbrauch um so kleiner wird, je größer die Steifigkeit ist.

3. Die Eigenfrequenz ist möglichst hoch zu legen (s. S. 173). Dieser Forderung wird dadurch Rechnung getragen, daß man den Werkstoff möglichst an den Randfasern anordnet und Hohlkörper wählt, die es ermöglichen, gedrungen zu bauen.

4. Ausgeführte Vergleichsversuche [*68*] haben ergeben, daß die Schwingungen in der Stahlbaumaschine (s. S. 170) besser abgedämpft werden als in der gegossenen, d. h. die Stahlbaumaschine ist der Gußeisenmaschine auch schwingungstechnisch überlegen [*69*].

Nach Jurczyk [*70*] sind die unter 3. genannten Hohlkörper möglichst diagonal auszusteifen. Die Aussteifung und Wände, die nicht gewölbt angeordnet werden, sind biegesteif zu pressen. Die Schweißnähte sind möglichst nicht an die Kanten zu legen, sondern durch Umbördeln eines Teils neben den Kanten anzuordnen.

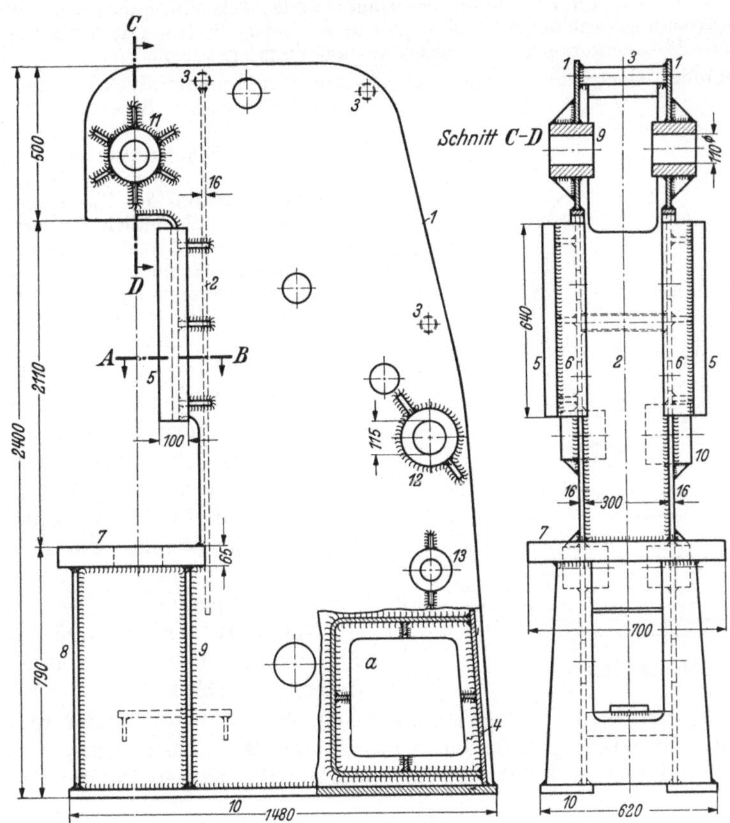

Abb. 502. Ständer zu einer Exzenterpresse von 70 t Arbeitsdruck

Bei der Gestaltung der Maschinenständer und -gestelle, sowie ähnlicher
Bauteile kommen folgende Schweißbau-
weisen in Betracht:

Plattenbauweise. Sie ist die erste
Stufe zum Übergang auf den Stahlleichtbau.

Abb. 502 bis 504 zeigen den Ständer
zu einer Exzenterpresse in Plattenbauweise von 70 t Arbeitsdruck.

a Im Unterteil des Ständers eingebauter
Druckluftbehälter für 10 atü Betriebsdruck.

Hauptteile der Schweißkonstruktion
(Abb. 502 u. 503): *1—1* Hauptwände; *2* Quer-

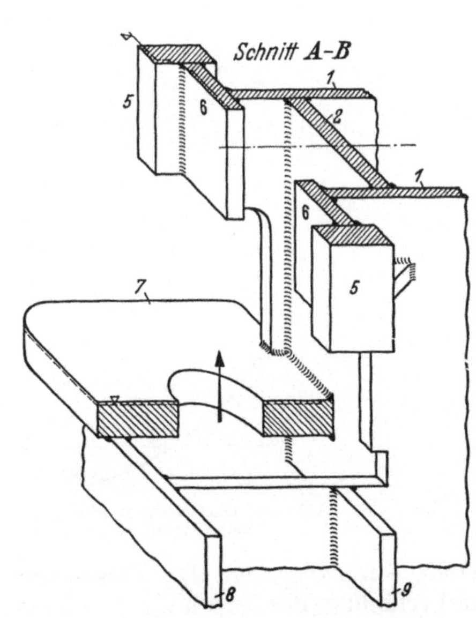

Abb. 503. Ausschnitt zu Abb. 502

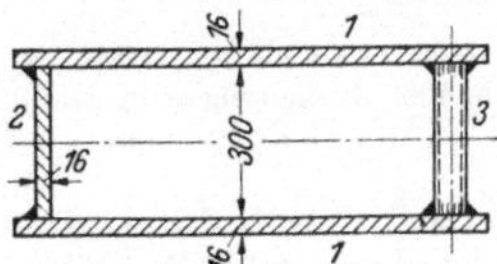

Abb. 504. Querschnitt zu Abb. 502

wand; *3* Distanzrohre zur Verbindung der Hauptwände; *4* Behälterwand; *5* u. *6* Führungsleisten (Bearbeitung beachten!); *7* Tischplatte; *8* vordere Tischwand; *9* Rippe; *10* Fußplatten; *11—13* Lagerkörper für die Exzenter- und Vorgelegewellen.

Der Ständer (Querschnitt s. Abb. 504) ist durch den Exzenterdruck auf Zug und Biegung beansprucht. Berechnung näherungsweise als gekrümmter Stab unter Vernachlässigung der Schubkräfte. Die größte Spannung (Summe aus Zug- und Biegespannung) tritt am Anschluß der Tischplatte an die Wände *1* auf. Wesentlich für den Arbeitsvorgang ist eine möglichst geringe Formänderung (Aufbäumung). Die für die Lebensdauer der Maschine maßgebende Lastspielzahl ist gleich der Anzahl der Arbeitsgänge mit dem größten Exzenterdruck.

Lamellenbauweise (Abb. 505). Mehrere, der Form des Bauteils entsprechend zugeschnittene Platten werden an den Außen- und Innenkanten durch Stumpfnähte (V- oder X-Nähte) miteinander verbunden, wobei die Schweißnähte die Belastungsunterschiede der einzelnen Blechlamellen aufnehmen.

Nach Art der Abb. 505 wurde der Ständer einer Presse von 8000 t Arbeitsdruck ausgeführt.

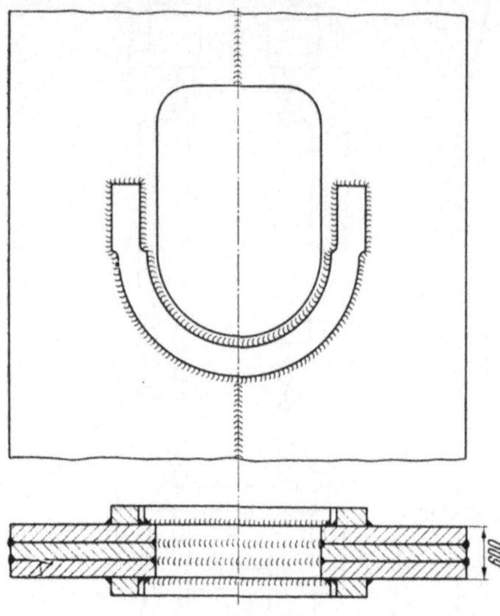

Abb. 505. Lamellenbauweise

Der Wirtschaftlichkeitsvergleich zwischen dem Stahlgußständer und einem geschweißten Ständer ergab bei einer Presse von 100 t Arbeitsdruck für den gegossenen Ständer etwa 70 000,— DM, während die Kosten für den Werkstoff

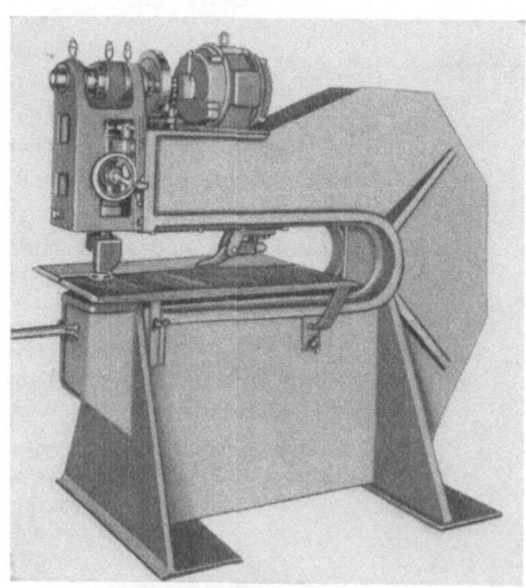

Abb. 506. Aushauschere in Stahlbauweise

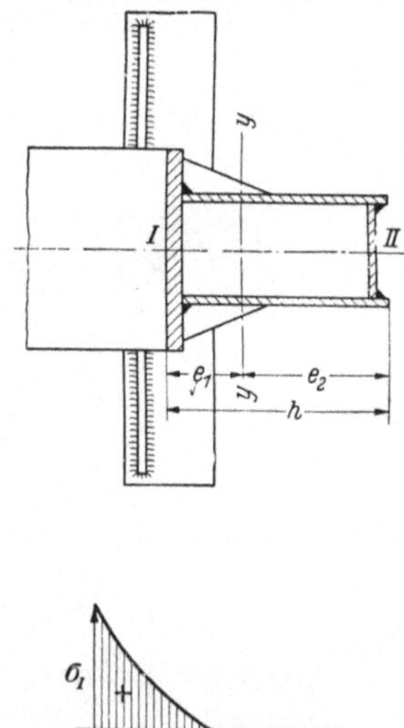

Abb. 507: Querschnitt zu Abb. 506;
Abb. 508: Spannungshyperbel

und das Zuschneiden der Lamellen etwa 35 000,— DM betrugen. Der Preisunterschied steht dann für die Schweißarbeit zur Verfügung, der jedoch nur zu einem kleinen Teil benötigt wird.

Geschlossene Bauweise (*Hohlbauweise*). Die Anwendung geschlossener Hohlprofile hat den Vorzug größerer Verdrehungssteifigkeit.

Abb. 506 zeigt eine Aushauschere in Stahlbauweise.

Der Ständer der Maschine hat breite Füße, die durch Rippen gegen die Wände abgesteift sind. Der gefährdete Querschnitt (Abb. 507) mit der Höhe h und den Faserabständen e_1 und e_2 wird nach den BACHschen Gleichungen für den gekrümmten Stab berechnet [22]. Die Spannung verläuft nach einer Hyperbel (Abb. 508). σ_I größte Zugspannung; σ_{II} größte Druckspannung.

Abb. 509. Ständer einer Druckwasserpresse von 300 t Betriebsdruck zur Herstellung von Türen und Türrahmen.

An den beiden Ständern der Presse sind die Zylinder angeordnet, deren Kolben gelenkig an den senkrecht geführten waagerechten Druckbalken angreifen. Der Ständer hat Kastenquerschnitt (Abb. 510). Im kritischen Zugbereich (am Anschluß des Tisches) ist er durch angeschweißte Rippen verstärkt. Hauptabmessungen des Ständers: Höhe 3200 mm, Breite 400 mm, Tiefe 1290 mm, Blechdicke 25 mm.

Ausführung der Ständer für Druckwasserpressen mit hohem Betriebsdruck meist in Rahmenform (Abb. 511). Die Beanspruchung des Rahmens ist statisch

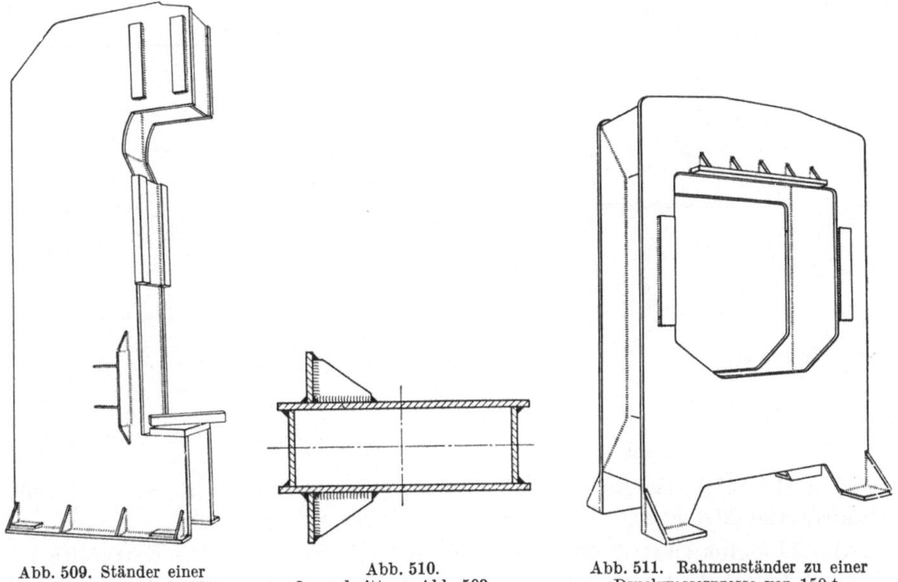

Abb. 509. Ständer einer Druckwasserpresse von 30 t Betriebsdruck

Abb. 510. Querschnitt zu Abb. 509

Abb. 511. Rahmenständer zu einer Druckwasserpresse von 150 t Betriebsdruck

unbestimmt. Die Ermittlung der Spannungen ist bei den verschieden großen Querschnitten nur angenähert durchführbar.

Beispiel für die überschlägliche Berechnung eines geschweißten Rahmens s. KNAUER: Geschweißter Rahmen einer 100 t-Presse [71].

Abb. 511: Rahmenständer zu einer Druckwasserpresse von 150 t Betriebsdruck (zur Herstellung von Radfelgen).

Hauptabmessungen des Rahmens: Höhe 2820 mm, Breite 2000 mm, Tiefe 660 mm, Blechdicke 30 mm.

Abb. 512. Kastenquerschnitt aus abgekantetem Blech

Schweißnähte lassen sich dadurch einsparen, daß man das Hohlprofil aus abgekantetem Blech (Abb. 512) ausführt. Gebogene Ecken und gewölbte Wände geben dem Hohlprofil eine größere Steifigkeit, insbesondere Ecksteifigkeit.

Zellenbauweise. Der geringste Werkstoffaufwand und die größte Starrheit der Bauteile wird durch die Zellenbauweise erreicht, die zuerst bei Schleifmaschinen angewendet wurde. Sie eignet sich auch für andere Werkzeugmaschinen, sowie für Bauteile des allgemeinen Maschinenbaus.

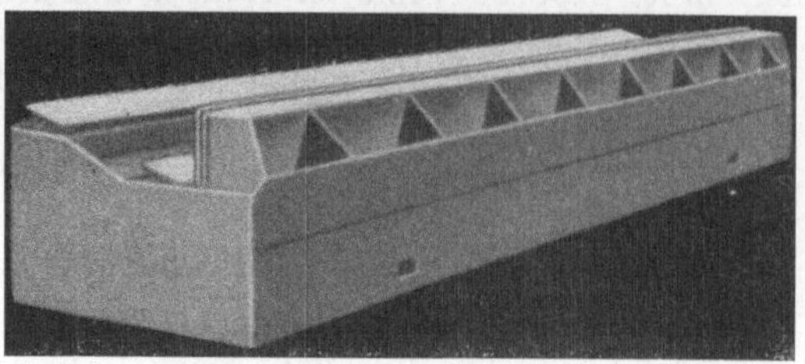

Abb. 513. Bett einer schweren Schleifmaschine (Zellenbauweise)

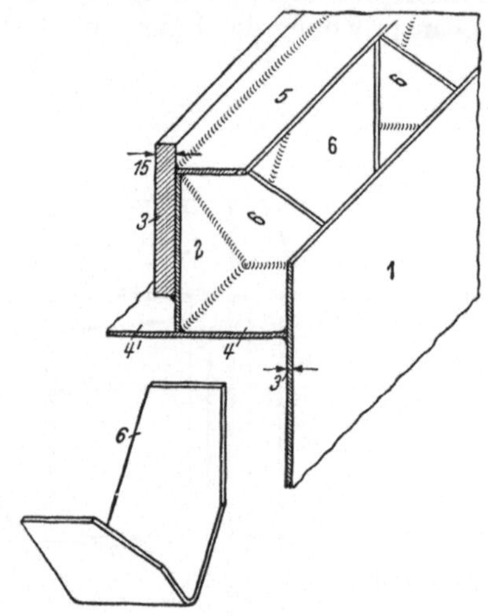

Abb. 514. Ausschnitt zu Abb. 513

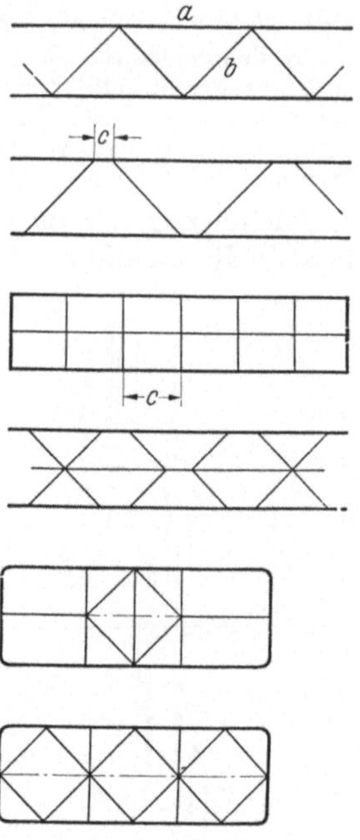

Abb. 515 bis 520. Arten des Einbaus der Versteifungsrippen bei der Zellenbauweise

Abb. 513 zeigt das Bett einer schweren Schleifmaschine in Zellenbauweise. (Diskuswerke AG, Ffm.)

Abb. 514 gibt einen teilweisen Querschnitt durch die rechte Betthälfte und erläutert den Aufbau nach der Zellenbauweise. In dem kastenartigen Querschnitt mit den Wänden *1, 2, 4* und *5* sind die aus dünnem Blech bestehenden Versteifungsrippen *6* eingeschweißt, die die Zellen bilden. Diese Zellen geben dem Querschnitt eine große Steifigkeit und ermöglichen es auch, die Wände schwächer als bisher auszuführen.

Abb. 515 bis 520 zeigen verschiedene Arten des Einbaus der Versteifungsrippen. Die günstigste und am meisten angewendete Ausführung ist die mit den Diagonalrippen (Abb. 515), die volle Steifigkeit gegen Biegung und Verdrehung ergibt.

Werden die Rippen mit Unterbrechungen (z. B. in Abb. 516 und 517) eingeschweißt, dann sind die Bauteile auf die Strecke *c* nicht ausreichend verdrehungssteif. Abb. 518 bis 520 zeigen weitere Anordnungsarten des Zelleneinbaus.

Die Flächenschleifmaschine Abb. 513, deren Hauptteile in Zellenbauweise geschweißt sind, zeigt das für diese Bauart kennzeichnende glatte und gefällige Aussehen.

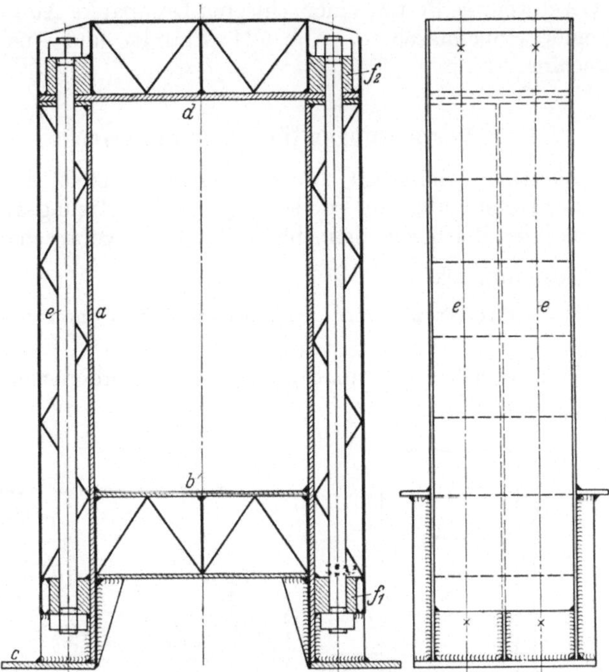

Abb. 521. Rahmenständer in Zellenbauweise

Abb. 521 bis 524 geben einige schematische Darstellungen für die Anwendung der Zellenbauweise im Werkzeugmaschinenbau.

Abb. 521: Rahmenständer.

a Holme; b unteres Querstück mit den Holmen zusammengeschweißt; c Ständerfüße; d oberes Querstück; e Zuganker; f_1 und f_2 Schraubenansätze zu den Zugankern.

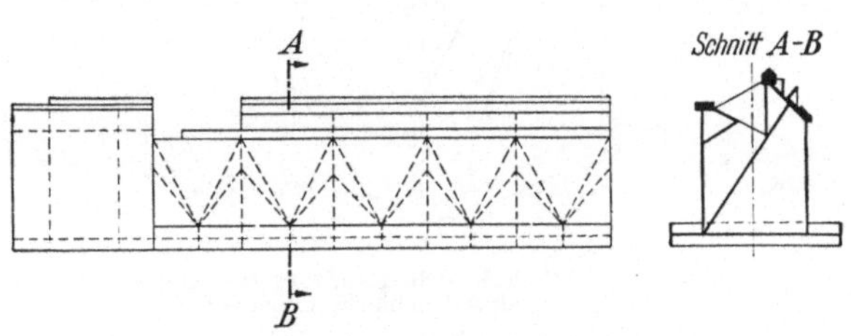

Abb. 522. Bett einer schweren Drehbank

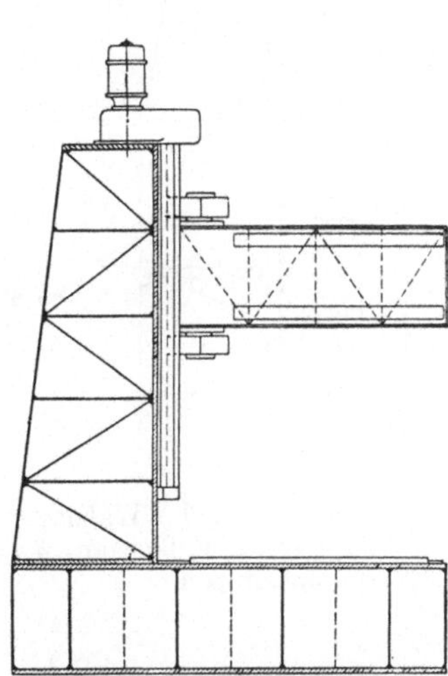

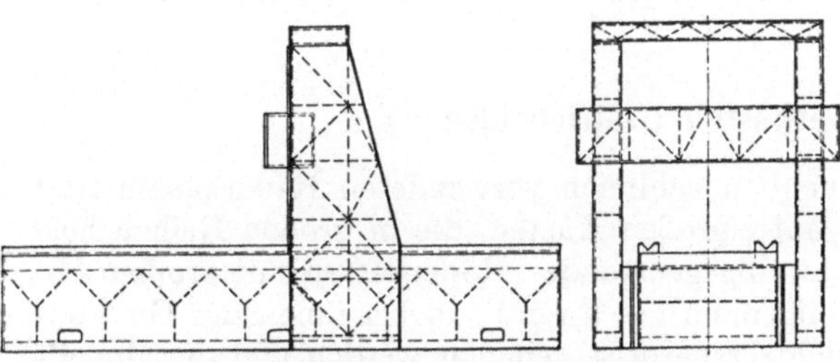

Abb. 523. Zellenbauweise einer Hobelmaschine

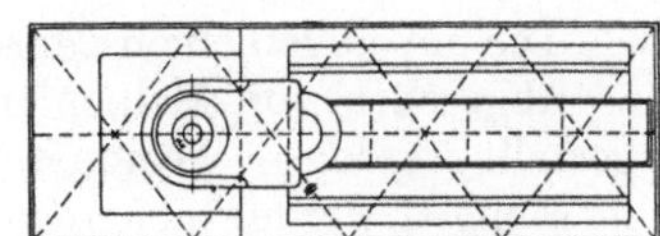

Abb. 524. Ständer und Ausleger einer Radialbohrmaschine

15*

Abb. 522: Geschweißtes Bett zu einer schweren Drehbank. Abb. 523: Schweißkonstruktion einer Hobelmaschine. Abb. 524: Ständer und Ausleger zu einer Radialbohrmaschine.

7.17 Vorrichtungen für Fertigungszwecke

Die außerordentlich vielfältige Anwendungsmöglichkeit des Lichtbogenschweißens bei der Herstellung von Vorrichtungen für Fertigungszwecke soll hier nur an zwei sinnfälligen Beispielen, den Abb. 525 und 526, veranschaulicht werden.

Abb. 525: Aufspannbock.

Teile der Schweißkonstruktion: *1* Fußplatte; *2* Aufspannplatte; *3···5* Versteifungsrippen.

Abb. 526: Bohrvorrichtung zum Ständer einer kombinierten Blechschere.

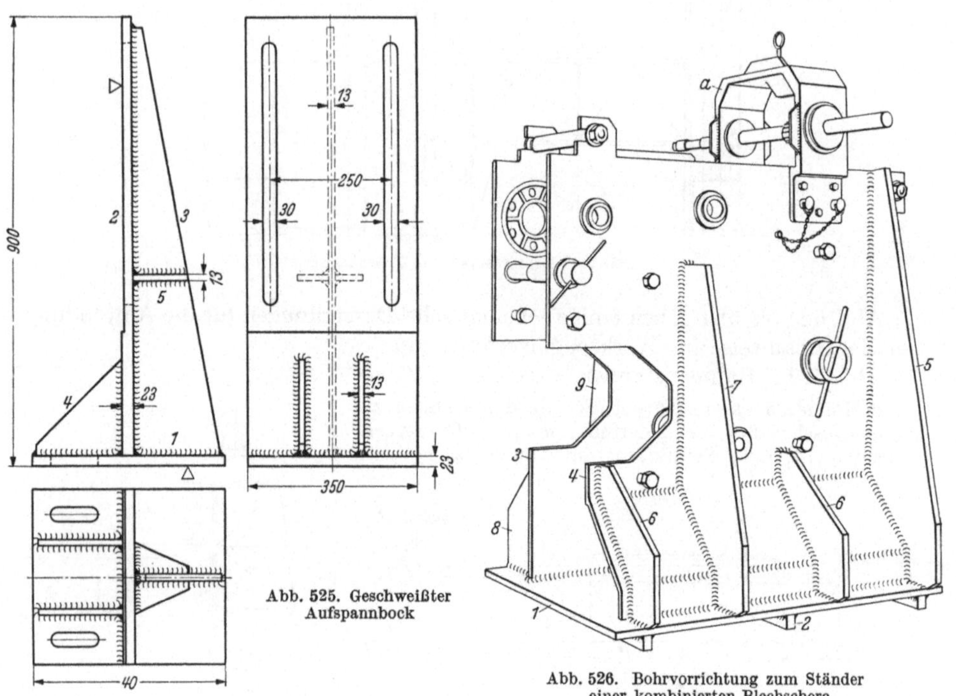

Abb. 525. Geschweißter
Aufspannbock

Abb. 526. Bohrvorrichtung zum Ständer
einer kombinierten Blechschere

a Anbau für das Wälzlager der Schwungradwelle. Teile der Schweißkonstruktion:
1 Fußplatte; *2* Fußleisten; *3* Hinterwand; *4* abgekröpfte Vorderwand; *5* Seitenwand; *6···9*
Versteifungsrippen.

7.18 Räderkästen (Getriebekästen)

Die im allgemeinen Maschinenbau zahlreich verwendeten Räderkästen sind — abgesehen von kleinen und mittelgroßen Kästen, die in großen Reihen hergestellt werden — geeignete Schweißgegenstände. Räderkästen mit großen Abmessungen werden neuerdings allgemein geschweißt, da bei ihnen der Gußkonstruktion gegenüber große Gewichtsersparnisse gemacht werden und die Modellkosten fortfallen.

Der gegen die geschweißten Räderkästen erhobene Einwand, daß sie mitschwingen und im Betrieb klingen, ist bei den meist vorkommenden mittleren Umfangsgeschwindigkeiten der Getriebe nicht stichhaltig. Bei höheren Umfangsgeschwindigkeiten wird das Mitschwingen des Gehäuses durch zweckmäßige Rippenversteifung oder Wölbung der tragenden Wände vermieden.

Die Räderkästen sind in baulicher Hinsicht sehr mannigfaltig. Je nach Art der einzubauenden Getriebe unterscheidet man: Stirnräderkästen, Kegelräderkästen und Schneckenkästen. Es werden auch Kästen ausgeführt, in denen sich verschiedenartige Getriebe (z. B. Kegel- und Stirnrädergetriebe) anordnen lassen.

Bei größeren Drehzahlen erhalten die Wellen Wälzlager, bei kleineren sind Gleitlager ausreichend.

Maßgebend für die Gestaltung der Räderkästen sind die Art der einzubauenden Getriebe, die Lage der Wellen und die Art der Stützung.

Stirnräderkästen. Räderkästen für Stirnrädergetriebe werden mit senkrechter Zentrale (Abb. 527), mit schräger Zentrale (Abb. 528) oder mit waagerechter Zentrale ausgeführt.

Abb. 527.
Räderkasten mit senkrechter Zentrale

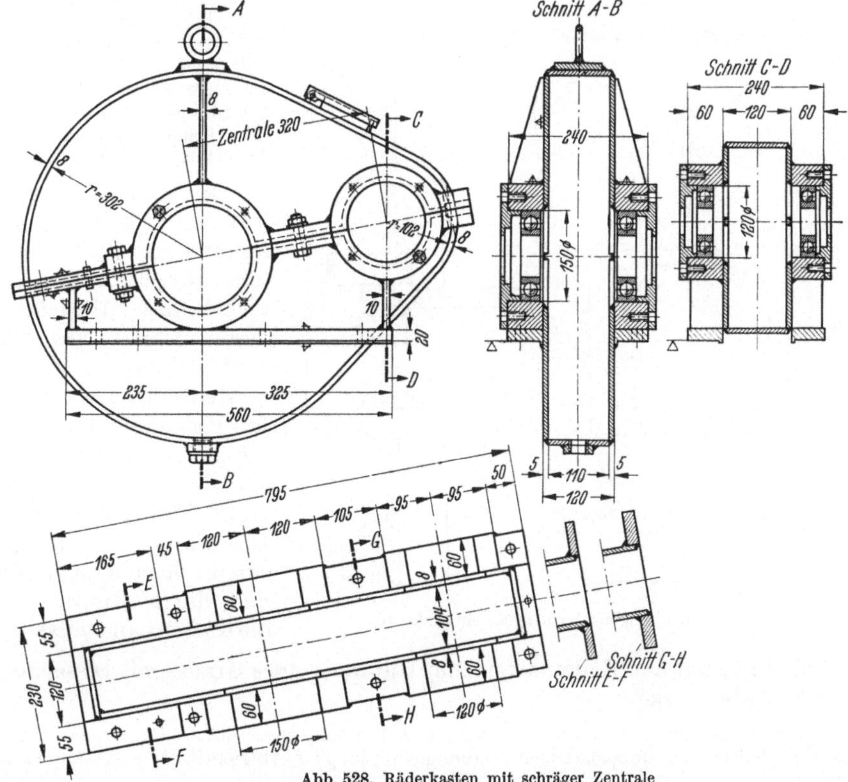

Abb. 528. Räderkasten mit schräger Zentrale

Die Verbindung der Kastenwände geschieht nach Abb. 529 bis 531.

Die eingeschweißten Lagerkörper werden nach Abb. 533 bis 336 zugeschnitten.

Abb. 532: Lagerung der Welle in Gleitlagern mit Rotgußschalen, Abb. 533: in Kegelrollenlagern.

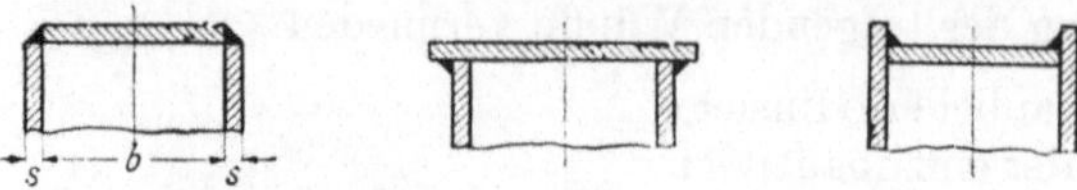

Abb. 529 bis 531. Verbindung der Kastenwände

Die Stützung der Räderkästen geschieht in den Abb. 527 und 528 mit seitlich angeordneten Pratzen, mit denen sie auf Trägern aus C-Stahl befestigt sind.

Abb. 528. Stirnräderkasten mit schräger Zentrale. Zentrale: 320 mm.

Die Lagerkörper für die Ringrillenlager sind aus Rundstahl hergestellt und an den 5 mm dicken Kastenwänden angeschweißt. Sie sind durch Rippen gegen die Kastenwände und gegen die Tragpratzen des Kastens abgesteift.

Nach dem Schweißen des Kastenober- und -unterteils werden die Teilfugenflächen und die Tragflächen der Pratzen bearbeitet. Ober- und Unterteil werden aufeinander gelegt und in dieser Lage durch Paßstifte gesichert. Nach dem Zusammenschrauben der beiden Kastenteile werden die Lagerkörper ausgedreht.

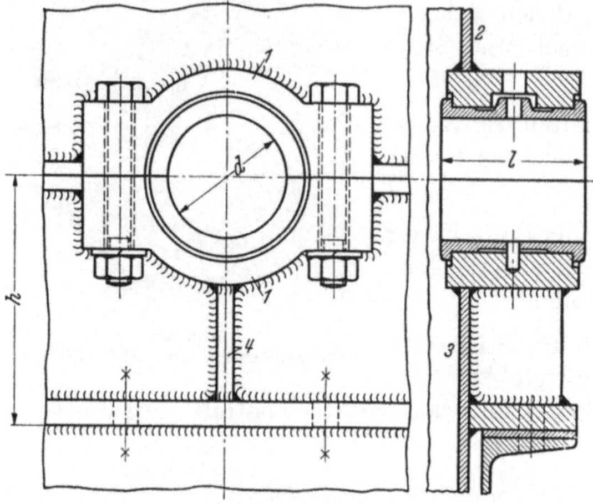

Abb. 532. Lagerung der Welle in Gleitlagern

Der Räderkasten Abb. 534 hat links einen angeschraubten Flanschmotor mit Bremsscheibe und rechts das Abtriebritzel, dessen Lagerkörper durch zwei Rippen gegen die Kastenwand abgesteift ist. Der Kasten muß wegen des Kippmomentes des Motorgewichtes eine genügend große Standfläche haben. Die Fußplatte ist daher entsprechend breit gehalten und durch Rippen gegen die Kastenwand versteift.

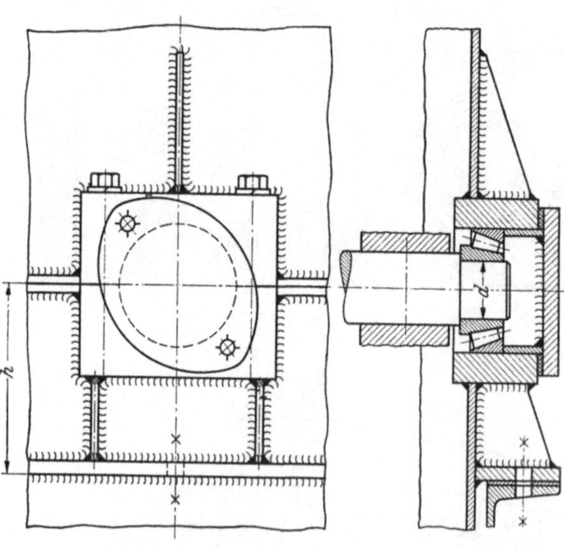

Abb. 533. Lagerung der Welle in Kegelrollenlagern

Abb. 535 zeigt den Räderkasten zum Hubwerk eines Kranes mit Dieselmotorantrieb (Ardeltwerke).

a Kastenunterteil; *b* treibende Welle; *c* u. *d* umschaltbares Stirnrädergetriebe; *e* Hebel zum Umschalten der doppelseitigen Reibungskupplung; *f* Abtriebritzel; *g* Kastenoberteil; *h* Deckel.

Abb. 534. Räderkasten mit angebautem Flanschmotor

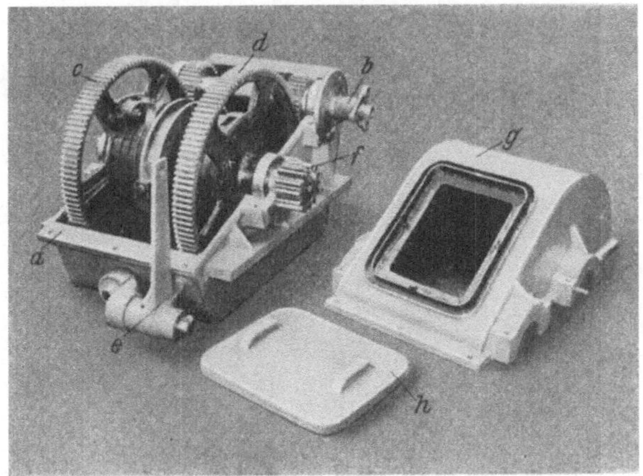

Abb. 535. Räderkasten mit umschaltbarem Stirnrädergetriebe

Abb. 536. Räderkasten für zwei Stirnrädergetriebe

Der Kasten hat seitliche Pratzen, die durch Rippen abgesteift sind.

In dem Räderkasten Abb. 536 (Ardeltwerke) sind zwei Stirnrädergetriebe (Leistung: 300 PS) angeordnet. Er zeichnet sich durch gute Verrippung und gefällige Formgebung aus.

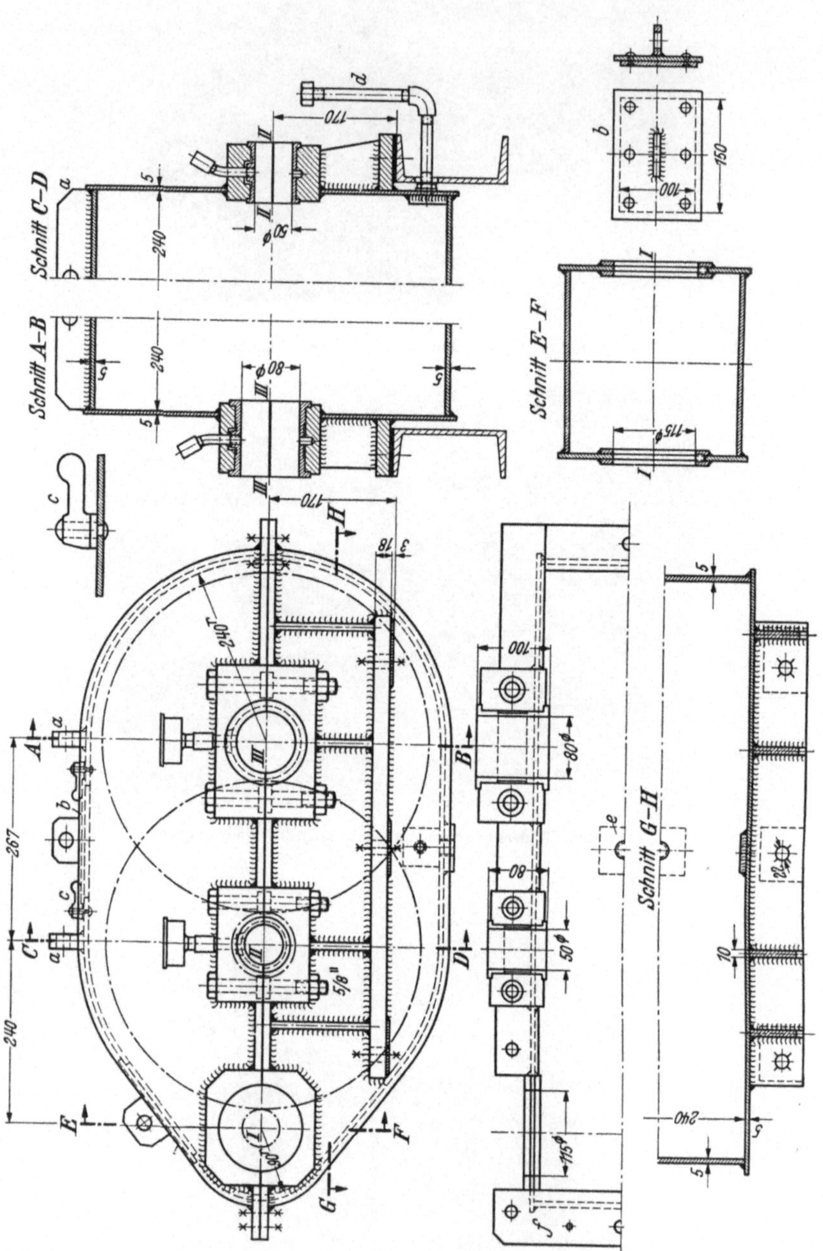

Abb. 537. Räderkasten für ein doppeltes Stirnrädergetriebe

Abb. 537. Räderkasten für ein doppeltes Stirnrädervorgelege (Ardeltwerke).

Die Welle *I* hat Rollenlager, deren Gehäuse an den verstärkten Kastenwänden angeschraubt ist. Die Wellen *II* und *III* laufen in Gleitlagern mit Rotgußschalen. *a* Tragösen; *b* Schmierdeckel; *c* Vorreiber zu *b*; *d* Ölstandzeiger; *e* Ölablaß; *f* Teilfugenflanschen.

Kegelräderkästen. Abb. 538 zeigt einen Kegelräderkasten zum Kranfahrwerk eines Tordrehkranes (Demag A.-G.). *I* treibende (waagerechte), *II* getriebene (senkrechte) Welle.

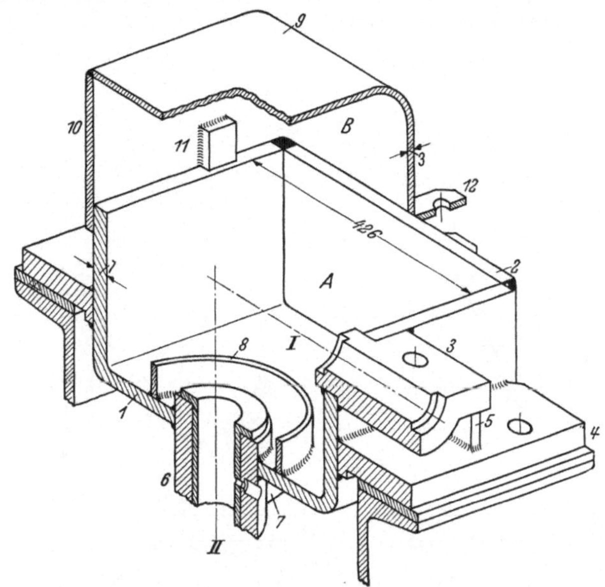

Abb. 538. Räderkasten für ein Kegelrädergetriebe

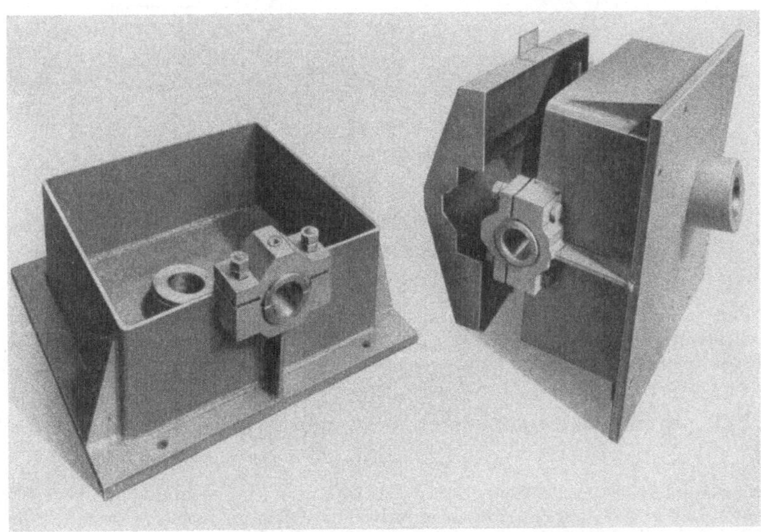

Abb. 539. Bildliche Darstellung zu Abb. 538

1 Boden und Seitenwände aus abgekantetem Blech; *2* Hinterwand des Kastenunterteils; *3* Lagerkörper zur Welle *I*; *4* Tragpratze; *5* Versteifungsrippe; *6* Lagerkörper zur Welle *II*; *7* Rippen zum Versteifen von *6*; *8* Ölring; *9···10* Kastendeckel mittels der angeschweißten Flachstähle *11* auf dem Kastenunterteil ruhend.

Abb. 539 gibt eine bildliche Darstellung des Kastens.

Schneckenkästen. Abb. 540: Gestaltung eines Schneckenkastens mit obenliegender Schneckenwelle (MAN).

Die Schneckenwelle hat als Querlager Rollenlager und ein Kugellager als Längslager. Die Lager der Radwelle sind einfache Gleitlager ähnlich Abb. 532. Der Kasten hat zwei Teilfugenebenen, die eine durch die Radwelle, die andere durch die Schneckenwelle.

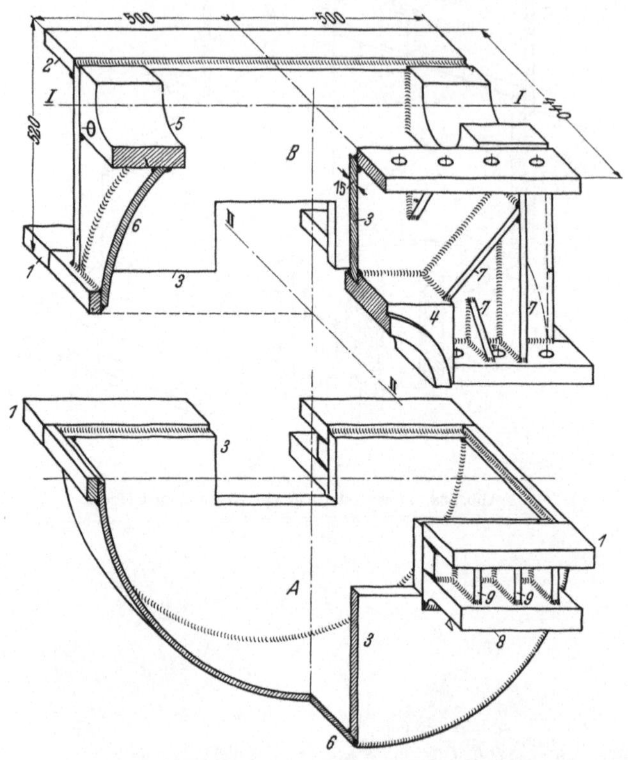

Abb. 540. Schneckenkasten mit oben liegender Schnecke

Teile der Schweißkonstruktion: *1* Flanschen der unteren Teilebene; *2* Flanschen der oberen Teilebene; *3* Vorder- und Rückwand des Kastens; *4* Lagerkörper der Radwelle; *5* Lagerkörper der Schneckenwelle; *6* gebogene Seitenwand; *7* Rippen; *8* Tragpratzen; *9* Rippen zwischen *1* und *8*.

Abb. 541. Schneckenkasten mit unten liegender Schnecke (Siemens-Schuckertwerke).

a Querlager; *b* Längslager der Schneckenwelle; *c* Flansch für das linke Querlager; *d* Flansch zu den rechten Lagern; *e* Lager zur Schneckenradwelle; *f* Ölstandszeiger; *g* Ölablaß; *h* Schmierdeckel; *i* Tragösen. Auf der Schneckenwelle sitzt links der Kupplungsflansch für die Motorwelle. Rechts ist ein Vierkant zum Aufsetzen einer Handkurbel (bei Notbetrieb) vorgesehen.

Abb. 542: Schneckenkasten mit waagerecht liegendem Rad zu einem Bordwippkran (Demag A.-G.). Die Lagerkörper für die Schnecken- und die Radwelle sowie das Kastenunterteil sind aus Stahlguß gefertigt. Die übrigen Teile sind aus dünnwandigem Blech angeschweißt. Durchmesser des Radkastens: 1100 mm; Gesamthöhe: 530 mm.

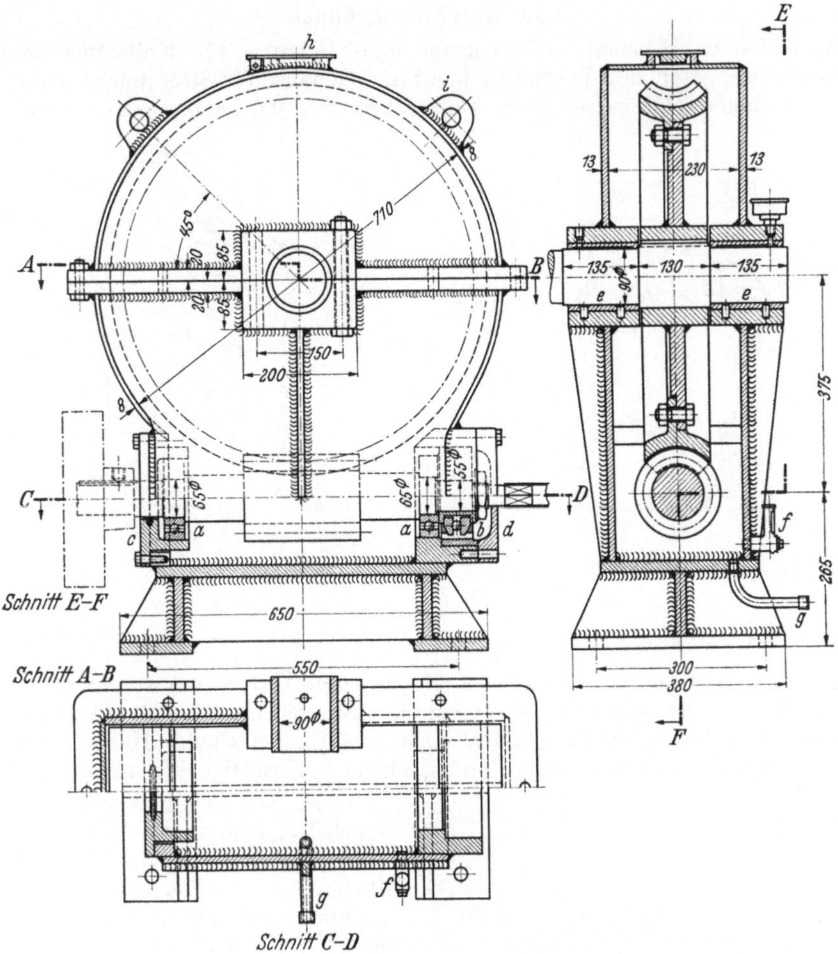

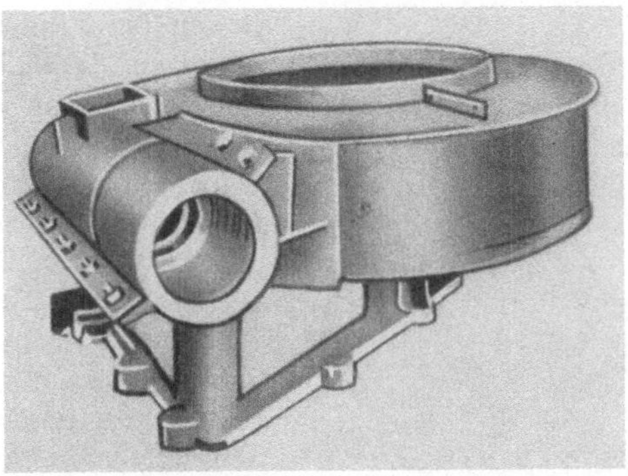

Abb. 541. Schneckenkasten mit unten liegender Schnecke

Abb. 542. Schneckenkasten mit waagerecht liegendem Rad

Schutzkästen, die die Getriebe nur gegen Staub und Feuchtigkeit schützen oder zur Verhütung von Unfällen dienen, sind einfache, aus dünnem Blech geschweißte Kästen.

7.19 Maschinengehäuse

In baulicher Hinsicht unterscheidet man Gehäuse für Kolbenmaschinen (Dieselmotoren, stehende Verdichter u. a.) und Gehäuse für Strömungsmaschinen (Wasserturbinen, Kreiselpumpen, Dampfturbinen, Turbokompressoren u. a.).

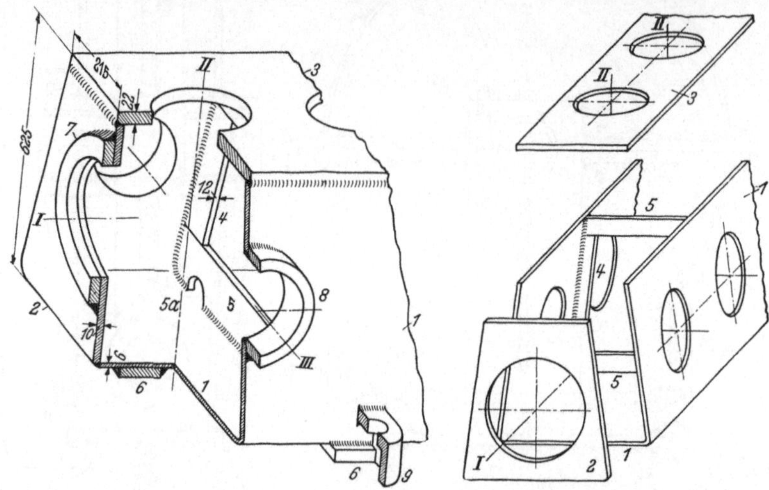

Abb. 543 u. 544. Kurbelgehäuse zu einem stehenden, vierzylindrigen Verdichter

Bei Gehäusen, die großem Innendruck oder äußerem Unterdruck ausgesetzt sind, werden die Wände durch Rippen versteift. Bei geringem Gehäusedruck und nicht zu hohen Temperaturen ist St 37 als Werkstoff ausreichend. Höhere Drucke und hohe Temperaturen erfordern entsprechend hochwertige Werkstoffe.

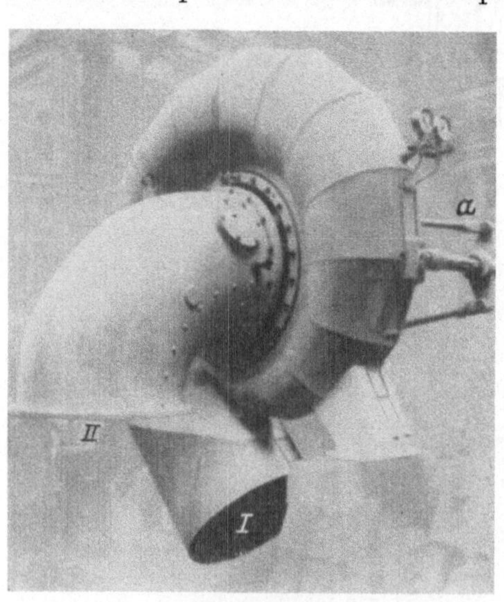

Abb. 545. Gehäuse zu einer Spiralturbine

Abb. 543 und 544 zeigen das Kurbelgehäuse zu einem stehenden vierzylindrigen Luftverdichter. Der Boden und die beiden Längswände bestehen aus einem abgekanteten Blech (1 in Abb. 543 und 544). Die Seitenwände 2 und der Gehäusedeckel 3 sind durch V-Nähte an den Boden bzw. die Seitenwände angeschlossen (Abb. 543). Die V-Nähte erfordern zwar erhebliche Vorbereitungsarbeit, sind jedoch bei Schwingungsbeanspruchung den Kehlnähten überlegen. In bestimmten Abständen angeordnete Querverbindungen aus Blechen oder Flachstahl (5 in Abb. 543) geben dem Gehäuse die erforderliche Steifigkeit. An den kräftig gehaltenen Seitenblechen sind Verstärkungsringe für den Einbau der Kurbelwellenlager angeschweißt. Am Boden des Gehäuses ist eine Kühlschlange verlegt, für deren Durchgang die Querverbindungen ausgespart sind. Die Warteöffnungen (III in Abb. 543) werden durch angeschraubte Deckel verschlossen. Länge des Gehäuses 1435 mm, Bodenbreite 590 mm.

Zu Abb. 543 und 544: *I* Achse der Kurbelwelle (dreifach gelagert), *II* Zylindermitten; *III* Mitte Warteöffnungen. Teile der Schweißkonstruktion: *1* Längswände und Boden; *2* Seitenwände, *3* Deckplatte; *4* und *5* Querverbindungen; *6* Arbeitsleisten am Gehäuseboden; *7* Verstärkungsringe für den Einbau der Kurbelwellenlager; *8* desgl. für die Warteöffnungen, *9* Schraubenansätze.

Die Gehäuse der Francis-Spiralturbinen wurden bisher gegossen oder genietet ausgeführt. Durch das Schweißen dieser Teile werden, besonders der Gußkonstruktion gegenüber, große Ersparnisse an Werkstoff und Arbeitslöhnen erzielt. Herstellung der Gehäuse seltener mit rechteckigem, meist mit rundem Einlauf (Abb. 545 und 546).

Abb. 546. Hälfte eines geteilten Spiralgehäuses

Das Wasser tritt bei *I* (Abb. 545) aus der Druckleitung in das Gehäuse ein, durchströmt die durch ein Gestänge *a* in ihrer Beaufschlagung verstellbaren Leitschaufeln und das Laufrad. Aus diesem tritt es axial aus und läuft durch den Saugrohrkrümmer und das bei *II* angeschlossene Saugrohr ab.

Die einzelnen Schüsse sind überlappt verbunden und an die Leitradringe angeschweißt (Abb. 545). Die überlappte Schweißung erleichtert, der Stumpfschweißung gegenüber, das Passen und ist wesentlich billiger. Stumpf geschweißt werden nur die Gehäuse kleiner Turbinen.

Abb. 547 zeigt die eine Hälfte eines geteilt ausgeführten Spiralgehäuses mit festen Leitschaufeln. Die Gehäuse werden stehend oder liegend angeordnet. Als Stützung dienen angeschweißte Tragpratzen, die nach S. 147 oder nach Abb. 545 ausgeführt werden.

Abb. 545: Spiralgehäuse zu einer Francis-Turbine mit 950 mm Einlaufdurchmesser. Gefälle: 13 m. Leistung der Turbine 322 PS (J. M. Voith).

Abb. 546: Eine Hälfte des geteilten Spiralgehäuses einer Francis-Turbine. *a* Einlaufstutzen; *b* Leitradringe; *c* Leitschaufeln, an den Leitradringen angeschweißt; *d* Flanschen zum Zusammenschrauben der Leitradringe.

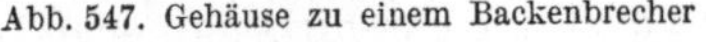

Abb. 547. Gehäuse zu einem Backenbrecher

Abb. 548. Seitenwand zu dem Gehäuse Abb. 547

Abb. 547 zeigt einen Backenbrecher zum Zerkleinern von mittelhartem Gestein (Schüchtermann & Kremer-Baum AG). Bei dem stark stoßweisen Betrieb dieser Maschinen erfordert die Gestaltung und Fertigung des Gehäuses große Sorgfalt. Die Stirnwände sind durch eine Längsrippe und fünf Querrippen versteift und mit den Seitenwänden (Abb. 548) verschraubt. Die früher bei den gegossenen Gehäusen mitunter vorgekommenen Brüche werden bei der Ausführung in Schweißkonstruktion vermieden.

7.1.10 Transportgefäße

Lastaufnahmemittel für Schüttgüter. (Kippkübel, Fördergefäße mit Boden- oder Seitenentleerung, Klappgefäße und Greifer) werden in neuerer Zeit zur Gewichtsersparnis nicht mehr genietet, sondern geschweißt.

Abb. 549 zeigt einen geschweißten Kohlengreifer von 7 m³ Inhalt (Ardeltwerke).

a Greiferkopf mit den festen Rollen des Schließflaschenzuges; *b* Querstück mit den losen Rollen; *c* Greiferschalen; *I···I* Drehpunkte der Schalen am Querstück; *d* Schneiden an den Schalen angenietet; *e* u. *f* Querversteifung der Greiferschalen; *g* Stangen, bei *II* am Greiferkopf und bei *III* unten an den Schalen gelenkig angeordnet; *h* Augen für das untere Stangengelenk, an den Schalen angeschweißt.

Abb. 549. Geschweißter Kohlengreifer von 7 m³ Inhalt

Abb. 550. Schweißausführung der Schalen zu einem Greifer von 1 m³ Inhalt (Ardeltwerke), bei dem die Schalen angeschweißt sind. Obwohl die Schneiden aus verschleißfestem Stahl (Manganstahl) hergestellt werden, sind sie bei hartem Fördergut (z. B. Erz) und flottem Kranbetrieb starkem Verschleiß ausgesetzt. Sie werden in solchen Fällen besser angenietet (Abb. 549), da sie dann leichter auswechselbar sind.

Der geschweißte Trimmgreifer (Abb. 551, Demag A.-G.) zeichnet sich durch eine große Maulweite aus. Auch ist seine Leistung beim Entladen von Schiffen größer als die des Greifers der üblichen Bauart.

Gießpfannen werden in den USA schon seit längerer Zeit geschweißt und haben sich in siebenjährigem ununterbrochenem Betrieb ohne jeden Fehlschlag bewährt (Bethlehem Steel Co.)

Abb. 550. Schweißausführung der Greiferschalen

Abb. 552 zeigt eine geschweißte Gießpfanne von 172 t Fassungsvermögen [72] während der Fertigung. Die Pfanne hat ovalen Querschnitt und ist durch Rippen besonders an der Kippachse allseitig versteift. Hauptabmessungen: Größter

Durchmesser oben 4734 mm, am Boden 3764 mm; kleinster Durchmesser oben 3708 mm, unten 2849 mm; größte Tiefe: 3899 mm; Abstand von der Pfannen-

Abb. 551. Geschweißter Trimmgreifer

drehachse bis zum Kranhaken 3962 mm. Durchmesser der Drehzapfen: 300 mm. Sie sind aus einem Stahl von 49 kg/mm² Zugfestigkeit, 28 kg/mm² Streckgrenze und von hoher Dehnung hergestellt, der normalgeglüht ist. Der Mantel hat eine Dicke von 29 mm und wurde aus zwei Hälften gefertigt, die durch eine X-Naht miteinander verschweißt wurden. Der untere Teil der Pfanne ist angenietet, da kein genügend großer Glühofen für die Wärmebehandlung zur Verfügung stand. Das Gewicht der Pfanne einschließlich der Aufhängevorrichtung beträgt ~ 26 t. Gewicht des Schamottefutters: ~ 23 t. Mit dem flüssigen Inhalt von 172 t ist das Gesamtgewicht ~ 221 t. Gegenüber den bisherigen genieteten Pfannen wurde eine Gewichtsersparnis von ~ 17 t erzielt.

Die Herstellung der geschweißten Gießpfannen erfordert große Sorgfalt in Konstruktion und Fertigung, sowie den Einsatz gut ausgebildeter und erfahrener Schweißer.

Abb. 552. Geschweißte Gießpfanne von 172 t
Fassungsvermögen

7.2 Fahrzeugbau

Im Fahrzeugbau wird heute fast ausschließlich geschweißt. Das gilt sowohl für Schienenfahrzeuge (Triebwagen- und Waggonbau) als auch für Straßenfahrzeuge aller Art (Personenkraftwagen, Lastkraftwagen, Anhänger leichter und schwerer Bauart, Omnibusse, Traktoren, Motorräder usw.). Stellvertretend für alle Fahrzeuge seien hier als Beispiel Konstruktionselemente aus dem Triebfahrzeugbau wiedergegeben, wie sie von M. REITER in [73] zusammengestellt wurden (vgl. auch [74]).

Abb. 553 zeigt ein Triebwagen-Untergestell in geschweißter Ausführung, bei dem das geringe Gewicht vornehmlich durch Aussparungen erzielt werden soll.

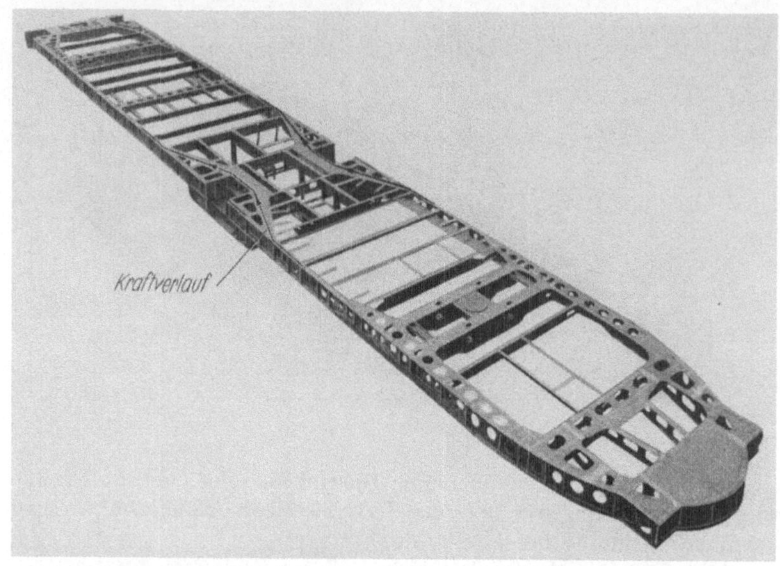

Abb. 553. Triebwagen-Untergestell, Baujahr 1940 (Maschinenfabrik Eßlingen)

Abb. 554. Laufdrehgestell zum Triebwagen nach Abb. 553 (Maschinenfabrik Eßlingen)

Abb. 555. Motortragrahmen (Westwaggon)

Heute zieht man vielfach Dünnblechkonstruktionen in Schalenbauweise (mit Spanten verstärkt) vor. Das zugehörige Laufdrehgestell aus geschweißten Blechträgern (Abb. 554) zeigt deutlich, wie jeder schroffe Querschnittsübergang vermieden wurde.

Auch der Motortragrahmen von Abb. 555 ist in Blechträgerbauweise gestaltet worden. Die Lagerstellen sind als Stahlgußbüchsen ausgebildet, deren Anschweißenden mit den Untergurten stumpf verschweißt wurden.

Bei der Dachfertigung hat sich das Zusammenschweißen des ganzen Dachbleches vor dem Aufpassen auf das Gerippe nicht bewährt. Der einteilige Oberrahmen kann entweder in das Dach, oder in das Seitenwandgerippe eingebaut werden. Abb. 556 zeigt ein Dachgerippe mit eingebautem Oberrahmen. Es befindet sich in einer Drehvorrichtung, in der es auch die Blechhaut erhält. Es wird in der Vorrichtung komplett fertiggeschweißt und kann dann auf die Seitenwände aufgesetzt werden.

Die geringen Blechdikken von nur 0,8 bis 3 mm, die in der modernen Schalenbauweise (Versteifung durch Spante) verwendet werden, gehen aus der Beschriftung von Abb. 557 hervor, das den Querschnitt durch einen Triebwagen wiedergibt. Das Bodenblech wird durch die wellblechähnliche Form versteift, so daß eine Blechdicke von 1 mm ausreicht. In der Mitte des Untergestells ist ein Kastenträger von 900×500 mm angeordnet,

Abb. 556. Dachgerippe in der Drehvorrichtung

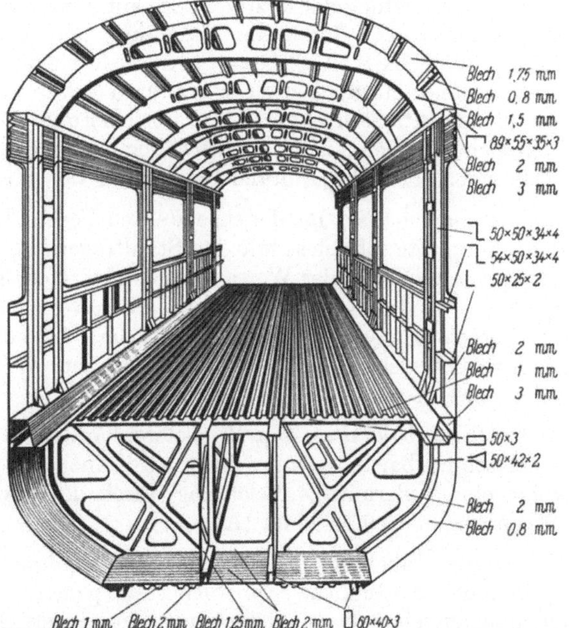

Abb. 557.
Wagenquerschnitt zum Akku-Triebwagen

der aus durchgehenden, kreuzförmig gesickten Stegblechen mit Vierkantbodenrahmen und Blechobergurten besteht. Das ganze Untergestellgerippe wird oben durch das Fußbodenwellblech und unten durch ein Glattblech mit aufgeschweißten Hutprofilen abgedeckt und dadurch zusätzlich versteift.

Das Lok-Drehgestell von Abb. 558 ist als geschweißter Blechträger mit einem Gewicht von nur 1400 kg ausgeführt worden. Die Blechdicken liegen zwischen 6 und 8 mm. Das Gestell besteht in der Hauptsache aus einem Rahmen, gebildet aus Lang- und Querträgern. An den Rahmen sind in Längsrichtung je zwei Holme zur Aufnahme der Achsblatt-Tragfedern, Achsen und Lenker angeschweißt.

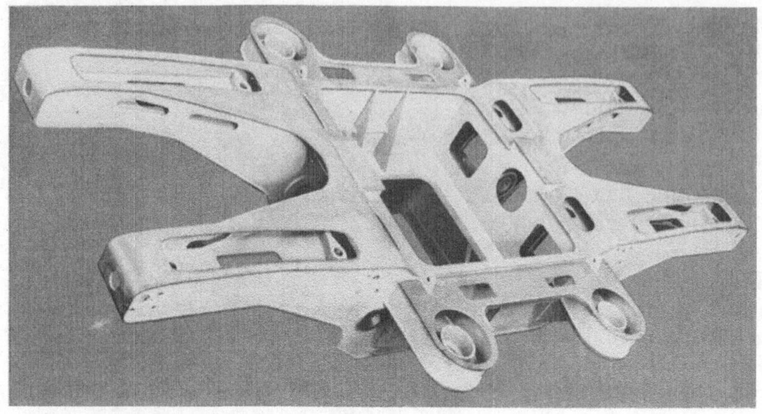

Abb. 558. Drehgestellrahmen für Diesellokomotive V 200 (Werkfoto Kraus-Maffei)

7.3 Brücken- und allgemeiner Stahlbau

Die Entwicklung der letzten Jahre auf dem Gebiet des Stahlbrückenbaus [75] ist gekennzeichnet durch die Erzeugung und Verwendung trennbruchsicherer Stähle (St 52, HSB 50, St 50 meS), durch verfeinerte Berechnungsmethoden, auf die hier näher einzugehen zu weit führen würde und auf die Weiterentwicklung der Konstruktionselemente. Die Verfeinerung der Berechnungsmethoden bezieht sich vor allem auf die Betrachtung der ganzen Brücke als räumliches Tragwerk, wobei die Fahrbahntafel als Gurtung der Hauptträger benutzt wird.

Verbundbauweise. Bei der sogenannten Verbundbauweise wird die Stahlbeton-Fahrbahnplatte schubfest mit den Stahlträgern verbunden. Ein Beispiel hierfür ist die zweite Hälfte der Werratalbrücke bei Hedemünden der Autobahn Frankfurt—Kassel. Die Regeln der Verbundbauweise sind in DIN 1078 festgelegt. Zur Berechnung siehe [*76* u. *77*]. Für die Verbindung der Betonplatte mit den Stahlträgern werden steife Dübel verwendet, die auf den schmalen Obergurt aufgeschweißt werden (Abb. 559 bis 561).

Hohlkastenbauweise. Die Hohlkastenbauweise, wie sie sich teilweise bereits im Maschinenbau eingeführt hat, wird auch im Brückenbau verwendet [*78*], wobei eine außermittige Belastung durch den torisionssteifen Querschnitt gut aufgenommen werden kann (Abb. 562).

Beispiel: Elbebrücke Lauenburg. Die Hohlquerschnitte sind später teilweise nicht mehr zugänglich. Zur Sicherung gegen Korrosionsangriff erhalten sie innen einen einmaligen Bleimennige-Grundanstrich. Im Bereich der Knotenbleche sind sie durch Mannlöcher zugänglich [79], um das Nieten der Baustellenstöße zu ermöglichen. In anderen Fällen werden die Hohlquerschnitte an den Enden offen

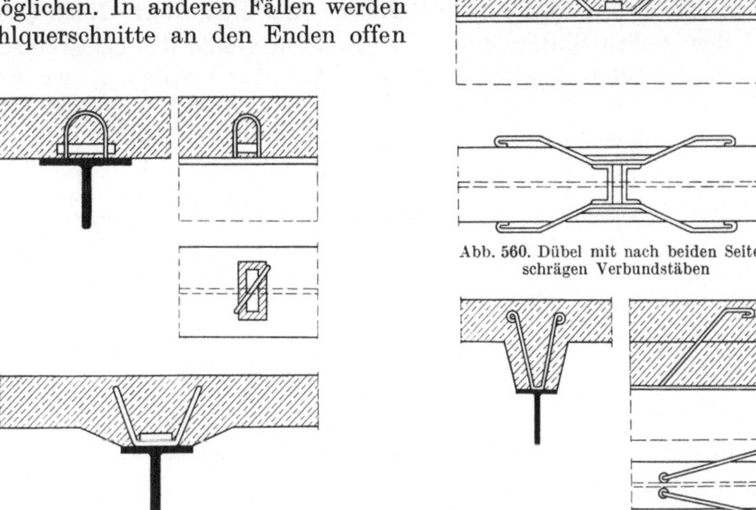

Abb. 560. Dübel mit nach beiden Seiten schrägen Verbundstäben

Abb. 561. Dübel mit schrägen Verbundstäben nach Art der Schubbewehrung im Stahlbetonbau

Abb. 559 bis 561. Dübel auf Stahlträgern zur Herstellung des Verbundes mit der Betonfahrbahnplatte

gelassen, um auf diese Weise die Korrosionsgefahr zu vermindern.

Leichtfahrbahnen. Die stählerne Leichtfahrbahn, als geschweißtes Flächentragwerk ausgebildet, ist ein neuartiges Bauelement im Brückenbau. Die

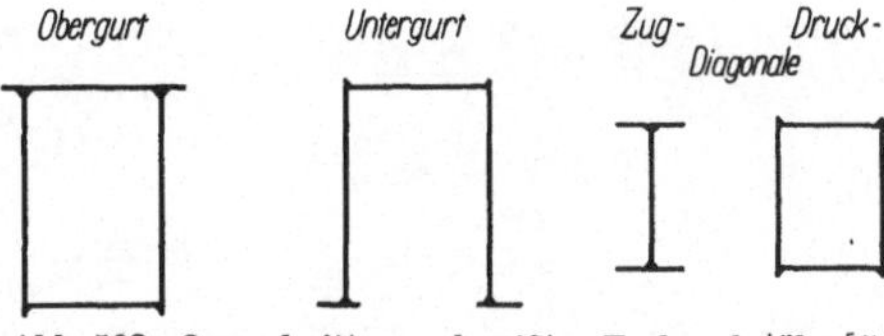

Abb. 562. Querschnitte geschweißter Fachwerkstäbe [79]

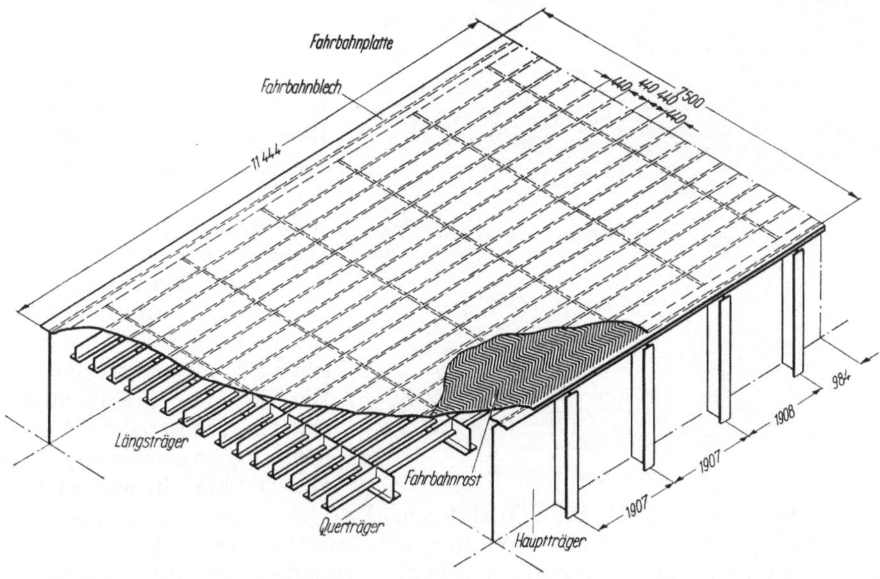

Abb. 563. Orthotrope Flachblechplatte

16*

orthogonal-anisotrope (orthotrope) Platte [*80*] besteht aus einem Flachblech (Abb. 563) [*79*]), das durch darunterliegende, sich kreuzende Trägerscharen versteift ist. Beispiel: Brücke Köln-Mühlheim und Düsseldorf—Neuß (Abb. 563).

Bei den großen Stützweiten dieser Brücken mußte die Leichtfahrbahn als Hauptträgergurtung ausgenutzt werden. Für die Verrippung der Fahrbahn können die verschiedenartigsten Profile verwendet werden (Abb. 564—569).

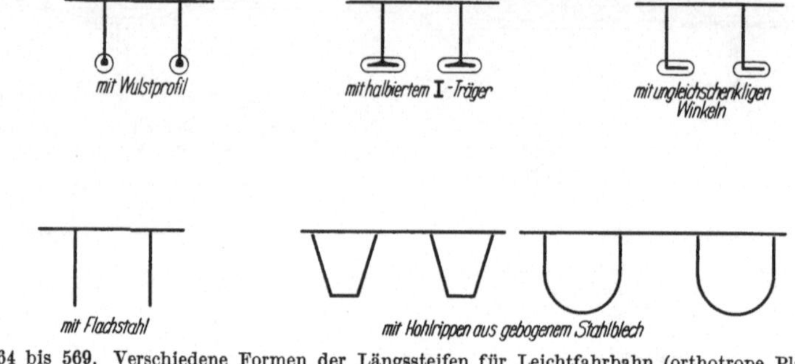

Abb. 564 bis 569. Verschiedene Formen der Längssteifen für Leichtfahrbahn (orthotrope Platte) [*75*]

Abb. 570 zeigt die Unteransicht der Fahrbahn der Autobahnbrücke Eddersheim/Main.

Die Rheinbrücke Düsseldorf—Neuß (Abb. 571) mit ihren drei Öffnungen von 103 + 206 + 103 m Länge und ihrer Breite von 30 m bei einem Gewicht von 6335 t ist die größte geschweißte Kastenbrücke der Welt und die breiteste Rheinbrücke. Sie verdient wegen ihrer baulichen Eigenschaften und der technischen Leistung besondere Beachtung. Die im Jahre 1928 erbaute Fachwerkbrücke, die ein Gewicht von 8460 t aufwies und 1945 gesprengt wurde, wird durch sie ersetzt.

Grundsätzlich wurden alle Konstruktionselemente in den Werkstätten geschweißt; lediglich der Zusammenschluß der Einzelteile auf der Baustelle erfolgte durch Nietung. Die größten geschweißten und von den Werkstätten zur Baustelle transportierten Stücke hatten die Abmessungen 8×23 m^2 und wogen 55 t. Die in den Stahlbauwerkstätten gezogenen Schweißnähte haben eine Gesamtlänge von 200 km. In weitem Umfange wurde das Ellira-(UP-)und Elin-Hafergut-(US-)-Schweißverfahren eingesetzt.

Abb. 570. Orthotrope Platte. (MAN)

Erstmalig ist dabei Stahl HSB-50 im Großbrückenbau verwendet worden. Er eignet sich wegen seiner Schweißbarkeit hierfür besonders gut. Auf den Quadratmeter Brückenfläche gerechnet beträgt der Stahlbedarf nur 507 kg. Dieses außergewöhnlich niedrige Gewicht war lediglich durch eine folgerichtige und mutige Anwendung aller Erkenntnisse der Statik und Stabilitätstheorie, insbesondere der Kontinuum-Statik, der Werkstoffmechanik und nicht zuletzt der Schweißtechnik, möglich. Die Montage wurde in $10^1/_2$ Monaten durchgeführt.

Abb. 571. Rheinbrücke Düsseldorf-Neuß [79]

Hauptträger. Abb. 572 zeigt den Hauptträgerquerschnitt einer Balkenbrücke [79]. Er besteht aus einem unten offenen Kasten, der während der Schweißarbeiten in der Werkstatt und auch nach Abschluß der Montage zugänglich bleibt. Sämtliche Obergurtverstärkungen, die sich aus der Festigkeitsrechnung

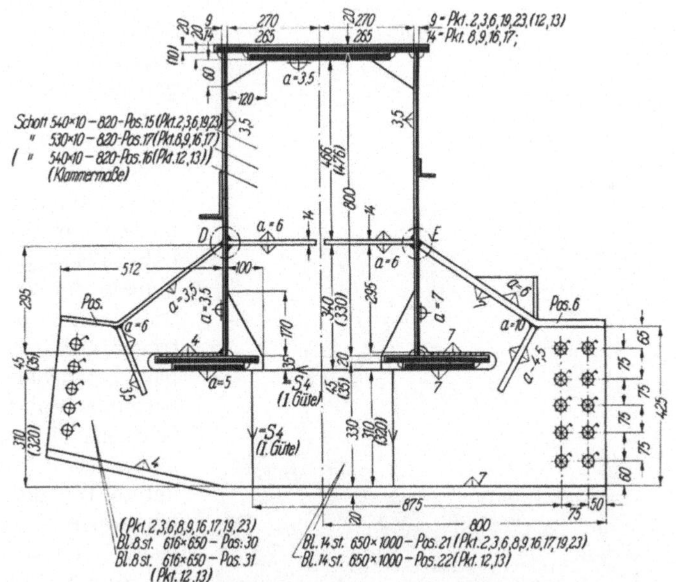

Abb. 572. Hauptträgerquerschnitt einer Balkenbrücke

ergeben, liegen im Innern des Kastens, ebenso alle Aussteifungen. Aussteifungen und Anschlußbleche für die Querträger bilden eine Einheit. Es handelt sich um eine statisch beanspruchte Straßenbrücke.

Hauptträger nach Abb. 573 enthalten keinerlei Verschwächung. Die Anschlüsse der Querscheiben werden in der Werkstatt geschweißt, die Querscheiben selbst werden auf der Baustelle mit dem Hauptträger durch Nieten verbunden. Der besondere Vorteil wird bei einer derartigen Anordnung darin gesehen, daß auf der Baustelle ein eventuell durch das Schweißen aufgetretener Verzug ohne Schwierigkeiten korrigiert werden kann.

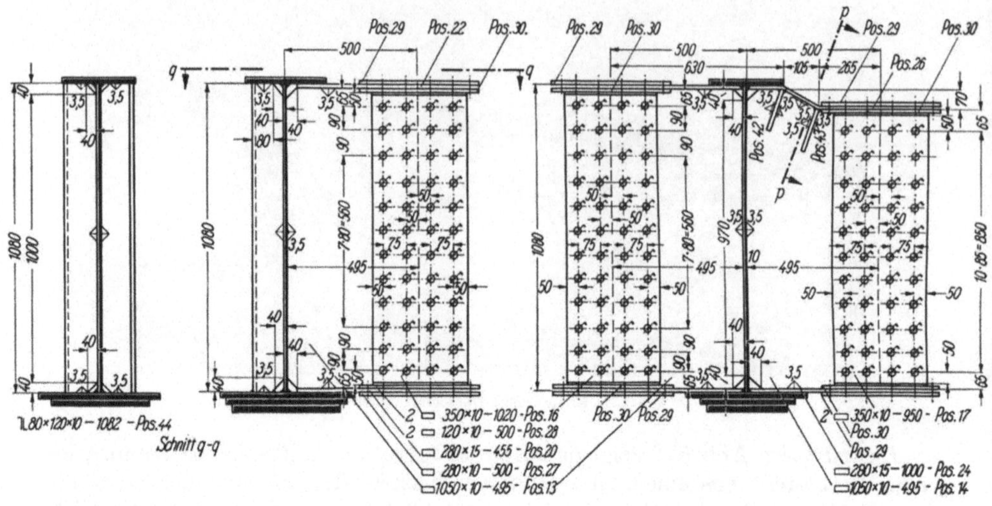

Abb. 573. Geschweißte Träger mit genieteten Montagestößen. Die Anschlußstümpfe für die ebenfalls geschweißten Querscheiben werden in der Werkstatt hergestellt

Die Straßenbrücke bei Minden über den Mittellandkanal besitzt ein ganzgeschweißtes Tragwerk, das als Hohlkörper mit einer stählernen, halbkreisförmigen Zylinderschale von 5,5 m Durchmesser ausgebildet ist (Abb. 574 [81]). Nach dem Prinzip der Verbundbauweise wirkt der Hauptträger mit der unmittelbar befahrbaren Stahlbetonplatte als tragendem Glied zusammen. Sie kragt beiderseits 3,1 m aus. Der untere Teil der Zylinderschale wird durch Spannstähle vorgespannt und ist durch Spante und Rippen ausgesteift. Die Brücke wurde im Werk

Abb. 574. Straßenbrücke bei Minden (Dortmunder Union Brückenbau A.G.)

Abb. 575. Zweigelenk-Rahmenbinder (Hein, Lehmann & Co.)

Abb. 576. Westfalenhalle in Dortmund (Dortmunder Union Brückenbau A.G.)

geschweißt (Länge 57 m), auf zwei Quer-Verschubbahnen zu Wasser gelassen und schwimmend zur Baustelle transportiert. Während einer kurzen Sperrpause wurde die rund 100 t schwere Stahlbrücke durch zwei auf den Widerlagern stehende Seilderricks aus dem Wasser gehoben und auf die Lager abgesetzt. Dann wurde die Stahlbeton-Fahrbahnplatte betoniert.

Aus der großen Zahl der in jüngerer Zeit ausgeführten Stahlhochbauten [78] seien nur zwei Beispiele ausgewählt. Abb. 575 stellt eine Ausstellungshalle dar, die in Düsseldorf errichtet wurde. Sie hat eine Länge von 100 m und eine Breite von 52 m. Die Binder sind geschweißte Zweigelenkrahmen aus St 52. Als Gesamtgewicht der Stahlkonstruktion werden 400 t angegeben, was etwa 80 kg/m² entspricht.

In Abb. 576 ist die Westfalenhalle im Bau zu sehen. Sie hat elliptischen Grundriß von 95,5 bzw. 117,5 m Achsenlänge. Das Traggerippe bilden 20 genietete Vollwandrippen von 38 m Länge, die die geschweißte Mittelkuppel tragen, deren höchster Punkt 28 m über der Arena liegt.

7.4 Stahltragwerke der Krane

7.41 Laufkrane und Bockkrane

Abb. 577: Elektrisch betriebener Laufkran von 10 t Tragkraft und 26 m Stützweite (MAN).

Die Hauptträger (Lastträger) sind Vollwandträger mit abgekanteten Gurtungen (s. S. 107) und Aussteifungen aus Flachstahl. Die Seitenträger (Bühnen-

Abb. 577. Elektrisch betriebener Laufkran von 10 t Tragkraft
und 26 m Stützweite

träger) sind Rahmenträger mit abgekanteten Gurtungen. Je ein Haupt- und Seitenträger sind durch einen Querverband miteinander verbunden, auf dem der Bühnenbelag aus gelochtem Blech aufgeschweißt ist.

Die vollwandigen Querträger sind in der Mitte geteilt und an den Haupt- und Seitenträgern angeschweißt. Jede der beiden längsgeteilten Hälften der Kranbrücke kann daher auf Spezialwagen befördert werden.

Abb. 578: Elektrisch betriebener Laufkran mit Drehlaufkatze (Ardeltwerke). Tragkraft 10 t; Stützweite 28 m.

Die Drehlaufkatze hat eine Pratzentraverse und fährt im Innern der Kranbrücke. Haupt- und Seitenträger sind Fachwerkträger (Parallelträger) und durch einen Diagonalverband miteinander verbunden. Die Haupt- und Seitenträger

sind wegen des Transportes des Kranes an den ungeteilten Querträgern (Rad-
trägern) angeschraubt. Verwendungszweck des Kranes: Bedienung eines Block-
lagerplatzes.

Abb. 578. Elektrisch betriebener Laufkran mit Drehlaufkatze

Trotz längerer Betriebszeit des Kranes sind an den Schweißanschlüssen der
Füllungsstäbe der Träger keinerlei Defekte aufgetreten, da die Endkrater der
Schweißanschlüsse sorgfältig bearbeitet
waren.

Bei dem unterspannten Balken
(Langerschen Balken), Abb. 579 u. 580
ist der Balken a als IP-Träger mit aufgeschweißter Flachstahlschiene ausgeführt. Das Zugband b ist ein Flachstahl, dessen Knickpunkte auf einer
Parabel liegen. Als Vertikale (Pfosten) c
eignen sich Rohre, die an den IP-Träger
und an das Zugband angeschlossen sind.

d Bühnenträger (Abb. 580); e Querverband; f Bühnenbelag.

Ein Gewichtsvergleich für einen elektrisch betriebenen Werkstätten-Lauf-

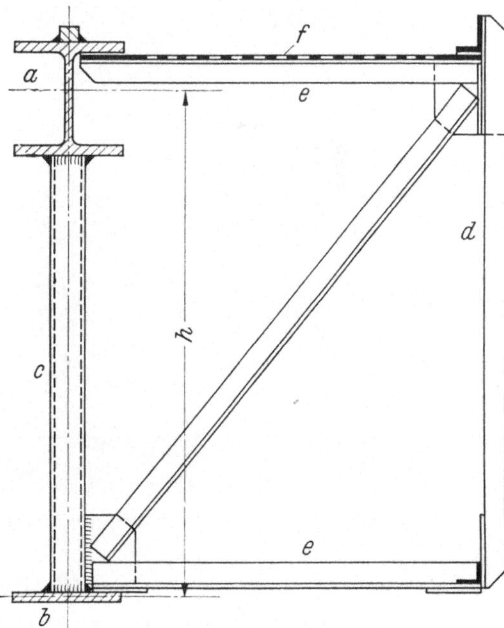

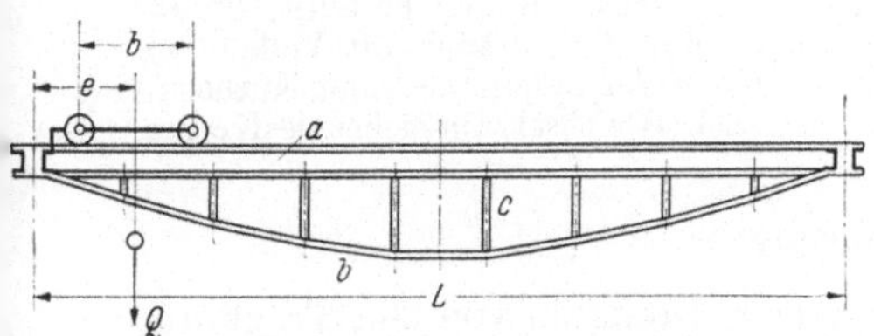

Abb. 579. Laufkran (als LANGERscher Balken ausgeführt)   Abb. 580. Querschnittsgestaltung zu Abb. 579

kran von 30 t Tragkraft und 16 m Stützweite (Gruppe II nach DIN 120) ergab folgende Gewichte für den Hauptträger [82].

Vollwandträger geschweißt (Abb. 159 S. 102): ∼ 2600 kg; Fachwerkträger (Abb. 177 S. 108), Gurtungen geschweißt, Anschlüsse der Füllungsstäbe genietet: ∼ 2300 kg; der Langersche Balken (Abb. 579 u. 580) hatte ein Gewicht von

Abb. 581. Elektrisch betriebener Laufkran (Rahmenbauart)

∼ 2500 kg, wobei der größte Anteil mit etwa 80% auf den Balken selbst entfällt. Trotzdem verdient der Langersche Balken wegen der geringeren erforderlichen Schweißarbeit dem Fachwerkträger gegenüber vielfach den Vorzug, wenigstens für Krane der Gruppen I und II nach DIN 120.

Abb. 582. Fahr- und zerlegbarer Montage-Bockkran

Abb. 581: Elektrisch betriebener Laufkran von 20 t Tragkraft und 13,5 m Stützweite (MAN). Der Kran ist in Rahmenbauart (s. S. 116) ausgeführt. Sein Obergurt ist der Form des Dachbinders angepaßt. Die Krane mit innen laufender Katze wie in Abb. 581 haben den Obergurtkranen (Abb. 577 S. 248) gegenüber den Vorzug, daß die Gebäudehöhe bei gleicher Hubhöhe der Krane niedriger wird.

Abb. 582 zeigt einen fahrbaren, zerlegbaren Montagebockkran von 25 t Tragkraft und 8 m Stützweite (Ardeltwerke).

a Laufkatze; *b* Hubmotor; *c* Haspelradantrieb zum Katzenfahrwerk; *d* Fahrbahnträger (Vollwandträger); *e* Stützen aus Rohr (Oberteil s. Abb. 339 S. 166); *f* Laufräder mit Vollgummireifen; *h* Kranfahrwerk mit Kurbelantrieb; *i* Deichsel zum Ziehen des Kranes.

7.42 Drehkrane

Abb. 583. Elektrisch betriebener freistehender Drehkran von 20 t Tragkraft, 17,6 m Ausladung und 14 m Hubhöhe (Savigliano).

Der aus Blech geschweißte Grundrahmen ist durch acht Schrauben im Betonfundament verankert. Die Säule des drehbaren Teils ist rohrartig gestaltet und aus mehreren Schüssen zusammengeschweißt. Sie ist in der Mitte geteilt und durch Flanschen verbunden. Die Ausleger-Druckstreben bestehen ebenfalls aus Rohren.

Der drehbare Teil ruht innen auf einer fest stehenden Säule, die in der Grundplatte eingesetzt ist. Am oberen Ende der festen Säule ist ein Stahlgußlager mit einem Kugelgelenk angeordnet, das die senkrechte Lagerkraft und die obere waagerechte Lagerkraft aufnimmt. Die untere waagerechte Lagerkraft wird durch Rollen auf einen am Säulenfuß angeordneten Druckring übertragen.

Das Führerhaus mit dem Hub- und Drehwerk ist auf einer sechseckigen Plattform angeordnet, die am Fuß des drehbaren Teils angebaut ist. Der Kran ist vollständig geschweißt und hat ein gefälliges Aussehen.

In Abb. 584 ist ein in Züge einstellbarer Eisenbahndrehkran mit dieselelektrischem Antrieb dargestellt. Der Kran (Kampnagel) hat eine Tragkraft von 3 t bei 9 m größter Ausladung. Der Ausleger ist mittels eines Ellipsenlenkers wippbar und läßt sich von der waagerechten Lage

Abb. 583. Elektrisch betriebener freistehender Drehkran (Rohrbauweise)

bis fast zur senkrechten einstellen. Er ist aus abgekantetem Stahlblech (Werkstoff St 52—3) geschweißt. Der Ausleger hat zur Gewichtsersparnis Aussparungen, die mit dem Brenner ausgeschnitten sind.

Abb. 584. In Züge einstellbarer Eisenbahnkran mit diesel-elektrischem Antrieb

Abb. 585 zeigt einen Eisenbahnkran mit Dampfbetrieb von 60 t Tragkraft am Haupthaken und 7 m Ausladung (Ardeltwerke). In Arbeitsstellung des Kranes wird der Unterwagen durch vier Druckzylinder abgestützt, in denen sich die Kolben mit den Stützspindeln bewegen. Der ganze Kran ist elektrisch geschweißt. Schwere Teile wie der Unterwagen und der vollwandige Ausleger sind aus St 52 gefertigt.

Das Einstellen des wippbaren Auslegers geschieht durch Seilzüge. Zum schnelleren Heben leichterer Lasten ist noch ein Hilfshaken angeordnet. Die Abb. zeigt den Kran bei der Probebelastung.

Bei der Beförderung des Kranes in Güterzügen (Fahrgeschwindigkeit bis 65 km/h) wird ein Wagen für die Gegengewichte des Kranes und einer zum Abstützen und Tragen des Auslegers benötigt. Hierbei beträgt die gesamte Transportlänge des Kranes von Puffer zu Puffer etwa 30 m.

Abb. 586: Wippbarer Ausleger zu einem Eisenbahnkran von 90 t Tragkraft und 8 m Ausladung (Ardeltwerke). Er ist aus

Abb. 585. Eisenbahnkran mit Dampfbetrieb von 60 t Tragkraft

St 52—3 geschweißt und zur Gewichtsersparnis fensterartig ausgespart.

Abb. 587 zeigt den vollständig geschweißten Unterwagen zu dem genannten 90 t-Eisenbahnkran. Werkstoff des Unterwagens: St 52—3.

Die früher genieteten Torgerüste der Hafendrehkrane werden neuerdings zur Gewichtsersparnis aus St 52—3 geschweißt.

Das Volltorgerüst Abb. 588 gehört zu einem Tordrehkran von 6 t Tragkraft und 11/27,5 m Ausladung (Kampnagel). Schienenmittenentfernung des Torgerüstes 15,5 m.

Die vollwandigen Träger des Torgerüstes sind abgekantet und durch einen Querverband miteinander verbunden. Die Stützen haben dreieckigen Querschnitt. Die Ecken zwischen den Trägern und den Stützen erhalten durch an-

Abb. 586. Wippbarer Ausleger zu einem Eisenbahndrehkran von 90 t Tragkraft

geschweißte dreieckige Bleche die erforderliche Biegesteifigkeit. Die Fußträger bestehen aus abgekanteten Blechen, die durch einen Diagonalverband miteinander verbunden sind.

Abb. 587. Unterwagen zu einem Eisenbahndrehkran von 90 t Tragkraft

Abb. 588. Geschweißtes Volltorgerüst zu einem Tordrehkran

Abb. 589. Halbtordrehkran von 3 t Tragkraft und 6/20 m Ausladung

Der in Abb. 589 dargestellte Halbtordrehkran (Kampnagel) hat eine Tragkraft von 3 t und eine Ausladung von 6/20 m. Schienenmittenentfernung des ebenfalls aus St 52—3 geschweißten Torgerüstes 14,0 m. Das Einziehen des Auslegers geschieht wie bei dem Drehkran Abb. 584 durch einen Ellipsenlenker.

Abb. 590 zeigt die Ausführung eines Vollportal-Drehkranes mit wippbarem Ausleger in Schweißbauweise.

Der Kran dient im Bremer Weserhafen zum Stückgutumschlag und hat eine Tragkraft von 3000 kg. Größte Ausladung: 20 m; Hubhöhe des Hakens: 36 m; Spurweite des Tores: 7,5 m; Radstand der wasserseitigen Stützen: 6 m.

Das Portal (Abb. 590) hat, im Gegensatz zu den bisherigen Ausführungen, drei Stützen. Die Lastverteilung ist daher statisch bestimmt. Auch ist bei unebener Fahrbahn ein Verwinden des Portals nicht möglich.

Die Portalstützen (Längsschnitt an der Knickstelle s. Abb. 591) haben kastenförmigen Querschnitt (Abb. 592 u. 593).

Abb. 590. Portal-Drehkran mit wippbarem Ausleger von 3000 kg Tragkraft und 20/6 m Ausladung (Werkfoto DEMAG)

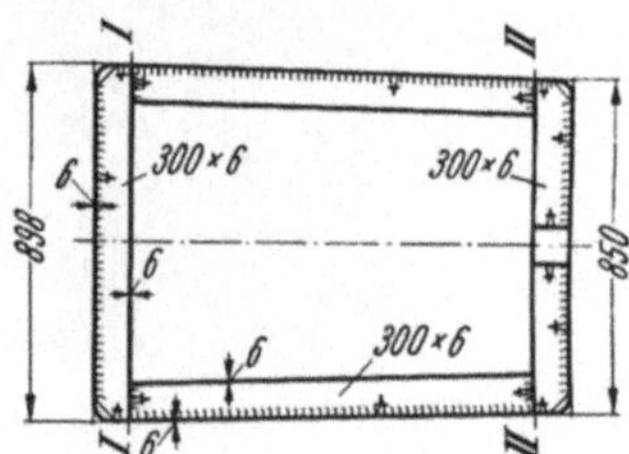

Abb. 592. Querschnitt $A-B$ in Abb. 591

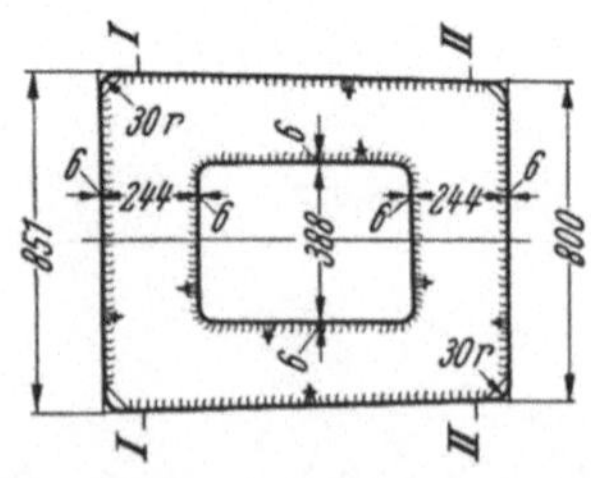

Abb. 593. Querschnitt $C-D$ in Abb. 591

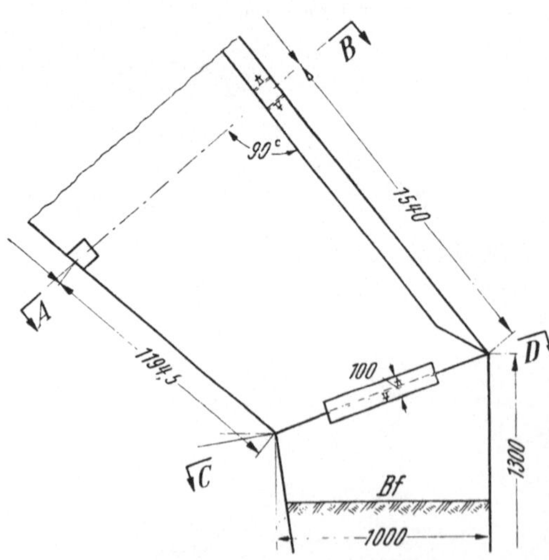

Abb. 591. Längsschnitt durch eine Stütze am Knickpunkt. Bf Betonfüllung

Sie sind aus dünnen (5 bzw. 6 mm) starken abgekanteten Blechen gebildet und bei I und II (Abb. 592 und 593) an eingesetzte gerade Blechwände stumpf angeschweißt.

Maßgebend für die Bestimmung der Blechdicke ist die erforderliche Beulsicherheit. Um einen Anhalt für die kleinst zulässige Blechdicke zu erhalten,
wurde ein Modell in verkleinertem Maßstab hergestellt, das die günstige Wirkung der Feldaussteifungen (Abb. 592 u. 593) zeigte. Werkstoff des Portales:
MSt 37—2.

Durch die neuartige, schweißgerechte Gestaltung des Portales (Abb. 590) wurde
eine Gewichtsersparnis von ∼30% gegenüber der bisherigen Bauart: (Abb. 588)
erzielt.

Der drehbare Teil (Abb. 594) ruht
mittels eines Kugellagerkranzes auf
dem oben hohlzylindrisch ausgebildeten
Portal.

Das kesselförmige Maschinenhaus
enthält das Hubwerksgetriebe, während
der Drehwerkantrieb auf der hinten
anschließenden Gegengewichtsplattform
untergebracht ist. Auf den Maschinen-
hauskessel ist oben das Stützgerüst in
Fachwerkkonstruktion aufgesetzt, das
die Lagerung für das Spindeleinziehwerk
und für die Gegengewichtsschwingen
(Abb. 594) trägt. Vorn ist an das Maschinenhaus der erkerartige Führer-
stand angeschweißt.

Der Ausleger ist in Rohrkonstruktion gehalten. Während bisher nur die
Ausleger kleiner Krane (Wanddreh-
krane und Bordwippkrane) aus Rohren
gestaltet wurden, ist dieser Ausleger der
erste von derart großen Abmessungen.
Im Schnitt hat der Ausleger Dreieck-
form. Der Untergurt b besteht aus einem
Rohr 108/4, ist am Knoten 3 (Abb. 595)
geknickt und an dieser Stelle durch eine
geschweißte Scheibe c gestoßen. Der

Abb. 594. Drehbarer Teil des Kranes

a Dreibeiniges Portal; b Fachwerk-Stützgerüst;
c wippbarer Rohr-Ausleger; I Drehpunkt zu c;
d Gegengewichtsschwinge; II Drehpunkt zu d;
e Maschinenhaus; f Führersitz

Obergurt a ist aus zwei Rohren mit gleichen Abmessungen gebildet. In der
Obergurtebene (Abb. 596) und in den schrägen Ebenen sind die Gurtungen quer
und diagonal miteinander verbunden.

Werkstoff der Rohre: St 35.29 und HSB 50. Die Enden der Querstäbe und
Diagonalen sind der Durchdringung entsprechend mit dem Brenner zugeschnitten und an die Gurtungen angeschweißt. Elemente der Rohrkonstruktionen s. S. 154.

Den bisher bei den Fachwerkauslegern üblichen L- und [-Stählen (mit
Knotenblechen) gegenüber ist das Rohr wesentlich teurer, ermöglicht aber eine
große Gewichtsersparnis, die im vorliegenden Fall ∼40% beträgt.

Rohrkonstruktionen dieser Art erfordern ein gutes Passen der Anschlußteile
(Querstäbe und Diagonalen) an die Gurtungen und eine sorgfältige Schweißarbeit,
zu der nur geübte Schweißer herangezogen werden.

Der Portal-Drehkran mit wippbarem Ausleger (Abb. 590) ist in schweiß-
technischer Hinsicht vorbildlich gestaltet, ergibt große Gewichtsersparnisse und
ist den bisherigen Ausführungsarten wirtschaftlich überlegen.

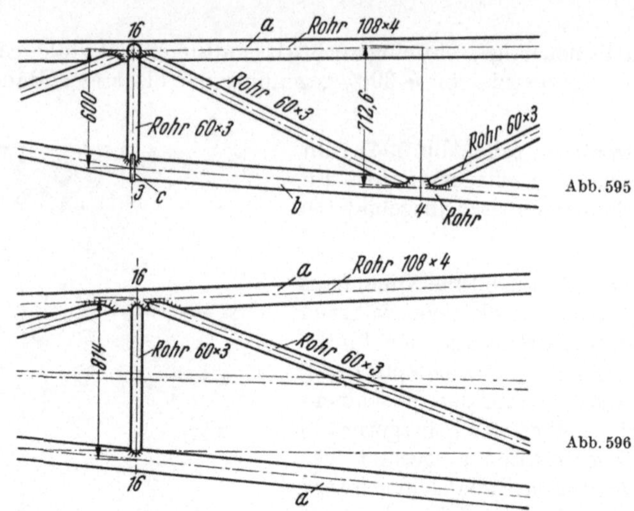

Abb. 595 u. 596. Teil des Dreigurt-Rohr-Auslegers
(Abb. 595. Seitenansicht; Abb. 596. Draufsicht).
a Obergurt; *b* Untergurt; *c* Stoßscheibe zu *b*; *3, 4* und *16* Fachwerkknoten

Schrifttum

[1] Effertz, K. H.: Berechnung der Schweißkonstruktion bei ruhender Belastung.
Schw. u. Schn. Bd. 5 (1953) S. 394—400.

[2] Erker, A.: Berechnung von Schweißverbindungen bei veränderlicher Beanspruchung.
Schw. u. Schn. Bd. 5 (1953) S. 400—417.

[3] Kommers, J. B.: Overstressing and understressing in fatigue. Engng., 1957, S. 620.

[4] Hänchen, R.: Berechnung von Maschinenteilen auf Dauerhaltbarkeit. Konstruktion
Bd. 2 (1950) S. 8—13, 53—58, 76—84.

[5] Kommerell, O.: Erläuterungen zu den Vorschriften für geschweißte Stahlbauten.
I: Hochbauten; II: Vollwandige Eisenbahnbrücken. Berlin: Ernst u. Sohn 1940.

[6] Bobek, K.: Schweißkonstruktionen für Dauerwechselbeanspruchungen. Elektroschweißung Bd. 6 (1935) S. 81—84.

[7] Graf, O.: Über die Dauerfestigkeit von Schweißverbindungen. Stahlbau Bd. 6 (1939)
S. 81—85.

[8] Graf, O.: Über die Festigkeit von Schweißverbindungen. Autog. Metallbearbeitung
Bd. 27 (1934) S. 1.

[9] Fachausschuß für Schweißtechnik beim VDI (Bericht des Kuratoriums), Dauerfestigkeitsversuche mit Schweißverbindungen. Berlin: VDI-Verlag 1935.

[10] Thum, A., u. A. Erker: Gestaltfestigkeit von Schweißverbindungen. Berlin: VDI-
Verlag 1942.

[11] Niemann, G.: Maschinenelemente 2. ber. Neudruck; Bd. I,. Berlin/Göttingen/Heidel-
berg: Springer 1955.

[12] Effertz, K. H., u. E. Schreiber: Festigkeitsberechnung der Schweißnaht. Hamm:
Selbstdruck Westf. Union 1958.

[13] Normen des Vereins Schweizerischer Maschinenindustrieller. Schweißen/Punkt-
schweißen von Stahl.
VSM 14 100: Richtlinien für die Punktschweißbarkeit der Stähle,

VSM 14 101: Richtlinien für die Vorbereitung und Ausführung,
VSM 14 102: Richtlinien für die Gestaltung,
VSM 14 103: Richtlinien für die Berechnung.
Abgeschlossen 1955, zu beziehen durch Beuthvertrieb Berlin u. Köln.

[14] BAUTZ, W.: Punktschweißverbindungen von Stahlblechen und Einflüsse auf ihre Haltbarkeit. Konstruktion Bd. 2 (1950) S. 235—246.

[15] CORNELIUS, H.: Abnahme Bd. 7 (1944) S. 43.

[16] SCHULZ, G.: Betrachtungen über die Punktschweißung und ihre Herstellung, sowie Auswertung von statischen und dynamischen Festigkeitsuntersuchungen. Diss. TH Darmstadt, 1943.

[17] HAUK, V.: Statische und dynamische Festigkeitsuntersuchungen an Punktschweißverbindungen aus hochfestem Stahl. Arch. Eisenhüttenw. Bd. 20 (1949) S. 41—51.

[18] KIHARA, H.: Fatigue strength of spot-welded light alloy joints. Weld. J. Suppl. Bd. 30 (1951) S. 529s—536s.

[19] HOLT, M., u. E. C. HARTMANN: Fatigue test on aluminium alloy spotwelded joints. Weld. J. Suppl. Bd. 31 (1952) S. 183s—187s.

[20] NEUMANN, A.: Schweißtechnisches Handbuch für Konstrukteure. Band I und II. Berlin: VEB-Verlag Technik 1955.

[21] HÄNCHEN, R.: Berechnung geschweißter Maschinenteile auf Dauerhaltbarkeit. Elektroschweißung Bd. 8 (1937) S. 201—207, 226—230.

[22] DUBBEL, H.: Taschenbuch f. d. Maschinenbau, 11. Aufl. Berlin/Göttingen/Heidelberg: Springer 1953.

[23] GASSNER, E.: Festigkeitsversuche mit wiederholter Beanspruchung im Flugzeugbau. Luftwissen Bd. 6 (1939) S. 61—64.

[24] TEICHMANN, A.: Grundsätzliches zum Betriebsfestigkeitsversuch. Jahrbuch deutsch. Luftfahrtforschung, 1941, S. I 467—471.

[25] GASSNER, E.: Auswirkung betriebsähnlicher Belastungsfolgen auf die Festigkeit von Flugzeugbauteilen. Jahrbuch deutsch. Luftfahrtforschung 1941, S. I, 472—483.

[26] GASSNER, E.: Beanspruchungsmessungen und Betriebsfestigkeitsversuche an Fahrzeugbauteilen. Autom.-techn. Z. Bd. 53 (1951) S. 286—287.

[27] GRAF, O.: Dauerfestigkeit von Stählen mit Walzhaut, ohne und mit Bohrung, von Niet- und Schweißverbindungen. Berlin: VDI-Verlag 1931.

[28] Dauerfestigkeitsversuche mit Schweißverbindungen. Berlin: VDI-Verlag 1935.

[29] SPRARAGEN, W., u. G. E. CLAUSSEN: Wechselfestigkeit von Schweißverbindungen. Weld. J. Bd. 16 (1937), 1 Anh., S. 1—44.

[30] ERKER, A., u. A. THUM: Gestaltfestigkeit geschweißter Bauteile in: Werkstoff und Schweißung. Herausg. F. Erdmann-Jesnitzer. Berlin: Akademie-Verlag 1951, S. 896 bis 993.

[31] NEUMANN, A.: Schweißtechnisches Handbuch für Konstrukteure, Bd. I u. II. Berlin: VEB-Verlag Technik 1955.

[32] TAUSCHER, H.: Berechnung der Dauerfestigkeit von Bau- und Maschinenteilen. Leipzig: Fachbuchverlag 1953.

[33] BOBEK, K.: Schweißkonstruktionen für Dauerwechselbeanspruchung. Elektroschweißung Bd. 6 (1935) S. 81—84.

[34] BOBEK, K.: Über die Berechnung von dauernd wechselnd beanspruchten Schweißverbindungen. Elektroschweißung Bd. 7 (1936) S. 41—45.

[35] BIERETT, G.: Über das Verhalten geschweißter Träger bei Dauerbeanspruchung unter besonderer Berücksichtigung der Schweißspannungen. Berichte d. Deutschen Ausschusses für Stahlbau, Ausg. B, H. 7. Berlin: Springer 1937.

[36] ERKER, A.: Einfluß der Eigenspannungen und des Werkstoffzustandes auf die Betriebssicherheit. Schw. u. Schn. Bd. 8 (1956) S. 436—442.

[37] KLÖPPEL, K.: Sicherheit und Güteanforderungen bei den verschiedenen Arten geschweißter Konstruktionen. Schw. u. Schn. Bd. 6 (1954) S. 38S—65S.

[38] SIEBEL, E., u. M. PFENDER: Formänderungen und Eigenspannungen von Schweißverbindungen. Arch. Eigenhüttenw. Bd. 7 (1933/34) S. 407—415.

[39] Schweißtechnische Sondertagung Mannheim 15.—17. Oktober 1953. Vorträge R.Weck M. Pfender und Diskussion.

[40] Thum, A., u. A. Erker: Schweißen im Maschinenbau. Teil I: Festigkeit und Berechnung von Schweißverbindungen. Berlin: VDI-Verlag 1942.

[41] Thum, A., u. A. Erker: Gestaltfestigkeit von Schweißverbindungen. Mitt. Mat.-Prüf.-Anst. Darmstadt, H. 10. Berlin: VDI-Verlag 1942.

[42] Klöppel, K.: Zur Frage der Vorschriften für geschweißte Fachwerk-Krane. Z. VDI Bd. 85 (1943) S. 31.

[43] Stahl im Hochbau, 12. Aufl. Düsseldorf: Stahleisen 1953.

[44] Eckinger, K. F.: Das geschweißte Blechtragwerk im Kranbau. Z. VDI Bd. 81 (1937) S. 939—941.

[45] Mortada, S. A.: Beiträge zur Untersuchung der Fachwerke aus Stahl- und Eisenbeton unter statischen Dauerbeanspruchungen. Mat.-Prüf.-Inst. d. ETH Zürich, Bericht Nr. 103, 1936.

[46] Andree, L. W.: Statik des Kranbaues. München u. Berlin: R. Oldenbourg 1922.

[47] Unold, G.: Statik f. d. Eisen- und Maschinenbau. Berlin: Springer 1925.

[48] Bernhard, I. M.: Der Langersche Balken als Kranträger. Bauing. Bd. 15 (1934) S. 50—54, vgl. Z. VDI Bd. 78 (1934) S. 568.

[49] Vorschriften für geschweißte Eisenbahnbrücken DV 848, Ausgabe 1955.

[50] Ruge, J.: Probleme der schweißtechnischen Fertigung. Schw. u. Schn. Bd. 8 (1956) S. 189—193.

[51] Anders, W.: Konstruktive und fertigungstechnische Voraussetzungen zur Steigerung der Arbeitsproduktivität bei Schweißarbeiten. Aus der Praxis der Schweißtechnik. Halle: Carl Marhold 1955.

[52] Erker, A.: Bauliche und fertigungstechnische Gesichtspunkte bei Konstruktionen mit dünneren Querschnitten. Schw. u. Schn. Bd. 6 (1954) S. 17—23.

[53] Malisius, R.: Wirtschaftlichkeitsfragen der praktischen Schweißtechnik. Braunschweig: Deutscher Verlag für Schweißtechnik (DVS), Fr. Vieweg & Sohn 1956.

[54] Jaschke, J.: Die Blechabwicklungen. 18. Aufl., Berlin/Göttingen/Heidelberg: Springer 1955.

[55] Kriesche, H.: Rechtwinkelige Kreuzungspunkte bei Schweißkonstruktionen. Schw. u. Schn. Bd. 5 (1953) S. 445—455.

[56] Kloth, W.: Leichtbau-Lehrschau. Die Technik in der Landwirtschaft.

[57] Kloth, W.: Leichtbau-Fibel. Wolfratshausen-München: Helmut Neureuter 1947.

[58] Bobek, K., A. Heiss u. Fr. Schmidt: Stahlleichtbau von Maschinen. Berlin/Göttingen/Heidelberg: Springer 1955.

[59] Bergmann, W.: Verformungsmechanismus und Spannungsfelder in geschweißten Anschlüssen. Schw. u. Schn. Bd. 8 (1956) S. 404—416.

[60] Heiss, A.: Dynamische Untersuchungen an Werkzeugmaschinengestellen im Stahlschweißbau. Diss. TH. Berlin, 1942.

[61] Krug, C.: Werkstoffersparnis durch Schweißen im Werkzeugmaschinenbau. Elektroschweißung Bd. 9 (1938) Heft 1 S. 2—5.

[62] Krug, C.: Der Stahlleichtbau bei Werkzeugmaschinen. Z. VDI Bd. 84 (1940) Heft 1, S. 11—16.

[63] Krug, C.: Form und Federung bei Werkzeugmaschinen. Werkstattechn. u. Werksleiter, Bd. 35 (1941) S. 189—193.

[64] Malamet, S.: Maschinell-elektrische Einrichtungen von Wasserkraftwerken im Lichte der Schweißtechnik. Schw. u. Schn. Bd. 8 (1956) S. 19—26.

[65] Ausgewählte Schweißkonstruktionen. Maschinenbau 2. Band. Berlin: VDI-Verlag 1931.

[66] Mauerer, G.: Geschweißte Fahrzeugkonstruktionen der deutschen Reichsbahn. Aus Theorie und Praxis der Elektroschweißung, H. 6. Braunschweig: Fr. Vieweg 1938.

[67] Schaft: Neuzeitliche Schweißtechnik im Braunkohlenbergbau. Braunkohle Bd. 36 (1937) S. 213—222.

[68] Kienzle, O., u. H. Kettner: Das Schwingungsverhalten eines gußeisernen und eines stählernen Drehbankbettes. Werkst.-Techn. Bd. 33 (1939) S. 229—237.

[69] Blodgett, O.: A new concept of welded design for improved vibration control. Weld. J. Bd. 36 (1957) S. 779—785.

[70] Jurczyk, K.: Konstruktive Fragen der elektrischen Lichtbogenschweißung im Maschinenbau. Elektroschweißung Bd. 9 (1938) S. 161—167.

[71] KNAUER: Geschweißter Rahmen einer 100t-Presse. Arcos-Mitt., 1935, S. 1187.

[72] Welding Journal Bd. 19 (1940) S. 636.

[73] REITER, M.: Zeitgemäße Schweißtechnik beim Neubau von Triebfahrzeugen der Deutschen Bundesbahn. Schw. u. Schn. Bd. 8 (1956) S. 39—54.

[74] TASCHINGER, O.: Die Anwendung der Schweißtechnik im neuzeitlichen Schienenfahrzeugbau. Schw. u. Schn. Bd. 8 (1955) S. 246—251.

[75] LEONHARDT, F.: Jahresübersicht Brückenbau. Z. VDI Bd. 98 (1956) S. 944—952.

[76] SATTLER, K.: Theorie der Verbundkonstruktionen. Berlin: Ernst & Sohn 1953.

[77] SCHRADER, H. J.: Vorberechnung der Verbundträger. Berlin: Ernst & Sohn 1955.

[78] STEINHARDT, O.: Die Anwendung der Schweißtechnik im neuzeitlichen Stahlhoch-, Brücken- und Gleisbau. Schw. u. Schn. Bd. 7 (1955) S. 236—241.

[79] LANGE, K.: Der derzeitige Stand der Konstruktionspraxis des Stahlbaues. Schw. u. Schn. Bd. 6 (1954) S. 75—85.

[80] CORNELIUS, W.: Die Berechnung der ebenen Flächentragwerke mit Hilfe der orthogonalanisotropen Platten. Stahlbau Bd. 21 (1952) S. 21—24, 43—48, 60—64.

[81] Vorbildliche Schweißkonstruktionen. Schw. u. Schn. Bd. 8 (1956) S. 359.

[82] HÄNCHEN, R.: Berechnung eines Laufkranträgers nach DIN 120 (Ausführung des Trägers als Fachwerkträger). Fördertechn. Bd. 34 (1941) S. 172—174, 177—184, 193—204.

7.5 Elektromaschinenbau

7.51 Läufer für elektrische Maschinen

In baulicher Hinsicht unterscheidet man Blechläufer und Polräder (Magneträder).

Blechläufer. Bei den Blechläufern (Abb. 597—604) ist das Blechpaket auf dem Läuferkörper (der Nabe) aufgesetzt und befestigt. Die Nabe ist im allgemeinen auf der Maschinenwelle aufgekeilt; in Sonderfällen ist der Läuferkörper mit der Welle durch Schweißung verbunden (Abb. 597 u. 599). Die Formgebung der Nabe ist von der Größe des Läufers und seiner Umfangsgeschwindigkeit abhängig. Werkstoff der Nabenteile (je nach Höhe der Beanspruchung) St 37 oder St 50. Ausführung der Naben als Stern-

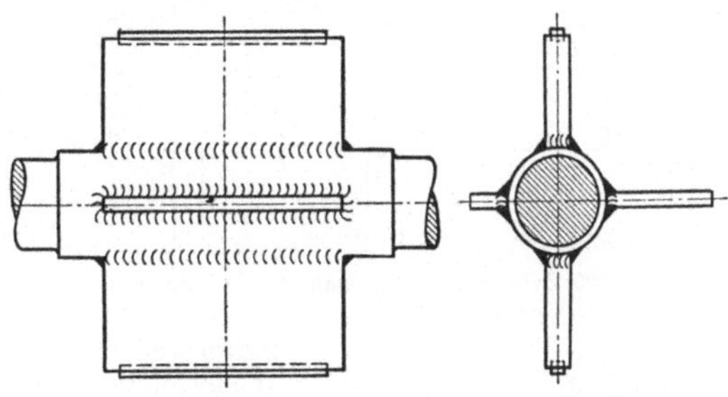

Abb. 597. Sternnabe für Rundschnitt (für kleine Durchmesser)

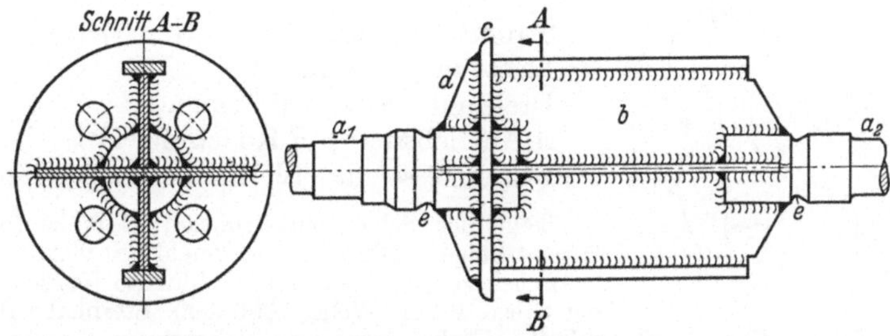

Abb. 598. Sternnabe für Rundschnitt (für mittelgroße Durchmesser)

17*

naben strahlenförmig mit angeordneten Armen oder als Scheibennaben. Das Blechpaket hat entweder Rund- oder Segmentschnitt. Dementsprechend ist auch seine Befestigung auf der Nabe verschieden auszuführen.

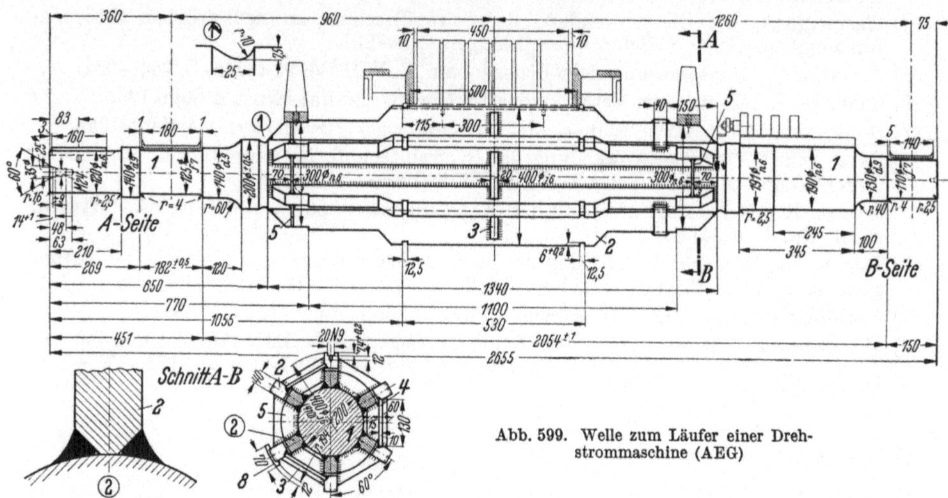

Abb. 599. Welle zum Läufer einer Drehstrommaschine (AEG)

Abb. 597: Sternnabe für Rundschnitt. Arme mit der Welle verschweißt, zwei Arme stärker und mit Keilnut versehen. Nur für kleinere Durchmesser und geringere Umfangsgeschwindigkeiten geeignet. Abb. 598. Sternnabe für Rundschnitt (mittelgroßer Drehstrom-

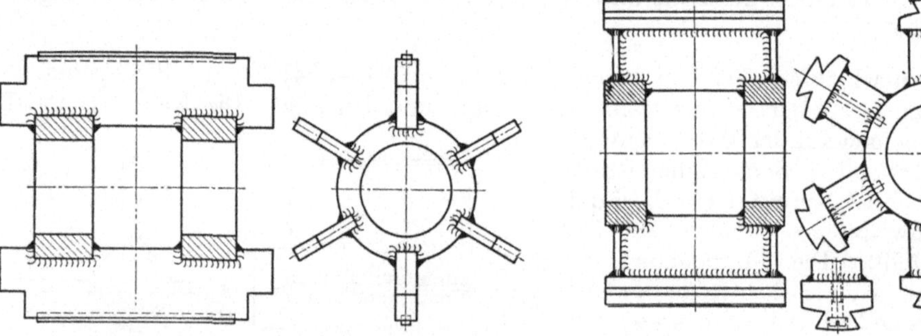

Abb. 600. Sechsarmige Sternnabe für Rundschnitt   Abb. 601. Sternnabe für Segmentschnitt

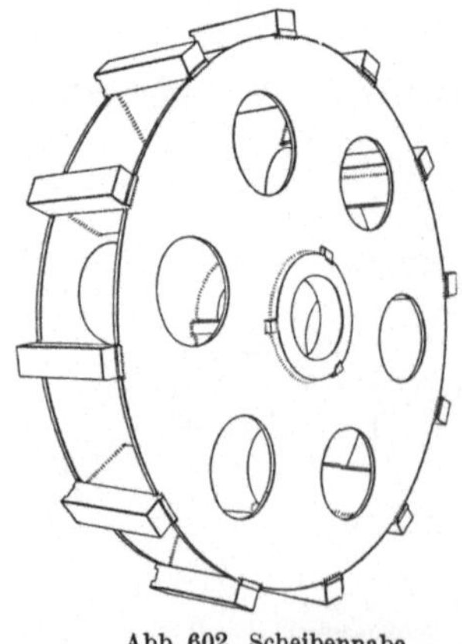

Abb. 602. Scheibennabe

motor der AEG). a_1 und a_2 Wellenteile; b Arme, mit den Wellenenden verschweißt; c durch Rippen d abgesteifte Endscheibe, gegen die das Blechpaket gepreßt wird; e Entlastungskerben. Abb. 599. Sternwelle zum Läufer einer Drehstrommaschine (AEG).

Stromart: Drehstrom 50 Hz, 6000 V.
Leistung: $N \approx 1600$ kW;
Drehzahl: $n \approx 1500$ U/min.
A Antriebsseite; B Kollektorseite.
Durchmesser des Blechpaketes: 800 mm.

Teile der Schweißkonstruktion: 1 Welle (St 42.11); 2 bis 4 Stege (St 00.12); 5 Segment (St 00.22). (*1*) Entlastungskerbe; (*2*) Versenkte Kehlnähte für den Anschluß der Stege an die Welle. Abb. 600. Sternnabe für Rundschnitt. Sechs Arme, zwei Nabenringe. Eignung wie bei Abb. 597. Abb. 601. Sternnabe für Segmentschnitt, für hohe Beanspruchungen geeignet. (Bei Abb. 601 sind die Schwalbenschwanzstücke nicht aufgeschweißt, sondern mit versenkten Schrauben an den Querstücken befestigt.) Abb. 602 und 603. Scheibennabe zu einem Asynchronläufer (SSW). **Teile der Schweißkonstruktion** (Abb. 603): *a* Blechscheiben mit Aussparungen Brennschnitt), *b* zwei Rundstahlnaben; *c* zwölf Querstücke; *d* zwölf Rippen; *e* drei Stück Vierkantstahl (verlaufen durch die Aussparungen in den Scheiben und sind mit diesen und den Naben verschweißt). Abb. 604.

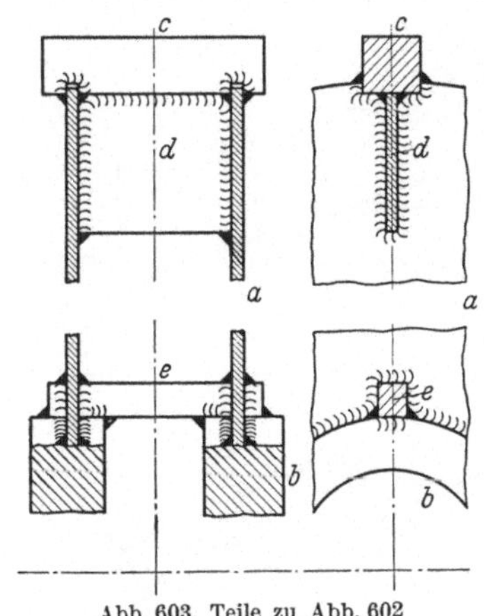

Abb. 603. Teile zu Abb. 602

Abb. 604. Nabe zum Läufer
eines Asynchronmotors

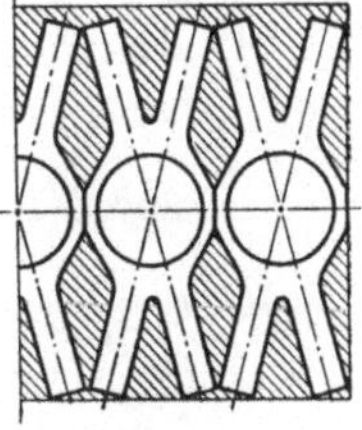

Abb. 605. Schnittskizze
zu Abb. 604

Nabe zum Läufer eines Asynchronmotors (SSW). Die Nabe besteht aus zwei gleichen Armsternen, die durch die Querstücke miteinander verbunden sind. Jeder Armstern hat drei gleiche aus Blech zugeschnittene Teile (Schnittskizze s. Abb. 605), die durch Kehlnähte miteinander und mit den Nabenringen verbunden sind.

Polräder (Magneträder). Polräder bestehen aus einem kräftigen Kranz zum Tragen der Pole, aus der Nabe, den Scheiben und den Rippen zur Verbindung des Kranzes mit der Nabe. (Ausführungen nach Abb. 597 u. 598).

Abb. 606. Geteilter Radkörper zum Magnetrad eines Drehstrom-Synchrongenerators von 500 kVA. $\cos \varphi = 0{,}8$, Drehzahl $n = 188$, Schwungmoment $GD^2 \approx 10$ tm². Teile der Schweißkonstruktion: *a* Nabe; *b* Kranz; *c* Scheibe; d_1 und d_2 Rippen, e_1 Schraubenansätze an der Nabe (S_1 und S_2 Verbindungsnähte der Schraubenansätze mit der Nabe; S_3 Verbindungsnähte mit Rippe d_1); e_2 Schraubenansätze am Kranz. Die Pole sind an plan bearbeiteten Flächen des Kranzes aufgesetzt und verschraubt.

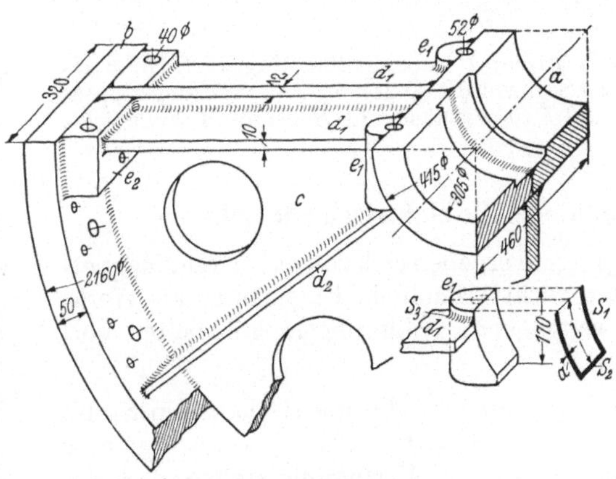

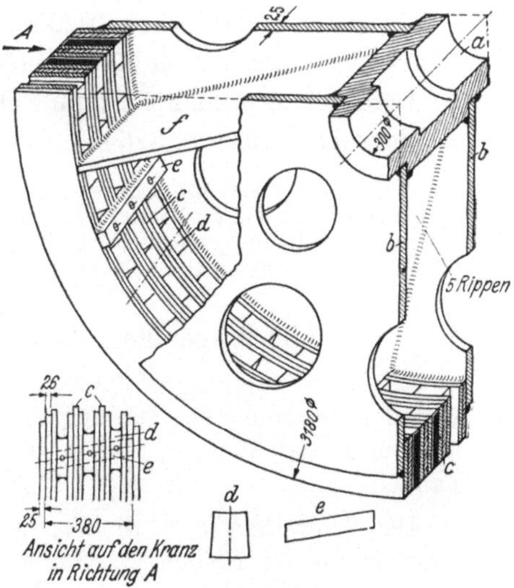

Abb. 606.
Geteilter Radkörper (Scheibenausführung)

Abb. 607.
Magnetradkörper (als Schwungrad ausgebildet)

Abb. 607. Magnetradkörper (als Schwungrad ausgebildet) zu einem Drehstrom-Vertikalgenerator von 1250 kVA. $\cos\varphi = 0{,}6$, Drehzahl $n = 150$, Schwungmoment $GD^2 \approx 70$ t m². Teile der Schweißkonstruktion: *a* Nabe; *b* zwei Scheiben; *c* zehn Kranzringe; *d* vierzig Zwischenstücke zur Befestigung der Pole; *e* vierzig Verbindungsstücke für die Kranzringe, *f* fünf Rippen.

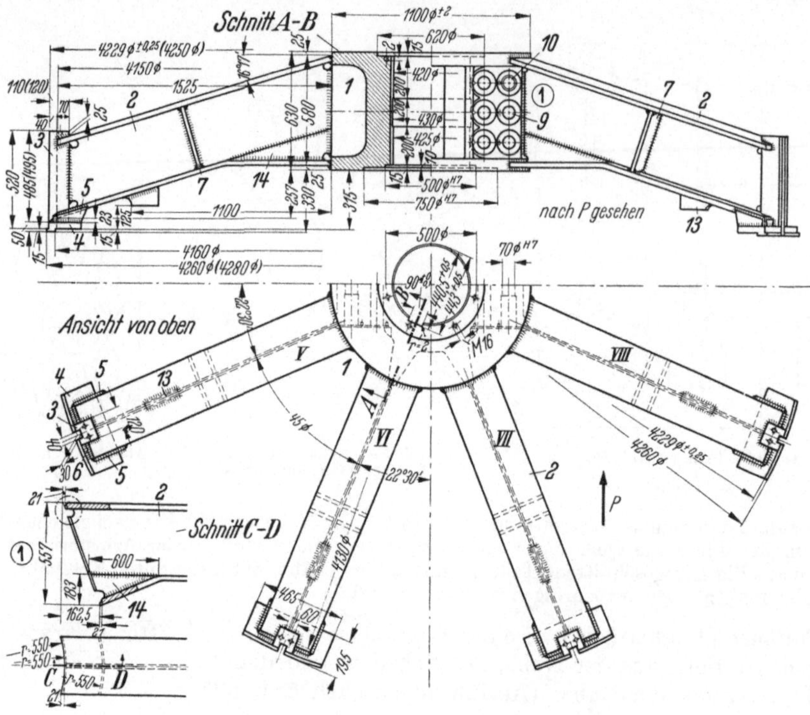

Abb. 608. Geteiltes Polrad (Armausführung)

Abb. 608. Geteiltes Polrad in Sternausführung (AEG).

Das Polrad sitzt auf der senkrechten Welle einer Francis-Turbine.

Stromart: Drehstrom 50 Hz, 10 600 V; Leistung: $N \approx 4500$ kVA.

Drehzahl: $n \approx 82/215$ U/min. Durchmesser des Polrades: 4260 mm.

Bohrung: 420 bzw. 425 mm.

Teile der Schweißkonstruktion: *I···VIII* Arme; *1* Nabenhälften (Stg 45.81 S); *2* **IP**-Träger NP 40 (St 00.12); *3* Balken (St 00.12); *4* Segment (St 00.21); *5···7* Verstärkungsrippen; *8* Ringhälfte (nicht gezeichnet); *9* Bolzen; *10* Paßschrauben; *13* Nocken; *14* Füllstücke. *(1)* Anschluß der Arme an die Nabe.

7.52 Magnetgestelle und Gehäuse für elektrische Maschinen

Bei der Herstellung *großer* Einzelaggregate ergeben sich sowohl an den Magnetgestellen als auch den Ständergehäusen recht erhebliche Ersparnisse an Werkstoff und Modellkosten, zudem sind weitgehende Änderungsmöglichkeiten vorhanden.

Das Schweißen, d. h. die Fertigung *kleinerer* Gestelle und Gehäuse in Stahlbauweise in der Reihenherstellung ist nur dann wirtschaftlich, wenn geeignete Schweißvorrichtungen für den Zusammenbau zur Verfügung stehen und der Blechverschnitt gering gehalten werden kann.

Abb. 609···613 zeigen Ausführungen von Magnetgestellen (Gehäusen) für Gleichstrommaschinen verschiedener Größe.

Abb. 609: Magnetgestell für einen kleinen Motor. Der Magnetring ist aus Flachstahl rundgerollt und durch eine V- oder X-Naht stumpf gestoßen. Als Füße dienen am unteren Ringteil angeschweißte Winkeleisen. Abb. 610: Magnetgestell für größere Maschine. Als Stützung dienen zwei Fußplatten, die durch zwei Rippen mit dem Magnetring verbunden

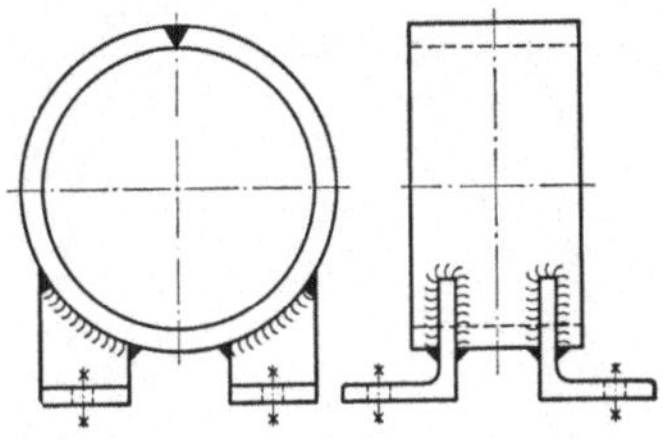

Abb. 609. Magnetgestell für einen kleinen
Gleichstrommotor

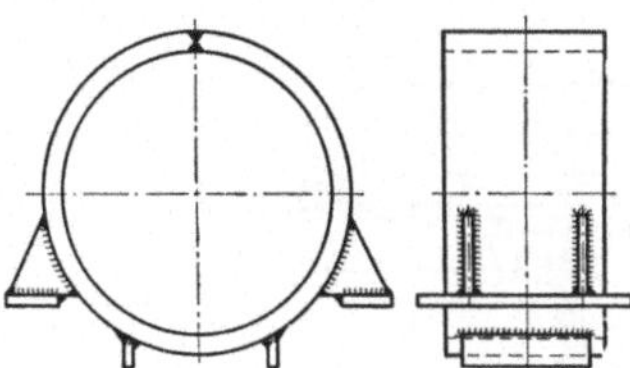

Abb. 610. Magnetgestell für größere
Maschinen

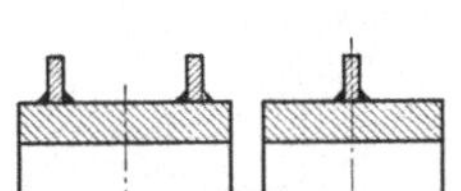

Abb. 611a u. b. Versteifung durch Flachstähle

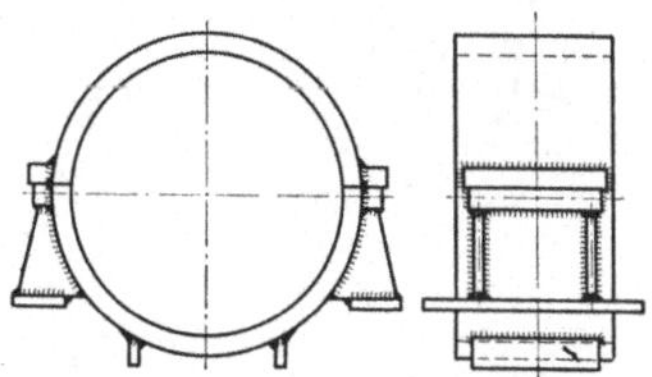

Abb. 612. Geteiltes Magnetgestell

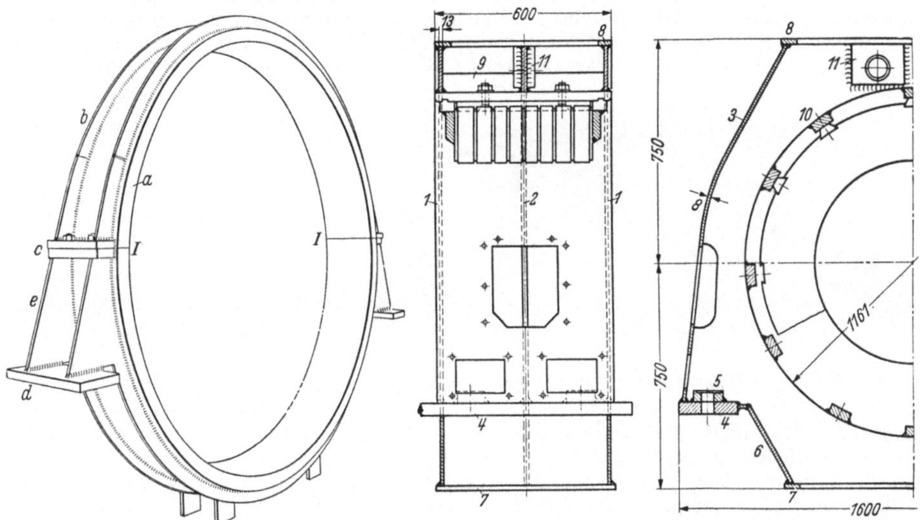

Abb. 613. Geteiltes Magnetgestell
für größere Maschinen

Abb. 614. Einteiliges Ständergehäuse

sind. Abb. 611a und b. Der Magnetring, dessen magnetischer Querschnitt für die Steifigkeit des Gestelles nicht ausreicht, ist durch gebogene Flacheisenringe versteift. Abb. 612: Geteiltes Magnetgestell. An der Teilebene sind zwei Flanschen angeschweißt. Abb. 613: Geteiltes geschweißtes Magnetgestell einer Gleichstrommaschine (SSW, Berlin). Leistung: 600 kW. Drehzahl 250/min. Innendurchmesser des Gehäuses 2422 mm, Breite des Magnetringes 360 mm. I—I Teilfuge; a Magnetring; b Versteifungsringe aus Flachstahl; c Teilflanschen; d Tragpratzen; e Versteifungsrippen für die Tragpratzen.

Abb. 614 u. 615: Einteiliges Ständergehäuse zu einer Drehstrommaschine (AEG). Hauptteile: *1* Außenwände; *2* Mittelwand (Schnittskizze s. Abb. 615); *3* Mantelblech; *4* Fußplatten; *5* Schraubenansätze zu den Fußplatten (aus Quadratstahl); *6* untere Mantelbleche; *7* untere und *8* obere Randleisten; *9* Querrippen, *10* Stege zum Aufschrauben der Schwalbenschwänze (Blechträger); *11* Verstärkungsstücke an der Mittelwand (für die Transportösen).

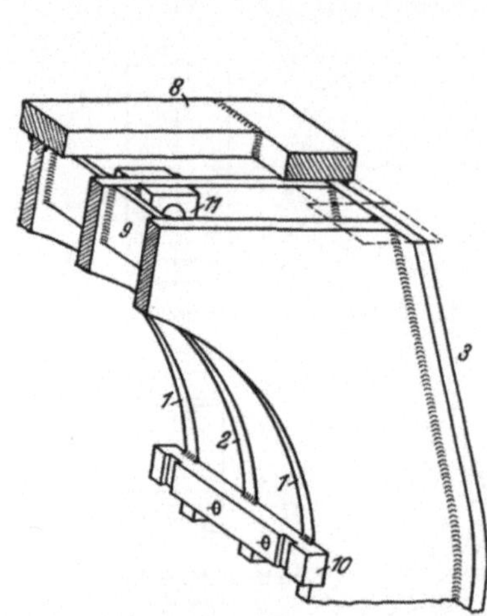

Abb. 615. Ausschnitt zu Abb. 614

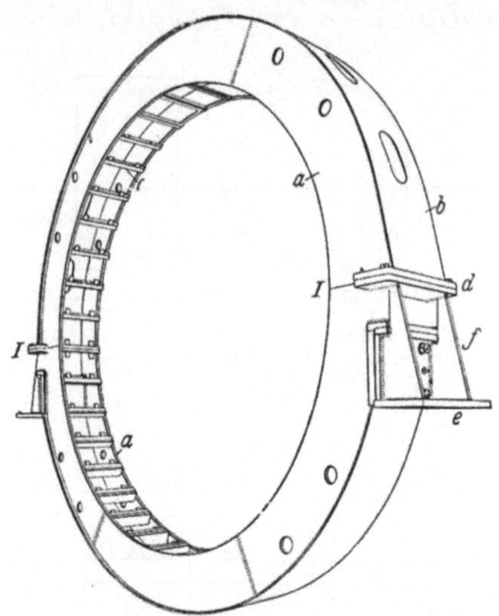

Abb. 616. Geteiltes Ständergehäuse

Abb. 616: Zweiteiliges Ständergehäuse zu einem Drehstromgenerator (SSW, Berlin). Leistung 1030 kW, Drehzahl 125/min. *I—I* Teilfuge. *a* Stirnwände (aus ringförmigen Segmenten, die durch V-Nähte stumpfgestoßen sind); *b* Mantelbleche; *c* Stege zum Befestigen der Blechträger; *d* Teilflanschen, *e* Tragpratzen; *f* Rippen für das Absteifen der Tragpratzen.

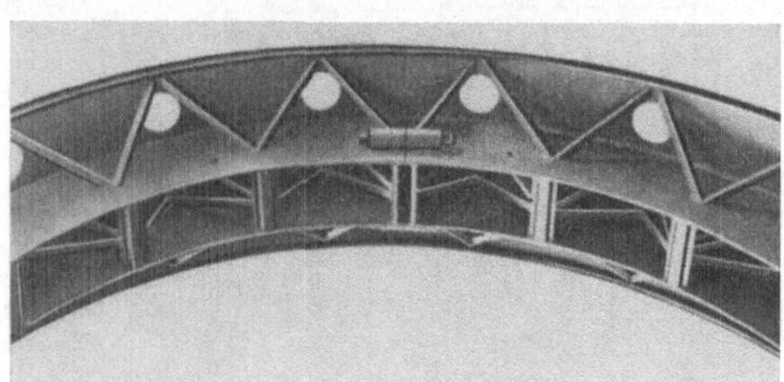

Abb. 617. Verrippung und Verbindung des Kranzes

Abb. 617. Verrippung und Verbindung des zweiteiligen Kranzes eines Ständergehäuses.

Abb. 618. Geteiltes Gehäuse zu einer Drehstrommaschine mit senkrechter Welle (AEG). Zugehöriges Polrad s. Abb. 607.

G_1 Grundriß von Unterwasserseite aus gesehen; G_2 Lage der oberen Tragbrücke; *I—I, II—II* und *III—III* radiale Teilebenen des Kranzes. (*1*) Querschnitt des Kranzes; (*2*) Ansicht auf die Teilfuge; (*3*) Ansicht nach „P"; (*4*) Abwicklung eines Kranzdrittels; (*5*) Schnitt *E—F*. Teile der Schweißkonstruktion: *1* Untere Flanschdrittel; *2* und *3* Flanschdrittel; *4* Mantelblech; *5…7* Rippen; *8* und *9* Teilfugenbalken; *10* Transporthaken; *11* und *12* Platten; *13* Flachstahl; *14* Rohr; *15* Prisma; *16* Teilfugenprisma. Werkstoff: St 00.

7.53 Lagerschilde

Abb. 619 und 620 zeigen Ausführungen für einen Drehstrommotor (AEG).

Teile der Schweißkonstruktion: *1* Flansch; *2* und *3* Knaggen; *4* Mantel; *5* Wand; *6* und *7* Rippen; *8* Ring; *9* Nocken; *10* Klemmkasten; *11* Mantel; *12* Seitenblech; *13* Stirnwand; *14* Rückwand; *15* Ringstück; *16* und *17* Leisten; *18* Blechsegment (St I 23); *19* und *20* Knaggen; *21* Abdeckblech; *22* und *23* Deckel; *26* Verschlußdeckel; *36* Auge. Werkstoff der Teile: St 00.

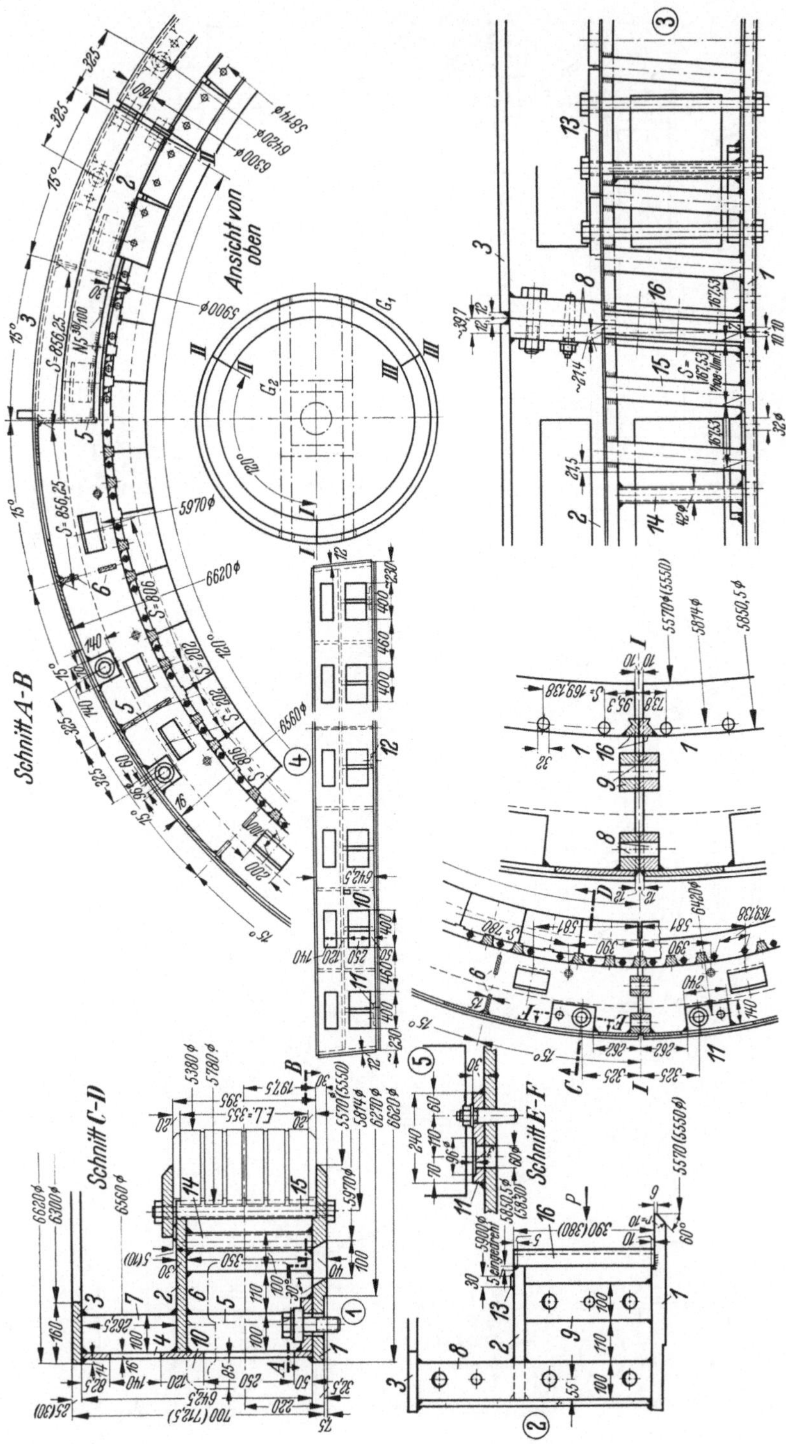

Abb. 618. Geteiltes Gehäuse zu einer Drehstrommaschine mit senkrechter Welle (AEG)

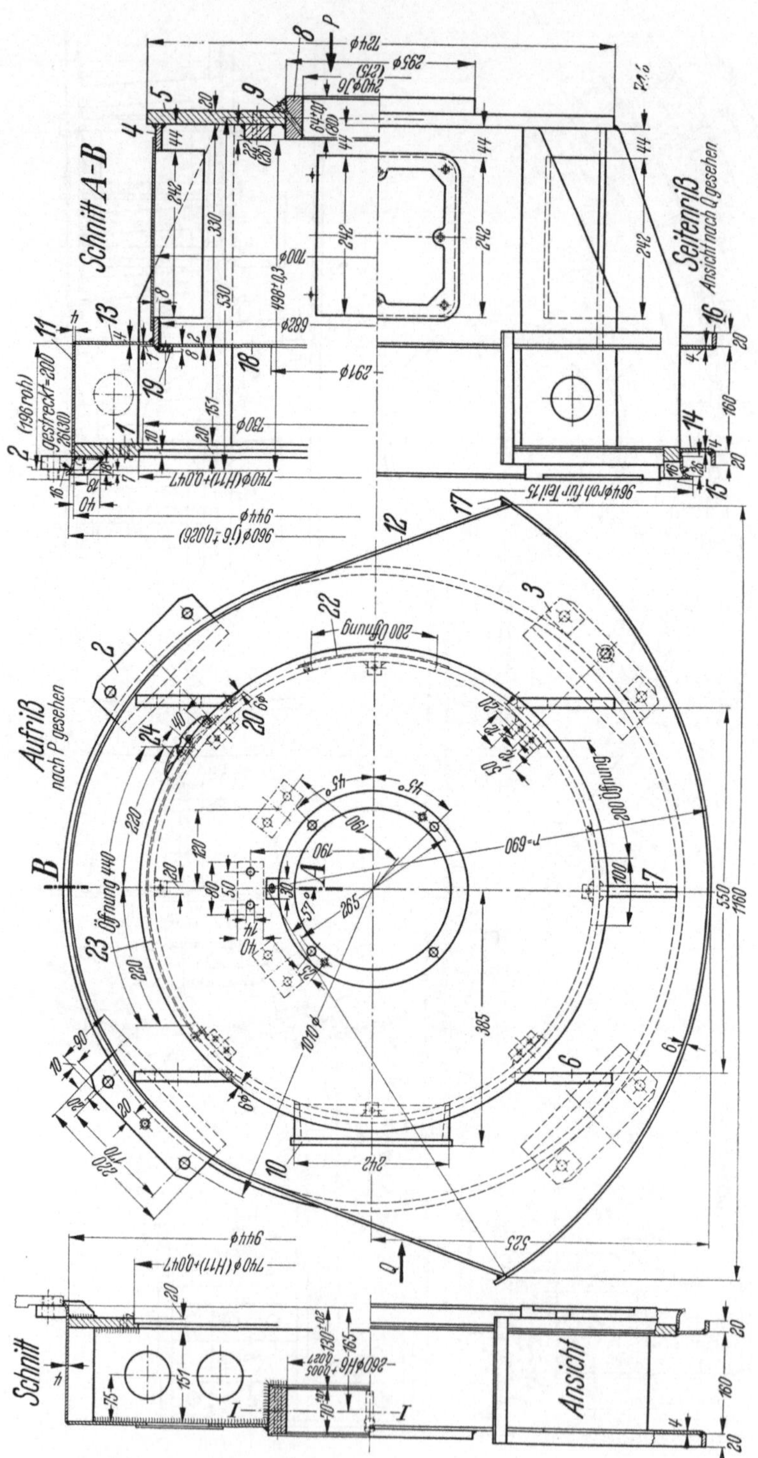

Abb. 619 u. 620. Lagerschilde zu einem Drehstrommotor

7.6 Vorbereitung zum Schweißen

Die Wirtschaftlichkeit der Schweißkonstruktionen ist in hohem Maße von einer zweckentsprechenden Vorbereitung der miteinander zu verbindenden Teile abhängig. Das Vorbereiten umfaßt das Zuschneiden und Formen der Grundteile sowie das Abschrägen der Schweißkanten für die V- und X-Nähte.

7.61 Zuschneiden der Grundteile

Das Zuschneiden der Grundteile erfolgt maschinell oder durch Brennschneiden (autogenes Schneiden). Um den geringsten Werkstoffabfall zu erreichen, sind auf den Werkzeichnungen Schnittskizzen anzufertigen.

Schwierige und umfangreiche Schweißkonstruktionen erfordern besondere Zeichnungen für das Zuschneiden, Biegen und für sonstige Vorbereitungsarbeiten.

Der in den Verarbeitungswerkstätten anfallende Schrott (Blech- und Formstahlteile) läßt sich fast immer für kleinere Schweißkonstruktionen (z. B. als Rippen u. dgl.) nutzbar machen. Um eine gute Ausnutzung der noch verwendbaren Schrotteile zu ermöglichen, ist es zweckmäßig, wenn der Betrieb dem Konstruktionsbüro regelmäßig Listen dieser Teile zugehen läßt. Teile, über die das Konstruktionsbüro verfügt hat, werden in den Listen gestrichen.

Maschinelles Zuschneiden. Die *Blechtafelscheren* werden der Länge und Breite der zu schneidenden Bleche entsprechend in verschiedenen Größen geliefert. Auf einer Kurbel-Blechtafelschere mit 800 mm Ständerausladung können z. B. bis 26 mm Dicke und 2600 mm Länge zugeschnitten werden.

Die Blechtafelscheren werden auch mit einer Einrichtung zum Schneiden der schrägen Schweißkanten ausgerüstet. An Stelle der mit geraden Messern arbeitenden Tafelscheren werden auch *Rollenscheren* verwendet, deren Schnittlänge unbegrenzt ist.

Bei der elektrisch betriebenen Rollenschere wird das Blech auf dem Tisch festgespannt. Das Schneiden geschieht durch zwei angetriebene Kreismesser (Abb. 621), die an einem längsfahrbaren Scherenkörper (dem Support) angeordnet sind. Infolge der zwischen den Rollen und dem festgespannten Schneidgut herrschenden Reibung wird der Scherenkörper

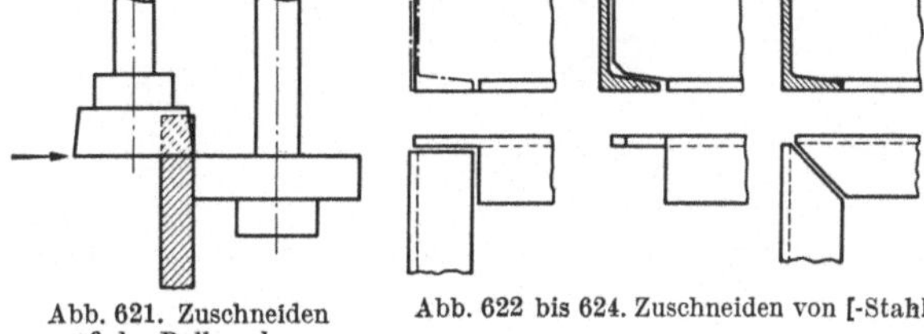

Abb. 621. Zuschneiden auf der Rollenschere

Abb. 622 bis 624. Zuschneiden von [-Stahl

an dem Schneidgut entlang gezogen und dieses geschnitten. Blechdicke 6—20 mm, Streifenbreite 400—600 mm.

Zum Schneiden schräger Schweißkanten kann der Scherenkörper bis zu einer Neigung von 45° gekippt werden. Durch eine einstellbare Zentriervorrichtung ist die in die äußerste Stellung gefahrene und dort festgestellte Schere wie eine Kreisschere benutzbar, so daß kreisrunde Scheiben zugeschnitten werden können.

Zum Schneiden von Formstahl werden Maschinen verwendet, die so ausgebildet sind, daß sie zum Blechschneiden, Ausklinken und Gehrungsschneiden von Formstählen sowie zum Lochen verwendbar sind.

Abb. 622. Ausklinken von [-Stahl zum Winkelstoß. Abb. 623. Ausklinken von [-Stahl zum T-Stoß . Abb. 624. [-Stahl zum Winkelstoß, auf Gehrung geschnitten.

Zum Zurichten von Formstahl, insbesondere Stab- und Rundstahl werden in beschränktem Maß auch *Sägen* verwendet.

Brennschneiden (Autogenes Schneiden). Die obere Grenze für die praktisch schneidbaren Werkstoffdicken liegt im Regelfalle bei etwa 1000 mm, doch sind vereinzelt auch erheblich dickere Stahlblöcke brenngeschnitten worden. Normale Schneidgeräte sind für Schnittdicken bis 300 mm eingerichtet; größere Schneidbereiche bedingen die Verwendung sog. Starkbrenner (bis 600 mm) bzw. von Sonderbrennern für größte Schnittdicken.

Unter 3 mm dicke Bleche sollten möglichst von Hand, maschinell aber nur im Stapel (Paketschneiden) geschnitten werden. Die untere Schnittgrenze liegt (auch beim Paketschnitt) bei 0,5 mm Blechdicke.

Besonders glatte und maßgenaue Schnittflächen werden auf Schneidmaschinen erzielt, die nach Werkstückanriß oder Zeichnung, in der Massenfertigung auch nach Schablonen gesteuert werden. Die Schnittgenauigkeit beträgt bis 0,3 mm, so daß in vielen Fällen ein mechanisches Nachbearbeiten der Schnittflächen entfallen kann.

Neben dem einfachsten Gerät, dem von Hand geführten Schneidbrenner, sind sog. Schneidmotore gebräuchlich, die an das Werkstück bequem herangebracht werden können.

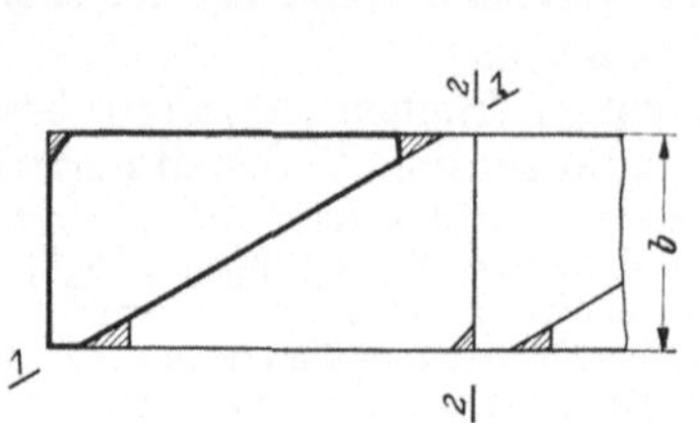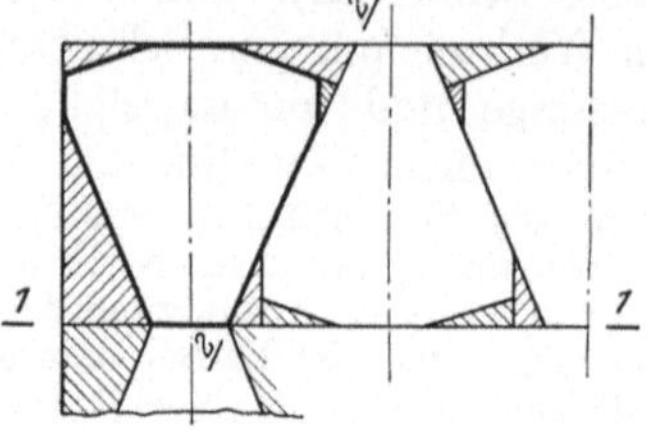

Abb. 625 u. 626. Maschinelle Scherenschnitte von Blechteilen

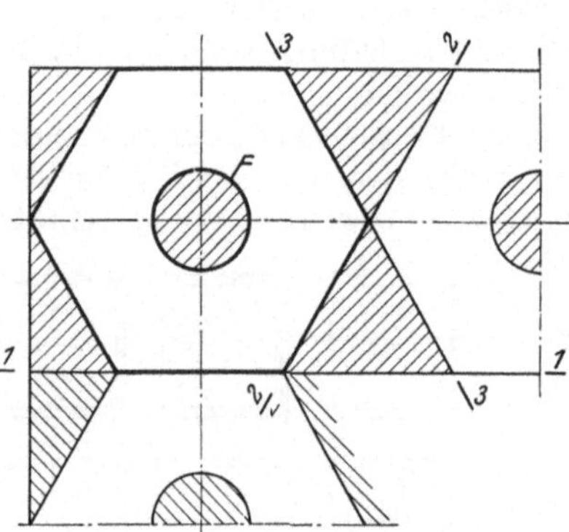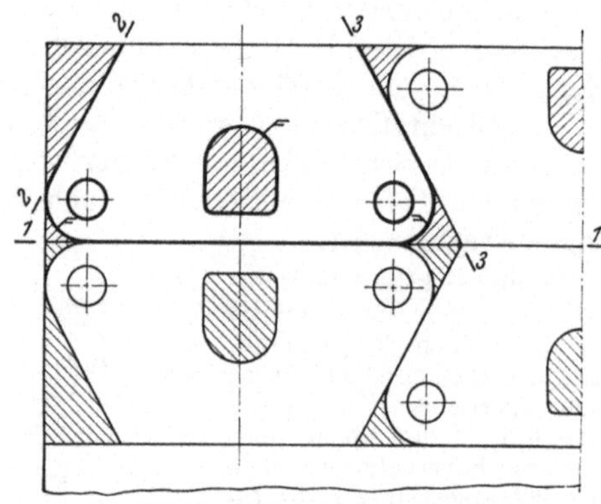

Abb. 627. Schnittskizze zu den Blechen einer Grundplatte

Abb. 628. Stegbleche zu einem Rollenwagen

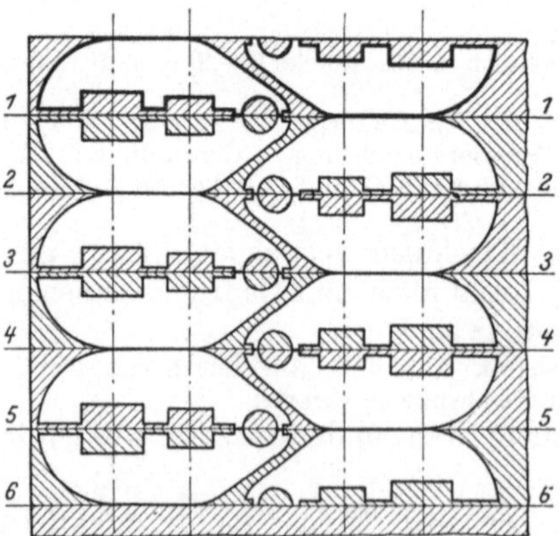

Abb. 629. Schnittskizze zu den Blechen eines Räderkastens

Umgekehrt bei ortsfesten und im bestimmten Rahmen auch als Universalschneidmaschinen einsatzfähigen Maschinen. Sie verlangen den Transport des Werkstücks zur Maschine.

Da das Brennschneiden, trotz seiner Wirtschaftlichkeit, bei nicht zu dicken Blechen und bei geraden Schnitten teurer ist als der normale Maschinenschnitt (auf mit Messern ausgestatteten Maschinen), wird man dem mechanischen Trennschnitt in solchen Fällen den Vorzug geben, obwohl die Quetschung beim Scherenschnitt nicht gerade günstig ist.

Abb. 625···629 zeigen einige Schnittskizzen für das Brennschneiden und den maschinellen Scherenschnitt. Die Brennschnitte sind durch das Symbol F gekennzeichnet.

Abb. 625. Rippe für einen Tragarm. Abb. 626. Schildbleche für Hakenflanschen. Die Scherenschnitte sind durch Ziffern (1···1 usw.) gekennzeichnet. Abb. 627. Bleche zur Grundplatte eines freistehenden Drehkranes. Abb. 628. Stegbleche zum Rollenwagen eines Raupenketten-Fahrwerks. Abb. 629. Blechzuschnitt zu den Wänden eines Stirnräderkastens.

Abb. 630 u. 631. Obere u. untere Wandteile zu einem Schneckenkasten. Abb. 632. Schnittskizze zu den Wänden eines Ständergehäuses. Abb. 633···637. Supportschnitte. Abb. 633···636.
Lagerkörper für Räderkästen. Abb. 637. Schweres Stehlager für Baggerbetrieb.

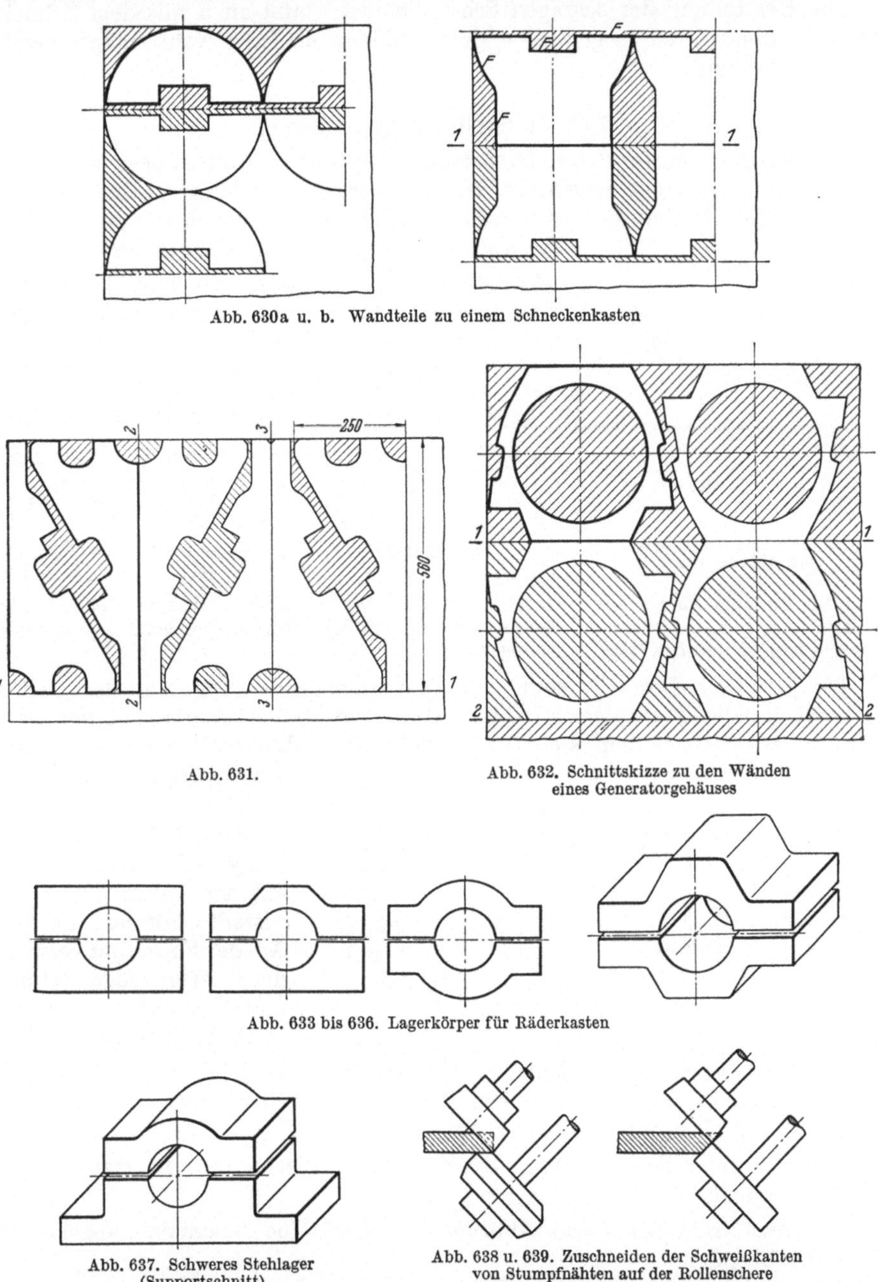

Abb. 630a u. b. Wandteile zu einem Schneckenkasten

Abb. 631.

Abb. 632. Schnittskizze zu den Wänden
eines Generatorgehäuses

Abb. 633 bis 636. Lagerkörper für Räderkasten

Abb. 637. Schweres Stehlager
(Supportschnitt)

Abb. 638 u. 639. Zuschneiden der Schweißkanten
von Stumpfnähten auf der Rollenschere

Das Abschrägen der Schweißkanten für die V- und X-Nähte geschieht je nach der Blechdicke durch Hobeln, Fräsen oder Schleifen. Auf der Blechtafelschere lassen sich die schrägen
Kanten durch geneigte Lage des Bleches und Unterlagen von Stützwinkeln schneiden.

Bei der Rollenschere Bauart Pels (s. Abb. 621) wird der Scherenkörper der Neigung
der Schweißkante entsprechend gekippt. Beim Schneiden der Kanten von V-Nähten wird

eine Gegenrolle mit abgeschrägtem Kranz eingesetzt (Abb. 638). Wird die zweite Schrägkante einer X-Naht geschnitten (Abb. 639), so sind die Rollen die gleichen wie beim senkrechten Schnitt (Abb. 621).

Die Herstellung der schrägen Schweißkanten kann auch mit dem Schneidbrenner erfolgen, der in geneigter, dem Muldenwinkel der Naht entsprechender Lage geführt wird.

7.62 Herstellung der Formen

Die Ausführung der Schweißkonstruktionen läßt sich durch geeignete Formgebung der Grundteile wesentlich vereinfachen und verbilligen. Dies gilt insbesondere für Bleche, die den verschiedensten Anforderungen entsprechend auf Abkantpressen und Biegemaschinen geformt werden.

Abkanten. Abkantpressen ermöglichen das Herstellen der verschiedenartigen Formen aus Blechtafeln oder -streifen.

Abb. 640 zeigt das einfache, rechtwinklige Abkanten eines Bleches. In den festen Teil der Maschine (den Tisch) wird eine Matrize *1* eingesetzt. In dem senkrecht geführten Stößel

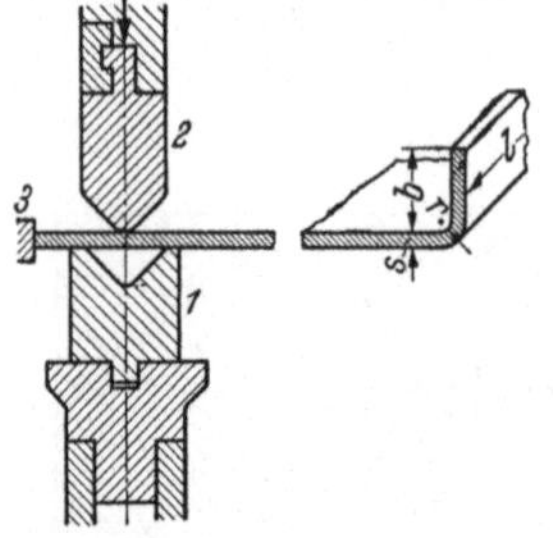

Abb. 640 u. 641. Arbeitsweise der Abkantpresse

Abb. 642 bis 647. Auf der Abkantpresse hergestellte Profile

wird das Preßlineal *2* befestigt. Nach Einführen des Bleches bis zu dem verstellbaren Anschlag *3* und Ingangsetzen der Maschine wird der Stößel unter entsprechend hohem Druck abwärts bewegt und das Blech wird abgekantet.

Die jeweils in Betracht kommende Maschinengröße hängt von der größten zu bearbeitenden Blechdicke s (Abb. 641), der größten Abkantlänge l, der kleinsten Abkantbreite b, dem kleinsten inneren Abrundungshalbmesser r und von der Festigkeit des Werkstoffs ab.

Abb. 642···647 zeigen einige oft vorkommende, auf der Abkantpresse hergestellte Formen. Je nach Art der Form sind verschiedene Werkzeuge (Unter- und Oberwerkzeug, *1* bzw. *2* in Abb. 640) erforderlich.

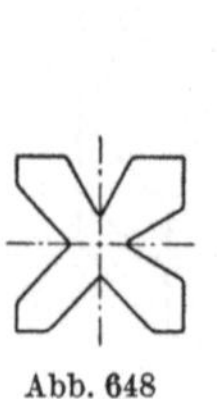

Abb. 648

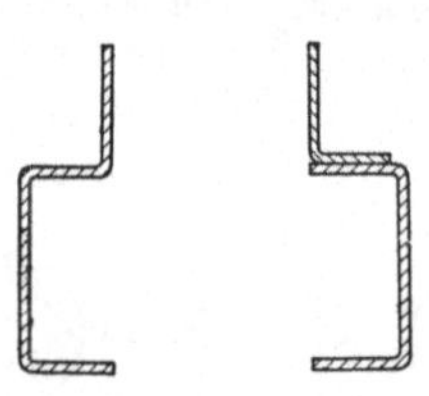

Abb. 649. Abkanten der tragenden Bleche zu einer Elektrotrommel

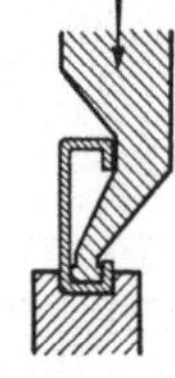

Abb. 650

Das Unterwerkzeug (die Matrize, Abb. 648) hat vier Kerben und ermöglicht das Abkanten in verschieden großen Winkeln. Zu jeder Matrizenkerbe gehört ein Lineal mit dem entsprechenden Winkel.

Abb. 649 zeigt das Abkanten der tragenden Bleche zum Lagerstuhl einer Elektrotrommel.

Das Ausführen der Form Abb. 650 erfordert eine besondere, abgekröpfte Form des Lineals.

Auf einer Universal-Abkant-, Rund- und Kastenbiegemaschine, die einen ausschwenkbaren Einspannbalken hat, lassen sich geschlossen gebogene Kästen herstellen. Größte Blechdicke: 18 mm, größte Blechlänge: 3000 mm. Auch hat die Maschine eine Einrichtung zum Biegen von Rohren bis 500 mm Durchmesser.

Biegen. Das Biegen von Blechen, wie Kessel- und Behälterschüssen, geschieht auf Biegemaschinen, die mit drei Walzen ausgerüstet sind.

Auf einer Rollenbiegemaschine mit senkrecht oder schräg stehenden Biegerollen können geschlossene Ringe aus Flach-, L-, T-, [- und I-Stahl gebogen werden.

Infolge der neuartigen, schräg liegenden Biegerollen kann die Maschine Winkeleisen mit nach innen liegendem waagerechtem Schenkel auf kleinere Durchmesser biegen, als es bisher auf kaltem Wege möglich war.

7.7 Beispiele für Abbrennschweißung (Abschmelzschweißung)

Arbeitsvorgang beim Abbrennschweißen s. Bd. II.

Der Hauptvorteil der Abbrennschweißung ist der, daß die Festigkeit des Stumpfstoßes nahezu gleich der Werkstoffestigkeit ist (90···100%).

Symbol zur Kennzeichnung der Abbrennschweißung: ⊣⊢.

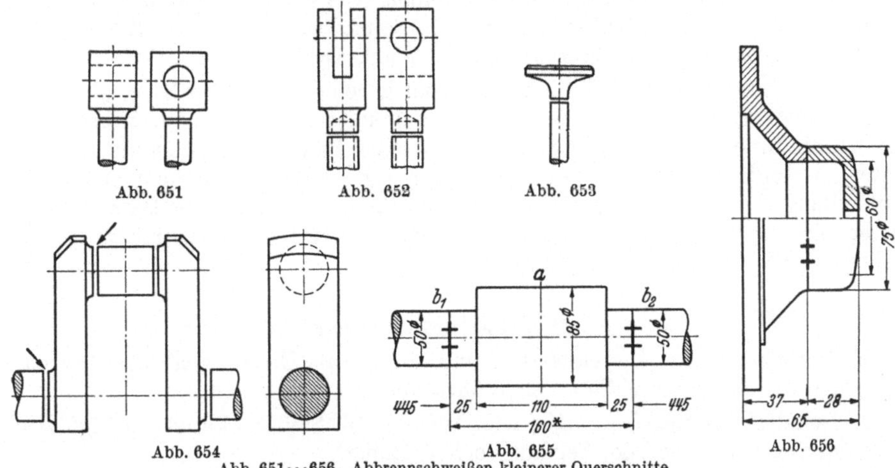

Abb. 651　　　Abb. 652　　　Abb. 653

Abb. 654　　　Abb. 655　　　Abb. 656

Abb. 651···656. Abbrennschweißen kleinerer Querschnitte

Abb. 651···653 geben einige Beispiele für das Abbrennschweißen kleinerer Querschnitte. Abb.651: Anschluß eines quadratischen Auges an eine Rundstange; Abb.652; Anschluß eines Gabelstückes an ein Rohr; Abb. 653: Anschweißen eines Ventiltellers an die Stange. Abb.654···657 zeigen einige im Maschinenbau oft vorkommende Beispiele. Abb. 654: Schweißen einer Kurbelwelle. Abb. 655: Schneckenwelle. Die Schnecke a ist aus Chromnickelstahl (geglüht), während die beiden angeschweißten Wellenteile aus St 50.11 bestehen. Hierdurch wird wesentlich an dem teuren Chromnickel-Stahl gespart. Abb. 656. Teil zu einem Spezial-

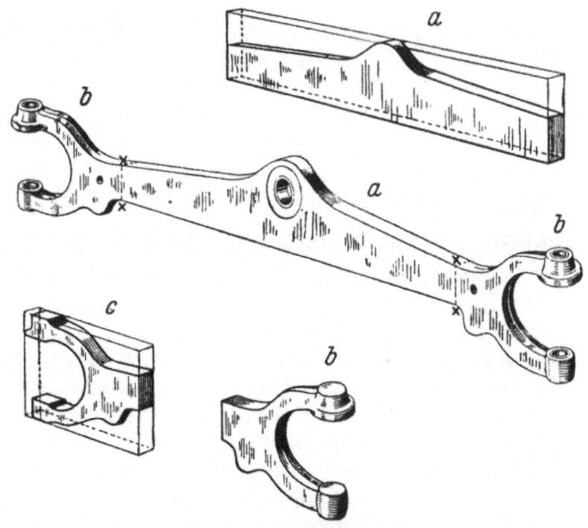

Abb. 657. Durch Abbrennschweißung hergestellte Schleppervorderachse

gelenk für Lastkraftwagen. Abbrennschweißung einer Lokomotivtreibstange Abb. 657: Durch Abbrennschweißung hergestellte Schlepper-Vorderachse. Das Mittelstück a ist aus Flachstahl 120×45 mm mit dem Brenner zugeschnitten. Die beiden Achsgabeln b sind im gleichen Gesenk geschlagen nachdem die Vorstücke c aus Flachstahl 310×70 mm ausgebrannt worden sind. Die fertigen Gabelstücke b werden durch Abbrennschweißung an das Mittelstück a angeschlossen.

7.8 Behälter- und Apparatebau

7.81 Bauarten

Hier interessieren vorerst nur auf Innen- oder Außendruck beanspruchte *geschlossene* Behälter, Gefäße und Apparate, deren Bauart sich nach den sehr verschiedenen Verwendungszwecken richtet. Eine rohe, rein äußerliche Unterscheidung in der Bauweise läßt sich in 3 Hauptgruppen zusammenfassen:

1. Zylindrische, ovale, eckige oder sonstwie geformte *einmantelige* Behälter liegender oder stehender Bauart,

2. doppelwandige Behälter mit oder ohne Einbau,

3. Behälter mit eingebauten Rohrsystemen: wie Kondensatoren, Kühler und Boiler, Behälter mit Außenberohrung (z. B. Samkaberohrung), wie Kühler, Verdampfer, Autoklaven, Rührwerks- und Schmelzkessel.

Die Berechnung der Wanddicken ist vom jeweiligen Betriebsdruck abhängig, wonach man unterscheiden kann zwischen Behältern für geringen Innendruck, für hohen Innendruck und für Unterdruck oder Vakuum. Soweit die Behälter unter Dampfdruck stehen, sind hinsichtlich ihres Baus, ihrer Ausrüstung und Aufstellung die Bestimmungen für Dampfgefäße maßgebend. Alle Berechnungen lassen sich nach der weiter unten angegebenen Dampfkesselformel mit meist höheren v-Werten als 0,8 durchführen.

7.82 Verwendungszweck

Entsprechend ihrer Zweckbestimmung können als Unterscheidungsmerkmale bezüglich der Art ihrer *Füllung* angeführt werden:

1. Behälter für *flüssige Stoffe*; wie: Wasser, Öl, Säuren, Laugen u. dgl. (Imprägnierkessel, Kühlgefäße, Zellstoffkocher, Boiler).

2. Behälter für *Gase* und *Dämpfe*, wie: Luft, Leuchtgas, Wassergas.

3. *Dampfgefäße*, wie: Autoklaven, Extraktoren, Dämpfer, Braupfannen, Dekatier- und Vulkanisierkessel.

7.83 Werkstoffe

Auch im Behälter- und Apparatebau sind, soweit es sich um nicht zu hohe Drücke und Temperaturen, noch um chemische Einwirkungen auf den Werkstoff handelt, normale Kohlenstoffstähle der meistbenutzte Baustoff.

Höheren Drücken, vor allem Dampfdruck und hohen Temperaturen ausgesetzte Behälter oder Kessel verlangen die in der Tabelle für Dampfkessel angegebenen Blechgüten, die für Temperaturgebiete über 500° C durch hitzebeständige Stahlsorten, wie Cr-, Cr–Mo-Stähle, durch Sicromal u. a. Werkstoffe ersetzt werden können oder müssen. Für die Aufnahme von Laugen, Salzlösungen, Säuren u. a. aggressive Flüssigkeiten bestimmte Behälter werden aus rostsicheren, säurefesten Stahllegierungen (z. B. aus VA-Stählen) hergestellt, wenn nicht genügend dicke Plattierungsschichten solcher Legierungen oder Auskleidungen mit Blei, Gummi, Kunstharzen usw. die Stahlblechwandungen vor Korrosion schützen.

In der chemischen, vornehmlich in der Lebensmittelindustrie, kommen neben Stahl verschiedene NE-*Metalle*, wie Messing, Kupfer, Reinnickel, Monel und Aluminium, z. T. auch Edelmetalle, wie Silber und Silberlegierungen als Behälterbaustoff in Frage, sofern nicht mit solchen Metallen oder mit nichtrostenden Cr-Ni-Stählen plattierte Stahlbleche Verwendung finden können.

Werden plattierte Bleche verwendet, dann müßte nach den früheren Vorschriften die Plattierungsschicht, die normalerweise 10% der Blechdicke beträgt, aber auch dicker sein kann, berücksichtigt, d. h. von der Gesamtwanddicke abgesetzt werden. Heute kann die Gesamtdicke des Werkstoffs mit dem für Stahl zulässigen Faktor in Rechnung gesetzt werden.

7.9 Offene Behälter und Gefäße

Offene Behälter sind immer nur dem Eigengewicht des Füllgutes ausgesetzt, gleichgültig, ob es sich um feste oder flüssige Stoffe handelt. In Kesselschmieden und Apparatebauanstalten nimmt die Herstellung von Flüssigkeitsbehältern einen besonders breiten Raum ein. Daneben werden mannigfache, formenverschiedene, der Lagerung oder dem Transport fester Stoffe dienende Behälter hergestellt, z. B. für Schüttgüter, wie Kohlen und Kohlenstaub, Sand, Mörtel; Fördergefäße, wie Kippkübel, Klappgefäße, Schürfkübel, Baggereimer, Elevatorenbecher, Selbstgreifer u. dgl. Hierfür werden Stähle verschiedener Festigkeit, in chemischen Betrieben und in der Lebensmittelindustrie auch NE-Metalle aller Art verwendet.

Die Herstellung offener stählerner Blechbehälter und Gefäße von normalen Abmessungen und mittleren Werkstoffdicken, ob rund, oval oder rechteckig, zählt zu den einfachsten Arbeiten des Behälterbaues. Sie werden schwieriger, wenn es sich um kastenförmige dickwandige Körper von großen Ausmaßen handelt, die neben einer ausreichenden

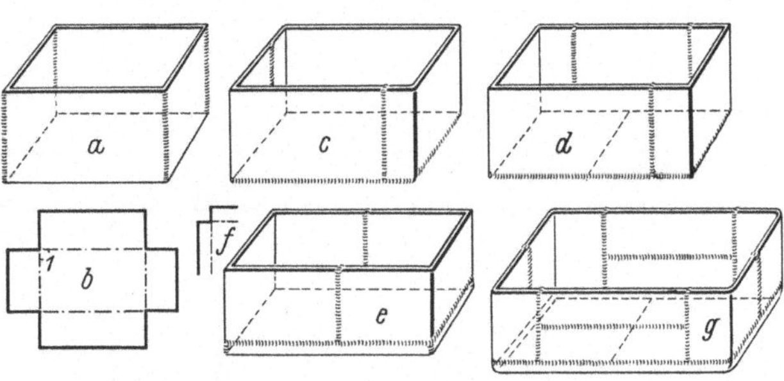

Abb. 658. Schweißnahtanordnung bei Blechgefäßen

Versteifung eine bestimmte Schweißfolge verlangen, um ein Verziehen der Konstruktion zu verhüten. Die Maßhaltigkeit beim Schweißen runder Behälter sicherzustellen, ist verhältnismäßig leicht.

Kleinere, untergeordneten Zwecken dienende *rechteckige* Behälter werden meist scharfkantig, größere mit abgerundeten Kanten ausgeführt (Abb. 659). An Stelle der an den scharfen Kanten (auch am Boden) überlappt genieteten oder außen bzw. innen durch angenieteten Winkelstahl versteiften Kanten ist oft schon die primitivste Form der Kantenverbindung durch Schweißen aller acht Kanten ausreichend. Diese unwirtschaftliche Bauweise ist bei großen Behältern im allgemeinen nicht mehr zu empfehlen. Vielmehr werden möglichst große Blechtafelformate verwendet, die so abzukanten sind, daß wenige und im Gesamtverband auf günstige Felder verteilte Schweißnähte vorgesehen werden.

In Abb. 658 a—g sind einige elementare Beispiele skizzenhaft angedeutet, wobei unter sich *verschieden große*, in der Darstellung jedoch in gleicher Größe gezeichnete Behälter angenommen wurden. Je nach Abmessung können im Beispiel *a* Blechtafeln von 1000 × 2000, 1250 × 2500 oder 1500 × 3000 mm, wenn der Verschnitt es zuläßt, im Sinne von *b* zugeschnitten und an den Anrißlinien (1) abgekantet werden, so, daß nur die vier Seitenkantennähte zu schweißen sind. Bei *c* sind alle Bodenkanten und je eine senkrechte Naht in der Längs- und Breitseite des Kastens zu schweißen. Bei *d* werden die Stirnwände zweimal abgekantet und an die Längswände angestoßen. Der in der Längsmitte geschweißte Boden wird ringsum mit dem Zargenrahmen verbunden. Die Bodenkantennähte entsprechend der Skizze *e* in die Seitenflächen zu verlegen, ist immer ratsam. *f* zeigt den Bodeneckenzuschnitt für die Kästen *e* u. *g*. Endlich zeigt *g* noch einen aus vielen Blechschüssen zusammengesetzten großen Behälter.

Rand-, Längs- und Querversteifungen der Behälter sind durch angenieteten oder angeschweißten Flachstahl oder Winkelstahl, bei schwerer und großer Ausführung auch durch andere Profilstähle, z. B. durch [- oder T-Stahl zu erzielen.

Flüssigkeitsbehälter. Solche Behälter müssen vor allem *dauernd dicht* sein, eine Forderung, die in geschweißter Ausführung am sichersten erreichbar ist.

Der in Abb. 659 dargestellte *Wasserbehälter* hat ein Fassungsvermögen von etwa 9 m³, eine Länge von 3750 mm, eine Breite von 1700 mm und eine Höhe von 1400 mm. Sämtliche Kanten sind abgerundet.

Teile der Konstruktion: *1, 1′* und *2* an den Kanten abgerundete 10 mm dicke Bodenbleche; *3* kalottenförmige, 7 mm dicke Eckstücke; *4* und *5* glatte Wandbleche von 7 mm Dicke *6⋯8* an den Kanten gerundete Wandbleche; *9* Winkel für die Randversteifung (*a*); *10* Winkel; *11* Flachstahl für Querversteifung; *12* dreiteiliger Blechdeckel; *13* T-Eisen (*c*) zur Randversteifung und Auflage des Deckelblechs; *14* Ablaufkrümmer (*b*).

Anschluß der kalottenförmigen Bodenecken *3* an die Boden- und Seitenbleche nach Abb. 659. Der Randwinkel *9* ist durch eine ¹/₂ V-Naht mit der Behälterwand verbunden.

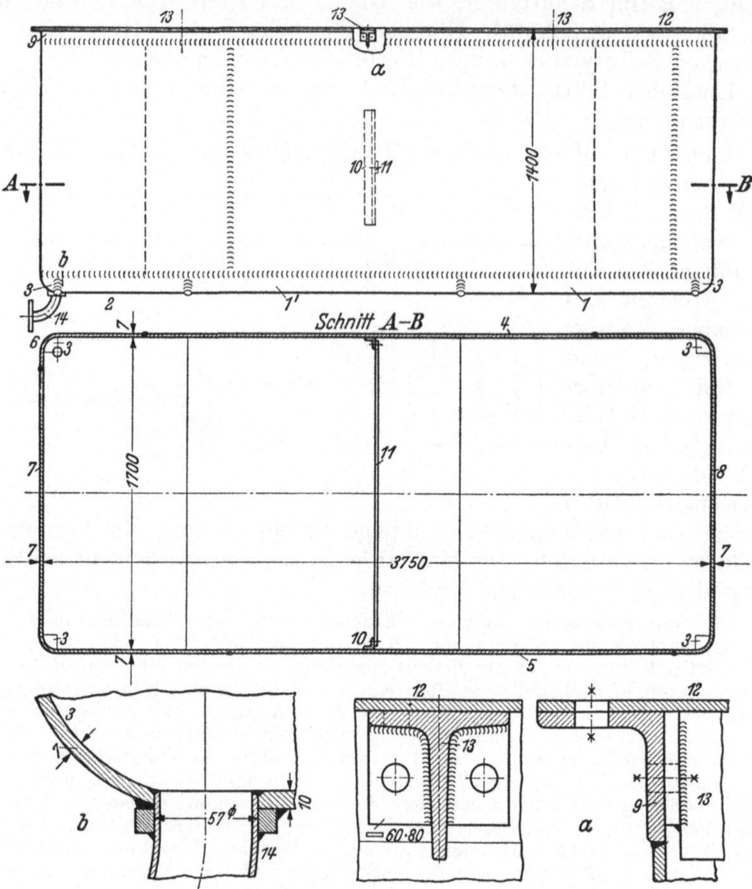

Abb. 659. Geschweißter Wasserbehälter für 9 m³ Inhalt

Die T-Eisen *13* sind an den Enden mit Flachstahl 60/80 verschweißt und mit dem Randwinkel vernietet oder verschraubt *a*(u. *c*). Der Schweißanschluß des Ablaufstutzens (*b*) ist durch einen Ring *14* verstärkt.

Zu den Flüssigkeitsbehältern oder -gefäßen gehören u. a. auch *Öltransformatorkästen*, die gegen warmes Öl zuverlässig dicht sein müssen, eine Forderung, welche über die an Wasserbehälter gestellte weit hinausgeht. Ungezählte Tausende solcher Trafokästen aller Größen werden in geschweißter Ausführung hergestellt. Man unterscheidet hierbei Glattblech-, Rippen- oder Wellblech- und Röhrenbehälter, je nach Art und Größe der verlangten Oberflächenkühlung der Gefäße. Die Kästen können rund, oval oder rechteckig und auch fahrbar sein.

Rippen- oder Wellblechkästen. Leichtere Gefäße mit Rippenkühlung werden, wie Abb. 660 andeutet, mit spitzen (*e*), größere mit Wellblechrippen (*g*) versehen.

Teile der Konstruktion: Abb. 660. *a* abgekantetes Bodenblech von 3···10 mm Dicke, durch [-Eisen *b* versteift und unten (Pfeil) mit den Rippen *c*, die erst unter sich verschweißt werden, durch Stumpfnaht verbunden. Oberer Winkelrahmen *d* für Deckel ebenfalls mit Rippen *c* verschweißt. Die ausgestanzten, meist schräg geschnittenen und auf der Abkant-bank in wellige Form gebrachten Rippen-enden c_1 und c_2 werden unten und oben umgebördelt und stumpf verschweißt. Darauf an Boden *a* und Rahmen *d* ange-schweißt. Wellenlängen unter sich im Bördelstoß *f* verbunden. Größte Wellen-höhe etwa 150 mm, Wellenteilung bis 80 mm (Spitzwellen, keglige Wellen). Blechdicken 0,75 bis 2,5 mm.

g Rundwellen (Wellblech, Blechdicke 1,5···3,0 mm, für größere Kästen. Wellen-höhe bis 200 mm, Breite bis 40 mm. Oberer und unterer Abschluß der Wellen durch ringsum eingeschweißte, schraffiert ge-zeichnete Blechlamellen.

Röhrenkästen. Ölbehälter für Trafos großer elektrischer Leistung werden hauptsächlich rechteckig ausgeführt und mit Rohren ver-sehen, Abb. 661.

Teile der Konstruktion: Die Ab-bildung zeigt einen Röhrenkessel, von der Unterseite aus gesehen. *a* Bodenblech, durch Flachstahlrippen *b* versteift, die durch unterbrochene Kehlnähte (Heftnähte) mit *a* verbunden sind. Tragrahmen (Unterbau) zur Aufnahme eines Fahrgestells eingerichtet. Rohre *e* münden in Glattblechwände *d* mit oberem, im Bilde nicht sichtbaren Winkelrahmen und werden, der leichteren Zugänglich-

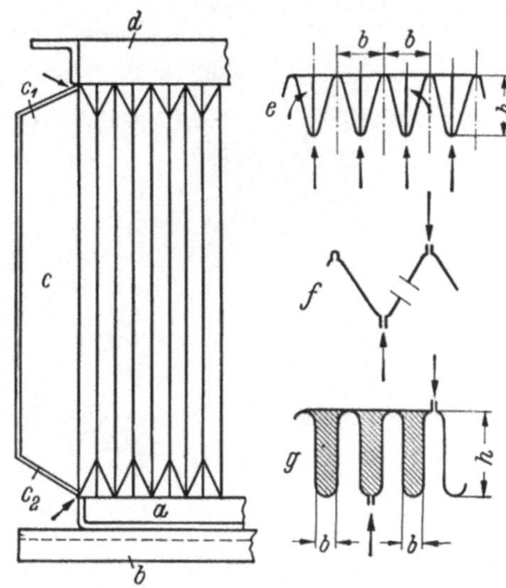

Abb. 660. Transformatoren-Wellblechkästen

Abb. 661. Transformator-Röhrenkessel, geschweißt

keit halber, zweckmäßig vom Behälterinnern mit den Seitenwänden verschweißt. Wo eben möglich, Zusammenbau in Reihenfolge 1···5, um äußere Rundnähte *a* anbringen zu können. Im Regelfalle werden die Rohre an der Innenseite des Behälters angeschweißt.

18*

Abmessungen des Behälters: Länge etwa 2000 mm, Breite ∼ 1000 und Höhe ∼ 1800 mm. Gesamtlänge einschl. Rohren ∼ 3500 mm, Breite 2500 mm, Wanddicke 8···10 mm, Bodenblech 15 mm. Werkstoff St 37/42.

Abb. 662. Transformator-Glattblechkessel

Glattblechkästen (Abb. 662). Glattblechkasten schwerer Bauart mit ebenen Längs- und gewölbten Stirnwänden.

Teile der Konstruktion: Behälter a an Längswänden durch mit unterbrochenen Kehlnähten f angeschweißte T-Profile versteift; d Teile der Bodenkonstruktion; b Flachstahlrahmen, mit a verschweißt; Längsnähte g (V-Nähte); e vier Transportstutzen. Gesamtkonstruktion lichtbogengeschweißt. Abmessungen: ∼ 2000 mm Länge; ∼ 800 mm Breite und etwa 1900 mm Höhe; Blechdicke 8···10 mm; Werkstoff St 37/42.

7.10 Geschlossene Behälter

Über den Bau von Behältern, deren vielseitige Verwendungszwecke und über ihre Berechnung wurde bereits das Wichtigste angeführt. Auch hier können nur einige sinnfällige Konstruktionen gebracht werden. Längs- und Rundnähte, wie auch die übrigen baulichen Einzelheiten sind die gleichen wie im Kessel- und Dampffaßbau. Um die Spannungen in den Längsnähten (σ_1) zu vermindern, sind vereinzelt Behälter und Kessel großer Baulängen angefertigt worden, bei denen die Längsnaht nicht in der Mantellinie, d. h. nicht axial, sondern *schraubenförmig* angeordnet ist. Demnach fallen Längs- und Rundnähte in einer Naht zusammen. Solche Nähte haben zwar eine höhere Festigkeit, sind aber im Zuschnitt und Zusammenbau der Mäntel so teuer, daß man lieber dickere Bleche und getrennte Längs- und Rundnähte in Kauf nimmt.

Einmantelige Behälter

Als Beispiel einer schweißgerechten Bauart kann der stehende *Druckluftkessel* Abb. 663 gelten.

Teile der Schweißkonstruktion: Bei einer Schußlänge von $l = 2000$ mm und einem lichten Durchmesser von $D = 1000$ mm, entsprechend einem Inhalt von 1,8 m³, und bei Verwendung eines Kesselblechs von $K = 36$ kg/mm², ergeben sich, wenn ein Betriebsdruck von 10 kg/mm² und ein Probedruck von 16 kg/mm² angenommen werden, nach dem weiter vorn beschriebenen Rechnungsgang folgende Wanddicken: Manteldicke $s = 10$ mm; Dicke der Behälterböden $s_1 = 12$ mm. Dabei ist $x = 4,25$ und $v = 0,7$. In der Längsnaht ist die vorhandene Zugspannung beim Betriebsdruck: $\sigma_1 = 500$ kg/cm², beim Probedruck 800 kg/cm².

Die gekümpelten Böden vom Radius R sind mit Rundnähten S_2 an den mit Längsnaht S_1 verschweißten Mantel angeschlossen. I Lufteintrittsstutzen; II Luftaustrittsstutzen; III Anschluß für das Sicherheitsventil und IV Wasserablaß.

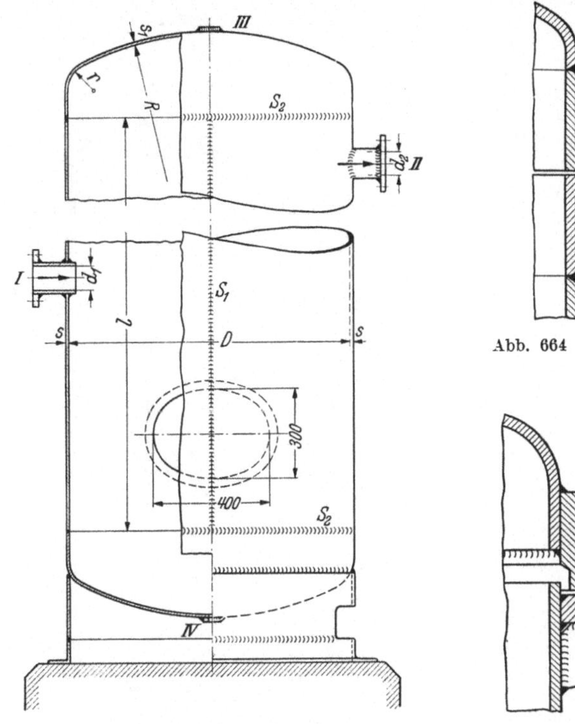

Abb. 663. Stehender Druckluftkessel

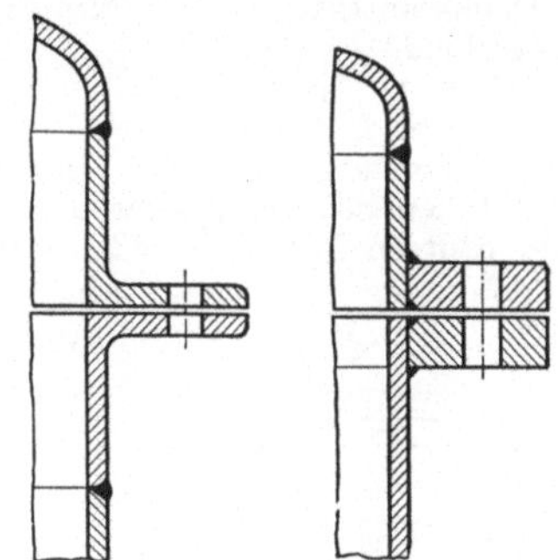

Abb. 664 u. 665. Abnehmbare Behälterdeckel

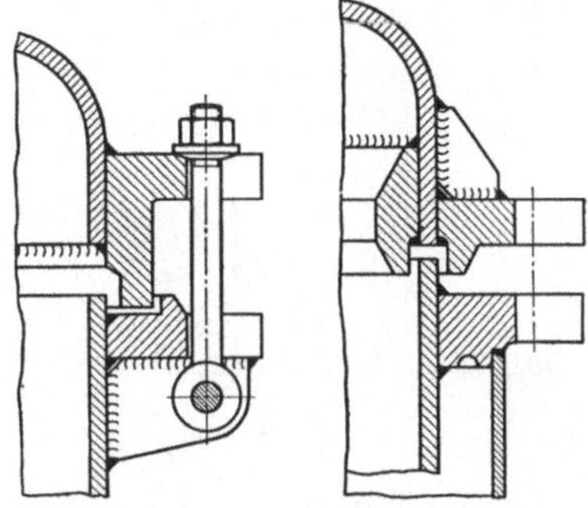

Abb. 666 u. 667. Deckelverschlüsse an Behältern für höhere Drücke

Müssen die *Behälterdeckel* aus betrieblichen Gründen abnehmbar sein, dann bestehen neben vielfältigen Konstruktionsmöglichkeiten die Ausführungen der Abb. 664 bis 667.

Abb. 664: An den Mantel und den oberen Boden sind die stehenden Schenkel von Winkelstahlringen mit V-Naht angeschweißt; die waagerechten Schenkel dienen als Flanschen.

Abb. 665: Die Flanschen bestehen aus, innen mit einer V-Naht und außen mit einer Kehlnaht an die Behälterwandung angeschlossenen Flachstahlringen.

Abb. 666: Behälterverschluß für höhere Drücke mit Dichtungsrille und umklappbaren Augen-(Gelenk-)schrauben. Der untere Flanschring ist durch Rippen versteift.

Abb. 667: Deckelverschluß für einen doppelmanteligen Behälter (Dampfmantel).

Ausführungsbeispiele (Abb. 668). *Heißwasserkessel* von 520 mm Durchmesser und 3000 mm Höhe. Der Röhrenkessel stellt eine vorbildliche Schweißkonstruktion dar.

Teile der Schweißkonstruktion: I Wassereintritt; I' Wasseraustritt; $II—II$ Dampfeintritt; III Kondensataustritt; IV Entlüftung; *1* Behältermantel; *2* oberer (gewölbter) Boden, *3* unterer (flacher) Boden; *4* oberer flacher Boden (Rohrwand); *5* Wasserrohre, in *3* bzw. *4* eingeschweißt; *6* innerer gewölbter Boden, mit einem angeschweißten Flansch an den Deckel *4* angeschraubt; *7* senkrechte Zwischenwand, am Boden *3* bzw. am Kesselmantel befestigt; *8* Flansch; *9* gewölbter Boden im unteren Wasserraum; *10* Zwischenwand; *11···13* Stutzen; *14* Ring mit Flansch zur Befestigung des Kessels auf dem Fundament; *15* Transportöse. Werkstoff: St 37.21. Die Stutzen II und III sind mit Vorsatz-Schweißflanschen ausgestattet.

Abb. 669: Auch diese Konstruktion ist beispielhaft und stellt einen *Wasser-abscheider* von 1100 mm Durchmesser, für 16 atü Betriebsdruck (Probedruck 32 atü) und für eine Betriebstemperatur von 400° C dar.

I Dampfeintritt; *II* Dampfaustritt; *III* Wasserablaß.

Teile der Schweißkonstruktion: *1* Mantel; *2* unterer und *3* oberer gewölbter Boden; *4* Stutzen; *5* Verstärkungsring; *6* Innenboden; *7* Rohr in Innenboden eingeschweißt; *8* Rohr am oberen Stutzen *4* angeschweißt; *9* Pratzen.

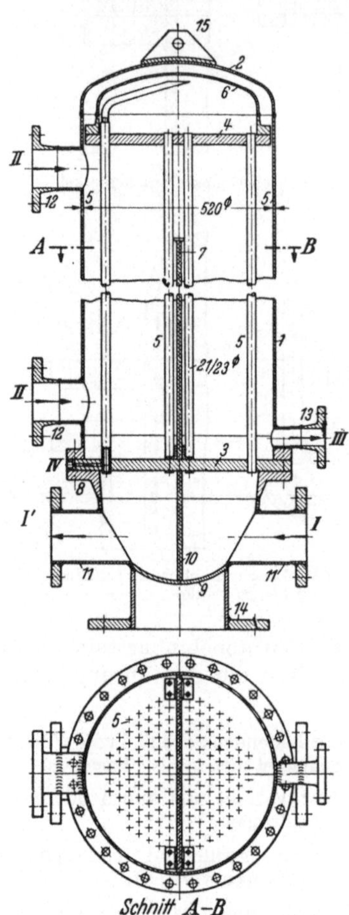

Abb. 668. Geschweißter Heißwasserkessel

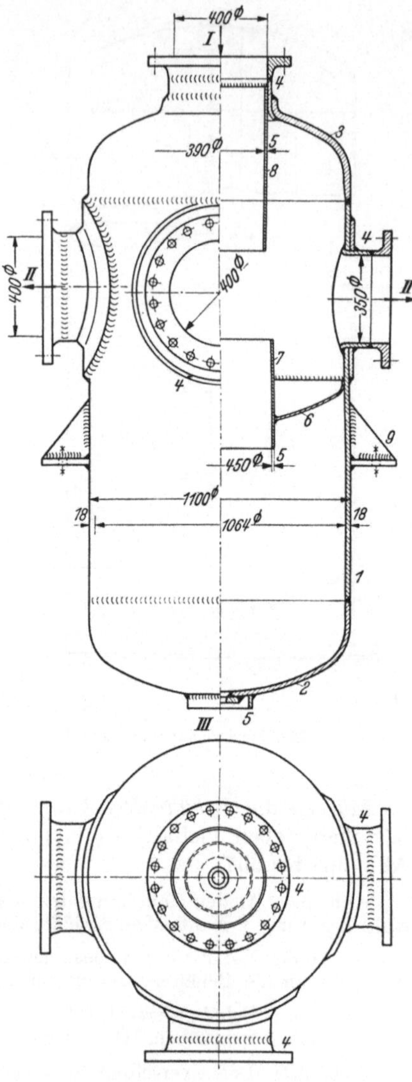

Abb. 669. Geschweißter Wasserabscheider
von 1100 mm ⌀

Der Mantel aus 18-mm-Blech ist durch eine V-Naht stumpf gestoßen. Am Stutzenansatz *II* ist die Wanddicke von *1* durch aufgeschweißte Ringe verstärkt (Lochverstärkung). Die Böden *2* und *3* sind tief gewölbt. Der Innenboden *6* hat an seiner tiefsten Stelle Ablauflöcher für niedergeschlagenes Wasser.

Doppelmantelige Behälter

1. Unversteifte Bauarten. Auch die Gestaltung doppelwandiger Behälter, z. B. mit Dampfmänteln (Boiler u. dgl.), läßt dem Konstrukteur verschiedene Wege offen. Dabei kommt es hauptsächlich auf eine zweckmäßige und gute Versteifung zwischen den Innen- und Außenmänteln an. Bei verhältnismäßig geringen Drücken genügen einfache unversteifte Mäntel, während höhere Drücke eine ausreichende Sicherung durch Bolzen oder Anker, oder, wie noch gezeigt wird, durch besondere Schweißkonstruktionen erforderlich machen.

In den Abb. 670 $I \cdots IV$ sind einige derüblichen Ausführungen doppelwandiger Behälterfür geringere Drückeskizziert.

Abb. 670 I. Der an den Außenboden des Behälters durch eine V-Naht angeschweißte äußere Mantel S_1 maist oberen Ende eingezogen und der Mantelhals bei A durch eine Rundkehlnaht mit dem Behälter verbunden. Der Mantelbord liegt parallel zum Innenmantel. Diese Konstruktion ist nicht sehr günstig.

Bei II ist der Außenmantel so herumgeholt, daß seine Blechdicke senkrecht an den Innenmantel anstößt, wodurch bei A eine $^1/_2$ V-Naht entsteht.

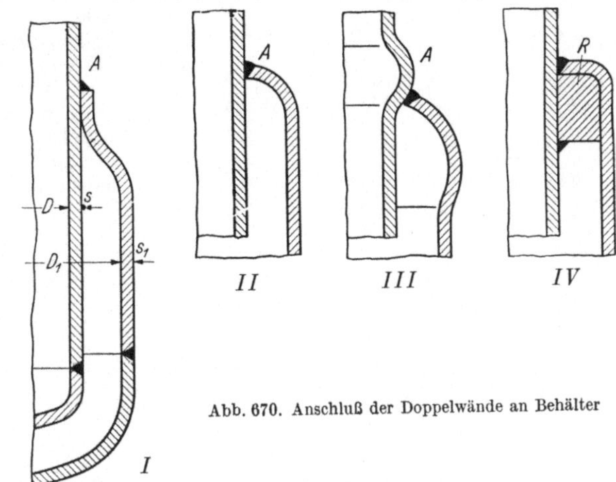

Abb. 670. Anschluß der Doppelwände an Behälter

Besonders günstig ist die Bauweise III. Der Innenmantel ist in Höhe des äußeren Mantelanschlusses bei A durch eine Sicke aufgeweitet, an deren unteren Hälfte die Schweißnaht liegt. Dadurch können die Schweißspannungen erheblich vermindert werden.

Weniger gebräuchlich ist die Bauweise IV. Der zwischen beiden Mänteln mit Kehlnaht am Innenmantel befestigte Stahlring R nimmt die Krempe des Außenmantels auf, der mit dem inneren Mantel im Winkelstoß verbunden wird.

Den doppelt ausgehalsten, d. h. [-förmig gestalteten Bodenring eines doppelwandigen Behälters zeigt Abb. 671. Dabei kann es sich beispielsweise um den Dampfmantel eines Gasgenerators handeln, der samt dem Innenmantel durch V-Nähte an den Bodenring angeschlossen wird.

2. Versteifte Bauarten für hohe Drücke. Im zeitgemäßen Behälter- und Apparatebau kommt der Anordnung gut wärmeübertragender Flächen besondere Bedeutung zu. Die Beheizung chemischer Apparaturen erfolgt durch *unmittelbare* Befeuerung oder über einen *Wärmeträger*, wie Wasserdampf, Heißwasser, Heißöl oder Diphenyl, Metallbäder, Heißluft und elektrischen Strom. Die Beheizung der Behälter und Apparate kann durch Dampf und Heißwasser z. B. so erfolgen, daß diese durch in die Behälter eingebaute Schlangen, durch gußeiserne Apparate eingegossene Rohrschlangen (Frederkingapparate) oder durch einen, wie eben beschriebenen doppelten Mantel geleitet werden. Diese Bauweisen führen jedoch bei hohen Arbeitsdrücken zu praktisch unmöglichen Wanddicken,

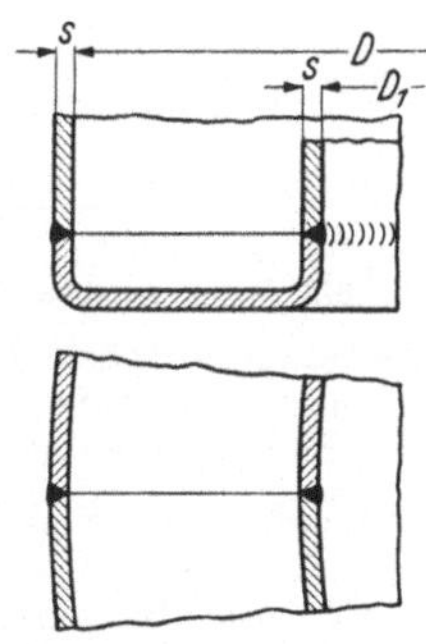

Abb. 671. Gestaltung der Bodenringe doppelwandiger Behälter

die durch besondere Wege auf dem Gebiete der unmittelbaren Beheizung vermieden werden können. Hier haben sich besonders die *Samka-Doppelwand* und die *Samka-Berohrung* bewährt. Die Doppelwand läßt bis 50 atü Dampfdruck im Heizmantel zu, die berohrte Wand Drücke bis 250 atü.

Drucknutschen, Autoklaven, Wärmeaustauscher, Rührwerkskessel, Verdampfer, Reaktionskessel, Hochvakuumkessel u. ä. werden heute häufig in dieser Bauweise ausgeführt.

Entsprechend dem Verwendungszweck, dem Wärmebedarf sowie den chemischen Anforderungen kommt die eine oder andere Ausführungsart besonders zur Geltung. Ein wesentlicher Vorzug dieser Bauweise liegt auch darin, daß sowohl die äußere Berohrung (Abb. 671) wie auch die Doppelwand (Abb. 672) eine Erhöhung der Tragfähigkeit der Kessel bewirken, so daß die Wanddicken der Innenkessel auf ein Mindestmaß beschränkt werden können, was vor allem bei hochwertigen Sparmetallen von ausschlaggebender Bedeutung ist. Je nach Werkstoff und Beheizungsart liegt die Wärmedurchlaßzahl bei der Doppelwand zwischen 1200 und 2000 kcal/m²h °C, bei der Außenberohrung zwischen 250 und 750 kcal/m²h °C. Als Baustoff sind plattierte Werkstoffe besonders geeignet; daneben werden Stahl, Chrom- und Chromnickelstähle, Nickel, Monel, Kupfer, Aluminium, Stahlguß, Grauguß, Silber u. a. Baustoffe verarbeitet.

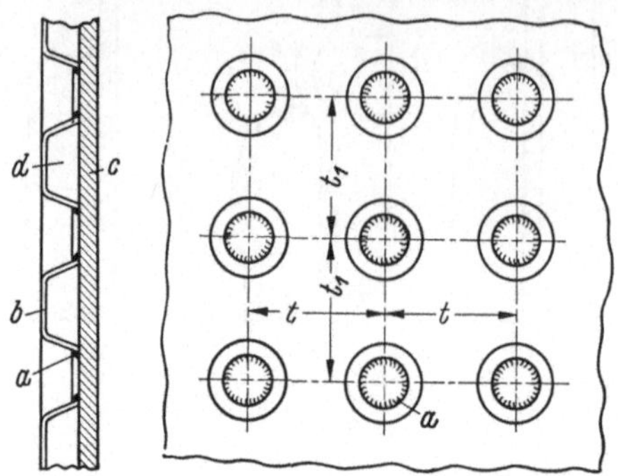

Abb. 672. Samka-Doppelwand an Behältern

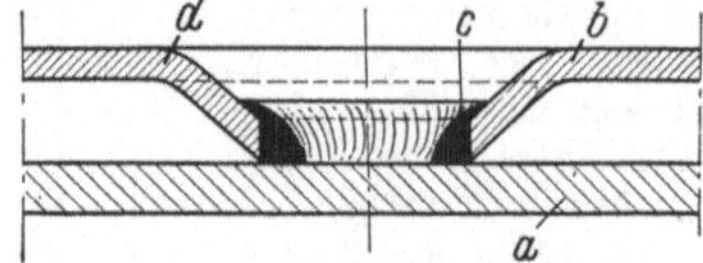

Abb. 673. Anordnung der Doppelwand
an Behältern

Vom TÜV an einigen Versuchskesseln bis zur Zerstörung durchgeführte Druckversuche hatten das Ergebnis, daß diese Bauweisen bis zu einer zwanzigfachen Sicherheit zuverlässig sind.

Hinsichtlich der Samka-Bauweise (Samesreuther, Butzbach) sind zwei *doppelwandige* Behälterarten zu unterscheiden; die eine mit dickerem Innenmantel und *eingebeultem* Außenmantel (Abb. 672), die andere mit gleich dickem Innen- und Außenmantel, mit beiderseitig eingebeulter Doppelwand (Abb. 674). Die Abb. 673 und 674 zeigen diese Ausführungsarten.

In Abb. 674 ist ein Längsschnitt durch einen doppelwandigen Behälter gelegt, bei dem der zylindrische Mantel a von einem bei d kreisförmig eingedrückten dünneren Außenmantel b umgeben ist. Der bei c gebildete Trichter wird ringsum durch eine Rundnaht mit dem Innenmantel a verschweißt. Die Anzahl der Einbeulungen a, d. h. die Teilung $t-t_1$ in Abb. 672, die die Anordnung der Schweißnähte erkennen läßt, richtet sich nach dem Dampfdruck. b ist die Außen- und c die Innenwand. Man könnte hier auch von einer Loch-

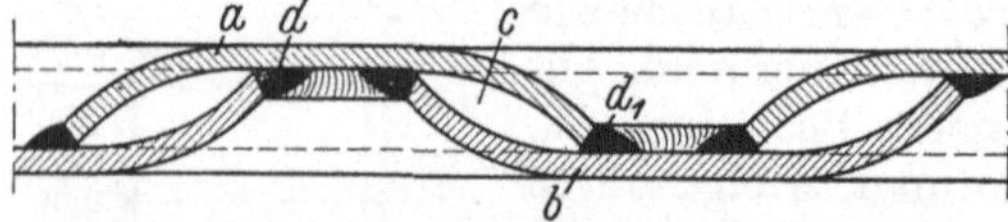

Abb. 674. Doppelwandiger Behälter mit eingebeulten Wandungen

schweißung sprechen. Wegen seines in viele angenähert halbkugelförmige Einzelteile zerlegten Außenmantels ist dieser günstiger beansprucht als der zylindrische ebenflächige Innenmantel. Die Schweißnähte dienen als ein viel besserer Ersatz für eine Stehbolzenverbindung.

Vereinzelt kommen beiderseitig eingebeulte Doppelwandungen in Frage entsprechend Abb. 674. Hier sind sowohl die Innen- wie die Heizmantelwand wechselweise eingebeult und mit Gegenmantel verschweißt. a ist der eingebeulte und bei d_1 mit dem Innenmantel b verschweißte Heizmantel. d sind die Schweißanschlüsse des Innenmantels an den Heizmantel, c ist der dabei gebildete Heizraum.

Abb. 675 zeigt einen stählernen Schaufeltrockner von 1200 mm lichtem Durchmesser und mit einem Fassungsvermögen von 4500 l. Der Betriebsdruck des Innenbehälters beträgt 6 atü, im Heizmantel 30 atü. Wanddicke des Innenkessels 14 mm, des Heizmantels 11 mm.

Sehr vorteilhaft sind doppelwandige, durch aufgeschweißte Rippen verstärkte flache Böden mit spiralförmiger Berohrung für hohe Drücke und hohe Temperaturen. Solche Böden sind bis 3500 mm Durchmesser ausgeführt worden. Daneben werden flache Böden mit Durchmessern bis zu 4000 mm mit Samka-Doppelwand und für Heizdampf bis 15 atü hergestellt.

Außenberohrte Behälter. Ursprünglich wurde die Meinung vertreten, daß eine gute Wärmetransmission von der Heizrohrschlange zur Behälterwand nur durch Zwischenlagen von Kupferprofilen erreichbar sei, wie dies Abb. 676 im Schnitt schematisch darstellt.

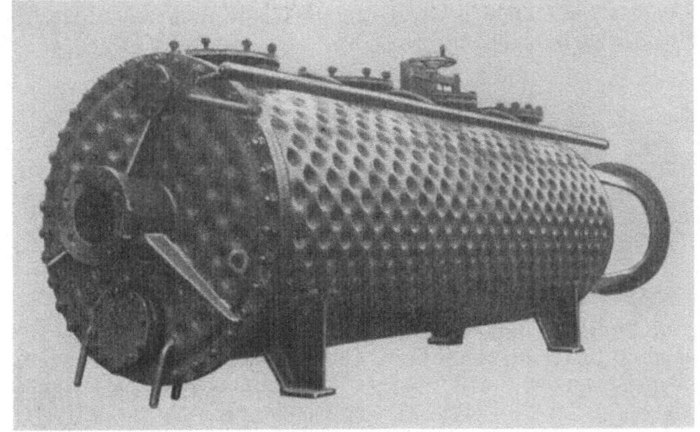

Abb. 675. Geschweißter Samka-Doppelwandkessel (Schaufeltrockner)

Diese Konstruktion wurde viele Jahre hindurch beibehalten. Das kupferne Hohlprofil b ist rings um die Kesselwandung a spiralförmig gewunden und nimmt die Windungen des Rohres c auf, das bei d beiderseits mit durchgehender Kehlnaht an die Rohrwand a ange-

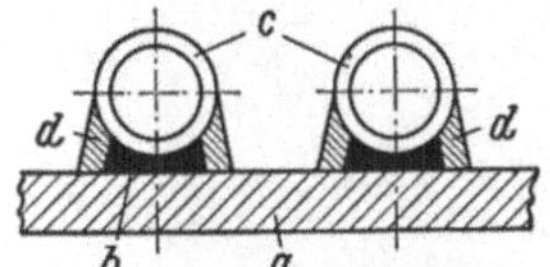

Abb. 676. Kesselrohrberechnung mit Kupferunterlage

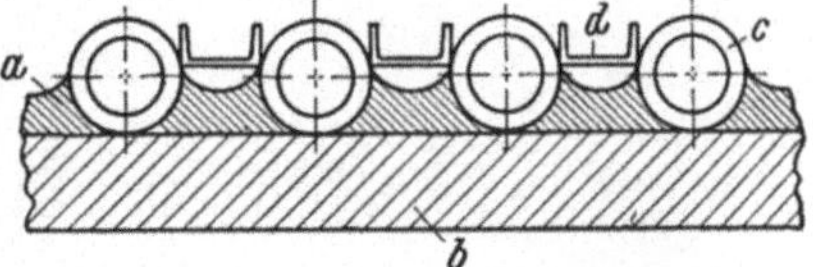

Abb. 677. Berohrter gußeiserner Kessel

schlossen wird. Daß hier nur die Lichtbogenschweißung Platz greifen kann, versteht sich wohl von selbst. Bei gußeisernen Behältern, ein heute noch wenig üblicher Fall, liegen die Kupferstreifen a, Abb. 677, zwischen und nicht unter den Rohren c auf der Gußwand b auf und die Rohre c werden unter sich nur durch ein ange- schweißtes [-Profil-Band verbunden, da ein Verschweißen von Gußeisen mit Stahl bekanntlich ohne bestimmte Voraus- setzungen nicht möglich ist.

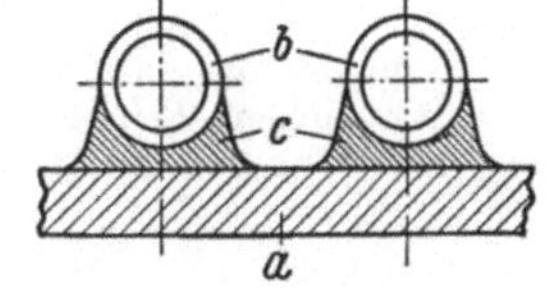

Abb. 678. An die Behälterwand un- mittelbar angeschweißte Rohrspiralen

Neuerdings ist man von den kupfernen Zwischen- lagen fast gänzlich abgegangen und schweißt überall dort, wo es sich um Blechbehälter handelt, die Rohre b im Sinne der Abb. 678 unmittelbar an die Behälterwandung a beiderseitig bei c mit durchlaufen- den, allerdings recht kräftigen Kehlnähten an. Der Mehraufwand an Schweiß- querschnitt wird durch erleichterte Arbeit und durch den Fortfall an Kupfer- beilagen aufgewogen. Überdies ist die Wärmedurchgangszahl praktisch die gleiche.

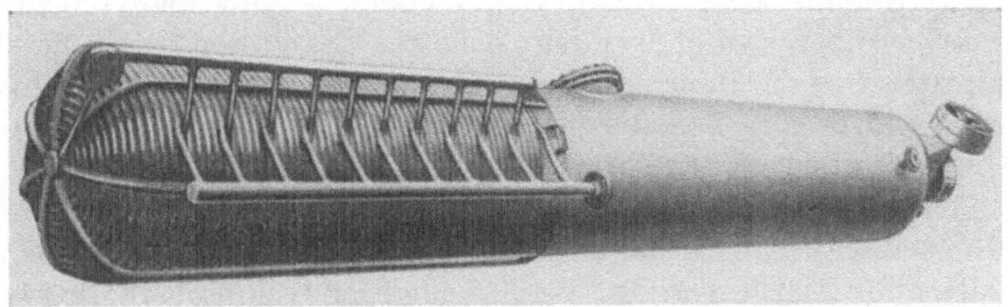

Abb. 679. Kessel aus 8 mm V2A für 120 atü Dampfdruck

Einige Beispiele ausgeführter Berohrungen, die eine Vorstellung von den Kehlnahtlängen an solchen Behältern geben, veranschaulichen die Abb. 679···680.

Abb. 680 zeigt einen **Reaktionskessel** aus 8 mm dickem V 2 A-Stahl für 120 atü Dampfdruck; Baulänge 7400 mm, Durchmesser 1000 mm. Rohrwindungslänge etwa 180 m, demnach Kehlnahtlänge rund 360 m.

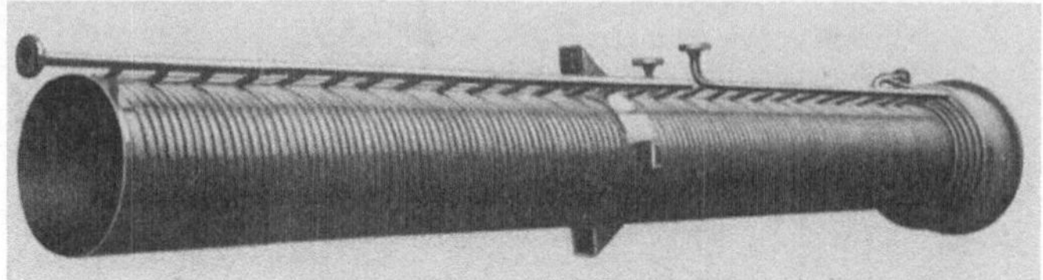

Abb. 680. Samkaberohrter Monelkessel aus 6 mm-Blech für 120 atü Dampf

Ebenfalls für 120 atü Dampfdruck ist das Rohrsystem der aus 6 mm dickem **Monelmetall** hergestellten **Destillationsblase**, Abb. 681. Sie hat bei 7500 mm Baulänge einen Durchmesser von 600 mm und mit etwa 140 Rohrwindungen eine Gesamtkehlnahtlänge von ∼ 500 m.

Abb. 681. Samkaberohrter Reinnickelkessel

Die in Abb. 681 dargestellten, auf einer Eisenbahnlore verladenen *Schmelzkessel* bestehen aus 5 mm dickem *Reinnickel*, haben einen Durchmesser von 1800 mm und sind für eine Heiztemperatur von 360° C bestimmt.

7.11 Dampfkessel

Zwischen den Berechnungsweisen im Apparate-, Druckgefäße- und Behälterbau einerseits und dem Kesselbau anderseits bestehen enge, oft die gleichen Zusammenhänge, so daß man von der sicheren Seite ausgehend, zweckmäßig die Berechnung im Kesselbau oder Dampfkesselbau zugrundelegt. Nach seiner Neubildung im Jahre 1949 hat der Deutsche Dampfkessel- und Dampfgefäß-Ausschuß, (künftighin kurz DDA), die Werkstoff- und Bauvorschriften für Landdampfkessel überarbeitet, sie dem neuesten Stand der Schweißtechnik angepaßt und, soweit es die internationalen Bedingungen und die Vorschriften des Germanischen Lloyds zuließen, die bis dahin getrennt bestandenen Vorschriften für Land- und Schiffsdampfkessel aneinander angeglichen.

Den folgenden Betrachtungen liegen die „Werkstoff- und Bauvorschriften für Dampfkessel" (Ausgabe 1953) zugrunde, wie sie im Einvernehmen mit dem Bundesminister für Arbeit von der Vereinigung der technischen Überwachungsvereine (TÜV) e. V. Essen, herausgegeben worden sind.

Die geschichtliche Entwicklung der Schweißtechnik findet ihren Niederschlag im Wandel der Berechnungs- und Zulassungsvorschriften innerhalb der letzten 30 Jahre. Bis 1930 wurde die Schmelzschweißung im wesentlichen nur für Ausbesserungs- und einige wenige Fertigungsarbeiten zugelassen, während die Wassergasschweißung, der heute nur noch eine untergeordnete Rolle zukommt, auch für die Herstellung von Kesseltrommeln in großem Umfang Eingang gefunden hat. An der Spitze aller Schweißverfahren steht heute die Lichtbogenschweißung, vor allem das automatische, z. B. Unterpulverschweißen (U-P).

1920 waren die Abnahmeverhältnisse folgende: Überlappnähte durften mit dem 0,7fachen der Mutterwerkstoffestigkeit angesetzt und auf Biegung und Zug beansprucht, nur dann geschweißt werden, wenn nachträgliches Glühen möglich war. In besonderen Fällen wurden Sicherheitslaschen verlangt. Jedes Teil sollte möglichst ausgeglüht werden.

1928 konnte die Bewertung der Schweißnaht für Wassergas mit dem 0,7 bis 0,9fachen, für Schmelzschweißung (E u. A) mit dem 0,5fachen, vergütet mit dem 0,65fachen angesetzt werden. Ein entscheidender Anstoß für die Einführung des Schmelzschweißens war der Fa. J. Pintsch zu verdanken, der erstmalig eine Schweißnahtbewertung mit dem 0,9fachen der Urfestigkeit ohne Laschensicherung zugestanden wurde.

Während des Krieges wurde die Nahtbewertung im Normalfall mit dem 0,8fachen, und in auf einige wenige Betriebe beschränkten Sonderfällen auf das 1,0fache festgelegt.

Heute ist für die Ausführung von *Schmelzschweißarbeiten* an Kesseln grundsätzlich folgendes zu beachten:

1. Die Lage der Schweißnaht muß erkennbar sein. Ein Stempel mit dem Namen des Schweißers ist an der Naht anzubringen. Notfalls kann der Name auf der Werkstattzeichnung eingetragen werden.

2. Längs- und Rundnähte sind wurzelseitig auszuarbeiten und nachzuschweißen. Abweichungen sind nur mit Zustimmung des TÜV zulässig.

3. Überlappte Kehlnahtschweißungen sind zu vermeiden, und es sind nur doppelseitige Rundnähte bis $s = 15$ mm zugelassen. Dies gilt nicht für das Einschweißen von Flammrohren.

4. Eckschweißungen und ähnliche, die unter erheblichen Biegebeanspruchungen stehen, bedürfen der voraufgehenden Zustimmung des TÜV.

5. Bohrungen und Ausschnitte in der Schweißnaht und in deren unmittelbarer Nähe sind möglichst zu vermeiden. Firmen, die Schweißarbeiten, auch Ausbesserungen, an Dampfkesseln durchführen, müssen dem TÜV nachweisen, daß sie

a) über geeignete Einrichtungen verfügen,

b) geprüfte Kesselblech- und Kesselrohrschweißer einsetzen und

c) über anerkannt sachkundiges Schweißaufsichtspersonal verfügen.

Die Werkstoffe müssen nachweislich schweißbar sein und die Zusatzwerkstoffe (Schweißdraht und Elektroden) müssen auf den Grundwerkstoff und die Betriebstemperaturen und -bedingungen abgestimmt sein. Zulassung durch den TÜV ist notwendig.

Auch für die *Wärmenachbehandlung* geschweißter Kesselteile sind alle notwendigen Bedingungen festgelegt.

1. Die Kesselteile müssen nach Fertigstellung der letzten Schweißnaht sachgemäß im ganzen *spannungsfrei geglüht* werden (unter Ac_1, meist unter 600°), Ausnahmen sind 2, 3 und 7.

2. *Normalglühen* (über Ac_3 — 700° bis 900°) ist erforderlich,

wenn a) es der Werkstoff erforderlich macht (gleichmäßiges Feinkorn),

b) bei Kaltrundung von Kesselschüssen die Reckung der äußeren Faser 5% überschreitet ($s > 0{,}05$ Dm),

c) anschließend eine Warmverformung durchgeführt wird.

3. *Teilglühen* ist mit Genehmigung des TÜV bei außergewöhnlichen Abmessungen unter gewissen Voraussetzungen gestattet.

Schrittweises Ausglühen ist nicht zulässig.

4. Beim Überschreiten bestimmter *Analysen-Höchstwerte* ist die Warmbehandlung besonders festzulegen (meist Normalglühen mit Anlassen). Solche Werte sind z. B. C 0,25%, Si 0,4%, Cu 0,3%, Mo 0,5%, Ni 0,3% (Ni und Cr 0,3%) V 0,2%.

5. An Trommeln, Schüssen und Sammlern ist bei Überschreiten der Analysen-Höchstwerte (nach 4) das *Ein- und Anschweißen* von Kesselteilen *vor* der Warmbehandlung durchzuführen.

6. Der *Nachweis* über die Warmbehandlung ist durch Werkbescheinigung zu erbringen.

7. *Glühbehandlung entfällt* gänzlich, wenn

a) Grundwerkstoff und Schweißgut Analysen-Höchstwerte nicht überschreiten und auch sonst nicht vergütbar sind.

b) Nähte nach Fertigstellung ausreichend besichtigt werden können.

c) $s < 25$ mm, $d\,s \leqq 0,05$ Dm ist.

7.11.1 Berechnung im Kesselbau

Für die Berechnung im Kesselbau werden folgende Abkürzungen und Bezeichnungen angewendet:

p (kg/cm²) *Berechnungsdruck* i. a.

            (Berücksichtige bei Bauhöhen > 5 m statischen Wasserdruck!)

s (mm)   Wanddicke (> 5 mm)

Di bzw. Da (mm) *innerer* bzw. *äußerer Durchmesser* (Abb. 682)

c 2 mm   *Abnutzungszuschlag* (bis $s = 30$ mm)

               für $s > 30$ mm $= 1$ mm

v *Verschwächungsbeiwert* $= 0,8$ (höchstens 1,0)

S 1,4 *Sicherheitsbeiwert*

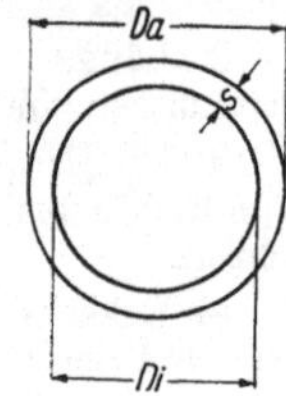

Abb. 682

K Festigkeitsbeiwerte für den Kessel-Werkstoff

     $= 1,5$ für Schweißnähte, bei denen der Kraftlinienfluß durch die Art der Verbindung nicht gestört ist.

     $= 1,8$ für überlappt geschweißte Kehlnähte (für Seeschiffskessel höhere Werte), für zylindrische Dampfkesselwandungen unter innerem Überdruck bei Wandtemperaturen bis 525° C gültig, wenn

         $Da/Di \leqq 1,2$ allgemein,

         $Da/Di \leqq 1,5$ für Sammler und Überhitzer,

         Da 2 500 mm

die erforderliche *Wanddicke s* (mm) beträgt, berechnet für Längsnähte

$$\frac{p \cdot D}{2}\, s = \frac{Di \cdot p}{200 \cdot \dfrac{K}{S}\, v - p} + c = \frac{Da \cdot p}{200 \cdot \dfrac{K}{S}\, v + p} + c \,.$$

Der *Genehmigungsdruck* [kg/cm²] beträgt:

$$p = \frac{(s - c)\,200 \cdot \dfrac{K}{S} \cdot v}{Di + s} = \frac{(s - c)\,200\,\dfrac{K}{S} \cdot v}{Da - s}\,.$$

Die Rohrrundnähte können schwächer ausgebildet werden $\dfrac{p \cdot D}{4}$.

Tabelle 49. *Festigkeitskennwerte K für Kesselbleche nach DIN 17 155*

Werkstoff	Berechnungstemperatur =									
	20	250	300	350	375	400	425	450	475	500
I*	19	14	12	10	9	7	6	4	(3)	
II	22	16	14	12	11	9	7	5	(3)	
HI * HIA *	21	16	14	12	11	9	7	5	(3)	
HII HIIA	24	19	17	14	12	10	8	6	(4)	**
HIII HIIIA	26	21	19	16	14	12	10	8	(5)	
HIV HIVA HIVL	27	23	21	18	16	14	12	10	(7)	
17Mu4	27	23	21	18	16	14	12	10	(7)	
19Mu5	32	24	23	21	19	17	15	13	10	(6)
15Mo3	27	22	20	19	18	16	15	14	13	11
13CrMo44	29	26	25	23	22	20	19	18	16	14

* nur bis $s < 25$ zulässig.

** Die Einklammerung bestimmter Werte der DVM-Kriechgrenzen, (früher DVM-Dauerstandsfestigkeit), die sich allgemein auf den normalgeglühten Zustand beziehen, zeigt an, daß der Werkstoff für die betreffende Temperatur im Dauerbetrieb zweckmäßig nicht mehr verwendet wird.

Allgemein ist als Festigkeitswert K einzusetzen:
bis 350° die Warmstreckgrenze,
ab 400° die DVM Kriechgrenze, dazwischen Zwischenwerte,
bei Land- und Binnenschiffskesseln   mindestens 250°
bei Seeschiffskesseln   mindestens 275°
bei *nicht befeuerter* Wand   → Dampftemperatur
gegen Feuergase abgedeckte Wand →   ,,   +20° C
von Feuergasen berührter Wand   →   ,,   +50° C
nur bis 25 atü

7.11.2 Bewertung von Schweißnähten

Bei zugbeanspruchten Kesselteilen, die den allgemeinen Bedingungen entsprechen, wird v mit 0,8 (Verschwächungsbeiwert) bewertet. Eine Höherbewertung bis $v = 1,0$ ist nach Ablegen einer Höherbewertungsprüfung möglich. Zu *Ausbesserungsschweißungen* an bereits genehmigten Kesseln bedarf es der Zustimmung des TÜV. Sofern Kesselteile nicht nach den folgenden Berechnungsvorschriften berechnet werden können, kann die Bemessung in *Sonderfällen* aufgrund einwandfreier Versuche (z. B. Dehnungsmessungen) erfolgen.

Die Kesselbaustoffe nach DIN 17155 (Tab. 49) werden im allgemeinen normalgeglüht. Die Norm gibt Auskunft über die geforderten Festigkeitswerte aus Querproben der verschiedenen Stähle. Die Werkstoffbezeichnungen I und II entsprechen den früheren Stählen M1 und M2. Die mit A gekennzeichneten Stähle sind *alterungsbeständig*, die mit L bezeichneten sind *laugenrißbeständig*. Bei 17Mn4, 19Mn5 und 15Mo3 wird Vorwärmen vor dem Schweißen auf 200° C empfohlen, bei 13CrMo44 ist Vorwärmung auf die gleiche Temperatur erforderlich. Alle Bleche müssen SM-Qualität sein, Th-Werkstoff ist nicht zugelassen!

Die Werkstoffe müssen den Regeln der Technik entsprechen und bestimmten Güteeigenschaften und Abnahmeprüfungen genügen. Jede Tafel bekommt einen Gütestempel, damit Verwechslungen ausgeschlossen bleiben.

Einige Rechenbeispiele für einen geschweißten Kessel mögen den Werdegang der Rechnung erläutern. Dabei mögen einige extreme Fälle angeführt sein.

Bestimmung der *Wanddicke*:

Gegeben: Di = 1,20 m Kesselblech H III

p = 8 atü, direkt befeuert (Berechnungsdruck)

A' = 170° C (Sättigungstemperatur)

daraus: v = 0,8 Verschwächungsbeiwert

A = 170° + 50° = 220° C Berechnungstemperatur

K = 21 kg/mm² Festigkeitskennwert

$$s = \frac{Di \cdot p}{200 \cdot \dfrac{K}{S} v - p} + c = \frac{1200 - 8}{200 \dfrac{21}{1,5} \cdot 0,8 - 8} = 5{,}32 \text{ mm, gewählt 6 mm .}$$

Ein Beispiel, wie die richtige Wahl des Mutterwerkstoffs den Rechnungsgang erheblich beeinflußt, zeigen Werkstoff H I und 19Mn5.

	H I	19Mn5

Gegeben:

Da = 1500 mm   9 kg/mm²   17 kg/mm²

p = atü, direkt befeuert

t' = 340° (Sättigungstemperatur)

Daraus:

v = 0,8 Verschwächungsbeiwert

t = 340° + 50° = 390° C Berechnungstemperatur.

Für

$$\text{H I} = \frac{Da \cdot p}{200 \cdot \dfrac{K}{S} v + p} + c = \frac{1500 \cdot 150}{200 \dfrac{9}{1,5} \cdot 0,8 + 150} + 1{,}0 = 202{,}5 \text{ mm ,}$$

also für H I unzulässig, da $s > 25$ mm, für

$$\text{19Mn5} = \frac{1500 \cdot 150}{200 \cdot \dfrac{17}{1,5} \cdot 0,8 + 150} = 114{,}6 \text{, gewählt 115 mm .}$$

7.11.3 Gewölbte Böden

unter innerem Überdruck. Für ihre Berechnung sind die Einflüsse durch Stutzen, Handlöcher usw. in erster Linie ausschlaggebend. Die erforderliche Wanddicke s (Abb. 683) beträgt:

$$s = \frac{D \cdot p \cdot \beta}{400 \cdot \dfrac{K}{S}} + e \; .$$

Der Genehmigungsdruck p [kg/cm²] beträgt:

$$p = \frac{400 \cdot \dfrac{K}{S} (s - c)}{D \cdot \beta} \; .$$

Beachte den Faktor 400 statt 200!

Bezeichnungen wie bei Längsnahtberechnungen.

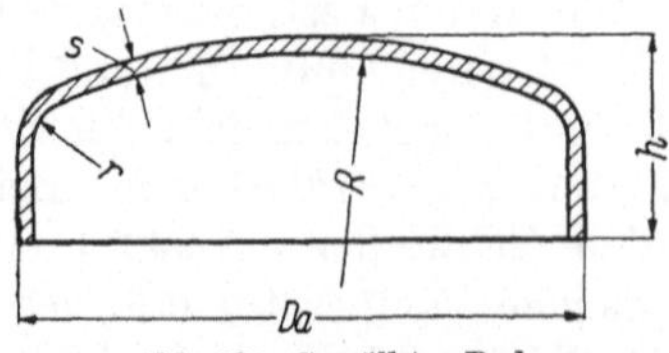

Abb. 683. Gewölbter Boden

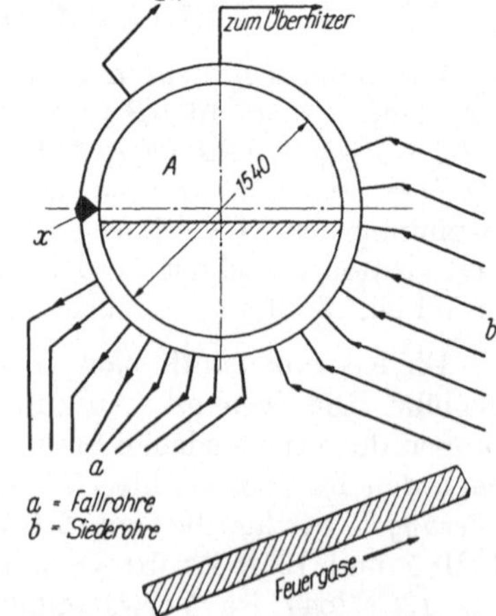

Abb. 684 .Obertrommel eines Steilrohrkessels

S = 1,4 Sicherheitswert für Land- und Binnenschiffskessel

c = 2 mm Abnutzungszuschlag für $s < 30$ mm

   = 1   für $s > 30$ mm

β = Berechnungswert für Beanspruchung in der Krempe

Dieser Wert schwankt zwischen 1,1 und 6,5 je nach Ausführung und Öffnungen, z. B.
für Vollböden mit $R = 0,8\,D\ \dfrac{H}{D} = 0,25 \cdot \beta = 2,0$.

Weitere Bedingungen: $\qquad\qquad\qquad\qquad\qquad\qquad\qquad\qquad\qquad h > 0,18\,D$
Böden müssen nach Ellipse oder Korbbogen geformt sein. $\qquad\qquad r > 0,10\,D$ u. a.

Die Mindestwanddicke der Obertrommel A eines Steilrohrkessels (Abb. 684) ist für die
Stumpfnaht x zu berechnen:

Gegeben: $p = 132$ atü
$\qquad\qquad$ Werkstoff 17Mn4
$\qquad\qquad$ Wand ist gegen Feuergase abgedeckt
$\qquad\qquad$ Sättigungstemperatur $t' = 330°$
$\qquad\qquad$ Verschwächungsbeiwert $v = 0,9$ (Prüfung abgelegt)

damit:

$$s = \frac{Di \cdot p}{200 \cdot \dfrac{K}{S} - p} + c = \frac{1540 \cdot 132}{200\,\dfrac{18}{1,5} \cdot 0,9 - 132} = 100\text{ mm}.$$

Die Berechnungstemperatur $t = 330° + 20° = 350°$.
Die Bodenwanddicke für die Obertrommel A errechnet sich, wie folgt:

Gegeben: $p = 132$ atü, Werkstoff 17Mn4
$\qquad\qquad t = 330° + 20° = 350°$ Berechnungstemperatur
$\qquad\qquad K = = 18$ kg/mm², $S = 1,4$
$\qquad\qquad \beta = 2,0 \quad R = 0,8 \quad Da = 1315$ mm, $\quad h = 410$ mm
$\qquad\qquad D = 1640$ mm

$$s = \frac{D \cdot p \cdot \beta}{400\,\dfrac{K}{S}} = \frac{1640 \cdot 132 \cdot 2,0}{400\,18/1,4} = 84\text{ mm}.$$

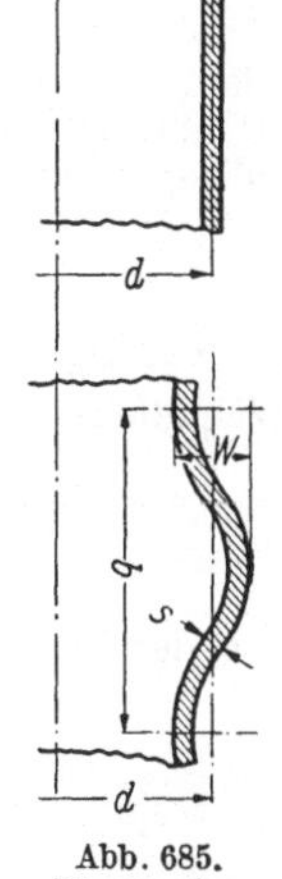

Abb. 685.
Flammrohre
ohne Versteifung

In den Werkstoff- und Bauvorschriften befinden sich weitere Berechnungsangaben für Dampfkessel*flammrohre*, Flammrohrböden, unverankerte
ebene Böden und Platten, verankerte ebene Wandungen, Anker, Ankerrohre und Stehbolzen, glatte Vierkantrohre und Teilkammern, Schrauben usw.

7.11.4 Dampfkesselflammrohre unter äußerem Überdruck

Die nachfolgenden Vorschriften gelten für glatte und gewellte Flammrohre
ohne Versteifung (Abb. 685) oder mit Versteifung (Abb. 686 a, b und c) sowie für
Feuerbuchsen.

Flammrohre dürfen nur aus Werkstoff mit ausreichendem Verformungsvermögen bei einer Bruchdehnung ($L_o = 5\,d$) von mindestens 20% bei Raumtemperatur hergestellt werden. Als wirksame Versteifungen können außer den Flammrohrböden u. a. auch
die Ausführungen unter Abb. 686 angesehen werden.

Bezeichnen:

p	kg/cm²	den Genehmigungsdruck in atü,
s	in mm	die Wanddicke,
d	in mm	die Breite der Welle,
w	in mm	die Tiefe der Welle,
d_i	in mm	den inneren Durchmesser,
l	in mm	die Rohrlänge, bzw. die Entfernung zweier wirksamer Versteifungen,
h	in mm	die Höhe des Versteifungsringes,
b_1	in mm	die Breite des Versteifungsringes,
F	mm²	den Flächeninhalt eines Längsschnittes von der Breite b und der Wanddicke $s - 1$
J	mm⁴	das Trägheitsmomet eines Längsschnittes von der Breite b und der Wanddicke $s - 1$,
u	(%)	das Unrundsein des Rohres,
S		einen Sicherheitswert und
K	(kg/mm²)	den Festigkeitskennwert des Werkstoffs,

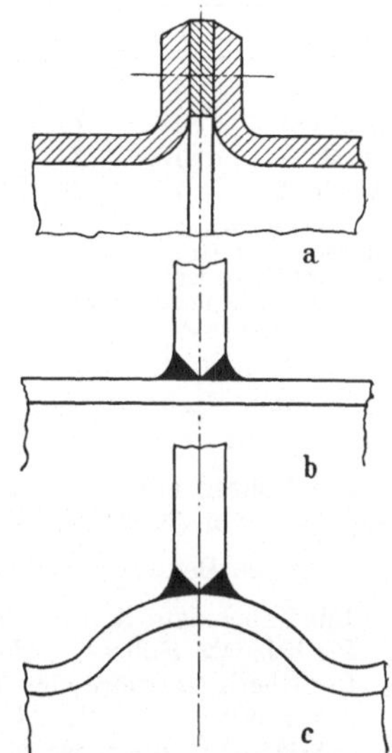

Abb. 686. Verstärkte Flammrohre

dann errechnet sich der *Genehmigungsdruck p* bei zylindrischen Mänteln und *glatten Flammrohren* mit:

$$p = 100\,\frac{K}{S} \cdot \frac{2\,(s-1)}{d} \cdot \frac{1 + 0{,}1 \cdot d/l}{1 + 0{,}03\,s - 1\,\dfrac{u}{1+5} \cdot d/l}$$

bei *gewellten* Flammrohren mit:

$$p = 100 \cdot \frac{K}{S} \cdot \frac{2 \cdot F}{b \cdot d} \cdot \frac{1 + 0{,}1 \cdot d/l}{\dfrac{1 + F \cdot w \cdot d}{800 \cdot J} \cdot \dfrac{u}{1 + d/l \cdot \left(\dfrac{s-1}{w}\right)^3}} \cdot$$

Die Wanddicke beträgt bei glatten Rohren mindestens 7 mm, bei Wellrohren mindestens 10 mm. Dünnere Bleche sind nur in Ausnahmen und mit Zustimmung des Sachverständigen zulässig. Die größte Wanddicke soll nicht über 20 mm betragen.

7.11.5 Kessel- und Überhitzerrohre

Für solche Rohre mit Wandtemperaturen bis 550° C errechnet sich die erforderliche Wanddicke *s* so:

$$s = \frac{da \cdot p}{200 \cdot \dfrac{K}{S} \cdot v + p}$$

und der Genehmigungsdruck *p* beträgt:

$$p = \frac{s \cdot 200 \cdot \dfrac{K}{S} \cdot v}{da - s},$$

wenn *p* (kg/cm²)   der Genehmigungsdruck in atü,
     s (mm)   die Wanddicke,
     da (mm)   der äußere Rohrdurchmesser,
     K (kg/mm²)   der Festigkeitswert des Werkstoffs,
     S   ein Sicherheitsbeiwert und
     v   ein Verschwächerungsbeiwert bei längsnahtgeschweißten Rohren ist.

Für Werkstoffe nach DIN 17175 sind die Festigkeitskennwerte der Tabelle 50 zu entnehmen.

Tabelle 50. *Festigkeitskennwerte K für Rohre nach DIN 17175. Berechnungstemperatur*

Werkstoff	250	300	350	375	400	425	450	475	500	525	550	575
St. 35 · 8[1]	17	15	13	11	9	7	5	(4)[2]	—	—	—	—
St. 45 · 8[1]	19	17	15	13	10	8	6	5	(3)	—	—	—
15Mo3	15	24	22	20	17	16	15	14	12	9	(5)	—
13CrMo44	27	26	24	23	21	20	19	17	15	12	7	(5)

[1] Bei Rohren mit Außendurchmesser < = 30 mm und Wanddicken < = 3 mm ist bis 375° C ein um 1 kg/mm² niedrigerer Wert einzusetzen. Bei Wanddicken über 20 mm dürfen Zugfestigkeit und Streckgrenze um 1 kg mm² unterschritten werden.

[2] Die Einklammerung zeigt an, daß der Werkstoff für die betreffende Temperatur im Dauerbetrieb zweckmäßig nicht mehr verwendet wird.

Für Stähle, die unter DIN 17175 nicht aufgeführt sind, sind die durch den amtlich anerkannten Sachverständigen bei der erstmaligen Prüfung festgelegten Werte in die Berechnung einzusetzen.

Bei Rohren mit äußerem Überdruck nach DIN 1629 können bis zu einer Berechnungstemperatur von 300° C die Werte für St 35.8 bzw. 45.8 eingesetzt werden.

Folgende Berechnungstemperaturen sind einzusetzen:

Für unbeheizte Rohre: die Sättigungstemperatur bei dem Genehmigungsdruck,
für beheizte Rohre: die Sättigungstemperatur $+50°$ C,
für Überhitzerrohre eine Temperatur
   von 50° C über der Heißdampftemperatur bei Berührungserhitzern und
   von 75° C über der Heißdampftemperatur bei Überhitzern, bei denen die Wärmeübertragung überwiegend durch Strahlung erfolgt.

Auszug aus den Richtlinien für Kesselschweißer. Die *Ausbildung* von Kesselschweißern muß durch die öffentlichen schweißtechnischen Lehr- und Versuchsanstalten des DVS erfolgen, bzw. vom Hauptprüfungsausschuß des DVS im Einvernehmen mit den amtlich anerkannten Sachverständigen zugelassenen Kursstätten oder in Lehrwerkstätten von Herstellerfirmen, soweit sie sich mit der planmäßigen Ausbildung von Schweißern befassen.

Soweit die Ausbildung durch Schweißlehranstalten erfolgt, können diese auch die *Prüfung* durchführen, sofern der zuständige anerkannte Sachverständige als Prüfer teilnimmt. Jeder Schweißer ist durch den örtlichen Sachverständigen längstens alle 2 Jahre oder nach mehr als 6monatiger Unterbrechung seiner Schweißertätigkeit einer Wiederholungsprüfung zu unterziehen. Arbeiten die Schweißer unter ständiger Aufsicht eines Schweißingenieurs, so können die 2jährigen Wiederholungsprüfungen im Einverständnis mit dem Sachverständigen unterbleiben.

Werke, die Kesselschweißungen durchführen, haben dem zuständigen TÜV eine Liste vorzulegen, in der die sämtliche Namen ihrer Schweißer aufgeführt sind. Der TÜV unterscheidet zwischen:

1. *selbständigen Schweißern*, welche selbständig und unter eigener Verantwortung dem Auftraggeber gegenüber Schweißarbeiten ausführen.

2. *Werkstättenschweißern*, die als abhängige Betriebsangehörige im Auftrag und unter Anleitung und Verantwortung eines Schweißingenieurs oder Schweißmeisters Arbeiten ausführen. Dabei gelten folgende Prüfgruppen:

Kesselblechschweißer, die Bleche (Trommeln), größere Sammler u. ä. und nur gelegentlich Rohre, Stutzen usw. schweißen

Prüfgruppe B I: Unlegierte Stähle der Festigkeitsgruppe I und II
           B II: Unlegierte Stähle der Festigkeitsgruppe III und IV
           B III: Legierte Stähle

Die bestandene Prüfung nach B II schließt B I mit ein und ist die Voraussetzung für die Prüfung nach B III.

Kesselrohrschweißer, die ausschließlich Rohre schweißen:

Prüfgruppe R I: Unlegierte Stähle St35,
           R II: Unlegierte Stähle St45 und
           R III: Legierte Stähle

Prüfungsfolge wie unter B I und usw.

Die Voraussetzungen für die Teilnahme an den Sonderlehrgängen und den Prüfungen für Dampfkessel- und Kesselrohrschweißer sind in den Werkstoff- und Bauvorschriften für Dampfkessel ausführlich festgelegt.

Bei der erstmaligen Prüfung als Kesselblechschweißer sind zwei 400 mm lange Blechstücke zusammenzuschweißen und so aufzuteilen, daß außer der Röntgenuntersuchung über die ganze Nahtlänge 2 Zugversuche, 4 Faltversuche, 2 Kerbschlagbiegeversuche und eine metallographische Gefügeuntersuchung quer zur Naht durchgeführt werden können.

Bei Kessel*rohr*schweißern wird ein Rohr stehend (*SW*) im Sinne von Abb. 687 und ein Rohr liegend nach Abb. 688 ge-

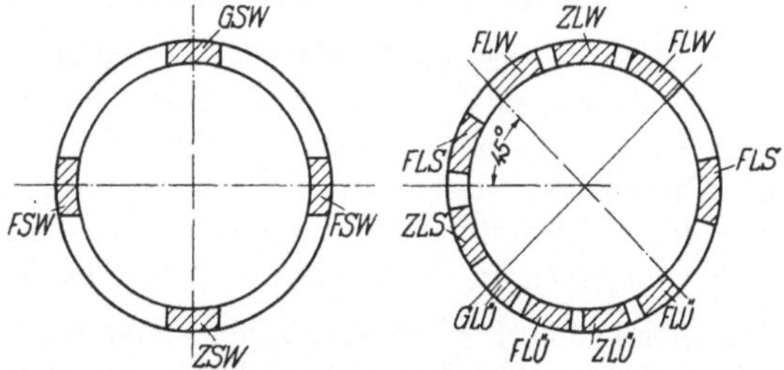

Abb. 687 u. 688. Rohrproben

schweißt. Dabei werden je ein Zugversuch und 2 Faltproben sowie je eine Gefügeuntersuchung durchgeführt. Die Abkürzungen in den Abb. 687 und 688 bedeuten: F = Faltprobe, Z = Zugversuch, G = Gefügeuntersuchung, SW = stehend waagerecht, LW = liegend waagerecht, $Ü$ = Überkopfschweißung.

AD-Merkblätter: Die Arbeitsgemeinschaft Druckbehälter (AD), in der 6 Verbände zusammenarbeiten, gibt über die Vereinigung der Technischen Überwachungsvereine in Essen laufend auf den Stand der Technik angepaßte AD-Merkblätter heraus. Ein solches Nr. W 2 bezieht sich auf Werkstoffe für Druckbehälter, insbesondere auf austenitische Stähle, die im Kessel- und Rohrleitungsbau von Bedeutung sind. In der folgenden Tabelle 51 ist eine Anzahl Stähle mit rein austenitischen oder überwiegend austenitischem Gefüge mit chemischer Beständigkeit oder hoher Warmfestigkeit zusammengestellt, die für den Bau von Druckbehältern mit innerem und äußerem Überdruck verwendet werden können. Andere, in Tabelle 51 nicht aufgeführte Stähle dürfen nur dann verwendet werden, wenn ihre Schweißbarkeit und Güteeigenschaften durch Gutachten eines anerkannten Sachverständigen bestätigt sind.

Tabelle 51. *Festigkeitseigenschaften nichtrostender Stähle*

Markenbezeichnung	Werkstoff Nr.	Streckgrenze kg/mm²									Zugfestigkeit kg/mm²	Kerbschlagzähigkeit * kgm/cm²	Anwendungsbereich ** bis °C
		20° C	50° C	100° C	150° C	200° C	250° C	300° C	350° C	400° C			
X5CrNi 18 9	4301	22	19,5	17	15,5	14	13	12	—	—	50—70	20	300
X10CrNiTi 18 9	4541	27	23,0	20	10	17	16,5	16	15,5	15	55—75	15	400
X10CrNiNb 18 9	4550	27	23,0	20	18	17	16,5	16	15,5	15	55—75	15	400
X5CrNiMo 18 10	4401	22	19,5	17	15,5	14	13	12	—	—	55—70	20	300
X10CrNiMoTi 18 10	4571	27	23,5	21	20	19	18,5	18	17,5	17	55—75	15	400
X10CrNiMoNb 18 10	4580	27	23,5	21	20	19	18,5	18	17,5	17	55—75	15	400
X5CrNiMo 18 12	4436	22	19,5	17	15,5	14	13	12	—	—	55—70	20	300
X10CrNiMoTi 18 12	4573	27	23,5	21	20	19	18,5	18	17,5	17	55—75	15	400
X10CrNiMoNb 18 12	4583	27	23,5	21	20	19	18,5	18	17,5	17	55—75	15	400
X5CrNiMo 17 13	4449	23	20,0	17	15,5	14	13	12	—	—	55—75	15	300
X5CrNiMoCuNb 18 18 (X5CrNiMoCuTi 18 18)	4595	23	21,0	19	17	15,5	15	14	13,5	13	55—75	15	400
X5CrNiMoTi 25 25	4577	27	23,5	21	20	19	18,5	18	17,5	17	55—75	10	400

Die angegebenen Werte gelten für Walz- und Schmiedestähle, für Bleche bis 10 mm Dicke, für nahtlose Rohre bis 10 mm Wanddicke und für Stäbe bis 60 mm Dm. Bei größeren Dicken erniedrigt sich der Mindestwert für die Kerbschlagzähigkeit wie folgt: Bleche über 10 mm Dicke: mindestens 8 kgm/cm² (quer).

Stäbe über 60 mm bis 250 mm Dm: mindestens 6 kgm/cm² (quer) 8 kgm/cm² (längs).

Einige Angaben über Anforderungen an die Werkstoffe, ihre Prüfung und den Nachweis ihrer Güteeigenschaften vollenden dieses AD-Merkblatt.

Im Entwurf des AD-Merkblatts W 6 sind Festigkeitswerte K für Werkstoffe aus *Nichteisenmetall* zusammengestellt. Sie beziehen sich auf Leichtmetalllegierungen, Rotguß, Messing, Gußaluminiumbronze, Kupfer–Nickel und andere. Die Werte beziehen sich indessen nur auf den ungeschweißten Mutterwerkstoff. Die von der Schweißnaht verlangten Werte sind im DD-Merkblatt N 2 zusammengefaßt und geben an: Für *Aluminium und Al-Legierungen*:

Zugfestigkeit: 0,9. Berechnungsfestigkeit, gemäß AD-Merkblatt W 6
Faltwinkel: 120°, bei Al Dorndurchmesser-Probedicke
bei Al-Legierungen nach Entscheidung des Sachverständigen.
Für *Kupfer und Cu-Legierungen sowie für Nickel*:
Zugfestigkeit: 0,9. Berechnungsfestigkeit, gemäß AD-Merkblatt W 6
Faltwinkel: 120°, Dorndurchmesser 2 × Probedicke,
Über die anderen NE-Metalle werden verbindliche Angaben nicht gemacht.

Zu berücksichtigen ist, daß die Berechnungsfestigkeit des Aluminiums von der seiner Reinheit abhängig ist, und daß Verunreinigungen durch Fe und Si die Festigkeit steigern. So hat Al von

$$99{,}99\% \text{ Reinheit etwa } 5 \text{ kg/mm}^2$$
$$99{,}70\% \text{ Reinheit etwa } 6{,}5 \text{ kg/mm}^2$$
$$99{,}50\% \text{ Reinheit etwa } 7 \text{ kg/mm}^2 \text{ und}$$
$$99{,}0 \% \text{ Reinheit etwa } 8 \text{ kg/mm}^2 \text{ Festigkeit}.$$

Bei 99,5 Reinheit kann immer $\sigma_z B$ 7 kg/mm² angenommen werden. Dieser Wert bezieht sich auf in der Schweiße nicht durch Hämmern verfestigte Nähte.

7.11.6 Konstruktionsbeispiele für Schweißverbindung in Behälter-, Druckgefäße- und Rohrleitungsbau

Der Fachnormenausschuß Schweißtechnik im Deutschen Normenausschuß hat 1956 einige Entwürfe auf DIN-Vornormen ausgearbeitet, die sich auf Erfahrungen stützen, die im Laufe der Jahre im Kessel- und Großbehälterbau gemacht wurden. Besonders wertvoll ist die Ausarbeitung über die in großer Zahl laufend notwendigen Stutzen-Anschlüsse, deren Berechnung aus AD-Merkblatt B 9 zu entnehmen ist.

Einige Beispiele *verstärkter Stutzen-Anschlüsse*, die von der *Innenseite* zum Schweißen zugänglich sind, zeigen die Abb. 691 u. Abb. 692. Abb. 691 zeigt den Anwendungsbereich für Druckgefäße mit schwellender Beanspruchung. In einigen Ländern wird für $a = 1{,}0\,s$ vorgeschrieben. Für Behälter, die auch schwellende Beanspruchung aufzunehmen haben, ist der Stutzen Abb. 689 gedacht, während Abb. 690 für hohen Druck und schwellende Beanspruchung günstig ist. Das Maß b soll sein ≤ 16 mm. Verschweißen des Verstärkungsringes ist nicht zu empfehlen! Beispiel Abb. 691 gilt für Druckgefäße ohne schwellende Beanspruchung. Für eine solche ist der Stutzen mit K-Naht in dem Verstärkungsring zu schweißen. Abb. 692 wie bei Abb. 693. Abb. 691 für schwellende Beanspruchung, Abb. 690 ist für Behälter ohne, Abb. 694 mit schwellender Beanspruchung und schließlich Abb. 695 für Behälter ohne jede Einschränkung zu verwenden. Für Behälter mit hoher Belastung ist Abb. 696 gedacht, wobei $a = 0{,}7\,s_1$ und $\beta \sim 50°$ gedacht ist. Eine solche Ausführung ist für große Stutzendurchmesser brauchbar,

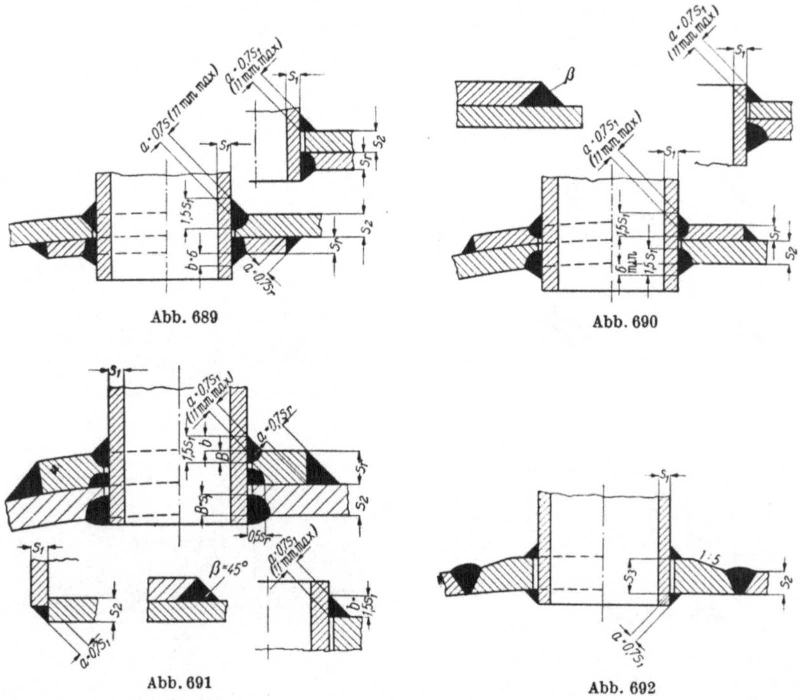

Abb. 689   Abb. 690

Abb. 691   Abb. 692

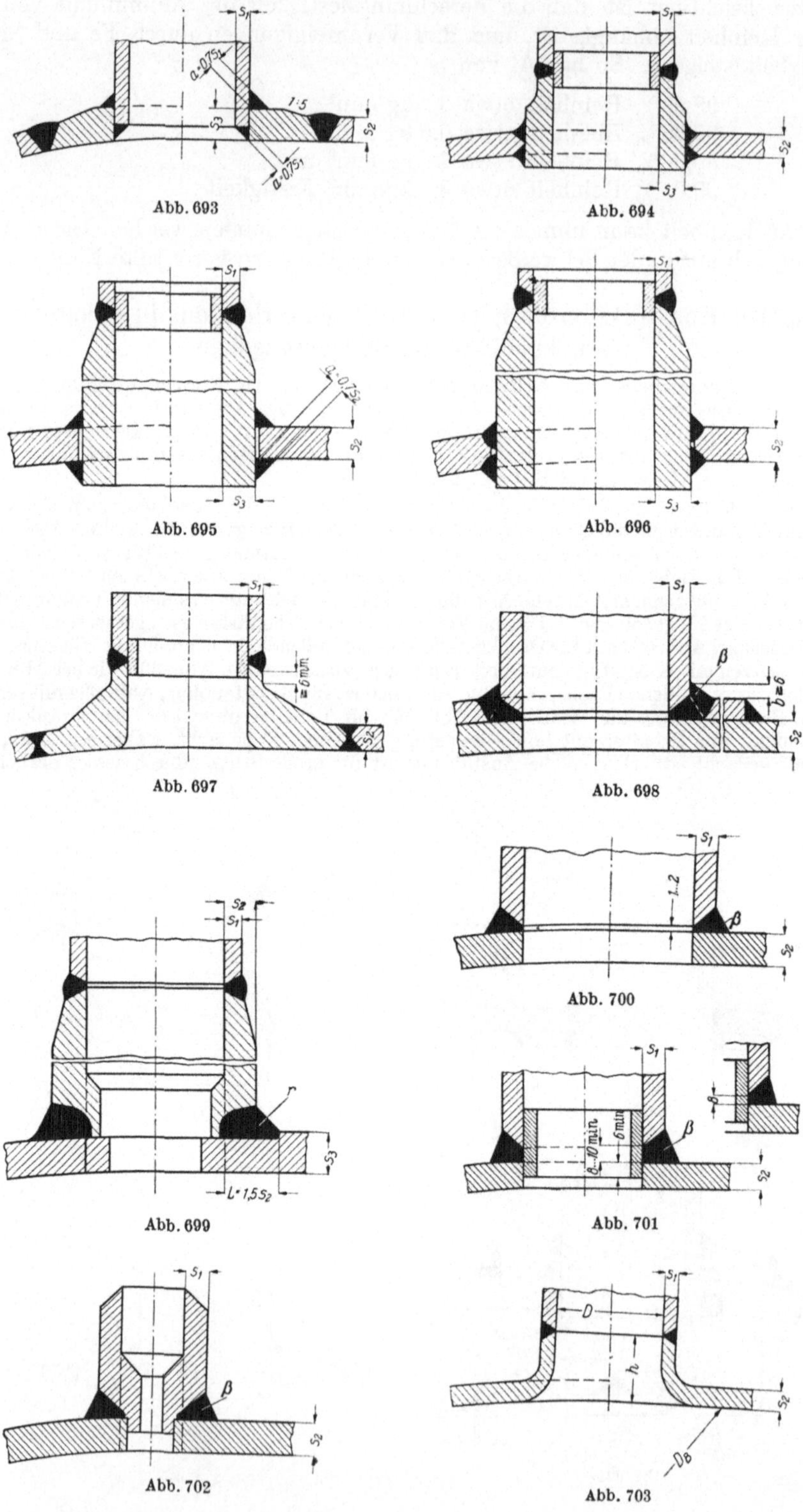

Abb. 693

Abb. 694

Abb. 695

Abb. 696

Abb. 697

Abb. 698

Abb. 699

Abb. 700

Abb. 701

Abb. 702

Abb. 703

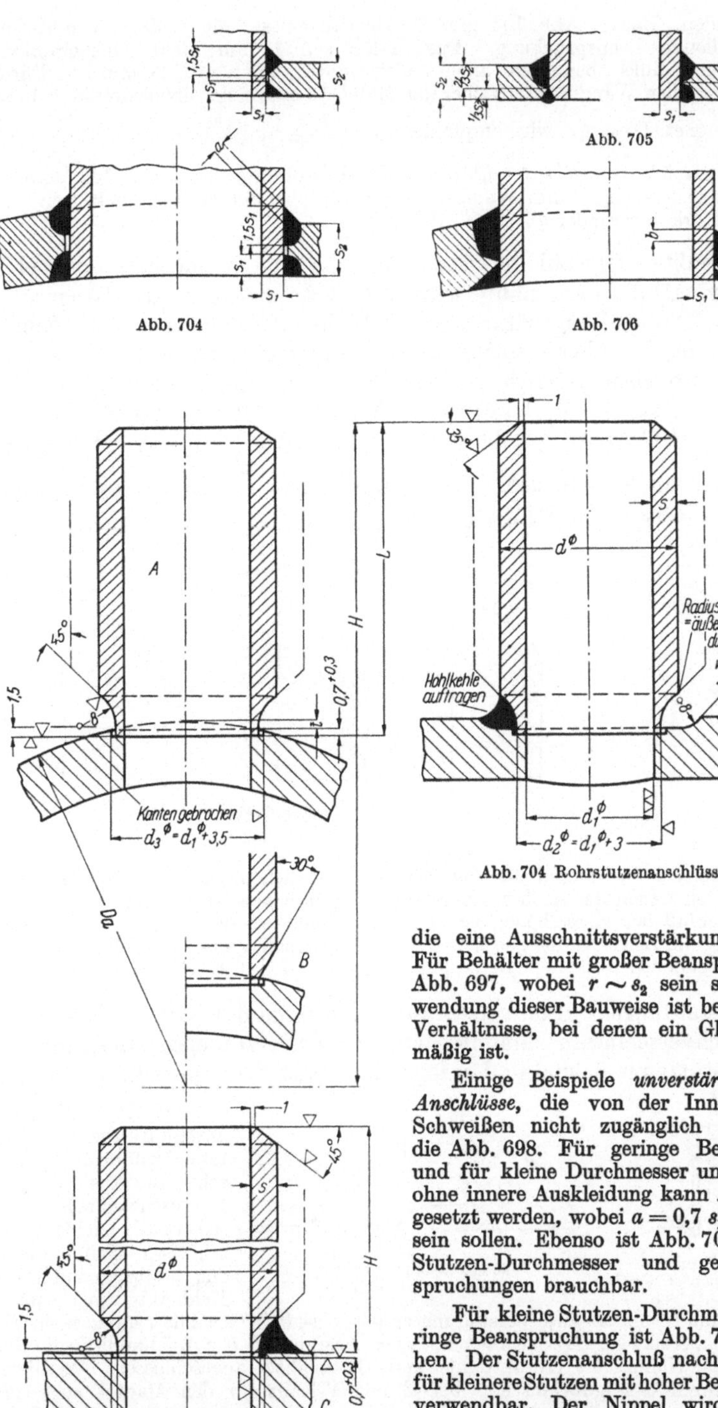

Abb. 705

Abb. 704

Abb. 706

Abb. 704 Rohrstutzenanschlüsse.

die eine Ausschnittsverstärkung verlangen. Für Behälter mit großer Beanspruchung gilt Abb. 697, wobei $r \sim s_2$ sein soll. Die Anwendung dieser Bauweise ist beschränkt auf Verhältnisse, bei denen ein Glühen zweckmäßig ist.

Einige Beispiele *unverstärkter Stutzen-Anschlüsse*, die von der Innenseite zum Schweißen nicht zugänglich sind, zeigen die Abb. 698. Für geringe Beanspruchung und für kleine Durchmesser und für Gefäße ohne innere Auskleidung kann Abb. 699 angesetzt werden, wobei $a = 0{,}7\,s_1$ und $\beta \sim 50°$ sein sollen. Ebenso ist Abb. 700 für kleine Stutzen-Durchmesser und geringe Beanspruchungen brauchbar.

Für kleine Stutzen-Durchmesser und geringe Beanspruchung ist Abb. 701 vorzuziehen. Der Stutzenanschluß nach Abb. 707 ist für kleinere Stutzen mit hoher Beanspruchung verwendbar. Der Nippel wird nach dem Schweißen ausgebohrt. Ohne Einschränkung und für alle Zwecke kann Abb. 702 benutzt werden. Wenn Wurzelnaht nicht erfaßbar, dann wie bei Abb. 701 entfernbaren Einlegering verwenden. Bauart Abb. 704 gilt für Druckbehälter mit großen Wanddicken und ohne schwellende Beanspruchung. Das Maß a soll 11 mm nicht überschreiten. Die Alternativlösung links oben kann angewendet werden, wenn $s_2 \leqq 20$ mm ist. Für Druckbehälter mit großen Wanddicken, wobei das Maß b 16 mm nicht überschreiten soll, ist auch Abb. 705 geeignet. Diese Art wird empfohlen, wenn $\dfrac{s_1}{s_2} \geqq {}^1/_2$ ist.

Einige Beispiele von *Einschweißnippeln* für Kesselrohre zeigt Abb. 702, und zwar B die Ausführungsform bis 6 mm Wanddicke, die für über 6 mm Wanddicke zeigt A. Für Böden und Vierkantsammler gilt Abb. 707 C.

Schweißnähte. Obwohl die *Rundnähte* theoretisch nur halb so hoch beansprucht sind als die Längsnähte wird ihre Dicke gleich der der Längsnähte angenommen. Die als Längsnähte nur bis 10 mm Wanddicke und als Rundnähte nur bis 15 mm Wanddicke zulässige doppelseitig geschweißte, überlappte *Kehlnaht* sollte, wo eben möglich, gänzlich vermieden und durch V-Nähte ersetzt werden. Bei größerer Blechdicke sind X-Nähte, bei sehr großen Blechdicken U- oder Doppel-U-Nähte, gegebenenfalls auch Steilkantennähte gebräuchlich.

Anschluß von Kesselböden. Einige Anschlüsse von Böden an Kesselmäntel sind in Abb. 708 a⋯d zusammengestellt.

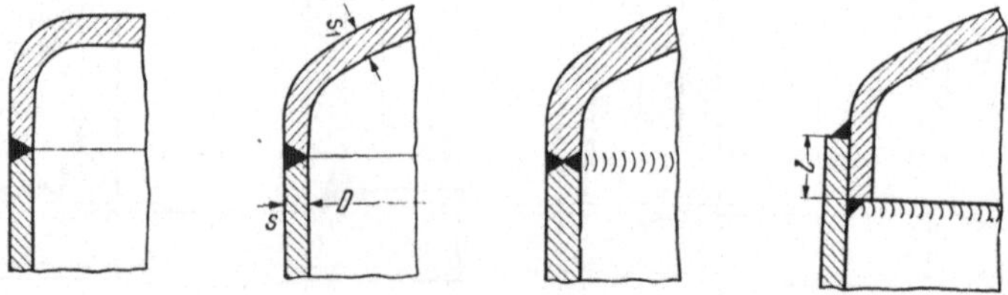

Abb. 708 a⋯d. Anschluß von Kesselböden

Die Stumpfstöße a⋯c sind die allgemein gebräuchlichen. Der Überlappungsstoß d ist bei Längsnähten wegen der in ihm auftretenden zusätzlichen Biegespannungen ungeeignet. Für den Anschluß der Kesselböden ist er zwar anwendbar, da infolge der Steifigkeit der Bodenwölbung die Biegespannungen geringer sind, doch sollte auch dieser Kehlnahtanschluß weitgehend vermieden werden. Überlappungslänge $l = 4\,s \cdots 6\,s$ (je nach Blechdicke s).

Randverstärkungen. Randverstärkungen von Mantelaussparungen, und zwar an Handlochverschlüssen, Mannlöchern, Feuertüröffnungen, Schlammlöchern, Manometerstutzen u. ä. sind in den folgenden Skizzen dargestellt.

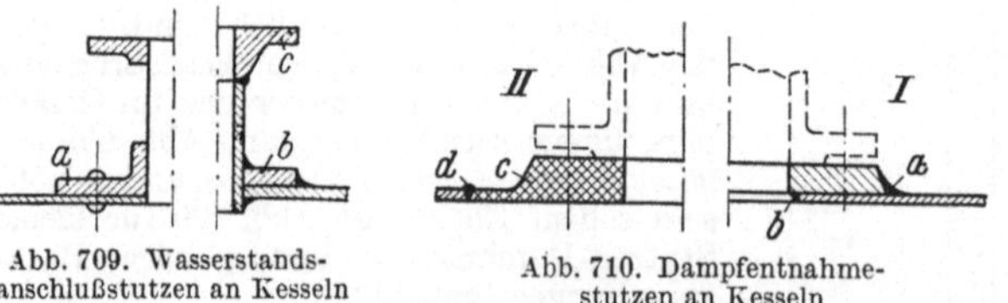

Abb. 709. Wasserstands-
anschlußstutzen an Kesseln

Abb. 710. Dampfentnahme-
stutzen an Kesseln

Abb. 709: Wasserstands-anschlußstutzen. Alte, genietete Ausführung bei a, geschweißte Ausführung bei b. Die geschweißte Konstruktion sichert die Dichtheit des Anschlusses. Durch die beiden eng beieinanderliegenden Kehlnähte am Verstärkungs-flansch b ist eine besonders gute Versteifung erzielt. c ist kein Gewinde-, sondern ein Vorsatz-Schweißflansch. Abb. 710: *Dampfentnahmestutzen.* Ausführung I in Anlehnung an die Nietung; Flansch durch Kehlnaht a (Hauptnaht) und Dichtnaht b angeschlossen. Ausführung II vereinfacht durch Stahlgußflansch c, bei d mit V-Naht an den Mantel angeschlossen. Abb. 711: *Mann- und Schlammlöcher.* Die bei Kleinkesseln zwar mögliche Aushalsung des Außenmantels nach innen gestattet die Verwendung einer ebenen Dichtung, doch setzt das Anziehen der Schraubenmutter den Kesselmantel unter Spannung. Besser ist die Ausführung Abb. 712, bei der selbst durch starkes Anziehen der Mutter der Kesselmantel nicht beansprucht wird. Die Mannlochdurchführung (Ring a), Deckel und Verschlußbügel bilden ein in sich geschlossenes Ganzes.

Abb. 713: *Handlochverschlüsse.* *I* hat eine gewölbte Dichtungsfläche *a*. Der Verstärkungsring *d* ist beiderseits mit Kehlnaht an den Mantel angeschlossen und ungünstig. Die

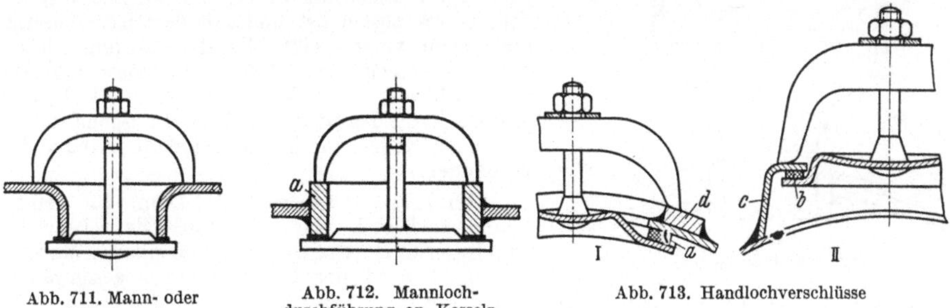

Abb. 711. Mann- oder Schlammloch

Abb. 712. Mannlochdurchführung an Kesseln

Abb. 713. Handlochverschlüsse

bessere Ausführung *II* hat eine ebene Dichtungsfläche *b*. Der von Spezialfirmen fertig beziehbare Aufsatz *c* wird auf den Kesselausschnitt stumpf angepaßt und ringsum mit nur einer Kehlnaht verbunden.

Abb. 714: *Hand-* oder *Mannlochverschluß* neuester Konstruktion. (Patent Afflerbach, Puderbach.) Der Verstärkungsring *a* ist gleichzeitig Dichtungsfläche. *b* ist der Dichtungsring. Der Verstärkungsring *a* ist mit dem Mantelblech *e* durch V-Naht verbunden. Beanspruchung des Deckels *c* auf Zug, da er in Klöpperkorbbogenform ausgebildet ist. Der Stahlbügel ist an vier Stellen aufliegend, wodurch gleichmäßiges Anziehen erreicht wird.

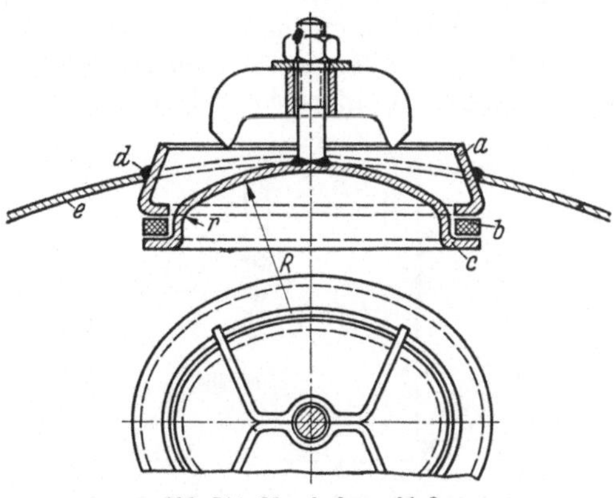

Abb. 714. Mannlochverschluß

Feuertüren, Stochlöcher. Zwei Beispiele der Abb. 715 mögen genügen.

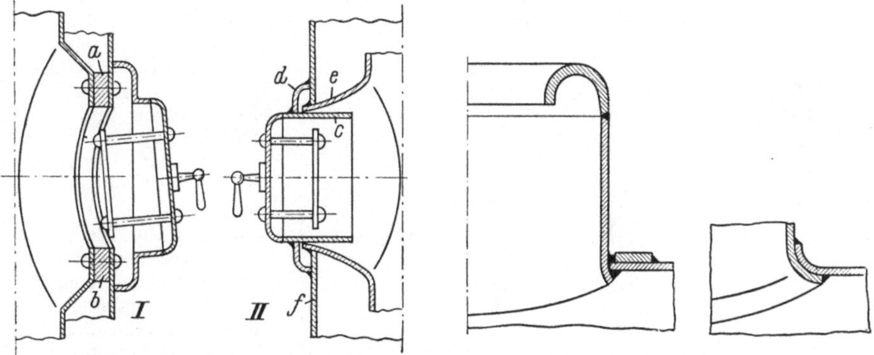

Abb. 715. Feuertüren und Stochlöcher

Abb. 716. Domanschlüsse an Kesseln

Abb. 715 *I* zeigt die alte, genietete Ausführung, bei der Überhitzung bei *a* und Abkühlung bei *b* entstehen, wodurch Werkstoffspannungen, Undichtheiten und Rißgefahr bedingt sind. Bei der geschweißten Ausführung *II* ist die Aushalsung *e* des Innenmantels durch den Außenmantel *f* hindurchgeführt. Die Schweißnaht liegt demnach außerhalb des Feuerbereichs. Der aus weichem Stahlguß bestehende Feuertürrahmen *c···d* ist mit Kehlnähten angeschlossen und so ausgebildet, daß er die innere Schweißnaht bei geschlossener Tür vor Überhitzung, bei offener Tür vor dem Zutritt kalter Luft schützt.

Anschluß von Dampfdomen. Abb. 716 u. 717.

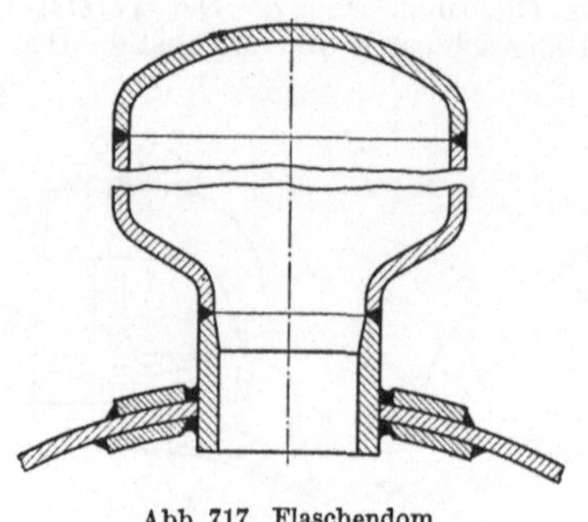

Abb. 717. Flaschendom

Abb. 717: Der Dommantel ist oben mit einem gekrempten Blechring durch eine V-Naht verbunden, unten ausgehalst und mit dem Kesselmantel von innen verschweißt. Randverstärkung durch einen beiderseits mit Kehlnaht angeschlossenen Flachstahlring. Abb. 716: Kesselmantelloch und unterer Rand des Dommantels sind ausgehalst und an beiden Enden durch eine Kehlnaht miteinander verbunden.

Abb. 717: Flaschenartiger Dom für einen Flammrohrkessel von 13 kg/cm² Betriebsdruck. Durch den im Durchmesser enger gehaltenen Mantelausschnitt wird der Kessel weniger geschwächt.

Bodenring-Verbindungen. Abb. 718 bis 720.

Schwierig ist der Anschluß des Bodenrings stehender Kessel an die Mäntel. Im allgemeinen kommt man ohne besondere Bodenprofile nicht aus. Die Schwierigkeit liegt vor allem darin, daß die Forderung des TÜV bezüglich des wurzelseitigen Nachschweißens der V-Nähte nicht ohne weiteres erfüllbar ist.

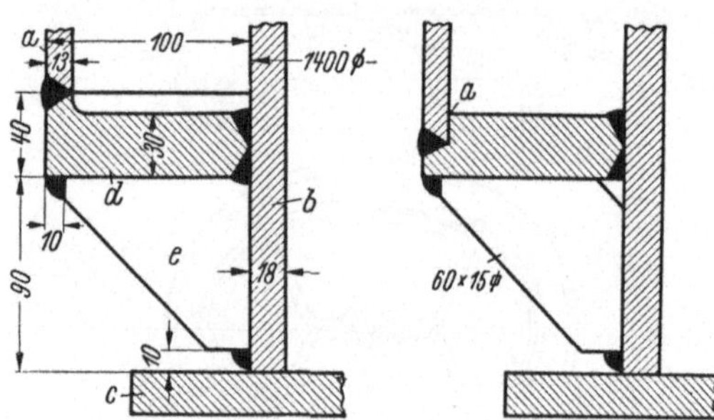

Abb. 718 u. 719. Bodenringverbindungen an Dampfkesseln

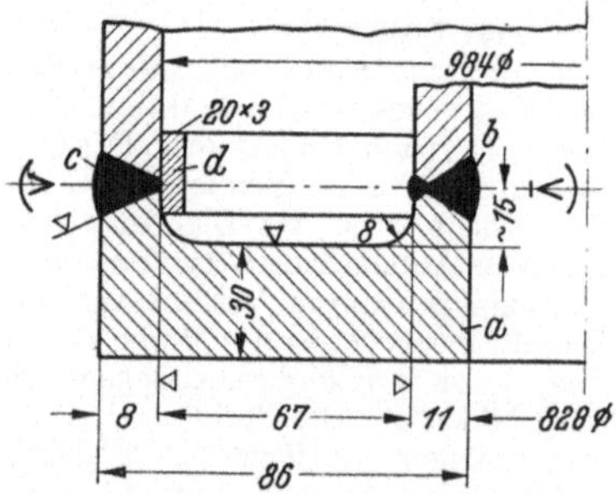

Abb. 720. Günstiger Bodenringanschluß

Abb. 718: Der Bodenring d ist an der Anschlußseite des Außenmantels a mit einem Ansatz versehen, der die V-Naht aufnimmt. Der Innenkranz des Bodenringes d ist mit einer $^1/_2$X-Naht an den Feuerbüchsmantel b angeschlossen und das Ganze durch am Umfang gleichmäßig verteilte und angeschweißte Winkelbleche e versteift. Diese Konstruktion ist wenig glücklich.

Abb. 719: Um von dem teuren Profil d abzukommen, wurde u. a. der Weg nach a in Abb. 720 beschritten. Abgesehen davon, daß Kesselsteinablagerungen in der bei a entstehen den Kerbe unvermeidlich sind, ist die Kerbe eine gefährliche Konstruktionsschwäche.

Weitaus die beste Bodenringausbildung ist in Abb. 720 dargestellt. Ein

Abb. 721 u. 722. Bodenanschluß bei stehenden Querrohrkesseln

U-förmiges Profil a wird an allen mit den Schweißnähten im Zusammenhange stehenden Flächen sauber bearbeitet. Nach Schweißen der V-Naht b am Feuerbüchsmantel wird die Naht wurzelseitig nachgeschweißt und einlachst Fahlring d (Profil 20×3) in Höhe der Außennaht c angepaßt. Die V-Naht c ist an der Basis verbreitert, um ein sorgfältiges Durchschweißen und eine Verbindung zwischen ihr und dem Einlegering d sicherzustellen.

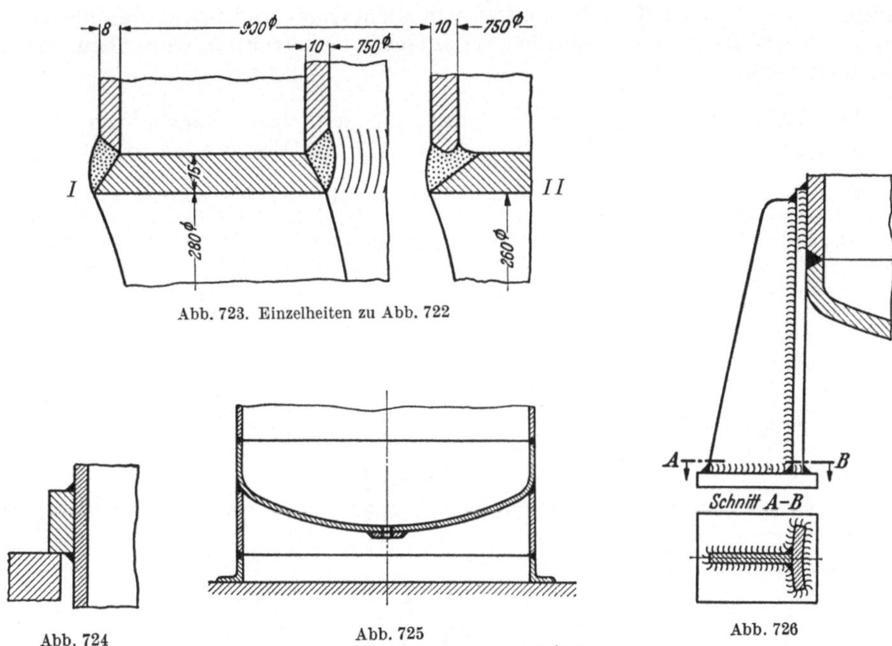

Abb. 723. Einzelheiten zu Abb. 722

Abb. 724

Abb. 725

Abb. 726

Abb. 724···726. Stützen an stehenden Kesseln

Sonstige Einzelheiten. Bei *kleinen stehenden Kesseln* (mit Feuerbüchse und Querrohren) sind gewölbte Böden beim Anschluß an das Rauchrohr zu vermeiden da die Verbindung zu starr ist und in der Naht zwischen Feuerbüchse und Rauchrohr zu Brüchen geführt hat. Bei der Ausführung mit flachen Böden können beide Böden federn, so daß keine Bruchgefahr mehr besteht.

Abb. 723 *I.* Unmittelbarer Schweißanschluß am *Schürloch* eines stehenden Querrohrkessels ohne Lochverstärkung 723 *II.* Anschluß der *Querrohre* an den Feuerbüchsmantel.

Stützungen. Durch das Anschweißen von Stützen an stehende Kessel und durch den Stützdruck dürfen keine gefährlichen Spannungen entstehen. Die Stützen nach Abb. 726 sind am Kesselmantel unmittelbar durch Kehlnähte angeschlossen. Vielfach wird, wie Abb. 724 zeigt, ein am Unterboden angeschweißter hochkantiger Blechring (Zarge) als Stützung stehender Kessel verwendet. Stehende Kessel großer Bauhöhe werden durch seitlich an der Kesselwand selbst angeschweißte Tragringe (Abb. 725) oder mit Hilfe von Pratzen abgestützt.

7.11.7 Kleinkessel

Kleinkessel, besonders stehende Dampfkessel, werden fast ausschließlich geschweißt.

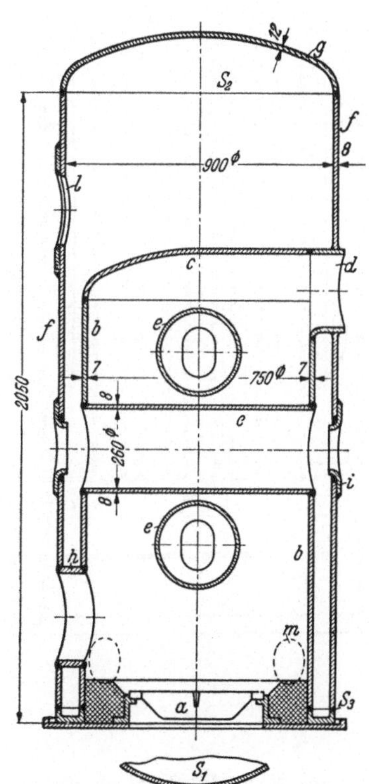

Abb. 727. Stehender Quersiederkessel

Unter den stehenden Kesseln sind es vor allem Quer- und Steilsiederohrkessel, die der Schweißung eine wesentlich vereinfachte Konstruktion verdanken. Zwei Beispiele sollen dies erläutern.

Abb. 727: Stehender *Quersiederkessel* mit seitlichem Rauchabzug. Heizfläche 5,2 m², Rostfläche 0,2 m², Betriebsdruck 7 atü (Eisenwerk Loos, Gunzen).

Teile der Schweißkonstruktion: a Rost, b Feuerbüchse, c Feuerbüchsboden, d an c angeschweißtes Rauchabzugsrohr, e Querrohre (Schweißanschluß an die Feuerbüchse), f Kesselmantel, g Kesselboden; S_1 Längsnaht des Mantels, S_2 obere Rundnaht, h Verbindung des Kesselmantels und der Feuerbüchse am Stochloch. S_3 untere Rundnaht, i Mantelverstärkung an den Reinigungsöffnungen der Querrohre, Mannloch und m Schlammlöcher.

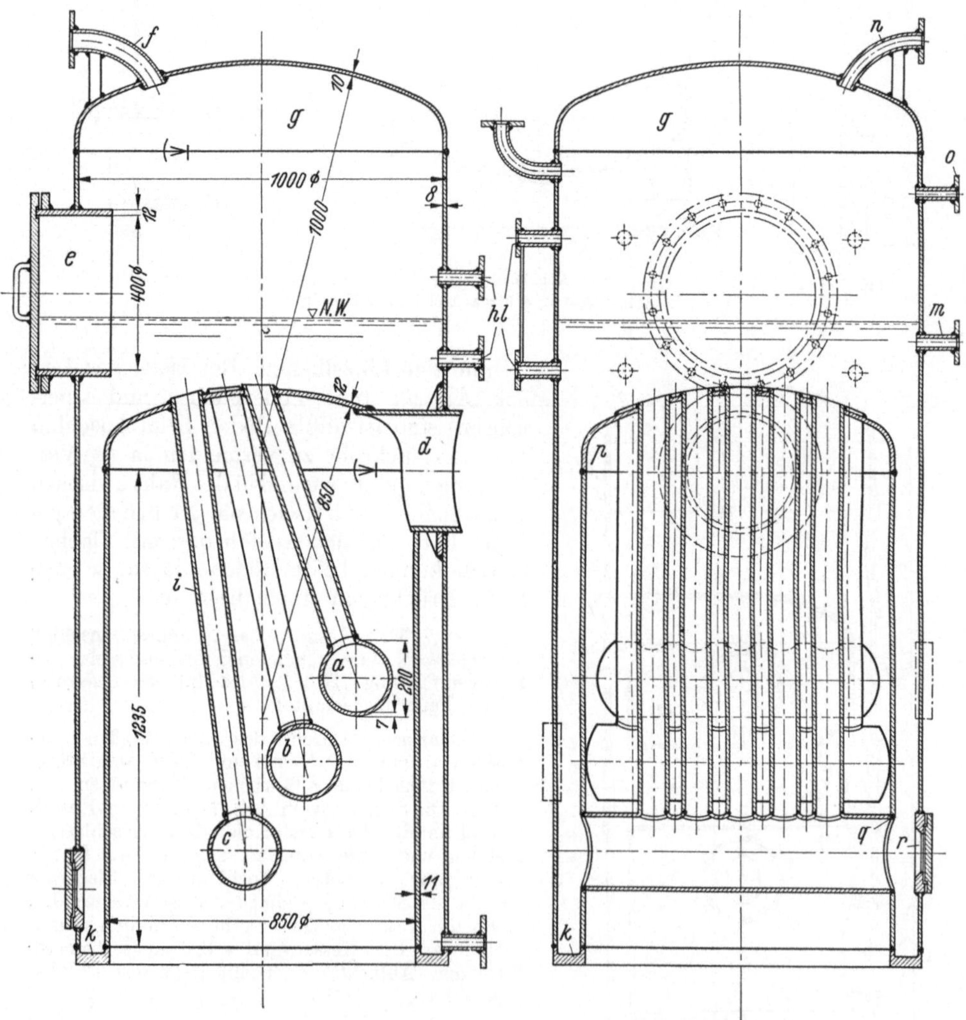

Abb. 728. Hochdruck-Steilsiederkessel

Abb. 728: Hochdruck-*Steilsiederkessel*. Heizfläche 8,5 m², Betriebsdruck 8 atü, Schweißgüte „S".

Teile der Schweißkonstruktion: a, b und c sind Querrohre, die bei q an den Innenmantel angeschweißt sind. 16 Steilrohre i sind in den oberen Boden der Feuerbüchse mit Kehlnähten eingeschweißt. d ist der Rauchrohrabzug, e das Mannloch, f der Dampfentnahmekrümmer, g die obere Bodenrundnaht, p die Rundnaht an der Feuerbüchse, l sind die Wasserstandsstutzen, h Meßstutzen, m ist der Speisewasser- und o der Manometerstutzen, f Krümmer für das Sicherheitsventil, r Putzloch und k ist der Fußring.

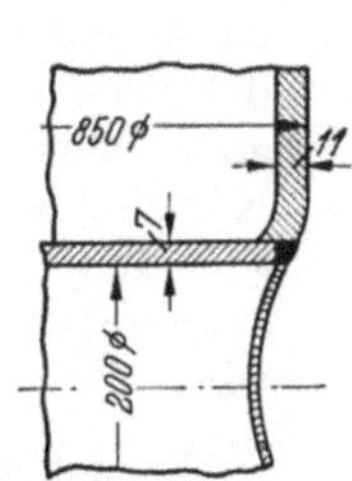

Abb. 729. Schweißanschluß
der Querrohre zu Abb. 728

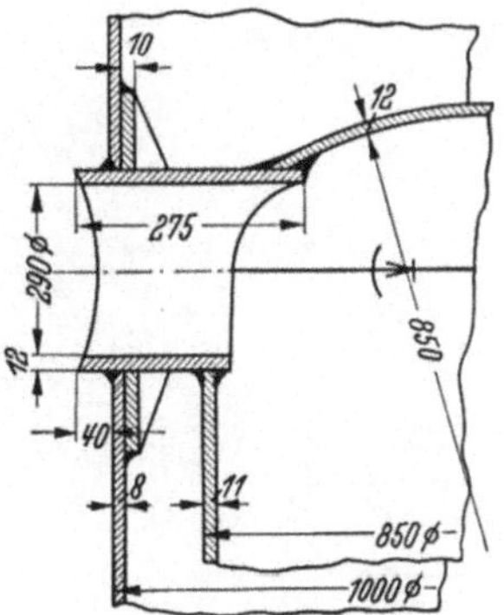

Abb. 730. Rauchrohranschluß
zu Abb. 728

Abb. 729: Detail zur Quersieder-Verbindung q.

Abb. 730: Detail zur Rauchrohr-Verbindung d.

Abb. 720: Detail zur Bodenring-Verbindung k.

Ursprünglich wurden angesichts des geringen Zutrauens, das man der Schweißung entgegenbrachte die Sammelkammern (Flaschen) der Bensonkessel aus dem Vollen geschmiedet und dann hohl gebohrt (Abb. 735). Die Anschlußstutzen für das Ansetzen der Rohre waren aus den aus Si–Cr–Al-Stahl hergestellten Kammern herausgefräst und wie die Abb. erkennen läßt mit stark überhöhten autogen geschweißten Nähten an die Stutzen angeschweißt. Betriebsdruck von 125 atü und Temperaturen von 500° C und mehr sind bei solchen Kesseln nicht selten.

7.11.8 Großkessel

Sieht man von einigen kleinen Einzelkonstruktionen ab, so wiederholen sich die im vorigen Abschnitt bzw. in den Bänden I und II bereits geschilderten Bauweisen. Immer sind es Längs- und Rundnähte an Mänteln, Kesselteilen, Durchbrüchen, Stutzen usw., die in nur wenig veränderter Form wiederkehren.

Dem Ingenieur des TÜV kommt es weniger darauf an, die Vorschriften für Landdampfkessel lückenlos, d. h. in allen ihren Teilen eingehalten zu sehen, z. B. hinsichtlich der Vorschrift, daß Schweißnähte möglichst nicht in der Feuerzone des Kessels gelegen sind, als darauf, eine grundsätzlich anständige, durchgeschweißte, in jeder Hinsicht gut verbundene, in ihren

Abb. 731. Dreitrommel-Steilrohrkessel im Aufbau

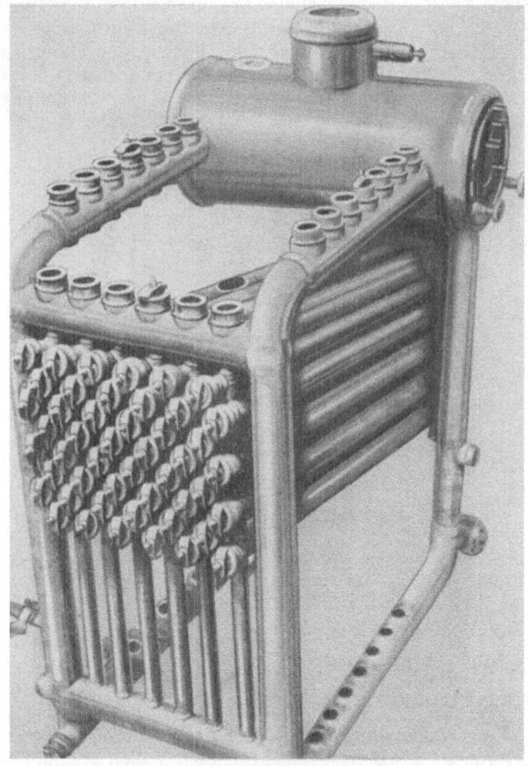

Abb. 732. Hochleistungskessel

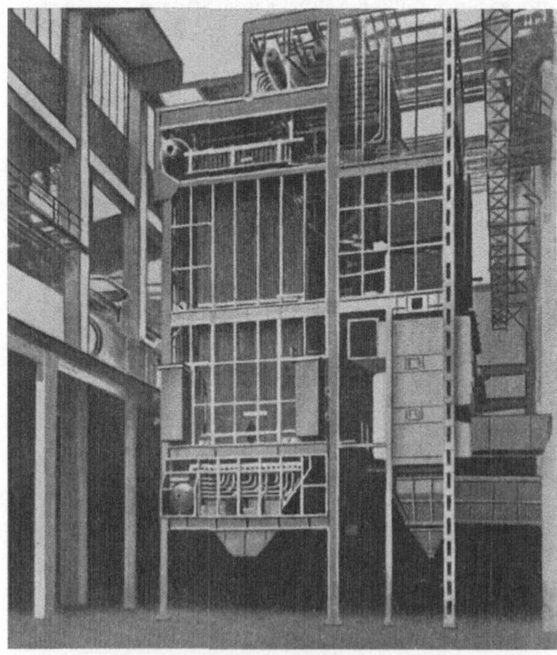

Abb. 733. Strahlungskessel, Röhrenkessel während des Aufbaues

technologischen Werten dem Mutterwerkstoff sehr ähnliche Naht abnehmen zu können. Es kann hier ruhig und mit Bestimmtheit gesagt werden, daß den Verfassern die Bewertung der Schweißnaht als durchaus zweckmäßig und richtig erscheint, wenn der Unsicherheitsfaktor, der mit der Person des Schweißers ganz allgemein und bei Kesselschweißungen im besonderen verbunden ist, gebührend berücksichtigt wird.

Bezüglich der großen Wasserraumkessel bleibt, soweit es die Bauart der Kessel an sich angeht, kaum etwas zu sagen übrig.

Unter den Hochdruck-*Röhrenkesseln* sind hervorstechende Unterschiede in den anfallenden Schweißarbeiten nicht vorhanden. Fast durchweg handelt es sich um bereits hinlänglich geschilderte Rohrschweißungen, wie dies in den folgenden Abbildungen gezeigt wird.

So bringt Abb. 732 als einfachstes Beispiel den aus einem großen Röhrenbündel bestehenden Feuerraum eines Eckrohrhochleistungskessels für eine stündl. Dampfleistung von 0,2···2,5 t. Sämtliche Rohre kleineren Kalibers sind in die größeren Sammelrohre stumpf eingeschweißt, wobei eine bestimmte Schweißfolge nicht umgangen werden darf, wenn ein starkes Verziehen der Eckrohre vermieden werden soll.

Einen im Aufbau befindlichen uneingemauerten dreitrommeligen Steilrohrkessel (MAN, Augsburg) für 1200 m² Heizfläche, 35 atü Dampfdruck bei 400° C veranschaulicht Abb. 731. Alle Rohrverbindungen sind in bekannter Weise autogen, die Anschlüsse an die Kesseltrommeln elektrisch geschweißt.

Mit einigen Tausend Metern Rohrleitung ist der in Abb. 733 gebrachte Strahlungskessel (Borsig, Berlin) ausgestattet, der für 104/130 t/h Dampf, 64 atü bei 500° C und einer Speisewassertemperatur von 130° C bestimmt ist. Auch hier sind alle Rohre geschweißt.

Abb. 734. Ober- und Untertrommel und Dampfsammler für Steilrohrkessel

In den aus der Abb. 734 ersichtlichen, aus einem Stück geschmiedeten Hochdruck-Trommeln sind die für die Aufnahme von Rohren bestimmten Löcher bereits gebohrt. Der Anschluß der Rohre erfolgt meist so, daß in die Öffnungen Stutzen eingeschweißt werden, an die später das Rohrsystem im Stumpfstoß angeschlossen wird.

Unter den Hochdruck-Röhrenkesseln kommt den aus Großrohrbündeln bestehenden *Benson-Kesseln* erhöhte Bedeutung zu, an denen einige Tausend Rohrschweißstellen vorkommen.

Abb. 735. Geschweißte Sammelkammer (Flasche) eines Bensonkessels (alte Bauart)

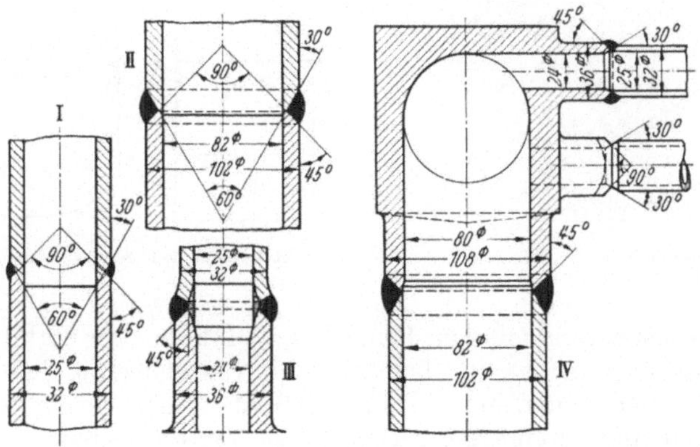

Abb. 736. Nahtanschlüsse an Bensonkessel-Rohren (ältere Bauweise)

Legt man einen Querschnitt durch die Sammelkammern und stellt die Anordnung der Bauweise zeichnerisch dar, dann kommt man zu Abb. 736 *IV*, die die einzelnen Rohranschlüsse mit einer besonderen Art der Schweißnute erkennen läßt. In den Abb. 736 *I⋯III* sind einige hierauf bezugnehmende Rohranschlüsse dargestellt, die sich vom normalen Anschluß durch die an sich etwas eigentümlich anmutende Art der Schweißmulde unterscheiden. Ob sich diese Art des Rohranschlusses in allen Fällen als die bessere und deshalb geeignetste erweisen dürfte, ist nicht ohne weiteres als gegeben anzusehen, da die Erhaltung des lichten Querschnitts auch auf andere, bereits geschilderte Weise angestrebt werden kann.

Heute ist dieser kostspielige und schwierige Weg der Herstellung solcher Sammelkammern verlassen worden. Sie werden aus hochwertigem Werkstoff und gezogenen oder gewalzten Rohren hergestellt und elektrisch geschweißt.

7.11.9 Lokomotivkessel

Abseits aller normalen Kesselbauarten liegt der Lokomotivkessel mit seiner nur ihm eigentümlichen Feuerbüchse. In der Baureihe 45 und 82 der Deutschen Bundesbahn hat sich vornehmlich die Schweißung als Verbindungselement mit bestem Erfolg eingeführt, wie die nachfolgenden Bilder dartun sollen.

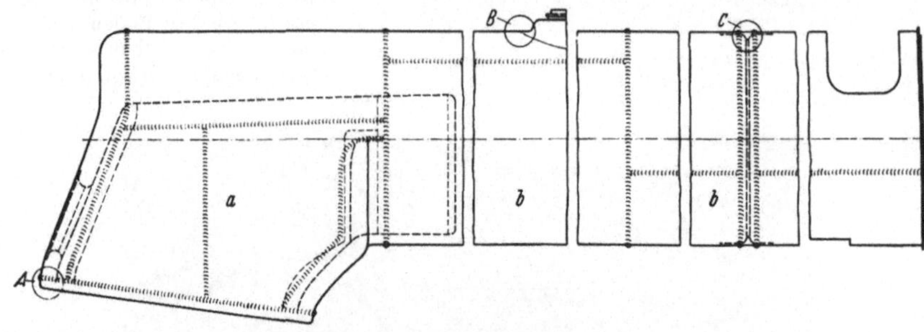

Abb. 737. Völlig geschweißter Lokomotivkessel

Die Anordnung der Schweißnähte in einem Lokkessel der Baureihe 45 ist in Abb. 737 dargestellt (Krupp, Essen). Um die Zeichnung auf möglichst kleinem Raum unterzubringen, ist der Längs- oder Vorderkessel *b* mehrmals unterbrochen und alles Überflüssige aus der Darstellung fortgelassen.

Abb. 738. Geschweißte Feuerbüchse
einer Lokomotive

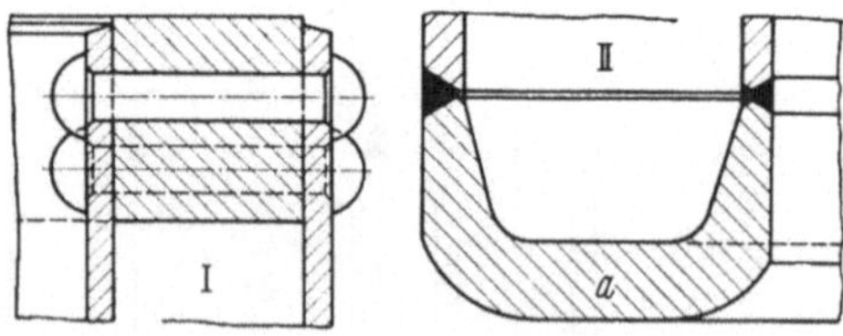

Abb. 739. Lok-Feuerbüchsen-Bodenring

Befaßt man sich vorerst mit dem Hinterkessel, d. h. mit der Stahlfeuerbüchse *a* der Lok, so ist dazu zu sagen, daß, wie Abb. 738 andeutet, diese vollständig geschweißt ist. Der Bodenring *A* (Abb. 739), d. h. die Verbindung zwischen Feuerbüchse und Außenwand ist in Abb. 742 *II* vergrößert herausskizziert. Ihr steht die genietete alte Form *I* gegenüber. Das U-förmige Profil *a* wird nach der

Feuerbüchsseite hin mit einer ungleichschenkligen X-Naht, nach der Außenseite hin — weil es nicht anders gemacht werden kann — mit einer V-Naht an den Außenkessel angeschlossen. Die vier Ecken dieses Bodenringes sind gepreßt und in den Rahmenverband stumpf eingeschweißt. Abb. 740 zeigt den fertig zu-
sammengeschweißten Hinterkessel mit Feuerbüchse. Hier sind also beide Teile

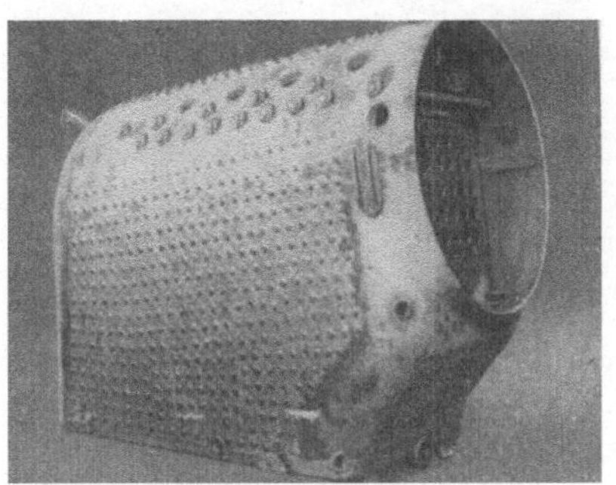

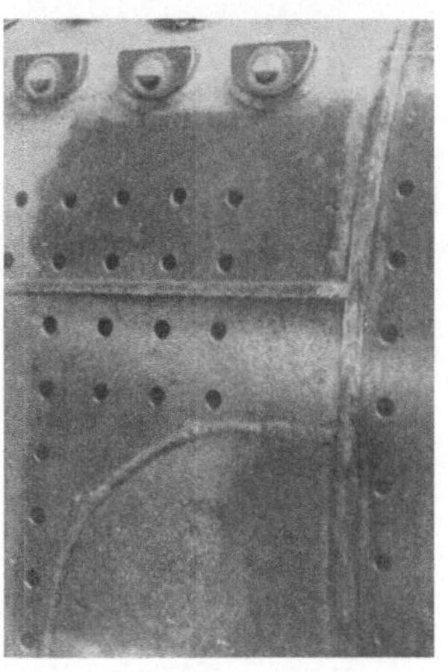

Abb. 740. Hinterkessel einer Lokomotive

Abb. 741. Detail zu Abb. 740

— Feuerbüchse und Außenkessel — bereits mit dem Bodenring verschweißt. Stehbolzen und sonstige Verankerungen bestehen aus auf Außen- und Feuerseite mit Kehlnähten angeschlossenen gewindelosen Bolzen.

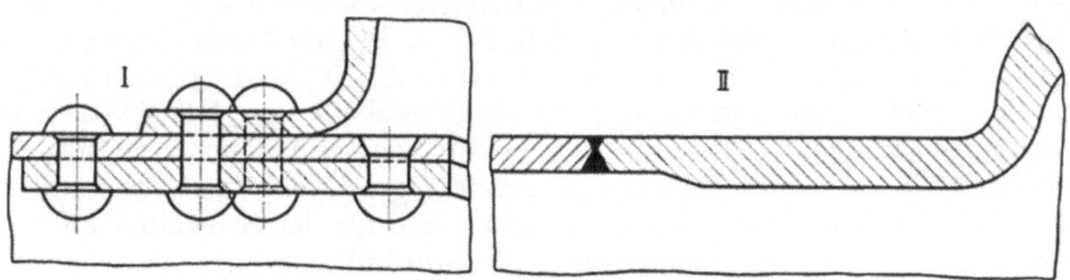

Abb. 742. Detail zu Punkt *B* in Abb. 737

Den Auslauf der Schweißnähte an den Verbindungen zwischen Stehkessel-mantel und -dicke, Vorwand und Längskessel, bringt Abb. 742.

Abb. 742 ist als Detail dem Punkt *B* der Zusammenstellung Abb. 737 entnommen und stellt die geschweißte Form *II* des Dampfdomes der genieteten Bauweise *I* gegenüber.

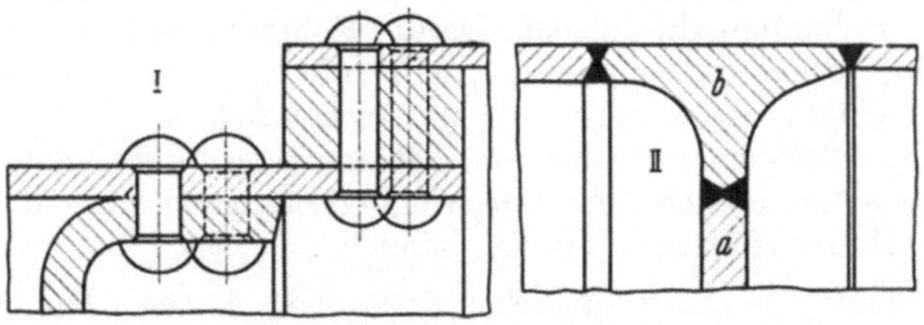

Abb. 743. Detail zu Punkt *C* in Abb. 737

In Abb. 743 sind verglichen: die alte genietete Art des Rohrwandanschlusses *I* und die neue geschweißte *II*. Der T-förmig profilierte Ring *b*, der beiderseits, und zwar einmal mit X-, das anderemal mit V-Naht an die Längskessel- bzw. Rauchkammerwand angesetzt ist, nimmt bei *a* die mit X-Naht angeschlossene Rohrwand auf.

Die Gesamtnahtlänge des in Abb. 744 fertig geschweißten Lokkessels beträgt 240 m. Das Vertrauen, das man der Schweißnaht hier entgegenbringt, kommt am besten dadurch zur Geltung, daß man auf jede Art mechanischer Versteifungen, wie Laschen u. ä. gänzlich verzichtet hat.

Abb. 744. Fertiggeschweißter Lokkessel

7.12 Rohrleitungsbau

Im außerordentlich vielseitigen Rohrleitungsbau sind entsprechend dem Drucke, der Temperatur und der Art der in den Leitungen beförderten Stoffe, ob Flüssigkeiten, Gase oder Dämpfe, weniger die Gestaltung der Rohre als solche als die Herstellung der recht verschiedenen Formstücke, die meist nur auf dem Wege des Schweißens herstellbar sind, von hervortretendem Interesse. Der Rohrwerkstoff ist neben den eingangs angeführten Faktoren außerdem vom chemischen Verhalten der fortzuleitenden Stoffe, z. B. von Salzlösungen, Säuren, Laugen u. a. abhängig, so daß in vielen Fällen an die Stelle der Verarbeitung von Stahl eine solche von korrosionsfesten Sonderstählen und NE-Metallen tritt. Weitaus überwiegend wird Stahl verarbeitet. Dabei hat man zwischen aus Blechen gerundeten und nahtlos gezogenen oder geschweißten Rohren zu unterscheiden. Unter den mannigfachen Rohrarten sind für den Schweißfachmann im allgemeinen nur Gewinderohre, nahtlose Flußstahlrohre, geschweißte Flußstahlrohre und Stahlmuffenrohre von Bedeutung. Für normale Betriebsbedingungen, d. h. bei niedrigen und mittleren Innen- und Außendrücken sowie normalen Temperaturen ausgesetzten Rohrleitungen kann eine Festigkeitsrechnung meistens entfallen, da die Mindestwanddicken nach DIN festgelegt und aus Tabellen ersichtlich sind. Das bezieht sich auch auf Kaltwasser-, Warmwasser, Heiz- und Gasrohrleitungen. Alle diese Tabellen und Angaben beziehen sich zwar auf längsnahtgeschweißte Rohre, können aber ohne weiteres auch als Grundlage für Rohrrundnähte dienen. Da die Rohrrundnähte in ihrer Schweißgüte (Gütezahl) rechnerisch mit $v = 1$, d. h. mit 100% der Werkstoffestigkeit in Ansatz gebracht werden müssen, sind mit solchen Arbeiten betraute Schweißer (E- wie A-Schweißer) einer besonderen *Rohrschweißerprüfung* nach DIN 2471 zu unterziehen, sofern es sich nicht um geringfügige ungefährliche, d. h. praktisch fast drucklose Hausinstallationen u. dgl. handelt.

Der Berechnung der Rohrwanddicken liegen die zulässigen Beanspruchungen des Werkstoffs und die jeweiligen Betriebsbedingungen zugrunde. Die zulässigen Beanspruchungen sind z. T. gesetzlich vorgeschrieben, beispielsweise für Kessel- und Hochdruckrohre.

Die Berechnung kann erfolgen auf *Innendruck* (Leitungsrohre), auf *Außendruck* (z. B. Heberleitungen, Schachtrohre, Bohrrohre), oder auf *Knickung*

(Konstruktionsrohre). An dieser Stelle kommen zunächst nur auf Innendruck beanspruchte Rohre in Frage. Für normale Betriebsverhältnisse und unter der meistens zutreffenden Voraussetzung, daß die Wanddicke im Verhältnis zum Rohrdurchmesser klein ist, kann die Berechnung auf Innendruck an Hand der als „Kesselformel" bekannt gewordenen Formel abgeleitet werden.

Für die Erstellung von *Gasrohrleitungen* (Ferngasleitungen) bestehen besondere Richtlinien nach DIN 2470. Sie beziehen sich auf Stahlrohre mit geschweißten Verbindungen und mehr als 1 kg/cm² Betriebsdruck[1].

Nach dieser DIN sind im allgemeinen folgende Werkstoffe zu verwenden: *Nahtlose* Rohre nach Tabelle 52 und *geschweißte* Rohre nach Tabelle 53.

DIN 2470 umfaßt Angaben über Werkstoffbeschaffenheit, Leitungsverlegung, Rohrschutz, Formstücke, über Prüfung und Abnahme, über Herstellung der Schweißverbindung auf der Baustelle u. a. m. Die Verwendung von Schweißdrähten und Elektroden nach DIN 1913 ist vorgeschrieben. Es dürfen nur Schweißer eingesetzt werden, die ihre Eignung durch Prüfung nach DIN 2471 nachgewiesen haben, und zwar:

Tabelle 52. *Nahtlose Rohre für Ferngasleitungen*

Bezeichnung des Werkstoffes	Zugversuch nach DIN 50146		
	Zugfestigkeit σ_B kg/mm²	Rechnungswert der Streckgrenze K kg/mm²	Mindestdehnung δ_s %
St 35	35 bis 45	23	25
St 45[1]	45 bis 55	26	21

Tabelle 53. *Geschweißte Rohre*

Bezeichnung des Werkstoffes	Zugversuch nach DIN 50146		
	Zugfestigkeit σ_B kg/mm²	Rechnungswert der Streckgrenze K kg/mm²	Mindestdehnung δ_s %
St 34	34 bis 45	19	24
St 37	37 bis 45	21	24
St 42[1]	42 bis 50	24	21

[1] bei Auswahl der Schweißzusatzwerkstoffe ist zu beachten, daß der Kohlenstoffgehalt dieses Stahles bis 0,28% betragen kann.

Gruppe II a: bis 300 mm Rohrdurchmesser und 8 mm Wanddicke,
Gruppe II b: Rohrleitungen ohne Nennweitenbegrenzung bis 12 mm Wanddicke,
Gruppe II c: Rohrleitungen ohne Nennweitenbegrenzung über 12 mm Wanddicke.
Schweißer, die Rohre aus Sonderstählen oder Stählen höherer Festigkeit verschweißen sollen, müssen die Zusatzprüfung nach Gruppe III abgelegt haben.

Soweit durchführbar, sind die Rohrleitungen über dem Graben zu schweißen und durch gleichmäßiges Absenken mit Hebezeugen ohne schädliche Durchbiegung in dem Graben zu verlegen. Im Graben zu schweißende Rohrstöße müssen durch Kopflöcher gut zugänglich sein. Bei Lufttemperaturen unter — 5° C dürfen Schweißarbeiten an Rohrleitungen im allgemeinen nicht ausgeführt werden.

Rohrverbindungen. Sofern es sich um normale Rohrstöße handelt, kann man zunächst grundsätzlich zwischen lösbaren und unlösbaren Verbindungen unterscheiden. Beide Arten sind für den Schweißbeflissenen von gleicher Bedeutung. Hier interessieren lediglich die lösbaren, und zwar *Flanschenverbindungen*, die in großer Zahl möglich sind und von denen nur einige der üblichen Formen gebracht werden können. Nach dem Verlegen verschweißte Rohrverbindungen, Temper- oder Stahlgußfittings sind hier reizlos.

---

[1] Die Richtlinien gelten auch für unterirdische Röhrengasbehälter (s. auch DIN 3396, Richtlinien für oberirdische Hochdruckgasbehälter).

Die Abmessungen für die in hoher Zahl vorliegenden Rohrflanschen sind in DIN 2500···2673 zusammengefaßt. Rohrleitungen großer lichter Weite (z. B. Leitungen für Wasserturbinen) erhalten meist gerundete, stumpfgestoßene und verschweißte Winkel- oder andere Profilringe als Flanschen. Die eine oder die beiden durch den Innendruck auf Zug, Biegung und Schub beanspruchten Kehlnähte haben die gesamte Last bei höheren Drücken und Nennweiten aufzunehmen, wenn nicht Maßnahmen zur Entlastung der Nähte getroffen werden, wie es bei den Flanschen nach Abb. 745 bis 748 der Fall ist.

Soweit es sich nicht um gebogene, gepreßte, gedrehte oder sonstwie hergestellte Flanschenringe handelt, ist möglichst dem für eine V-Naht am besten geeigneten, leider etwas teuren *Schweißansatzflansch* entsprechend Abb. 749 der Vorzug zu geben.

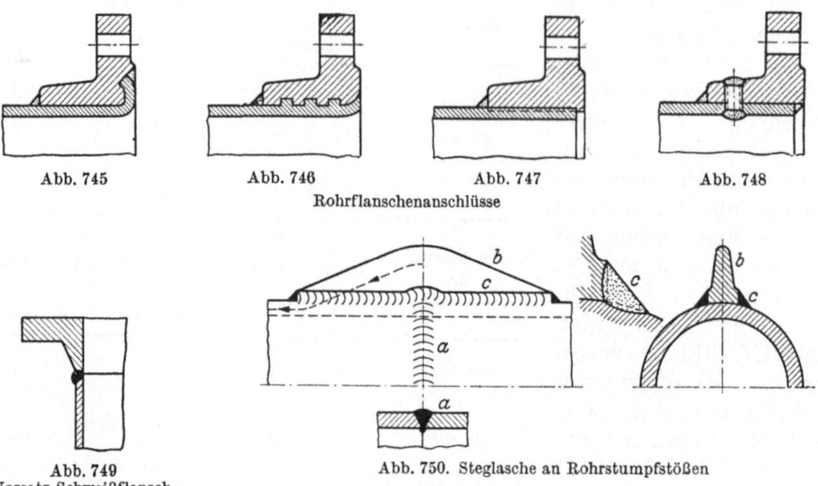

Abb. 745   Abb. 746   Abb. 747   Abb. 748

Rohrflanschenanschlüsse

Abb. 749
Vorsatz-Schweißflansch

Abb. 750. Steglasche an Rohrstumpfstößen

Der Flanschenansatz ist auf die anzuschweißende Blech- bzw. Rohrwanddicke zugeschnitten. Die gewöhnliche Rundnaht hat den nicht allzu tragisch zu nehmenden Nachteil, daß sie nur wenig dehnungsfähig ist und keine großen Biegespannungen aufzunehmen vermag. Zwar können auch Rohrrundnähte durch zweckmäßige Formgebung der Rohrenden entlastet werden.

Um eine gute Wurzelverschweißung zu erzielen, wird an der Schweißstelle ein Einlegering aus Stahl oder ein ausziehbarer Kupferring eingeschoben. Ungünstig sind Rundnähte beansprucht, die auf der Baustelle in Zwangslage, z. T. sogar überkopf geschweißt werden müssen.

In diesem besonderen Falle hat man früher *Sicherungslaschen* angebracht, die aber, wie die Praxis gelehrt hat, tatsächlich keine Vorteile bieten, so daß man versucht, das gesamte Rohrnetz in ein federndes, in sich arbeitendes System zu bringen. Im Gegensatz zu einer einfachen abgeschrägten Flachstahllasche hat die Steglasche *b* in Abb. 750 den Vorzug, daß sie einen scheinbar günstigen Kraftlinienverlauf gewährleistet. Die Flankennähte *c*, die die Steglaschen mit dem Rohr verbinden, werden durchgeschweißt. Die Laschen haben seitliche Ansätze, die ein kerbfreies Ausführen der Flankennähte sicherstellen. Aber auch diese Konstruktion wird heute möglichst vermieden.

Lösbare Verbindungen. Für mittlere Drücke und Durchmesser können die Flanschen im Sinne von Abb. 745 bis 747 gestaltet werden, die auch noch für Hochdruckrohrleitungen als ausreichend anzusehen sind.

Abb. 745. Die Rohrenden sind umgebördelt. Die Flanschen haben eine Ausdehnung, werden gegen den Bordrand gedrückt und durch eine V-Naht mit dem Rohr verbunden. Abb. 746. Die Flanschen sind aufgewalzt und durch eine Kehlnaht an das Rohr angeschweißt. Abb. 747. Die Flanschen sitzen mit Gewinde auf den Rohrenden und sind durch eine äußere

Kehlnaht mit diesen verschweißt. Abb. 748. Die Flanschen sind durch zwei Kehlnähte an das Rohrende angeschlossen und zur Entlastung der Nähte sind auf dem Umfang Gewindebolzen eingezogen, die außen und bei großer lichter Weite der Rohre auch innen mit den Flanschen verschweißt werden (weniger üblich).

Dehnungsausgleicher. Berücksichtigt man, daß sowohl durch die Drücke als durch Temperaturschwankungen in den Rohrleitungen Längenänderungen hervorgerufen werden, so muß, um kein starres, sondern ein in allen seinen Teilen federndes System zu erreichen, beim Verlegen der Rohre hierauf Rücksicht genommen werden. Hierzu bedient man sich der Dehnungsausgleicher oder Kompensatoren.

Für 1 m *Rohr* beträgt die Wärmeausdehnung etwa

100	150	200	250	300	350	400	450	500° C
1,17	1,80	2,40	3,0	3,70	4,40	5,10	5,90	6,50 mm

Das sind immerhin recht ansehnliche Maßabweichungen, die eine verlegte Rohrleitung stark gefährden und zum Zubruchgehen der Flanschenverbindungen Anlaß geben können.

Während kleinere Längenänderungen noch von den in der Rohrleitung vorhandenen Bogen aufgenommen werden können, verlangen jedoch lange Rohrleitungen die bereits betonten Dehnungsausgleicher, wie Linsenausgleicher, Lyrabögen, Rohrschleifen, Faltrohre u. ä.

In den Abb. 751 und 752 ist ein *Linsenausgleicher* dargestellt. Er wird bei Niederdruckleitungen bis etwa 2 atü und mehr angewendet. Diese meist autogen geschweißten Ausgleicher werden mit verschiedenartigen Flanschen hergestellt.

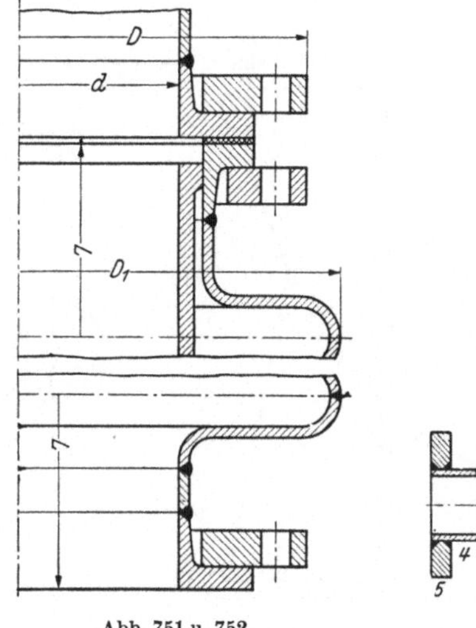

Abb. 751 u. 752.
Geschweißte Linsenausgleicher

Abb. 753.
Geschweißter Lyrabogen

Linsenausgleicher für die Auspuffleitung einer Gasmaschine. Die gewalzte Linse hat an beiden Enden angeschweißte Stahlgußflanschen, an die sich die Losflanschen anlegen. In den Ausgleicher ist ein Gußrohr eingesteckt. Der Zwischenraum zwischen Einsteckrohr und Linse wird zweckmäßig mit einer Wärmeschutzmasse ausgefüllt.

In Abb. 752 ist ebenfalls ein geschweißter Linsenausgleicher veranschaulicht, der aus zwei Halbwellen und zwei Rohrstücken zusammengesetzt ist (Seiffert AG, Berlin).

In Abb. 753 ist ein geschweißter *Lyrabogen* gezeigt. Er nimmt nicht nur Dehnungen in Richtung der Rohrachse auf, sondern auch solche senkrecht oder schräg dazu, wie sie bei Erdverschiebungen in Bergbaugebieten recht häufig sind. Zur Herstellung dieser Bögen und Rohrschleifen werden am besten von besonderen Rohrbogenwerken angefertigte, sog. „Hamburger Rohrbögen" verwendet.

Der in Abb. 753 gezeigte Lyrabogen besteht aus dem Rohrbogen *1*, den angeschweißten Rohrstücken *2*, dem Krümmer *3*, dem Rohrstück *4* und dem angeschweißten, nach neueren Gesichtspunkten nicht gut angeschlossenen Flachflansch *5*.

7.12.1 Blechrohrleitungen

Die Herstellung von Blechrohrleitungen — seien sie rund oder eckig — gehört im allgemeinen zu den einfacheren Arbeiten des Schweißers. Den örtlichen Verhältnissen entsprechend sind Abzweigungen, Formstücke und Stutzen zahlloser Art notwendig, sobald die Leitung ihre Richtung zu ändern hat, was ja fast immer zutrifft. Deshalb sind T- und Kreuzstücke, Krümmer, Bögen und andere Gebilde sowie Verteiler, Ausgleicher, Sammeltöpfe u. dgl. in vielfältigster Gestalt und Abmessung erforderlich, die unter Zuhilfenahme des Schweißens hergestellt und in sich zusammengefügt werden. Dabei kommt, was naheliegend ist, der sachgemäßen Abwicklung der Einzelteile erhöhte Bedeutung zu.

So zeigt z. B. Abb. 754 einen geschweißten *Krümmer* für eine Gasleitung von 600 mm l. W. Er ist unten an das Eckventil Abb. 770 angeschlossen und hat zur Abstützung der

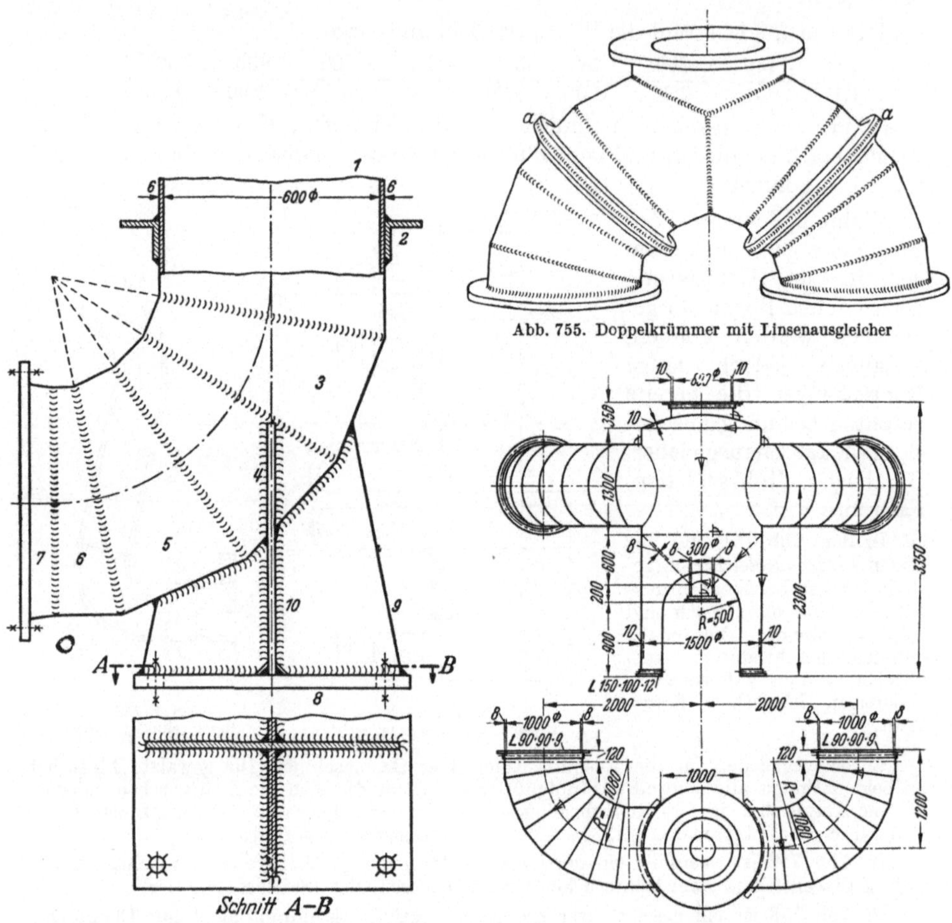

Abb. 755. Doppelkrümmer mit Linsenausgleicher

Abb. 754. Geschweißter Rohrkrümmer für Gasleitung

Abb. 756. Sammeltopf mit Anschlußkrümmern

Konstruktion einen Fuß. Teile der Schweißkonstruktion: *1* das 6-mm-Blechrohr, *2* Winkelringe, an *1* angeschweißt; *3···6* kegelige Schüsse, durch V-Nähte angeschlossen; *7* Flansch aus Stahlguß; *8* Fußplatte; *9* Stahlblech; *10* Rippen. Werkstoff: St 37.

Abb. 755 zeigt einen Doppelkrümmer mit Linsenausgleichern für die Abdampfleitung einer Dampfturbine. Die lichte Weite beträgt etwa 1000 mm. Der Krümmer besitzt drei Anschlußflanschen.

Einen bemaßten Sammeltopf mit Anschlußkrümmern und konischem Auslauf veranschaulicht Abb. 756. An den Topf sind beiderseits zwei aus je acht Segmenten auf eine Mittenentfernung von je 2000 mm hergestellte Krümmer von rund 1000 mm Durchmesser und 8 mm Wanddicke angeschlossen. Gesamtbauhöhe des Topfes: 3350 mm.

Blechrohrleitungen werden hauptsächlich für Belüftungs-, Entnebelungs-, Heizungs-, Entstaubungs- und andere Anlagen verwendet und sollen hier nicht weiter besprochen werden.

7.12.2 Formstücke für höhere Drücke

Wenn schon die beiden letzten Beispiele nicht ganz Blechrohrleitungen schlechthin entsprechen, so trifft dies um vieles weniger für die nachfolgenden Beispiele der Verarbeitung fertiger, d. h. nahtloser Rohre zu. In der Mehrzahl der Fälle wird man sich auf den richtigen Standpunkt stellen können, daß der Zusammenbau von Rohrleitungen immer im V-Stoß, also in Stumpfnaht erfolgt. Verschiedentlich geht man bewußt hiervon ab und setzt die Rohre mit sehr knapper Überlappung aufeinander, so daß ein außerordentlich starres und leichter durch Schweißen verbindbares Konstruktionselement entsteht. So

Abb. 757. Rohrkrümmer während des Schweißens

zeigt Abb. 757 einen Rohrkrümmer a von 1800 mm Dm. während des Schweißens, an dem deutlich die Überlappung festgestellt werden kann.

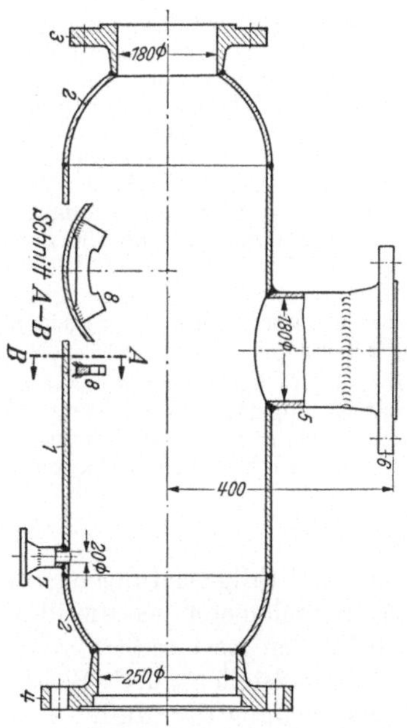

Abb. 758. Dampfleitungs-T-Stück

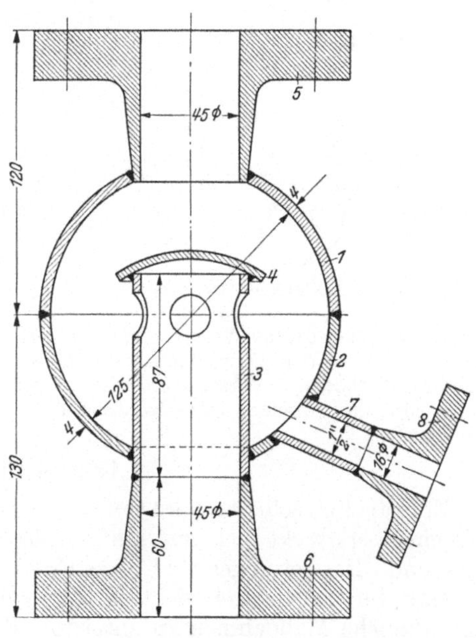

Abb. 759. Geschweißtes Kugelformstück

Der hintere und der vordere Bogen *b* dienen als Halt und Maßangabe, wobei zu erwähnen ist, daß es sich um einen Kanal für eine Wasserturbine für 750 PS handelt. Die Rohrsegmente — es sind im ganzen 9 Stück — werden mit den als Schablone dienenden Winkelringen verschweißt. Schweißnahtlänge je Segment 4,05 m.

Das in Abb. 758 gezeigte T-Stück für eine Dampfleitung (Maffei AG, München) für einen Betriebsdruck von 22 atü ist mit einigen Stutzen und Flanschen versehen.

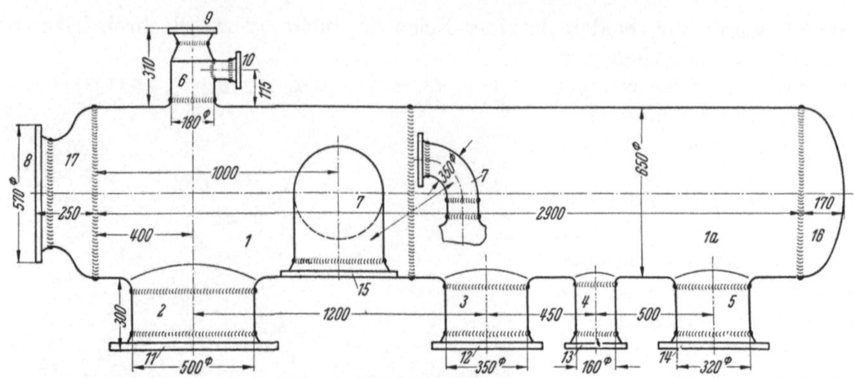

Abb. 760. Dampfverteiler

Teile der Schweißkonstruktion: *1* zylindrisches Rohrstück; *2* Preßstücke; *3* u. *4* Stahlgußflaschen; *5* Rohrstück; *6* Stahlgußflansch für den Anschlußstutzen; *7* Anschlußstutzen für die Entwässerung; *8* Verstärkung. Werkstoff: Flußstahl 45 kg/mm², $\delta_5 = 20\%$.

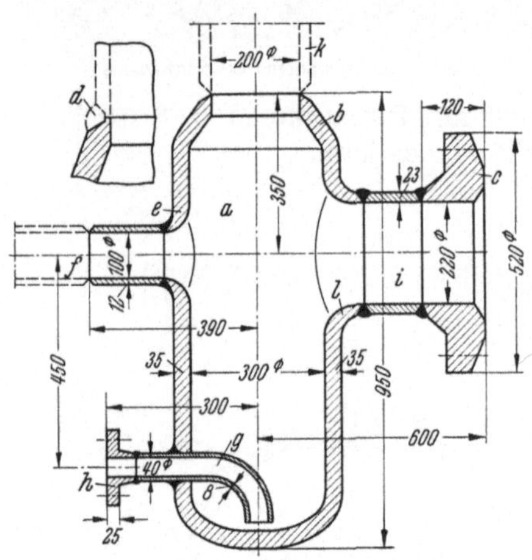

Abb. 761. Höchstdruck-Wasserabscheider

Ein interessantes Beispiel ist auch das in Abb. 759 gebrachte *Kugelformstück*; das für einen Betriebsdruck von 10 atü bestimmt ist. Teile der Schweißkonstruktion: *1* u. *2* gepreßte Halbkugelstücke; *3* Rohrstück mit 4 Löchern; *4* Deckel, an *3* angeschweißt; *5* u. *6* Stahlgußflanschen; *7* u. *8* Stutzen mit Stahlgußflansch. Werkstoff: St 45.29.

Der in Abb. 760 gebrachte Dampfverteiler ND 40, für 4,5 atü Druck und mit 910 l Inhalt, ist eine jener Rohrkonstruktionen, die zu den häufigsten zählen. Alle Stutzen, Flanschen und Einzelteile dieses Verteilers sind geschweißt. Damit kommt man eigentlich schon mehr in das Gebiet des Behälterbaus. Teile der Schweißkonstruktion: *1* u. *1a* Blechmantel, aus zwei Schüssen zusammengeschweißt; *2···6* Schweißstutzen; *7* Krümmer; *8···15* Stahlflanschen, als Vorschweißflanschen eingerichtet; *16* u. *17* Formpreßstücke bzw. Böden. Werkstoff: St 37/42.

Einen Höchstdruck-Wasserabscheider ND 320 für 125 atü und 520° C veranschaulicht Abb. 761. Teile der Schweißkonstruktion: *a* 35 mm dickes Grundgefäß; *b* Einhalsung am oberen Gefäßboden; *c* Vorschweißflansch; *d* zeigt den Anschluß bei *b* in vergrößerter Form, um die für das Ansetzen eines Rohres *k* notwendige Absetzung der V-Nahtbasis zu kennzeichnen.

7.12.3 Muffenrohre

Ein gänzlich selbständiges Gebiet der Wasser-, Gas- und Erdgasleitungen ganz allgemein erstreckt sich auf Muffenrohre. Ungezählte Kilometer geschweißter Gas- und Ölfernleitungen sind verlegt und in ihren Stoßstellen geschweißt worden.

Man versucht, durch richtige Formgebung die Schweißstellen durch Sicken und ähnliche Maßnahmen zu entlasten, da die Beanspruchung der Muffe nicht gerade günstig ist.

Die Kehlnaht einer einfachen Muffenverbindung (Abb. 762) ist in ihrem gefährdeten Querschnitt $I—II$ auf Zug beansprucht. Hinzu treten noch zusätzliche Biegespannungen (und Schubspannungen), so daß die Gesamtspannung in der Naht einen verhältnismäßig hohen Wert erreicht. Legt man eine Längskraft p für 1 cm Nahtumfang zugrunde, so läßt sich die resultierende Spannung mit der Zugkraft p' und dem größten Biegemoment $p'' c_2$ — ebenso wie bei der einseitigen Kehlnaht — berechnen. Wird die Naht noch durch weitere, z. B. seitliche Kräfte belastet, dann ist die Bruchsicherheit der verhältnismäßig geringen Dehnungsfähigkeit nicht gerade befriedigend.

Trotzdem hat man, wie angedeutet wurde, bereits außerordentlich viele Muffenstöße in dieser Weise verschweißt.

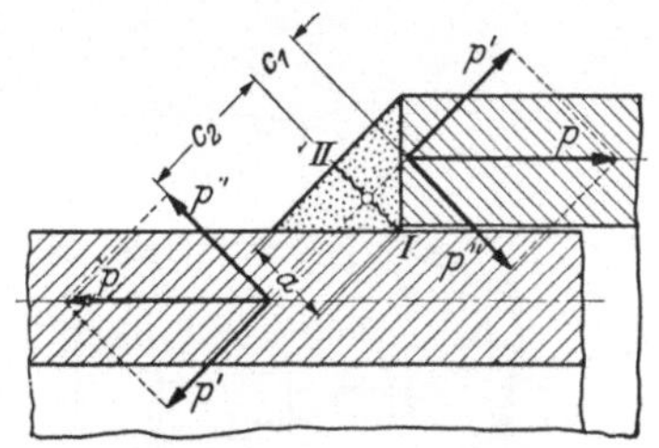

Abb. 762. Beanspruchung einer Muffenkehlnaht

Das Bestreben, die Kehlnaht zu entlasten, hat zu verschiedenen Bauarten von Muffenverbindungen geführt, die z. T. patentamtlich geschützt und in Band I und II bereits ausführlich behandelt worden sind.

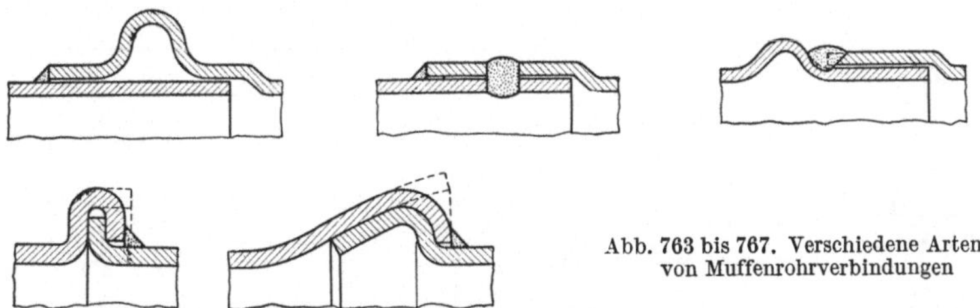

Abb. 763 bis 767. Verschiedene Arten von Muffenrohrverbindungen

Abb. 763: Schweißmuffe mit einer Dehnungswelle, wobei diese etwa gleich der vierfachen Blechdicke gewählt wird und das Rohr wegen seines geringen Durchmessers nur von außen schweißbar ist. Abb. 764: Entlastung der Kehlnaht durch zusätzliche Lochnähte, die im Verlaufe der Kehlnaht mit verschweißt und nicht etwa nach deren Fertigstellung angebracht werden müssen (selten angewendet). Abb. 765: Auch diese Muffe besitzt eine Dehnungswelle kurz vor dem Überschub der Nachbarmuffe, mit der sie durch eine V-Naht verbunden wird.

Bei durch Bodensenkungen besonders beanspruchten Rohrleitungen muß eine Nachgiebigkeit der Verbindung angestrebt werden, die durch sog. Klöpper- oder Strengermuffen erreicht wird. (Abb. 766 und 767.)

Abb. 766: Das eine Rohrende wird der Baustelle flanschenartig umgebördelt angeliefert, während das zweite ausgehalst in den entstandenen Ringraum hineinpaßt. Erst jetzt, während des Verlegens, wird der punktierte Teil des Schwanzendes um 45° herumgeholt und das Ganze durch eine Dichtnaht miteinander verschweißt.

Abb. 767: Bei dieser Muffe ist das eine der Rohrenden, worauf die gestrichelte Darstellung hinweist, hohlkugelig geformt, weshalb man auch von einer Kugelmuffe sprechen könnte. Das kegelige Ende wird über das gekröpfte, in die Form passende Ende des Nachbarrohres ebenfalls im rotwarmen Zustande herumgeholt und mit diesem durch eine Kehlnaht verbunden. Die beiden Rohrenden können bis zu einem Winkel von etwa 6° zueinander verlegt werden. Bei diesen beiden letzten Konstruktionen ist die Kehlnaht erheblich entlastet, und es kommt ihr nur die Bedeutung einer Dichtschweiße zu.

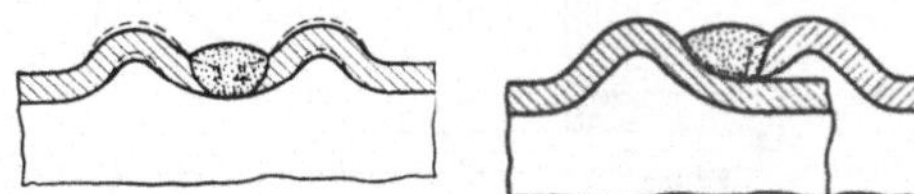

Abb. 768 u. 769. Durch Sicken entlastete Rohrrundnähte

Abb. 768 u. 769 zeigen Abarten von durch Sicken entlasteten Stumpf- und Muffennähten.

7.12.4 Absperrorgane

Besonders größere Absperrorgane wie Ventile und Schieber sowie Rückschlag- und Drosselklappen von großer lichter Weite werden allgemein geschweißt,

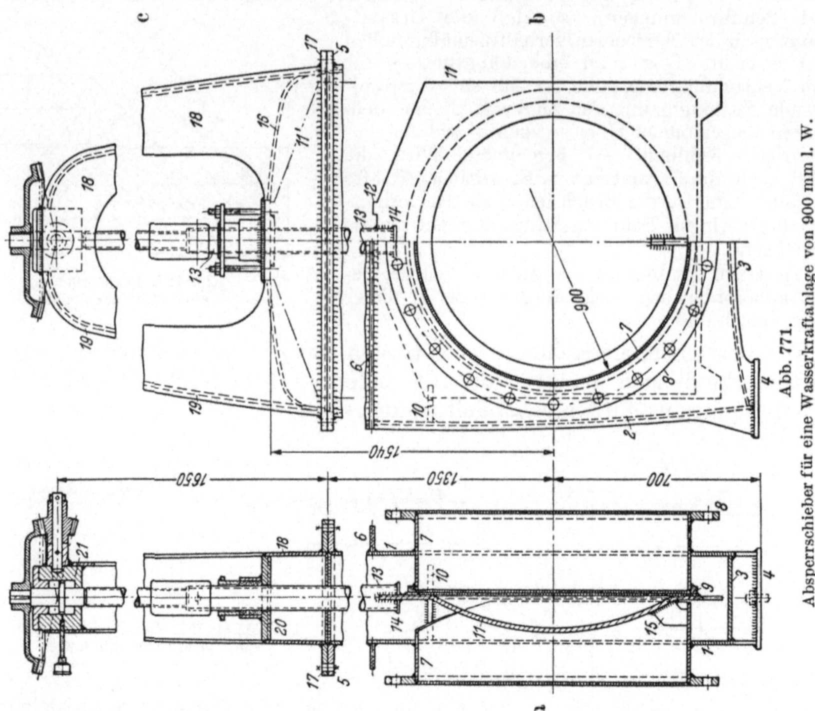

Abb. 771.
Absperrschieber für eine Wasserkraftanlage von 900 mm l. W.

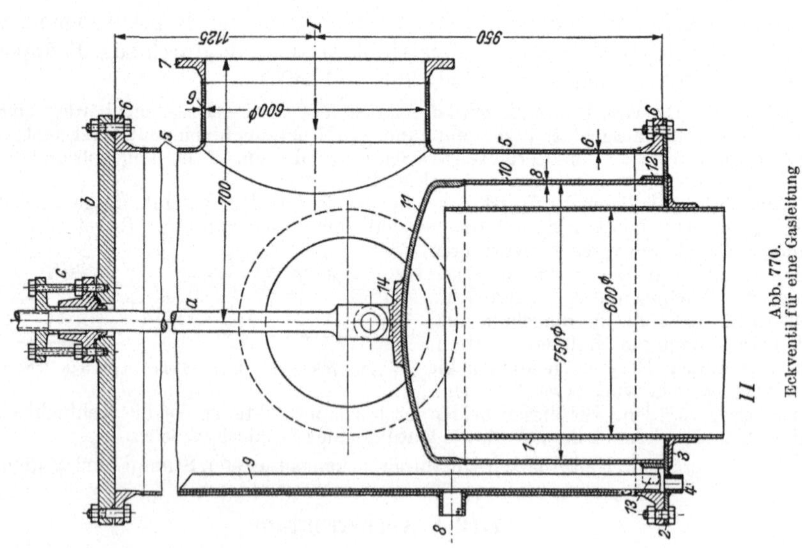

Abb. 770.
Eckventil für eine Gasleitung

wobei große Gewichtsersparnisse erzielbar sind. Abb. 770 bis 771 geben zwei Beispiele.

Abb. 770: Eckventil von 600 mm l. W. für eine Gasleitung (Seiffert AG, Berlin). *I* Gaseintritt; *II* Gasaustritt in den Krümmer Abb. 757.

Teile der Schweißkonstruktion: *1* mit dem Krümmer verschweißter Austrittsstutzen, *2* Flansch; *3* Winkelring; *4* Entwässerungsstutzen, *5* Mantel; *6* Stahlgußflanschen; *7* Stahlgußflansch für den Eintrittsstutzen; *8* Entlüftungsstutzen, *9* zwei Winkelstähle für Ventilführung; *10* Mantel der Ventilglocke, *11* am Mantel *10* an geschweißter gewölbter Boden, *12* Sitzverstärkung; *13* Führungslappen, am Unterteil der Ventilglocke angeschweißt, *14* Gelenkstück-Anschluß für die Ventilspindel. *a* Ventilspindel; *b* Ventildeckel; *c* Stopfbüchse zum Abdichten der Spindel.

Abb. 771 und 772: **Absperrschieber für eine Wasserkraftanlage** (Voith, Heidenheim).

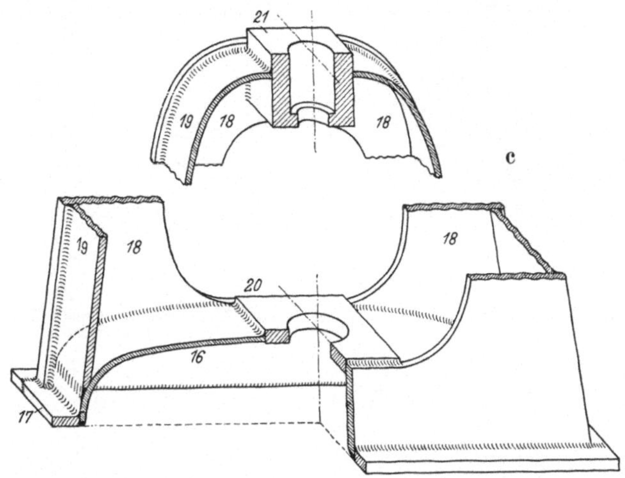

Abb. 772. Absperrschieber für eine Wasserkraftanlage, Oberteil (Brücke)

Teile der Schweißkonstruktion: a) *Gehäuse* (Unterteil); *1* Stirnwände; *2* Seitenwände; *3* gewölbter Boden; *4* Fußplatten; *5* oberer Flansch (für den Anschluß der Brücke); *6* Aussteifungsrippen; *7* Stutzen; *8* Flanschen zu den Stutzen; *9* Dichtungsring, *10* Führungsstück für den Schieber.

b) *Schieber*: *11* gewölbte Platte mit angeschweißtem Dichtungsring; *11'* Höchststellung des Schiebers; *12* Anschläge an der Schieberplatte (obere Hubbegrenzung); *13* Führungsrohr; *14* Verschlußplatte des Führungsrohres; *15* Anschlag zum Aufsetzen des Schiebers (untere Hubbegrenzung).

c) *Brücke (Oberteil)*, Abb. 772: *16* Deckelplatte; *17* Flansch für den Anschluß an das Gehäuse; *18* Stirnwände, *19* Seitenwände, *20* Führungsstück; *21* Lagerkörper. Werkstoff: St 37.

Die Gehäuseteile von Ventilen und Schiebern mit kleiner und mittlerer lichter Weite wurden früher allgemein in Gußkonstruktion hergestellt, da man sie wegen ihrer gekrümmten, oft schwierigen Formen nicht als geeignete Schweißgegenstände betrachtete und das Schweißen wegen der großen Fertigungszahl für unwirtschaftlich hielt.

Eine italienische Firma (Cantieri del Tirreno) ist bereits 1937 von der Gußbauart abgewichen und hat die Ventile aus Blech und unter Verwendung geeigneter Vorrichtungen zum Formen der Grundteile geschweißt. („Geschweißte Armaturen", Arcos-Hausmitteilungen 1938, S. 1798).

Abb. 773 zeigt als Beispiel ein geschweißtes Eckventil.

Durch das Schweißen werden insofern erhebliche Gewichtsersparnisse erzielt als sich die Wanddicken gegenüber der Gußkonstruktion auf die Hälfte vermindern

lassen. Je nach dem Verwendungszweck der Armaturen werden auch korrosions-
feste Stähle verwendet. Teile, die nicht mit der durchströmenden, korrodierenden

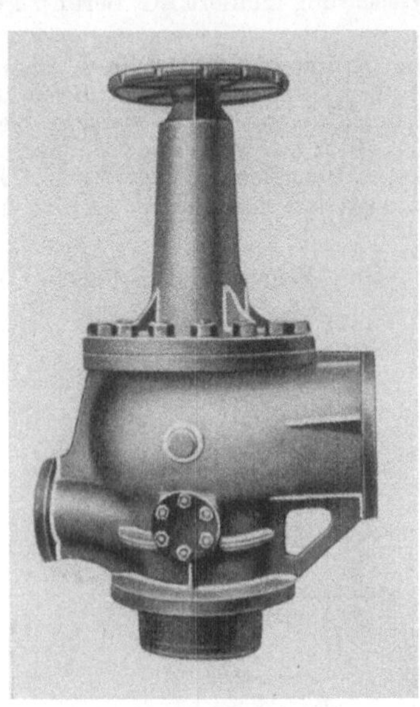

Abb. 773. Geschweißtes Eckventil;
600 mm l. W.

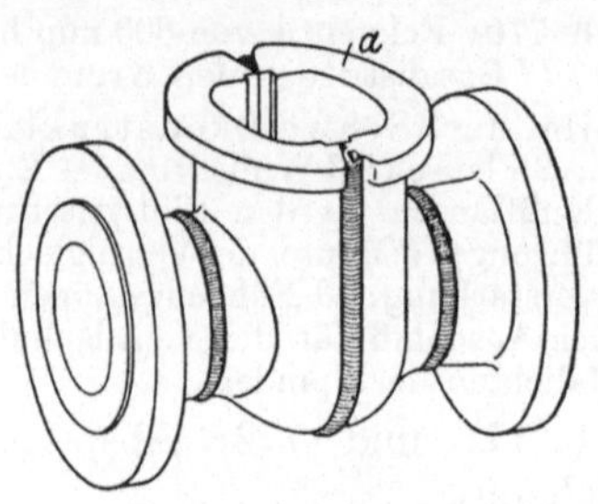

Abb. 774. Schiebergehäuse
mit angeschweißten Anschlußstutzen;
a Sägeschnitt

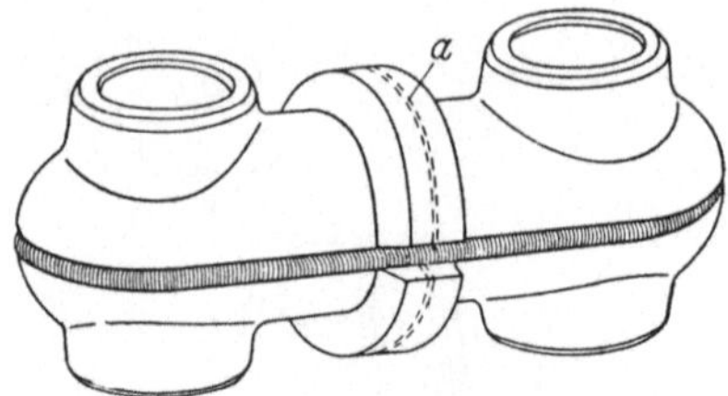

Abb. 775. Zusammengeschweißte Gehäuse-
Doppelschalen

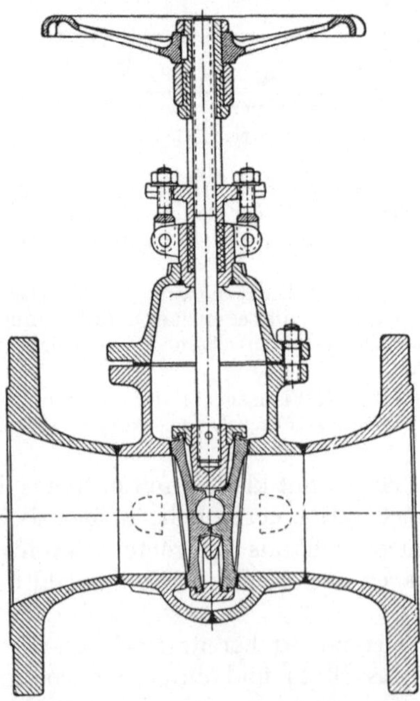

Abb. 776. Plattenschieber mit geschweißtem Gehäuse;
100 mm l. W.;   25 at Nenndruck

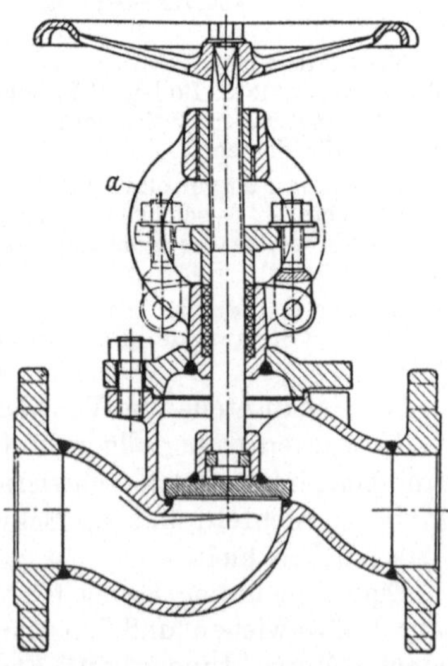

Abb. 777. Geschweißtes Durchgangsventil
80 mm l. W.;   25/40 at Nenndruck

Flüssigkeit in Berührung kommen, wie die Flanschen, Spindelstützen u. dgl.
können aus normalem, unlegiertem Stahl hergestellt sein (Abb. 777).

Die Ventilsitze und -kegel werden mit Sonderelektroden (z. B. mit Chrom und Nickel) legiert aufgetragen oder es werden diese Elektroden zum Anschweißen der Sitze verwendet.

Die Gehäuse werden nach dem Schweißen bei 650° C spannungsfrei geglüht.

Nach Mitteilung der Herstellerfirma sind die geschweißten Armaturen in großen Mengen und in verschiedenen Typen hergestellt worden. Sie haben sich als wettbewerbsfähig gezeigt und guten Absatz gefunden.

In neuerer Zeit ist das Schweißen der Teile von Armaturen mit kleiner und mittlerer Weite auch in Deutschland in Aufnahme gekommen.

Wesentlich ist ein schweißrichtiges Gestalten. Geeignete Vorrichtungen wie Gesenke zum Formen der aus Blech hergestellten Teile sind unerläßlich.

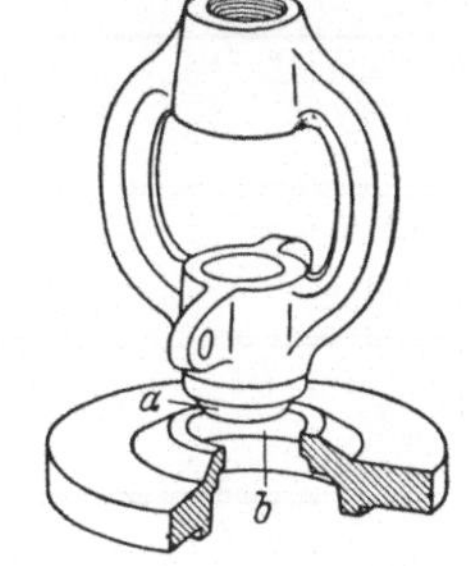

Abb. 778. Bügel und Flansch vor dem Zusammenschweißen; *a* und *b* Schweißkanten

Abb. 774 bis 777 zeigen einige Beispiele für das Schweißen von Schieber- und Gehäuseteilen.

7.13 Schiffbau

7.13.1 Schiffskörper

Der Schiffskörper kann als ein langer biegungs- und verdrehbeanspruchter Hohlträger angesehen werden, dessen Wände aus versteiften Schalen bestehen. Die Gestaltung dieser Schalen und ihr Zusammenfügen zum Schiffskörper kann nicht nur von der statischen und konstruktiven Seite her betrachtet werden, es sind auch die durch den Schweißvorgang entstehenden Schrumpfkräfte, die zu einem Ausbeulen der Blechflächen führen, zu beachten. Der Einfluß dieser Kräfte ist bei geringen Wanddicken überwiegend.

Die Außenhaut des Schiffskörpers. Die Außenhaut als tragendes Element des Schiffskörpers erhält seine Form und Steifigkeit durch die aussteifenden Spanten, wobei ihre Anordnung so zu wählen ist, daß die Schrumpfkräfte ein möglichst geringes Verbeulen der Blechfläche herbeiführen. Die maximale Ausbeulung soll $1 \times$ Blechdicke nicht überschreiten.

Tabelle 54 zeigt die Zusammenstellung der kritischen Druckspannung σ_K an unversteiften Blechen von 3—20 mm Dicke. Für den Konstrukteur ergeben sich praktische Werte, wenn die kritische Druckspannung $= 1{,}0$ gesetzt wird. Bereits bei Blechen unter 6 mm Dicke müssen fertigungstechnische Maßnahmen, wie Festspannen der Bleche oder Strecken der Randzone angewendet werden, um das Ausbeulen in zulässigen Grenzen zu halten.

Tabelle 54. *Verhältniszahlen der kritischen Druckspannungen σ_K unversteifter Platten*

Blechdicke	3	4	6	8	10	12	14	16	20 mm
Verhältniszahl:	0,009	0,17	0,39	0,70	1,0	1,56	2,14	2,8	4,3

In einer aus Einzelblechen zusammengeschweißten Blechfläche entstehen die in Abb. 779 dargestellten Zug- und Druckspannungen. Beim Überschreiten der kritischen Druckspannung wird das ebene Blech entweder ausknicken oder ausbeulen. Sind die Bleche bereits vor dem Schweißen wellig, so genügt eine wesentlich geringere Druckspannung, um die Ausbeulung einzuleiten.

Die aufgesetzten Spanten sind so anzuordnen, daß die durch die Längsschrumpfung der Schweißnähte entstehende Druckspannung von einer möglichst großen kritischen Beulspannung σ_{KB} aufgenommen wird. Hat das System der aussteifenden Spanten das Seitenverhältnis $a/b = 3/4$, so ergibt sich z. B. beim 6 mm-Blech längs den kurzen Seiten eine kritische Beulspannung von $\sigma_{xKr} = 214 \, \text{kg/cm}^2$ und in Richtung der langen Seiten von $\sigma_{yKr} = 790 \, \text{kg/cm}^2$. Die zweckmäßige Anordnung der Spantfelder zu den Längsnähten der Platte zeigt Abb. 780. Dadurch wird ein Ausknicken oder Ausbeulen der Plattenfelder vermieden.

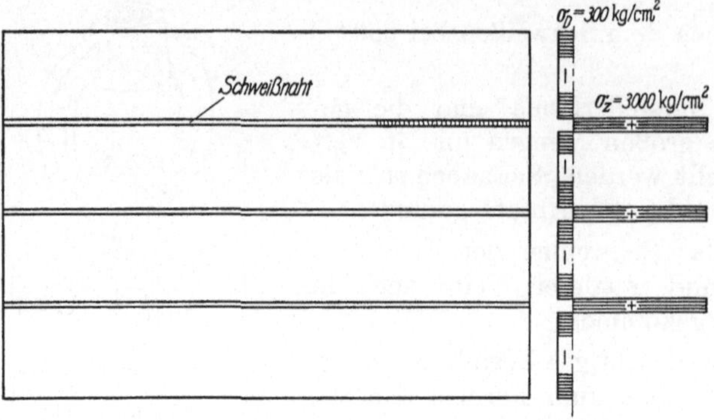

Abb. 779. Zug- und Druckspannungen als Folge der Längsschrumpfung der Stumpfnähte

Neben den Längsspannungen der Plattenschweißungen wirken auf die Außenhaut die gesamten Schrumpfkräfte des Schiffsinnenausbaues, die ebenfalls Druckkräfte in der Außenhautschale erzeugen.

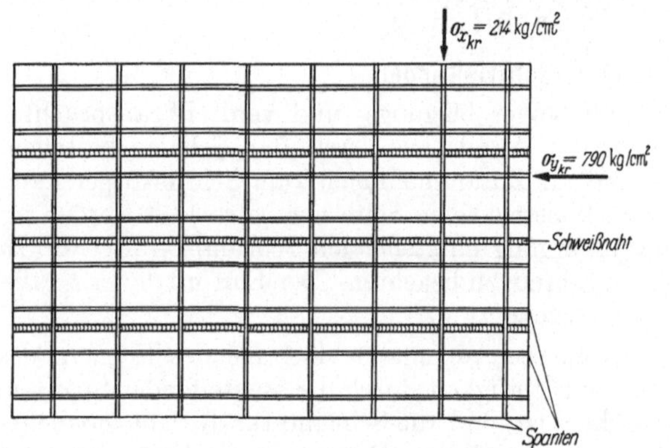

Abb. 780. Anordnung der Aussteifungen und Spantfelder an geschweißten Blechfeldern zur Erhöhung der kritischen Druckspannung

Die Überlappung der Nietverbindung steift eine ebene Platte so aus, daß die kritische Knickspannung um etwa 30% höher liegt als beim Stumpfstoß. Durch die Betriebsbeanspruchung des Schiffes und die verbleibende Schrumpfdruckspannung können Spannungen auftreten, die die Werte der kritischen Knickspannung erreichen. Es ist deshalb darauf zu achten, daß die Platten in Längsrichtung so ausgesteift werden, daß die kritische Knickspannung wesentlich über den Betriebsbeanspruchungen liegt.

Bei einem auf Querspanten gebauten Schiff liegt die Richtung der größten kritischen Knickspannung quer zur Schiffsachse und kommt für das Festigkeitsverhalten nicht zur Auswirkung.

Durch die Anordnung der Spanten in Längsrichtung — Längsspantensystem — wird diese Forderung erfüllt. In der Regel beträgt die Spantentfernung $\sim 600 \, \text{mm}$ und der Abstand der Träger in Querrichtung das 7fache des Spantenabstandes.

Unter der Voraussetzung, daß die aufgeschweißten Steifen sich nicht deformieren, gelten für die kritische Druckspannung einer Platte folgende Formeln:

Längsschiffversteifte Platte

$$\sigma_K = 3{,}62 \cdot E \cdot \left(\frac{t}{s}\right)^2,$$

wobei die ununterstützte Länge l keinen Einfluß ausübt.

Querschiffversteifte Platte

$$\sigma_K = 0{,}904 \cdot E \cdot \left(\frac{t}{s}\right)^2 \cdot \left[1 + \frac{2}{(l/s)^2} + \frac{1}{(l/s)^4}\right].$$

In diesen Formeln bedeuten:

t = Plattendicke
s = Spantenabstand
l = ununterstützte Länge
E = Elastizitätsmodul.

Wird l/s groß, so ergibt der Ausdruck der großen Klammer ~ 1. Die kritische Druckspannung der längsschiffversteiften Platte wird dann etwa 4mal größer gegenüber der Querspantenbauweise. Um eine möglichst große Ausnutzung des Werkstoffs zu erreichen, sollte das Längsspantensystem weitgehend angewendet werden. Im Tankerbau wird der annähernd gerade Teil des Schiffskörpers mit Längsspanten und nur die stark verformten Teile des Vor- und Hinterschiffes werden in Querspantenbauweise hergestellt. Bei Frachtschiffen wird der Frachtraum durch die bei der Längsspantenbauweise erforderlichen Rahmenspanten etwas eingeengt, es wird dort die Kombination, Doppelboden in Längsspanten- und der übrige Schiffskörper in Querspantenbauweise, bevorzugt.

Form und Anschweißen der Spanten. Für das Querspantensystem werden vorwiegend Wulstprofile und ungleichschenkliger Winkelstahl nach Abb. 781 ver-

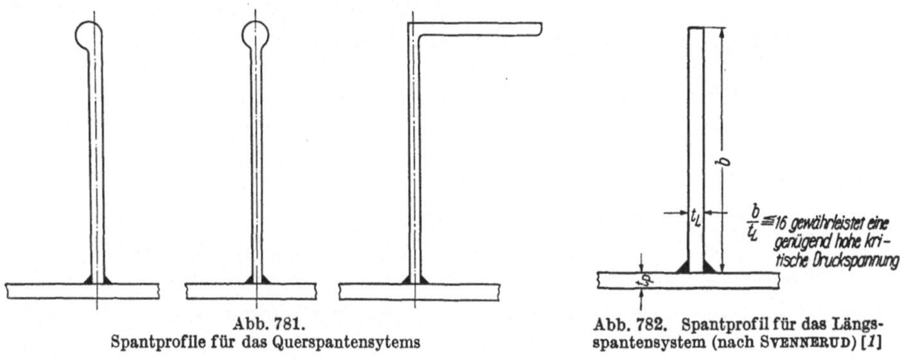

Abb. 781.
Spantprofile für das Querspantensytems

Abb. 782. Spantprofil für das Längsspantensystem (nach SVENNERUD) [1]

wendet. Längsspanten werden aus Flachstahl nach Abb. 782 ausgebildet. Die Abmessungen des Spantenquerschnittes können nach der Formel

$$\frac{b/t_L}{s/t_p} = \; \leqq 0{,}325$$

bestimmt werden. Es wird dann

$$b = \frac{0{,}325 \cdot s \cdot t_L}{t_p}$$

b = Höhe des Spantprofils
t_L = Dicke des Spantprofils
s = Spantenentfernung
t_p = Plattendicke.

Anschweißen der Spanten. Die zwischen Außenhaut und Spanten stehenden Spannungen sind bei den auftretenden Beanspruchungen sehr niedrig. Die Bemessung erfolgt also nicht danach, sondern aus praktischen Gründen der Ausführung.

Bei doppelseitigen Kehlnahtanschluß soll a = max. 4 mm sein. Bei Blechen unter 10 mm Dicke ist, um den Verzug der Außenhaut niedrig zu halten, $a \leqq 0{,}4\,s$ vorzusehen. Die niedrigen Beanspruchungen in der Schweißnaht gestatten einseitige Kehlnähte vorzusehen.

Im Zentralinstitut für Schweißtechnik Halle (ZIS) durchgeführte Dauerbiegeversuche an Spantenschweißungen ergaben die in Abb. 783 zusammengestellten Werte. Diese Versuche lassen den starken Einfluß der unterbrochenen Schweißnähte erkennen. Es bestehen keine Bedenken, die einseitige Kehlnaht bis 8 mm Spantdicke anzuwenden.

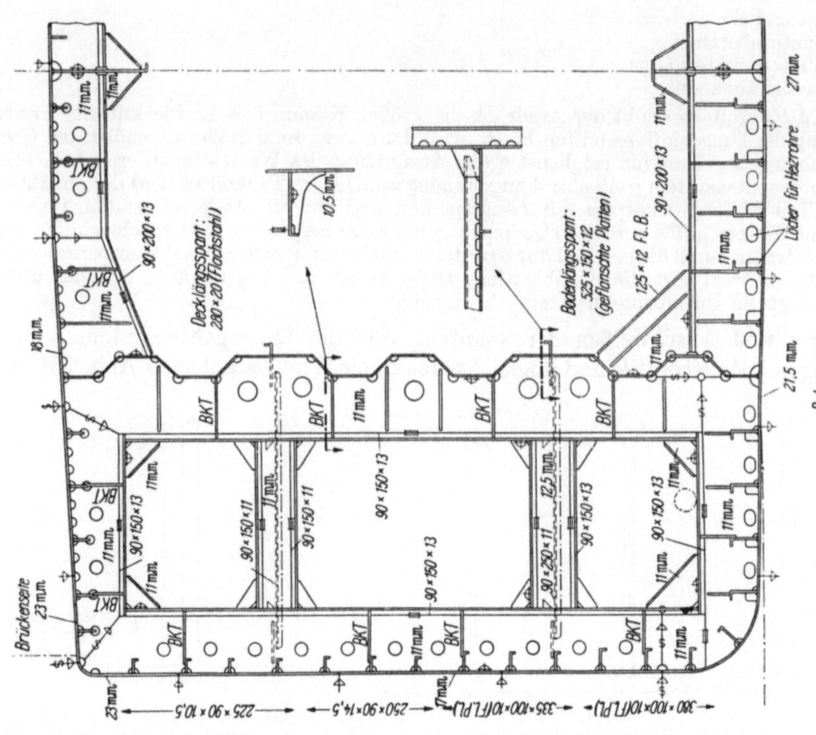

Abb. 784. Rahmenspant eines Tankers von 17500 t Tragfähigkeit in Längsspanten-bauweise (nach SVENNERUD) [1]

Abb. 783. Ergebnis von Dauerbiegeversuchen an aufgeschweißten Spanten nach A. NEUMANN [2]

Ausgeführte Bauweisen. Abb. 784 zeigt den Rahmenspant eines Tankers von 17500 t Tragfähigkeit in Längsspantbauweise, bei dem das Deck mit Spanten aus Flachstahl, die Seitenwände und der Doppelboden mit abgewinkelten Blechprofilen längsversteift wurden.

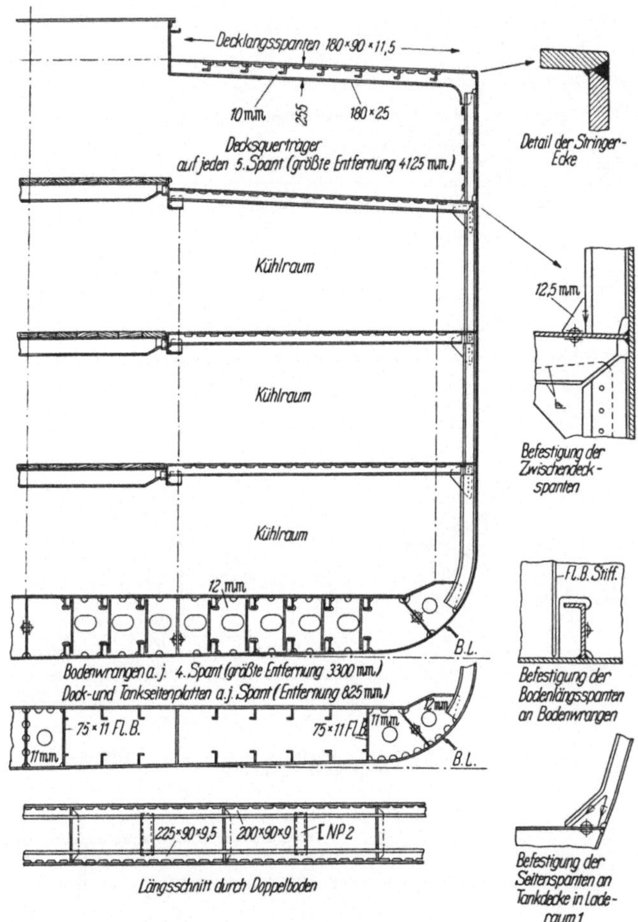

Abb. 785. Querschnitt eines großen Frachtschiffes
Gurtungsdeck und Doppelboden in Längsspantenbauweise (nach SVENNERUD) [1]

Abb. 785 zeigt den Querschnitt eines großen Frachtschiffes, das im Deck und Doppelboden durch Längsspanten aus abgekanteten Blechen und an den Seitenwänden mit Querspanten versteift ist.

Die Querspantenbauweise im Doppelboden und in den Seitenwänden zeigt Abb. 786.

7.13.2 Bauelemente des Schiffskörpers

Mittelkiel. Bei kleineren Schiffen wir der in der Regel nach Abb. 787 gestaltet, wobei auf die eigentliche Kielplatte von ∼ 30 mm Dicke der Mittelsteg mit Doppelkehlnaht angeschlossen wird.

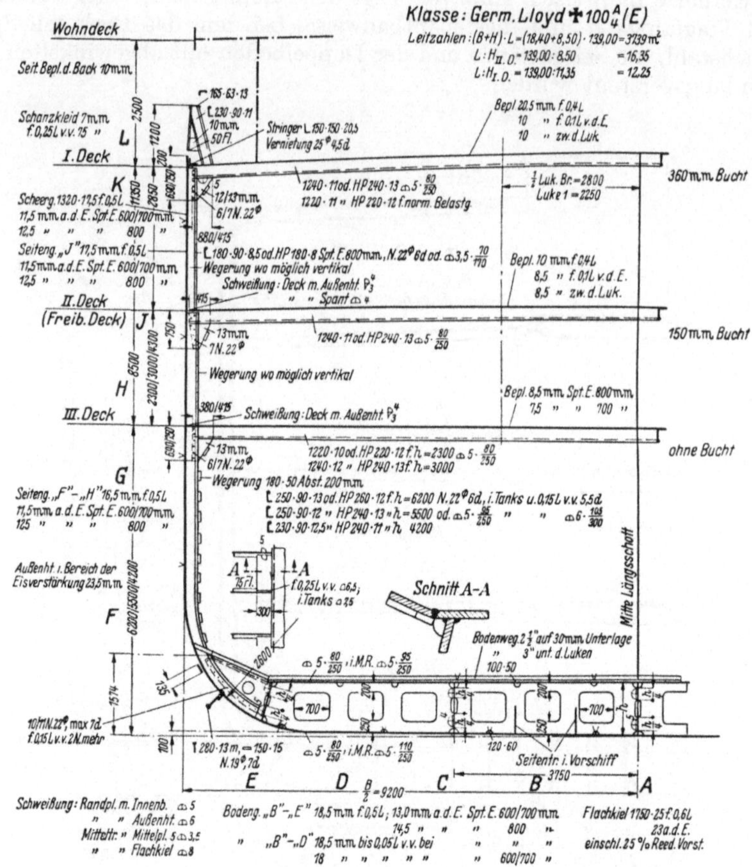

Abb. 786. Querspantenbauweise — Querschnitte eines Frachtmotorschiffes
(nach HAICKZEMAIER) [3]

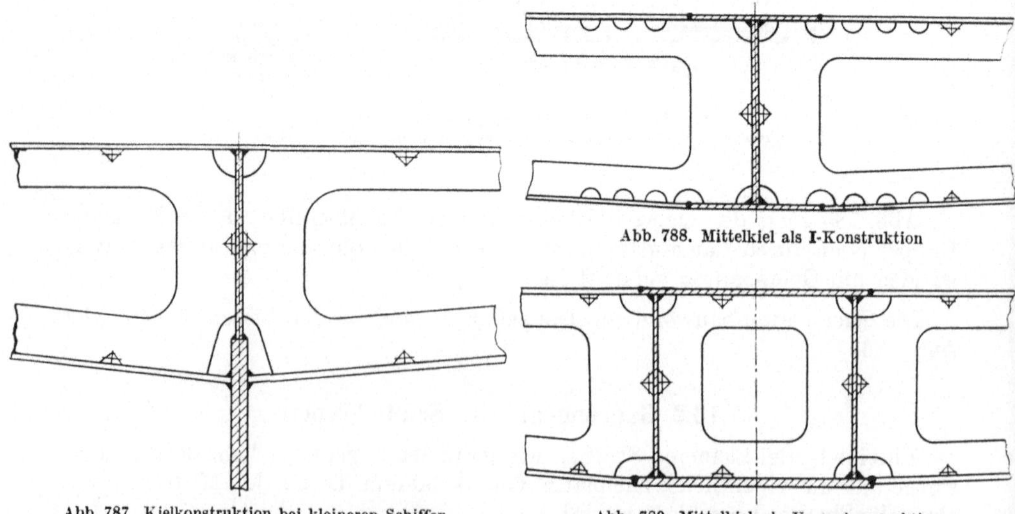

Abb. 787. Kielkonstruktion bei kleineren Schiffen

Abb. 788. Mittelkiel als I-Konstruktion

Abb. 789. Mittelkiel als Kastenkonstruktion

Bei Schiffen mit flachem Boden bildet der Mittelsteg den Kielträger, wobei der Zusammenbau für die Anordnung des Stegbleches entscheidend ist. Abb. 788 zeigt ein solches Bauteil.

Für größere Schiffe wird der Mittelkiel auch als Kastenprofil ausgebildet, an dessen beiden Gurtplatten die Bodenbleche und Tankdecke des Doppelbodens anschließen (Abb. 789).

Doppelboden. Aus dem Kiel, den Seitenträgern und den entsprechenden Bodenwrangen setzt sich der Doppelboden zusammen.

Bodenwrangen. Die Wahl des Spantsystems ist entscheidend für die Konstruktionsform der Bodenwrangen.

Beim Querspantensystem bietet die Blechträgerbauweise die zweckmäßigste Lösung. Das Stegblech des Trägers bildet die nach der Bodenform des Schiffes ausgebrannte Wrange, die außerdem noch mit entsprechenden Ausschnitten versehen ist. Abb. 790 zeigt eine solche Bodenwrange. An den Anschlußstellen sind

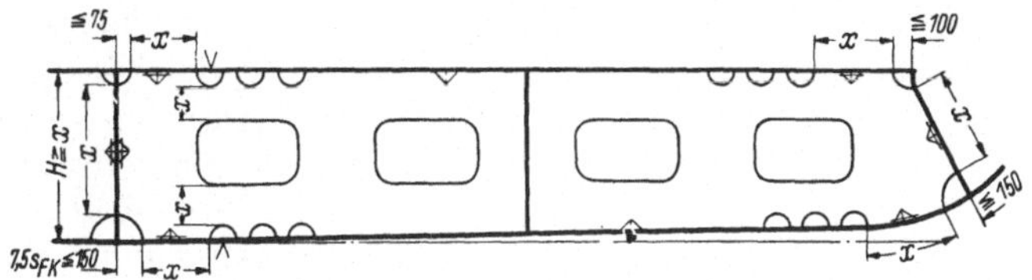

Abb. 790. Bodenwrange in Vollblechbauweise für die Querspantenbauweise
(nach DHORMANN) [4]

die Ecken ausgerundet, um die durchlaufenden Längsnähte bequem durchschweißen zu können. Da die Halskehlnähte zwischen Bodenwrange und Boden bzw. Tankdecke durchlaufend geschweißt werden, sind die anlaufenden Stegbleche an den Ecken ausgerundet.

Die Vollwandwrange gestattet, die Bodenausschnitte so groß zu halten, daß beim Füllen und Entleeren genügend große Flüssigkeitsmengen durchfließen können.

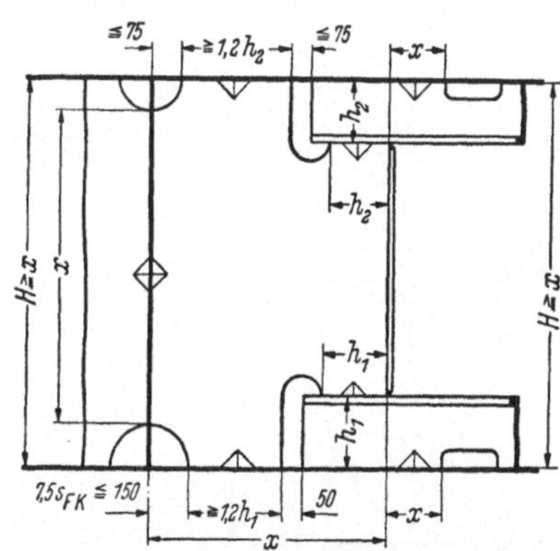

Abb. 791. Bodenwrange in offener Bauweise für das
Längsspantensystem — Profile eingepaßt
(nach DHORMANN) [4]

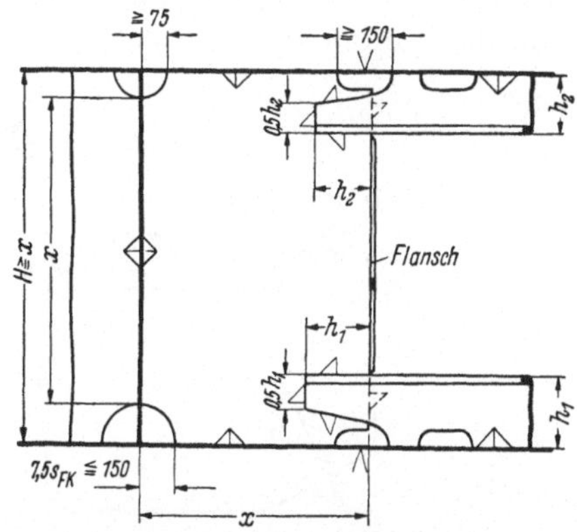

Abb. 792. Bodenwrange in offener Bauweise für das
Längsspantensystem — Profile aufgesetzt
(nach DHORMANN) [4]

Bei der Längsspantenkonstruktion wird die offene Bauweise unter Verwendung von Profilen bevorzugt. Die Anschlüsse der Profile nach Abb. 791 erfordern wegen der Profiltoleranz von 3···4 mm eine zeitraubende Paßarbeit, man geht deshalb zu den überlappten Anschlüssen nach Abb. 792 über, die durch die Formgebung noch eine gute Zugänglichkeit zur Schweißstelle gewähren. Die

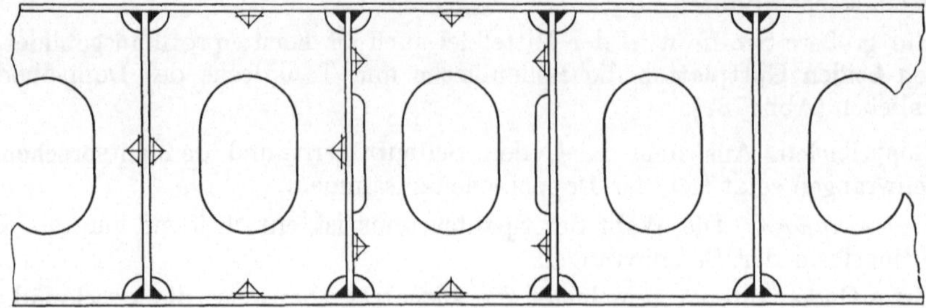

Abb. 793. Längsträger der Querspantenbauweise

Bodenausschnitte sind auf $0,25 \times$ Profilhöhe beschränkt. Die Seitenträger sind in ähnlicher Weise ausgeführt, die Stegbleche werden durch die zwischen die Bodenwrangen eingesetzten Bleche gebildet (Abb. 793).

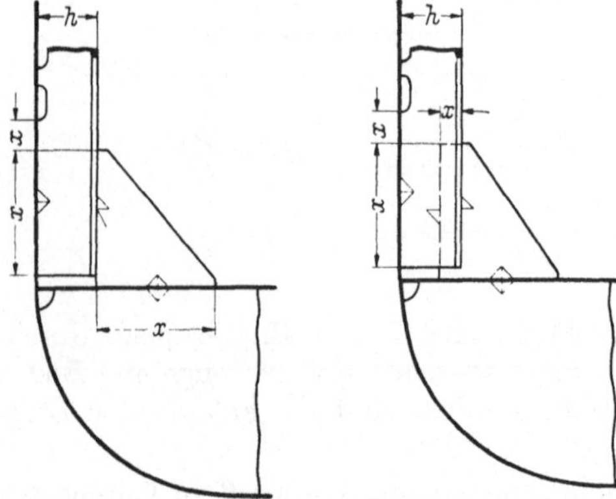

Abb. 794. Anschluß Bodenwrange — Spant mit eingesetzten und aufgesetztem Knieblech (nach DHORMANN) [4]

Der Anschluß zwischen den Bodenwrangen und dem Spant wird oft mit einer nicht erforderlichen Paßarbeit ausgeführt. Es genügt eine der Form 2 entsprechende Konstruktion, wie sie in Abb. 794 dargestellt ist. Die Anpaßarbeit wird erleichtert, wenn das Knieblech am Spant überlappt angeschweißt wird.

Anschluß Kimmstützbleche an Tankrandplatte und Innenboden. Die schräg anlaufende Tankrandplatte bietet Schwierigkeiten bei der Montage und ist schlecht zu schweißen (Abb. 795). Die Konstruktion wird fertigungstechnisch wesentlich günstiger, wenn die Tankrandplatte abgewinkelt wird (Abb. 796).

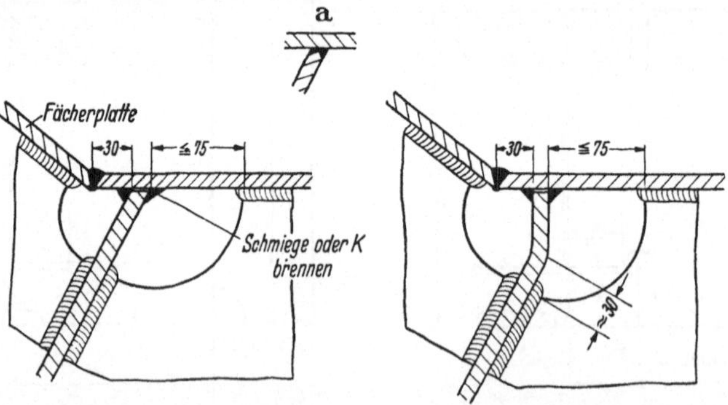

Abb. 795. Anschluß Kimmstützblech an Tankrandplatte und Innenboden, Tankrandplatte schräg anlaufend (nach DHORMANN) [4]

Abb. 796. Verbindung wie Abb. 795, Tankrandplatte abgeknickt (nach DHORMANN) [4]

Rahmenecken. Ausgesprochene Rahmenkonstruktionen werden im Tankerbau angewendet. Die Abb. 797 zeigt den Hauptspant eines Turbinentanks von

~ 33 380 t Tragfähigkeit, dessen Boden und Hauptdeck in Längsspantenbauweise
ausgeführt ist. Bei 202,54 m Baulänge hat der Tanker 26,50 m Breite und 14,00 m
Seitenhöhe. Der Hauptspant bildet ein doppeltes Rahmensystem, dessen Stiele
und Riegel ein I-Profil als Blechträger bilden, wobei die Außenhaut und Deck

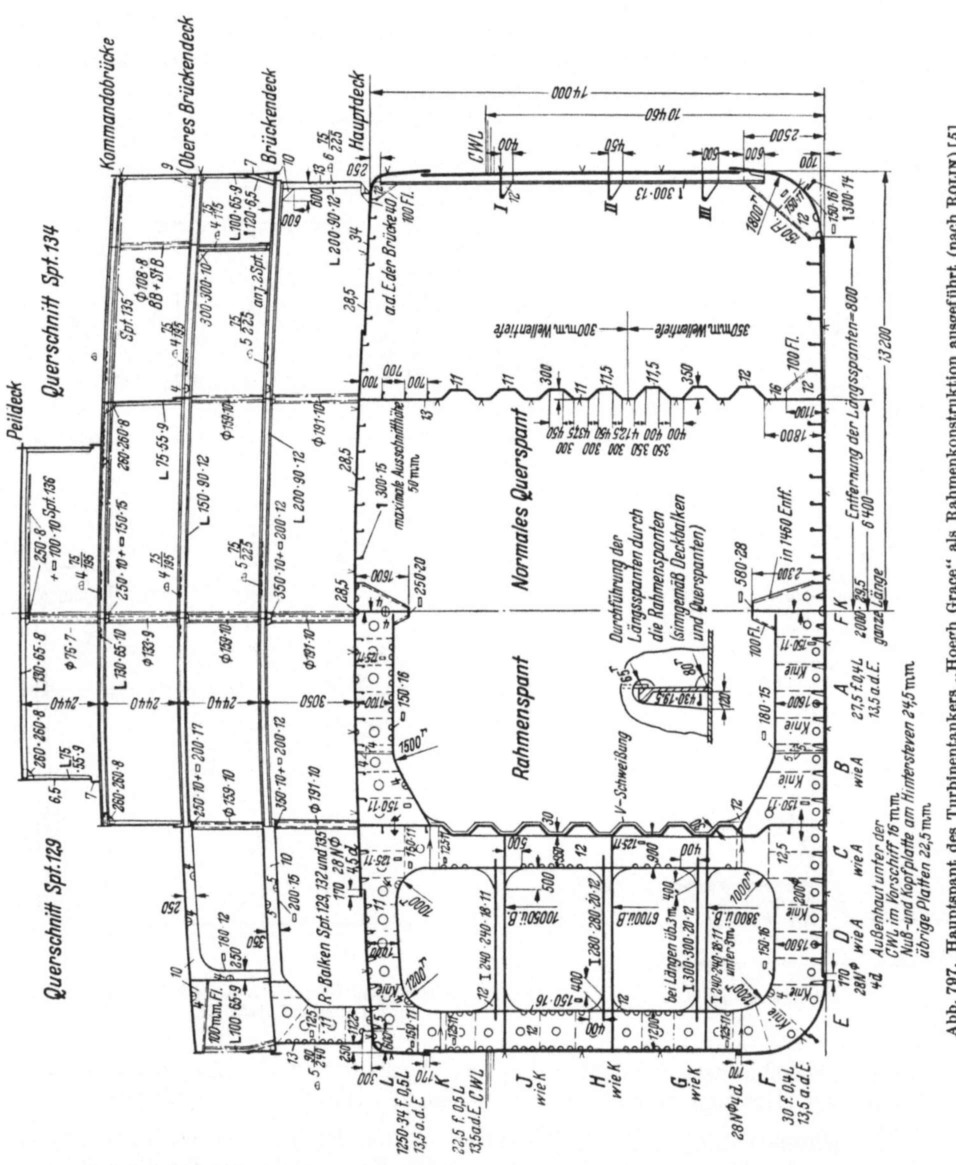

Abb. 797. Hauptspant des Turbinentankers „Hoegh Grace" als Rahmenkonstruktion ausgeführt (nach ROLIN) [5]

bzw. die Innenlängswände jeweils die betr. Gurtplatten bilden. Konstruktion
und Ausführung lehnt sich weitgehend den üblichen Regeln des Stahlbaues an.

Anschluß der Raum- und Zwischendeckspanten. Die auftretenden Eckmomente
werden durch ein Knieblech übertragen. Wegen leichteren Zusammenbaues
wird die überlappte Anordnung des Kniebleches vorgezogen. Das Knieblech ist

21*

am Decksbalken durch Doppelkehlnaht verbunden, und wird am Spant überlappt angeschweißt. Einige Heftschrauben erleichtern den Zusammenbau.

Werden Raum- und Aufbauspant abgesetzt, so ergibt sich bei der überlappten Anordnung die in Abb. 798 dargestellte Konstruktion. Die Kniebleche sind in einer Ebene angeordnet.

Lukenlängssüll. Das Lukenlängssüll am Hauptdeck wird nach Abb. 799 als hochstegiger U-Träger ausgebildet, der im unteren Teil noch durch einen An-

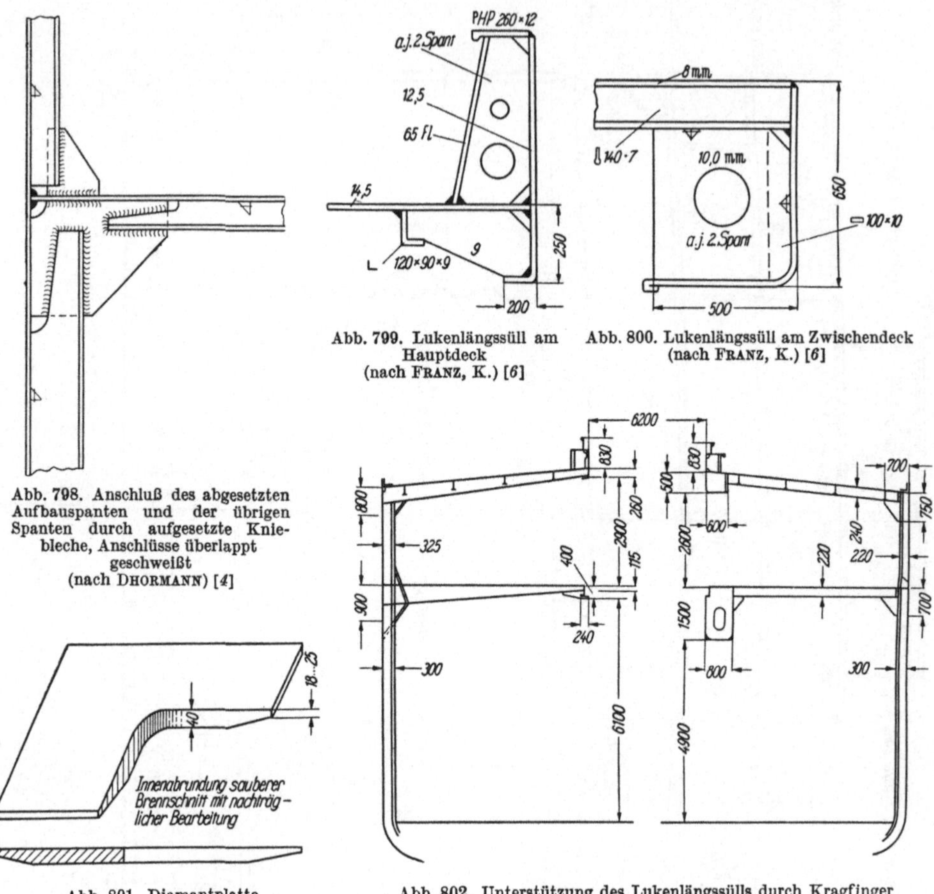

Abb. 798. Anschluß des abgesetzten Aufbauspanten und der übrigen Spanten durch aufgesetzte Kniebleche, Anschlüsse überlappt geschweißt (nach DHORMANN) [4]

Abb. 799. Lukenlängssüll am Hauptdeck (nach FRANZ, K.) [6]

Abb. 800. Lukenlängssüll am Zwischendeck (nach FRANZ, K.) [6]

Abb. 801. Diamantplatte

Abb. 802. Unterstützung des Lukenlängssülls durch Kragfinger (nach Schiff und Hafen) [7]

teil des Decksbleches verstärkt wird. Das abgekantete U-förmige Blech schont die Ladung. Kräftige Aussteifungen an jedem 2.—4. Spant steifen das Blech aus.

Zur Unterstützung der Zwischendecks werden Längsträger nach Abb. 800 verwendet, die den gleichen Aufbau zeigen, in ihren Abmessungen aber so gestaltet sind, daß durch ihre Bauhöhe die freie Höhe der Decks möglichst wenig beeinflußt wird. Die Lukenecken werden durch die Diamantplatte verstärkt. Der Querschnitt des Lukenlängssülls ist so zu gestalten, daß er eine gut abgerundete Ecke zuläßt. Die Diamantplatte (Abb. 801), die wesentlich dicker ist als das Decksblech, muß durch Abschrägen der Anschlußkanten auf die Dicke des Deckbleches gebracht werden.

Bei sehr langen Luken ergeben sich nach den Konstruktionen — Abb. 799 u. 800 — sehr hohe Träger, die den freien Raum stark einengen. Eine konstruktiv und statisch gute Lösung ist die Anwendung der Kragfinger. Am Hauptdeck und von der Seitenwand her werden Kragträger an die Luke herangeführt, die das Lukenlängssüll tragen. Durch die kurze freie Länge des Sülls wird das erforderliche Widerstandsmoment geringer und nach Abb. 802 der freie Raum wesentlich größer.

Bei Binnenfrachtern besteht praktisch das ganze Schiff aus einer langen Ladeluke. Am Rahmenspant wird der Querschnitt in ähnlicher Weise gestaltet. Das Stegblech des Längssülls ist abgebogen und läuft in das Decksblech ein. Die Versteifung erfolgt durch kräftige Blechquerschnitte, die durch Wulsteisen ausgesteift sind. Die Absteifung geschieht durch senkrechte Stützen.

7.13.3 Konstruktive Einzelheiten geschweißter Schiffskörper

Nach den verschiedenen Klassifikationsvorschriften sind die folgenden Konstruktionseinzelheiten grundsätzlich zu beachten.

Außenhaut, Schweißen einer Normalplatte — DSRK. Schweißen einer Normalplatte, Stumpfstoß, Nahtvorbereitung nach Blechdicke und Schweißverfahren, Handlichtbogen oder automatisches Schweißen. Aus mehreren Platten kann eine Normalplatte hergestellt werden, wenn

1. Werkstattschweißung
2. jede Einzelplatte muß über 2 Spantfelder gehen,
3. Normalplatte (geschweißt) muß über mindestens 5 Spantfelder reichen,
4. innerhalb von 5 Spantfeldern darf nur eine Naht vorhanden sein.

Stoß- und Gangnähte. Bei Volumensektionsstößen müssen die Gangnähte bis zum Ende ausgeschweißt werden, eine Versetzung der Gangnähte ist dann nicht erforderlich. Wird der Schiffskörper aus Einzelplatten zusammengesetzt, bleiben die Gangnähte auf 300···400 mm offen.

Bei Plattenausläufen muß der Auslaufwinkel $>60°$ sein, Abb. 803. Bei kaltgebogenen Platten ist das Schweißen, wenn der Winkel im Bereich der Kaltverformung $<120°$ ist, unzulässig, nach den Vorschriften des Germanischen Lloyd ist von der Naht ein Abstand von > 30 mm einzuhalten.

An der Stringerecke sollten Eckverbindungen möglichst nach Abb. 804 und Abb. 805 ausgebildet werden.

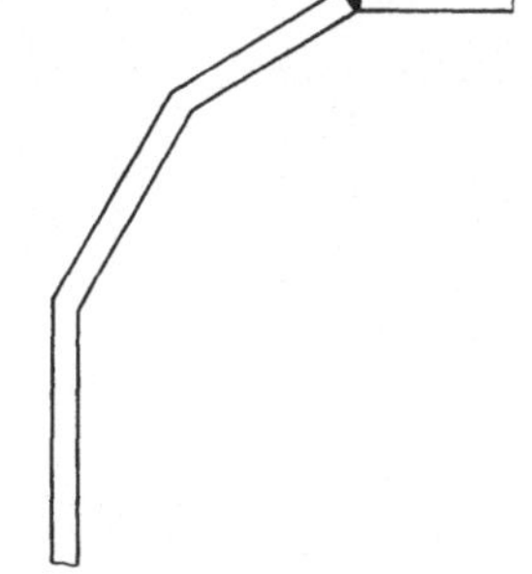

Abb. 804. Eckverbindung der Stringerecke (nach SVENNERUD) [1]

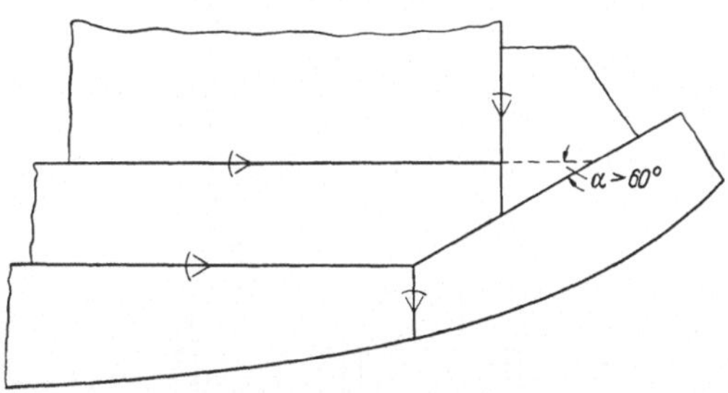

Abb. 803. Nahtanordnung an Plattenausläufen nach DSRK 4/4

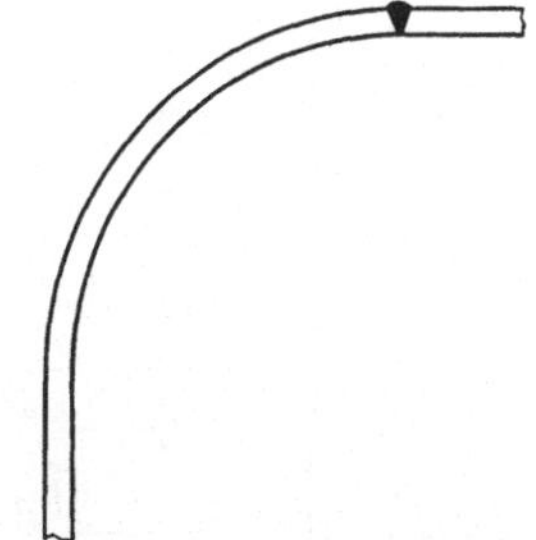

Abb. 805. Eckverbindungen an Stringerecke (nach SVENNERUD) [1]

Kreuzen von Stumpf- und Kehlnähten. Stumpfnähte dürfen nach den Vorschriften der Klassifikations-Gesellschaften nicht überschweißt werden. Die Kehlnähte werden an diesen Stellen abgesetzt oder das Profil ausgeklinkt.

In Abb. 806 sind die Forderungen der verschiedenen Klassifikationsgesellschaften zusammengestellt.

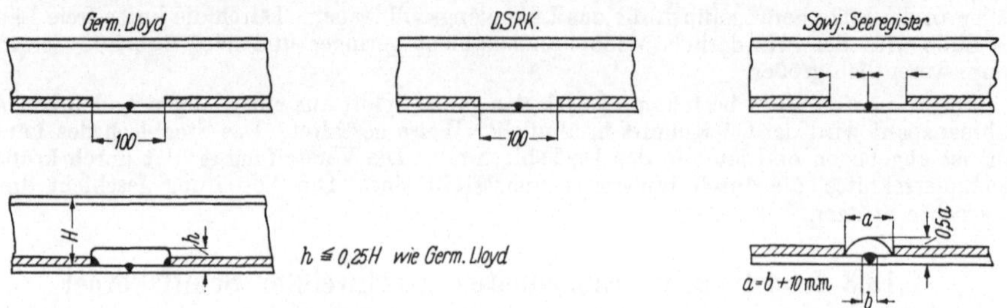

Abb. 806. Kreuzen von Stumpf- und Kehlnähten

Freischnitte an Kehlnahtkreuzungen. Um durchlaufende Kehlnähte an Kreuzungsstellen bequem schweißen zu können, werden die Ecken der anlaufenden Bleche ausgeschnitten (Abb. 807).

Kreuzungen von Bodenwrangen, Mittelträgern und Randplatten werden nach Abb. 808 gestaltet.

Freischnitte an Spantdurchführungen. Bei Durchführung von Längsspanten werden Freischnitte nach Abb. 809 angeordnet.

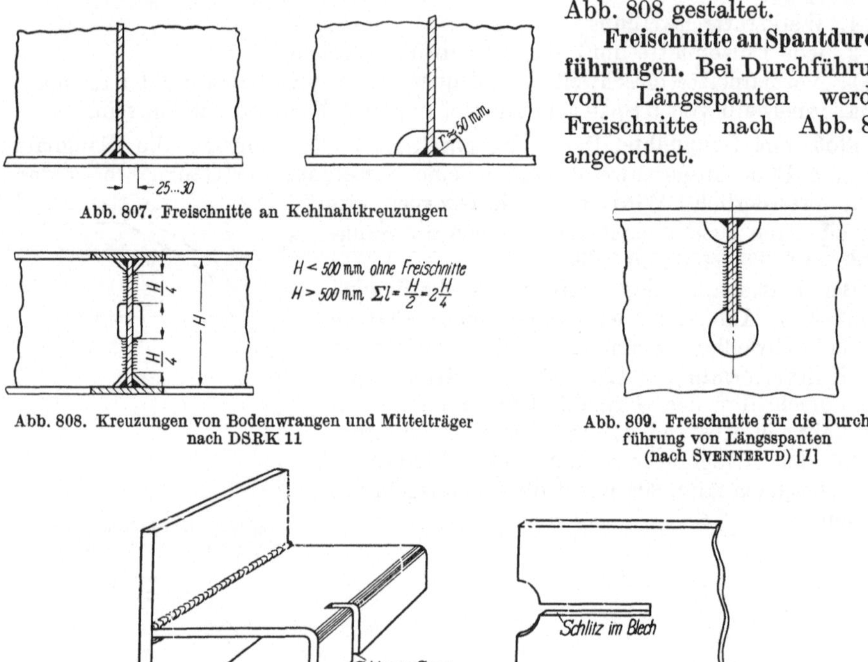

Abb. 807. Freischnitte an Kehlnahtkreuzungen

Abb. 808. Kreuzungen von Bodenwrangen und Mittelträger nach DSRK 11

Abb. 809. Freischnitte für die Durchführung von Längsspanten (nach SVENNERUD) [1]

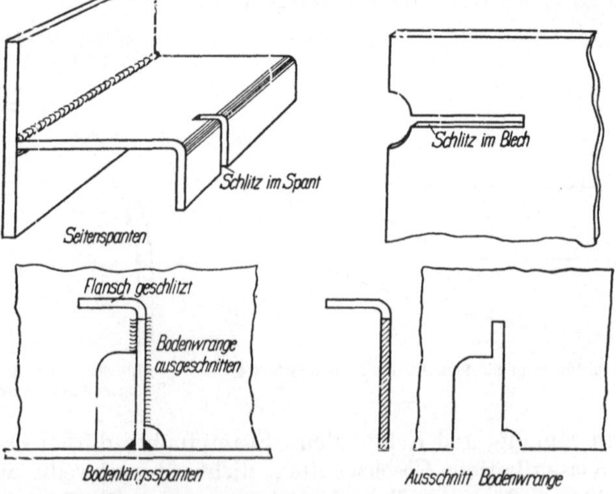

Abb. 810. Nichtwasserdichte Spantdurchführungen (nach SVENNERUD) [1]

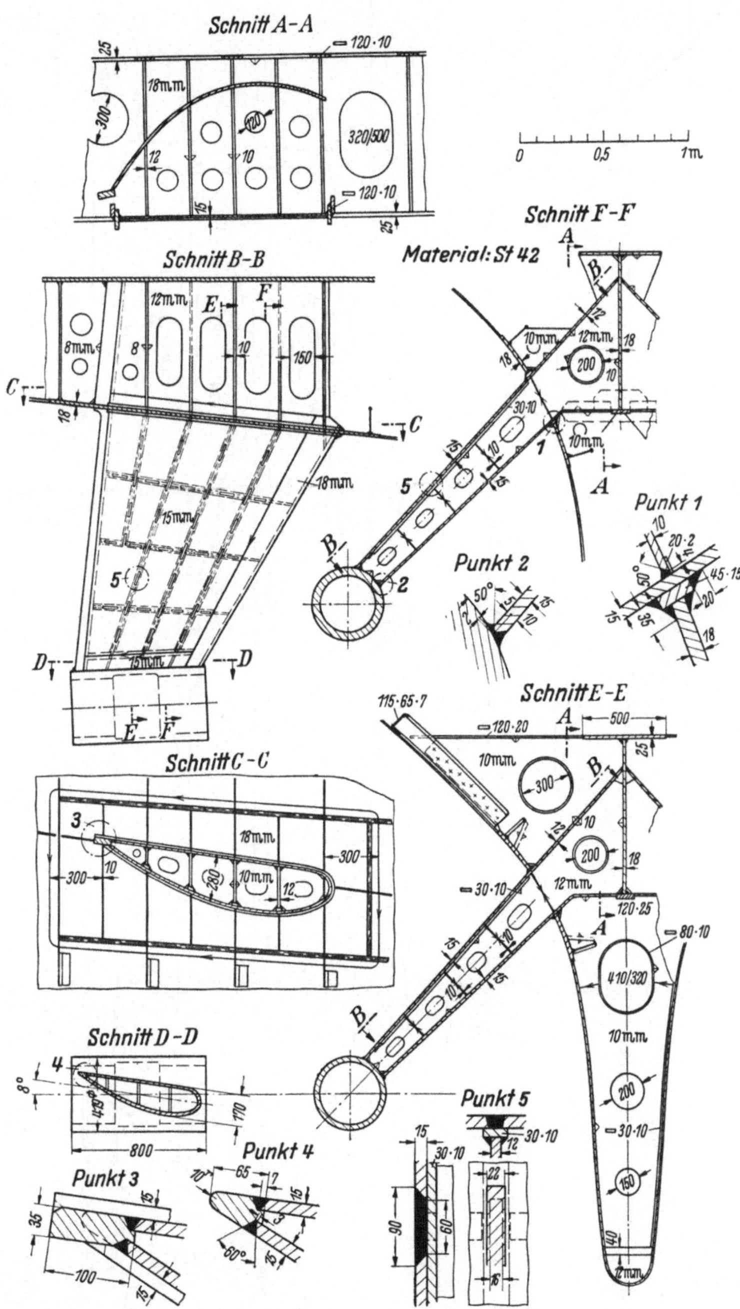

Abb. 811. Geschweißte Hintersteven (nach FRANZ, K.) [8]

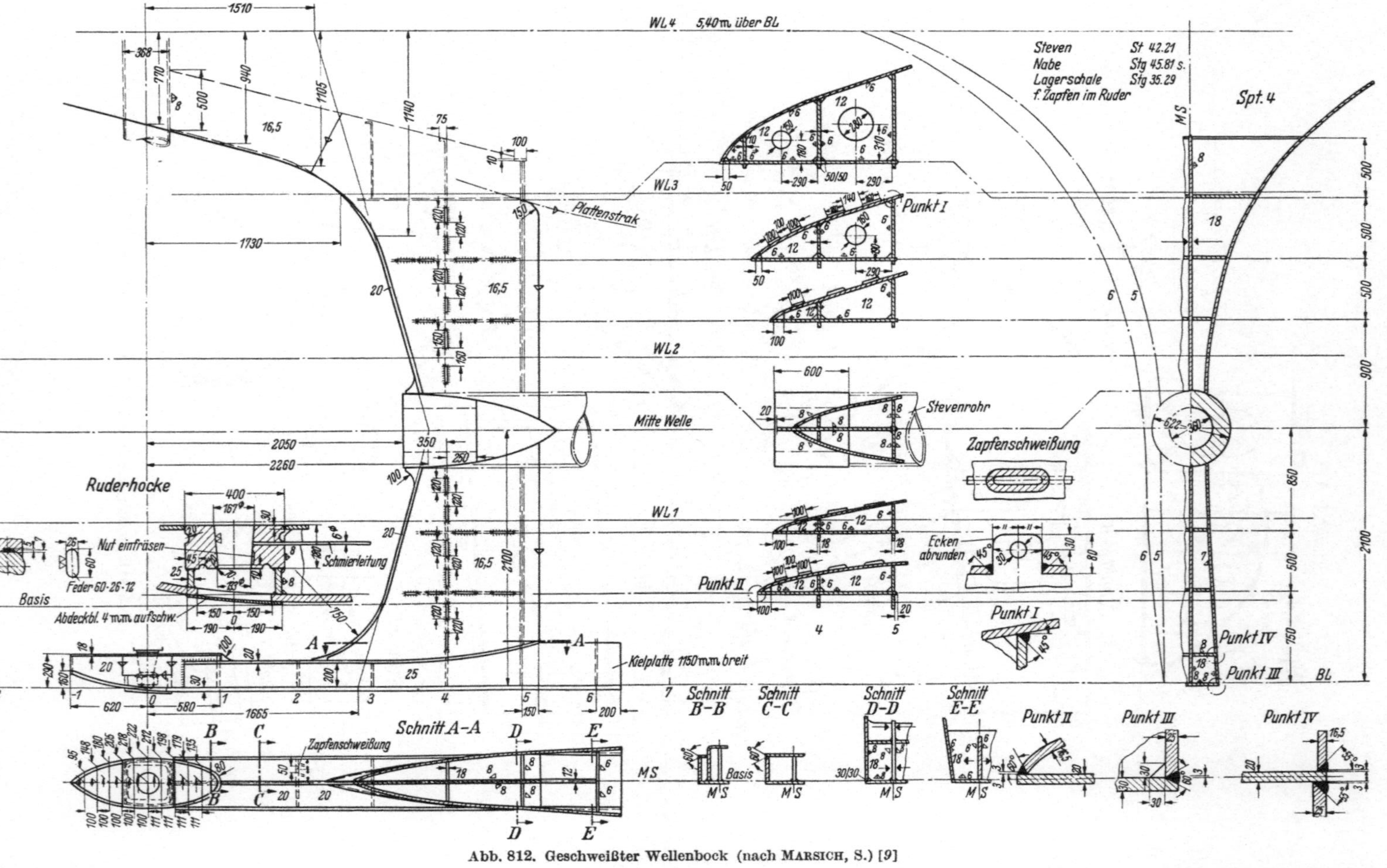

Abb. 812. Geschweißter Wellenbock (nach MARSICH, S.) [9]

Nicht wasserdichte Spantdurchführungen werden nach Abb. 810 gestaltet. Für spritz- und druckwasserdichte Spantdurchführungen werden Sonder-Konstruktionen benutzt.

An den Schottblechen werden Seitenträger und Längsspanten unterbrochen. Genügt der Anschlußquerschnitt nicht, um die auftretendenKräfte aufzunehmen, dann wird eine zusätzliche Kraftübertragung durch ein durchgehendes Knie, das durch einen Schlitz des Schottbleches gesteckt wird, geschaffen.

Hintersteven und Wellenböcke. Anstelle der früheren großen Stahlgußstücke treten geschweißte Bauteile, deren konstruktive Einzelheiten Abb. 811 u. 812 zeigen.

7.13.4 Ein- und Aufbauten

Motorenfundamente. Das Motorenfundament kann auf dem Schiffsboden aufgebaut werden und bildet dann durch seine Längs- und Querträger einen Teil der tragenden Verbände.

Wird das Motorenfundament auf den Doppelboden aufgesetzt, dann sind die tragenden Teile, besonders die Langträger so anzuordnen, daß sie mit dem System des Doppelbodens statisch eine Konstruktion bilden.

Deckshäuser. Diese aus Blechen < 5 mm hergestellten Deckshäuser, Trennwände usw. sind, um sie ohne Verzug zu versteifen, mit Sicken zu versehen. Für die Größe und Anordnung der Sicken haben sich die Angaben der Abb. 813 bewährt.

Schanzkleid- und Schanzkleidstützen

Um die Übertragung der Beanspruchungen aus dem Schiffskörper auf das Schanzkleid mit Sicherheit zu verhindern, wird es am Hauptdeck von der Außenhaut getrennt.

Ist der Scheergang und die Außenhaut mit einem Stringerwinkel durch Nietung verbunden, so ergeben sich verhältnismäßig breite Schanzkleidstützen. Einfache und klare Konstruktionen läßt die Schweißverbindung zwischen Haupt-

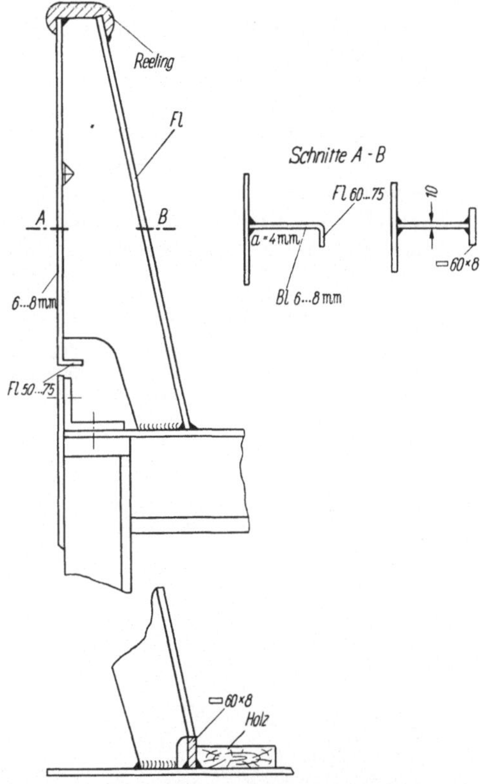

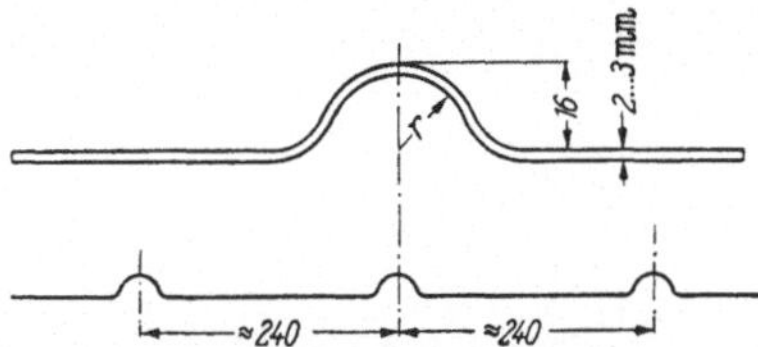

Abb. 813. Sickenaussteifung für Gangwände und Deckshäuser (nach KASIMIROW) [10]

Abb. 814. Form der Regelausführung des Schanzkleides am Hauptdeck, Stütze aus Blech mit angebogenem Flansch [11]

deck und Außenhaut zu. Wird der Stringerwinkel als Halbrundschale ausgebildet, so ist ebenfalls eine einfache schweißtechnische Gestaltung möglich.

Die Regelausführung zeigt Abb. 814. Das Schanzkleid aus 6—8 mm Blech wird an der unteren Seite geflanscht (Flanschbreite 50—75 mm). Die Schanzkleidstütze besteht aus 7—8 mm Blech, das ebenfalls zur Erhöhung der Steifigkeit abgeflanscht ist. Flanschbreite 60—75 mm. Bei stärkeren Ausführungen wird das Blech der Stütze 10 mm dick und durch einen Flachstahl 60×8 am Außensteg verstärkt. Wird auf dem Deck ein Begrenzungsflachstahl für den Fußboden angebracht, so ist die Stütze entsprechend auszusparen.

Schanzkleidstützen können auch aus einem Wulstprofil bestehen. Als Handlauf- oder Reelingleiste werden die üblichen Reelingprofile benutzt.

Die Schanzkleidstützen werden je nach der Beanspruchung an jedem 2.—4. Spant angeordnet.

Schanzkleider leichterer Konstruktion werden z. B. an Bootsdecks angebracht. Das Schanzkleid von 5 mm Blech wird stumpf an die Außenwand angeschweißt, als Stütze dient ein Winkelstahl 60×60×6. Das Schanzkleid selbst ist durch Flachstahl ausgesteift.

Leichtmetallausführungen werden meist aus Al-Mg 3 hergestellt. Das 6,5 mm dicke Alg-Mg 3 Blech ist oben durch einen Al-Mg 3-Winkel ausgesteift, der gleichzeitig die Handleiste trägt. Als Stützen dienen abgeflanschte Bleche, die unten eine Fußplatte zum Befestigen der Stütze tragen.

Schrifttum

[1] SVENNERUD, Göteburg: Längsspantenkonstruktion geschweißter Schiffe. Sonderheft Schweißen und Schneiden, 1953, S. 6—12.

[2] NEUMANN, A. u. a.: Bauteiluntersuchungen für den Schiffbau. Schweißtechnik, 1955, S. 231.

[3] HUCKZEMEIER, Vegesack: Frachtmotorschiffe Birkenstein, Breitenstein, Bischofstein. Hansa, 1956, Heft 24/25, S. 1119 .

[4] DOHRMANN, H., Hamburg: Durchbildung der schiffbaulichen Konstruktionselemente. Hansa, 1956, Heft 24/25, S. 1114.

[5] ROLIN: Turbinentanker „Hoegh Grace". Hansa, 1956, Heft 17 u. 18, S. 764.

[6] FRANZ, K., Motorfrachtschiff „Fairwind". Hansa, 1956, Heft 29/30, S. 1393.

[7] Motorfrachtschiff „Lichtenfels". Schiff und Hafen, 1954, Heft 11, S. 697.

[8] FRANZ, K.: Motorfrachtschiff „Fairwind". Schiff und Hafen, 1956, Heft 8, S. 699.

[9] MARSICH, S.: Welded Shaft Brakets. International Shipbuilding Progress 2, 1955, S. 539, berichtet in „Hansa" 1956, Heft 19/20, S. 944.

[10] KASIMIROW: Anbringung von Sicken in der Verkleidung geschweißter Aufbauten von Flußschiffen. Übersetzung in „Schweißtechnik", 1953, Heft 12, S. 368.

[11] Schanzkleidstützen nach Unterlagen der Zeichnungen zusammengestellt: Hansa, 1954, S. 1641; Hansa 1956, Heft 17/18, S. 750; Hansa 1956, Heft 24/25, S. 1119, Hauptspant — Schiff und Hafen, 1956, Heft 5, S. 389, Abb. 3 b.

Sachverzeichnis